Mathematics in Physics

物理中的数学

上册

周顺 编著

$$(1-2xr+r^2)^{-\frac{1}{2}} = \sum_{n=0}^{+\infty} P_n(x) r^n$$

$$z(1-z)\frac{d^2 w}{dz^2} + [\gamma - (1+\alpha+\beta)z]\frac{dw}{dz} - \alpha\beta w = 0$$

$$f(z) = \frac{1}{2\pi i} \oint_L \frac{f(\xi)d\xi}{\xi - z}$$

$$F(\alpha,\beta;\gamma;z) = \frac{\Gamma(\gamma)}{\Gamma(\beta)\Gamma(\gamma-\beta)} \int_1^{+\infty} (t-z)^{-\alpha} t^{\alpha-\gamma} (t-1)^{\gamma-\beta-1} dt$$

WUHAN UNIVERSITY PRESS
武汉大学出版社

图书在版编目(CIP)数据

物理中的数学.上册/周顺编著.—武汉:武汉大学出版社,2023.12
ISBN 978-7-307-24190-9

Ⅰ.物…　Ⅱ.周…　Ⅲ.数学物理方法—高等学校—教材　Ⅳ.O411.1

中国国家版本馆 CIP 数据核字(2023)第 237112 号

责任编辑:任仕元　　　责任校对:汪欣怡　　　版式设计:韩闻锦

出版发行:**武汉大学出版社**　（430072　武昌　珞珈山）
　　　　（电子邮箱:cbs22@ whu.edu.cn　网址:www.wdp.whu.edu.cn）
印刷:武汉中科兴业印务有限公司
开本:787×1092　1/16　印张:26　字数:569 千字　插页:1
版次:2023 年 12 月第 1 版　　2023 年 12 月第 1 次印刷
ISBN 978-7-307-24190-9　　定价:79.00 元

前　言

　　《物理中的数学》于 2017 年在武汉大学出版社出版。出版后笔者对书中的内容进行了不断的完善，遂有现在的模样。再版时分上、下两册，本书为上册，共 11 章，涵盖数学分析、线性代数、常微分方程、复变函数论等内容。

　　本书前 3 章主要讲述数学分析的内容，包括集合论、实数理论、一元函数微积分和 n 元函数微积分。数学分析中的曲线积分和曲面积分将在下册中进行讲述。本书从数学上最基本的概念——集合讲起，并在集合上建立关系和映射，指出映射为一种特殊的关系，并着重讨论两种重要的关系——等价关系和序关系。用集合的语言给出自然数集 $\mathbf{N}$、整数集 $\mathbf{Z}$、有理数集 $\mathbf{Q}$，并在其上建立结构，使 $\mathbf{Q}$ 成为有理数域。用 Cauchy 有理序列的等价类来引入实数集 $\mathbf{R}$，并在 $\mathbf{R}$ 上建立结构，从而使 $\mathbf{R}$ 成为实数域和全序集。用 ε-δ 语言统一地讨论一元函数、n 元实值函数、n 元向量值函数的极限和连续性。本书用两种不同的方式来定义一元函数的导数，并将导数应用于函数增减性、凸凹性、局部极值的讨论之中。本书不采用通常的由 Riemann 和的极限来引入一元函数的 Riemann 积分，而用闭区间上阶梯函数的积分来引入一元函数的 Riemann 积分，并说明其余 Riemann 和极限的等价性。通过 Newton-Leibniz 定理将一元函数 Riemann 积分的计算化为求一元函数的原函数，并详细地讨论了三类 Jacobi 椭圆积分。用基于 n 元函数的部分函数的导数来定义 n 元函数的偏导数，并给出 n 元函数的 Taylor 公式。在映射的微分和微分同胚的基础上，可将局部微分同胚定理和隐射定理分别转化为反函数定理和隐函数定理。与一元函数相类似，用闭长方体上的阶梯函数的积分来引入闭长方体上 n 元函数的 Riemann 积分，并给出有界集上有界函数 Riemann 可积的充要条件，同时介绍了用降维法、纤维法、截面法、变量代换法来计算 n 元函数的重积分。本书在数项级数中着重讨论正项级数敛散性的判别方法，并指出不存在一种判别法能判别所有正项级数的敛散性。在函数项级数中，指出一致收敛的函数项级数可逐项求极限、逐项求导、逐项积分，并讨论了一种重要的函数项级数——幂级数。由函数项级数的性质可知，幂级数在收敛区间内为一解析函数。另一方面，讨论函数如何展开为幂级数，即如何将函数进行 Taylor 展开，并区分解析函数和光滑函数，同时讨论了发散级数和渐近级数。

　　本书第 4 章到第 9 章主要讲述线性代数，涵盖了有限维向量空间、无限维向量空间、古典正交多项式和 Fourier 分析等内容。首先在域 F 上构建向量空间或内积空间，其次在向量空间上建立线性变换和代数，并介绍算子代数。在算子代数中着重介绍 Hermite 算子、幺正算子、投影算子，以及在数值分析中所出现的算子。若在定义空间和相空间中分别给定一组基，则算子可以用矩阵表示，且矩阵空间可线性同构于线性空间，矩阵代数可代数同构于算子代数。在算子的矩阵表示中，着重讨论了矩阵的两种特征值——行列式和迹，并给出同一算子在不同基下矩阵表示间的关系。对有限维向量空间上的算子而言，重要的是讨论其能否对角化。若算子可对角化，则其所对应的矩阵可相似于对角矩阵。谱分解理论指出，有限维复内积空间上的正规算子可对角化，即正规算子所对应的矩阵可相似于对角矩阵。实内积空间上的正交算子不能完全对角化，即正交矩阵不能相似于对角矩阵，此为刚体运动学中 Euler 定理的数学表述。有限维向量空间可拓展到无限维向量空间，在无限维向量空间中，重点讨论无限维完备内积空间、Hilbert 空间和平方可积函数空间，并指出平方可积函数空间同构于 Hilbert 空间。与有限维向量空间类似，给出 Hilbert 空间及平方可积函数空间的完备标准正交基。从泛函的观点来看，由微分方程所给出的若干古典正交多项式正是平方可积函数空间的基，而广义函数和 Dirac-δ 函数成为有界连续函数空间上的连续线性泛函。由 Stone–Weierstrass 定理出发，可导出 Fourier 级数。实际上，函数的 Fourier 展开为函数在基 $\{e^{i2\pi nx/l} \mid n \in \mathbf{Z}\}$ 下的表示，而 Fourier 变换为函数空间上的一种线性变换。

本书第 10 章主要介绍复变函数理论。与一元实值函数类似，首先讨论复变函数的极限、连续性和导数，并给出可导的 Cauchy–Riemann 条件，从而给出解析函数的定义和性质，并将保角映射应用于求解数学物理方程之中。其次讨论复变函数的积分，并给出 Cauchy 积分公式。若函数在圆域上解析，则在圆域上可对其作 Taylor 展开。若函数在环域上解析，则在环域上可对其作 Laurent 展开。最后讨论复变函数在某点的留数，并应用留数定理计算某些重要的积分，同时介绍了亚纯函数、多值函数和解析延拓等内容。

本书第 11 章主要介绍常微分方程理论。首先介绍一阶常微分方程的基本概念，并讨论解的存在性及唯一性，以及解的唯一性条件被破坏后出现的奇解。其次讨论一阶常微分方程组和 n 阶微分方程，着重讨论复二阶线性常微分方程，并给出其在正则奇点邻域内的解。在二阶 Fuchs 方程中，着重讨论超几何方程和合流超几何方程，并用积分变换来给出超几何函数、合流超几何函数的积分表达。最后介绍用数值方法求解常微分方程。

在这里我要感谢武汉大学物理科学与技术学院参加"周顺导读"的同学们，其次要感谢湖北盛和塾咨询有限公司的大力赞助以及武汉大学出版社领导和编辑们的大力支持，正是由于他们的帮助才使这本书呈现在大家的面前。

周　顺

2023 年 11 月于武汉

序

我与周顺相识已经十年多了。平时我们主要的交流是讨论物理学以及相关的数学问题。通过这些讨论，可以感受到周顺治学的勤奋与严谨，而且可以获知他所读的专业教程的水准都是理论物理专业研究生的水准，在很多方面甚至超过大多数研究生的水准。我见过很多爱好物理的人士，不肯沉下心来好好研读必要的基础教程，一上手就想要推翻现有理论、建立一套自己的理论，而自己所建立的"理论"又表述得让人捉摸不透；其中更有些人甚至会试图推翻全部的物理学，并且准备了一整套全新的世界观和一整套全新的概念，以便为自己的"理论"作辩护和包装，以至于让人与之难以交流。在这一点上，周顺绝不是这样的人士。他踏踏实实地研读了大量的著作，从中汲取科学的营养，同时又保持了自己思想的独立性，在意识上具备创新的胆识，所以，他是一位没有拿到正式学位的学者。这也是我们能够交往如此之久的基础。

最初认识周顺时，得知他是一位盲人却一直在坚持学习，这令我很震惊。他告诉我，武汉大学历届学生中有很多人帮助他阅读书籍和文献。他在这样的条件下不断地学习、思考和提高，其间所克服的困难是超乎常人想象的，也很让人佩服。

这次欣闻周顺所著的《物理中的数学（上册）》要出版，而且周顺邀我为该书写一个序。作为同龄人，而且也视为同是学者，我很愿意写一些话。

首先，我要向读者承认，因为时间关系，我还没有通读全书。但我还是尽力读了这本书的前面的一些章节。实际上，一本书的水准如何，从目录上也能够看出一些端倪。本书的目录结构显示，这本书所涉及的内容有一个很大的跨度，从物理系本科专业必备的微积分、复变函数、线性代数等基础知识一直延伸到无穷维向量空间、泛函分析、群论等，这些知识对于理论物理专业的研究生是很有用的。其中很多课题在理论物理专业的研究中是经常接触的，但是在国内的教学中未必都会有针对性的课程设置，能够在一本书中涵盖这些课题，对于很多研究生和科研人员是很有裨益的。

事实上，就我所读过的内容之感受，对于数学素养只是达到了物理学专业标准、但没有受过数学专业训练（包括自学数学专业的教程）的硕士研究生而言，本书还是有一定门槛的。即便像第 1 章的集合论方面的内容，也不是普通硕士研究生就能轻松阅读的。

毋庸讳言，任何人写书都会有缺点和错误，没有人能够例外。就我所看到的内容而言，排版不够美观甚至有碍阅读就是其中一个缺陷。这项工作应当主要是所选的排版软件所致。强烈建议周顺未来的版本采用 LaTeX 排版，这能够有效地提高读者的阅读感受。另外，书中在叙述某些概念的时候还是稍嫌粗糙，建议在未来版本中多加雕琢，把排版、措辞和所用符号中的一些缺陷尽数清理掉。

总之，就本书的内容选材而言，对于理论物理各个方向都是很有用的。能够在一本篇幅不是特别大的书中接触到如此之多的有用知识，这对很多高年级本科生、硕士博士研究生以及科研人员是很值得推荐的。

周 彬

2023 年 11 月

于北京师范大学

目　　录

第1章　集合、映射和度量

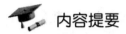 内容提要

本章包括集合、映射、集合的势、度量和数学归纳法等内容.

1.1 节从数学最基本的概念集合讲起，本书采用 Cantor 给出的集合定义，强调构成集合的元素具有确定性、互异性和无序性，并给出集合的交、并、差、补等运算. 同时给出集族的各种运算，以及集列的上限集和下限集概念. 20 世纪初，随着 Russell 悖论的提出，朴素集合论遇到了困难，于是数学家构建了公理化集合论，即集合由若干条公理定义，从而避免了 Russell 悖论的产生. 例如，空集公理是指存在不包含任何元素的集合，外延公理是指与集合 A 有相同元素的类 B 也是集合，无穷公理是指存在包含无穷多元素的集合，并集公理表明若干集合的并为集合，幂集公理表明集合的所有子集（包括空集和集合本身）构成集合.

1.2 节主要讲述在集合上建立关系. 若集合上的关系满足自反性、对称性和传递性，则称该关系为**等价关系**. 等价关系和等价类在数学中有着广泛运用，例如，可用等价类来划分集合，也可用等价类来定义向量空间的定向或 $\mathbf{R}^n$ 中 $\mathbf{C}^p$ 类 k 维子流形的定向. 若集合上的关系满足自反性、反对称性和传递性，则称该关系为**序关系**. 建立了序关系的集合称为**有序集**. 在有序集上可以定义集合的上界、下界、极大元和极小元. 若集合 X 的任意子集均存在极小元，则称集合 X 为**良序集**. 例如，自然数集 $\mathbf{N}$ 为良序集，良序集 $\mathbf{N}$ 成为数学归纳法的理论基础. 若关系 $f: X \to Y$ 满足 $\mathrm{dom}(f) = X$ ，且

$$\forall x \in X, \quad xfy_1, xfy_2 \Rightarrow y_1 = y_2,$$

则称 $f: X \to Y$ 为一**映射**. 该定义表明，映射为一种特殊的关系. 映射有单射、满射、双射等类型.

1.3 节主要讲述可数无穷集——自然数集 $\mathbf{N}$、整数集 $\mathbf{Z}$、有理数集 $\mathbf{Q}$. 从两集合相互等势的概念出发，设有两集合 X, Y ，若存在双射 $f: X \to Y$ ，则称 X 与 Y **等势**，记为 $X \sim Y$. 该定义表明等势关系 $\sim$ 也是集合上的等价关系. 因此可用 $\varnothing$ 关于 $\sim$ 的等价类来定义自然数 0. 类似地可定义自然数集 $\mathbf{N} = \{0, 1, 2, \cdots\}$. 在 $\mathbf{N}$ 上定义二元运算 $+: \mathbf{N} \times \mathbf{N} \to \mathbf{N}$ ，使得 $(\mathbf{N}, +)$ 构成一幺半群. 令 $\mathbf{N}^+ = \mathbf{N} - \{0\}$ ，在 $\mathbf{N}^+ \times \mathbf{N}^+$ 上定义等价关系 $\sim$:

$$\forall (a_1,b_1),(a_2,b_2) \in \mathbf{N}^+ \times \mathbf{N}^+, \quad (a_1,b_1) \sim (a_2,b_2) \Leftrightarrow a_1 + b_2 = a_2 + b_1,$$

则 $(\mathbf{N}^+ \times \mathbf{N}^+)/\sim$ 同构于 $\mathbf{Z}$. 在 $\mathbf{Z}$ 上定义两个二元运算 $+$ 和 $\cdot$，则整数集 $\mathbf{Z}$ 在上述二元运算下构成一整环 $(\mathbf{Z},+,\cdot)$. 在 $\mathbf{Z} \times \mathbf{N}^+$ 上定义关系 $\sim$：

$$\forall (a_1,b_1),(a_2,b_2) \in \mathbf{Z} \times \mathbf{N}^+, \quad (a_1,b_1) \sim (a_2,b_2) \Leftrightarrow a_1 \cdot b_2 = a_2 \cdot b_1,$$

则 $(\mathbf{Z} \times \mathbf{N}^+)/\sim$ 同构于 $\mathbf{Q}$. 在 $\mathbf{Q}$ 上定义两个二元运算 $+$ 和 $\cdot$，则有理数集 $\mathbf{Q}$ 在上述定义的二元运算下构成有理数域 $(\mathbf{Q},+,\cdot)$. 这里要强调，在本节以后的内容按通常的习惯记 $\mathbf{N}^+$ 为 $\mathbf{N}$，并指出整数集 $\mathbf{Z}$ 和有理数集 $\mathbf{Q}$ 为可数无穷集，而实数集 $\mathbf{R}$ 为不可数集. 在本节的最后介绍了 Cantor 集和连续统假设. Cantor 集是不包含任何区间的闭集. 连续统假设指出不存在集合 X 使得该集合的基数（势）介于 $\mathbf{N}$ 和 $\mathbf{R}$ 的基数（势）之间，即 $\mathbf{R}$ 是最小的不可数集.

　　1.4 节主要讲述完备度量空间. 首先在集合 X 上定义度量 d，并给出度量空间 (X,d)，在度量空间 (X,d) 上定义了序列 $\{x_n\}$ 的极限和 Cauchy 序列. 若度量空间 (X,d) 中的任一 Cauchy 序列均在其中收敛，则称该度量空间为**完备度量空间**，并指出 $(\mathbf{Q},d)$ 不是完备度量空间. 例如，Cauchy 有理序列 $\{x_n\}$：$x_n = \sum_{k=0}^{n} \dfrac{1}{k!}$，可以证明 $\lim\limits_{n \to \infty} x_n = \mathrm{e} \notin \mathbf{Q}$，虽然 $(\mathbf{Q},d)$ 不是完备度量空间，但可将其完备化为完备度量空间. 设

$$E = \left\{ \{x_n\} \,\middle|\, x_n \in \mathbf{Q}, \ \lim_{n,m \to \infty} |x_n - x_m| = 0 \right\},$$

在 E 上建立等价关系 $\sim$：

$$\forall \{x_n\}, \{y_n\} \in E, \quad \{x_n\} \sim \{y_n\} \Leftrightarrow \lim_{n \to \infty} |x_n - y_n| = 0,$$

则 $E/\sim$ 同构于 $\mathbf{R}$. 在实数集 $\mathbf{R}$ 上定义二元运算 $+,\cdot:\mathbf{R} \times \mathbf{R} \to \mathbf{R}$，实数集 $\mathbf{R}$ 在上述定义的二元运算下构成实数域 $(\mathbf{R},+,\cdot)$，在实数集 $\mathbf{R}$ 上建立序关系 $\leqslant$，使得 $(\mathbf{R},\leqslant)$ 构成一全序集. 在实数集 $\mathbf{R}$ 上定义度量 $d(x,y)=|x-y|$，使得 $(\mathbf{R},d)$ 为一度量空间，并在度量空间 $(\mathbf{R},d)$ 中可定义开集、闭集、零域、闭包、聚点等概念，在 $(\mathbf{R},d)$ 中也可定义实数序列 $\{x_n\}$ 的极限. 实际上，$(\mathbf{R},d)$ 为完备度量空间，其完备性由下述 7 个等价定理描述. 该 7 个等价定理分别为：Cauchy 实数序列均收敛，有界数集必有确界，单调有界序列必收敛，区间套定理，有界无穷集至少存在一个聚点，有界序列存在收敛子列,闭区间的开覆盖必存在有限开子覆盖. 对于发散的实数序列 $\{x_n\}$，还可讨论该序列的上极限和下极限，该序列的上极限和下极限分别为其收敛子列的极限的上界和下界，与度量空间 $(\mathbf{R},d)$ 相类似，$(\mathbf{R}^n,d_i)$ 也是完备度量空间. 函数是一种特殊的映射，在 1.4 节的最后讨论了一元函数、n 元实值函数，以及 n 元向量值函数的极限和连续性，并给出了映射的极限和连续性的定义. 设 $(X,d),(Y,D)$ 为两度量空间，$A \subseteq X$ 为非空集合，

$f:A\to Y$ 为一映射，$a\in X$ 为 A 的聚点．若 $\exists l\in Y$，$\forall \varepsilon >0$，$\exists \delta >0$，使得

$$f((A-\{a\})\cap B_d(a,\delta))\subset B_D(l,\varepsilon),$$

则 $\lim\limits_{x\to a}f(x)=l$．若 $a\in A$ 为 A 的聚点，且 $\lim\limits_{x\to a}f(x)=f(a)$，则称 $f:A\to Y$ 在 $x=a$ 处连续．$f:A\to Y$ 在 A 上连续，当且仅当 Y 中的任意开集 U 的原象 $f^{-1}(U)$ 为 A 中的开集．在讨论了映射的连续性后，给出了一致连续和同胚映射的概念，并给出 Banach 不动点定理．

1.5 节讲述数学归纳法．设 $M\subseteq \mathbf{N}$，若由 $1\in M$，且 $n-1\in M$，可推出 $n\in M$，则 $M=\mathbf{N}$．该原理可导出数学归纳法，即命题对 $n=1$ 成立，且命题对 $n=k-1$ 成立，可推出命题对 $n=k$ 成立，则命题对任意 $n\in \mathbf{N}$ 成立．利用数学归纳法可以证明与自然数有关的命题，例如二项式定理等．

1.1 集合

自 1874 年 G. Cantor 创立集合概念以来，集合就成为数学中基本概念之一．这里引用 Cantor 最初的定义：**集合**是由我们直观感觉或意识到的、确定的、不同对象汇集而成的一个整体．这些对象称为此集合的**元素**或**点**．即集合是具有某种属性的、确定的、互不相同的、无序的对象所构成的整体．集合一般用大写字母表示，如集合 A,B 等，组成集合的对象即元素或点，用小写字母表示．

集合可用两种方法进行表述，一种是列举集合的所有元素，如自然数集 $\mathbf{N}=\{1,2,\cdots\}$；另一种是描述集合的元素特性，如 $\mathbf{N}$ 也可表示为 $\{x\,|\,x$ 是自然数$\}$．

1. 子集、真子集和幂集

元素和集合的关系是"属于"（或"不属于"）关系，记为 $\in$（或 $\notin$），如 $1\in \mathbf{N}$，$\dfrac{1}{2}\notin \mathbf{N}$．

设有集合 A,B．若 $\forall a\in A$，有 $a\in B$，则称 A **包含于** B，或 B 包含 A，或 A 是 B 的**子集**，记为 $A\subseteq B$．若 $A\subseteq B$，且 $B\subseteq A$，则称 A 与 B **相等**，记为 $A=B$．若 $A\subseteq B$，且 $A\neq B$，即 $\exists x\in B$，使得 $x\notin A$，则称 A 是 B 的**真子集**，记为 $A\subset B$．设 A 为非空集合，由 A 的所有子集构成的集合称为 A 的**幂集**，记为 $P(A)$．例如，若 $A=\{a,b,c\}$，则 A 的幂集由 $\varnothing,\{a\},\{b\},\{c\},\{a,b\},\{b,c\},\{a,c\},\{a,b,c\}$ 组成．

2. 集合的运算

集合之间有如下基本运算：

集合 A 与 B 的交 $A\cap B$，即 $A\cap B=\{x\,|\,x\in A,\ x\in B\}$；

集合 A 与 B 的并 $A\cup B$，即 $A\cup B=\{x\,|\,x\in A,\ $或$\ x\in B\}$；

集合 A 与 B 的差 $A-B$，即 $A-B=\{x\,|\,x\in A,\ \text{且}\ x\notin B\}$.

若集合 $B\subseteq A$，记 $A-B=B^{\mathrm{c}}$，则称 B^{c} 为 B 在 A 中的**补集**.

集合的交、并运算满足交换律、结合律、分配律和保序性. 设有集合 A,B,C，则

① $A\cup B=B\cup A$，$A\cap B=B\cap A$；

② $(A\cup B)\cup C=A\cup(B\cup C)$，$(A\cap B)\cap C=A\cap(B\cap C)$；

③ $(A\cup B)\cap C=(A\cap C)\cup(B\cap C)$；

④ 若 $A\subseteq B$，则有 $(A\cup C)\subseteq(B\cup C)$，$(A\cap C)\subseteq(B\cap C)$.

集合的差运算有如下性质：

① $(A-B)-C=A-(B\cup C)$；

② $(A-B)\cap C=(A\cap C)-(B\cap C)$；

③ $A-(B\cap C)=(A-B)\cup(A-C)$；

④ $A-(B\cup C)=(A-B)\cap(A-C)$.

以集合 $A_\alpha\ (\alpha\in I)$ 为元素组成的集合 $\{A_\alpha\,|\,\alpha\in I\}$ 称为**集族**，其中 α 称为**指标**，I 称为**指标集**. 则集族 $\{A_\alpha\,|\,\alpha\in I\}$ 中所有元素的并和交分别为

$$\bigcup_{\alpha\in I}A_\alpha=\{x\,|\,\exists\alpha\in I,\ x\in A_\alpha\},\quad \bigcap_{\alpha\in I}A_\alpha=\{x\,|\,\forall\alpha\in I,\ x\in A_\alpha\}.$$

集合差运算的性质可推广到集族：

$$A-\bigcap_{\alpha\in I}A_\alpha=\bigcup_{\alpha\in I}(A-A_\alpha),\quad A-\bigcup_{\alpha\in I}A_\alpha=\bigcap_{\alpha\in I}(A-A_\alpha).$$

证 仅证明 $A-\bigcup\limits_{\alpha\in I}A_\alpha=\bigcap\limits_{\alpha\in I}(A-A_\alpha)$. $\forall x\in A-\bigcup\limits_{\alpha\in I}A_\alpha$，即 $\forall x\in A$ 且 $x\notin\bigcup\limits_{\alpha\in I}A_\alpha$，可知 $\forall\alpha\in I$，有 $x\in A$ 且 $x\notin A_\alpha$. 故 $x\in\bigcap\limits_{\alpha\in I}(A-A_\alpha)$. 因此

$$A-\bigcup_{\alpha\in I}A_\alpha\subseteq\bigcap_{\alpha\in I}(A-A_\alpha).$$

反之，$\forall x\in\bigcap\limits_{\alpha\in I}(A-A_\alpha)$，即 $\forall\alpha\in I$，$x\in A$ 且 $x\notin A_\alpha$，可知 $x\in A$ 且 $x\notin\bigcup\limits_{\alpha\in I}A_\alpha$. 故 $x\in A-\bigcup\limits_{\alpha\in I}A_\alpha$. 因此 $\bigcap\limits_{\alpha\in I}(A-A_\alpha)\subseteq A-\bigcup\limits_{\alpha\in I}A_\alpha$.

综上所述，$A-\bigcup\limits_{\alpha\in I}A_\alpha=\bigcap\limits_{\alpha\in I}(A-A_\alpha)$.

集合 A 与 B 的**笛卡儿积**，记为 $A\times B$，定义为

$$A\times B=\{(x,y)\,|\,x\in A,\ y\in B\}.$$

n 个集合 $A_1,A_2,\cdots,A_n$ 的**笛卡儿积**，记为 $A_1\times A_2\times\cdots\times A_n$，定义为

$$A_1\times A_2\times\cdots\times A_n=\{(x_1,x_2,\cdots,x_n)\,|\,x_i\in A_i\}.$$

当 $A_i = A$ 时，$\underbrace{A \times A \times \cdots \times A}_{n个}$ 记为 A^n，即 $A^n = \{(x_1, x_2, \cdots, x_n) \mid x_i \in A\}$.

3. 集列的上限集和下限集

若集族 $\{A_\alpha \mid \alpha \in I\}$ 的指标集 I 为可列集 $\mathbf{N}$，则称集族 $\{A_\alpha \mid \alpha \in I\}$ 为**集列** $\{A_n \mid n \in \mathbf{N}\}$. 可以定义集列 $\{A_n \mid n \in \mathbf{N}\}$ 的**下限集** $\varliminf\limits_{n \to \infty} A_n$ 和**上限集** $\varlimsup\limits_{n \to \infty} A_n$，即

$$\varliminf_{n \to \infty} A_n = \{x \mid \exists N(x) \in \mathbf{N},\ \forall n_k \geq N(x),\ x \in A_{n_k}\},$$

$$\varlimsup_{n \to \infty} A_n = \{x \mid \forall n \in \mathbf{N},\ \exists n_k > n,\ 使 x \in A_{n_k}\}.$$

根据上限集和下限集的定义有

$$\varliminf_{n \to \infty} A_n = \bigcup_{n=1}^{\infty} \bigcap_{m=n}^{\infty} A_m, \quad \varlimsup_{n \to \infty} A_n = \bigcap_{n=1}^{\infty} \bigcup_{m=n}^{\infty} A_m,$$

以及 $\bigcap\limits_{n=1}^{\infty} A_n \subseteq \varliminf\limits_{n \to \infty} A_n \subseteq \varlimsup\limits_{n \to \infty} A_n \subseteq \bigcup\limits_{n=1}^{\infty} A_n$.

例如，集列 $\{A_n \mid n \in \mathbf{N}\}$：$A_{2n+1} = \left[0, 2 - \dfrac{1}{2n-1}\right]$，$A_{2n} = \left[0, 1 + \dfrac{1}{2n}\right]$，$n \in \mathbf{N}$，有 $\varliminf\limits_{n \to \infty} A_n = [0,1]$，$\varlimsup\limits_{n \to \infty} A_n = [0,2)$.

命题 1 若集列 $\{A_n \mid n \in \mathbf{N}\}$ 满足 $\varliminf\limits_{n \to \infty} A_n = \varlimsup\limits_{n \to \infty} A_n$，则集列 $\{A_n \mid n \in \mathbf{N}\}$ 的极限集 $\lim\limits_{n \to \infty} A_n$ 存在，且 $\lim\limits_{n \to \infty} A_n = \varliminf\limits_{n \to \infty} A_n = \varlimsup\limits_{n \to \infty} A_n$.

若集列 $\{A_n \mid n \in \mathbf{N}\}$ 满足 $A_n \subseteq A_{n+1}$，$\forall n \in \mathbf{N}$，则集列 $\{A_n \mid n \in \mathbf{N}\}$ 称为**单调增加集列**. 若集列 $\{A_n \mid n \in \mathbf{N}\}$ 满足 $A_n \supseteq A_{n+1}$，$\forall n \in \mathbf{N}$，则集列 $\{A_n \mid n \in \mathbf{N}\}$ 称为**单调减少集列**. 单调增加集列和单调减少集列统称为**单调集列**.

命题 2 单调增加集列 $\{A_n \mid n \in \mathbf{N}\}$ 的极限集 $\lim\limits_{n \to \infty} A_n$ 存在，且 $\lim\limits_{n \to \infty} A_n = \bigcup\limits_{n=1}^{\infty} A_n$. 单调减少集列 $\{A_n \mid n \in \mathbf{N}\}$ 的极限集 $\lim\limits_{n \to \infty} A_n$ 存在，且 $\lim\limits_{n \to \infty} A_n = \bigcap\limits_{n=1}^{\infty} A_n$.

根据上限集和下限集的定义，以及集合的运算性质

$$A - \bigcap_{\alpha \in I} A_\alpha = \bigcup_{\alpha \in I} (A - A_\alpha), \quad A - \bigcup_{\alpha \in I} A_\alpha = \bigcap_{\alpha \in I} (A - A_\alpha),$$

可得

$$A - \varliminf_{n \to \infty} A_n = \varlimsup_{n \to \infty} (A - A_n), \quad A - \varlimsup_{n \to \infty} A_n = \varliminf_{n \to \infty} (A - A_n).$$

4. 公理化集合论

19 世纪末，Cantor 所创立的朴素集合论遇到了逻辑矛盾，例如 Russell 悖论. 20 世纪初，在数学家的努力下，完整的公理化集合体系建立起来了，即公理化集合论，由若干条公理来确定集合. 设 X,Y,Z 为集合.

① **外延公理**　两个集合相同，当且仅当它们拥有相同的元素. 即
$$\forall X,Y,\text{“}x\in X \Leftrightarrow x\in Y\text{”}\Leftrightarrow X=Y.$$

② **空集公理**　存在着一个不包含任何元素的集合，我们称之为**空集**，记为 $\varnothing$.

③ **配对公理**　$\forall X,Y,\exists Z,\text{“}w\in Z \Leftrightarrow w=X$ 或 $w=Y\text{”}$.

④ **并集公理**　$\forall X,\exists Y,\text{“}x\in Y \Leftrightarrow \exists Z\in X,\ x\in Z\text{”}$.

⑤ **幂集公理**　$\forall X,\exists Y,\text{“}x\in Y \Leftrightarrow x\subseteq X\text{”}$.

⑥ **无穷公理**　$\exists X,\varnothing\in X,\forall x\in X,\ x\cup\{x\}\in X$. 即存在含有无穷多元素的集合.

⑦ **子集公理**　$\forall X,P(x),\exists Y,\text{“}x\in Y \Leftrightarrow x\in X$ 且 x 满足 $P(x)\text{”}$. 即任意集合的子集仍是集合.

⑧ **选择公理**　$\forall$ 关系 R，$\exists$ 函数 F，$F\subset R$，$\mathrm{dom}(F)=\mathrm{dom}(R)$.

⑨ **正则公理**　$\forall A\neq\varnothing,\exists m\in A \Rightarrow m\cap A=\varnothing$.

⑩ **替代公理**　$\forall X,\forall$ 映射 $\varphi,\forall x\in X,\forall y_1,y_2$，使得 $x\varphi y_1$ 且 $x\varphi y_2 \Rightarrow y_1=y_2$，则 $\exists Y$，$\forall y\in Y,\exists x\in X,x\varphi y$. 即集合在一个映射下的像也是一个集合.

上述公理界定了集合的内涵和外延，并可避免朴素集合论中出现的 Russell 悖论.

1.2　映射

1. 关系

关系实际上是一种特殊形式的集合. 二元关系是以数偶为元素所组成的集合. 设 X,Y 为两非空集合，$x\in X$，$y\in Y$. 若 x,y 满足关系 R，则记为 xRy；若 x,y 不满足关系 R，则记为 $x\bar{R}y$. 称 $\mathrm{dom}(R)=\{x\in X\,|\,\exists y\in Y,\ xRy\}$ 为关系 R 的**定义域**，$\mathrm{ran}(R)=\{y\in Y\,|\,\exists x\in X,\ xRy\}$ 为关系 R 的**值域**. 二元关系 R 也可以用集合语言表示为 $R=\{(x,y)\in X\times Y\,|\,xRy\}$，显然 $R\subseteq\mathrm{dom}(R)\times\mathrm{ran}(R)\subseteq X\times Y$. 若 $Y=X$，则称**在集合 X 上建立关系 R**.

关系的内容相当广泛，一般所说的父子关系、夫妻关系、大小关系都属于关系的范畴. 关系也可以进行复合，例如，父子关系可以复合成祖孙关系. 复合的严格数学定义如下：

设 F,G 为两关系，F 与 G 的**复合**，记为 $F\circ G$，定义为
$$F\circ G=\{(x,y)\,|\,\exists z,\text{使得 }xFz,zGy\}.$$

$F^{-1}=\{(x,y)\,|\,yFx\}$ 称为 F 的**逆关系**.

命题 1 若 F, G, H 为任意关系，则有
$$(F \circ G) \circ H = F \circ (G \circ H), \quad (F^{-1})^{-1} = F.$$

设 R 为集合 X 上的关系. 如果 R 满足以下条件：

① $\forall a \in X, aRa$（自反性）；

② $\forall a, b \in X, aRb \Rightarrow bRa$（对称性）；

③ $\forall a, b, c \in X, aRb, bRc \Rightarrow aRc$（传递性），

则称 R 为 X 上的**等价关系**.

等价关系有很多，例如，全等关系、相似关系、相等关系都是等价关系.

设 R 是集合 X 上的等价关系，$\forall a \in X$，定义
$$[a] = \{x \in X \mid xRa\},$$

则 $[a]$ 称为 a **关于 R 的等价类**，a 称为 $[a]$ 的**代表元**. $\forall a, b \in X$，有 $[a] \cap [b] = \varnothing$ 或者 $[a] = [b]$.

X 关于 R 的所有等价类构成 X 的一个分割 $\{[x] \mid x \in X\}$，即 $\bigcup\limits_{x \in X} [x] = X$ 且当 $x \neq y$ 时，$[x] \cap [y] = \varnothing$. 这种以等价类为元素构成的集合 $\{[x] \mid x \in X\}$ 称为 X **关于 R 的商集**，记为 X / R. 例如，设 $[i] = \{m \in \mathbf{Z} \mid m = i \mod k, \ k \in \mathbf{N}\}$，$i = 0, 1, \cdots, k-1$，则 $\mathbf{Z} / \mathrm{mod} = \{[0], [1], \cdots, [k-1]\}$.

在集合 X 上也可以建立偏序关系. 如果关系 "$\prec$" 满足以下条件：

① $\forall a \in X, \ a \prec a$；

② 若 $a \prec b$，且 $b \prec a$，则 $a = b$；

③ 若 $a \prec b$，且 $b \prec c$，则 $a \prec c$，

则称关系 "$\prec$" 为集合 X 上的**偏序关系**. $a \prec b$ 有时也称 a 在 b 之前.

$\forall a, b \in X$，若 $a \prec b, \ b \prec a$ 之一成立，则称 X 的偏序关系 "$\prec$" 为 X 上的**全序关系**，此时 X 称为**全序集**.

设 X 为非空集合，关系 $\prec$ 是 X 上的偏序关系. 若 $Y \subset X$，$\exists x \in X$，使得 $\forall y \in Y$，有 $y \prec x$，则称 x 为 Y 的**上界**. 若 $Y \subset X$，$\exists x \in X$，使得 $\forall y \in Y$，有 $x \prec y$，则称 x 为 Y 的**下界**. 对于数集 $\mathbf{R}$，还可以定义确界.

设 X 为非空集合，关系 $\prec$ 是 X 上的偏序关系. 如果 $\exists y \in X$，使得 $\forall x \in X$，满足：若 $y \prec x$，则 $x = y$，那么称 y 为 X 的**极大元**.

Zorn 引理 若集合 X 的任意全序子集都有上界，则 X 存在极大元.

2. 映射

设 X, Y 为两非空集合，在 X, Y 上建立关系 f，$\mathrm{dom}(f) = X$，$\mathrm{ran}(f) \subseteq Y$，且
$$\forall x \in X, \ xfy_1, xfy_2 \Rightarrow y_1 = y_2,$$

则称 f 为**映射**，也可记为 $f: X \to Y$ 或 $y = f(x)$. $\forall a \in X$，$f(a)$ 称为 a 在 f 下的**像**，a 称为 $f(a)$ 的**原像**. X 称为 f 的**定义域**，即 $\mathrm{dom}(f) = X$，$\mathrm{ran}(f) = \{y \mid y = f(x), \ x \in X\}$

称为 f 的**值域**，$\mathrm{gr}(f)=\{(a,f(a))\,|\,a\in X\}\subseteq X\times Y$ 称为 f 的**图像**. 若 $A\subseteq X$，记 $f(A)=\{f(a)\,|\,a\in A\}$. 若 $B\subseteq Y$，记 $f^{-1}(B)=\{x\in X\,|\,f(x)\in B\}$.

设映射 $f:X\to Y$. 若由 $f(x_1)=f(x_2)$ 可推出 $x_1=x_2$，则称 f 为**单射**. 若 $f(X)=Y$，则称 f 为**满射**. 单射又称为**一对一的**，满射又称为**到上的**. 若 f 既为单射，又为满射，则称 f 为**一一映射**，也称**双射**.

设映射 $f:X\to Y$，$g:V\to W$，且 $Z=\mathrm{dom}(f)\cap f^{-1}(\mathrm{dom}(g))\neq\varnothing$，定义如下运算：
$$g\circ f:Z\to W,\ \forall x\in Z, g\circ f(x)=g(f(x)),$$
称 $g\circ f$ 为映射 f,g 的**复合**.

若映射 $f:X\to Y$，$g:X\to Y$，且 $\forall x\in X$，$f(x)=g(x)$，则称映射 f 和 g **相等**，记为 $f=g$.

记集合 X 上的恒等映射为 id_X. 设 $f:X\to Y$ 为一一映射，如果 f^{-1} 满足如下条件：
$$f\circ f^{-1}=\mathrm{id}_Y,\quad f^{-1}\circ f=\mathrm{id}_X,$$
则称映射 $f^{-1}:Y\to X$ 为 f 的**逆映射**. 若映射 $f:X\to Y$ 存在逆映射，则称映射 f 为**可逆映射**.

命题 2　若映射 $f:X\to Y$ 存在逆映射，则 f 的逆映射必唯一.

证　设 $g,h:Y\to X$ 为 $f:X\to Y$ 的逆映射. 由逆映射的定义有 $g\circ f=h\circ f=\mathrm{id}_X$，$f\circ g=f\circ h=\mathrm{id}_Y$，则
$$g=g\circ\mathrm{id}_Y=g\circ f\circ g=h\circ f\circ g=h\circ\mathrm{id}_Y=h.$$
故 f 的逆映射必唯一.

命题 3　设映射 $f:X\to Y$，在 X 上建立一等价关系 R：
$$x_1Rx_2\Leftrightarrow f(x_1)=f(x_2),$$
则存在映射 $\widetilde{f}:X/R\to Y$，且 $\widetilde{f}$ 为单射；若 $f(X)=Y$，则 $\widetilde{f}$ 为双射.

如此，可将映射 $f:X\to Y$ 进行分解，即存在映射 $\varphi:X\to X/R$，$\widetilde{f}:X/R\to f(X)$ 和 $I:f(X)\to Y$，使得 $f=I\circ\widetilde{f}\circ\varphi$.

设映射 $f:X\to Y$，$A\subseteq X$. 定义 $f\big|_A:A\to Y$ 如下：$\forall x\in A$，有 $f\big|_A(x)=f(x)$，称 $f\big|_A:A\to Y$ 为**映射 f 在 A 上的限制**. 若存在映射 $g:Z\to Y$，$X\subseteq Z$，使得 $g\big|_X=f$，则称 g 为**映射 f 在 Z 上的延拓**.

设映射 $f:X\times X\to Y$. 若 $Y=X$，则称 f 是定义在集 X 上的一个**二元运算**. 例如，实数的乘法或加法、向量的叉乘都是二元运算.

映射 $f:X\to Y$ 当 $Y=\mathbf{R}$ 或 $\mathbf{C}$ 时，通常称为 X 上的**实值函数**或**复值函数**. 可以看出，函数是一种特殊映射.

1.3 集合的势

若两非空集合 X, Y 之间存在一双射 $f: X \to Y$ ，则称集合 X, Y **等势**，记为 $X \sim Y$. 等势关系也是一种等价关系，即有：

① 集合 X 与自身等势，$X \sim X$ ；

② 若 $X \sim Y$ ，则 $Y \sim X$ ；

③ 若 $X \sim Y$ ，$Y \sim Z$ ，则 $X \sim Z$.

将空集关于等势关系 $\sim$ 的等价类记为 0；集合 $\{\varnothing, \{\varnothing\}\}$ 关于 $\sim$ 的等价类记为 1；集合 $\{\varnothing, \{\varnothing\}, \{\varnothing, \{\varnothing\}\}\}$ 关于 $\sim$ 的等价类记为 2……上述集合满足如下性质：$\forall X$ ，$\varnothing \in X$ ；$\forall x \in X$ ，$x \cup \{x\} \in X$. 根据无穷公理，$\exists Y$ ，$\varnothing \in Y$ ；$\forall x \in Y$ ，$x \cup \{x\} \in Y$. 因此可记 $Y = \{x \mid \forall X, x \in X\}$ ，若用等价类表示，则 $Y / \sim = \{0, 1, 2, \cdots, n, \cdots\}$. 这是由集合语言定义的自然数集，通常记 $Y / \sim$ 为 $\mathbf{N}$ ，记 $\mathbf{N}^+ = \mathbf{N} - \{0\}$.

在 $\mathbf{N}^+ \times \mathbf{N}^+$ 上定义关系 $\sim$ 如下：$\forall (a_1, b_1), (a_2, b_2) \in \mathbf{N}^+ \times \mathbf{N}^+$ ，

$$(a_1, b_1) \sim (a_2, b_2) \Leftrightarrow a_1 + b_2 = a_2 + b_1,$$

则 $(\mathbf{N}^+ \times \mathbf{N}^+) / \sim = \{[a - b] \mid (a, b) \in \mathbf{N}^+ \times \mathbf{N}^+\}$ 同构于整数集 $\mathbf{Z}$ ，其中

$$[a - b] = \{(x, y) \in \mathbf{N}^+ \times \mathbf{N}^+ \mid x + b = y + a\}.$$

在 $\mathbf{Z}$ 上可以定义通常的加法($+$)和乘法($\cdot$)，集合 $\mathbf{Z}$ 关于运算 $+$ 和 $\cdot$ 构成整环，即

$\forall a, b \in \mathbf{Z}$ ，$a + b \in \mathbf{Z}$ ，且 $(a + b) + c = a + (b + c)$ ；

$\exists 0 \in \mathbf{Z}$ ，$\forall a \in \mathbf{Z}$ ，$a + 0 = 0 + a = a$ ；

$\forall a \in \mathbf{Z}$ ，$\exists -a \in \mathbf{Z}$ ，$a + (-a) = (-a) + a = 0$ ；

$\forall a, b \in \mathbf{Z}$ ，$a + b = b + a$ ；

$\forall a, b \in \mathbf{Z}$ ，$a \cdot b \in \mathbf{Z}$ ，且 $(a \cdot b) \cdot c = a \cdot (b \cdot c)$ ；

$\exists 1 \in \mathbf{Z}$ ，$\forall a \in \mathbf{Z}$ ，$a \cdot 1 = 1 \cdot a = a$ ；

$\forall a, b, c \in \mathbf{Z}$ ，$a \cdot (b + c) = a \cdot b + a \cdot c$.

在 $\mathbf{Z} \times \mathbf{N}^+$ 上定义关系 $\sim$ 如下：$\forall (a_1, b_1), (a_2, b_2) \in \mathbf{Z} \times \mathbf{N}^+$ ，

$$(a_1, b_1) \sim (a_2, b_2) \Leftrightarrow a_1 \cdot b_2 = a_2 \cdot b_1,$$

则 $(\mathbf{Z} \times \mathbf{N}^+) / \sim = \left\{ \left[\dfrac{a}{b}\right] \middle| (a, b) \in \mathbf{Z} \times \mathbf{N}^+ \right\}$ 同构于有理数集 $\mathbf{Q}$ ，其中

$$\left[\frac{a}{b}\right] = \{(x, y) \in \mathbf{Z} \times \mathbf{N}^+ \mid x \cdot b = y \cdot a\}.$$

在 $\mathbf{Q}$ 上可以定义通常的加法($+$)和乘法($\cdot$)，集合 $\mathbf{Q}$ 关于运算 $+$ 和 $\cdot$ 构成域，即

$\forall a, b \in \mathbf{Q}$ ，$a + b \in \mathbf{Q}$ ，且 $(a + b) + c = a + (b + c)$ ；

$\exists 0 \in \mathbf{Q}, \ \forall a \in \mathbf{Q}, \ a+0=0+a=a$;

$\forall a \in \mathbf{Q}, \ \exists -a \in \mathbf{Q}, \ a+(-a)=(-a)+a=0$;

$\forall a,b \in \mathbf{Q}, \ a+b=b+a$;

$\forall a,b \in \mathbf{Q}, \ a \cdot b \in \mathbf{Q}, \ 且 (a \cdot b) \cdot c = a \cdot (b \cdot c)$;

$\exists 1 \in \mathbf{Q}, \ \forall a \in \mathbf{Q}, \ a \cdot 1 = 1 \cdot a = a$;

$\forall a \in \mathbf{Q}, \ a \neq 0, \ \exists a^{-1} \in \mathbf{Q}, \ a \cdot a^{-1} = a^{-1} \cdot a = 1$;

$\forall a,b \in \mathbf{Q}, \ a \cdot b = b \cdot a$;

$\forall a,b,c \in \mathbf{Q}, \ a \cdot (b+c) = a \cdot b + a \cdot c$.

本节严格区分 $\mathbf{N}^{+}$ 和 $\mathbf{N}$，以后仍计 $\mathbf{N}^{+}$ 为 $\mathbf{N}$.

设 X 为非空集合. 若 X 与 $\mathbf{N}$ 等势，则称 X 为**可数无穷集**. 由于存在双射 $f:\mathbf{Z} \to \mathbf{N}$，

$$f(0)=1, \quad f(-k)=2k, \quad f(k)=2k+1, \quad k \in \mathbf{N},$$

可知 $\mathbf{Z}$ 与 $\mathbf{N}$ 等势，故 $\mathbf{Z}$ 为可数无穷集.

由于 $\mathbf{Q}_n = \left\{ \dfrac{m}{n} \middle| m \in \mathbf{Z}, \ -n^2 \le m \le n^2 \right\}$ 为可数集，根据可数集的可数并为可数无穷集，可知 $\mathbf{Q} = \bigcup\limits_{n \in \mathbf{N}} \mathbf{Q}_n$ 为可数无穷集.

可以证明，2^X（2^X 为 X 的所有子集构成的集合，即 X 的幂集）的势大于 X 的势，因此 $2^{\mathbf{N}}$ 的势大于 $\mathbf{N}$ 的势，即 $2^{\mathbf{N}}$ 为不可数集.

在区间 $[0,1]$ 中去掉 $\left(\dfrac{1}{3},\dfrac{2}{3}\right)$，得到 $\left[0,\dfrac{1}{3}\right] \cup \left[\dfrac{2}{3},1\right]$；在 $\left[0,\dfrac{1}{3}\right]$ 内去掉 $\left(\dfrac{1}{9},\dfrac{2}{9}\right)$，在 $\left[\dfrac{2}{3},1\right]$ 内去掉 $\left(\dfrac{7}{9},\dfrac{8}{9}\right)$，得到 $\left[0,\dfrac{1}{9}\right] \cup \left[\dfrac{2}{9},\dfrac{1}{3}\right] \cup \left[\dfrac{2}{3},\dfrac{7}{9}\right] \cup \left[\dfrac{8}{9},1\right]$；按此方法继续下去构造一 Cantor 集：

$$\left[0,\dfrac{1}{3^k}\right] \cup \left[\dfrac{2}{3^k},\dfrac{1}{3^{k-1}}\right] \cup \cdots \cup \left[1-\dfrac{1}{3^{k-1}},1-\dfrac{2}{3^k}\right] \cup \left[1-\dfrac{1}{3^k},1\right], \quad k \in \mathbf{N}.$$

从直观上看，Cantor 集包含很少的点，实际上 Cantor 集和 $[0,1]$ 区间等势，即与 $\mathbf{R}$ 等势. Cantor 集是不含任何区间的闭集，即完全集.

连续统假设是一个著名的数学问题，它设法证明不存在集合 X 使得该集合的基数（势）介于 $\mathbf{N}$ 和 $\mathbf{R}$ 的基数（势）之间，即 $\mathbf{R}$ 是最小的不可数集.

1.4　度量

1. 度量与度量空间

设 X 为集合，映射 $d:X \times X \to \mathbf{R}$. 如果 d 满足以下条件：

① 正定性　$\forall x,y \in X$，$d(x,y) \ge 0$；$d(x,y)=0$ 当且仅当 $x=y$；

② 对称性　$\forall x,y\in X$，$d(x,y)=d(y,x)$；

③ 三角不等式　$\forall x,y,z\in X$，$d(x,y)\leq d(x,z)+d(y,z)$，

则称 d 为集合 X 上的**度量**．

定义了度量 d 的集合 X 称为**度量空间**，记为 (X,d)．

当 $X=\mathbf{Q}$ 时，定义 $d(x,y)=\left|x-y\right|$，$\forall x,y\in\mathbf{Q}$；当 $X=\mathbf{R}$ 时，定义 $d(x,y)=\left|x-y\right|$，$\forall x,y\in\mathbf{R}$；当 $X=\mathbf{C}$ 时，定义 $d(x,y)=\left|x-y\right|$，$\forall x,y\in\mathbf{C}$，则 $(\mathbf{Q},d),(\mathbf{R},d),(\mathbf{C},d)$ 构成度量空间．

在度量空间 (X,d) 中，可以定义点列 $\{x_n\}$ 的极限：若 $\lim\limits_{n\to+\infty}d(x_n,x)=0$，即 $\exists x\in X$，$\forall\varepsilon>0$，$\exists n(\varepsilon)\in\mathbf{N}$，当 $n\in\mathbf{N}$，$n\geq n(\varepsilon)$ 时，有 $d(x_n,x)<\varepsilon$，则称**点列** $\{x_n\}$ **收敛于** x，即 x 是 $\{x_n\}$ 的**极限**．

在度量空间中，还可以定义 Cauchy 序列 $\{x_n\}$：若 $\lim\limits_{n,m\to+\infty}d(x_n,x_m)=0$，即 $\forall\varepsilon>0$，$\exists n(\varepsilon)\in\mathbf{N}$，当 $n,m\in\mathbf{N}$，$n,m\geq n(\varepsilon)$ 时，有 $d(x_n,x_m)<\varepsilon$，则称 $\{x_n\}$ 是一个 Cauchy 序列．

若度量空间 (X,d) 中的任意 Cauchy 序列在其内均收敛，则该度量空间称为**完备度量空间**．

2. 有理数集 Q 的不完备性

可以在度量空间 $(\mathbf{Q},d)$ 中定义 Cauchy 序列．若有理序列 $\{x_n\}$ 满足：$\forall\varepsilon\in\mathbf{Q}^+$，$\exists n(\varepsilon)\in\mathbf{N}$，当 $n,m\in\mathbf{N}$，$n,m\geq n(\varepsilon)$ 时，有 $\left|x_n-x_m\right|<\varepsilon$，则称 $\{x_n\}$ 是 $(\mathbf{Q},d)$ 中的 Cauchy 序列，即通常说的 Cauchy 有理序列．

在 $(\mathbf{Q},d)$ 中存在不收敛的 Cauchy 有理序列. 例如有理序列 $\{x_n\}$：$x_n=\sum\limits_{k=0}^{n}\dfrac{1}{k!}$，$\forall\varepsilon\in\mathbf{Q}^+$，$\exists n(\varepsilon)\in\mathbf{N}$，当 $n,p\in\mathbf{N}$，$n\geq n(\varepsilon)$ 时，有

$$x_{n+p}-x_n=\sum_{k=0}^{n+p}\frac{1}{k!}-\sum_{k=0}^{n}\frac{1}{k!}=\frac{1}{(n+1)!}+\frac{1}{(n+2)!}+\cdots+\frac{1}{(n+p)!}$$

$$<\frac{1}{(n+1)!}\left[1+\frac{1}{n+1}+\frac{1}{(n+1)^2}+\cdots+\frac{1}{(n+1)^{p-1}}\right]$$

$$<\frac{1}{(n+1)!}\cdot\frac{1}{1-\dfrac{1}{n+1}}=\frac{1}{n\cdot n!}<\varepsilon,$$

故有理序列 $\{x_n\}$ 为 Cauchy 有理序列．而 $\lim\limits_{n\to+\infty}x_n=\mathrm{e}\notin\mathbf{Q}$，这是因为 $\forall k\in\mathbf{N}$，有

$$x_n < x_{n+k} < x_n + \frac{1}{n \cdot n!} < x_n + \frac{1}{n!}.$$

上式中令 $k \to +\infty$ 有 $x_n < \mathrm{e} < x_n + \frac{1}{n!}$. 若 e 为有理数，记 $\mathrm{e} = \dfrac{q}{p}$，则有

$$x_n < \frac{q}{p} < x_n + \frac{1}{n!}.$$

令 $n = p$ 有 $x_p < \dfrac{q}{p} < x_p + \dfrac{1}{p!}$，于是 $p! x_p < (p-1)! q < p! x_p + 1$，因此

$$0 < (p-1)! q - p! x_p < 1.$$

由于 $(p-1)! q - p! x_p$ 为整数，上式矛盾，故 $(\mathbf{Q}, d)$ 中存在不收敛的 Cauchy 有理序列.

再比如有理序列 $\{x_n\}$：$x_n = \displaystyle\sum_{k=1}^{n} \frac{1}{k^2}$，$\forall \varepsilon \in \mathbf{Q}^+$，$\exists n(\varepsilon) = \left[\dfrac{1}{\varepsilon} \right] + 1 \in \mathbf{N}$，当 $n, p \in \mathbf{N}$，$n \geq n(\varepsilon)$ 时，有

$$x_{n+p} - x_n = \sum_{k=1}^{n+p} \frac{1}{k^2} - \sum_{k=1}^{n} \frac{1}{k^2} = \frac{1}{(n+1)^2} + \frac{1}{(n+2)^2} + \cdots + \frac{1}{(n+p)^2}$$

$$< \frac{1}{n(n+1)} + \frac{1}{(n+1)(n+2)} + \cdots + \frac{1}{(n+p-1)(n+p)}$$

$$< \frac{1}{n} - \frac{1}{n+p} < \frac{1}{n} < \varepsilon,$$

故有理序列 $\{x_n\}$ 为 Cauchy 有理序列. 而 $\displaystyle\lim_{n \to +\infty} x_n = \frac{\pi^2}{6}$，下面证明 $\pi \notin \mathbf{Q}$.

设 $\{a_n(x)\}, \{b_n(x)\}$ 为两函数序列，且满足

$$a_0(x) = \sin x, \quad a_{n+1}(x) = \int_0^x y a_n(y) \, \mathrm{d} y,$$

$$b_0(x) = \frac{\sin x}{x}, \quad b_{n+1}(x) = -\frac{1}{x} b_n'(x).$$

由递推可得

$$a_n(x) = \sum_{k=0}^{+\infty} \frac{(-1)^k x^{2n+2k+1}}{(2n+2k+1)!! (2k)!!}, \quad b_n(x) = \sum_{k=0}^{+\infty} \frac{(-1)^k x^{2k}}{(2n+2k+1)!! (2k)!!}.$$

故 $a_n(x) = x^{2n+1} b_n(x)$，因此

$$a_{n+1}(x) = x^{2n+3} b_{n+1}(x) = -x^{2n+2} b_n'(x) = -x^{2n+2} \frac{\mathrm{d}}{\mathrm{d} x} (x^{-2n-1} a_n(x))$$

$$= -x^{2n+2} \left[-(2n+1) x^{-2n-2} a_n(x) + x^{-2n-1} a_n'(x) \right]$$

$$= (2n+1) a_n(x) - x^2 a_{n-1}(x).$$

由 $a_0(x) = \sin x$，可知 $a_1(x) = \int_0^x y \sin y\,\mathrm{d}y = -x\cos x + \sin x$. 因此

$$a_n(x) = p_m(x^2)\sin x + x q_m(x^2)\cos x,$$

其中 $p_m(x^2), q_m(x^2)$ 为 x^2 的 m 次多项式，$m = \left[\dfrac{n}{2}\right]$，故 $a_n\left(\dfrac{\pi}{2}\right) = p_m\left(\dfrac{\pi^2}{4}\right)$.

下面用数学归纳法证明：

$$b_n(x) = \frac{1}{2^n n!}\int_0^1 (1-z^2)^n \cos xz\,\mathrm{d}z.$$

当 $n=0$ 时，显然 $b_0(x) = \dfrac{\sin x}{x} = \int_0^1 \cos xz\,\mathrm{d}z$. 假设 $n=k$ 时上式成立. 则当 $n=k+1$ 时有

$$
\begin{aligned}
b_{k+1}(x) &= -\frac{1}{x}\frac{\mathrm{d}}{\mathrm{d}x}\left[\frac{1}{2^k k!}\int_0^1 (1-z^2)^k \cos xz\,\mathrm{d}z\right]\\
&= \frac{1}{x}\frac{1}{2^k k!}\int_0^1 z(1-z^2)^k \sin xz\,\mathrm{d}z\\
&= -\frac{1}{x}\frac{1}{2^{k+1}(k+1)!}\int_0^1 \sin xz\,\mathrm{d}(1-z^2)^{k+1}\\
&= -\frac{1}{x}\frac{1}{2^{k+1}(k+1)!}\left[((1-z^2)^{k+1}\sin xz)\Big|_{z=0}^{z=1} - x\int_0^1 (1-z^2)^{k+1}\cos xz\,\mathrm{d}z\right]\\
&= \frac{1}{2^{k+1}(k+1)!}\int_0^1 (1-z^2)^{k+1}\cos xz\,\mathrm{d}z.
\end{aligned}
$$

故 $\forall n\in \mathbf{N}$，$b_n(x) = \dfrac{1}{2^n n!}\int_0^1 (1-z^2)^n \cos xz\,\mathrm{d}z$. 因此

$$a_n(x) = x^{2n+1}b_n(x) = \frac{x^{2n+1}}{2^n n!}\int_0^1 (1-z^2)^n \cos xz\,\mathrm{d}z.$$

假设 π 为有理数，则 $\dfrac{\pi^2}{4} = \dfrac{q}{p}$，其中 $p,q\in\mathbf{Z}$，且 p,q 互质. 由于 $a_n\left(\dfrac{\pi}{2}\right) = p_{[n/2]}\left(\dfrac{\pi^2}{4}\right)$，则 $p^{[n/2]}a_n\left(\dfrac{\pi}{2}\right)\in\mathbf{Z}$. 而

$$
\begin{aligned}
p^{[n/2]}a_n\left(\frac{\pi}{2}\right) &= p^{[n/2]}\frac{1}{2^n n!}\left(\frac{\pi}{2}\right)^{2n+1}\int_0^1 (1-z^2)^n \cos\frac{\pi}{2}z\,\mathrm{d}z\\
&= p^{[n/2]}\frac{1}{2^n n!}\left(\frac{q}{p}\right)^{n+\frac{1}{2}}\int_0^1 (1-z^2)^n \cos\frac{\pi}{2}z\,\mathrm{d}z\\
&\to 0 \quad (n\to\infty),
\end{aligned}
$$

因此当 n 充分大时，$0 < p^{[n/2]} a_n \left(\dfrac{\pi}{2} \right) < 1$，与 $p^{[n/2]} a_n \left(\dfrac{\pi}{2} \right) \in \mathbf{Z}$ 矛盾. 故 $\pi \notin \mathbf{Q}$.

上述论证表明 $(\mathbf{Q}, d)$ 不是完备度量空间，但它可以完备化为完备度量空间.

3. 实数集 R 及 R 中的结构

$(\mathbf{Q}, d)$ 中的 Cauchy 有理序列 $\{x_n\}$ 构成集合

$$E = \left\{ \{x_n\} \Big| x_n \in \mathbf{Q}, \ \lim_{n,m \to \infty} |x_n - x_m| = 0 \right\},$$

在 E 上建立关系 "$\sim$" 如下：$\forall \{x_n\}, \{y_n\} \in E$，

$$\{x_n\} \sim \{y_n\} \Leftrightarrow \lim_{n \to \infty} |x_n - y_n| = 0,$$

则 $E/\!\sim = \{[\{x_n\}] | \{x_n\} \in E\}$ 同构于 $\mathbf{R}$，其中 $[\{x_n\}]$ 为 $\{x_n\}$ 关于 $\sim$ 的等价类，实数集 $\mathbf{R}$ 可以看作是由所有这些等价类构成的集合，因为 $\forall a \in \mathbf{R}$，$\exists \{x_n\} \in E$，使得 $a = [\{x_n\}]$. 设 $x = [\{x_n\}]$，$y = [\{y_n\}]$，定义

$$x + y = [\{x_n + y_n\}], \quad x \cdot y = [\{x_n y_n\}],$$

如此定义的加法和乘法与通常的加法和乘法一致.

$\mathbf{R}$ 关于通常的加法 $(+)$ 和乘法 $(\cdot)$ 构成域，即

$\forall a, b \in \mathbf{R}$，有 $a + b \in \mathbf{R}$，且 $(a+b)+c = a+(b+c)$；

$\exists 0 \in \mathbf{R}$，$\forall a \in \mathbf{R}$，有 $a + 0 = 0 + a = a$；

$\forall a \in \mathbf{R}$，$\exists -a \in \mathbf{R}$，使得 $a+(-a) = (-a)+a = 0$；

$\forall a, b \in \mathbf{R}$，有 $a + b = b + a$；

$\forall a, b \in \mathbf{R}$，有 $a \cdot b \in \mathbf{R}$，且 $(a \cdot b) \cdot c = a \cdot (b \cdot c)$；

$\exists 1 \in \mathbf{R}$，$\forall a \in \mathbf{R}$，有 $a \cdot 1 = 1 \cdot a = a$；

$\forall a \in \mathbf{R}$，且 $a \neq 0$，$\exists a^{-1} \in \mathbf{R}$，使得 $a \cdot a^{-1} = a^{-1} \cdot a = 1$；

$\forall a, b \in \mathbf{R}$，有 $a \cdot b = b \cdot a$；

$\forall a, b, c \in \mathbf{R}$，有 $a \cdot (b+c) = a \cdot b + a \cdot c$.

在 $\mathbf{R}$ 上建立关系 "$\leq$" 满足如下性质：

① $\forall a \in \mathbf{R}$，有 $a \leq a$；

② $\forall a, b \in \mathbf{R}$，若 $a \leq b$ 且 $b \leq a$，则 $a = b$；

③ $\forall a, b, c \in \mathbf{R}$，若 $a \leq b$ 且 $b \leq c$，则 $a \leq c$，

则关系 "$\leq$" 为 $\mathbf{R}$ 上的偏序关系. 实际上该偏序关系 "$\leq$" 为 $\mathbf{R}$ 上的全序关系，即 $\forall a, b \in \mathbf{R}$，$a \leq b$ 和 $b \leq a$ 之一成立.

下面说明 $\mathbf{Q}$ 在 $\mathbf{R}$ 中稠密.

设 $f: \mathbf{Q} \to \tilde{\mathbf{Q}}$，$f(a) = \tilde{a}$，$a \in \mathbf{Q}$，其中 $\tilde{\mathbf{Q}}$ 是由收敛于有理数的 Cauchy 有理序列关于上述关系 $\sim$ 的等价类的集合，则 f 是 $\mathbf{Q}$ 上的保序同构映射，即 $f: \mathbf{Q} \to \tilde{\mathbf{Q}}$ 为双射，且

满足

$\forall a,b\in\mathbf{Q}$，$f(a+b)=f(a)+f(b)$，$f(a\cdot b)=f(a)\cdot f(b)$；

$\forall a,b\in\mathbf{Q}$，若 $a<b$，则 $f(a)<f(b)$.

命题　$\forall a,b\in\mathbf{R}$，$a<b$，若 $\exists c\in\mathbf{Q}$，使得 $a<f(c)<b$，则 $\mathbf{Q}$ 在 $\mathbf{R}$ 中稠密.

在度量空间 $(\mathbf{R},d)$ 中也可以建立开集、闭集、邻域、聚点等概念.

我们称 $B(a,\delta)=\{x\in\mathbf{R}\,\big|\,|x-a|<\delta\}$ 为点 $a\in\mathbf{R}$ 处的**邻域**. 称 $B^{\circ}(a,\delta)=\{x\in\mathbf{R}\,\big|\,0<|x-a|<\delta\}$ 为点 $a\in\mathbf{R}$ 处的**去心邻域**.

设集合 $X\subseteq\mathbf{R}$，若 $\forall x\in X$，$\exists\delta_x>0$，使得 $B(x,\delta_x)\subseteq X$，则称 X 为 $\mathbf{R}$ 中的**开集**. 设集合 $Y\subseteq\mathbf{R}$，若 $\mathbf{R}-Y$ 为 $\mathbf{R}$ 中的开集，则称 Y 为 $\mathbf{R}$ 中的**闭集**. 显然，开区间 (a,b) 为 $\mathbf{R}$ 中的开集，闭区间 $[a,b]$ 为 $\mathbf{R}$ 中的闭集.

设 $X\subseteq\mathbf{R}$，$a\in\mathbf{R}$，若 $\forall\delta>0$，有 $X\cap B^{\circ}(a,\delta)\neq\varnothing$，则称 a 为 X 的**聚点**. $\forall\delta>0$，有 $X\cap(a,a+\delta)\neq\varnothing$，则称 a 为 X 的**右侧聚点**. 若 $\forall\delta>0$，有 $X\cap(a-\delta,a)\neq\varnothing$，则称 a 为 X 的**左侧聚点**.

4. 实数序列的极限

在 $(\mathbf{R},d)$ 中可以定义实数序列 $\{x_n\}$ 的极限. 若 $\exists a\in\mathbf{R}$，$\forall\varepsilon>0$，$\exists N\in\mathbf{N}$，$\forall n\in\mathbf{N}$，$n\geq N$，有 $|x_n-a|<\varepsilon$，则称实数序列 $\{x_n\}$ **收敛于** a，记为 $\lim\limits_{n\to\infty}x_n=a$. 若 $\forall M>0$，$\exists N\in\mathbf{N}$，$\forall n\in\mathbf{N}$，$n\geq N$，有 $x_n>M$，则称 x_n **趋于正无穷**，记为 $\lim\limits_{n\to\infty}x_n=+\infty$. 若 $\forall m<0$，$\exists N\in\mathbf{N}$，$\forall n\in\mathbf{N}$，$n\geq N$，有 $x_n<m$，则称 x_n **趋于负无穷**，记为 $\lim\limits_{n\to\infty}x_n=-\infty$. 若 $\exists\varepsilon_0>0$，$\forall N\in\mathbf{N}$，$\exists n\in\mathbf{N}$，$n\geq N$，有 $|x_n-a|\geq\varepsilon_0$，则称 x_n 的**极限不存在**. 若 $\lim\limits_{n\to\infty}x_n=\pm\infty$ 或 x_n 的极限不存在，则称实数序列 $\{x_n\}$ **不收敛**.

由实数序列的极限定义可推出：

$$\lim_{n\to\infty}\frac{1}{n}=0，\quad \lim_{n\to\infty}q^n=0\ (|q|<1)，\quad \lim_{n\to\infty}a^{1/n}=1\ (a>0).$$

实数序列的极限有如下性质：

性质 1.1　若实数序列 $\{x_n\}$ 收敛，且 $\lim\limits_{n\to\infty}x_n=a$，$\lim\limits_{n\to\infty}x_n=b$，则 $a=b$.

性质 1.2　若实数序列 $\{x_n\}$ 收敛于 a，则 $\exists M>0$，$\forall n\in\mathbf{N}$，有 $|x_n|\leq M$.

性质 1.3　设 $\{x_n\},\{y_n\}$ 为两收敛的实数序列. 若 $\exists N\in\mathbf{N}$，$\forall n\in\mathbf{N}$，$n\geq N$，有 $x_n\leq y_n$，则 $\lim\limits_{n\to\infty}x_n\leq\lim\limits_{n\to\infty}y_n$.

性质 1.4　若 $\{x_n\},\{y_n\}$ 为两收敛的实数序列，则 $\{x_n+y_n\},\{x_n\cdot y_n\}$ 均收敛，且

$$\lim_{n\to\infty}(x_n+y_n)=\lim_{n\to\infty}x_n+\lim_{n\to\infty}y_n，\quad \lim_{n\to\infty}(x_n\cdot y_n)=\lim_{n\to\infty}x_n\cdot\lim_{n\to\infty}y_n.$$

性质 1.5　设 $\{x_n\}, \{y_n\}, \{z_n\}$ 为实数序列. 若 $\exists N \in \mathbf{N}$，$\forall n \in \mathbf{N}$，$n \geq N$，有 $y_n \leq x_n \leq z_n$，且 $\lim\limits_{n \to \infty} y_n = \lim\limits_{n \to \infty} z_n = a$，则 $\{x_n\}$ 收敛，且 $\lim\limits_{n \to \infty} x_n = a$.

例 1　求 $\lim\limits_{n \to \infty} n^{1/n}$ 的值.

解　令 $x = n^{1/n} - 1$，则 $x > 0$，且

$$n = (1+x)^n = 1 + nx + \frac{n(n-1)}{2} x^2 + \cdots + x^n$$

$$> \frac{n(n-1)}{2} x^2 > \frac{n^2}{4} x^2 \quad (n > 2).$$

故 $0 < x = n^{1/n} - 1 < \dfrac{2}{\sqrt{n}}$. 由性质 1.5 可得 $\lim\limits_{n \to \infty} n^{1/n} = 1$.

例 2　求实数序列 $\{x_n\}$：$x_n = \dfrac{1}{\sqrt{n^2+1}} + \dfrac{1}{\sqrt{n^2+2}} + \cdots + \dfrac{1}{\sqrt{n^2+n}}$ 的极限.

解　因为

$$\frac{n}{\sqrt{n^2+n}} < \frac{1}{\sqrt{n^2+1}} + \frac{1}{\sqrt{n^2+2}} + \cdots + \frac{1}{\sqrt{n^2+n}} < \frac{n}{\sqrt{n^2+1}},$$

且 $\lim\limits_{n \to \infty} \dfrac{n}{\sqrt{n^2+n}} = \lim\limits_{n \to \infty} \dfrac{n}{\sqrt{n^2+1}} = 1$，由性质 1.5 可得 $\lim\limits_{n \to \infty} x_n = 1$.

实数序列 $\{x_n\}$ 的极限也可以如下定义：$\exists a \in \mathbf{R}$，$\forall \varepsilon > 0$，$\exists N \in \mathbf{N}$，$\forall n \in \mathbf{N}$，$n \geq N$，有 $x_n \in B(a, \varepsilon)$，则称实数序列 $\{x_n\}$ **收敛于** a，记为 $\lim\limits_{n \to \infty} x_n = a$.

5. 实数集 R 的完备性

在 $(\mathbf{R}, d)$ 中也可以定义 Cauchy 序列. 若实数序列 $\{x_n\}$ 满足：$\forall \varepsilon > 0$，$\exists n(\varepsilon) \in \mathbf{N}$，当 $n, m \in \mathbf{N}$，$n, m \geq n(\varepsilon)$ 时，有 $\left| x_n - x_m \right| < \varepsilon$，则称 $\{x_n\}$ 是 $(\mathbf{R}, d)$ 中的 **Cauchy 序列**，即通常说的 **Cauchy 实数序列**.

下述定理 1.1 表明 $(\mathbf{R}, d)$ 中的任意 Cauchy 序列均收敛，故 $(\mathbf{R}, d)$ 为完备度量空间.

定理 1.1（Cauchy 准则）　设 $\{x_n\}$ 为实数序列. $\{x_n\}$ 为 Cauchy 序列当且仅当 $\{x_n\}$ 在 $\mathbf{R}$ 中收敛，即 $\{x_n\} \subset \mathbf{R}$，$\lim\limits_{n, m \to \infty} \left| x_n - x_m \right| = 0$，当且仅当 $\exists x \in \mathbf{R}$，$\lim\limits_{n \to \infty} \left| x_n - x \right| = 0$.

证　必要性. 若 $\exists x \in \mathbf{R}$，有 $\lim\limits_{n \to \infty} \left| x_n - x \right| = 0$，则 $\forall \varepsilon > 0$，$\exists N \in \mathbf{N}$，$\forall n, m \in \mathbf{N}$，$n, m \geq N$，有 $\left| x_n - x \right| < \dfrac{\varepsilon}{2}$，$\left| x_m - x \right| < \dfrac{\varepsilon}{2}$. 因此

$$\left| x_n - x_m \right| < \left| x_n - x \right| + \left| x_m - x \right| < \frac{\varepsilon}{2} + \frac{\varepsilon}{2} < \varepsilon.$$

故 $\{x_n\}$ 为 Cauchy 实数序列.

充分性. 若 $\{x_n\}$ 为 Cauchy 实数序列, 则 $\forall \varepsilon > 0$, $\exists N_1 \in \mathbf{N}$, $\forall n, m \subset \mathbf{N}$, $n, m \geq N_1$, 有 $\left| x_n - x_m \right| < \dfrac{\varepsilon}{3}$.

显然, $\forall x_n \in \mathbf{R}$, $\exists r_n \in \mathbf{Q}$, 使得 $\left| x_n - r_n \right| < \dfrac{1}{n}$, 以及 $\left[\left\{ \dfrac{1}{n} \right\} \right] = 0$.

对于上述 ε, $\exists N_2 \in \mathbf{N}$, $\forall n, m \in \mathbf{N}$, $n, m \geq N_2$, 有 $\dfrac{1}{n} < \dfrac{\varepsilon}{3}$, $\dfrac{1}{m} < \dfrac{\varepsilon}{3}$.

取 $N_0 = \max\{N_1, N_2\}$, 则 $\forall \varepsilon > 0$, $\exists N_0 \in \mathbf{N}$, $\forall n, m \in \mathbf{N}$, $n, m \geq N_0$, 有
$$\left| r_n - r_m \right| \leq \left| r_n - x_n \right| + \left| x_n - x_m \right| + \left| x_m - r_m \right|$$
$$< \frac{1}{n} + \frac{\varepsilon}{3} + \frac{1}{m} < \frac{\varepsilon}{3} + \frac{\varepsilon}{3} + \frac{\varepsilon}{3} < \varepsilon.$$

故 $\{r_n\}$ 为 Cauchy 有理序列, 因此 $\exists x \in \mathbf{R}$, 使得 $x = [\{r_n\}]$, 即 $\lim\limits_{n \to \infty} r_n = x$. 于是 $\forall \varepsilon > 0$, $\exists N_3 \in \mathbf{N}$, $\forall n \in \mathbf{N}$, $n \geq N_3$, 有 $\left| r_n - x \right| < \dfrac{\varepsilon}{3}$.

取 $N = \max\{N_0, N_3\}$, 则 $\forall \varepsilon > 0$, $\exists N \in \mathbf{N}$, $\forall n \in \mathbf{N}$, $n \geq N$, 有
$$\left| x_n - x \right| \leq \left| x_n - r_n \right| + \left| r_n - x \right| < \frac{1}{n} + \frac{\varepsilon}{3} < \frac{\varepsilon}{3} + \frac{\varepsilon}{3} < \varepsilon.$$

故 $\{x_n\}$ 收敛于 x.

设 $X \subseteq \mathbf{R}$ 为一非空集合. 若 $\exists M \in \mathbf{R}$, 使得 $\forall x \in X$ 有 $x \leq M$, 则称 M 为 X 的**上界**, 也称 X 为**上有界集**. 若 $\exists m \in \mathbf{R}$, 使得 $\forall x \in X$ 有 $x \geq m$, 则称 m 为 X 的**下界**, 也称 X 为**下有界集**. 若 X 既是上有界集, 又是下有界集, 则称 X 为**有界集**.

若 X 为上有界集, A 为 X 的上界, 且对 X 的任意上界 M, 有 $A \leq M$, 则称 A 为 X 的**上确界**, 记为 $A = \sup X$. 若 X 为下有界集, B 为 X 的下界, 且对 X 的任意下界 m, 有 $B \geq m$, 则称 B 为 X 的**下确界**, 记为 $B = \inf X$.

若 $A = \sup X$, 则 $\forall x \in X$, $x \leq A$, 且 $\forall \varepsilon > 0$, $\exists \alpha \in X$, 使得 $\alpha > A - \varepsilon$.

若 $B = \inf X$, 则 $\forall x \in X$, $x \geq B$, 且 $\forall \varepsilon > 0$, $\exists \beta \in X$, 使得 $\beta < B + \varepsilon$.

定理 1.2（确界存在定理）　设 $X \subseteq \mathbf{R}$ 为一非空集合. 若 X 有上界, 即 $\forall x \in X$, $\exists M \in \mathbf{R}$, 有 $x \leq M$, 则 X 有上确界, $\exists A \in \mathbf{R}$, $A = \sup\limits_{x \in X}\{x\}$, 即 $\forall x \in X$, $\exists A \in \mathbf{R}$, 使得 $x \leq A$, 且 $\forall \varepsilon > 0$, $\exists y \in X$, 使得 $y > A - \varepsilon$. 若 X 有下界, 即 $\forall x \in X$, $\exists m \in \mathbf{R}$, 有 $x \geq m$, 则 X 有下确界, $\exists B \in \mathbf{R}$, $B = \inf\limits_{x \in X}\{x\}$, 即 $\forall x \in X$, $\exists B \in \mathbf{R}$, 使得 $x \geq B$, 且 $\forall \varepsilon > 0$, $\exists y' \in X$, 使得 $y' < B + \varepsilon$.

证　设 X 为上有界集, $a_0 \in X$, b_0 为 X 的上界. 若 $\dfrac{1}{2}(a_0 + b_0) \in X$, 则取

$a_1 > \dfrac{1}{2}(a_0 + b_0)$ 且 $a_1 \in X$，取 $b_1 = b_0$．若 $\dfrac{1}{2}(a_0 + b_0)$ 为 X 的上界，则取 $a_1 = a_0$，

$b_1 = \dfrac{1}{2}(a_0 + b_0)$．显然 $a_1 \in X$，b_1 为 X 的上界，且 $b_1 - a_1 \leq \dfrac{1}{2}(b_0 - a_0)$．

按照上述方法可构造序列 $\{a_n\}, \{b_n\}$，使得 $a_n \in X$，b_n 为 X 的上界，且

$$a_n \leq a_{n+1} \leq b_{n+1} \leq b_n, \quad b_n - a_n \leq \dfrac{1}{2^n}(b_0 - a_0).$$

因此 $\lim\limits_{n \to \infty}(b_n - a_n) = 0$．于是 $\forall \varepsilon > 0$，$\exists N \in \mathbf{N}$，使得 $b_N - a_N < \varepsilon$．故 $\forall n, k \in \mathbf{N}$，$n \geq N$，

有 $a_N \leq a_n \leq a_{n+k} \leq b_{n+k} \leq b_n \leq b_N$．因此

$$\left| a_{n+k} - a_n \right| \leq b_N - a_N < \varepsilon,$$

即 $\{a_n\}$ 为 Cauchy 序列．由定理 1.1 可得，$\exists A \in \mathbf{R}$，使得 $\lim\limits_{n \to \infty} a_n = A$．进一步可得

$$\lim\limits_{n \to \infty} b_n = \lim\limits_{n \to \infty}(b_n - a_n) + \lim\limits_{n \to \infty} a_n = A.$$

由于 $\forall x \in X$，有 $x \leq b_n$，根据实数序列极限的性质 1.3，可得 $x \leq A$，故 A 为 X 的
上界．设 M 为 X 的任意上界，则 $a_n \leq M$，根据实数序列极限的性质 1.3，可得
$A \leq M$．因此 $A = \sup X$，为 X 的上确界．

若 X 有下界，则 $\{-x \mid x \in X\}$ 有上界．由上述证明可知 $\{-x \mid x \in X\}$ 有上确界
$\sup\{-x \mid x \in X\}$．由上、下确界的定义可知 X 有下确界 $\inf X$，且

$$\inf X = -\sup\{-x \mid x \in X\}.$$

设 $X = \{x_n \mid x_n \in \mathbf{R},\ n \in \mathbf{N}\}$．若 X 有上界，则称**实数序列** $\{x_n\}$ **有上界**；若 X 有
下界，则称**实数序列** $\{x_n\}$ **有下界**．若 $\forall n \in \mathbf{N}$ 有 $x_n \leq x_{n+1}$，则称**实数序列** $\{x_n\}$ **为单调
上升序列**；若 $\forall n \in \mathbf{N}$ 有 $x_n \geq x_{n+1}$，则称**实数序列** $\{x_n\}$ **为单调下降序列**．

定理 1.3（单调有界序列收敛）　设 $\{x_n\}$ 为实数序列．若 $\forall n \in \mathbf{N}$，$x_n \leq x_{n+1}$，且
$\exists M \in \mathbf{R}$，$x_n \leq M$，则 $\exists x \in \mathbf{R}$，$\lim\limits_{n \to \infty}\left| x_n - x \right| = 0$；若 $\forall n \in \mathbf{N}$，$x_n \geq x_{n+1}$，且 $\exists m \in \mathbf{R}$，
$x_n \geq m$，则 $\exists x' \in \mathbf{R}$，$\lim\limits_{n \to \infty}\left| x_n - x' \right| = 0$．

证　设 $\{x_n\}$ 为单调上升有界序列，则 $X = \{x_n \mid n \in \mathbf{N}\}$ 有上界．由定理 1.2 可知 X
有上确界 $\sup X = \sup\limits_{n \in \mathbf{N}}\{x_n\}$．由确界的性质有：$\forall \varepsilon > 0$，$\exists N \in \mathbf{N}$，使得

$$\sup\limits_{n \in \mathbf{N}}\{x_n\} - \varepsilon < x_N \leq \sup\limits_{n \in \mathbf{N}}\{x_n\}.$$

因此，$\forall n \in \mathbf{N}$，$n \geq N$，有

$$\sup\limits_{n \in \mathbf{N}}\{x_n\} - \varepsilon < x_N \leq x_n < \sup\limits_{n \in \mathbf{N}}\{x_n\} + \varepsilon.$$

故 $\left| x_n - \sup\limits_{n \in \mathbf{N}}\{x_n\} \right| < \varepsilon$．于是 $\lim\limits_{n \to \infty} x_n = \sup\limits_{n \in \mathbf{N}}\{x_n\}$．

类似地，当 $\{x_n\}$ 为单调下降有界序列时，$\lim\limits_{n\to\infty} x_n = \inf\limits_{n\in\mathbf{N}}\{x_n\}$.

例 3 证明实数序列 $\{x_n\}$：$x_n = \left(1+\dfrac{1}{n}\right)^n$ 在 $\mathbf{R}$ 中收敛.

证 因为

$$\left(1+\frac{1}{n}\right)^n = 1+1+\frac{1}{2!}\left(1-\frac{1}{n}\right)+\cdots+\frac{1}{k!}\left(1-\frac{1}{n}\right)\left(1-\frac{2}{n}\right)\cdots\left(1-\frac{k-1}{n}\right)+\cdots$$
$$+\frac{1}{n!}\left(1-\frac{1}{n}\right)\left(1-\frac{2}{n}\right)\cdots\left(1-\frac{n-1}{n}\right)$$
$$\leq 1+1+\frac{1}{2!}\left(1-\frac{1}{n+1}\right)+\cdots+\frac{1}{k!}\left(1-\frac{1}{n+1}\right)\left(1-\frac{2}{n+1}\right)\cdots\left(1-\frac{k-1}{n+1}\right)$$
$$+\cdots+\frac{1}{n!}\left(1-\frac{1}{n+1}\right)\left(1-\frac{2}{n+1}\right)\cdots\left(1-\frac{n-1}{n+1}\right)$$
$$+\frac{1}{(n+1)!}\left(1-\frac{1}{n+1}\right)\left(1-\frac{2}{n+1}\right)\cdots\left(1-\frac{n}{n+1}\right)$$
$$=\left(1+\frac{1}{n+1}\right)^{n+1},$$

又

$$\left(1+\frac{1}{n}\right)^n = 1+1+\frac{1}{2!}\left(1-\frac{1}{n}\right)+\cdots+\frac{1}{k!}\left(1-\frac{1}{n}\right)\left(1-\frac{2}{n}\right)\cdots\left(1-\frac{k-1}{n}\right)+\cdots$$
$$+\frac{1}{n!}\left(1-\frac{1}{n}\right)\left(1-\frac{2}{n}\right)\cdots\left(1-\frac{n-1}{n}\right)$$
$$<1+1+\frac{1}{2!}+\cdots+\frac{1}{n!}<1+1+\frac{1}{2}+\cdots+\frac{1}{2^{n-1}}$$
$$=3-\frac{1}{2^{n-1}}<3,$$

所以 $\{x_n\}$ 单调上升且有上界. 由定理 1.3 可知，$\{x_n\}$ 在 $\mathbf{R}$ 中收敛，其极限记为 e.

例 3 表明 $\left(1+\dfrac{1}{n}\right)^n < 1+1+\dfrac{1}{2!}+\cdots+\dfrac{1}{n!}$，而 $\forall k\in\mathbf{N}$，$k<n$，有

$$\left(1+\frac{1}{n}\right)^n > 1+1+\frac{1}{2!}\left(1-\frac{1}{n}\right)+\cdots+\frac{1}{k!}\left(1-\frac{1}{n}\right)\left(1-\frac{2}{n}\right)\cdots\left(1-\frac{k-1}{n}\right),$$

在上式中令 $n\to\infty$，则 $\mathrm{e}\geq 1+1+\dfrac{1}{2!}+\cdots+\dfrac{1}{k!}$. 由于 k 的任意性，有

$$\left(1+\frac{1}{n}\right)^n < 1+1+\frac{1}{2!}+\cdots+\frac{1}{n!}\leq \mathrm{e}.$$

由实数序列极限的性质 1.5 有

$$\lim_{n\to\infty}\left(1+1+\frac{1}{2!}+\cdots+\frac{1}{n!}\right)=\mathrm{e}.$$

例 4　证明实数序列 $\{x_n\}$：$x_n=\frac{1}{n}\left[\frac{(2n)!!}{(2n-1)!!}\right]^2$ 在 $\mathbf{R}$ 中收敛.

证　因为 $x_n>0$，且

$$\frac{x_{n+1}}{x_n}=\frac{n}{n+1}\left[\frac{(2n+2)!!}{(2n+1)!!}\cdot\frac{(2n-1)!!}{(2n)!!}\right]^2=\frac{n}{n+1}\left(\frac{2n+2}{2n+1}\right)^2$$

$$=\frac{2n(2n+2)}{(2n+1)^2}<1,$$

所以 $\{x_n\}$ 单调下降且有下界. 由定理 1.3 可知，$\{x_n\}$ 在 $\mathbf{R}$ 中收敛.

定理 1.4（区间套定理）　设 $\forall n\in\mathbf{N}$，$[a_n,b_n]\subset\mathbf{R}$ 为闭区间. 若闭区间簇 $\{[a_n,b_n]\,|\,n\in\mathbf{N}\}$ 满足 $[a_n,b_n]\supset[a_{n+1},b_{n+1}]$，$n\in\mathbf{N}$，以及 $\lim\limits_{n\to\infty}(b_n-a_n)=0$，则 $\exists c\in\mathbf{R}$，使得 $\{c\}=\bigcap\limits_{n\in\mathbf{N}}[a_n,b_n]$.

证　若 $\{[a_n,b_n]\,|\,n\in\mathbf{N}\}$ 为闭区间簇，且 $\forall n\in\mathbf{N}$ 有 $[a_n,b_n]\supset[a_{n+1},b_{n+1}]$，则序列 $\{a_n\}$ 单调上升有上界 b_1，$\{b_n\}$ 单调下降有下界 a_1. 由定理 1.3 以及 $\lim\limits_{n\to\infty}(b_n-a_n)=0$ 有

$$\lim_{n\to\infty}a_n=\sup_{n\in\mathbf{N}}\{a_n\}=\inf_{n\in\mathbf{N}}\{b_n\}=\lim_{n\to\infty}b_n.$$

取 $c=\sup\limits_{n\in\mathbf{N}}\{a_n\}$，则 $\forall n\in\mathbf{N}$ 有 $c\in[a_n,b_n]$.

若 $\forall n\in\mathbf{N}$，$x\in[a_n,b_n]$，则 $|x-c|<b_n-a_n$. 由 $\lim\limits_{n\to\infty}(b_n-a_n)=0$ 有 $x=c$.

故 $\{c\}=\bigcap\limits_{n\in\mathbf{N}}[a_n,b_n]$.

定理 1.5（聚点定理）　若 $X\subset\mathbf{R}$ 为有界无穷集，则至少 $\exists c\in\mathbf{R}$，使得 c 为 X 的聚点，即 $\forall\varepsilon>0$，$X\cap B^\circ(c,\varepsilon)\neq\varnothing$.

证　若 $X\subset\mathbf{R}$ 为有界无穷集，则 $\exists[a,b]\subset\mathbf{R}$，使得 $X\subset[a,b]$. 显然，$X=X\cap[a,b]$. 由于 $[a,b]=\left[a,\frac{a+b}{2}\right]\cup\left[\frac{a+b}{2},b\right]$，有

$$X=X\cap\left(\left[a,\frac{a+b}{2}\right]\cup\left[\frac{a+b}{2},b\right]\right)=\left(X\cap\left[a,\frac{a+b}{2}\right]\right)\cup\left(X\cap\left[\frac{a+b}{2},b\right]\right),$$

又 X 为无穷集，因此 $X\cap\left[a,\frac{a+b}{2}\right],X\cap\left[\frac{a+b}{2},b\right]$ 之一必为无穷集. 不妨设 $X\cap\left[a,\frac{a+b}{2}\right]$

为无穷集，令 $\left[a,\dfrac{a+b}{2}\right]=[a_1,b_1]$．重复上述步骤，可得一闭区间簇 $\{[a_n,b_n]\,|\,n\in\mathbf{N}\}$，

满足 $[a_n,b_n]\supset[a_{n+1},b_{n+1}]$，且 $b_n-a_n<\dfrac{b-a}{2^n}$．由定理 1.4，$\exists c\in\mathbf{R}$，$\forall n\in\mathbf{N}$，有

$c\in[a_n,b_n]$．设 $\{x_n\}\subset X$：$x_n\in[a_n,b_n]$，且 $\forall i\neq j$ 有 $x_i\neq x_j$，则有

$$\left|x_n-c\right|<b_n-a_n<\frac{1}{2^n}(b-a).$$

因此 $\lim\limits_{n\to\infty}x_n=c$．故 c 为 X 的聚点．

定理 1.6 (Bolzano–Weierstrass 定理) 有界序列存在收敛的子列，即：对于任意序列 $\{x_n\}\subset\mathbf{R}$，若 $\exists M>0$，使得 $\forall n\in\mathbf{N}$，$\left|x_n\right|\leqslant M$，则存在 $\{x_n\}$ 的子列 $\{x_{n_k}\}\subset\mathbf{R}$ 在 $\mathbf{R}$ 中收敛，即 $\exists x\in\mathbf{R}$，使得 $\lim\limits_{k\to\infty}x_{n_k}=x$．

证 若集合 $X=\{x_n\,|\,n\in\mathbf{N}\}$ 为有限集，则 X 可以表示为 $\{x_{i_1},x_{i_2},\cdots,x_{i_m}\}$，即序列 $\{x_n\}$ 中任意项为 $x_{i_1},x_{i_2},\cdots,x_{i_m}$ 之一．令 $N_j=\{n\in\mathbf{N}\,|\,x_n=x_{i_j}\}$，$j=1,2,\cdots,m$，则 $\mathbf{N}=\bigcup\limits_{j=1}^{m}N_j$．由于 $\mathbf{N}$ 为可数无穷集，故 $\exists s\in\{1,2,\cdots,m\}$，使得 N_s 为可数无穷集．因此存在映射 $n:\mathbf{N}\to N_s$ 满足：$\forall k\in\mathbf{N}$，$n(k)<n(k+1)$．由 $n(k)\in N_s$ 有 $x_{n(k)}=x_{i_s}$，因此 $\{x_{n(k)}\}$ 为 $\{x_n\}$ 的常值子序列，故收敛．

若序列 $\{x_n\}$ 有界且集合 $X=\{x_n\,|\,n\in\mathbf{N}\}$ 为无穷集，则由定理 1.5 可知，$\exists c\in\mathbf{R}$ 为 X 的聚点．由聚点的定义可得：序列 $\{x_n\}$ 存在子序列收敛于 c．

定理 1.7 (Cantor 有限覆盖定理) 设 $[a,b]\subset\mathbf{R}$，$\{U_\lambda\,|\,\lambda\in I\}$ 为开区间簇．若 $[a,b]\subset\bigcup\limits_{\lambda\in I}U_\lambda$，即 $\forall x\in[a,b]$，$\exists\lambda\in I$，使得 $x\in U_\lambda$，则 $\exists\lambda_1,\lambda_2,\cdots,\lambda_m\in I$，使得 $[a,b]\subset\bigcup\limits_{i=1}^{m}U_{\lambda_i}$．

定理 1.7 表明闭区间的任意开覆盖存在有限子覆盖．

证 用反证法证明．假设开区间簇 $\{U_\lambda\,|\,\lambda\in I\}$ 的任意有限子集不能覆盖闭区间 $[a,b]$．将区间 $[a,b]$ 分为 $\left[a,\dfrac{a+b}{2}\right]$ 与 $\left[\dfrac{a+b}{2},b\right]$ 两部分，则 $\left[a,\dfrac{a+b}{2}\right],\left[\dfrac{a+b}{2},b\right]$ 中至少有一个不能被 $\{U_\lambda\,|\,\lambda\in I\}$ 的有限子集所覆盖．不妨设 $[a_1,b_1]=\left[a,\dfrac{a+b}{2}\right]$ 不能被 $\{U_\lambda\,|\,\lambda\in I\}$ 的有限子集所覆盖．重复上述过程，可构建闭区间簇 $\{[a_n,b_n]\,|\,n\in\mathbf{N}\}$，使得 $\forall n\in\mathbf{N}$，$[a_n,b_n]$ 不能被 $\{U_\lambda\,|\,\lambda\in I\}$ 的有限子集所覆盖，且 $\left|b_n-a_n\right|<\dfrac{b-a}{2^n}$．设 $\{x_n\}\subseteq[a,b]$，满足 $\forall n\in\mathbf{N}$，$x_n\in[a_n,b_n]$．由定理 1.4，$\exists c\in[a_n,b_n]$，使得 $\lim\limits_{n\to\infty}x_n=c$．由

于 $c \in [a_n, b_n] \subseteq [a, b]$，则 $\exists \lambda_0 \in I$，使得 $c \in U_{\lambda_0}$．当 n 充分大时，有 $[a_n, b_n] \subseteq U_{\lambda_0}$，这与 $[a_n, b_n]$ 不能被 $\{U_\lambda \mid \lambda \in I\}$ 的有限子集所覆盖矛盾.

综上所述，若定理 1.1 成立，则可依次推出定理 1.2 至定理 1.7 成立. 若由定理 1.7 推出定理 1.1，则定理 1.1 至定理 1.7 相互等价. 以下给出由定理 1.7 推出定理 1.1 的充分性证明，其必要性的证明同前.

证 充分性. 设 $\{x_n\}$ 为 Cauchy 序列，则 $\{x_n\}$ 为有界序列，即 $\exists M > 0$，使得 $\forall n \in \mathbf{N}$，有 $x_n \in [-M, M]$．若 $\{x_n\}$ 不收敛，即 $\forall a \in [-M, M]$，$\{x_n\}$ 不收敛于 a，则 $\exists \varepsilon(a) > 0, \forall n \in \mathbf{N}$，$\exists k_n \in \mathbf{N}$，$k_n \geq n$，使得 $|x_{k_n} - a| \geq \varepsilon(a)$．由于 $\{x_n\}$ 为 Cauchy 序列，则 $\forall \varepsilon(a) > 0$，$\exists N \in \mathbf{N}$，$\forall n, m \in \mathbf{N}$，$n, m \geq N$，有 $|x_n - x_m| < \frac{1}{2}\varepsilon(a)$．因此 $\exists N \in \mathbf{N}$，$k_N \geq N$，$\forall n \in \mathbf{N}$，$n \geq N$，有

$$|x_n - a| = |x_n - x_{k_N} + x_{k_N} - a| \geq |x_{k_N} - a| - |x_n - x_{k_N}|$$
$$> \varepsilon(a) - \frac{1}{2}\varepsilon(a) = \frac{1}{2}\varepsilon(a).$$

上述表明，$\exists N \in \mathbf{N}$，$\forall n \in \mathbf{N}$，$n \leq N$，$x_n \in \left(a - \frac{1}{2}\varepsilon(a), a + \frac{1}{2}\varepsilon(a)\right)$．由于

$$\left\{\left.\left(a - \frac{1}{2}\varepsilon(a), a + \frac{1}{2}\varepsilon(a)\right)\right| a \in [-M, M]\right\}$$

为 $[-M, M]$ 的开覆盖，由定理 1.7 可知，$\exists a_1, a_2, \cdots, a_m \in [-M, M]$，使得

$$[-M, M] \subset \bigcup_{i=1}^m \left(a_i - \frac{1}{2}\varepsilon(a_i), a_i + \frac{1}{2}\varepsilon(a_i)\right).$$

$\forall i \in \{1, 2, \cdots, m\}$，$\exists N_i \in \mathbf{N}$，$\forall n \in \mathbf{N}$，$n \leq N_i$，有

$$x_n \in \left(a_i - \frac{1}{2}\varepsilon(a_i), a_i + \frac{1}{2}\varepsilon(a_i)\right).$$

令 $N' = \max\{N_1, N_2, \cdots, N_m\}$，则 $\forall n \in \mathbf{N}$，$n \leq N'$，有

$$x_n \in \bigcup_{i=1}^m \left(a_i - \frac{1}{2}\varepsilon(a_i), a_i + \frac{1}{2}\varepsilon(a_i)\right).$$

上式表明 $[-M, M]$ 至多包含 $\{x_n\}$ 的有限多项，与 $\forall n \in \mathbf{N}$，$x_n \in [-M, M]$ 矛盾. 因此 $\{x_n\}$ 收敛于 $a \in [-M, M]$.

6. 实数序列的上极限与下极限

若实数序列 $\{x_n\}$ 有上界，定义 $\{x_n\}$ 的上极限为 $\overline{\lim_{n \to \infty}} x_n = \lim_{n \to \infty} \sup_{m \geq n} \{x_m\}$；若实数序列 $\{x_n\}$ 无上界，定义 $\{x_n\}$ 的上极限为 $\overline{\lim_{n \to \infty}} x_n = +\infty$.

若实数序列 $\{x_n\}$ 有下界，定义 $\{x_n\}$ 的下极限为 $\varliminf\limits_{n\to\infty} x_n = \lim\limits_{n\to\infty}\inf\limits_{m\geq n}\{x_m\}$；若实数序列 $\{x_n\}$ 无下界，定义 $\{x_n\}$ 的下极限为 $\varliminf\limits_{n\to\infty} x_n = -\infty$．

序列 $\{x_n\}$ 的上极限、下极限有如下性质：

① $\varliminf\limits_{n\to\infty} x_n = \lim\limits_{n\to\infty}\lim\limits_{m\to\infty}\min\{x_n, x_{n+1}, \cdots, x_m \mid m>n\}$，以及

$$\varlimsup\limits_{n\to\infty} x_n = \lim\limits_{n\to\infty}\lim\limits_{m\to\infty}\max\{x_n, x_{n+1}, \cdots, x_m \mid m>n\}.$$

② 若 $\varliminf\limits_{n\to\infty} x_n = \varlimsup\limits_{n\to\infty} x_n$，则 $\lim\limits_{n\to\infty} x_n$ 存在，且 $\lim\limits_{n\to\infty} x_n = \varliminf\limits_{n\to\infty} x_n = \varlimsup\limits_{n\to\infty} x_n$．

③ 若 $\lim\limits_{n\to\infty} y_n$ 存在，且下面等式右边有意义，则

$$\varliminf\limits_{n\to\infty}(x_n + y_n) = \varliminf\limits_{n\to\infty} x_n + \lim\limits_{n\to\infty} y_n,$$

$$\varlimsup\limits_{n\to\infty}(x_n + y_n) = \varlimsup\limits_{n\to\infty} x_n + \lim\limits_{n\to\infty} y_n.$$

④ 若下面等式左边有意义，则

$$\varliminf\limits_{n\to\infty} x_n + \varliminf\limits_{n\to\infty} y_n \leq \varliminf\limits_{n\to\infty}(x_n + y_n),$$

$$\varlimsup\limits_{n\to\infty} x_n + \varlimsup\limits_{n\to\infty} y_n \geq \varlimsup\limits_{n\to\infty}(x_n + y_n).$$

⑤ 若 $\forall n\in \mathbf{N}$，$x_n \leq y_n$，则

$$\varliminf\limits_{n\to\infty} x_n \leq \varliminf\limits_{n\to\infty} y_n, \quad \varlimsup\limits_{n\to\infty} x_n \leq \varlimsup\limits_{n\to\infty} y_n.$$

⑥ 若 $\alpha > 0$，$\beta < 0$，则

$$\varlimsup\limits_{n\to\infty}\alpha x_n = \alpha\varlimsup\limits_{n\to\infty} x_n, \quad \varliminf\limits_{n\to\infty}\alpha x_n = \alpha\varliminf\limits_{n\to\infty} x_n,$$

$$\varlimsup\limits_{n\to\infty}\beta x_n = \beta\varliminf\limits_{n\to\infty} x_n, \quad \varliminf\limits_{n\to\infty}\beta x_n = \beta\varlimsup\limits_{n\to\infty} x_n.$$

7. 度量空间中的结构

在同一集合 X 上，建立不同的度量可形成不同的度量空间，同一集合上的不同度量空间可是完备度量空间或不是完备度量空间．

例如，度量空间 $(C([a,b],\mathbf{C}),d)$：$\forall f,g\in C([a,b],\mathbf{C})$，

$$d(f,g) = \sup\limits_{x\in[a,b]}\left|f(x) - g(x)\right|,$$

是完备度量空间．证明如下：设 $\{f_n\}$ 为 $(C([a,b],\mathbf{C}),d)$ 上的 Cauchy 序列，即有

$$\lim\limits_{n,m\to\infty} d(f_n, f_m) = \lim\limits_{n,m\to\infty}\sup\limits_{x\in[a,b]}\left|f_n(x) - f_m(x)\right| = 0,$$

则 $\forall x\in[a,b]$，序列 $\{f_n(x)\}$ 为 $\mathbf{C}$ 中的 Cauchy 序列．由于 $\mathbf{C}$ 是完备的，则 $\lim\limits_{n\to\infty} f_n(x)$ 存

在，设其收敛于 $f(x)$，即 $\lim\limits_{n\to\infty} f_n(x) = f(x)$．任取 $x_0 \in [a,b]$．由于 $f_n \in C([a,b],\mathbf{C})$，则

$\forall \varepsilon > 0$，$\exists \delta > 0, \forall x \in [a,b]$，且 $|x - x_0| < \delta$，有

$$\left| f_n(x) - f_n(x_0) \right| < \frac{\varepsilon}{3},$$

进一步由 $\lim\limits_{n\to\infty} f_n(x) = f(x)$ 可知，$\exists N \in \mathbf{N}$，$\forall n \in \mathbf{N}$，$n > N$，有 $\left| f_n(x) - f(x) \right| < \dfrac{\varepsilon}{3}$ 和

$\left| f_n(x_0) - f(x_0) \right| < \dfrac{\varepsilon}{3}$，因此

$$\left| f(x) - f(x_0) \right| \le \left| f(x) - f_n(x) \right| + \left| f_n(x) - f_n(x_0) \right| + \left| f_n(x_0) - f(x_0) \right|$$
$$< \varepsilon.$$

故 $f \in C([a,b],\mathbf{C})$，即 $(C([a,b],\mathbf{C}),d)$ 是完备度量空间．

而另一度量空间 $(C([a,b],\mathbf{C}),D)$：$\forall f, g \in C([a,b],\mathbf{C})$，

$$D(f,g) = \int_a^b \left| f(x) - g(x) \right| \mathrm{d}\,x,$$

不是完备度量空间．例如，$\exists f_n \in C([a,b],\mathbf{C})$ 为

$$f_n(x) = \begin{cases} 0, & x \in \left[a, -\dfrac{1}{n}\right], \\[2mm] \dfrac{nx+1}{2}, & x \in \left[-\dfrac{1}{n}, \dfrac{1}{n}\right], \\[2mm] 1, & x \in \left[\dfrac{1}{n}, b\right], \end{cases}$$

有 $\lim\limits_{n,m\to\infty} \int_a^b \left| f_n(x) - f_m(x) \right| \mathrm{d}x = 0$，即 $\{f_n\}$ 为 $(C([a,b],\mathbf{C}),D)$ 上的 Cauchy 序列，且

$$\lim_{n\to\infty} f_n(x) = f(x) = \begin{cases} 0, & x \in [a,0), \\ 1, & x \in [0,b], \end{cases} \quad 这里 \lim_{n\to\infty} f_n(x) = f(x) 是指$$

$$\lim_{n\to\infty} D\,\bigl(f_n(x), f(x)\bigr) = \lim_{n\to\infty} \int_a^b \left| f_n(x) - f(x) \right| \mathrm{d}x$$
$$= \lim_{n\to\infty} \left(\int_a^0 \left| f_n(x) - f(x) \right| \mathrm{d}x + \int_0^b \left| f_n(x) - f(x) \right| \mathrm{d}x \right)$$
$$= \lim_{n\to\infty} \left(\int_{-\frac{1}{n}}^0 \frac{nx+1}{2} \mathrm{d}x + \int_0^{\frac{1}{n}} \left(1 - \frac{nx+1}{2} \right) \mathrm{d}x \right)$$
$$= 0.$$

然而 $f \notin C([a,b],\mathbf{C})$．

设 d 和 D 为集合 X 上的不同度量．若 $\forall x,y \in X$，$\exists a,b > 0$，使得

$$ad(x,y) \le D(x,y) \le bd(x,y),$$

则称 d 和 D 为 X 上的**等价度量**.

若 d 和 D 为 X 上的等价度量，则 $\lim\limits_{n\to\infty} d(x_n,x)=0$ 当且仅当 $\lim\limits_{n\to\infty} D(x_n,x)=0$.

在度量空间上可建立开球、开集、闭集、聚点、闭包等概念.

设 (X,d) 为度量空间，$a\in X$，称 $B_d(a,r)=\{x\in X\mid d(x,a)<r\}$ 为 X 中以 a 为心、r 为半径的**开球**. 设 $A\subseteq X$ 为非空集合. 若 $\forall x\in A$，$\exists \delta_x>0$，使得 $B_d(x,\delta_x)\subseteq A$，则称 A 为 X 中的**开集**. 设 $B\subseteq X$ 为非空集合. 若 $X-B$ 为 X 中的开集，则称 B 为 X 中的**闭集**.

设 $A\subseteq X$ 为任意集合，$a\in X$. 若 $\forall\delta>0$，有 $(A-\{a\})\cap B_d(a,\delta)\neq\varnothing$，则称 a 是 A 的**聚点**. A 与 A 的所有聚点一起构成 A 的**闭包**，记为 $\bar{A}$.

设 $A\subseteq X$ 为非空集合，$a\in A$. 若 $\exists\delta>0$，使得 $B_d(a,\delta)\subset A$，则称 a 为 A 的**内点**. A 的所有内点所构成的集合称为 A 的**内部**，记为 $\overset{\circ}{A}$. 由开集的定义可知，A 为 X 中的开集当且仅当 $A=\overset{\circ}{A}$. 由闭集的定义可知，B 为 X 中的闭集当且仅当 $B=\bar{B}$.

设 $A\subseteq X$ 为非空集合，$a\in X$. 若 $\forall\delta>0$，有 $A\cap B_d(a,\delta)\neq\varnothing$，且 $(X-A)\cap B_d(a,\delta)\neq\varnothing$，则称 a 为 A 的**边界点**. A 的所有边界点所构成的集合称为 A 的**边界**，记为 ∂A. 由边界的定义可知，$\partial A=\bar{A}\cap\overline{(X-A)}$.

设 $B\subseteq X$ 为非空集合，$\{A_\lambda\mid\lambda\in I\}$ 为 X 中的任意开集簇. 若 $B\subset\bigcup\limits_{\lambda\in I}A_\lambda$，$\exists\lambda_1,\lambda_2,\cdots,\lambda_m\in I$，使得 $B\subset\bigcup\limits_{i=1}^{m}A_{\lambda_i}$，则称 B 是 X 中的**紧集**.

命题 1 设 A 为 X 中的闭集. 若 $\{x_n\}\subset A$，且 $\lim\limits_{n\to\infty}x_n=a$，则 $a\in A$.

命题 2 设 B 为 X 中的紧集. 若 $\forall\{x_n\}\subset B$，存在 $\{x_n\}$ 的子序列 $\{x_{n_k}\}$，使得 $\lim\limits_{k\to\infty}x_{n_k}=b$，则 $b\in B$.

命题 3 设 (X,d) 为一度量空间，$\{F_n\}$ 为 (X,d) 中的紧集序列. 若 $\forall n\in\mathbf{N}$，有 $F_{n+1}\subset F_n$，且 $\lim\limits_{n\to\infty}D(F_n)=0$，其中 $D(F_n)=\sup\limits_{x,y\in F_n}d(x,y)$，则 $\exists c\in X$，使得

$$\{c\}=\bigcap_{n\in\mathbf{N}}F_n.$$

8. $\mathbf{R}^n$ 的完备性

在 $\mathbf{R}^n$ 上建立二元运算 $+:\mathbf{R}^n\times\mathbf{R}^n\to\mathbf{R}^n$，$\forall \boldsymbol{x}=(x_1,x_2,\cdots,x_n)$，$\boldsymbol{y}=(y_1,y_2,\cdots,y_n)\in\mathbf{R}^n$，$\boldsymbol{x}+\boldsymbol{y}=(x_1+y_1,x_2+y_2,\cdots,x_n+y_n)$，则 $\mathbf{R}^n$ 按运算 $+$ 构成一个群，且有如下性质：

① $\forall \boldsymbol{x}, \boldsymbol{y}, \boldsymbol{z} \in \mathbf{R}^n$，有 $(\boldsymbol{x}+\boldsymbol{y})+\boldsymbol{z}=\boldsymbol{x}+(\boldsymbol{y}+\boldsymbol{z})$，$\boldsymbol{x}+\boldsymbol{y}=\boldsymbol{y}+\boldsymbol{x}$.

② $\forall \boldsymbol{x} \in \mathbf{R}^n$，$\exists \boldsymbol{0} \in \mathbf{R}^n$，有 $\boldsymbol{x}+\boldsymbol{0}=\boldsymbol{0}+\boldsymbol{x}=\boldsymbol{x}$.

③ $\forall \boldsymbol{x} \in \mathbf{R}^n$，$\exists-\boldsymbol{x} \in \mathbf{R}^n$，有 $\boldsymbol{x}+(-\boldsymbol{x})=(-\boldsymbol{x})+\boldsymbol{x}=\boldsymbol{0}$.

在 $\mathbf{R}^n$ 上也可以建立度量 $d_i(i=1,2,3)$：$\forall \boldsymbol{x}=(x_1, x_2, \cdots, x_n)$，$\boldsymbol{y}=(y_1, y_2, \cdots, y_n) \in \mathbf{R}^n$，定义

$$d_1(\boldsymbol{x}, \boldsymbol{y})=\sqrt{\sum_{i=1}^n (x_i-y_i)^2}，\quad d_2(\boldsymbol{x}, \boldsymbol{y})=\sum_{i=1}^n \left|x_i-y_i\right|，$$

$$d_3(\boldsymbol{x}, \boldsymbol{y})=\max_{1 \leq i \leq n}\{\left|x_i-y_i\right|\}.$$

容易证明，d_1, d_2, d_3 互为等价度量.

在度量空间 $(\mathbf{R}^n, d_i)$ 中也可以定义 Cauchy 序列以及序列的极限.

设 $\{\boldsymbol{x}_m\}$ 为 $(\mathbf{R}^n, d_i)$ 中的序列. 若 $\exists \boldsymbol{x}=(x_1, x_2, \cdots, x_n) \in \mathbf{R}^n$，$\forall \varepsilon>0$，$\exists N \in \mathbf{N}$，$\forall m \in \mathbf{N}$，$m>N$，有 $d_i(\boldsymbol{x}_m, \boldsymbol{x})<\varepsilon$，则称**序列 $\{\boldsymbol{x}_m\}$ 收敛于 $\boldsymbol{x}$**，记为 $\lim_{m \to \infty} \boldsymbol{x}_m=\boldsymbol{x}$.

设 $\boldsymbol{x}_m=(x_1^{(m)}, x_2^{(m)}, \cdots, x_n^{(m)})$. 取 $d_i=d_2$，则 $d_2(\boldsymbol{x}_m, \boldsymbol{x})<\varepsilon$ 等价于

$$\sum_{i=1}^n \left|x_i^{(m)}-x_i\right|<\varepsilon，$$

等价于 $\forall i \in \{1, 2, \cdots, n\}$，$\left|x_i^{(m)}-x_i\right|<\varepsilon$. 因此 $\lim_{m \to \infty} \boldsymbol{x}_m=\boldsymbol{x}$ 等价于 $\forall i \in \{1, 2, \cdots, n\}$，

$$\lim_{m \to \infty} x_i^{(m)}=x_i.$$

定理 1.8 $\{\boldsymbol{x}_m\}$ 为 $(\mathbf{R}^n, d_i)$ 中的 Cauchy 序列当且仅当 $\exists \boldsymbol{x} \in \mathbf{R}^n$，使得

$$\lim_{m \to \infty} \boldsymbol{x}_m=\boldsymbol{x}.$$

证 必要性的证明与定理 1.1 的证明类似. 这里仅证明充分性.

设 $\{\boldsymbol{x}_m\}$ 为 $(\mathbf{R}^n, d_i)$ 中的 Cauchy 序列，则 $\forall \varepsilon>0$，$\exists N \in \mathbf{N}$，$\forall m, k \in \mathbf{N}$，$m, k \geq N$，有 $\sum_{i=1}^n \left|x_i^{(m)}-x_i^{(k)}\right|<\varepsilon$. 故 $\forall i \in \{1, 2, \cdots, n\}$，有 $\left|x_i^{(m)}-x_i^{(k)}\right|<\varepsilon$. 因此 $\{x_i^{(m)}\}$ $(i=1, 2, \cdots, n)$ 为 $\mathbf{R}$ 中的 Cauchy 序列. 由定理 1.1，$\exists x_i \in \mathbf{R}$，使得

$$\lim_{m \to \infty} x_i^{(m)}=x_i，\quad i=1, 2, \cdots, n.$$

于是 $\exists \boldsymbol{x}=(x_1, x_2, \cdots, x_n) \in \mathbf{R}^n$，使得 $\lim_{m \to \infty} \boldsymbol{x}_m=\boldsymbol{x}$.

定理 1.8 表明 $(\mathbf{R}^n, d_i)$ 是一个完备度量空间.

9. 映射的极限和连续性

设 $(X,d),(Y,D)$ 为两度量空间，$A\subseteq X$ 为非空集合，$f:A\to Y$ 为一映射，$a\in X$ 为 A 的聚点. 若 $\exists l\in Y$，$\forall\varepsilon>0$，$\exists\delta>0$，使得

$$f((A-\{a\})\cap B_d(a,\delta))\subset B_D(l,\varepsilon),$$

则称 $x\to a$ 时，$f(x)$ 以 l 为**极限**，即 $\lim\limits_{d(x,a)\to 0}D(f(x),l)=0$.

对于一元函数 $f:X\subseteq\mathbf{R}\to\mathbf{R}$ 的极限也可以如下定义：若 $a\in\mathbf{R}$ 为 X 的聚点，$\exists c\in\mathbf{R}$，$\forall\varepsilon>0$，$\exists\delta>0$，$\forall x\in X\cap B^\circ(a,\delta)$，有 $\left|f(x)-c\right|<\varepsilon$，则称 $x\to a$ 时，$f(x)$ 以 c 为**极限**，记为 $\lim\limits_{x\to a}f(x)=c$. 若 $a\in\mathbf{R}$ 为 X 的右侧聚点，$\exists c\in\mathbf{R}$，$\forall\varepsilon>0$，$\exists\delta>0$，$\forall x\in X\cap(a,a+\delta)$，有 $\left|f(x)-c\right|<\varepsilon$，则称 $x\to a^+$ 时，$f(x)$ 以 c 为**极限**，记为 $\lim\limits_{x\to a^+}f(x)=c$. 若 $a\in\mathbf{R}$ 为 X 的左侧聚点，$\exists c\in\mathbf{R}$，$\forall\varepsilon>0$，$\exists\delta>0$，$\forall x\in X\cap(a-\delta,a)$，有 $\left|f(x)-c\right|<\varepsilon$，则称 $x\to a^-$ 时，$f(x)$ 以 c 为**极限**，记为 $\lim\limits_{x\to a^-}f(x)=c$. 若 $\forall M>0$，$\exists\delta>0$，$\forall x\in X\cap B^\circ(a,\delta)$，有 $f(x)>M$（$f(x)<-M$），则称当 $x\to a$ 时，$f(x)$ 趋近 $+\infty$（$-\infty$），记为 $\lim\limits_{x\to a}f(x)=+\infty$（$\lim\limits_{x\to a}f(x)=-\infty$）. 若 $\exists c\in\mathbf{R}$，$\forall\varepsilon>0$，$\exists M>0$，$\forall x\in X$，$\left|x\right|\geq M$，有 $\left|f(x)-c\right|<\varepsilon$，则称当 $x\to\infty$ 时，$f(x)$ 以 c 为**极限**，记为 $\lim\limits_{x\to\infty}f(x)=c$.

性质 1.6 设 $f:X\subseteq\mathbf{R}\to\mathbf{R}$ 为一元函数，$a\in\mathbf{R}$ 为 X 的聚点，则 $\lim\limits_{x\to a}f(x)$ 存在当且仅当 $\lim\limits_{x\to a^+}f(x),\lim\limits_{x\to a^-}f(x)$ 都存在，且 $\lim\limits_{x\to a^+}f(x)=\lim\limits_{x\to a^-}f(x)$.

性质 1.7 设 $f:X\subseteq\mathbf{R}\to\mathbf{R}$ 为一元函数，$a\in\mathbf{R}$ 为 X 的聚点. 若 $\lim\limits_{x\to a}f(x)$ 存在，则 $\lim\limits_{x\to a}f(x)$ 的值唯一.

性质 1.8 设 $f:X\subseteq\mathbf{R}\to\mathbf{R}$ 为一元函数，$a\in\mathbf{R}$ 为 X 的聚点. 若 $\lim\limits_{x\to a}f(x)$ 存在，则 $\exists M>0$，$\exists\delta>0$，$\forall x\in X\cap B^\circ(a,\delta)$，有 $\left|f(x)\right|\leq M$.

性质 1.9 设 $f:X\subseteq\mathbf{R}\to\mathbf{R}$ 为一元函数，$a\in\mathbf{R}$ 为 X 的聚点，则 $\lim\limits_{x\to a}f(x)$ 存在当且仅当 $\forall\varepsilon>0$，$\exists\delta>0$，$\forall x,x'\in X\cap B^\circ(a,\delta)$，有 $\left|f(x)-f(x')\right|<\varepsilon$.

性质 1.10 设 $f:X\subseteq\mathbf{R}\to\mathbf{R}$ 为一元函数，$a\in\mathbf{R}$ 为 X 的聚点，则 $\lim\limits_{x\to a}f(x)=c$ 当且仅当 $\forall\{x_n\}\subset X-\{a\}$ 且 $\lim\limits_{n\to\infty}x_n=a$，有 $\lim\limits_{n\to\infty}f(x_n)=c$.

性质 1.11 设 $f,g:X\subseteq\mathbf{R}\to\mathbf{R}$ 为两一元函数，$a\in\mathbf{R}$ 为 X 的聚点. 若 $\exists\delta>0$，$\forall x\in X\cap B^\circ(a,\delta)$，有 $f(x)<g(x)$，且 $\lim\limits_{x\to a}f(x),\lim\limits_{x\to a}g(x)$ 存在，则

$$\lim_{x \to a} f(x) \le \lim_{x \to a} g(x).$$

性质 1.12　设 $f,g:X \subseteq \mathbf{R} \to \mathbf{R}$ 为两一元函数，$a \in \mathbf{R}$ 为 X 的聚点，且 $\lim\limits_{x \to a} f(x)$，$\lim\limits_{x \to a} g(x)$ 存在.

① $\lim\limits_{x \to a}(f(x)+g(x))$ 存在，且 $\lim\limits_{x \to a}(f(x)+g(x)) = \lim\limits_{x \to a} f(x) + \lim\limits_{x \to a} g(x)$；

② $\lim\limits_{x \to a}(f(x)g(x))$ 存在，且 $\lim\limits_{x \to a}(f(x)g(x)) = \lim\limits_{x \to a} f(x) \cdot \lim\limits_{x \to a} g(x)$；

③ 若 $\lim\limits_{x \to a} g(x) \ne 0$，则 $\lim\limits_{x \to a} \dfrac{f(x)}{g(x)}$ 存在，且 $\lim\limits_{x \to a} \dfrac{f(x)}{g(x)} = \dfrac{\lim\limits_{x \to a} f(x)}{\lim\limits_{x \to a} g(x)}$.

性质 1.13　设 $f,g,h:X \subseteq \mathbf{R} \to \mathbf{R}$ 均为一元函数，$a \in \mathbf{R}$ 为 X 的聚点. 若 $\exists \delta > 0$，$\forall x \in X \cap B^{\circ}(a,\delta)$，有 $g(x) \le f(x) \le h(x)$，且 $\lim\limits_{x \to a} g(x) = \lim\limits_{x \to a} h(x) = c$，则

$$\lim_{x \to a} f(x) = c.$$

性质 1.7～性质 1.13 中将条件 "$a \in \mathbf{R}$ 为 X 的聚点" 换成 "$a \in \mathbf{R}$ 为 X 的右侧聚点" 或 "$a \in \mathbf{R}$ 为 X 的左侧聚点"，同时将 "$\lim\limits_{x \to a} f(x)$" 换成 "$\lim\limits_{x \to a^{+}} f(x)$" 或 "$\lim\limits_{x \to a^{-}} f(x)$"，其结果仍然成立.

例 5　计算 $\lim\limits_{x \to 0} \dfrac{\sin x}{x}$.

解　当 $0 < x < \dfrac{\pi}{2}$ 时，有 $\sin x < x < \tan x$，则 $1 < \dfrac{x}{\sin x} < \dfrac{1}{\cos x}$，即

$$\cos x < \frac{\sin x}{x} < 1.$$

又 $\lim\limits_{x \to 0^{+}} \cos x = 1$，故 $\lim\limits_{x \to 0^{+}} \dfrac{\sin x}{x} = 1$.

当 $x < 0$ 时，令 $x = -t$，则 $\lim\limits_{x \to 0^{-}} \dfrac{\sin x}{x} = \lim\limits_{t \to 0^{+}} \dfrac{\sin t}{t} = 1$.

由性质 1.6，有 $\lim\limits_{x \to 0} \dfrac{\sin x}{x} = 1$.

例 6　计算 $\lim\limits_{x \to 0} \sin \dfrac{1}{x}$.

解　取 $x_n = \dfrac{1}{2n\pi}$，$n = 1,2,\cdots$，显然 $\lim\limits_{n \to \infty} x_n = 0$. 由性质 1.10，有

$$\lim_{x \to 0} \sin \frac{1}{x} = \lim_{n \to \infty} \sin \frac{1}{x_n} = \lim_{n \to \infty} \sin 2n\pi = 0.$$

取 $y_n = 1 \Big/ \left(2n\pi + \dfrac{\pi}{2}\right)$，$n = 1,2,\cdots$，显然 $\lim\limits_{n \to \infty} y_n = 0$. 由性质 1.10，有

$$\lim_{x \to 0} \sin\frac{1}{x} = \lim_{n \to \infty} \sin\frac{1}{y_n} = \lim_{n \to \infty} \sin\left(2n\pi + \frac{\pi}{2}\right) = 1 \,.$$

由性质 1.7 可知, $\lim\limits_{x \to 0} \sin\dfrac{1}{x}$ 不存在.

例 7 设 $\mathrm{sgn}(x) = \begin{cases} 1, & x > 0, \\ 0, & x = 0, \\ -1, & x < 0. \end{cases}$ 计算 $\lim\limits_{x \to 0} \mathrm{sgn}(x)$.

解 由于 $\lim\limits_{x \to 0^+} \mathrm{sgn}(x) = 1$, $\lim\limits_{x \to 0^-} \mathrm{sgn}(x) = -1$, 由性质 1.6 可知, $\lim\limits_{x \to 0} \mathrm{sgn}(x)$ 不存在.

例 8 设 $f(x) = [x] = n$, $n \le x < n+1$. 计算 $\lim\limits_{x \to n} f(x)$.

解 由于 $\lim\limits_{x \to n^+} f(x) = n$, $\lim\limits_{x \to n^-} f(x) = n-1$, 由性质 1.6 可知, $\lim\limits_{x \to n} f(x)$ 不存在.

例 9 已知 Dirichlet 函数 $D(x) = \begin{cases} 0, & x \in \mathbf{R} - \mathbf{Q}, \\ 1, & x \in \mathbf{Q}, \end{cases}$ 证明: $\forall a \in \mathbf{R}$, $\lim\limits_{x \to a} D(x)$ 不存在.

证 假设 $\exists l \in \mathbf{R}$, 使得 $\lim\limits_{x \to a} D(x) = l$, 则 $\forall 0 < \varepsilon < \dfrac{1}{2}$, $\exists \delta > 0$, $\forall x \in B^{\circ}(a, \delta)$, 有 $\left| D(x) - l \right| < \varepsilon$. 因此 $\forall x \in (\mathbf{R} - \mathbf{Q}) \cap B^{\circ}(a, \delta)$, 有 $\left| 0 - l \right| < \varepsilon$; $\forall x \in \mathbf{Q} \cap B^{\circ}(a, \delta)$, 有 $\left| 1 - l \right| < \varepsilon$. 于是 $1 = \left| l + 1 - l \right| < \left| l \right| + \left| 1 - l \right| < 2\varepsilon$, 这与 $\varepsilon < \dfrac{1}{2}$ 矛盾. 故 $\forall a \in \mathbf{R}$, $\lim\limits_{x \to a} D(x)$ 不存在.

例 10 已知 Riemann 函数

$$R(x) = \begin{cases} 0, & x \in \mathbf{R} - \mathbf{Q}, \\ 1, & x = 0, \\ \dfrac{1}{p}, & x \in \mathbf{Q} - \{0\}, \ \text{记} \ x = \dfrac{q}{p}, \ p \in \mathbf{N}, \ q \in \mathbf{Z}, \ p,q \text{互质}. \end{cases}$$

证明: $\forall a \in \mathbf{R}$, $\lim\limits_{x \to a} R(x) = 0$.

证 若 $a = 0$, 则 $\forall \delta_0 > 0$, $\forall x \in B^{\circ}(0, \delta_0)$, 有

$$R(x) = \begin{cases} 0, & x \in (\mathbf{R} - \mathbf{Q}) \cap B^{\circ}(0, \delta_0), \\ \dfrac{1}{p}, & x \in \mathbf{Q} \cap B^{\circ}(0, \delta_0), \end{cases}$$

其中 $x = \dfrac{q}{p}$, $p \in \mathbf{N}$, p,q 互质. 若 $a \ne 0$, 则 $\exists \delta_0 > 0$, 使得 $0 \notin B^{\circ}(a, \delta_0)$, 于是 $\forall x \in B^{\circ}(a, \delta_0)$, 有

$$R(x) = \begin{cases} 0, & x \in (\mathbf{R} - \mathbf{Q}) \cap B^{\circ}(a, \delta_0), \\ \dfrac{1}{p}, & x \in \mathbf{Q} \cap B^{\circ}(a, \delta_0), \end{cases}$$

其中 $x = \dfrac{q}{p}$，$p \in \mathbf{N}$，p, q 互质. 因此 $\forall a \in \mathbf{R}$，$\exists \delta_0 > 0$，使得 $\forall x \in B^{\circ}(a, \delta_0)$，有

$$R(x) = \begin{cases} 0, & x \in (\mathbf{R} - \mathbf{Q}) \cap B^{\circ}(a, \delta_0), \\ \dfrac{1}{p}, & x \in \mathbf{Q} \cap B^{\circ}(a, \delta_0), \end{cases}$$

其中 $x = \dfrac{q}{p}$，$p \in \mathbf{N}$，p, q 互质.

$\forall \varepsilon > 0$，若 $\dfrac{1}{p} \geq \varepsilon$，则 $p \leq \dfrac{1}{\varepsilon}$，故在 $B^{\circ}(a, \delta_0)$ 中满足 $p \leq \dfrac{1}{\varepsilon}$ 的分数 $\dfrac{q}{p}$ 有有限多个，不妨设为 $x_1, x_2, \cdots, x_k$. 令 $\delta = \min\limits_{1 \leq i \leq k} \{|a - x_i|\}$，则 $\forall x \in B^{\circ}(a, \delta)$，有 $\left| R(x) - 0 \right| \leq \dfrac{1}{p} < \varepsilon$. 因此 $\forall a \in \mathbf{R}$，$\lim\limits_{x \to a} R(x) = 0$.

设 $f : X \subseteq \mathbf{R}^2 \to \mathbf{R}$ 为一个二元函数，$(x_0, y_0) \in \mathbf{R}^2$ 为 X 的聚点. 若 $\exists l \in \mathbf{R}$，使得 $\forall \varepsilon > 0$，$\exists \delta > 0$，$\forall (x, y) \in X \subseteq \mathbf{R}^2$，且 $0 < |x - x_0| < \delta$，$0 < |y - y_0| < \delta$，有 $\left| f(x, y) - l \right| < \varepsilon$，则称 $f(x, y)$ 当 $(x, y) \to (x_0, y_0)$ 时以 l 为**极限**，记为

$$\lim_{x \to x_0,\ y \to y_0} f(x, y) = l.$$

例 11　证明：$\lim\limits_{x \to 0,\ y \to 0} \dfrac{x^2 y}{x^2 + y^2} = 0$.

证　$\forall \varepsilon > 0$，$\exists \delta = 2\varepsilon > 0$，$\forall (x, y) \in \mathbf{R}^2$，$0 < |x| < \delta$，$0 < |y| < \delta$，有

$$\left| \frac{x^2 y}{x^2 + y^2} - 0 \right| = \frac{|x|}{2} \cdot \frac{|2xy|}{x^2 + y^2} \leq \frac{|x|}{2} < \frac{\delta}{2} = \varepsilon,$$

因此 $\lim\limits_{x \to 0,\ y \to 0} \dfrac{x^2 y}{x^2 + y^2} = 0$.

例 12　证明：$\lim\limits_{x \to 0,\ y \to 0} \left(x \sin \dfrac{1}{y} + y \sin \dfrac{1}{x} \right) = 0$.

证　$\forall \varepsilon > 0$，$\exists \delta = \dfrac{\varepsilon}{2} > 0$，$\forall (x, y) \in \mathbf{R}^2$，$0 < |x| < \delta$，$0 < |y| < \delta$，有

$$\left| \left(x \sin \frac{1}{y} + y \sin \frac{1}{x} \right) - 0 \right| \leq |x| \left| \sin \frac{1}{y} \right| + |y| \left| \sin \frac{1}{x} \right| \leq |x| + |y| < 2\delta = \varepsilon,$$

因此 $\lim\limits_{x\to 0,\ y\to 0}\left(x\sin\dfrac{1}{y}+y\sin\dfrac{1}{x}\right)=0$.

例 13 计算 $\lim\limits_{x\to 0,\ y\to 0}\dfrac{xy}{x^2+y^2}$.

解 令 $y=kx$，则

$$\lim_{x\to 0,\ y\to 0}\frac{xy}{x^2+y^2}=\lim_{x\to 0}\frac{kx^2}{x^2+k^2x^2}=\frac{k}{1+k^2},$$

由二元函数极限的定义可知， $\lim\limits_{x\to 0,\ y\to 0}\dfrac{xy}{x^2+y^2}$ 不存在.

例 14 计算 $\lim\limits_{x\to 0,\ y\to 0}\dfrac{x^2y}{x^4+y^2}$.

解 令 $y=kx$，则 $\lim\limits_{x\to 0,\ y\to 0}\dfrac{x^2y}{x^4+y^2}=\lim\limits_{x\to 0}\dfrac{kx^3}{x^4+k^2x^2}=\lim\limits_{x\to 0}\dfrac{kx}{x^2+k^2}=0$.

令 $y=x^2$，则 $\lim\limits_{x\to 0,\ y\to 0}\dfrac{x^2y}{x^4+y^2}=\lim\limits_{x\to 0}\dfrac{x^4}{x^4+x^4}=\dfrac{1}{2}$.

因此 $\lim\limits_{x\to 0,\ y\to 0}\dfrac{x^2y}{x^4+y^2}$ 不存在.

与二元函数极限的定义类似，可定义 n 元实值函数的极限和 n 元向量值函数的极限. 设 $f:A\subseteq\mathbf{R}^n\to\mathbf{R}$ 为一 n 元实值函数， $\boldsymbol{a}=(a_1,a_2,\cdots,a_n)\in\mathbf{R}^n$ 为 A 的聚点. 若 $\exists l\in\mathbf{R}$， $\forall\varepsilon>0$， $\exists\delta>0$， $\forall\boldsymbol{x}=(x_1,x_2,\cdots,x_n)\in A\subseteq\mathbf{R}^n$， $0<\sqrt{\sum\limits_{i=1}^{n}(x_i-a_i)^2}<\delta$，有 $|f(\boldsymbol{x})-l|<\varepsilon$，则称 $f(\boldsymbol{x})$ 当 $\boldsymbol{x}\to\boldsymbol{a}$ 时以 l 为**极限**，记为 $\lim\limits_{\boldsymbol{x}\to\boldsymbol{a}}f(\boldsymbol{x})=l$.

设 $\boldsymbol{f}:A\subseteq\mathbf{R}^n\to\mathbf{R}^m$ 为 n 元向量值函数， $\forall\boldsymbol{x}\in\mathbf{R}^n$， $\boldsymbol{f}(\boldsymbol{x})=(f_1(\boldsymbol{x}),f_2(\boldsymbol{x}),\cdots,f_m(\boldsymbol{x}))$， $\boldsymbol{a}=(a_1,a_2,\cdots,a_n)\in\mathbf{R}^n$ 为 A 的聚点. 若 $\exists\boldsymbol{l}=(l_1,l_2,\cdots,l_m)\in\mathbf{R}^m$， $\forall\varepsilon>0$， $\exists\delta>0$， $\forall\boldsymbol{x}=(x_1,x_2,\cdots,x_n)\in A\subseteq\mathbf{R}^n$， $0<\sqrt{\sum\limits_{i=1}^{n}(x_i-a_i)^2}<\delta$，有

$$\max_{1\le i\le m}\{|f_i(\boldsymbol{x})-l_i|\}<\varepsilon,$$

则称 $\boldsymbol{f}(\boldsymbol{x})$ 当 $\boldsymbol{x}\to\boldsymbol{a}$ 时以 $\boldsymbol{l}$ 为**极限**，记为 $\lim\limits_{\boldsymbol{x}\to\boldsymbol{a}}\boldsymbol{f}(\boldsymbol{x})=\boldsymbol{l}$. 由定义可知， $\lim\limits_{\boldsymbol{x}\to\boldsymbol{a}}\boldsymbol{f}(\boldsymbol{x})=\boldsymbol{l}$ 当且仅当 $\lim\limits_{\boldsymbol{x}\to\boldsymbol{a}}f_i(\boldsymbol{x})=l_i\ (i=1,2,\cdots,m)$.

n 元实值函数的极限和 n 元向量值函数的极限具有与一元函数的极限相类似的性质. 现将其运算性质叙述如下:

性质 1.14　设 $f,g:A\subseteq \mathbf{R}^n\to \mathbf{R}$ 为两 n 元实值函数, $\boldsymbol{a}\in \mathbf{R}^n$ 为 A 的聚点. 若 $f(\boldsymbol{x})$, $g(\boldsymbol{x})$ 当 $\boldsymbol{x}\to \boldsymbol{a}$ 时极限存在, 则 $f(\boldsymbol{x})\pm g(\boldsymbol{x}),f(\boldsymbol{x})g(\boldsymbol{x}),\dfrac{f(\boldsymbol{x})}{g(\boldsymbol{x})}\,(\lim\limits_{\boldsymbol{x}\to \boldsymbol{a}}g(\boldsymbol{x})\neq 0)$ 当 $\boldsymbol{x}\to \boldsymbol{a}$ 时极限存在, 且

$$\lim_{\boldsymbol{x}\to \boldsymbol{a}}(f(\boldsymbol{x})\pm g(\boldsymbol{x}))=\lim_{\boldsymbol{x}\to \boldsymbol{a}}f(\boldsymbol{x})\pm \lim_{\boldsymbol{x}\to \boldsymbol{a}}g(\boldsymbol{x}),$$

$$\lim_{\boldsymbol{x}\to \boldsymbol{a}}(f(\boldsymbol{x})g(\boldsymbol{x}))=\lim_{\boldsymbol{x}\to \boldsymbol{a}}f(\boldsymbol{x})\cdot \lim_{\boldsymbol{x}\to \boldsymbol{a}}g(\boldsymbol{x}),$$

$$\lim_{\boldsymbol{x}\to \boldsymbol{a}}\frac{f(\boldsymbol{x})}{g(\boldsymbol{x})}=\frac{\lim\limits_{\boldsymbol{x}\to \boldsymbol{a}}f(\boldsymbol{x})}{\lim\limits_{\boldsymbol{x}\to \boldsymbol{a}}g(\boldsymbol{x})}.$$

性质 1.15　设 $\boldsymbol{f},\boldsymbol{g}:A\subseteq \mathbf{R}^n\to \mathbf{R}^m$ 为两 n 元向量值函数, $\lambda:A\subseteq \mathbf{R}^n\to \mathbf{R}$ 为一 n 元实值函数, $\boldsymbol{a}\in \mathbf{R}^n$ 为 A 的聚点. 若 $\boldsymbol{f}(\boldsymbol{x}),\boldsymbol{g}(\boldsymbol{x}),\lambda(\boldsymbol{x})$ 当 $\boldsymbol{x}\to \boldsymbol{a}$ 时极限存在, 则 $\boldsymbol{f}(\boldsymbol{x})+\boldsymbol{g}(\boldsymbol{x}),\lambda(\boldsymbol{x})\boldsymbol{f}(\boldsymbol{x})$ 当 $\boldsymbol{x}\to \boldsymbol{a}$ 时极限存在, 且

$$\lim_{\boldsymbol{x}\to \boldsymbol{a}}(\boldsymbol{f}(\boldsymbol{x})+\boldsymbol{g}(\boldsymbol{x}))=\lim_{\boldsymbol{x}\to \boldsymbol{a}}\boldsymbol{f}(\boldsymbol{x})+\lim_{\boldsymbol{x}\to \boldsymbol{a}}\boldsymbol{g}(\boldsymbol{x}),$$

$$\lim_{\boldsymbol{x}\to \boldsymbol{a}}(\lambda(\boldsymbol{x})\boldsymbol{f}(\boldsymbol{x}))=\lim_{\boldsymbol{x}\to \boldsymbol{a}}\lambda(\boldsymbol{x})\cdot \lim_{\boldsymbol{x}\to \boldsymbol{a}}\boldsymbol{f}(\boldsymbol{x}).$$

设 $(X,d),(Y,D)$ 为两度量空间, $f:A\subseteq X\to Y$ 为一映射, $a\in A$ 为 A 的聚点. 若 $\lim\limits_{d(x,a)\to 0}D(f(x),f(a))=0$, 则称**映射 f 在 $x=a$ 处连续**. 若 $\forall a\in A$, f 在 $x=a$ 处连续, 则称 f 在 A 上连续, 即 $\forall a\in A$, $\forall \varepsilon>0$, $\exists \delta_a>0$, 使得 $f(A\cap B_d(a,\delta_a))\subset B_D(f(a),\varepsilon)$. 若 $\forall \varepsilon>0$, $\exists \delta>0$, $\forall a\in A$, 有

$$f(A\cap B_d(a,\delta))\subset B_D(f(a),\varepsilon),$$

则称 $f:A\subseteq X\to Y$ **在 A 上一致连续**.

性质 1.16　设 $(X,d),(Y,D)$ 为两度量空间, $f:A\subseteq X\to Y$ 在 A 上连续当且仅当对于任意开集 $U\subset Y$, 有 $f^{-1}(U)$ 是 A 中的开集, 其中 $f^{-1}(U)=\{x\,|\,f(x)\in U\}$.

性质 1.17　设 $(X,d),(Y,D)$ 为两度量空间, $A\subseteq X$ 为 X 中的紧集. 若 $f:A\to Y$ 在 A 上连续, 则 $f:A\to Y$ 在 A 上一致连续, 且 $f(A)$ 为 Y 中的紧集.

性质 1.18　设 (X,d) 为一度量空间, $A\subseteq X$ 为紧集. 若 $f:A\to \mathbf{R}$ 在 A 上连续, 则

① f 在 A 上有界, 即 $\exists M>0$, $\forall x\in A$, 有 $\big|f(x)\big|\leqslant M$;

② $\exists x_1,x_2\in A$, 使得 $f(x_1)=\sup\limits_{x\in A}f(x)$, $f(x_2)=\inf\limits_{x\in A}f(x)$.

性质 1.19 设 $(X,d),(Y,D),(Z,D')$ 均为度量空间，$f:A\subseteq X\to Y$，$g:B\subseteq Y\to Z$ 为两映射，$a\in E=\mathrm{Dom}(g\circ f)\subseteq A$. 若 $f:A\to Y$ 在 $a\in E$ 处连续，$g:B\to Z$ 在 $b=f(a)\in B$ 处连续，则 $g\circ f:E\to Z$ 在 $a\in E$ 处连续.

设 $(X,d),(Y,D)$ 为两度量空间. 若存在 $f:X\to Y$ 为双射，且 $f:X\to Y$ 在 X 上连续，$f^{-1}:Y\to X$ 在 Y 上连续，则称 $f:X\to Y$ 是**同胚映射**，称 (X,d) 与 (Y,D) **同胚**. 例如，$f:(-1,1)\to\mathbf{R}$，$f(x)=\tan\dfrac{\pi x}{2}$，$x\in(-1,1)$，是双射，且 $f(x)=\tan\dfrac{\pi x}{2}$ 在 $(-1,1)$ 上连续，$f^{-1}(x)=\dfrac{2}{\pi}\arctan x$ 在 $\mathbf{R}$ 上连续，因此，$f:(-1,1)\to\mathbf{R}$ 是同胚映射，$(-1,1)$ 同胚于 $\mathbf{R}$.

同胚关系是度量空间上的等价关系，因此可以利用同胚关系将度量空间进行分类.

设 (X,d) 为一完备度量空间. 如果 $\forall x,y\in X$，$\exists 0\le\lambda<1$，使得
$$d(f(x),f(y))\le\lambda d(x,y),$$
则称 $f:X\to X$ 为一**压缩映射**. 若 $\exists a\in X$，使得 $a=f(a)$，则称 a 为 $f:X\to X$ 的**不动点**.

Banach 不动点定理 设 (X,d) 为一完备度量空间. 若 $f:X\to X$ 为一压缩映射，则在 X 中具有唯一的不动点，即存在唯一的 $a\in X$，使得 $a=f(a)$.

设 $f:X\to\mathbf{R}$ 为任意一元函数. 若 $x_0\in X$ 为 X 的聚点，且 $\lim\limits_{x\to x_0}f(x)=f(x_0)$，则称 $f(x)$ **在 $x=x_0$ 处连续**. 若 $x_0\in X$ 为 X 的右侧聚点，且 $\lim\limits_{x\to x_0^+}f(x)=f(x_0)$，则称 $f(x)$ 在 $x=x_0$ 处右连续. 若 $x_0\in X$ 为 X 的左侧聚点，且 $\lim\limits_{x\to x_0^-}f(x)=f(x_0)$，则称 $f(x)$ **在 $x=x_0$ 处左连续**. 若 $f(x)$ 在 $x=x_0$ 处不连续，则称 $x=x_0$ 为 $f(x)$ 的**间断点**.

由上述定义可知，$x=0$ 为 $\mathrm{sgn}(x)$ 的间断点；$x=n\ (n\in\mathbf{Z})$ 为 $f(x)=[x]$ 的间断点；$x=x_0\ (x_0\in\mathbf{Q})$ 为 Riemann 函数 $R(x)$ 的间断点；$x=x_0\ (x_0\in\mathbf{R})$ 为 Dirichlet 函数 $D(x)$ 的间断点.

性质 1.20 设 $f,g:X\to\mathbf{R}$ 为两一元函数，且在 $x=x_0$ 处连续，其中 $x_0\in X$ 为 X 的聚点.

① 则有 $f+g:X\to\mathbf{R}$，$fg:X\to\mathbf{R}$，$\dfrac{f}{g}:X\to\mathbf{R}\ (g(x_0)\ne 0)$ 在 $x=x_0$ 处连续；

② 若 $\exists\delta>0$，$\forall x\in X\cap B(x_0,\delta)$，有 $f(x)\ge g(x)$，则 $f(x_0)\ge g(x_0)$.

性质 1.21 设 $f:X\subseteq\mathbf{R}\to\mathbf{R}$，$g:Y\subseteq\mathbf{R}\to\mathbf{R}$ 为两一元函数. 若 $f:X\to\mathbf{R}$ 在 X 上连续，$g:Y\to\mathbf{R}$ 在 Y 上连续，$Z=X\cap f^{-1}(Y)\ne\varnothing$，则 $g\circ f:Z\to\mathbf{R}$ 在 Z 上连续.

性质 1.22　设 $[a,b] \subset \mathbf{R}$．若 $f:[a,b] \to \mathbf{R}$ 在 $[a,b]$ 上连续，则

① $f(x)$ 在 $[a,b]$ 上有界，即 $\exists M > 0$，$\forall x \in [a,b]$，有 $|f(x)| \leq M$；

② $f([a,b]) = [f(x_1), f(x_2)]$，其中 $f(x_1) = \min\limits_{x \in [a,b]} \{f(x)\}$，$f(x_2) = \max\limits_{x \in [a,b]} \{f(x)\}$；

③ 若 $f(a)f(b) < 0$，则 $\exists c \in (a,b)$，使得 $f(c) = 0$．

性质 1.23　设 $[a,b] \subset \mathbf{R}$．若 $f:[a,b] \to \mathbf{R}$ 在 $[a,b]$ 上连续，则 $f:[a,b] \to \mathbf{R}$ 在 $[a,b]$ 上一致连续，即 $\forall \varepsilon > 0$，$\exists \delta > 0$，$\forall x,y \in [a,b]$，$|x-y| < \delta$，有

$$|f(x) - f(y)| < \varepsilon.$$

与一元函数连续定义类似，可定义 n 元实值函数和 n 元向量值函数的连续．

设 $f:A \subseteq \mathbf{R}^n \to \mathbf{R}$ 为 n 元实值函数，$\boldsymbol{a} = (a_1, a_2, \cdots, a_n) \in A$ 为 A 的聚点．若 $\lim\limits_{\boldsymbol{x} \to \boldsymbol{a}} f(\boldsymbol{x}) = f(\boldsymbol{a})$，则称 $f:A \subseteq \mathbf{R}^n \to \mathbf{R}$ **在 $\boldsymbol{x} = \boldsymbol{a}$ 处连续**．特别地，设 $f:U \subseteq \mathbf{R}^2 \to \mathbf{R}$ 为二元函数，$(x_0, y_0) \in U$ 为 U 的聚点，若

$$\lim\limits_{x \to x_0, y \to y_0} f(x,y) = f(x_0, y_0),$$

则称 $f:U \subseteq \mathbf{R}^2 \to \mathbf{R}$ **在 $(x,y) = (x_0, y_0)$ 处连续**．

由二元函数连续的定义可知，

$$f(x,y) = \begin{cases} \dfrac{x^2 y}{x^2 + y^2}, & (x,y) \neq (0,0), \\ 0, & (x,y) = (0,0) \end{cases}$$

在 $(x,y) = (0,0)$ 处连续；

$$g(x,y) = \begin{cases} \dfrac{xy}{x^2 + y^2}, & (x,y) \neq (0,0), \\ 0, & (x,y) = (0,0) \end{cases}$$

在 $(x,y) = (0,0)$ 处不连续．

设 $\boldsymbol{f}:A \subseteq \mathbf{R}^n \to \mathbf{R}^m$ 为 n 元向量值函数，$\forall \boldsymbol{x} \in \mathbf{R}^n$，$\boldsymbol{f}(\boldsymbol{x}) = (f_1(\boldsymbol{x}), f_2(\boldsymbol{x}), \cdots, f_m(\boldsymbol{x}))$，$\boldsymbol{a} = (a_1, a_2, \cdots, a_n) \in A$ 为 A 的聚点．若 $\lim\limits_{\boldsymbol{x} \to \boldsymbol{a}} \boldsymbol{f}(\boldsymbol{x}) = \boldsymbol{f}(\boldsymbol{a})$，则称 $\boldsymbol{f}:A \subseteq \mathbf{R}^n \to \mathbf{R}^m$ **在 $\boldsymbol{x} = \boldsymbol{a}$ 处连续**．由定义可知，$\boldsymbol{f}:A \subseteq \mathbf{R}^n \to \mathbf{R}^m$ 在 $\boldsymbol{x} = \boldsymbol{a}$ 处连续当且仅当 $f_i:A \subseteq \mathbf{R}^n \to \mathbf{R}$ $(i = 1, 2, \cdots, m)$ 在 $\boldsymbol{x} = \boldsymbol{a}$ 处连续．

例如，二元向量值函数 $\boldsymbol{f}:[0,\infty) \times [0, 2\pi] \to \mathbf{R}^2$，$\boldsymbol{f}(r, \theta) = (r\cos\theta, r\sin\theta)$ 在 $(r, \theta) \in [0,\infty) \times [0, 2\pi]$ 上连续．设 $U_\lambda = \{(r, \theta) \in \mathbf{R}^2 \mid r > 0,\ \lambda < \theta < \lambda + 2\pi,\ \lambda \in \mathbf{R}\}$，

$$V_\lambda = \{(x,y) \in \mathbf{R}^2 \mid (x,y) \notin T_\lambda,\ \lambda \in \mathbf{R}\},$$

其中 T_λ 为 xOy 平面上从原点出发与 x 轴正向夹角为 λ 的半直线．显然，U_λ, V_λ 为 $\mathbf{R}^2$ 中

的两开集，$f|_{U_\lambda}:U_\lambda \to V_\lambda$ 为一双射，且 $f|_{U_\lambda}:U_\lambda \to V_\lambda$ 在 U_λ 上连续，以及

$$(f|_{U_\lambda})^{-1}(x,y)=\left(\sqrt{x^2+y^2},\arctan\frac{y}{x}\right)$$

在 V_λ 上连续，故 $f|_{U_\lambda}:U_\lambda \to V_\lambda$ 为同胚映射，U_λ 与 V_λ 同胚.

已知三元向量值函数 $f:[0,\infty)\times[0,\pi]\times[0,2\pi]\to \mathbf{R}^3$，

$$f(r,\theta,\varphi)=(r\sin\theta\cos\varphi,r\sin\theta\sin\varphi,r\cos\theta)$$

在 $(r,\theta,\varphi)\in[0,\infty)\times[0,\pi]\times[0,2\pi]$ 上连续. 设

$$U_\lambda=\{(r,\theta,\varphi)\in\mathbf{R}^3\mid r>0,\ 0<\theta<\pi,\ \lambda<\varphi<\lambda+2\pi,\ \lambda\in\mathbf{R}\},$$

$$V_\lambda=\{(x,y,z)\in\mathbf{R}^3\mid (x,y,z)\notin\Pi_\lambda,\ \lambda\in\mathbf{R}\},$$

其中 Π_λ 是以 z 轴为边界的半平面，该半平面与 xOy 平面的交线为从原点出发与 x 轴正向夹角为 λ 的半直线. 显然，U_λ,V_λ 为 $\mathbf{R}^3$ 中的两开集，$f|_{U_\lambda}:U_\lambda \to V_\lambda$ 为一双射，且 $f|_{U_\lambda}:U_\lambda \to V_\lambda$ 在 U_λ 上连续，以及

$$(f|_{U_\lambda})^{-1}(x,y,z)=\left(\sqrt{x^2+y^2+z^2},\arccos\frac{z}{\sqrt{x^2+y^2+z^2}},\arctan\frac{y}{x}\right)$$

在 V_λ 上连续，故 $f|_{U_\lambda}:U_\lambda \to V_\lambda$ 为同胚映射，U_λ 与 V_λ 同胚.

1.5 数学归纳法

引理 设 $M\subseteq\mathbf{N}$. 若 $1\in M$，并且由 $n-1\in M$ 可得 $n\in M$，则 $M=\mathbf{N}$.

证 假设 $M\neq\mathbf{N}$，即 $M\subset\mathbf{N}$. 由于 $1\in M$，则 $\exists n\in\mathbf{N}$，$n\notin M$，且 $n-1\in M$. 跟据条件，由 $n-1\in M$ 可推出 $n\in M$，这与 $n\notin M$ 矛盾. 因此 $M=\mathbf{N}$.

由上述引理可以导出与自然数相关的数学归纳法，即：若命题对于 $n=1$ 成立，且命题对于 $n=k-1$ 成立，则命题对于 $n=k$ 也成立，因此命题对于所有的自然数 n 成立.

例1 证明：

$$(a+b)^n=\sum_{k=0}^n C_n^k a^{n-k}b^k. \tag{1}$$

证 当 $n=1$ 时，（1）式显然成立. 假设 $n=m$ 时（1）式成立，则当 $n=m+1$ 时，有

$$(a+b)^{m+1}=(a+b)\sum_{k=0}^m C_m^k a^{m-k}b^k=\sum_{k=0}^m C_m^k a^{m+1-k}b^k+\sum_{k=0}^m C_m^k a^{m-k}b^{k+1}$$

35

$$= \sum_{k=0}^{m} C_m^k a^{m+1-k} b^k + \sum_{k=1}^{m+1} C_m^{k-1} a^{m+1-k} b^k$$

$$= a^{m+1} + \sum_{k=1}^{m} (C_m^k + C_m^{k-1}) a^{m+1-k} b^k + b^{m+1}$$

$$= a^{m+1} + \sum_{k=1}^{m} C_{m+1}^k a^{m+1-k} b^k + b^{m+1}$$

$$= \sum_{k=0}^{m+1} C_{m+1}^k a^{m+1-k} b^k.$$

可见（1）式对 $n=m+1$ 时也成立. 故（1）式当 $n \in \mathbf{N}$ 时均成立.

例 2 证明：

$$(x_1 + x_2 + \cdots + x_n)^k = \sum_{\substack{k_1,k_2,\cdots,k_n=0 \\ k_1+k_2+\cdots+k_n=k}}^{k} \frac{k!}{k_1! k_2! \cdots k_n!} x_1^{k_1} x_2^{k_2} \cdots x_n^{k_n}. \quad (2)$$

证 当 $n=1$ 时，（2）式显然成立. 假设 $n=m$ 时（2）式成立，则当 $n=m+1$ 时，有

$$(x_1 + x_2 + \cdots + x_{m+1})^k$$

$$= \sum_{k_{m+1}=0}^{k} C_k^{k_{m+1}} (x_1 + x_2 + \cdots + x_m)^{k-k_{m+1}} x_{m+1}^{k_{m+1}}$$

$$= \sum_{k_{m+1}=0}^{k} \frac{k!}{k_{m+1}!(k-k_{m+1})!} \sum_{\substack{k_1,k_2,\cdots,k_m=0 \\ k_1+k_2+\cdots+k_m=k-k_{m+1}}}^{k-k_{m+1}} \frac{(k-k_{m+1})!}{k_1! k_2! \cdots k_m!} x_1^{k_1} x_2^{k_2} \cdots x_m^{k_m} x_{m+1}^{k_{m+1}}$$

$$= \sum_{\substack{k_1,k_2,\cdots,k_m,k_{m+1}=0 \\ k_1+k_2+\cdots+k_m+k_{m+1}=k}}^{k} \frac{k!}{k_1! k_2! \cdots k_m! k_{m+1}!} x_1^{k_1} x_2^{k_2} \cdots x_m^{k_m} x_{m+1}^{k_{m+1}}.$$

可见（2）式对 $n=m+1$ 时也成立. 故（2）式当 $n \in \mathbf{N}$ 时均成立.

例 3 设 $a_i > 0$ $(i=1,2,\cdots,n)$，证明：

$$\frac{a_1 + a_2 + \cdots + a_n}{n} \geq \sqrt[n]{a_1 a_2 \cdots a_n}. \quad (3)$$

证 令 $a_i = x_i^n (x_i > 0)$，$i=1,2,\cdots,n$，则（3）式等价于

$$x_1^n + x_2^n + \cdots + x_n^n \geq n x_1 x_2 \cdots x_n. \quad (4)$$

显然 $n=1$ 时（4）式成立. 假设 $n=k$ 时（4）式成立. 由于 $(x_1-x_2)(x_1^k - x_2^k) \geq 0$，可得

$$x_1^{k+1} + x_2^{k+1} \geq x_1 x_2^k + x_2 x_1^k.$$

同理，$x_1{}^{k+1} + x_3{}^{k+1} \geq x_1 x_3{}^k + x_3 x_1{}^k$, $\cdots$, $x_1{}^{k+1} + x_{k+1}{}^{k+1} \geq x_1 x_{k+1}{}^k + x_{k+1} x_1{}^k$. 因此

$$kx_1{}^{k+1} + (x_2{}^{k+1} + \cdots + x_{k+1}{}^{k+1}) \geq x_1(x_2{}^k + \cdots + x_{k+1}{}^k) + x_1{}^k(x_2 + \cdots + x_{k+1}).$$

同理，

$$kx_2{}^{k+1} + (x_1{}^{k+1} + x_3{}^{k+1} + \cdots + x_{k+1}{}^{k+1})$$
$$\geq x_2(x_1{}^k + x_3{}^k + \cdots + x_{k+1}{}^k) + x_2{}^k(x_1 + x_3 + \cdots + x_{k+1}),$$
$$\cdots,$$
$$kx_{k+1}{}^{k+1} + (x_1{}^{k+1} + x_2{}^{k+1} + \cdots + x_k{}^{k+1})$$
$$\geq x_{k+1}(x_1{}^k + x_2{}^k + \cdots + x_k{}^k) + x_{k+1}{}^k(x_1 + x_2 + \cdots + x_k).$$

将上述 $k+1$ 个不等式相加，可得

$$2k(x_1{}^{k+1} + x_2{}^{k+1} + \cdots + x_{k+1}{}^{k+1})$$
$$\geq 2x_1(x_2{}^k + \cdots + x_{k+1}{}^k) + 2x_2(x_1{}^k + x_3{}^k + \cdots + x_{k+1}{}^k) + \cdots$$
$$+ 2x_{k+1}(x_1{}^k + x_2{}^k + \cdots + x_k{}^k)$$
$$\geq 2x_1 \cdot kx_2 \cdots x_{k+1} + 2x_2 \cdot kx_1 x_3 \cdots x_{k+1} + \cdots + 2x_{k+1} \cdot kx_1 x_2 \cdots x_k$$
$$= 2k(k+1)x_1 x_2 \cdots x_{k+1}.$$

于是有

$$x_1{}^{k+1} + x_2{}^{k+1} + \cdots + x_{k+1}{}^{k+1} \geq (k+1)x_1 x_2 \cdots x_{k+1},$$

即当 $n = k+1$ 时,（4）式成立. 故（4）式当 $n \in \mathbf{N}$ 时成立.

第 2 章　映射的微分与函数的积分

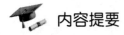 内容提要

　　本章包括一元函数的导数、一元函数的 Riemann 积分、一元函数的原函数、n 元函数的偏导数、映射的微分、n 元函数的重积分、广义积分和含参量积分等内容.

　　2.1 节主要讲述一元函数的导数及其应用. 本节用两种不同的方法来定义函数的一阶导数，并给出这两种定义的等价性，即 $f(x)-f(a)=\varphi(x)(x-a)$，且 $\varphi(x)$ 在 $x=a$ 处连续，等价于 $f'(a)=\lim\limits_{x\to a}\dfrac{f(x)-f(a)}{x-a}$．并讨论函数的可导性与其连续性之间的关系, 在 3.2 节中给出了一个处处连续且处处不可导的函数的实例. 在一阶导函数的基础上定义了函数的二阶导数，类似地可定义函数的 n 阶导数，并给出了 C^{∞} 类函数的概念;用 Rolle 定理、Lagrange 定理、Cauchy 定理来讨论可导函数的性质，并用 Taylor 公式探讨在某点的邻域内用多项式逼近函数的精确程度. 函数的导数可应用于对函数增减性和局部极值的讨论，以及对函数凸凹性和拐点的讨论. 本节最后，利用 L'Hôpital 法则来计算函数的不定型极限.

　　2.2 节主要讲述一元函数的 Riemann 积分. 本节未采用通常的用 Riemann 和的极限来引入一元函数的 Riemann 积分，而是用阶梯函数在 $[a,b]$ 上的积分来引入一元函数的 Riemann 积分，并证明该 Riemann 积分正是 Riemann 和的极限. 若 $f:[a,b]\to\mathbf{R}$，在 $[a,b]$ 上 Riemann 可积，则 $f:[a,b]\to\mathbf{R}$ 在 $[a,b]$ 上的 Riemann 积分

$$\int_a^b f(x)\mathrm{d}x = \lim_{n\to\infty}\int_a^b h_n(x)\mathrm{d}x = \lim_{n\to\infty}\sum_{i=1}^n f(\psi_i)\delta(x_i).$$

　　2.3 节主要讲述一元函数的原函数. 首先给出一元函数原函数的定义，其次用 Newton-Leibniz 定理将一元函数的原函数和一元函数的 Riemann 积分联系起来. 若求出一元函数的原函数，则可立即求出一元函数的 Riemann 积分. 要强调的是：Newton-Leibniz 定理中一元函数的原函数必须存在且该函数 Riemann 可积，此两条件缺一不可. 实际上，存在本身不可积的函数但其原函数存在，也存在可积函数但其原函数不存在. 可用分部积分法和换元积分法来求某些函数的原函数和 Riemann 积分. 本节最后介绍了 Abel 积分的一种特殊形式——椭圆积分，并介绍了第一类、第二类、第三类

Jacobi 椭圆积分.

2.4 节主要讲述 n 元函数的偏导数. 用 $f : U \to \mathbf{R}$ 在 $\boldsymbol{x}_0$ 处的部分函数 $f_{\boldsymbol{x}_0, i} : U_i \to \mathbf{R}$ 在 $x_i^{(0)}$ 处的导数来定义 $f : U \to \mathbf{R}$ 在 $\boldsymbol{x}_0$ 处关于 x_i 的偏导数. 对一元函数而言可导必连续, 但 n 元函数并非如此. 例如:

$$f(x, y) = \begin{cases} \dfrac{xy}{x^2 + y^2}, & (x, y) \neq (0, 0), \\ 0, & (x, y) = (0, 0) \end{cases}$$

在 $(0, 0)$ 处的偏导数 $\dfrac{\partial f}{\partial x}(0, 0) = \dfrac{\partial f}{\partial y}(0, 0) = 0$ 均存在, 但 $f(x, y)$ 在 $(0, 0)$ 处不连续. 与一元函数的高阶导数的定义类似, 在一阶偏导函数的基础之上可定义 n 元函数的二阶偏导数以及 k 阶偏导数, 并讨论 n 元函数的 k 阶偏导数与求偏导次序无关的条件, 以及给出 n 元函数求偏导数的链式法则. 与一元函数类似, 给出 n 元函数的 Taylor 公式, 并用 Taylor 公式讨论 n 元函数的局部极值.

2.5 节主要讨论映射的微分和微分同胚. 首先给出映射微分的定义, 设 $U \subseteq \mathbf{R}^n$ 为一开集, $\boldsymbol{f} : U \to \mathbf{R}^m$ 为 n 元向量值函数, $\boldsymbol{x}_0 \in U$, 若存在线性映射 $\mathrm{d}\boldsymbol{f}(\boldsymbol{x}_0) : \mathbf{R}^n \to \mathbf{R}^m$, 使得

$$\boldsymbol{f}(\boldsymbol{x}) - \boldsymbol{f}(\boldsymbol{x}_0) - \mathrm{d}\boldsymbol{f}(\boldsymbol{x}_0)(\boldsymbol{x} - \boldsymbol{x}_0) = o(\boldsymbol{x} - \boldsymbol{x}_0), \quad \boldsymbol{x} \to \boldsymbol{x}_0,$$

则称 $\mathrm{d}\boldsymbol{f}(\boldsymbol{x}_0) : \mathbf{R}^n \to \mathbf{R}^m$ 为 $\boldsymbol{f} : U \to \mathbf{R}^m$ 在 $\boldsymbol{x} = \boldsymbol{x}_0$ 处的微分.

对于 n 元实值函数 $f : U \to \mathbf{R}$ 而言, 其微分 $\mathrm{d}f(\boldsymbol{x}_0)$ 在 $\mathbf{R}^n$ 的标准基 $\{e_1, e_2, \cdots, e_n\}$ 的对偶基 $\{\mathrm{d}x_1, \mathrm{d}x_2, \cdots, \mathrm{d}x_n\}$ 下可表示为

$$\mathrm{d}f(\boldsymbol{x}_0) = \frac{\partial f}{\partial x_1}(\boldsymbol{x}_0)\mathrm{d}x_1 + \frac{\partial f}{\partial x_2}(\boldsymbol{x}_0)\mathrm{d}x_2 + \cdots + \frac{\partial f}{\partial x_n}(\boldsymbol{x}_0)\mathrm{d}x_n.$$

对于 n 元向量值函数 $\boldsymbol{f} : U \to \mathbf{R}^m$ 而言, 其微分 $\mathrm{d}\boldsymbol{f}(\boldsymbol{x}_0)$ 在 $\mathbf{R}^n$ 的对偶基 $\{\mathrm{d}x_1, \mathrm{d}x_2, \cdots, \mathrm{d}x_n\}$ 和 $\mathbf{R}^m$ 的标准基 $\{e_1, e_2, \cdots, e_m\}$ 下可表示为 Jacobi 矩阵, 即

$$\mathrm{d}\boldsymbol{f}(\boldsymbol{x}_0) \sim \frac{\partial(f_1, f_2, \cdots, f_m)}{\partial(x_1, x_2, \cdots, x_n)}(\boldsymbol{x}_0).$$

在映射微分的基础之上, 给出微分同胚的定义, 并给出局部微分同胚定理、全局微分同胚定理和隐射定理, 以及运用坐标语言将局部微分同胚定理和隐射定理表述为反函数定理和隐函数定理, 本节最后讨论了 n 元函数的条件极值.

2.6 节主要讲述 n 元函数的重积分. 由闭长方体上阶梯函数的积分引入闭长方体上函数 $f : P \to \mathbf{R}$ 的 Riemann 积分. 设 $A \subset \mathbf{R}^n$ 为有界集, 则存在闭长方体 $P \subset \mathbf{R}^n$, 使得 $A \subset P$. 通过 $f : A \to \mathbf{R}$ 在 P 上的标准延拓 $\tilde{f} : P \to \mathbf{R}$ 在 P 上的 Riemann 积分来定义

$f:A\rightarrow\mathbf{R}$ 在有界集 A 上的 Riemann 积分,并给出在有界集 A 上 Riemann 可积函数的充要条件. Jordan 可测集 A 上的有界函数 $f:A\rightarrow\mathbf{R}$ 在 A 上 Riemann 可积,当且仅当 $f:A\rightarrow\mathbf{R}$ 的不连续点集为 Lebesgue 零测度集. 与一元函数相类似,对 n 元函数而言,若 Jordan 可测集 A 上的函数 $f:A\rightarrow\mathbf{R}$ 在 A 上 Riemann 可积,则 $f:A\rightarrow\mathbf{R}$ 在 A 上的 Riemann 积分

$$\int_A f(\boldsymbol{x})\mathrm{d}\boldsymbol{x}=\lim_{n\to\infty}\sum_{i=1}^n f(\psi_i)m(A_i),$$

用 Riemann 和的极限计算 n 元函数的重积分相当困难,一般采用降维法、纤维法、截面法和坐标变换法来计算 n 元函数的重积分. 降维法的基础为 Fubini 定理,即设 $P\subset\mathbf{R}^m$,$S\subset\mathbf{R}^k$ 为两闭长方体,$f:P\times S\rightarrow\mathbf{R}$ 在 $P\times S$ 上 Riemann 可积,若 $\forall\boldsymbol{x}\in P$,$f_{\boldsymbol{x}}:S\rightarrow\mathbf{R}$ 在 S 上 Riemann 可积,则

$$\int_{P\times S}f(\boldsymbol{x},\boldsymbol{y})\mathrm{d}\boldsymbol{x}\,\mathrm{d}\boldsymbol{y}=\int_P\left(\int_S f(\boldsymbol{x},\boldsymbol{y})\mathrm{d}\boldsymbol{y}\right)\mathrm{d}\boldsymbol{x}.$$

纤维法、截面法与降维法类似,其方法均是将 n 元函数的重积分化为累次积分,最终借助一元函数的 Riemann 积分来计算. 利用计算 n 元函数重积分的纤维法,可导出计算二重积分和三重积分的公式,即

$$\iint_A f(x,y)\mathrm{d}x\,\mathrm{d}y=\int_a^b\left(\int_{\varphi_1(x)}^{\varphi_2(x)}f(x,y)\mathrm{d}y\right)\mathrm{d}x,$$

$$\iiint_A f(x,y,z)\mathrm{d}x\,\mathrm{d}y\,\mathrm{d}z=\iint_D\left(\int_{\varphi_1(x,y)}^{\varphi_2(x,y)}f(x,y,z)\mathrm{d}z\right)\mathrm{d}x\,\mathrm{d}y.$$

也可用坐标变换法来计算二重积分和三重积分,即

$$\iint_A f(x,y)\mathrm{d}x\,\mathrm{d}y=\iint_D f(r\cos\theta,r\sin\theta)r\mathrm{d}r\mathrm{d}\theta,$$

$$\iiint_A f(x,y,z)\mathrm{d}x\,\mathrm{d}y\,\mathrm{d}z=\iiint_D f(r\sin\theta\cos\varphi,r\sin\theta\sin\varphi,r\cos\theta)r^2\sin\theta\,\mathrm{d}r\mathrm{d}\theta\mathrm{d}\varphi.$$

对 n 重积分而言,也存在坐标变换法,即

$$\int_A\cdots\int f(x_1,x_2,\cdots,x_n)\mathrm{d}x_1\mathrm{d}x_2\cdots\mathrm{d}x_n$$
$$=\int_D\cdots\int[f(r\cos\theta_1,r\sin\theta_1\cos\theta_2,\cdots,r\sin\theta_1\sin\theta_2\cdots\sin\theta_{n-1})$$
$$\cdot r^{n-1}(\sin\theta_1)^{n-2}(\sin\theta_2)^{n-3}\cdots\sin\theta_{n-2}\mathrm{d}r\mathrm{d}\theta_1\cdots\mathrm{d}\theta_{n-1}].$$

2.7 节主要讲述广义积分和含参量积分. 首先讨论广义积分 $\int_a^{b^-}f(x)\mathrm{d}x$ 的敛散性和含参量 Riemann 积分 $\int_a^b f(x,y)\mathrm{d}x$ 的性质,其次讨论含参量广义积分 $\int_a^{b^-}f(x,y)\mathrm{d}x$ 的一致收敛性,以及一致收敛的含参量广义积分 $\int_a^{b^-}f(x,y)\mathrm{d}x$ 的性质. 最后讨论两类

Euler 积分，并介绍了 Γ 函数和 B 函数.

2.1 一元函数的导数

1. 一阶导数

设 $f: X \to \mathbf{R}$ 为一元函数. 若 $a \in X$ 为 X 的聚点，且 $\lim\limits_{x \to a} \dfrac{f(x) - f(a)}{x - a}$ 存在，则称 $f: X \to \mathbf{R}$ 在 $x = a$ 处**可导**，并称其极限值为 $f(x)$ 在 $x = a$ 处的**导数**，记为 $f'(a)$，即 $f'(a) = \lim\limits_{x \to a} \dfrac{f(x) - f(a)}{x - a}$. 若 $a \in X$ 为 X 的右侧聚点，且 $\lim\limits_{x \to a^+} \dfrac{f(x) - f(a)}{x - a}$ 存在，则称 $f: X \to \mathbf{R}$ 在 $x = a$ 处**右可导**，并称其极限值为 $f(x)$ 在 $x = a$ 处的**右导数**，记为 $f'(a^+)$，即 $f'(a^+) = \lim\limits_{x \to a^+} \dfrac{f(x) - f(a)}{x - a}$. 若 $a \in X$ 为 X 的左侧聚点，且 $\lim\limits_{x \to a^-} \dfrac{f(x) - f(a)}{x - a}$ 存在，则称 $f: X \to \mathbf{R}$ 在 $x = a$ 处**左可导**，并称其极限值为 $f(x)$ 在 $x = a$ 处的**左导数**，记为 $f'(a^-)$，即 $f'(a^-) = \lim\limits_{x \to a^-} \dfrac{f(x) - f(a)}{x - a}$.

性质 2.1 设 $f: X \to \mathbf{R}$ 为一元函数，$a \in X$ 为 X 的聚点. $f: X \to \mathbf{R}$ 在 $x = a$ 处可导当且仅当 $f: X \to \mathbf{R}$ 在 $x = a$ 处左、右可导，且 $f'(a^-) = f'(a^+)$.

性质 2.2 设 $f: X \to \mathbf{R}$ 为一元函数，$a \in X$ 为 X 的聚点. $f: X \to \mathbf{R}$ 在 $x = a$ 处可导当且仅当 $\exists \varphi: X \to \mathbf{R}$，使得 $\forall x \in X$，有 $f(x) - f(a) = \varphi(x)(x - a)$，且 $\varphi(x)$ 在 $x = a$ 处连续.

性质 2.3 设 $f: X \to \mathbf{R}$ 为一元函数，$a \in X$ 为 X 的聚点. 若 $f: X \to \mathbf{R}$ 在 $x = a$ 处可导，则 $f: X \to \mathbf{R}$ 在 $x = a$ 处连续.

性质 2.4 设 $f, g: X \to \mathbf{R}$ 为两一元函数，$a \in X$ 为 X 的聚点. 若 $f, g: X \to \mathbf{R}$ 在 $x = a$ 处可导，则

① $f + g: X \to \mathbf{R}$，$f \cdot g: X \to \mathbf{R}$ 在 $x = a$ 处可导，且
$$(f + g)'(a) = f'(a) + g'(a), \quad (f \cdot g)'(a) = f'(a)g(a) + f(a)g'(a);$$

② 当 $g(a) \neq 0$ 时，$\exists \delta > 0$，使得 $\dfrac{f}{g}: X \cap B(a, \delta) \to \mathbf{R}$ 在 $x = a$ 处可导，且
$$\left(\frac{f}{g} \right)'(a) = \frac{f'(a)g(a) - f(a)g'(a)}{g^2(a)}.$$

性质 2.5 设 $X, Y \subseteq \mathbf{R}$ 为两区间，$f^{-1}: Y \to X$ 为 $f: X \to Y$ 的反函数，$a \in X$，$b = f(a) \in Y$. 若 $f: X \to Y$ 在 $x = a$ 处可导，$f'(a) \neq 0$，且 $f^{-1}: Y \to X$ 在 $y = b$ 处连续，则 $f^{-1}: Y \to X$ 在 $y = b$ 处可导，且 $(f^{-1})'(b) = \dfrac{1}{f'(a)}$.

性质 2.6 设 $X,Y\subseteq\mathbf{R}$，且 $f:X\to\mathbf{R}$，$g:Y\to\mathbf{R}$ 为两一元函数，$a\in Z=X\cap f^{-1}(Y)$ 为 Z 的聚点. 若 $f:X\to\mathbf{R}$ 在 $x=a$ 处可导，$g:Y\to\mathbf{R}$ 在 $b=f(a)$ 处可导，则 $g\circ f:Z\to\mathbf{R}$ 在 $x=a$ 处可导，且

$$(g\circ f)'(a)=g'(b)f'(a).$$

由导数的定义和性质，可推出如下公式：

① $(x^n)'=nx^{n-1}$，$n\in\mathbf{N}$；

② $(\mathrm{e}^x)'=\mathrm{e}^x$，$(a^x)'=a^x\ln a$ $(a>0,a\neq1)$；

③ $(\ln x)'=\dfrac{1}{x}$，$(\log_a x)'=\dfrac{1}{x\ln a}$ $(a>0,a\neq1)$；

④ $(\sin x)'=\cos x,(\cos x)'=-\sin x$，$(\tan x)'=\sec^2 x$，$(\cot x)'=-\csc^2 x$；

⑤ $(\arcsin x)'=\dfrac{1}{\sqrt{1-x^2}}$，$(\arccos x)'=-\dfrac{1}{\sqrt{1-x^2}}$，$(\arctan x)'=\dfrac{1}{1+x^2}$，

$(\text{arccot}\,x)'=-\dfrac{1}{1+x^2}$；

⑥ $(\text{sh}\,x)'=\text{ch}\,x$，$(\text{ch}\,x)'=\text{sh}\,x$，$(\text{th}\,x)'=\text{sech}^2\,x$，$(\text{cth}\,x)'=-\text{csch}^2\,x$.

2. 高阶导数

设 $f:X\to\mathbf{R}$ 为一元函数，$Y\subseteq X$ 为非空集合. 若 $\forall x\in Y$，$f:X\to\mathbf{R}$ 均可导，则称 f 在 Y 上**可导**，并称 $f':Y\to\mathbf{R}$ 为 f 在 Y 上的**导函数**. 若 $f':Y\to\mathbf{R}$ 在 Y 上连续，则称 f 在 Y 上**连续可导**，或称 f 在 Y 上是 C^1 类的.

设 $f:X\to\mathbf{R}$ 为一元函数，$a\in X$ 为 X 的聚点. 若 $\exists\delta>0$，使得 f 在 $Y=X\cap B(a,\delta)$ 上可导，且 $f':Y\to\mathbf{R}$ 在 $a\in Y$ 处可导，则称 f 在 $a\in Y$ 处**二次可导**，且称 $f':Y\to\mathbf{R}$ 在 $a\in Y$ 处的导数为 f 在 $a\in Y$ 处的**二阶导数**，记为 $f^{(2)}(a)$. 若 f 在 Y 上 $n-1$ 次可导，且 $f^{(n-1)}:Y\to\mathbf{R}$ 在 $a\in Y$ 处可导，则称 f 在 $a\in Y$ 处 n **次可导**，并称 $f^{(n-1)}:Y\to\mathbf{R}$ 在 $a\in Y$ 处的导数为 f 在 $a\in Y$ 处的 n **阶导数**，记为 $f^{(n)}(a)$，即 $f^{(n)}(a)=(f^{(n-1)})'(a)$. 若 $f^{(n)}:Y\to\mathbf{R}$ 在 Y 上连续，则称 f 在 Y 上 n **次连续可导**，或称 f 在 Y 上是 C^n **类的**. 若 $\forall n\in\mathbf{N}$，f 在 Y 上是 C^n 类的，则称 f 在 Y 上是 C^∞ 的.

性质 2.7 设 $f,g:X\to\mathbf{R}$ 为两一元函数，$a\in X$ 为 X 的聚点. 若 $f,g:X\to\mathbf{R}$ 在 $x=a$ 处 n 次可导，则 $f+g:X\to\mathbf{R}$，$f\cdot g:X\to\mathbf{R}$ 在 $x=a$ 处 n 次可导，且

$$(f+g)^{(n)}(a)=f^{(n)}(a)+g^{(n)}(a),$$
$$(f\cdot g)^{(n)}(a)=f^{(n)}(a)g(a)+\mathrm{C}_n^1 f^{(n-1)}(a)g'(a)+\cdots+\mathrm{C}_n^{n-1}f'(a)g^{(n-1)}(a)$$
$$+f(a)g^{(n)}(a).$$

由 n 阶导数的定义和性质，可推出如下公式：

① $(e^x)^{(n)} = e^x$，$(a^x)^{(n)} = a^x(\ln a)^n$（$a > 0$，$a \neq 1$）；

② $(\ln(1+x))^{(n)} = \dfrac{(-1)^{n-1}(n-1)!}{(1+x)^n}$；

③ $(\sin x)^{(n)} = \sin\left(x + \dfrac{n\pi}{2}\right)$，$(\cos x)^{(n)} = \cos\left(x + \dfrac{n\pi}{2}\right)$；

④ $(x^n)^{(m)} = \begin{cases} n(n-1)\cdots(n-m+1)x^{n-m}, & m < n, \\ n!, & m = n, \\ 0, & m > n; \end{cases}$

⑤ 设 $y = f(x)$ 在 $x \in \mathbf{R}$ 处可导，$u = g(y)$ 在 $y = f(x)$ 处可导，则

$$\frac{\mathrm{d}^2(g \circ f)}{\mathrm{d}x^2} = \frac{\mathrm{d}^2 g}{\mathrm{d}y^2}\left(\frac{\mathrm{d}f}{\mathrm{d}x}\right)^2 + \frac{\mathrm{d}g}{\mathrm{d}y}\frac{\mathrm{d}^2 f}{\mathrm{d}x^2},$$

$$\frac{\mathrm{d}^3(g \circ f)}{\mathrm{d}x^3} = \frac{\mathrm{d}^3 g}{\mathrm{d}y^3}\left(\frac{\mathrm{d}f}{\mathrm{d}x}\right)^3 + 3\frac{\mathrm{d}^2 g}{\mathrm{d}y^2}\frac{\mathrm{d}f}{\mathrm{d}x}\frac{\mathrm{d}^2 f}{\mathrm{d}x^2} + \frac{\mathrm{d}g}{\mathrm{d}y}\frac{\mathrm{d}^3 f}{\mathrm{d}x^3}.$$

例 1　设 $f(x) = \begin{cases} e^{-1/x^2}, & x \neq 0, \\ 0, & x = 0. \end{cases}$　证明：$f(x)$ 在 $\mathbf{R}$ 上是 C^∞ 的.

证　显然，$f(x)$ 在 $\mathbf{R} - \{0\}$ 上是 C^∞ 的，且 $\forall x \in \mathbf{R} - \{0\}$，有

$$f^{(n)}(x) = e^{-1/x^2} P_{3n}\left(\frac{1}{x}\right),$$

其中 $P_{3n}(y)$ 为 y 的 $3n$ 次多项式. 由于

$$f'(0) = \lim_{x \to 0} \frac{f(x) - f(0)}{x - 0} = \lim_{x \to 0} \frac{e^{-1/x^2}}{x} = 0,$$

而 $\forall x \in \mathbf{R} - \{0\}$，有 $f'(x) = \dfrac{2}{x^3} e^{-1/x^2}$，且 $\lim\limits_{x \to 0} f'(x) = 0$，故 $f'(x)$ 在 $x = 0$ 处连续，于是 $f(x)$ 在 $\mathbf{R}$ 上是 C^1 类的.

假设 $f(x)$ 在 $\mathbf{R}$ 上是 C^{n-1} 类的，可知 $f'(0) = f''(0) = \cdots = f^{(n-1)}(0) = 0$，于是

$$f^{(n)}(0) = \lim_{x \to 0} \frac{f^{(n-1)}(x) - f^{(n-1)}(0)}{x - 0} = \lim_{x \to 0} \frac{e^{-1/x^2} P_{3n-3}\left(\dfrac{1}{x}\right)}{x} = 0.$$

又因为

$$\lim_{x \to 0} f^{(n)}(x) = \lim_{x \to 0} e^{-1/x^2} P_{3n}\left(\frac{1}{x}\right) = 0,$$

所以 $f^{(n)}(x)$ 在 $x=0$ 处连续，因此 $f(x)$ 在 $\mathbf{R}$ 上是 C^n 类的.

故 $f(x)$ 在 $\mathbf{R}$ 上是 C^∞ 的.

3. 微分中值定理和 Taylor 公式

定理 2.1 (Rolle 中值定理)　设 $[a,b]\subset\mathbf{R}$，$f:[a,b]\to\mathbf{R}$ 为一元函数. 若 $f:[a,b]\to\mathbf{R}$ 在 $[a,b]$ 上连续，$f:[a,b]\to\mathbf{R}$ 在 (a,b) 上可导，且 $f(a)=f(b)$，则 $\exists\xi\in(a,b)$，使得 $f'(\xi)=0$.

定理 2.2 (Lagrange 中值定理)　设 $[a,b]\subset\mathbf{R}$，$f:[a,b]\to\mathbf{R}$ 为一元函数. 若 $f:[a,b]\to\mathbf{R}$ 在 $[a,b]$ 上连续，$f:[a,b]\to\mathbf{R}$ 在 (a,b) 上可导，则 $\exists\xi\in(a,b)$，使得

$$f'(\xi)=\frac{f(b)-f(a)}{b-a}.$$

定理 2.3 (Cauchy 中值定理)　设 $[a,b]\subset\mathbf{R}$，$f,g:[a,b]\to\mathbf{R}$ 为两一元函数. 若 $f,g:[a,b]\to\mathbf{R}$ 在 $[a,b]$ 上连续，$f,g:[a,b]\to\mathbf{R}$ 在 (a,b) 上可导，且 $\forall x\in(a,b)$，有 $g'(x)\neq0$，则 $\exists\xi\in(a,b)$，使得

$$\frac{f'(\xi)}{g'(\xi)}=\frac{f(b)-f(a)}{g(b)-g(a)}.$$

定理 2.4 (Taylor 公式)　设区间 $I\subseteq\mathbf{R}$，$f:I\to\mathbf{R}$ 为一元函数，$x_0\in I$. 若 $f:I\to\mathbf{R}$ 在 I 上是 C^n 类的，则 $\exists\delta>0$，使得 $\forall x\in(x_0-\delta,x_0+\delta)\subseteq I$，$\exists\theta\in(0,1)$，有

$$f(x)=f(x_0)+f'(x_0)(x-x_0)+\cdots+\frac{1}{(n-1)!}f^{(n-1)}(x_0)(x-x_0)^{n-1}$$
$$+\frac{1}{n!}f^{(n)}(x_0+\theta(x-x_0))(x-x_0)^n.$$

4. 函数的单调性和局部极值

设区间 $I\subseteq\mathbf{R}$，$f:I\to\mathbf{R}$ 为一元函数. 若 $\forall x_1,x_2\in I$，$x_1<x_2$，有
$$f(x_1)\leq f(x_2),$$
则称 $f:I\to\mathbf{R}$ 在 I 上为**单调递增函数**. 若 $\forall x_1,x_2\in I$，$x_1<x_2$，有
$$f(x_1)<f(x_2),$$
则称 $f:I\to\mathbf{R}$ 在 I 上为**严格单调递增函数**.

性质 2.8　设区间 $I\subseteq\mathbf{R}$，$f:I\to\mathbf{R}$ 在 I 上可导，则 $f:I\to\mathbf{R}$ 在 I 上为单调递增函数，当且仅当 $\forall x\in I$，有 $f'(x)\geq0$.

性质 2.9　设区间 $I\subseteq\mathbf{R}$，$f:I\to\mathbf{R}$ 在 I 上可导. 若 $\forall x\in I$，有 $f'(x)>0$，则 $f:I\to\mathbf{R}$ 在 I 上为严格单调递增函数.

$f'(x)>0\;(x\in I)$ 仅是 $f:I\to\mathbf{R}$ 在 I 上为严格单调递增函数的充分条件. 例如，

$f(x) = x^3$ 在 $[-1,1]$ 上为严格单调递增函数，但 $f'(0) = 0$.

设区间 $I \subseteq \mathbf{R}$，$f: I \to \mathbf{R}$ 为一元函数，$x_0 \in I$ 为 I 的内点. 若 $\exists \delta > 0$，$\forall x \in I \cap B(x_0, \delta)$，有 $f(x) \leq f(x_0)$，则称 $x = x_0$ 为 $f(x)$ 的**局部极大值点**. 若 $\exists \delta > 0$，$\forall x \in I \cap B^\circ(x_0, \delta)$，有 $f(x) < f(x_0)$，则称 $x = x_0$ 为 $f(x)$ 的**严格局部极大值点**. 若 $\exists \delta > 0$，$\forall x \in I \cap B(x_0, \delta)$，有 $f(x) \geq f(x_0)$，则称 $x = x_0$ 为 $f(x)$ 的**局部极小值点**. 若 $\exists \delta > 0$，$\forall x \in I \cap B^\circ(x_0, \delta)$，有 $f(x) > f(x_0)$，则称 $x = x_0$ 为 $f(x)$ 的**严格局部极小值点**. 局部极小、极大值点合称为**局部极值点**，$f(x)$ 在局部极值点所取的值称为 $f(x)$ 的**局部极值**.

性质 2.10 设区间 $I \subseteq \mathbf{R}$，$f: I \to \mathbf{R}$ 为一元函数，$x_0 \in I$ 为 I 的内点. 若 $x = x_0$ 为 $f(x)$ 的局部极值点，则下述结论之一成立：

① $f(x)$ 在 $x = x_0$ 处不可导；

② $f(x)$ 在 $x = x_0$ 可导，且 $f'(x_0) = 0$.

性质 2.11 设区间 $I \subseteq \mathbf{R}$，$f: I \to \mathbf{R}$ 为一元函数，$x_0 \in I$ 为 I 的内点. 设 $\exists \delta > 0$，$f: I \to \mathbf{R}$ 在 $I \cap B^\circ(x_0, \delta)$ 上可导，且 $f: I \to \mathbf{R}$ 在 $x = x_0$ 处连续. 若 $\forall x \in (x_0 - \delta, x_0)$ 有 $f'(x) < 0$，$\forall x \in (x_0, x_0 + \delta)$ 有 $f'(x) > 0$，则 $x = x_0$ 为 $f(x)$ 的严格局部极小值点. 若 $\forall x \in (x_0 - \delta, x_0)$ 有 $f'(x) > 0$，$\forall x \in (x_0, x_0 + \delta)$ 有 $f'(x) < 0$，则 $x = x_0$ 为 $f(x)$ 的严格局部极大值点.

性质 2.12 设区间 $I \subseteq \mathbf{R}$，$f: I \to \mathbf{R}$ 为一元函数，$x_0 \in I$ 为 I 的内点. 设 $\exists \delta > 0$，$f: I \to \mathbf{R}$ 在 $I \cap B(x_0, \delta)$ 上可导，且 $f'(x_0) = 0$. 若 $\forall x \in (x_0 - \delta, x_0)$ 有 $f'(x) < 0$，$\forall x \in (x_0, x_0 + \delta)$ 有 $f'(x) > 0$，则 $x = x_0$ 为 $f(x)$ 的严格局部极小值点. 若 $\forall x \in (x_0 - \delta, x_0)$ 有 $f'(x) > 0$，$\forall x \in (x_0, x_0 + \delta)$ 有 $f'(x) < 0$，则 $x = x_0$ 为 $f(x)$ 的严格局部极大值点.

性质 2.13 设区间 $I \subseteq \mathbf{R}$，$f: I \to \mathbf{R}$ 为一元函数，$x_0 \in I$ 为 I 的内点. 设 $f: I \to \mathbf{R}$ 在 $x = x_0$ 处 n 次可导，且

$$f'(x_0) = f''(x_0) = \cdots = f^{(n-1)}(x_0) = 0, \quad f^{(n)}(x_0) \neq 0.$$

若 $n = 2k$，且 $f^{(n)}(x_0) > 0$，则 $x = x_0$ 为 $f(x)$ 的严格局部极小值点. 若 $n = 2k$，且 $f^{(n)}(x_0) < 0$，则 $x = x_0$ 为 $f(x)$ 的严格局部极大值点. 若 $n = 2k + 1$，则 $x = x_0$ 不是 $f(x)$ 的局部极值点.

5. 函数的凸凹性和拐点

设区间 $I \subseteq \mathbf{R}$，$f: I \to \mathbf{R}$ 为一元函数. 若 $\forall x_1, x_2 \in I$，$\forall \alpha_1, \alpha_2 \in [0,1]$，且 $\alpha_1 + \alpha_2 = 1$，有

$$f(\alpha_1 x_1 + \alpha_2 x_2) \le \alpha_1 f(x_1) + \alpha_2 f(x_2),$$

则称 $f : I \to \mathbf{R}$ 为 I 上的凸函数.若 $-f : I \to \mathbf{R}$ 为 I 上的**凸函数**，则称 $f : I \to \mathbf{R}$ 为 I 上的**凹函数**.

性质 2.14　设区间 $I \subseteq \mathbf{R}$ ， $f : I \to \mathbf{R}$ 为一元函数. $f : I \to \mathbf{R}$ 为 I 上的凸函数，当且仅当 $\forall x_i \in I$ ， $\forall \alpha_i \in [0,1]$ ， $i = 1,2,\cdots,n$ ， 且 $\displaystyle\sum_{i=1}^{n} \alpha_i = 1$ ， 有

$$f\left(\sum_{i=1}^{n} \alpha_i x_i \right) \le \sum_{i=1}^{n} \alpha_i f(x_i).$$

性质 2.15　设区间 $I \subseteq \mathbf{R}$ ， $f : I \to \mathbf{R}$ 在 I 上可导. $f : I \to \mathbf{R}$ 为 I 上的凸函数，当且仅当 $f' : I \to \mathbf{R}$ 在 I 上为单调递增函数.

性质 2.16　设区间 $I \subseteq \mathbf{R}$ ， $f : I \to \mathbf{R}$ 在 I 上 2 次可导. $f : I \to \mathbf{R}$ 为 I 上的凸函数，当且仅当 $\forall x \in I$ ， $f''(x) \ge 0$.

例 2　证明下列不等式成立：

① $\dfrac{n}{\dfrac{1}{a_1} + \dfrac{1}{a_2} + \cdots + \dfrac{1}{a_n}} \le \sqrt[n]{a_1 a_2 \cdots a_n} \le \dfrac{a_1 + a_2 + \cdots + a_n}{n}$ （ $a_i > 0$ ， $i = 1,2,\cdots,n$ ）；

② $\displaystyle\sum_{i=1}^{n} |a_i b_i| \le \left(\sum_{i=1}^{n} |a_i|^p \right)^{\frac{1}{p}} \left(\sum_{i=1}^{n} |b_i|^q \right)^{\frac{1}{q}}$ （ $p > 0$ ， $q > 0$ ， $\dfrac{1}{p} + \dfrac{1}{q} = 1$ ， a_i, b_i 为非零实数， $i = 1,2,\cdots,n$ ）；

③ $\left(\displaystyle\sum_{i=1}^{n} |a_i + b_i|^p \right)^{\frac{1}{p}} \le \left(\sum_{i=1}^{n} |a_i|^p \right)^{\frac{1}{p}} + \left(\sum_{i=1}^{n} |b_i|^p \right)^{\frac{1}{p}}$ （ $p > 1$ ， a_i, b_i 为非零实数， $i = 1,2,\cdots,n$ ）.

证　①　由于 $-\ln x$ 在 $(0,+\infty)$ 上为凸函数,应用性质 2.14,取 $\alpha_i = \dfrac{1}{n}$ ， $i = 1,2,\cdots,n$ ， 则有 $-\ln \dfrac{a_1 + a_2 + \cdots + a_n}{n} \le -\dfrac{\ln a_1 + \ln a_2 + \cdots + \ln a_n}{n}$ ， 即

$$\ln \frac{a_1 + a_2 + \cdots + a_n}{n} \ge \frac{\ln a_1 + \ln a_2 + \cdots + \ln a_n}{n},$$

故 $\dfrac{a_1 + a_2 + \cdots + a_n}{n} \ge \sqrt[n]{a_1 a_2 \cdots a_n}$. 因此

$$\frac{\dfrac{1}{a_1} + \dfrac{1}{a_2} + \cdots + \dfrac{1}{a_n}}{n} \ge \sqrt[n]{\frac{1}{a_1 a_2 \cdots a_n}}$$

于是 $\dfrac{n}{\dfrac{1}{a_1}+\dfrac{1}{a_2}+\cdots+\dfrac{1}{a_n}} \le \sqrt[n]{a_1 a_2 \cdots a_n}$. 证毕.

② 由于 $x^p\,(p>0)$ 在 $(0,+\infty)$ 上为凸函数，应用性质 2.14，取

$$\alpha_i = \frac{|b_i|^q}{\sum\limits_{i=1}^{n}|b_i|^q} , \quad x_i = \frac{|a_i|\sum\limits_{i=1}^{n}|b_i|^q}{|b_i|^{\frac{1}{p-1}}} , \quad i=1,2,\cdots,n,$$

则有

$$\left(\sum_{i=1}^{n}|a_ib_i|\right)^p = \left(\sum_{i=1}^{n}\alpha_i x_i\right)^p \le \sum_{i=1}^{n}\alpha_i x_i^{\,p} = \sum_{i=1}^{n}\frac{|b_i|^q}{\sum\limits_{i=1}^{n}|b_i|^q}\frac{|a_i|^p\left(\sum\limits_{i=1}^{n}|b_i|^q\right)^p}{|b_i|^{\frac{p}{p-1}}}$$

$$= \sum_{i=1}^{n}|a_i|^p\left(\sum_{i=1}^{n}|b_i|^q\right)^{p-1},$$

故

$$\sum_{i=1}^{n}|a_ib_i| \le \left(\sum_{i=1}^{n}|a_i|^p\right)^{\frac{1}{p}}\left(\sum_{i=1}^{n}|b_i|^q\right)^{\frac{p-1}{p}} = \left(\sum_{i=1}^{n}|a_i|^p\right)^{\frac{1}{p}}\left(\sum_{i=1}^{n}|b_i|^q\right)^{\frac{1}{q}}.$$

③ 由于

$$\sum_{i=1}^{n}(|a_i|+|b_i|)^p = \sum_{i=1}^{n}|a_i|(|a_i|+|b_i|)^{p-1} + \sum_{i=1}^{n}|b_i|(|a_i|+|b_i|)^{p-1},$$

再利用上述②的结果有

$$\sum_{i=1}^{n}(|a_i|+|b_i|)^p \le \left(\sum_{i=1}^{n}|a_i|^p\right)^{\frac{1}{p}}\left(\sum_{i=1}^{n}(|a_i|+|b_i|)^{q(p-1)}\right)^{\frac{1}{q}}$$

$$+ \left(\sum_{i=1}^{n}|b_i|^p\right)^{\frac{1}{p}}\left(\sum_{i=1}^{n}(|a_i|+|b_i|)^{q(p-1)}\right)^{\frac{1}{q}}$$

$$= \left[\left(\sum_{i=1}^{n}|a_i|^p\right)^{\frac{1}{p}} + \left(\sum_{i=1}^{n}|b_i|^p\right)^{\frac{1}{p}}\right]\left(\sum_{i=1}^{n}(|a_i|+|b_i|)^p\right)^{\frac{1}{q}},$$

于是

$$\left(\sum_{i=1}^{n}(|a_i|+|b_i|)^p\right)^{\frac{1}{p}}\le\left(\sum_{i=1}^{n}|a_i|^p\right)^{\frac{1}{p}}+\left(\sum_{i=1}^{n}|b_i|^p\right)^{\frac{1}{p}}.$$

又由三角不等式可知 $|a_i+b_i|\le|a_i|+|b_i|$，因此

$$\left(\sum_{i=1}^{n}(|a_i+b_i|)^p\right)^{\frac{1}{p}}\le\left(\sum_{i=1}^{n}(|a_i|+|b_i|)^p\right)^{\frac{1}{p}}\le\left(\sum_{i=1}^{n}|a_i|^p\right)^{\frac{1}{p}}+\left(\sum_{i=1}^{n}|b_i|^p\right)^{\frac{1}{p}}.$$

设区间 $I\subseteq\mathbf{R}$，$f:I\to\mathbf{R}$ 为一元函数，$x_0\in I$ 为 I 的内点. 若 $\exists\delta>0$，使得 $f|_{(x_0-\delta,x_0)}:(x_0-\delta,x_0)\to\mathbf{R}$ 为 $(x_0-\delta,x_0)$ 上的凸函数（凹函数），且 $f|_{(x_0,x_0+\delta)}:(x_0,x_0+\delta)\to\mathbf{R}$ 为 $(x_0,x_0+\delta)$ 上的凹函数（凸函数），则称 $x=x_0$ 为 $f(x)$ 的**拐点**.

性质 2.17　设区间 $I\subseteq\mathbf{R}$，$f:I\to\mathbf{R}$ 为一元函数，$x_0\in I$ 为 I 的内点. 若 $x=x_0$ 为 $f(x)$ 的拐点，且 $f:I\to\mathbf{R}$ 在 $x=x_0$ 处 2 次可导，则 $f''(x_0)=0$. 若 $\exists\delta>0$，$f:I\to\mathbf{R}$ 在 $I\cap B^\circ(x_0,\delta)$ 上 2 次可导，且 $\forall x\in(x_0-\delta,x_0)$ 有 $f''(x)>0$（$f''(x)<0$），$\forall x\in(x_0,x_0+\delta)$ 有 $f''(x)<0$（$f''(x)>0$），则 $x=x_0$ 为 $f(x)$ 的拐点.

6. L'Hôspital 法则

定理 2.5（L'Hôspital 法则）　设 $(a,b)\subseteq\mathbf{R}$，$f,g:(a,b)\to\mathbf{R}$ 为两一元函数，并且 $f,g:(a,b)\to\mathbf{R}$ 在 (a,b) 上可导，以及 $\forall x\in(a,b)$，$g'(x)\ne0$. 若 $\lim\limits_{x\to a^+}f(x)=\lim\limits_{x\to a^+}g(x)=0$（$-\infty$ 或 $+\infty$），且 $\lim\limits_{x\to a^+}\dfrac{f'(x)}{g'(x)}=A$，则 $\lim\limits_{x\to a^+}\dfrac{f(x)}{g(x)}=A$. 若 $\lim\limits_{x\to b^-}f(x)=\lim\limits_{x\to b^-}g(x)=0$（$-\infty$ 或 $+\infty$），且 $\lim\limits_{x\to b^-}\dfrac{f'(x)}{g'(x)}=A$，则 $\lim\limits_{x\to b^-}\dfrac{f(x)}{g(x)}=A$.

2.2　一元函数的 Riemann 积分

1. 阶梯函数的积分

设 $[a,b]\subset\mathbf{R}$ 为一有限闭区间，$a=a_0<a_1<\cdots<a_n=b$ 为区间 $[a,b]$ 的分点，则区间 $[a,b]$ 被分点 $a_i(i=0,1,\cdots,n)$ 所分割，记分割为 $\boldsymbol{\sigma}=(a_0,a_1,\cdots,a_n)$. 设 $f:[a,b]\to\mathbf{R}$ 为一元函数. 若 $\exists c_i\in\mathbf{R}$，$i=0,1,\cdots,n-1$，使得 $f(x)=c_i$，$x\in(a_i,a_{i+1})$，则称 $f:[a,b]\to\mathbf{R}$ 为**区间 $[a,b]$ 上的阶梯函数**，并称 $\sum\limits_{i=0}^{n-1}c_i(a_{i+1}-a_i)$ 为阶梯函数 $f:[a,b]\to\mathbf{R}$ 在 $[a,b]$ 上的积分，记为 $\int_a^b f(x)\mathrm{d}x$，即

$$\int_a^b f(x)\mathrm{d}x = \sum_{i=0}^{n-1} c_i(a_{i+1} - a_i).$$

区间 $[a,b]$ 上的所有阶梯函数所构成的集合记为 $\mathcal{E}([a,b])$.

2. 一元函数的 Riemann 积分

设 $[a,b] \subset \mathbf{R}$ ，$f:[a,b] \to \mathbf{R}$ 为一元函数. 若 $\forall \varepsilon > 0$ ，$\exists \varphi, \psi \in \mathcal{E}([a,b])$ ，$\varphi(x) \leq f(x) \leq \psi(x)$ $(\forall x \in [a,b])$，使得 $\int_a^b (\psi(x) - \varphi(x))\mathrm{d}x < \varepsilon$ ，则称 $f:[a,b] \to \mathbf{R}$ 在 $[a,b]$ 上 **Riemann 可积**，或称 $f(x)$ **在 $[a,b]$ 上可积**. $[a,b]$ 上的所有 Riemann 可积函数构成的集合记为 $\mathcal{R}([a,b])$.

由 Riemann 可积的定义可知，若 $f:[a,b] \to \mathbf{R}$ 在 $[a,b]$ 上 Riemann 可积，则 $f:[a,b] \to \mathbf{R}$ 在 $[a,b]$ 上有界. 但并非所有有界函数均可积，可以证明，在 $[a,b]$ 上存在不可积的有界函数.

例 1 已知 Dirichlet 函数

$$D(x) = \begin{cases} 0, & x \in (\mathbf{R} - \mathbf{Q}) \cap [a,b], \\ 1, & x \in \mathbf{Q} \cap [a,b], \end{cases}$$

证明：$D(x)$ 在 $[a,b]$ 上不可积.

证 $\forall \varphi. \psi \in \mathcal{E}([a,b])$ ，不妨记 $\varphi(x) = c_i$ ，$\psi(x) = d_i$ ，$x \in (a_i, a_{i+1})$ ，其中 $\sigma = (a_0, a_1, \cdots, a_n)$ 为 $[a,b]$ 的一个分割，且满足 $\varphi(x) \leq D(x) \leq \psi(x)$ $(\forall x \in [a,b])$，则有 $c_i \leq 0$ ，$1 \leq d_i$. 于是

$$\int_a^b (\psi(x) - \varphi(x))\mathrm{d}x = \sum_{i=0}^{n-1}(d_i - c_i)(a_{i+1} - a_i) \geq \sum_{i=0}^{n-1}(a_{i+1} - a_i) = b - a.$$

故 $\exists 0 < \varepsilon < b - a$ ，$\forall \varphi. \psi \in \mathcal{E}([a,b])$ ，有

$$\int_a^b (\psi(x) - \varphi(x))\mathrm{d}x \geq b - a > \varepsilon,$$

因此 $D(x)$ 在 $[a,b]$ 上不可积.

定理 2.6 设 $[a,b] \subset \mathbf{R}$ ，$f:[a,b] \to \mathbf{R}$ 在 $[a,b]$ 上有界，则下述结论等价：

① $f:[a,b] \to \mathbf{R}$ 在 $[a,b]$ 上 Riemann 可积；

② $\forall \varepsilon > 0$ ，$\exists h, k \in \mathcal{E}([a,b])$ ，$\forall x \in [a,b]$ ，$\big| f(x) - h(x) \big| \leq k(x)$ ，使得

$$\int_a^b k(x)\mathrm{d}x < \varepsilon;$$

③ $\exists h_n, k_n \in \mathcal{E}([a,b])$ ，$\forall x \in [a,b]$ ，$\forall n \in \mathbf{N}$ ，$\big| f(x) - h_n(x) \big| \leq k_n(x)$ ，使得

$$\lim_{n \to \infty} \int_a^b k_n(x)\mathrm{d}x = 0.$$

定理 2.6 指出，若 $f:[a,b]\to\mathbf{R}$ 在 $[a,b]$ 上 Riemann 可积，则存在两个阶梯函数列 $\{h_n(x)\},\{k_n(x)\}$，满足 $|f(x)-h_n(x)|\le k_n(x)$ 及 $\lim_{n\to\infty}\int_a^b k_n(x)\mathrm{d}x=0$. 称 $\lim_{n\to\infty}\int_a^b h_n(x)\mathrm{d}x$ 为 $f:[a,b]\to\mathbf{R}$ 在 $[a,b]$ 上 Riemann 积分，记为 $\int_a^b f(x)\mathrm{d}x$，即

$$\int_a^b f(x)\mathrm{d}x=\lim_{n\to\infty}\int_a^b h_n(x)\mathrm{d}x.$$

性质 2.18　设 $[a,b]\subset\mathbf{R}$，$f,g:[a,b]\to\mathbf{R}$ 为两一元函数. 若 $f,g\in\mathcal{R}([a,b])$，则

① $\forall\alpha,\beta\in\mathbf{R}$，$\alpha f+\beta g\in\mathcal{R}([a,b])$，且

$$\int_a^b(\alpha f(x)+\beta g(x))\mathrm{d}x=\alpha\int_a^b f(x)\mathrm{d}x+\beta\int_a^b g(x)\mathrm{d}x;$$

② $fg\in\mathcal{R}([a,b])$；

③ $|f|\in\mathcal{R}([a,b])$，且有 $\left|\int_a^b f(x)\mathrm{d}x\right|\le\int_a^b|f(x)|\mathrm{d}x$.

性质 2.19　设 $[a,b]\subset\mathbf{R}$，$f:[a,b]\to\mathbf{R}$ 为一元函数. $f\in\mathcal{R}([a,b])$ 当且仅当 $\forall c\in[a,b]$，有 $f\big|_{[a,c]}\in\mathcal{R}([a,c])$，$f\big|_{[c,b]}\in\mathcal{R}([c,b])$，且有

$$\int_a^b f(x)\mathrm{d}x=\int_a^c f(x)\mathrm{d}x+\int_c^b f(x)\mathrm{d}x.$$

性质 2.20　设 $[a,b]\subset\mathbf{R}$，$f,g:[a,b]\to\mathbf{R}$ 为两一元函数. 令 $m=\min\limits_{x\in[a,b]}\{f(x)\}$，$M=\max\limits_{x\in[a,b]}\{f(x)\}$. 若 $f,g\in\mathcal{R}([a,b])$，且 $\forall x_1,x_2\in[a,b]$，有 $g(x_1)g(x_2)>0$，则 $\exists\mu\in[m,M]$，使得

$$\int_a^b f(x)g(x)\mathrm{d}x=\mu\int_a^b g(x)\mathrm{d}x;$$

若进一步有 $f:[a,b]\to\mathbf{R}$ 在 $[a,b]$ 上连续，则 $\exists\zeta\in(a,b)$，使得

$$\int_a^b f(x)g(x)\mathrm{d}x=f(\zeta)\int_a^b g(x)\mathrm{d}x.$$

性质 2.21　设 $[a,b]\subset\mathbf{R}$，$f,g:[a,b]\to\mathbf{R}$ 为两一元函数. 若 $f\in\mathcal{R}([a,b])$，且 $g:[a,b]\to\mathbf{R}$ 为 $[a,b]$ 上的单调函数，则 $\exists\xi\in[a,b]$，使得

$$\int_a^b f(x)g(x)\mathrm{d}x=g(a)\int_a^\xi f(x)\mathrm{d}x+g(b)\int_\xi^b f(x)\mathrm{d}x.$$

性质 2.22　设 $[a,b]\subset\mathbf{R}$，$f:[a,b]\to\mathbf{R}$ 为一元函数. 若 $f:[a,b]\to\mathbf{R}$ 在 $[a,b]$ 上连续，则 $f\in\mathcal{R}([a,b])$.

设 $E\subseteq\mathbf{R}$ 为一非空集合. 若 $\forall\varepsilon>0$，$\exists[a_i,b_i]$，$i=1,2,\cdots,n$，使得 $E\subseteq\bigcup\limits_{i=1}^n[a_i,b_i]$，

且 $\sum\limits_{i=1}^{n}(b_i-a_i)<\varepsilon$ ，则称 E 为 **Jordan 零测度集**.

性质 2.23 设 $[a,b]\subset\mathbf{R}$ ，$f:[a,b]\to\mathbf{R}$ 为有界函数. 若 $f(x)$ 的间断点集 D_f 为 Jordan 零测度集，则 $f\in\mathcal{R}([a,b])$.

例 2 已知 Riemann 函数

$$R(x)=\begin{cases}0, & x\in\mathbf{R}-\mathbf{Q},\\ 1, & x=0,\\ \dfrac{1}{p}, & x\in\mathbf{Q}-\{0\},\ 记 x=\dfrac{q}{p},\ p\in\mathbf{N},\ q\in\mathbf{Z},\ p,q 互质.\end{cases}$$

证明：$R(x)$ 在 $[0,1]$ 上可积，且 $\displaystyle\int_0^1 R(x)\mathrm{d}x=0$.

证 $\forall n\in\mathbf{N}$ ，在 $[0,1]$ 中分母 p 小于 n 的分数 $\dfrac{q}{p}$ 只有有限多个，即满足 $\dfrac{1}{p}>\dfrac{1}{n}$ 的分

数 $\dfrac{q}{p}$ 在 $[0,1]$ 中只有有限多个，不妨设为 $x_1<x_2<\cdots<x_m$ ，记 $x_0=0$ ，$x_{m+1}=1$ ，则 $(x_0,x_1,\cdots,x_m,x_{m+1})$ 为 $[0,1]$ 上的一个分割. 设

$$h_n(x)=\begin{cases}0, & x\in(x_i,x_{i+1}),\ i=0,1,\cdots,m,\\ R(x), & x=x_i,\ i=0,1,\cdots,m+1,\end{cases}$$

$$k_n(x)=\frac{1}{n},\quad x\in[0,1].$$

若 $x=x_i$ ，$i=0,1,\cdots,m+1$ ，则 $\left|R(x)-h_n(x)\right|=0<\dfrac{1}{n}=k_n(x)$ ；若 $x\in(x_i,x_{i+1})$ ，

$i=0,1,\cdots,m$ ，则 $\left|R(x)-h_n(x)\right|\le\dfrac{1}{p}<\dfrac{1}{n}=k_n(x)$. 而

$$\lim_{n\to\infty}\int_0^1 k_n(x)\mathrm{d}x=\lim_{n\to\infty}\int_0^1\frac{1}{n}\mathrm{d}x=0,$$

由定理 2.6 可知，$R(x)$ 在 $[0,1]$ 上可积，且

$$\int_0^1 R(x)\mathrm{d}x=\lim_{n\to\infty}\sum_{i=0}^m\int_{x_i}^{x_{i+1}}h_n(x)\mathrm{d}x=\lim_{n\to\infty}\sum_{i=0}^m\int_{x_i}^{x_{i+1}}0\mathrm{d}x=0.$$

由 1.4 节例 10 知，$\forall a\in\mathbf{R}$ ，$\lim\limits_{x\to a}R(x)=0$ ，因此 $R(x)$ 在 $[0,1]$ 上的间断点集为 $\mathbf{Q}\cap[0,1]$. $\mathbf{Q}\cap[0,1]$ 不是 Jordan 零测度集，这是因为，若 $\mathbf{Q}\cap[0,1]$ 是 Jordan 零测度集，则 $\overline{\mathbf{Q}\cap[0,1]}$ 也是 Jordan 零测度集，而 $\overline{\mathbf{Q}\cap[0,1]}=[0,1]$ 不是零测度集，产生矛盾. 再由例 2 可知，存在 $[a,b]$ 上的有界可积函数，其函数的间断点集不是 Jordan 零测度集.

3. Riemann 和

设 $[a,b]\subset\mathbf{R}$ 为有限闭区间，$\boldsymbol{\sigma}=(a_0,a_1,\cdots,a_n)$ 为 $[a,b]$ 的一个分割．任取 $\psi_i\in[a_i,a_{i+1}]$，$i=0,1,\cdots,n-1$，则称 $(\boldsymbol{\sigma},\psi)=(a_0,a_1,\cdots,a_n,\psi_0,\psi_1,\cdots,\psi_{n-1})$ 为 $[a,b]$ 的一个**带点分割**．$[a,b]$ 的所有带点分割所构成的集合记为 $\mathcal{B}$．

设 $f:[a,b]\to\mathbf{R}$ 为一元函数，$(\boldsymbol{\sigma},\psi)$ 为 $[a,b]$ 的一个带点分割．称 $S(f,\boldsymbol{\sigma},\psi)=\sum_{i=0}^{n-1}f(\psi_i)(a_{i+1}-a_i)$ 为 $f(x)$ 关于 $(\boldsymbol{\sigma},\psi)$ 的 **Riemann 和**．

设 $[a,b]\subset\mathbf{R}$，$f:[a,b]\to\mathbf{R}$ 为一元函数，$(\boldsymbol{\sigma},\psi)$ 为 $[a,b]$ 的任意一个带点分割．若 $\exists A\in\mathbf{R}$，$\forall\varepsilon>0$，$\exists\delta>0$，$\forall(\boldsymbol{\sigma},\psi)\in\mathcal{B}$，$\max_{0\leq i\leq n-1}\{a_{i+1}-a_i\}<\delta$，有

$$\big|S(f,\boldsymbol{\sigma},\psi)-A\big|<\varepsilon,$$

则称 A 为 Riemann 和 $S(f,\boldsymbol{\sigma},\psi)$ 关于 $\mathcal{B}$ 的**极限值**，记为 $\lim_{\mathcal{B}}S(f,\boldsymbol{\sigma},\psi)=A$．

$\lim_{\mathcal{B}}S(f,\boldsymbol{\sigma},\psi)$ 的值与 $[a,b]$ 的分法和 ψ 的取法无关．

定理 2.7　设 $[a,b]\subset\mathbf{R}$，$f:[a,b]\to\mathbf{R}$ 为一元函数，$(\boldsymbol{\sigma},\psi)$ 为 $[a,b]$ 的任意一个带点分割，则 $f\in\mathcal{R}([a,b])$ 当且仅当 $\exists A\in\mathbf{R}$，使得 $\lim_{\mathcal{B}}S(f,\boldsymbol{\sigma},\psi)=A$．

定理 2.7 指出，若 $f\in\mathcal{R}([a,b])$，则有

$$\int_a^b f(x)\mathrm{d}x=\lim_{n\to\infty}\int_a^b h_n(x)\mathrm{d}x=\lim_{\mathcal{B}}S(f,\boldsymbol{\sigma},\psi)$$
$$=\lim_{\max\{a_{i+1}-a_i\}\to 0}\sum_{i=0}^{n-1}f(\psi_i)(a_{i+1}-a_i)\qquad(1)$$

2.3　一元函数的原函数

设 $I\subseteq\mathbf{R}$ 为一区间，$f:I\to\mathbf{R}$ 为一元函数．若 $\exists F:I\to\mathbf{R}$，使得 $\forall x\in I$，有 $F'(x)=f(x)$，则称 $F:I\to\mathbf{R}$ 为 $f:I\to\mathbf{R}$ 在 I 上的**原函数**，或称 $F(x)$ 为 $f(x)$ 的**原函数**，记为 $F(x)=\int f(x)\mathrm{d}x$．

1. 原函数的性质

性质 2.24　设 $I\subseteq\mathbf{R}$ 为一区间，$f:I\to\mathbf{R}$ 为一元函数．若 $f:I\to\mathbf{R}$ 在 I 上连续，则 $\forall x\in I$，$F(x)=\int_a^x f(t)\mathrm{d}t$　$(a\in I)$ 为 $f:I\to\mathbf{R}$ 的原函数．

定理 2.8 (Newton–Leibniz 定理)　设 $[a,b]\subset\mathbf{R}$，$f:[a,b]\to\mathbf{R}$ 为一元函数．若 f：

$[a,b] \to \mathbf{R}$ 在 $[a,b]$ 上 Riemann 可积，且 $f:[a,b] \to \mathbf{R}$ 在 $[a,b]$ 上存在原函数 $F:[a,b] \to \mathbf{R}$，则有

$$\int_a^b f(x)\mathrm{d}x = F(b) - F(a). \tag{2}$$

要使（2）式成立，定理 2.8 中的条件缺一不可，即有可积函数但其原函数不存在，也有原函数存在但其本身不可积的函数.

例如，Riemann 函数 $R(x)$ 在 $[0,1]$ 上 Riemann 可积，且 $\forall x \in [0,1]$，有 $\int_0^x R(t)\mathrm{d}t = 0$. 假若 $R(x)$ 在 $[0,1]$ 上存在原函数 $F(x)$，由定理 2.8 可知

$$F(x) - F(0) = \int_0^x R(t)\mathrm{d}t = 0,$$

即 $\forall x \in [0,1]$，$F(x) = F(0)$，故 $F'(x) \equiv 0$，这与 $F'(x) = R(x)$ 矛盾. 因此 $R(x)$ 在 $[0,1]$ 上不存在原函数.

又如，对于 $F(x) = \begin{cases} x^2 \sin \dfrac{1}{x^2}, & x \neq 0, \\ 0, & x = 0, \end{cases}$ 有

$$F'(x) = f(x) = \begin{cases} 2x \sin \dfrac{1}{x^2} - \dfrac{2}{x} \cos \dfrac{1}{x^2}, & x \neq 0, \\ 0, & x = 0, \end{cases}$$

则 $f(x)$ 在 $[-1,1]$ 上存在原函数 $F(x)$，但 $f(x)$ 在 $[-1,1]$ 上不可积.

性质 2.25 设 $I \subseteq \mathbf{R}$ 为一区间，$f,g: I \to \mathbf{R}$ 为两一元函数. 若 $f,g: I \to \mathbf{R}$ 在 I 上分别存在原函数，则 $\forall \alpha, \beta \in \mathbf{R}$，$\alpha f + \beta g: I \to \mathbf{R}$ 在 I 上存在原函数，且有

$$\int (\alpha f(x) + \beta g(x))\mathrm{d}x = \alpha \int f(x)\mathrm{d}x + \beta \int g(x)\mathrm{d}x + C. \tag{3}$$

2. 分部积分法和换元积分法

定理 2.9 设 $I \subseteq \mathbf{R}$ 为一区间，$u,v: I \to \mathbf{R}$ 为两一元函数. 若 $u,v: I \to \mathbf{R}$ 在 I 上为 C^1 类函数，则 $u(x)v'(x), u'(x)v(x)$ 在 I 上均存在原函数，且有

$$\int u(x)v'(x)\mathrm{d}x = u(x)v(x) - \int u'(x)v(x)\mathrm{d}x + C, \tag{4}$$

以及 $\forall a,b \in I$，有

$$\int_a^b u(x)v'(x)\mathrm{d}x = (u(x)v(x))\Big|_a^b - \int_a^b u'(x)v(x)\mathrm{d}x. \tag{5}$$

例 1 求 $I_n = \int_0^{\frac{\pi}{2}} \sin^n x \, \mathrm{d}x$.

解 由（5）式，得

$$I_n = \int_0^{\frac{\pi}{2}} \sin^n x \ \mathrm{d}x = -\int_0^{\frac{\pi}{2}} \sin^{n-1} x \ (\cos x)' \ \mathrm{d}x$$

$$= -(\sin^{n-1} x \cos x)\Big|_0^{\frac{\pi}{2}} + (n-1)\int_0^{\frac{\pi}{2}} \sin^{n-2} x \ \cos^2 x \ \mathrm{d}x$$

$$= (n-1)\int_0^{\frac{\pi}{2}} \sin^{n-2} x \ (1-\sin^2 x) \ \mathrm{d}x$$

$$= (n-1)\int_0^{\frac{\pi}{2}} \sin^{n-2} x \ \mathrm{d}x - (n-1)\int_0^{\frac{\pi}{2}} \sin^n x \ \mathrm{d}x.$$

因此 $I_n = \dfrac{n-1}{n}\int_0^{\frac{\pi}{2}} \sin^{n-2} x \ \mathrm{d}x$，即 $I_n = \dfrac{n-1}{n} I_{n-2}$. 故当 $n = 2k$ 时，

$$I_{2k} = \frac{(2k-1)(2k-3)\cdots 1}{(2k)(2k-2)\cdots 2} \cdot \frac{\pi}{2} = \frac{(2k-1)!!}{(2k)!!} \cdot \frac{\pi}{2};$$

当 $n = 2k+1$ 时，

$$I_{2k+1} = \frac{(2k)(2k-2)\cdots 2}{(2k+1)(2k-1)\cdots 3}\int_0^{\frac{\pi}{2}} \sin x \ \mathrm{d}x = \frac{(2k)!!}{(2k+1)!!}.$$

利用例 1 的结果可以导出 Wallis 公式. 由于 $\forall x \in \left[0, \dfrac{\pi}{2}\right]$，有

$$\sin^{2n+1} x \le \sin^{2n} x \le \sin^{2n-1} x,$$

可知

$$\int_0^{\frac{\pi}{2}} \sin^{2n+1} x \ \mathrm{d}x \le \int_0^{\frac{\pi}{2}} \sin^{2n} x \ \mathrm{d}x \le \int_0^{\frac{\pi}{2}} \sin^{2n-1} x \ \mathrm{d}x,$$

即 $I_{2n+1} \le I_{2n} \le I_{2n-1}$. 由例 1，得

$$\frac{(2n)!!}{(2n+1)!!} \le \frac{(2n-1)!!}{(2n)!!} \cdot \frac{\pi}{2} \le \frac{(2n-2)!!}{(2n-1)!!},$$

所以

$$\frac{2n}{2n+1} \le \frac{[(2n-1)!!]^2}{(2n)!!(2n-2)!!} \cdot \frac{\pi}{2} \le 1.$$

由于 $\lim\limits_{n\to\infty} \dfrac{2n}{2n+1} = 1$，可得 $\lim\limits_{n\to\infty} \dfrac{[(2n-1)!!]^2}{(2n)!!(2n-2)!!} \cdot \dfrac{\pi}{2} = 1$，故

$$\lim_{n\to\infty}\left[\frac{(2n)!!}{(2n-1)!!}\right]^2 \cdot \frac{1}{n} = \pi. \tag{6}$$

（6）式是 Wallis 公式.

定理 2.10　设 $I, J \subseteq \mathbf{R}$ 为两区间，$\varphi: J \to I$ 为 J 上的 C^1 类函数，且 $\varphi(J) \subseteq I$. 若 $f: I \to \mathbf{R}$ 在 I 上连续，$f: I \to \mathbf{R}$ 在 I 上存在原函数 $F: I \to \mathbf{R}$，则

$$\int f(\varphi(t))\varphi'(t)\mathrm{d}t = F(\varphi(t))+C, \quad t\in J.$$

若 $G:J\to\mathbf{R}$ 为 $f(\varphi(t))\varphi'(t)\,(t\in J)$ 在 J 上的原函数，且 $\forall t\in J$，$\varphi'(t)\neq 0$，则

$$\int f(x)\mathrm{d}x = G(\varphi^{-1}(x))+C, \quad x\in\varphi(J).$$

若 $\forall a,b\in I$，$\exists\alpha,\beta\in J$，使得 $a=\varphi(\alpha)$，$b=\varphi(\beta)$，则有

$$\int_a^b f(x)\mathrm{d}x = \int_\alpha^\beta f(\varphi(t))\varphi'(t)\mathrm{d}t.$$

例 2 计算 $\displaystyle\int_0^\pi \frac{x\sin x}{1+\cos^2 x}\mathrm{d}x$.

解
$$\int_0^\pi \frac{x\sin x}{1+\cos^2 x}\mathrm{d}x = \int_0^{\frac{\pi}{2}} \frac{x\sin x}{1+\cos^2 x}\mathrm{d}x + \int_{\frac{\pi}{2}}^\pi \frac{x\sin x}{1+\cos^2 x}\mathrm{d}x$$
$$= \int_0^{\frac{\pi}{2}} \frac{x\sin x}{1+\cos^2 x}\mathrm{d}x + \int_{\frac{\pi}{2}}^0 \frac{(\pi-t)\sin(\pi-t)}{1+\cos^2(\pi-t)}\mathrm{d}(\pi-t)$$
$$= \int_0^{\frac{\pi}{2}} \frac{x\sin x}{1+\cos^2 x}\mathrm{d}x + \int_0^{\frac{\pi}{2}} \frac{(\pi-t)\sin t}{1+\cos^2 t}\mathrm{d}t$$
$$= \int_0^{\frac{\pi}{2}} \frac{x\sin x}{1+\cos^2 x}\mathrm{d}x + \int_0^{\frac{\pi}{2}} \frac{(\pi-x)\sin x}{1+\cos^2 x}\mathrm{d}x$$
$$= \int_0^{\frac{\pi}{2}} \frac{\pi\sin x}{1+\cos^2 x}\mathrm{d}x = (-\pi\arctan\cos x)\Big|_0^{\frac{\pi}{2}} = \frac{\pi^2}{4}.$$

3. 有理函数、三角函数和某些根式函数的原函数

例 3 设 $p(x)=b_0 x^m+b_1 x^{m-1}+\cdots+b_{m-1}x+b_m$，$q(x)=a_0 x^n+a_1 x^{n-1}+\cdots+a_{n-1}x+a_n$. 求有理函数 $\dfrac{p(x)}{q(x)}$ 的原函数.

解 由多项式理论，因式分解 $q(x)$ 可得
$$q(x)=a_0 x^n+a_1 x^{n-1}+\cdots+a_{n-1}x+a_n$$
$$=a_0(x-\alpha_1)^{n_1}\cdots(x-\alpha_k)^{n_k}(x^2+p_1 x+q_1)^{m_1}\cdots(x^2+p_s x+q_s)^{m_s}.$$
因此
$$\frac{p(x)}{q(x)}=\frac{b_0 x^m+b_1 x^{m-1}+\cdots+b_{m-1}x+b_m}{a_0(x-\alpha_1)^{n_1}\cdots(x-\alpha_k)^{n_k}(x^2+p_1 x+q_1)^{m_1}\cdots(x^2+p_s x+q_s)^{m_s}}$$
$$=\sum_{i=1}^k\sum_{j=1}^{n_i}\frac{a_{ij}}{(x-\alpha_i)^j}+\sum_{i=1}^s\sum_{j=1}^{m_i}\frac{b_{ij}x+c_{ij}}{(x^2+p_i x+q_i)^j}.$$

可用待定系数法求出上式中的 a_{ij},b_{ij},c_{ij}，于是求 $\dfrac{p(x)}{q(x)}$ 的原函数只需求出 $\dfrac{1}{x-\alpha}$，

$\dfrac{1}{(x-\alpha)^n}\,(n>1),\dfrac{ax+b}{x^2+px+q},\dfrac{ax+b}{(x^2+px+q)^m}\,(m>1)$ 的原函数即可. 计算可得

$$\int\frac{1}{x-\alpha}\mathrm{d}x=\ln|x-\alpha|+C,$$

$$\int\frac{1}{(x-\alpha)^n}\mathrm{d}x=\frac{1}{1-n}(x-\alpha)^{1-n}+C,\quad n>1,$$

$$\int\frac{ax+b}{x^2+px+q}\mathrm{d}x=\frac{a}{2}\ln(x^2+px+q)+\left(b-\frac{1}{2}ap\right)\frac{1}{\sqrt{q-\dfrac{p^2}{4}}}\arctan\frac{x+\dfrac{p}{2}}{\sqrt{q-\dfrac{p^2}{4}}}+C,$$

$$\int\frac{ax+b}{(x^2+px+q)^m}\mathrm{d}x=\frac{a}{2(1-m)}\frac{1}{(x^2+px+q)^{m-1}}+\left(b-\frac{1}{2}ap\right)I_m,\quad m>1,$$

其中 $I_m=\displaystyle\int\frac{\mathrm{d}x}{(x^2+px+q)^m}$. 由分部积分法可得

$$I_m=\frac{x+\dfrac{p}{2}}{(2m-2)\left(q-\dfrac{p^2}{4}\right)(x^2+px+q)^{m-1}}+\frac{2m-3}{(2m-2)\left(q-\dfrac{p^2}{4}\right)}I_{m-1}.$$

因此,

$$I_m=\frac{x+\dfrac{p}{2}}{(2m-2)\left(q-\dfrac{p^2}{4}\right)(x^2+px+q)^{m-1}}$$

$$+\frac{(2m-3)\left(x+\dfrac{p}{2}\right)}{(2m-2)(2m-4)\left(q-\dfrac{p^2}{4}\right)^2(x^2+px+q)^{m-2}}+\cdots$$

$$+\frac{(2m-3)!!\left(x+\dfrac{p}{2}\right)}{(2m-2)!!\left(q-\dfrac{p^2}{4}\right)^{m-1}(x^2+px+q)}$$

$$+\frac{(2m-3)!!}{(2m-2)!!\left(q-\dfrac{p^2}{4}\right)^{m-\frac{1}{2}}}\arctan\frac{x+\dfrac{p}{2}}{\sqrt{q-\dfrac{p^2}{4}}}+C.$$

故有理函数 $\dfrac{p(x)}{q(x)}$ 的原函数是有理函数、对数函数和反正切函数的有限和.

例 4　设 $R(x,y)$ 是关于 x,y 的有理函数. 求 $\displaystyle\int R(\sin t,\cos t)\mathrm{d}t$.

解　由万能公式有

$$\sin t=\frac{2\tan\dfrac{t}{2}}{1+\tan^2\dfrac{t}{2}}\ ,\qquad \cos t=\frac{1-\tan^2\dfrac{t}{2}}{1+\tan^2\dfrac{t}{2}}\ .$$

令 $x=\tan\dfrac{t}{2}$, 则 $t=2\arctan x$,　$\mathrm{d}t=\dfrac{2}{1+x^2}\mathrm{d}x$, 因此

$$\int R(\sin t,\cos t)\mathrm{d}t=\int R\left(\frac{2x}{1+x^2},\frac{1-x^2}{1+x^2}\right)\frac{2}{1+x^2}\mathrm{d}x$$
$$=\int R_1(x)\mathrm{d}x,$$

其中 $R_1(x)$ 为 x 的有理函数, 其原函数可仿照例 3 求解.

例 5　设 $R(x,y)$ 是关于 x,y 的有理函数. 求 $\displaystyle\int R\left(x,\sqrt[n]{\dfrac{ax+b}{cx+d}}\right)\mathrm{d}x$.

解　令 $t^n=\dfrac{ax+b}{cx+d}$, 则 $x=\dfrac{dt^n-b}{a-ct^n}$,　$\mathrm{d}x=\dfrac{(ad-bc)nt^{n-1}}{(a-ct^n)^2}\mathrm{d}t$. 因此

$$\int R\left(x,\sqrt[n]{\frac{ax+b}{cx+d}}\right)\mathrm{d}x=\int R\left(\frac{dt^n-b}{a-ct^n},t\right)\frac{(ad-bc)nt^{n-1}}{(a-ct^n)^2}\mathrm{d}t=\int R_1(t)\mathrm{d}t,$$

其中 $R_1(t)$ 为 t 的有理函数, 其原函数可仿照例 3 求解.

例 6　设 $R(x,y)$ 是关于 x,y 的有理函数. 求 $\displaystyle\int R(x,\sqrt{ax^2+c})\mathrm{d}x$.

解　若 $a>0$,　$c>0$, 令 $x=\sqrt{\dfrac{c}{a}}\ \mathrm{sh}\,t$, 则

$$\int R(x,\sqrt{ax^2+c})\mathrm{d}x=\int R\left(\sqrt{\frac{c}{a}}\ \mathrm{sh}\,t,\sqrt{c}\ \mathrm{ch}\,t\right)\sqrt{\frac{c}{a}}\ \mathrm{ch}\,t\ \mathrm{d}t=\int R_1(\mathrm{sh}\,t,\mathrm{ch}\,t)\mathrm{d}t,$$

其中 $R_1(x,y)$ 为 x,y 的有理函数. 由于

$$\mathrm{sh}\,t=\frac{2\mathrm{th}\dfrac{t}{2}}{1-\mathrm{th}^2\dfrac{t}{2}}\ ,\qquad \mathrm{ch}\,t=\frac{1+\mathrm{th}^2\dfrac{t}{2}}{1-\mathrm{th}^2\dfrac{t}{2}},$$

令 $u=\mathrm{th}\dfrac{t}{2}$, 则 $t=2\mathrm{th}^{-1}u=\ln\dfrac{1+u}{1-u}$,　$\mathrm{d}t=\dfrac{2}{1-u^2}\mathrm{d}u$, 于是

$$\int R_1(\operatorname{sh}t,\operatorname{ch}t)\mathrm{d}t = \int R_1\left(\frac{2u}{1-u^2},\frac{1+u^2}{1-u^2}\right)\frac{2}{1-u^2}\mathrm{d}u = \int R_2(u)\mathrm{d}u,$$

其中 $R_2(u)$ 为 u 的有理函数，其原函数可仿照例 3 求解.

若 $a>0$，$c<0$ 或 $a<0$，$c>0$，令 $x=\sqrt{-\dfrac{c}{a}}\ \operatorname{ch}t$，则

$$\int R(x,\sqrt{ax^2+c})\mathrm{d}x = \int R\left(\sqrt{-\frac{c}{a}}\ \operatorname{ch}t,\sqrt{|c|}\ \operatorname{sh}t\right)\sqrt{-\frac{c}{a}}\ \operatorname{sh}t\ \mathrm{d}t$$

$$= \int R_3(\operatorname{sh}t,\operatorname{ch}t)\mathrm{d}t$$

$$= \int R_3\left(\frac{2u}{1-u^2},\frac{1+u^2}{1-u^2}\right)\frac{2}{1-u^2}\mathrm{d}u$$

$$= \int R_4(u)\mathrm{d}u,$$

其中 $R_4(u)$ 为 u 的有理函数，其原函数可仿照例 3 求解.

例 7 设 $R(x,y)$ 是关于 x,y 的有理函数. 求椭圆积分

$$\int R(x,\sqrt{ax^4+bx^3+cx^2+dx+e})\mathrm{d}x.$$

解 根据代数基本定理有

$$ax^4+bx^3+cx^2+dx+e=a(x^2+p_1x+q_1)(x^2+p_2x+q_2).$$

令 $x=\dfrac{\mu t+\nu}{t+1}$，选择适当的 μ,ν 使得 $p_1=0$，$p_2=0$. 则

$$\int R(x,\sqrt{ax^4+bx^3+cx^2+dx+e})\mathrm{d}x$$

$$= \int R\left(\frac{\mu t+\nu}{t+1},\frac{\sqrt{(n_1+m_1t^2)(n_2+m_2t^2)}}{(t+1)^2}\right)\frac{\mu-\nu}{(t+1)^2}\mathrm{d}t$$

$$= \int R_1\left(t,\sqrt{A(1+M_1t^2)(1+M_2t^2)}\right)\mathrm{d}t,$$

其中 $R_1(t,y)$ 为 t,y 的有理函数，$y=\sqrt{A(1+M_1t^2)(1+M_2t^2)}$，$A=n_1n_2$，$M_1=\dfrac{m_1}{n_1}$，

$M_2=\dfrac{m_2}{n_2}$. 因此

$$R_1(t,y)=\frac{p_3(t)+p_4(t)y}{p_1(t)+p_2(t)y}=\frac{(p_3(t)+p_4(t)y)(p_1(t)-p_2(t)y)}{(p_1(t)+p_2(t)y)(p_1(t)-p_2(t)y)}$$

$$= \frac{p_1(t)p_3(t)-p_2(t)p_4(t)y^2+(p_1(t)p_4(t)-p_2(t)p_3(t))y}{p_1^2(t)-p_2^2(t)y^2}$$

$$= \frac{p_1(t)p_3(t) - p_2(t)p_4(t)y^2}{p_1^2(t) - p_2^2(t)y^2} + \frac{(p_1(t)p_4(t) - p_2(t)p_3(t))y^2}{(p_1^2(t) - p_2^2(t)y^2)y}$$

$$= R_2(t) + \frac{R_3(t)}{y},$$

其中 $p_1(t), p_2(t), p_3(t), p_4(t)$ 为 t 的多项式，$R_2(t), R_3(t)$ 为 t 的有理函数. 因此

$$\int R_1(t,y)\mathrm{d}t = \int R_2(t)\mathrm{d}t + \int \frac{R_3(t)}{y}\mathrm{d}t.$$

由于

$$R_3(t) = \frac{R_3(t) + R_3(-t)}{2} + \frac{R_3(t) - R_3(-t)}{2},$$

而 $\dfrac{R_3(t) + R_3(-t)}{2}$ 为偶函数，$\dfrac{R_3(t) - R_3(-t)}{2}$ 为奇函数，可令

$$R_4(t^2) = \frac{R_3(t) + R_3(-t)}{2}, \quad tR_5(t^2) = \frac{R_3(t) - R_3(-t)}{2},$$

于是 $R_3(t) = R_4(t^2) + tR_5(t^2)$. 因此

$$\int R_1(t,y)\mathrm{d}t = \int R_2(t)\mathrm{d}t + \int \frac{R_4(t^2)}{y}\mathrm{d}t + \int \frac{tR_5(t^2)}{y}\mathrm{d}t. \tag{7}$$

（7）式右端第一项积分可仿照例 3 求解.

令 $u = t^2$，则

$$\int \frac{tR_5(t^2)}{y}\mathrm{d}t = \frac{1}{2}\int \frac{R_5(u)}{\sqrt{A(1 + M_1 u)(1 + M_2 u)}}\mathrm{d}u,$$

于是（7）式右端第三项积分可仿照例 6 求解.

（7）式右端第二项积分

$$\int \frac{R_4(t^2)}{y}\mathrm{d}t = \int \frac{R_4(t^2)}{\sqrt{A(1 + M_1 t^2)(1 + M_2 t^2)}}\mathrm{d}t,$$

经若干变换可变换为

$$\int \frac{R_4(t^2)}{y}\mathrm{d}t = \int \frac{R_6(z^2)}{\sqrt{(1 - z^2)(1 - k^2 z^2)}}\mathrm{d}z,$$

其中 $R_6(z^2)$ 为 z^2 的有理函数. 由代数基本定理可知

$$R_6(z^2) = \sum_{i=1}^{k} a_i z^{2i} + \sum_{i=1}^{s}\sum_{j=1}^{n_i} \frac{b_{ij}}{(z^2 - \alpha_i)^j}.$$

因此

$$\int \frac{R_6(z^2)}{\sqrt{(1-z^2)(1-k^2z^2)}}\,\mathrm{d}z = \sum_{i=1}^{k} a_i \int \frac{z^{2i}}{\sqrt{(1-z^2)(1-k^2z^2)}}\,\mathrm{d}z$$

$$+ \sum_{i=1}^{s}\sum_{j=1}^{n_i} b_{ij} \int \frac{\mathrm{d}z}{(z^2-\alpha_i)^j \sqrt{(1-z^2)(1-k^2z^2)}}. \tag{8}$$

由（8）式可知，若要计算（8）式左端的积分，只需计算积分 $\displaystyle\int \frac{z^{2n}}{\sqrt{(1-z^2)(1-k^2z^2)}}\,\mathrm{d}z$

和积分 $\displaystyle\int \frac{\mathrm{d}z}{(z^2-\alpha)^m \sqrt{(1-z^2)(1-k^2z^2)}}$ 即可.

由于

$$\left(z^{2n-3}\sqrt{(1-z^2)(1-k^2z^2)} \right)'$$

$$= (2n-3)z^{2n-4}\sqrt{(1-z^2)(1-k^2z^2)} + \frac{z^{2n-2}(2k^2z^2-k^2-1)}{\sqrt{(1-z^2)(1-k^2z^2)}}$$

$$= \frac{(2n-3)z^{2n-4}(1-z^2)(1-k^2z^2) + z^{2n-2}(2k^2z^2-k^2-1)}{\sqrt{(1-z^2)(1-k^2z^2)}}$$

$$= \frac{(2n-3)z^{2n-4} - (2n-2)(1+k^2)z^{2n-2} + (2n-1)k^2z^{2n}}{\sqrt{(1-z^2)(1-k^2z^2)}},$$

积分上式并令 $I_n = \displaystyle\int \frac{z^{2n}}{\sqrt{(1-z^2)(1-k^2z^2)}}\,\mathrm{d}z$ 可得

$$(2n-3)I_{n-2} - (2n-2)(1+k^2)I_{n-1} + (2n-1)k^2 I_n$$

$$= z^{2n-3}\sqrt{(1-z^2)(1-k^2z^2)}. \tag{9}$$

因此，只需求出 I_0, I_1，再由（9）式即可求出 I_2，依次可求出 I_n.

由于

$$\left(\frac{z\sqrt{(1-z^2)(1-k^2z^2)}}{(z^2-\alpha)^{m-1}} \right)'$$

$$= \frac{\sqrt{(1-z^2)(1-k^2z^2)}}{(z^2-\alpha)^{m-1}} + \frac{(2-2m)z^2\sqrt{(1-z^2)(1-k^2z^2)}}{(z^2-\alpha)^m}$$

$$+ \frac{2k^2z^4 - (k^2+1)z^2}{(z^2-\alpha)^{m-1}\sqrt{(1-z^2)(1-k^2z^2)}}$$

$$= \frac{(1-z^2)(1-k^2z^2)(z^2-\alpha)}{(z^2-\alpha)^m\sqrt{(1-z^2)(1-k^2z^2)}} + \frac{(2-2m)z^2(1-z^2)(1-k^2z^2)}{(z^2-\alpha)^m\sqrt{(1-z^2)(1-k^2z^2)}}$$

$$+ \frac{[2k^2z^4-(k^2+1)z^2](z^2-\alpha)}{(z^2-\alpha)^m\sqrt{(1-z^2)(1-k^2z^2)}}$$

$$= \frac{p(z)}{(z^2-\alpha)^m\sqrt{(1-z^2)(1-k^2z^2)}}, \tag{10}$$

其中

$$p(z) = (1-z^2)(1-k^2z^2)(z^2-\alpha) + (2-2m)z^2(1-z^2)(1-k^2z^2)$$

$$+ [2k^2z^4-(1+k^2)z^2](z^2-\alpha)$$

$$= [1-(1+k^2)z^2+k^2z^4](z^2-\alpha) + (2-2m)z^2[1-(1+k^2)z^2+k^2z^4]$$

$$+ [2k^2z^4-(1+k^2)z^2](z^2-\alpha)$$

$$= [1-(1+k^2)(z^2-\alpha+\alpha)+k^2(z^2-\alpha+\alpha)^2](z^2-\alpha)$$

$$+ (2-2m)(z^2-\alpha+\alpha)[1-(1+k^2)(z^2-\alpha+\alpha)+k^2(z^2-\alpha+\alpha)^2]$$

$$+ [2k^2(z^2-\alpha+\alpha)^2-(1+k^2)(z^2-\alpha+\alpha)](z^2-\alpha)$$

$$= (2m-2)[-\alpha+(1+k^2)\alpha^2-k^2\alpha^3]$$

$$- (2m-3)[1-2(1+k^2)\alpha+3k^2\alpha^2](z^2-\alpha)$$

$$+ (2m-4)(1+k^2-3k^2\alpha)(z^2-\alpha)^2 - (2m-5)k^2(z^2-\alpha)^3.$$

积分（10）式并令

$$H_m = \int \frac{\mathrm{d}z}{(z^2-\alpha)^m\sqrt{(1-z^2)(1-k^2z^2)}}$$

可得

$$(2m-2)[-\alpha+(1+k^2)\alpha^2-k^2\alpha^3]H_m$$

$$-(2m-3)[1-2(1+k^2)\alpha+3k^2\alpha^2]H_{m-1}$$

$$+(2m-4)(1+k^2-3k^2\alpha)H_{m-2}-(2m-5)k^2H_{m-3}$$

$$= \frac{z\sqrt{(1-z^2)(1-k^2z^2)}}{(z^2-\alpha)^{m-1}}. \tag{11}$$

若可求出 H_{-1}, H_0, H_1，由（11）式即可求出 H_2，依次可求出 H_m. 而

$$H_{-1} = \int \frac{(z^2-\alpha)\mathrm{d}z}{\sqrt{(1-z^2)(1-k^2z^2)}} = I_1 - \alpha I_0,$$

$$H_0 = \int \frac{\mathrm{d}z}{\sqrt{(1-z^2)(1-k^2 z^2)}} = I_0,$$

因此，由 I_0, I_1, H_1 可求出 I_n, H_m，进而由（8）式可求出 $\displaystyle\int \frac{R_6(z^2)}{\sqrt{(1-z^2)(1-k^2 z^2)}} \mathrm{d}z$.

综上所述，（7）式右端的三项积分皆可求出，故可得 $\displaystyle\int R_1(t,y)\mathrm{d}t$. 从而可求得 $\displaystyle\int R\left(x, \sqrt{ax^4 + bx^3 + cx^2 + dx + e}\right) \mathrm{d}x$.

我 们 称 $I_0 = \displaystyle\int \frac{\mathrm{d}z}{\sqrt{(1-z^2)(1-k^2 z^2)}}$，$I_1 = \displaystyle\int \frac{z^2 \mathrm{d}z}{\sqrt{(1-z^2)(1-k^2 z^2)}}$ 和 $H_1 =$
$\displaystyle\int \frac{\mathrm{d}z}{(z^2-\alpha)\sqrt{(1-z^2)(1-k^2 z^2)}}$ 分别为**第一类、第二类和第三类椭圆积分**.

令 $u = \displaystyle\int_0^t \frac{\mathrm{d}z}{\sqrt{(1-z^2)(1-k^2 z^2)}}$，其反函数 $t = \mathrm{sn}(u)$ 称为**第一类 Jacobi 椭圆函数**.
称 $t = \mathrm{cn}(u) = \sqrt{1 - \mathrm{sn}^2(u)}$ 为**第二类 Jacobi 椭圆函数**. Jacobi 椭圆函数均为双周期函数.

2.4　n 元函数的偏导数

1. 一阶偏导数

设 $U \subseteq \mathbf{R}^n$ 为一开集，$f: U \to \mathbf{R}$ 为一 n 元函数，$\boldsymbol{x}_0 = (x_1^{(0)}, x_2^{(0)}, \cdots, x_n^{(0)}) \in U$. 设
$U_i = \{x \in \mathbf{R} \mid (x_1^{(0)}, \cdots, x_{i-1}^{(0)}, x, x_{i+1}^{(0)}, \cdots, x_n^{(0)}) \in U\}$（$i = 1, 2, \cdots, n$）为 $\mathbf{R}$ 中的开集. 令 $f_{\boldsymbol{x}_0, i}:$
$U_i \to \mathbf{R}$，$\forall x \in U_i$，$f_{\boldsymbol{x}_0, i}(x) = f(x_1^{(0)}, \cdots, x_{i-1}^{(0)}, x, x_{i+1}^{(0)}, \cdots, x_n^{(0)})$，$i = 1, 2, \cdots, n$. 称 $f_{\boldsymbol{x}_0, i}:$
$U_i \to \mathbf{R}$ 为 $f: U \to \mathbf{R}$ 在 $\boldsymbol{x}_0$ 处的**第 i 个部分函数**.

若 $f_{\boldsymbol{x}_0, i}: U_i \to \mathbf{R}$ 在 $x = x_i^{(0)}$ 处可导，则称 $f_{\boldsymbol{x}_0, i}: U_i \to \mathbf{R}$ 在 $x = x_i^{(0)}$ 处的导数为 $f:$
$U \to \mathbf{R}$ 在 $\boldsymbol{x}_0$ 处**关于第 i 个变量的偏导数**，记为 $\dfrac{\partial f}{\partial x_i}(\boldsymbol{x}_0)$，即

$$\frac{\partial f}{\partial x_i}(\boldsymbol{x}_0) = \lim_{x \to x_i^{(0)}} \frac{f_{\boldsymbol{x}_0, i}(x) - f_{\boldsymbol{x}_0, i}(x_i^{(0)})}{x - x_i^{(0)}}.$$

若 $\forall \boldsymbol{x} \in U$，$\dfrac{\partial f}{\partial x_i}(\boldsymbol{x})$（$i = 1, 2, \cdots, n$）均存在，则称 $\dfrac{\partial f}{\partial x_i}: U \to \mathbf{R}$（$i = 1, 2, \cdots, n$）为 $f:$
$U \to \mathbf{R}$ 的**第 i 个偏导函数**. 若 $\dfrac{\partial f}{\partial x_i}(\boldsymbol{x})$（$i = 1, 2, \cdots, n$）在 U 上连续，则称 $f: U \to \mathbf{R}$ 在 U 上

是 C^1 类的.

性质 2.26 设 $U \subseteq \mathbf{R}^n$ 为一开集，$f:U \to \mathbf{R}$ 为一 n 元函数，$u_i:I \to \mathbf{R}$ $(i=1,2,\cdots,n)$ 为 n 个一元函数. 若 $f:U \to \mathbf{R}$ 在 U 上是 C^1 类的，$u_i:I \to \mathbf{R}$ $(i=1,2,\cdots,n)$ 在 I 上是 C^1 类的，且 $\forall t \in I$，有 $(u_1(t),u_2(t),\cdots,u_n(t)) \in U$，则

$$F:I \to \mathbf{R}, \quad \forall t \in I, \quad F(t)=f(u_1(t),u_2(t),\cdots,u_n(t))$$

在 I 上是 C^1 类的，且有

$$F'(t)=\sum_{i=1}^{n}\frac{\partial f}{\partial x_i}(u_1(t),u_2(t),\cdots,u_n(t))u_i'(t).$$

性质 2.27 设两开集 $U \subseteq \mathbf{R}^n$，$V \subseteq \mathbf{R}^m$，$f:U \to \mathbf{R}$ 为一 n 元函数，$u_i:V \to \mathbf{R}$ $(i=1,2,\cdots,n)$ 为 n 个 m 元函数. 若 $f:U \to \mathbf{R}$ 在 U 上是 C^1 类的，$u_i:V \to \mathbf{R}$ $(i=1,2,\cdots,n)$ 在 V 上是 C^1 类的，且 $\forall \boldsymbol{t} \in V$，有 $(u_1(\boldsymbol{t}),u_2(\boldsymbol{t}),\cdots,u_n(\boldsymbol{t})) \in U$，则

$$F:V \to \mathbf{R}, \quad \forall \boldsymbol{t} \in V, \quad F(\boldsymbol{t})=f(u_1(\boldsymbol{t}),u_2(\boldsymbol{t}),\cdots,u_n(\boldsymbol{t}))$$

在 V 上是 C^1 类的，且有

$$\frac{\partial F}{\partial t_j}(\boldsymbol{t})=\sum_{i=1}^{n}\frac{\partial f}{\partial x_i}(u_1(\boldsymbol{t}),u_2(\boldsymbol{t}),\cdots,u_n(\boldsymbol{t}))\frac{\partial u_i}{\partial t_j}(\boldsymbol{t}).$$

性质 2.28 设 $U \subseteq \mathbf{R}^n$ 为一凸开集，$f:U \to \mathbf{R}$ 为一 n 元函数. 若 $f:U \to \mathbf{R}$ 在 U 上为 C^1 类函数，则 $\forall \boldsymbol{x},\boldsymbol{y} \in U$，$\exists \boldsymbol{z}=t\boldsymbol{x}+(1-t)\boldsymbol{y} \in U$，$t \in (0,1)$，使得

$$f(\boldsymbol{x})-f(\boldsymbol{y})=\sum_{i=1}^{n}\frac{\partial f}{\partial x_i}(\boldsymbol{z})(x_i-y_i).$$

对一元函数而言，若 $f:X \to \mathbf{R}$ 在 $x=x_0$ 处可导，则 $f:X \to \mathbf{R}$ 在 $x=x_0$ 处连续. 而对 n 元函数并非有如此性质，例如，对二元函数

$$f(x,y)=\begin{cases}\dfrac{xy}{x^2+y^2}, & (x,y) \neq (0,0), \\ 0, & (x,y)=(0,0),\end{cases}$$

显然 $f(x,y)$ 在 $(0,0)$ 处的偏导数均存在，即 $\dfrac{\partial f}{\partial x}(0,0)=\dfrac{\partial f}{\partial y}(0,0)=0$，但 $f(x,y)$ 在 $(0,0)$ 处不连续.

n 元函数偏导数与其连续性的关系有如下性质：

性质 2.29 设 $U \subseteq \mathbf{R}^n$ 为一开集，$f:U \to \mathbf{R}$ 为一 n 元函数，$\boldsymbol{x}_0 \in U$. 若 $\dfrac{\partial f}{\partial x_i}(\boldsymbol{x})$ $(i=1,2,\cdots,n)$ 在包含 $\boldsymbol{x}_0$ 的充分小邻域内均存在，且 $\dfrac{\partial f}{\partial x_i}(\boldsymbol{x})$ $(i=1,2,\cdots,n)$ 在 $\boldsymbol{x}=\boldsymbol{x}_0$ 处

连续，则 $f:U\to\mathbf{R}$ 在 $\boldsymbol{x}=\boldsymbol{x}_0$ 处连续.

性质 2.29 中 $\dfrac{\partial f}{\partial x_i}(\boldsymbol{x})$ $(i=1,2,\cdots,n)$ 在 $\boldsymbol{x}=\boldsymbol{x}_0$ 处连续只是 $f:U\to\mathbf{R}$ 在 $\boldsymbol{x}=\boldsymbol{x}_0$ 处连续的充分条件. 例如，对二元函数

$$f(x,y)=\begin{cases}\dfrac{x^2 y}{x^2+y^2}, & (x,y)\neq(0,0),\\[3mm] 0, & (x,y)=(0,0),\end{cases}$$

有 $f(x,y)$ 在 $(0,0)$ 处连续，然而 $f(x,y)$ 的偏导函数

$$\frac{\partial f}{\partial x}(x,y)=\begin{cases}\dfrac{2xy^3}{(x^2+y^2)^2}, & (x,y)\neq(0,0),\\[3mm] 0, & (x,y)=(0,0),\end{cases}$$

$$\frac{\partial f}{\partial y}(x,y)=\begin{cases}\dfrac{x^4-x^2 y^2}{(x^2+y^2)^2}, & (x,y)\neq(0,0),\\[3mm] 0, & (x,y)=(0,0),\end{cases}$$

显然 $\dfrac{\partial f}{\partial x}(x,y),\dfrac{\partial f}{\partial y}(x,y)$ 在 $(0,0)$ 处并不连续.

2. 高阶偏导数

设 $U\subseteq\mathbf{R}^n$ 为一开集，$f:U\to\mathbf{R}$ 为一 n 元函数. 若 $\dfrac{\partial f}{\partial x_i}:U\to\mathbf{R}$ 在 $\boldsymbol{x}_0$ 处关于 x_j 的偏导数存在，则称 $\dfrac{\partial f}{\partial x_i}:U\to\mathbf{R}$ 关于 x_j 的偏导数为 $f:U\to\mathbf{R}$ 在 $\boldsymbol{x}_0$ 处关于 x_i,x_j 的**二阶偏导数**，记为 $\dfrac{\partial}{\partial x_j}\left(\dfrac{\partial f}{\partial x_i}\right)(\boldsymbol{x}_0)$ 或记为 $\dfrac{\partial^2 f}{\partial x_i\partial x_j}(\boldsymbol{x}_0)$. 若 $\forall\boldsymbol{x}\in U$，$\dfrac{\partial^2 f}{\partial x_i\partial x_j}(\boldsymbol{x})$ $(i,j=1,2,\cdots,n)$ 均存在，则称 $\dfrac{\partial^2 f}{\partial x_i\partial x_j}:U\to\mathbf{R}$ $(i,j=1,2,\cdots,n)$ 为 $f:U\to\mathbf{R}$ 的**二阶偏导函数**.

类似地，若 $\dfrac{\partial^{k-1} f}{\partial x_{i_1}\partial x_{i_2}\cdots\partial x_{i_{k-1}}}:U\to\mathbf{R}$ 在 $\boldsymbol{x}_0$ 处关于 x_{i_k} 的偏导数存在，则称 $\dfrac{\partial^{k-1} f}{\partial x_{i_1}\partial x_{i_2}\cdots\partial x_{i_{k-1}}}:U\to\mathbf{R}$ 在 $\boldsymbol{x}_0$ 处关于 x_{i_k} 的偏导数为 $f:U\to\mathbf{R}$ 在 $\boldsymbol{x}_0$ 处关于 x_{i_1}, $x_{i_2},\cdots,x_{i_k}$ 的 k **阶偏导数**，记为 $\dfrac{\partial^k f}{\partial x_{i_1}\partial x_{i_2}\cdots\partial x_{i_k}}(\boldsymbol{x}_0)$. 若 $\forall\boldsymbol{x}\in U$，$\dfrac{\partial^k f}{\partial x_{i_1}\partial x_{i_2}\cdots\partial x_{i_k}}(\boldsymbol{x})$

均存在，则称 $\dfrac{\partial^k f}{\partial x_{i_1}\partial x_{i_2}\cdots\partial x_{i_k}}:U\to\mathbf{R}$ 为 $f:U\to\mathbf{R}$ 的 k 阶偏导函数. 若 $x_{i_1}=x_{i_2}=\cdots$

$=x_{i_k}=x_i$，则记 $\dfrac{\partial^k f}{\partial x_{i_1}\partial x_{i_2}\cdots\partial x_{i_k}}(\boldsymbol{x})$ 为 $\dfrac{\partial^k f}{\partial x_i^k}(\boldsymbol{x})$. 若 $f:U\to\mathbf{R}$ 的任意 k 阶偏导函数

$\dfrac{\partial^k f}{\partial x_{i_1}\partial x_{i_2}\cdots\partial x_{i_k}}:U\to\mathbf{R}$ 在 U 上连续，则称 $f:U\to\mathbf{R}$ 在 U 上是 C^k 类的. 若 $\forall k\in\mathbf{N}$，

$f:U\to\mathbf{R}$ 在 U 上是 C^k 类的，则称 $f:U\to\mathbf{R}$ 在 U 上是 C^∞ 类的.

性质 2.30 设 $U\subseteq\mathbf{R}^2$ 为一开集，$f:U\to\mathbf{R}$ 为一个二元函数，$(x_0,y_0)\in U$. 若存

在包含 (x_0,y_0) 的邻域 W，使得 $\forall(x,y)\in W$，$\dfrac{\partial f}{\partial x}(x,y),\dfrac{\partial f}{\partial y}(x,y)$ 和 $\dfrac{\partial^2 f}{\partial y\partial x}(x,y)$ 均存在，

且 $\dfrac{\partial f}{\partial x}(x,y),\dfrac{\partial f}{\partial y}(x,y),\dfrac{\partial^2 f}{\partial y\partial x}(x,y)$ 在 (x_0,y_0) 处连续，则 $\dfrac{\partial^2 f}{\partial x\partial y}(x_0,y_0)$ 存在，且

$$\frac{\partial^2 f}{\partial x\partial y}(x_0,y_0)=\frac{\partial^2 f}{\partial y\partial x}(x_0,y_0).$$

性质 2.30 可推广为 n 元函数的情况. 设 $U\subseteq\mathbf{R}^n$ 为一开集，$f:U\to\mathbf{R}$ 为一 n 元函

数. 若 $f:U\to\mathbf{R}$ 在 U 上是 C^k 类的，则 $\forall\boldsymbol{x}_0\in U$，$f:U\to\mathbf{R}$ 在 $\boldsymbol{x}_0$ 处的 k 阶偏导数

$\dfrac{\partial^k f}{\partial x_{i_1}\partial x_{i_2}\cdots\partial x_{i_k}}(\boldsymbol{x}_0)$ 与求 x_{i_p} 的偏导次序无关.

性质 2.31 设两开集 $U\subseteq\mathbf{R}^n$，$V\subseteq\mathbf{R}^m$，$f:U\to\mathbf{R}$ 为一 n 元函数，$u_i:V\to\mathbf{R}$

$(i=1,2,\cdots,n)$ 为 n 个 m 元函数. 若 $f:U\to\mathbf{R}$ 在 U 上是 C^k 类的，$u_i:V\to\mathbf{R}$ $(i=1,2,\cdots,n)$

在 V 上是 C^k 类的，且 $\forall\boldsymbol{t}\in V$，有 $(u_1(\boldsymbol{t}),u_2(\boldsymbol{t}),\cdots,u_n(\boldsymbol{t}))\in U$，则

$$F:V\to\mathbf{R},\quad\forall\boldsymbol{t}\in V,\quad F(\boldsymbol{t})=f(u_1(\boldsymbol{t}),u_2(\boldsymbol{t}),\cdots,u_n(\boldsymbol{t}))$$

在 V 上是 C^k 类的，且有

$$\frac{\partial^k F}{\partial t_{j_1}\partial t_{j_2}\dots\partial t_{j_k}}(\boldsymbol{t})$$

$$=\sum_{i_1,i_2,\cdots,i_k=1}^{n}\frac{\partial^k f}{\partial x_{i_1}\partial x_{i_2}\cdots\partial x_{i_k}}(u_1(\boldsymbol{t}),u_2(\boldsymbol{t}),\cdots,u_n(\boldsymbol{t}))\frac{\partial u_{i_1}}{\partial t_{j_1}}(\boldsymbol{t})\frac{\partial u_{i_2}}{\partial t_{j_2}}(\boldsymbol{t})\cdots\frac{\partial u_{i_k}}{\partial t_{j_k}}(\boldsymbol{t})$$

$$+\sum_{i_1,i_2,\cdots,i_{k-1}=1}^{n}\frac{\partial^{k-1} f}{\partial x_{i_1}\partial x_{i_2}\cdots\partial x_{i_{k-1}}}(u_1(\boldsymbol{t}),u_2(\boldsymbol{t}),\cdots,u_n(\boldsymbol{t}))$$

$$\frac{\partial}{\partial t_{j_k}}\left(\frac{\partial u_{i_1}}{\partial t_{j_1}}(\boldsymbol{t})\frac{\partial u_{i_2}}{\partial t_{j_2}}(\boldsymbol{t})\cdots\frac{\partial u_{i_{k-1}}}{\partial t_{j_{k-1}}}(\boldsymbol{t})\right)+\cdots$$

$$+ \sum_{i_1,i_3,\cdots,i_k=1}^{n} \frac{\partial^{k-1} f}{\partial x_{i_1} \partial x_{i_3} \cdots \partial x_{i_k}} (u_1(\boldsymbol{t}), u_2(\boldsymbol{t}), \cdots, u_n(\boldsymbol{t}))$$

$$\frac{\partial}{\partial t_{j_2}} \left(\frac{\partial u_{i_1}}{\partial t_{j_1}} (\boldsymbol{t}) \right) \frac{\partial u_{i_3}}{\partial t_{j_3}} (\boldsymbol{t}) \cdots \frac{\partial u_{i_k}}{\partial t_{j_k}} (\boldsymbol{t}) + \cdots$$

$$+ \sum_{i_1=1}^{n} \frac{\partial f}{\partial x_{i_1}} (u_1(\boldsymbol{t}), u_2(\boldsymbol{t}), \cdots, u_n(\boldsymbol{t})) \frac{\partial^k u_{i_1}}{\partial t_{j_1} \partial t_{j_2} \cdots \partial t_{j_k}} (\boldsymbol{t}). \tag{1}$$

当 $k=2$ 时，（1）式变为

$$\frac{\partial^2 F}{\partial t_m \partial t_n} (\boldsymbol{t}) = \sum_{i,j=1}^{n} \frac{\partial^2 f}{\partial x_i \partial x_j} (u_1(\boldsymbol{t}), u_2(\boldsymbol{t}), \cdots, u_n(\boldsymbol{t})) \frac{\partial u_i}{\partial t_m} (\boldsymbol{t}) \frac{\partial u_j}{\partial t_n} (\boldsymbol{t})$$

$$+ \sum_{i=1}^{n} \frac{\partial f}{\partial x_i} (u_1(\boldsymbol{t}), u_2(\boldsymbol{t}), \cdots, u_n(\boldsymbol{t})) \frac{\partial^2 u_i}{\partial t_m \partial t_n} (\boldsymbol{t}). \tag{2}$$

定理 2.11 设 $U \subseteq \mathbf{R}^n$ 为一开集，$f: U \to \mathbf{R}$ 为一 n 元函数，$\boldsymbol{x}_0 \in U$. 若 $f: U \to \mathbf{R}$ 在 U 上是 C^k 类的，且 $\exists r > 0$，使得 $B(\boldsymbol{x}_0, r) \subseteq U$，则 $\forall \boldsymbol{h} = \boldsymbol{x} - \boldsymbol{x}_0 = (h_1, h_2, \cdots, h_n) \in B(\boldsymbol{x}_0, r)$，$\exists \theta \in (0,1)$，有

$$f(\boldsymbol{x}_0 + \boldsymbol{h}) = f(\boldsymbol{x}_0) + \left(\sum_{i=1}^{n} h_i \frac{\partial}{\partial x_i} \right) f(\boldsymbol{x}_0) + \frac{1}{2!} \left(\sum_{i=1}^{n} h_i \frac{\partial}{\partial x_i} \right)^2 f(\boldsymbol{x}_0) + \cdots$$

$$+ \frac{1}{(k-1)!} \left(\sum_{i=1}^{n} h_i \frac{\partial}{\partial x_i} \right)^{k-1} f(\boldsymbol{x}_0) + \frac{1}{k!} \left(\sum_{i=1}^{n} h_i \frac{\partial}{\partial x_i} \right)^{k} f(\boldsymbol{x}_0 + \theta \boldsymbol{h}),$$

其中

$$\left(\sum_{i=1}^{n} h_i \frac{\partial}{\partial x_i} \right) f(\boldsymbol{x}_0) = \sum_{i=1}^{n} h_i \frac{\partial f}{\partial x_i} (\boldsymbol{x}_0),$$

$$\left(\sum_{i=1}^{n} h_i \frac{\partial}{\partial x_i} \right)^2 f(\boldsymbol{x}_0) = \sum_{i,j=1}^{n} h_i h_j \frac{\partial^2 f}{\partial x_i \partial x_j} (\boldsymbol{x}_0), \quad \cdots,$$

$$\left(\sum_{i=1}^{n} h_i \frac{\partial}{\partial x_i} \right)^{k-1} f(\boldsymbol{x}_0) = \sum_{\substack{i_1,i_2,\cdots,i_n=0 \\ i_1+i_2+\cdots+i_n=k-1}} \frac{(k-1)!}{i_1! i_2! \cdots i_n!} h_1^{i_1} h_2^{i_2} \cdots h_n^{i_n} \frac{\partial^{k-1} f}{\partial x_1^{i_1} \partial x_2^{i_2} \cdots \partial x_n^{i_n}} (\boldsymbol{x}_0),$$

$$\left(\sum_{i=1}^{n} h_i \frac{\partial}{\partial x_i} \right)^{k} f(\boldsymbol{x}_0 + \theta \boldsymbol{h})$$

$$= \sum_{\substack{i_1,i_2,\cdots,i_n=0 \\ i_1+i_2+\cdots+i_n=k}} \frac{k!}{i_1! i_2! \cdots i_n!} h_1^{i_1} h_2^{i_2} \cdots h_n^{i_n} \frac{\partial^{k} f}{\partial x_1^{i_1} \partial x_2^{i_2} \cdots \partial x_n^{i_n}} (\boldsymbol{x}_0 + \theta \boldsymbol{h}).$$

3. n 元函数的局部极值

设 $U \subseteq \mathbf{R}^n$ 为一开集，$f:U \to \mathbf{R}$ 为一 n 元函数，$\boldsymbol{x}_0 \in U$．若 $\exists \delta > 0$，$\forall \boldsymbol{x} \in U \cap B(\boldsymbol{x}_0, \delta)$，有 $f(\boldsymbol{x}) \geq f(\boldsymbol{x}_0)$ $(f(\boldsymbol{x}) \leq f(\boldsymbol{x}_0))$，则称 $\boldsymbol{x}_0$ 为 $f:U \to \mathbf{R}$ 的局部极小（极大）值点．若 $\exists \delta > 0$，$\forall \boldsymbol{x} \in U \cap B^\circ(\boldsymbol{x}_0, \delta)$，有 $f(\boldsymbol{x}) > f(\boldsymbol{x}_0)$ $(f(\boldsymbol{x}) < f(\boldsymbol{x}_0))$，则称 $\boldsymbol{x}_0$ 为 $f:U \to \mathbf{R}$ 的严格局部极小（极大）值点．局部极小值点和局部极大值点统称为**局部极值点**，函数 $f:U \to \mathbf{R}$ 在局部极值点所取的函数值称为**局部极值**．

性质 2.32 设 $U \subseteq \mathbf{R}^n$ 为一开集，$f:U \to \mathbf{R}$ 为一 n 元函数．若 $\boldsymbol{x}_0 \in U$ 为 $f:U \to \mathbf{R}$ 的局部极值点，且 $\dfrac{\partial f}{\partial x_i}(\boldsymbol{x}_0)$ $(i = 1, 2, \cdots, n)$ 均存在，则

$$\frac{\partial f}{\partial x_i}(\boldsymbol{x}_0) = 0, \quad i = 1, 2, \cdots, n.$$

性质 2.33 设 $U \subseteq \mathbf{R}^n$ 为一开集，$f:U \to \mathbf{R}$ 为 U 上的 C^2 类函数，$\boldsymbol{x}_0 \in U$，$\dfrac{\partial f}{\partial x_i}(\boldsymbol{x}_0) = 0$ $(i = 1, 2, \cdots, n)$，且 $\forall \boldsymbol{h} = (h_1, h_2, \cdots, h_n) \in \mathbf{R}^n$，

$$q_0(\boldsymbol{h}) = \sum_{i,j=1}^n h_i h_j \frac{\partial^2 f}{\partial x_i \partial x_j}(\boldsymbol{x}_0)$$

为一非退化二次型．若 $q_0(\boldsymbol{h})$ 为正定的，则 $\boldsymbol{x}_0$ 为 $f:U \to \mathbf{R}$ 的严格局部极小值点．若 $q_0(\boldsymbol{h})$ 为负定的，则 $\boldsymbol{x}_0$ 为 $f:U \to \mathbf{R}$ 的严格局部极大值点．若 $q_0(\boldsymbol{h})$ 既非正定又非负定的，则 $\boldsymbol{x}_0$ 不是 $f:U \to \mathbf{R}$ 的局部极值点．

若 $f:U \to \mathbf{R}$ 为一个二元函数，则性质 2.33 有如下形式：

性质 2.34 设 $U \subseteq \mathbf{R}^2$ 为一开集，$f:U \to \mathbf{R}$ 为 U 上的 C^2 类函数，$(x_0, y_0) \in U$，$\dfrac{\partial f}{\partial x}(x_0, y_0) = \dfrac{\partial f}{\partial y}(x_0, y_0) = 0$．若

$$\frac{\partial^2 f}{\partial x^2}(x_0, y_0) \frac{\partial^2 f}{\partial y^2}(x_0, y_0) - \left(\frac{\partial^2 f}{\partial x \partial y}(x_0, y_0) \right)^2 > 0,$$

且 $\dfrac{\partial^2 f}{\partial x^2}(x_0, y_0) > 0$，则 (x_0, y_0) 为 $f:U \to \mathbf{R}$ 的严格局部极小值点．若

$$\frac{\partial^2 f}{\partial x^2}(x_0, y_0) \frac{\partial^2 f}{\partial y^2}(x_0, y_0) - \left(\frac{\partial^2 f}{\partial x \partial y}(x_0, y_0) \right)^2 > 0$$

且 $\dfrac{\partial^2 f}{\partial x^2}(x_0, y_0) < 0$，则 (x_0, y_0) 为 $f:U \to \mathbf{R}$ 的严格局部极大值点．若

$$\frac{\partial^2 f}{\partial x^2}(x_0, y_0) \frac{\partial^2 f}{\partial y^2}(x_0, y_0) - \left(\frac{\partial^2 f}{\partial x \partial y}(x_0, y_0)\right)^2 < 0$$

则 (x_0, y_0) 不是 $f: U \to \mathbf{R}$ 的严格局部极值点.

2.5　映射的微分

设 $U \subseteq \mathbf{R}^n$ 为一开集，$\boldsymbol{f}: U \to \mathbf{R}^m$ 为 n 元向量值函数，$\boldsymbol{x}_0 \in U$. 若存在线性映射 $\mathrm{d}\boldsymbol{f}(\boldsymbol{x}_0): \mathbf{R}^n \to \mathbf{R}^m$，使得

$$\lim_{\boldsymbol{x} \to \boldsymbol{x}_0} \frac{d(\boldsymbol{f}(\boldsymbol{x}) - \boldsymbol{f}(\boldsymbol{x}_0), \mathrm{d}\boldsymbol{f}(\boldsymbol{x}_0)(\boldsymbol{x} - \boldsymbol{x}_0))}{d(\boldsymbol{x}, \boldsymbol{x}_0)} = 0,$$

即

$$\boldsymbol{f}(\boldsymbol{x}) - \boldsymbol{f}(\boldsymbol{x}_0) - \mathrm{d}\boldsymbol{f}(\boldsymbol{x}_0)(\boldsymbol{x} - \boldsymbol{x}_0) = o(\boldsymbol{x} - \boldsymbol{x}_0), \quad \boldsymbol{x} \to \boldsymbol{x}_0,$$

则称 $\boldsymbol{f}: U \to \mathbf{R}^m$ 在 $\boldsymbol{x} = \boldsymbol{x}_0$ 处可微，并称 $\mathrm{d}\boldsymbol{f}(\boldsymbol{x}_0): \mathbf{R}^n \to \mathbf{R}^m$ 为 $\boldsymbol{f}: U \to \mathbf{R}^m$ 在 $\boldsymbol{x} = \boldsymbol{x}_0$ 处的微分. 若 $\forall \boldsymbol{x} \in U$，$\boldsymbol{f}: U \to \mathbf{R}^m$ 在 $\boldsymbol{x}$ 处均可微，则称 $\boldsymbol{f}: U \to \mathbf{R}^m$ 在 U 上可微.

1. 映射微分的性质

性质 2.35　设 $U \subseteq \mathbf{R}^n$ 为一开集，$f, g: U \to \mathbf{R}$ 为两 n 元函数. 若 $f, g: U \to \mathbf{R}$ 在 $\boldsymbol{x} = \boldsymbol{x}_0$ 处可微，则

① $\forall \alpha, \beta \in \mathbf{R}$，$\alpha f + \beta g: U \to \mathbf{R}$ 在 $\boldsymbol{x} = \boldsymbol{x}_0$ 处可微，且有

$$\mathrm{d}(\alpha f + \beta g)(\boldsymbol{x}_0) = \alpha \mathrm{d}f(\boldsymbol{x}_0) + \beta \mathrm{d}g(\boldsymbol{x}_0);$$

② $fg: U \to \mathbf{R}$ 在 $\boldsymbol{x} = \boldsymbol{x}_0$ 处可微，且有

$$\mathrm{d}(fg)(\boldsymbol{x}_0) = g(\boldsymbol{x}_0)\mathrm{d}f(\boldsymbol{x}_0) + f(\boldsymbol{x}_0)\mathrm{d}g(\boldsymbol{x}_0);$$

③ 若 $g(\boldsymbol{x}_0) \neq 0$，则 $\dfrac{f}{g}: U \to \mathbf{R}$ 在 $\boldsymbol{x} = \boldsymbol{x}_0$ 处可微，且有

$$\mathrm{d}\left(\frac{f}{g}\right)(\boldsymbol{x}_0) = \frac{g(\boldsymbol{x}_0)\mathrm{d}f(\boldsymbol{x}_0) - f(\boldsymbol{x}_0)\mathrm{d}g(\boldsymbol{x}_0)}{(g(\boldsymbol{x}_0))^2}.$$

性质 2.36　设 $X \subseteq \mathbf{R}$ 为非空集合，$f: X \to \mathbf{R}$ 为一元函数，$f: X \to \mathbf{R}$ 在 $x = x_0$ 处可微当且仅当 $f: X \to \mathbf{R}$ 在 $x = x_0$ 处可导，且 $f: X \to \mathbf{R}$ 在 $x = x_0$ 处的微分 $\mathrm{d}f(x_0): \mathbf{R} \to \mathbf{R}$ 在 $\mathbf{R}$ 的对偶基 $\mathrm{d}x$ 下表示为

$$\mathrm{d}f(x_0) = f'(x_0)\mathrm{d}x.$$

性质 2.37　设 $U \subseteq \mathbf{R}^n$ 为一开集，$f: U \to \mathbf{R}$ 为一 n 元函数. 若 $f: U \to \mathbf{R}$ 在 $\boldsymbol{x} = \boldsymbol{x}_0$ 处可微，则

① $f: U \to \mathbf{R}$ 在 $\boldsymbol{x} = \boldsymbol{x}_0$ 处连续;

② $\dfrac{\partial f}{\partial x_i}(\boldsymbol{x}_0)\,(i = 1, 2, \cdots, n)$ 存在,且有

$$\mathrm{d}f(\boldsymbol{x}_0) = \frac{\partial f}{\partial x_1}(\boldsymbol{x}_0)\mathrm{d}x_1 + \frac{\partial f}{\partial x_2}(\boldsymbol{x}_0)\mathrm{d}x_2 + \cdots + \frac{\partial f}{\partial x_n}(\boldsymbol{x}_0)\mathrm{d}x_n; \qquad (1)$$

若 $\exists \delta > 0$,$\dfrac{\partial f}{\partial x_i}: U \cap B(x_0, \delta) \to \mathbf{R}$ 存在,且 $\dfrac{\partial f}{\partial x_i}: U \cap B(x_0, \delta) \to \mathbf{R}$ 在 $\boldsymbol{x} = \boldsymbol{x}_0$ 处连续,则 $f: U \to \mathbf{R}$ 在 $\boldsymbol{x} = \boldsymbol{x}_0$ 处可微,且 (1) 式成立.

例如,$f(x, y) = \begin{cases} \dfrac{x^2 y}{x^2 + y^2}, & (x, y) \neq (0, 0), \\ 0, & (x, y) = (0, 0), \end{cases}$ 在 $(0, 0)$ 处不可微,而 $f(x, y)$ 的偏导函数

$$\frac{\partial f}{\partial x}(x, y) = \begin{cases} \dfrac{2xy^3}{(x^2 + y^2)^2}, & (x, y) \neq (0, 0), \\ 0, & (x, y) = (0, 0), \end{cases}$$

$$\frac{\partial f}{\partial y}(x, y) = \begin{cases} \dfrac{x^4 - x^2 y^2}{(x^2 + y^2)^2}, & (x, y) \neq (0, 0), \\ 0, & (x, y) = (0, 0) \end{cases}$$

在 $(0, 0)$ 处不连续.

性质 2.37 中 $\dfrac{\partial f}{\partial x_i}: U \cap B(x_0, \delta) \to \mathbf{R}$ 在 $\boldsymbol{x} = \boldsymbol{x}_0$ 处连续只是 $f: U \to \mathbf{R}$ 在 $\boldsymbol{x} = \boldsymbol{x}_0$ 处可微的充分条件,并不是必要条件.

例如,

$$f(x, y) = \begin{cases} (x^2 + y^2)\sin\dfrac{1}{x^2 + y^2}, & (x, y) \neq (0, 0), \\ 0, & (x, y) = (0, 0), \end{cases}$$

在 $(0, 0)$ 处可微,而 $f(x, y)$ 的偏导函数

$$\frac{\partial f}{\partial x}(x, y) = \begin{cases} 2x\sin\dfrac{1}{x^2 + y^2} - \dfrac{2x}{x^2 + y^2}\cos\dfrac{1}{x^2 + y^2}, & (x, y) \neq (0, 0), \\ 0, & (x, y) = (0, 0), \end{cases}$$

$$\frac{\partial f}{\partial y}(x, y) = \begin{cases} 2y\sin\dfrac{1}{x^2 + y^2} - \dfrac{2y}{x^2 + y^2}\cos\dfrac{1}{x^2 + y^2}, & (x, y) \neq (0, 0), \\ 0, & (x, y) = (0, 0) \end{cases}$$

在 $(0,0)$ 处并不连续.

性质 2.38　设 $U \subseteq \mathbf{R}^n$ 为一开集，$\boldsymbol{f}: U \to \mathbf{R}^m$ 为 n 元向量值函数，$\boldsymbol{f}(\boldsymbol{x}) = (f_1(\boldsymbol{x})$, $f_2(\boldsymbol{x}), \cdots, f_m(\boldsymbol{x}))$，其中 $f_i: U \to \mathbf{R}$ $(i = 1, 2, \cdots, m)$ 为 n 元函数. $\boldsymbol{f}: U \to \mathbf{R}^m$ 在 $\boldsymbol{x} = \boldsymbol{x}_0$ 处可微，当且仅当 $f_i: U \to \mathbf{R}$ $(i = 1, 2, \cdots, m)$ 在 $\boldsymbol{x} = \boldsymbol{x}_0$ 处可微，且有

$$\mathrm{d}\boldsymbol{f}(\boldsymbol{x}_0) = (\mathrm{d}f_1(\boldsymbol{x}_0), \mathrm{d}f_2(\boldsymbol{x}_0), \cdots, \mathrm{d}f_m(\boldsymbol{x}_0))^{\mathrm{T}}.$$

由 $\mathrm{d}f_i(\boldsymbol{x}_0)$ $(i = 1, 2, \cdots, m)$ 在 $\mathbf{R}^n$ 的对偶基底 $\{\mathrm{d}x_1, \mathrm{d}x_2, \cdots, \mathrm{d}x_n\}$ 下表示为

$$\mathrm{d}f_i(\boldsymbol{x}_0) = \frac{\partial f_i}{\partial x_1}(\boldsymbol{x}_0)\mathrm{d}x_1 + \frac{\partial f_i}{\partial x_2}(\boldsymbol{x}_0)\mathrm{d}x_2 + \cdots + \frac{\partial f_i}{\partial x_n}(\boldsymbol{x}_0)\mathrm{d}x_n$$

得，$\boldsymbol{f}: U \to \mathbf{R}^m$ 在 $\boldsymbol{x} = \boldsymbol{x}_0$ 的微分 $\mathrm{d}\boldsymbol{f}(\boldsymbol{x}_0)$ 在 $\mathbf{R}^n$ 的对偶基底和 $\mathbf{R}^m$ 的标准基底下所对应的矩阵为

$$\begin{pmatrix} \dfrac{\partial f_1}{\partial x_1}(\boldsymbol{x}_0) & \dfrac{\partial f_1}{\partial x_2}(\boldsymbol{x}_0) & \cdots & \dfrac{\partial f_1}{\partial x_n}(\boldsymbol{x}_0) \\[2mm] \dfrac{\partial f_2}{\partial x_1}(\boldsymbol{x}_0) & \dfrac{\partial f_2}{\partial x_2}(\boldsymbol{x}_0) & \cdots & \dfrac{\partial f_2}{\partial x_n}(\boldsymbol{x}_0) \\[2mm] \vdots & \vdots & & \vdots \\[2mm] \dfrac{\partial f_m}{\partial x_1}(\boldsymbol{x}_0) & \dfrac{\partial f_m}{\partial x_2}(\boldsymbol{x}_0) & \cdots & \dfrac{\partial f_m}{\partial x_n}(\boldsymbol{x}_0) \end{pmatrix}, \qquad (2)$$

（2）式称为 Jacobi 矩阵，记为

$$\frac{\partial(f_1, f_2, \cdots, f_m)}{\partial(x_1, x_2, \cdots, x_n)}(\boldsymbol{x}_0).$$

当 $m = n$ 时，Jacobi 矩阵 $\dfrac{\partial(f_1, f_2, \cdots, f_n)}{\partial(x_1, x_2, \cdots, x_n)}(\boldsymbol{x}_0)$ 的行列式称为 Jacobi 行列式，记为

$$\frac{D(f_1, f_2, \cdots, f_n)}{D(x_1, x_2, \cdots, x_n)}(\boldsymbol{x}_0).$$

若 $f_i: U \to \mathbf{R}$ $(i = 1, 2, \cdots, m)$ 在 U 上是 C^k 类的，则称 $\boldsymbol{f}: U \to \mathbf{R}^m$ 在 U 上是 C^k 类的. 若 $f_i: U \to \mathbf{R}$ $(i = 1, 2, \cdots, m)$ 在 U 上是 C^{∞} 类的，则称 $\boldsymbol{f}: U \to \mathbf{R}^m$ 在 U 上是 C^{∞} 类的.

性质 2.39　设 $U \subseteq \mathbf{R}^n$，$V \subseteq \mathbf{R}^m$ 为两开集，$\boldsymbol{f}: U \to \mathbf{R}^m$，$\boldsymbol{g}: V \to \mathbf{R}^k$ 为两向量值函数. 若 $\boldsymbol{f}: U \to \mathbf{R}^m$ 在 $\boldsymbol{x}_0$ 处可微，$\boldsymbol{g}: V \to \mathbf{R}^k$ 在 $\boldsymbol{y}_0 = \boldsymbol{f}(\boldsymbol{x}_0)$ 处可微，且 $W = U \cap f^{-1}(V)$ 为非空开集，则 $\boldsymbol{g} \circ \boldsymbol{f}: W \to \mathbf{R}^k$ 在 $\boldsymbol{x}_0$ 处可微，且有

$$\mathrm{d}(\boldsymbol{g} \circ \boldsymbol{f})(\boldsymbol{x}_0) = \mathrm{d}\boldsymbol{g}(\boldsymbol{y}_0) \circ \mathrm{d}\boldsymbol{f}(\boldsymbol{x}_0). \qquad (3)$$

（3）式也可表示为

$$
\begin{pmatrix}
\dfrac{\partial (g\circ f)_1}{\partial x_1}(x_0) & \dfrac{\partial (g\circ f)_1}{\partial x_2}(x_0) & \cdots & \dfrac{\partial (g\circ f)_1}{\partial x_n}(x_0) \\[2mm]
\dfrac{\partial (g\circ f)_2}{\partial x_1}(x_0) & \dfrac{\partial (g\circ f)_2}{\partial x_2}(x_0) & \cdots & \dfrac{\partial (g\circ f)_2}{\partial x_n}(x_0) \\[2mm]
\vdots & \vdots & & \vdots \\[2mm]
\dfrac{\partial (g\circ f)_k}{\partial x_1}(x_0) & \dfrac{\partial (g\circ f)_k}{\partial x_2}(x_0) & \cdots & \dfrac{\partial (g\circ f)_k}{\partial x_n}(x_0)
\end{pmatrix}
$$

$$
=\begin{pmatrix}
\dfrac{\partial g_1}{\partial y_1}(y_0) & \dfrac{\partial g_1}{\partial y_2}(y_0) & \cdots & \dfrac{\partial g_1}{\partial y_m}(y_0) \\[2mm]
\dfrac{\partial g_2}{\partial y_1}(y_0) & \dfrac{\partial g_2}{\partial y_2}(y_0) & \cdots & \dfrac{\partial g_2}{\partial y_m}(y_0) \\[2mm]
\vdots & \vdots & & \vdots \\[2mm]
\dfrac{\partial g_k}{\partial y_1}(y_0) & \dfrac{\partial g_k}{\partial y_2}(y_0) & \cdots & \dfrac{\partial g_k}{\partial y_m}(y_0)
\end{pmatrix}\cdot
\begin{pmatrix}
\dfrac{\partial f_1}{\partial x_1}(x_0) & \dfrac{\partial f_1}{\partial x_2}(x_0) & \cdots & \dfrac{\partial f_1}{\partial x_n}(x_0) \\[2mm]
\dfrac{\partial f_2}{\partial x_1}(x_0) & \dfrac{\partial f_2}{\partial x_2}(x_0) & \cdots & \dfrac{\partial f_2}{\partial x_n}(x_0) \\[2mm]
\vdots & \vdots & & \vdots \\[2mm]
\dfrac{\partial f_m}{\partial x_1}(x_0) & \dfrac{\partial f_m}{\partial x_2}(x_0) & \cdots & \dfrac{\partial f_m}{\partial x_n}(x_0)
\end{pmatrix}.
$$

性质 2.40 设 $U\subseteq \mathbf{R}^n$，$V\subseteq \mathbf{R}^m$ 为两开集. 若 $f:U\to \mathbf{R}^m$ 在 U 上是 C^k 类的，$g:V\to \mathbf{R}^p$ 在 V 上是 C^k 类的，且 $W=U\cap f^{-1}(V)\neq \varnothing$，则 $g\circ f:W\to \mathbf{R}^p$ 在 W 上是 C^k 类的.

2. 微分同胚

设 $U\subseteq \mathbf{R}^n$，$V\subseteq \mathbf{R}^m$ 为两开集. 若 $f:U\to V$ 在 U 上是 C^k 类的，且 $f^{-1}:V\to U$ 在 V 上也是 C^k 类的，则称 $f:U\to V$ 为 C^k **类微分同胚**.

例如，$f:\mathbf{R}\to \mathbf{R}$，$\forall x\in \mathbf{R}$，$f(x)=x^3$ 不是微分同胚，因为 $\forall x\in \mathbf{R}$，$f'(x)=3x^2$，$f'(x)$ 在 $\mathbf{R}$ 上连续，$\forall y\in \mathbf{R}$，$f^{-1}(y)=y^{\frac{1}{3}}$，$(f^{-1})'(y)=\dfrac{1}{3}y^{-\frac{2}{3}}$ 在 $y=0$ 处不连续，故 $f^{-1}:\mathbf{R}\to \mathbf{R}$ 不是 C^1 类的.

性质 2.41 设 $U\subseteq \mathbf{R}^n$，$V\subseteq \mathbf{R}^m$ 为两开集. 若 $f:U\to V$ 为 C^k 类微分同胚，则 $f^{-1}:V\to U$ 为 C^k 类微分同胚，$\mathrm{d}f(x):\mathbf{R}^n\to \mathbf{R}^m$ 为一同构，且

$$(\mathrm{d}f(x))^{-1}=\mathrm{d}f^{-1}(f(x)).$$

性质 2.42 设 $U,V,W\subseteq \mathbf{R}^n$ 为开集. 若 $f:U\to V$，$g:V\to W$ 为 C^k 类微分同胚，则 $g\circ f:U\to W$ 为 C^k 类微分同胚.

定理 2.12（局部微分同胚定理） 设 $U\subseteq \mathbf{R}^n$ 为一开集，$f:U\to \mathbf{R}^n$ 为 C^k 类映射，$x_0\in U$. 若 $\mathrm{d}f(x_0):\mathbf{R}^n\to \mathbf{R}^n$ 为可逆映射，则存在 x_0 的邻域 W 和 $y_0=f(x_0)$ 的邻域 V，

使得 $\boldsymbol{f}\big|_W : W \to V$ 为 C^k 类微分同胚.

定理 2.12 中的映射若以坐标形式表示, 则称定理 2.12 为反函数定理, 具体表述如下:

定理 2.13 (反函数定理)　设 $U \subseteq \mathbf{R}^n$ 为一开集, $f_i : U \to \mathbf{R}$ $(i = 1, 2, \cdots, n)$ 为 U 上的 C^k 类函数, $\boldsymbol{x}_0 \in U$. 若 $\dfrac{D(f_1, f_2, \cdots, f_n)}{D(x_1, x_2, \cdots, x_n)}(\boldsymbol{x}_0) \neq 0$, 则方程组

$$\begin{cases} f_1(x_1, x_2, \cdots, x_n) = y_1, \\ f_2(x_1, x_2, \cdots, x_n) = y_2, \\ \cdots, \\ f_n(x_1, x_2, \cdots, x_n) = y_n \end{cases}$$

存在 $\boldsymbol{x}_0$ 的邻域 W、$\boldsymbol{y}_0 = \boldsymbol{f}(\boldsymbol{x}_0)$ 的邻域 V 和唯一一组函数 $\varphi_i : V \to \mathbf{R}$ $(i = 1, 2, \cdots, n)$, 使得

① $\varphi_i : V \to \mathbf{R}$ 在 V 上是 C^k 类函数, $\boldsymbol{\varphi}(V) = W$, 其中

$$\boldsymbol{\varphi}(\boldsymbol{y}) = (\varphi_1(\boldsymbol{y}), \varphi_2(\boldsymbol{y}), \cdots, \varphi_n(\boldsymbol{y}));$$

② $\forall \boldsymbol{y} = (y_1, y_2, \cdots, y_n) \in V$, 有

$$\begin{cases} f_1(\varphi_1(\boldsymbol{y}), \varphi_2(\boldsymbol{y}), \cdots, \varphi_n(\boldsymbol{y})) = y_1, \\ f_2(\varphi_1(\boldsymbol{y}), \varphi_2(\boldsymbol{y}), \cdots, \varphi_n(\boldsymbol{y})) = y_2, \\ \cdots, \\ f_n(\varphi_1(\boldsymbol{y}), \varphi_2(\boldsymbol{y}), \cdots, \varphi_n(\boldsymbol{y})) = y_n; \end{cases}$$

③ $\forall \boldsymbol{y} \in V$, 有

$$\frac{D(f_1, f_2, \cdots, f_n)}{D(x_1, x_2, \cdots, x_n)}(\boldsymbol{x}) \cdot \frac{D(\varphi_1, \varphi_2, \cdots, \varphi_n)}{D(y_1, y_2, \cdots, y_n)}(\boldsymbol{y}) = 1,$$

其中 $\boldsymbol{x} = \boldsymbol{\varphi}(\boldsymbol{y})$.

定理 2.14(全局微分同胚定理)　设 $U, V \subseteq \mathbf{R}^n$ 为两开集. 若 $\boldsymbol{f} : U \to V$ 为 U 上的 C^1 类一一映射, 且 $\forall \boldsymbol{x} \in U$, $\mathrm{d}\boldsymbol{f}(\boldsymbol{x}) : \mathbf{R}^n \to \mathbf{R}^n$ 为可逆映射, 则 $\boldsymbol{f} : U \to V$ 为 C^1 类微分同胚.

例 1　设 T_λ 为 xOy 平面上从原点出发与 x 轴正向夹角为 λ 的射线,

$$U_\lambda = \{(r, \theta) \in \mathbf{R}^2 \mid r > 0, \ \lambda < \theta < \lambda + 2\pi\}, \quad V_\lambda = \{(x, y) \in \mathbf{R}^2 \mid (x, y) \notin T_\lambda\}.$$

显然, U_λ, V_λ 为 $\mathbf{R}^2$ 中的开集. 设

$$\boldsymbol{f} : U_\lambda \to \mathbf{R}^2, \quad \forall (r, \theta) \in U_\lambda, \quad \boldsymbol{f}(r, \theta) = (r\cos\theta, r\sin\theta),$$

可证明, $\boldsymbol{f}(U_\lambda) = V_\lambda$, $\boldsymbol{f} : U_\lambda \to V_\lambda$ 为 C^∞ 类一一映射, 且 $\forall (r, \theta) \in U_\lambda$,

$$\frac{D(f_1,f_2)}{D(r,\theta)}(r,\theta)=r>0,$$

即 $\forall (r,\theta)\in U_\lambda$，$\mathrm{d}\boldsymbol{f}(r,\theta)$ 为可逆映射. 由定理 2.14 知，$\boldsymbol{f}:U_\lambda\to V_\lambda$ 为 C^∞ 类微分同胚.

例2 设 T_λ 为 xOy 平面从原点出发与 x 轴正向夹角为 λ 的射线，Π_λ 是以 z 轴为边界与 xOy 平面交于 T_λ 的闭半平面，

$$U_\lambda=\{(r,\theta,\varphi)\in\mathbf{R}^3\,|\,r>0,\ \lambda<\varphi<\lambda+2\pi,\ 0<\theta<\pi\},$$

$V_\lambda=\{(x,y,z)\in\mathbf{R}^3\,|\,(x,y,z)\notin\Pi_\lambda\}$，显然 U_λ,V_λ 为 $\mathbf{R}^3$ 中的开集. 设 $\boldsymbol{f}:U_\lambda\to\mathbf{R}^3$，$\forall(r,\theta,\varphi)\in U_\lambda$，$\boldsymbol{f}(r,\theta,\varphi)=(r\sin\theta\cos\varphi,r\sin\theta\sin\varphi,r\cos\theta)$，可证明，$\boldsymbol{f}(U_\lambda)=V_\lambda$，$\boldsymbol{f}:U_\lambda\to V_\lambda$ 为 C^∞ 类一一映射，且 $\forall(r,\theta,\varphi)\in U_\lambda$，

$$\frac{D(f_1,f_2,f_3)}{D(r,\theta,\varphi)}(r,\theta,\varphi)=r^2\sin\theta>0,$$

即 $\forall(r,\theta,\varphi)\in U_\lambda$，$\mathrm{d}\boldsymbol{f}(r,\theta,\varphi)$ 为可逆映射. 由定理 2.14 知，$\boldsymbol{f}:U_\lambda\to V_\lambda$ 为 C^∞ 类微分同胚.

例3 设 T_λ 为 xOy 平面从原点出发与 x 轴正向夹角为 λ 的射线，Π_λ 是以 z 轴为边界与 xOy 平面交于 T_λ 的闭半平面，

$$U_\lambda=\{(r,\theta,z)\in\mathbf{R}^3\,|\,r>0,\ \lambda<\theta<\lambda+2\pi,\ -\infty<z<+\infty\},$$

$V_\lambda=\{(x,y,z)\in\mathbf{R}^3\,|\,(x,y,z)\notin\Pi_\lambda\}$，显然 U_λ,V_λ 为 $\mathbf{R}^3$ 中的开集. 设 $\boldsymbol{f}:U_\lambda\to\mathbf{R}^3$，$\forall(r,\theta,z)\in U_\lambda$，$\boldsymbol{f}(r,\theta,z)=(r\cos\theta,r\sin\theta,z)$，可证明，$\boldsymbol{f}(U_\lambda)=V_\lambda$，$\boldsymbol{f}:U_\lambda\to V_\lambda$ 为 C^∞ 类一一映射，且 $\forall(r,\theta,z)\in U_\lambda$，

$$\frac{D(f_1,f_2,f_3)}{D(r,\theta,z)}(r,\theta,z)=r>0,$$

即 $\forall(r,\theta,z)\in U_\lambda$，$\mathrm{d}\boldsymbol{f}(r,\theta,z)$ 为可逆映射. 由定理 2.14 知，$\boldsymbol{f}:U_\lambda\to V_\lambda$ 为 C^∞ 类微分同胚.

例4 设

$$U_\lambda=\{(r,\theta_1,\cdots,\theta_{n-1})\in\mathbf{R}^n\,|\,r>0,\ 0<\theta_1<\pi,\ \cdots,\ 0<\theta_{n-2}<\pi,\ \lambda<\theta_{n-1}<\lambda+2\pi\},$$

$$V_\lambda=\{(x_1,x_2,\cdots,x_n)\in\mathbf{R}^n\,|\,(x_1,x_2,\cdots,x_n)\notin\Pi_\lambda\},$$

其中

$$\Pi_\lambda=\{\alpha(1,0,\cdots,0)+\beta(0,\cdots,0,\cos\lambda,\sin\lambda)\,|\,\alpha,\beta\in\mathbf{R},\ \beta\geq0\}.$$

设 $\boldsymbol{f}:U_\lambda\to\mathbf{R}^n$，$\forall(r,\theta_1,\cdots,\theta_{n-1})\in U_\lambda$，

$$\boldsymbol{f}(r,\theta_1,\cdots,\theta_{n-1})=(r\cos\theta_1,r\sin\theta_1\cos\theta_2,\cdots,r\sin\theta_1\sin\theta_2\cdots\sin\theta_{n-1}).$$

显然 U_λ,V_λ 为 $\mathbf{R}^n$ 中的开集，可以证明 $\boldsymbol{f}:U_\lambda\to\mathbf{R}^n$ 为 C^∞ 类一一映射，且

$\boldsymbol{f}(U_\lambda)=V_\lambda$. 由于 $\forall (r,\theta_1,\cdots,\theta_{n-1}) \in U_\lambda$，有

$$\frac{D(f_1,f_2,\cdots,f_n)}{D(r,\theta_1,\cdots,\theta_{n-1})}(r,\theta_1,\cdots,\theta_{n-1})$$

$$= \det \begin{pmatrix} \boldsymbol{A} & \boldsymbol{B} \\ \boldsymbol{C} & \boldsymbol{D} \end{pmatrix} = r^{n-1}(\sin\theta_1)^{n-2}(\sin\theta_2)^{n-3}\cdots\sin\theta_{n-2} > 0,$$

其中，

$$\boldsymbol{A} = \begin{pmatrix} \cos\theta_1 & \sin\theta_1\cos\theta_2 & \cdots & \sin\theta_1\cdots\sin\theta_{n-3}\cos\theta_{n-2} \\ -r\sin\theta_1 & r\cos\theta_1\cos\theta_2 & \cdots & r\cos\theta_1\sin\theta_2\cdots\sin\theta_{n-3}\cos\theta_{n-2} \end{pmatrix},$$

$$\boldsymbol{B} = \begin{pmatrix} \sin\theta_1\cdots\sin\theta_{n-2}\cos\theta_{n-1} & \sin\theta_1\cdots\sin\theta_{n-1} \\ r\cos\theta_1\sin\theta_2\cdots\sin\theta_{n-2}\cos\theta_{n-1} & r\cos\theta_1\sin\theta_2\cdots\sin\theta_{n-1} \end{pmatrix},$$

$$\boldsymbol{C} = \begin{pmatrix} 0 & -r\sin\theta_1\sin\theta_2 & \cdots & r\sin\theta_1\cos\theta_2\sin\theta_3\cdots\sin\theta_{n-3}\cos\theta_{n-2} \\ 0 & 0 & \cdots & r\sin\theta_1\sin\theta_2\cos\theta_3\sin\theta_4\cdots\sin\theta_{n-3}\cos\theta_{n-2} \\ \vdots & \vdots & & \vdots \\ 0 & 0 & \cdots & 0 \end{pmatrix},$$

$$\boldsymbol{D} = \begin{pmatrix} r\sin\theta_1\cos\theta_2\sin\theta_3\cdots\sin\theta_{n-2}\cos\theta_{n-1} & r\sin\theta_1\cos\theta_2\sin\theta_3\cdots\sin\theta_{n-1} \\ r\sin\theta_1\sin\theta_2\cos\theta_3\sin\theta_4\cdots\sin\theta_{n-2}\cos\theta_{n-1} & r\sin\theta_1\sin\theta_2\cos\theta_3\sin\theta_4\cdots\sin\theta_{n-1} \\ \vdots & \vdots \\ -r\sin\theta_1\cdots\sin\theta_{n-1} & r\sin\theta_1\cdots\sin\theta_{n-2}\cos\theta_{n-1} \end{pmatrix},$$

即 $\forall (r,\theta_1,\cdots,\theta_{n-1}) \in U_\lambda$，$\mathrm{d}\boldsymbol{f}(r,\theta_1,\cdots,\theta_{n-1})$ 为可逆映射. 由定理 2.14 可知，$\boldsymbol{f}: U_\lambda \to V_\lambda$ 为 C^∞ 类微分同胚.

设 $U \subseteq \mathbf{R}^{n+m}$ 为一开集，$\boldsymbol{f}: U \to \mathbf{R}^m$ 为一映射，$\boldsymbol{x}=(x_1,x_2,\cdots,x_n)$，$\boldsymbol{y}=(y_1,y_2,\cdots,y_m)$. 若 $\boldsymbol{f}: U \to \mathbf{R}^m$ 在 $\boldsymbol{z}=(\boldsymbol{x},\boldsymbol{y})$ 可微，$\mathrm{d}\boldsymbol{f}(\boldsymbol{x},\boldsymbol{y})$ 在 $\mathbf{R}^{n+m}$ 的对偶基和 $\mathbf{R}^m$ 的基底下对应的矩阵为

$$\begin{pmatrix} \dfrac{\partial f_1}{\partial x_1}(\boldsymbol{x},\boldsymbol{y}) & \cdots & \dfrac{\partial f_1}{\partial x_n}(\boldsymbol{x},\boldsymbol{y}) & \dfrac{\partial f_1}{\partial y_1}(\boldsymbol{x},\boldsymbol{y}) & \cdots & \dfrac{\partial f_1}{\partial y_m}(\boldsymbol{x},\boldsymbol{y}) \\ \dfrac{\partial f_2}{\partial x_1}(\boldsymbol{x},\boldsymbol{y}) & \cdots & \dfrac{\partial f_2}{\partial x_n}(\boldsymbol{x},\boldsymbol{y}) & \dfrac{\partial f_2}{\partial y_1}(\boldsymbol{x},\boldsymbol{y}) & \cdots & \dfrac{\partial f_2}{\partial y_m}(\boldsymbol{x},\boldsymbol{y}) \\ \vdots & & \vdots & \vdots & & \vdots \\ \dfrac{\partial f_m}{\partial x_1}(\boldsymbol{x},\boldsymbol{y}) & \cdots & \dfrac{\partial f_m}{\partial x_n}(\boldsymbol{x},\boldsymbol{y}) & \dfrac{\partial f_m}{\partial y_1}(\boldsymbol{x},\boldsymbol{y}) & \cdots & \dfrac{\partial f_m}{\partial y_m}(\boldsymbol{x},\boldsymbol{y}) \end{pmatrix},$$

则称矩阵

$$\begin{pmatrix} \dfrac{\partial f_1}{\partial x_1}(\boldsymbol{x},\boldsymbol{y}) & \cdots & \dfrac{\partial f_1}{\partial x_n}(\boldsymbol{x},\boldsymbol{y}) \\ \dfrac{\partial f_2}{\partial x_1}(\boldsymbol{x},\boldsymbol{y}) & \cdots & \dfrac{\partial f_2}{\partial x_n}(\boldsymbol{x},\boldsymbol{y}) \\ \vdots & & \vdots \\ \dfrac{\partial f_m}{\partial x_1}(\boldsymbol{x},\boldsymbol{y}) & \cdots & \dfrac{\partial f_m}{\partial x_n}(\boldsymbol{x},\boldsymbol{y}) \end{pmatrix}, \begin{pmatrix} \dfrac{\partial f_1}{\partial y_1}(\boldsymbol{x},\boldsymbol{y}) & \cdots & \dfrac{\partial f_1}{\partial y_m}(\boldsymbol{x},\boldsymbol{y}) \\ \dfrac{\partial f_2}{\partial y_1}(\boldsymbol{x},\boldsymbol{y}) & \cdots & \dfrac{\partial f_2}{\partial y_m}(\boldsymbol{x},\boldsymbol{y}) \\ \vdots & & \vdots \\ \dfrac{\partial f_m}{\partial y_1}(\boldsymbol{x},\boldsymbol{y}) & \cdots & \dfrac{\partial f_m}{\partial y_m}(\boldsymbol{x},\boldsymbol{y}) \end{pmatrix}$$

所对应的线性映射分别为 $\boldsymbol{f}:U \to \mathbf{R}^m$ 在 $(\boldsymbol{x},\boldsymbol{y})$ 处关于 $\boldsymbol{x}$ 或 $\boldsymbol{y}$ 的偏微分，分别记为 $\mathrm{d}\boldsymbol{f_x}(\boldsymbol{x},\boldsymbol{y}),\mathrm{d}\boldsymbol{f_y}(\boldsymbol{x},\boldsymbol{y})$.

定理 2.15（隐射定理） 设 $U \subseteq \mathbf{R}^{n+m}$ 为一开集，$\boldsymbol{f}:U \to \mathbf{R}^m$ 为 U 上的 C^k 类映射. 若 $\exists (\boldsymbol{a},\boldsymbol{b}) \in U$，使得 $\boldsymbol{f}(\boldsymbol{a},\boldsymbol{b})=\boldsymbol{0}$，且 $\mathrm{d}\boldsymbol{f_y}(\boldsymbol{a},\boldsymbol{b}):\mathbf{R}^m \to \mathbf{R}^m$ 为可逆映射，即

$$\frac{D(f_1,f_2,\cdots,f_m)}{D(y_1,y_2,\cdots,y_m)}(\boldsymbol{a},\boldsymbol{b}) \neq 0,$$

则存在开集 $W \subseteq \mathbf{R}^n$ 以及 C^k 类映射 $\boldsymbol{\varphi}:W \to \mathbf{R}^m$，使得

① $\boldsymbol{\varphi}(\boldsymbol{a})=\boldsymbol{b}$；

② $\forall \boldsymbol{x} \in W$，有 $\boldsymbol{f}(\boldsymbol{x},\boldsymbol{\varphi}(\boldsymbol{x}))=\boldsymbol{0}$；

③ $\forall \boldsymbol{x} \in W$，$\mathrm{d}\boldsymbol{f_y}(\boldsymbol{x},\boldsymbol{\varphi}(\boldsymbol{x}))$ 可逆，且有

$$\mathrm{d}\boldsymbol{f_x}(\boldsymbol{x},\boldsymbol{\varphi}(\boldsymbol{x}))+\mathrm{d}\boldsymbol{f_y}(\boldsymbol{x},\boldsymbol{\varphi}(\boldsymbol{x})) \circ \mathrm{d}\boldsymbol{\varphi}(\boldsymbol{x})=\boldsymbol{0}.$$

定理 2.15 中的映射若以坐标形式表示，则称定理 2.15 为隐函数定理，具体表述如下：

定理 2.16（隐函数定理） 设 $U \subseteq \mathbf{R}^{n+m}$ 为一开集，$f_i:U \to \mathbf{R}$ $(i=1,2,\cdots,m)$ 为 U 上的 C^k 类函数. 若 $\exists (\boldsymbol{a},\boldsymbol{b}) \in U$，使得 $f_i(\boldsymbol{a},\boldsymbol{b})=0$ $(i=1,2,\cdots,m)$，且

$$\frac{D(f_1,f_2,\cdots,f_m)}{D(y_1,y_2,\cdots,y_m)}(\boldsymbol{a},\boldsymbol{b}) \neq 0,$$

则由方程组

$$\begin{cases} f_1(x_1,\cdots,x_n,y_1,\cdots,y_m)=0, \\ f_2(x_1,\cdots,x_n,y_1,\cdots,y_m)=0, \\ \cdots, \\ f_m(x_1,\cdots,x_n,y_1,\cdots,y_m)=0 \end{cases}$$

可确定唯一的一组 C^k 类函数 $\varphi_i:W \to \mathbf{R}$，$i=1,2,\cdots,m$，其中 $W \subseteq \mathbf{R}^n$ 为开集，使得

① $\boldsymbol{\varphi}(\boldsymbol{a})=\boldsymbol{b}$，$\boldsymbol{\varphi}(\boldsymbol{x})=(\varphi_1(\boldsymbol{x}),\varphi_2(\boldsymbol{x}),\cdots,\varphi_m(\boldsymbol{x}))$；

② $\forall \boldsymbol{x} \in W$，有 $f_i(\boldsymbol{x}, \varphi_1(\boldsymbol{x}), \varphi_2(\boldsymbol{x}), \cdots, \varphi_m(\boldsymbol{x})) = 0$，$i = 1, 2, \cdots, m$；

③ $\forall \boldsymbol{x} \in W$，有

$$\sum_{i=1}^{n} \frac{\partial f_j}{\partial x_i}(\boldsymbol{x}, \varphi_1(\boldsymbol{x}), \varphi_2(\boldsymbol{x}), \cdots, \varphi_m(\boldsymbol{x})) \mathrm{d}x_i$$
$$+ \sum_{i=1}^{m} \frac{\partial f_j}{\partial y_i}(\boldsymbol{x}, \varphi_1(\boldsymbol{x}), \varphi_2(\boldsymbol{x}), \cdots, \varphi_m(\boldsymbol{x})) \mathrm{d}\varphi_i(\boldsymbol{x}) = 0, \quad j = 1, 2, \cdots, m.$$

特别地，当 $n = m = 1$ 时，设 $U \subseteq \mathbf{R}^2$ 为一开集，$f: U \to \mathbf{R}$ 为 U 上的 C^k 类函数，有以下结果：

若 $\exists (a, b) \in U$，使得 $f(a, b) = 0$，且 $\dfrac{\partial f}{\partial y}(a, b) \neq 0$，则存在开集 $W \subseteq \mathbf{R}$ 以及 C^k 类函数 $\varphi: W \to \mathbf{R}$，使得

① $\varphi(a) = b$；

② $\forall x \in W$，有 $f(x, \varphi(x)) = 0$，且 $\varphi'(x) = -\dfrac{\partial f}{\partial x}(x, \varphi(x)) \bigg/ \dfrac{\partial f}{\partial y}(x, \varphi(x))$.

若 $\exists (a, b) \in U$，使得 $f(a, b) = 0$，且 $\dfrac{\partial f}{\partial x}(a, b) \neq 0$，则存在开集 $V \subseteq \mathbf{R}$ 以及 C^k 类函数 $\psi: V \to \mathbf{R}$，使得

① $\psi(b) = a$；

② $\forall y \in V$，有 $f(\psi(y), y) = 0$，且 $\psi'(y) = -\dfrac{\partial f}{\partial y}(\psi(y), y) \bigg/ \dfrac{\partial f}{\partial x}(\psi(y), y)$.

例 5　在 $\mathbf{R}^2$ 上的 C^∞ 函数 $f(x, y) = x^2 + y^2 - 1$ 在不同条件下有不同的隐函数. 因 $f(0, 1) = 0$，$\dfrac{\partial f}{\partial y}(0, 1) = 2$，由隐函数定理知，在 $(-1, 1)$ 上存在 C^∞ 函数 $\varphi(x) = \sqrt{1 - x^2}$，满足 $\forall x \in (-1, 1)$，有 $f(x, \sqrt{1 - x^2}) = 0$，$\varphi'(x) = -\dfrac{x}{\sqrt{1 - x^2}}$.　又

$$f(1, 0) = 0, \quad \frac{\partial f}{\partial x}(1, 0) = 2,$$

由隐函数定理知，在 $(-1, 1)$ 上存在 C^∞ 函数 $\psi(y) = \sqrt{1 - y^2}$，满足 $\forall y \in (-1, 1)$，有 $f(\sqrt{1 - y^2}, y) = 0$，$\psi'(y) = -\dfrac{y}{\sqrt{1 - y^2}}$.

例 6　在 $\mathbf{R}^2$ 上的 C^∞ 函数 $f(x, y) = y^6 - 4y^4 + 4x^2 y^2 - x^4$ 在 $(0, 0)$ 处不存在隐函数，因为 $f(0, 0) = 0$，$\dfrac{\partial f}{\partial x}(0, 0) = \dfrac{\partial f}{\partial y}(0, 0) = 0$，不满足隐函数定理的条件，解 $f(x, y) = 0$ 可

得 $\pm y^3 = 2y^2 - x^2$ ，即 $x^2 = y^2(2 \pm y)$ ，即 $x = \pm y\sqrt{2 \pm y}$ ．故在 $y=0$ 的邻域内 x 不是 y 的函数．类似地，可证明在 $x=0$ 的邻域内 y 也不是 x 的函数．

设 $U \subseteq \mathbf{R}^n$ 为一开集，$f, g_i : U \to \mathbf{R} (i=1,2,\cdots,m,\ m<n)$ 为 U 上的 C^1 类函数，$A = \{ \boldsymbol{x} \in U \mid g_i(\boldsymbol{x})=0,\ i=1,2,\cdots,m \}$ ．若 $f:U \to \mathbf{R}$ 在 $\boldsymbol{x}_0 \in A$ 处取局部极值，则称 **$f:U \to \mathbf{R}$ 在 $\boldsymbol{x}_0$ 处取条件极值**．

性质 2.43 设 $U \subseteq \mathbf{R}^n$ 为一开集，$f, g_i : U \to \mathbf{R}(i=1,2,\cdots,m,\ m<n)$ 为 U 上的 C^1 类函数，$A = \{ \boldsymbol{x} \in U \mid g_i(\boldsymbol{x})=0,\ i=1,2,\cdots,m \}$ ．若 $f:U \to \mathbf{R}$ 在 $\boldsymbol{x}_0 \in A$ 处取局部极值，且 $\dfrac{\partial(g_1,g_2,\cdots,g_m)}{\partial(x_1,x_2,\cdots,x_n)}(\boldsymbol{x}_0)$ 的秩为 m ，则存在 $\lambda_i \in \mathbf{R}\ (i=1,2,\cdots,m)$ 使得

$$\mathrm{d}f(\boldsymbol{x}_0) = \lambda_1 \mathrm{d}g_1(\boldsymbol{x}_0) + \lambda_2 \mathrm{d}g_2(\boldsymbol{x}_0) + \cdots + \lambda_m \mathrm{d}g_m(\boldsymbol{x}_0).$$

例 7 已知直线 $\Gamma_1 : y = x-1$ 和抛物线 $\Gamma_2 : y = x^2$ ，A,B 分别为 Γ_1 和 Γ_2 上的点，求 A,B 间的最短距离．

解 设 A,B 的坐标分别为 (x_1,y_1) 和 (x_2,y_2) ，则 A,B 间的距离为

$$\sqrt{(x_1-x_2)^2 + (y_1-y_2)^2}.$$

令

$$f(x_1,x_2,y_1,y_2) = (x_1-x_2)^2 + (y_1-y_2)^2,$$

则求 A,B 间的最短距离可转化为求 $f(x_1,x_2,y_1,y_2)$ 在条件 $g_1(x_1,x_2,y_1,y_2)=x_1 - y_1 - 1 = 0$ 和 $g_2(x_1,x_2,y_1,y_2) = x_2^2 - y_2 = 0$ 下的条件极值．由性质 2.43 可知，$\exists \lambda_1, \lambda_2 \in \mathbf{R}$ ，使得

$$\mathrm{d}f(x_1,x_2,y_1,y_2) = \lambda_1 \mathrm{d}g_1(x_1,x_2,y_1,y_2) + \lambda_2 \mathrm{d}g_2(x_1,x_2,y_1,y_2),$$

即

$$\begin{cases} \dfrac{\partial f}{\partial x_1}(x_1,x_2,y_1,y_2) = \lambda_1 \dfrac{\partial g_1}{\partial x_1}(x_1,x_2,y_1,y_2) + \lambda_2 \dfrac{\partial g_2}{\partial x_1}(x_1,x_2,y_1,y_2), \\[2mm] \dfrac{\partial f}{\partial x_2}(x_1,x_2,y_1,y_2) = \lambda_1 \dfrac{\partial g_1}{\partial x_2}(x_1,x_2,y_1,y_2) + \lambda_2 \dfrac{\partial g_2}{\partial x_2}(x_1,x_2,y_1,y_2), \\[2mm] \dfrac{\partial f}{\partial y_1}(x_1,x_2,y_1,y_2) = \lambda_1 \dfrac{\partial g_1}{\partial y_1}(x_1,x_2,y_1,y_2) + \lambda_2 \dfrac{\partial g_2}{\partial y_1}(x_1,x_2,y_1,y_2), \\[2mm] \dfrac{\partial f}{\partial y_2}(x_1,x_2,y_1,y_2) = \lambda_1 \dfrac{\partial g_1}{\partial y_2}(x_1,x_2,y_1,y_2) + \lambda_2 \dfrac{\partial g_2}{\partial y_2}(x_1,x_2,y_1,y_2). \end{cases} \quad (4)$$

将方程组（4）与 $g_1(x_1,x_2,y_1,y_2)=x_1-y_1-1=0$ 和 $g_2(x_1,x_2,y_1,y_2)=x_2^2-y_2=0$ 联立求解，解得 $(x_1,x_2,y_1,y_2) = \left(\dfrac{7}{8}, \dfrac{1}{2}, -\dfrac{1}{8}, \dfrac{1}{4} \right)$ ，故 A,B 间的最短距离为

$$\sqrt{\left(\frac{7}{8}-\frac{1}{2}\right)^2+\left(-\frac{1}{8}-\frac{1}{4}\right)^2}=\frac{3\sqrt{2}}{8}.$$

2.6　n 元函数的重积分

1. 闭长方体上的 Riemann 积分

设 $a_i,b_i\subset\mathbf{R}$，$a_i\le b_i$，$i=1,2,\cdots,n$．称

$$P=[a_1,b_1]\times[a_2,b_2]\times\cdots\times[a_n,b_n]=\{(x_1,x_2,\cdots,x_n)\in\mathbf{R}^n\,|\,a_i\le x_i\le b_i\}$$

为 $\mathbf{R}^n$ 中的**闭长方体**．称

$$\overset{\circ}{P}=(a_1,b_1)\times(a_2,b_2)\times\cdots\times(a_n,b_n)=\{(x_1,x_2,\cdots,x_n)\in\mathbf{R}^n\,|\,a_i<x_i<b_i\}$$

为 $\mathbf{R}^n$ 中的**开长方体**．称 $m(P)=(b_1-a_1)(b_2-a_2)\cdots(b_n-a_n)$ 为 P 的 **n 维测度**．

由上述定义可知，

① $m(P)=m(\overset{\circ}{P})$；

② 若 $m(P)=0$，则 $\exists i\in\{1,2,\cdots,n\}$，使得 $a_i=b_i$．

设 $P\subset\mathbf{R}^n$ 为一闭长方体，$\overset{\circ}{P}\ne\varnothing$，$\boldsymbol{\sigma}_i=(a_{i0},a_{i1},\cdots,a_{iH_i})$ 为 $[a_i,b_i]$ 的分割，则称

$$P_{k_1,k_2,\cdots,k_n}=\{(x_1,x_2,\cdots,x_n)\in\mathbf{R}^n\,|\,a_{i,k_i-1}\le x_i\le a_{ik_i},\ i=1,2,\cdots,n\},$$

为闭长方体 P 的**分割单元**，其中 $k_1=1,2,\cdots,H_1$，$k_2=1,2,\cdots,H_2$，$\cdots$，$k_n=1,2,\cdots,H_n$．所有的 $P_{k_1,k_2,\cdots,k_n}$ 构成 P 的一个分割，记为 Σ．于是 Σ 可表示为

$$\Sigma=\{P_1,P_2,\cdots,P_k\},\quad k=H_1H_2\cdots H_n.$$

由上述定义可知，$P=\bigcup_{i=1}^{k}P_i$，$m(P)=\sum_{i=1}^{k}m(P_i)$，且称

$$\delta(\Sigma)=\max_{1\le i\le k}\{\sup_{\boldsymbol{x},\boldsymbol{y}\in P_i}d(\boldsymbol{x},\boldsymbol{y})\}$$

为分割 Σ 的**跨距**，其中 $d(\boldsymbol{x},\boldsymbol{y})$ 为 $\boldsymbol{x},\boldsymbol{y}$ 之间的距离．

设 $P\subset\mathbf{R}^n$ 为一闭长方体，$\Sigma=\{P_1,P_2,\cdots,P_k\}$ 为 P 的一个分割，$f:P\to\mathbf{R}$ 为一 n 元函数．若 $\exists(a_1,a_2,\cdots,a_k)\in\mathbf{R}^k$，使得 $\forall\boldsymbol{x}=(x_1,x_2,\cdots,x_n)\in\overset{\circ}{P_i}$，$f(\boldsymbol{x})=a_i$，$i=1,2,\cdots,k$，则称 $f:P\to\mathbf{R}$ 为 P 上的**阶梯函数**．进一步称 $\sum_{i=1}^{k}a_im(P_i)$ 为阶梯函数 $f:P\to\mathbf{R}$ 在 P 上的积分，记为 $\int_P f(x_1,x_2,\cdots,x_n)\mathrm{d}x_1\mathrm{d}x_2\cdots\mathrm{d}x_n$ 或者 $\int_P f(\boldsymbol{x})\mathrm{d}\boldsymbol{x}$，即

$$\int_P f(\boldsymbol{x})\mathrm{d}\boldsymbol{x} = \sum_{i=1}^{k} a_i m(P_i).$$

所有 P 上的阶梯函数所构成的集合记为 $\mathcal{E}(P)$.

设 $P \subset \mathbf{R}^n$ 为一闭长方体，$f:P \to \mathbf{R}$ 为一 n 元函数. 若 $\forall \varepsilon > 0$，$\exists \varphi, \psi \in \mathcal{E}(P)$，使得 $\forall \boldsymbol{x} \in P$ 有 $\varphi(\boldsymbol{x}) \le f(\boldsymbol{x}) \le \psi(\boldsymbol{x})$，且

$$\int_P (\psi(\boldsymbol{x}) - \varphi(\boldsymbol{x}))\mathrm{d}\boldsymbol{x} < \varepsilon,$$

则称 $f:P \to \mathbf{R}$ 在 P 上 Riemann 可积. 由 Riemann 可积的定义可知，若 $f:P \to \mathbf{R}$ 在 P 上 Riemann 可积，则 $f:P \to \mathbf{R}$ 在 P 上有界. 但存在在 P 上不可积的有界函数，例如，对于 $f:[0,1]\times[0,1] \to \mathbf{R}$，$\forall (x,y) \in [0,1]\times[0,1]$，

$$f(x,y) = \begin{cases} 1, & x,y \in \mathbf{Q} \cap [0,1], \\ 0, & x \notin \mathbf{Q} \cap [0,1] \text{或} y \notin \mathbf{Q} \cap [0,1], \end{cases}$$

仿照 2.2 节例 1 的方法可证明，$f:[0,1]\times[0,1] \to \mathbf{R}$ 在 $[0,1]\times[0,1]$ 上不可积.

定理 2.17 设 $P \subset \mathbf{R}^n$ 为一闭长方体，$f:P \to \mathbf{R}$ 为一 n 元函数. 下列结论等价：

① $f:P \to \mathbf{R}$ 在 P 上 Riemann 可积；

② $\forall \varepsilon > 0$，$\exists H, K \in \mathcal{E}(P)$，使得 $\forall \boldsymbol{x} \in P$ 有 $|f(\boldsymbol{x}) - H(\boldsymbol{x})| \le K(\boldsymbol{x})$，且

$$\int_P K(\boldsymbol{x})\mathrm{d}\boldsymbol{x} < \varepsilon;$$

③ 存在阶梯函数列 $\{H_n\}, \{K_n\}$，使得 $\forall n \in \mathbf{N}$，$\forall \boldsymbol{x} \in P$，有

$$|f(\boldsymbol{x}) - H_n(\boldsymbol{x})| \le K_n(\boldsymbol{x}), \tag{1}$$

且

$$\lim_{n \to \infty} \int_P K_n(\boldsymbol{x})\mathrm{d}\boldsymbol{x} = 0. \tag{2}$$

由定理 2.17 可知，若 $f:P \to \mathbf{R}$ 在 P 上 Riemann 可积，则必存在满足（1）式和（2）式的两个阶梯函数列 $\{H_n\}, \{K_n\}$，并称 $\lim\limits_{n \to \infty} \int_P H_n(\boldsymbol{x})\mathrm{d}\boldsymbol{x}$ 为 $f:P \to \mathbf{R}$ 在 P 上的 **Riemann 积分**，记为 $\int_P f(\boldsymbol{x})\mathrm{d}\boldsymbol{x}$，即

$$\int_P f(\boldsymbol{x})\mathrm{d}\boldsymbol{x} = \lim_{n \to \infty} \int_P H_n(\boldsymbol{x})\mathrm{d}\boldsymbol{x}.$$

性质 2.44 设 $P \subset \mathbf{R}^n$ 为一闭长方体，$f:P \to \mathbf{R}$ 为一 n 元函数. 若 $f:P \to \mathbf{R}$ 在 P 上连续，则 $f:P \to \mathbf{R}$ 在 P 上 Riemann 可积.

性质 2.45 设 $P \subset \mathbf{R}^n$ 为一闭长方体，$f_m:P \to \mathbf{R}$ 为 n 元函数，$m = 1, 2, \cdots$. 若 $f_m:P \to \mathbf{R}$ 在 P 上 Riemann 可积，且 $f_m:P \to \mathbf{R}$ 在 P 上一致收敛于 $f:P \to \mathbf{R}$，即 $\forall \varepsilon > 0$，$\exists N \in \mathbf{N}$，使得 $\forall m \in \mathbf{N}$，$m \ge N$，$\forall \boldsymbol{x} \in P$，有 $|f_m(\boldsymbol{x}) - f(\boldsymbol{x})| < \varepsilon$，则 $f:P \to \mathbf{R}$

在 P 上 Riemann 可积，且有
$$\int_P f(\boldsymbol{x})\mathrm{d}\boldsymbol{x} = \lim_{m\to\infty} \int_P f_m(\boldsymbol{x})\mathrm{d}\boldsymbol{x}.$$

性质 2.46　设 $P\subset\mathbf{R}^n$ 为一闭长方体，$f,g:P\to\mathbf{R}$ 为两 n 元函数，且 $f,g:P\to\mathbf{R}$ 在 P 上 Riemann 可积.

① $\forall\alpha,\beta\in\mathbf{R}$，有 $\alpha f+\beta g:P\to\mathbf{R}$ 在 P 上 Riemann 可积，且
$$\int_P(\alpha f(\boldsymbol{x})+\beta g(\boldsymbol{x}))\mathrm{d}\boldsymbol{x} = \alpha\int_P f(\boldsymbol{x})\mathrm{d}\boldsymbol{x} + \beta\int_P g(\boldsymbol{x})\mathrm{d}\boldsymbol{x};$$

② 若 $\forall\boldsymbol{x}\in P$，有 $f(\boldsymbol{x})\geq g(\boldsymbol{x})$，则
$$\int_P f(\boldsymbol{x})\mathrm{d}\boldsymbol{x} \geq \int_P g(\boldsymbol{x})\mathrm{d}\boldsymbol{x};$$

③ 有 $fg:P\to\mathbf{R}$ 在 P 上 Riemann 可积;

④ 有 $|f|:P\to\mathbf{R}$ 在 P 上 Riemann 可积，且
$$\left|\int_P f(\boldsymbol{x})\mathrm{d}\boldsymbol{x}\right| \leq \int_P |f(\boldsymbol{x})|\mathrm{d}\boldsymbol{x}.$$

性质 2.47　设 $P\subset\mathbf{R}^n$ 为一闭长方体，$\varSigma=\{P_1,P_2,\cdots,P_k\}$ 为 P 的一个分割，$f:P\to\mathbf{R}$ 为一 n 元函数. $f:P\to\mathbf{R}$ 在 P 上 Riemann 可积，当且仅当 $\forall i\in\{1,2,\cdots,k\}$，$f\big|_{P_i}:P_i\to\mathbf{R}$ 在 P_i 上 Riemann 可积，且有
$$\int_P f(\boldsymbol{x})\mathrm{d}\boldsymbol{x} = \sum_{i=1}^{k}\int_{P_i} f\big|_{P_i}(\boldsymbol{x})\mathrm{d}\boldsymbol{x}.$$

2. 有界集上的 Riemann 积分

设 $A\subset\mathbf{R}^n$ 为一有界集，$f:A\to\mathbf{R}$ 为一 n 元函数. 由 A 为有界集可知，$\exists P\subset\mathbf{R}^n$ 为一闭长方体，使得 $A\subset P$. 称
$$\tilde{f}(\boldsymbol{x}) = \begin{cases} f(\boldsymbol{x}), & \boldsymbol{x}\in A, \\ 0, & \boldsymbol{x}\in P-A \end{cases}$$

为 $f:A\to\mathbf{R}$ 在 P 上的**标准延拓**. 若 $\tilde{f}:P\to\mathbf{R}$ 在 P 上 Riemann 可积，则称 $f:A\to\mathbf{R}$ 在 A 上 **Riemann 可积**，并称 $\tilde{f}:P\to\mathbf{R}$ 在 P 上的 Riemann 积分为 $f:A\to\mathbf{R}$ 在 A 上的 **Riemann 积分**，记为 $\int_A f(\boldsymbol{x})\mathrm{d}\boldsymbol{x}$，即
$$\int_A f(\boldsymbol{x})\mathrm{d}\boldsymbol{x} = \int_P \tilde{f}(\boldsymbol{x})\mathrm{d}\boldsymbol{x}.$$

设 $E\subset\mathbf{R}^n$ 为一有界集. 若存在 $\mathbf{R}^n$ 中有限多个闭长方体 $P_1,P_2,\cdots,P_k$，使得
$$E = \bigcup_{i=1}^{k} P_i, \quad \mathring{P}_i\cap\mathring{P}_j = \varnothing, \quad i\neq j, \quad i,j=1,2,\cdots,k,$$

则称 E 为 $\mathbf{R}^n$ 中的**简单可测集**，且有 $m(E)=\sum_{i=1}^{k}m(P_i)$.

设 $A\subset\mathbf{R}^n$ 为一有界集. 若 $\forall\varepsilon>0$，存在 $\mathbf{R}^n$ 中的两简单可测集 E,F，使得 $E\subset A$ $\subset F$，且 $m(F-E)\leq\varepsilon$，则称 A 为 $\mathbf{R}^n$ 中的 **Jordan 可测集**.

性质 2.48 设 $A\subset\mathbf{R}^n$ 为一有界集. A 为 Jordan 可测集当且仅当
$$\sup\{m(E)\,|\,E\subset A\}=\inf\{m(F)\,|\,A\subset F\},$$
其中 E,F 为 $\mathbf{R}^n$ 中的简单可测集.

由性质 2.48 可定义 Jordan 可测集 A 的 **Jordan 测度**为
$$m(A)=\sup\{m(E)\,|\,E\subset A\}=\inf\{m(F)\,|\,A\subset F\}.$$

设 $A\subset\mathbf{R}^n$ 为一有界集. 若 $\forall\varepsilon>0$，存在 $\mathbf{R}^n$ 中的简单可测集 F，使得 $A\subset F$，$m(F)<\varepsilon$，则称 A 为 **Jordan 零测度集**.

性质 2.49 设 $A\subset\mathbf{R}^n$ 为 Jordan 零测度集，则有如下性质：

① A 的任意子集也是 Jordan 零测度集；

② A 的闭包 $\overline{A}$ 也是 Jordan 零测度集；

③ 若 $A_i\,(i=1,2,\cdots,k)$ 为 Jordan 零测度集，则 $\bigcup_{i=1}^{k}A_i$ 也是 Jordan 零测度集；

④ $\forall\varepsilon>0$，存在 $\mathbf{R}^n$ 中有限个互不相交的开长方体 $S_1,S_2,\cdots,S_k$，使得
$$A\subset\bigcup_{i=1}^{k}S_i,\quad \sum_{i=1}^{k}m(S_i)<\varepsilon.$$

性质 2.50 设 $A\subset\mathbf{R}^n$ 为一有界集. A 为 Jordan 可测集当且仅当 A 的边界 ∂A 为 Jordan 零测度集.

定理 2.18 设 $A\subset\mathbf{R}^n$ 为一 Jordan 可测集，$f:A\to\mathbf{R}$ 在 A 上有界. 若 $f:A\to\mathbf{R}$ 的不连续点集为 Jordan 零测度集，则 $f:A\to\mathbf{R}$ 在 A 上 Riemann 可积.

证 首先证明当 $A=P$ 时定理成立，其中 P 为 $\mathbf{R}^n$ 中闭长方体. 若 $f:P\to\mathbf{R}$ 在 P 上有界，$f:P\to\mathbf{R}$ 的不连续点集 D 为 Jordan 零测度集，则 $M=\sup_{\boldsymbol{x}\in P}\{|f(\boldsymbol{x})|\}<+\infty$，且 $\forall\varepsilon>0$，存在 $\mathbf{R}^n$ 中开长方体 $Q_1,Q_2,\cdots,Q_k$，使得
$$D\subset\bigcup_{i=1}^{k}Q_i,\quad \sum_{i=1}^{k}m(Q_i)<\frac{\varepsilon}{4(M+1)}.$$

令 $S=P-\bigcup_{i=1}^{k}Q_i$，则 S 为 $\mathbf{R}^n$ 中的闭集，并可表示为 $\mathbf{R}^n$ 中的互不相交的闭长方体的并，

即存在闭长方体 $P_1, P_2, \cdots, P_m$，使得

$$S = \bigcup_{j=1}^{m} P_j, \quad 且\ \mathring{P}_l \cap \mathring{P}_j = \varnothing, \quad l \neq j.$$

由于 $\forall j \in \{1, 2, \cdots, m\}$，$f(\boldsymbol{x})$ 在 P_j 上连续，于是存在两阶梯函数 $\varphi_j, \psi_j : P_j \to \mathbf{R}$，使得 $\forall \boldsymbol{x} \in P_j$，

$$\varphi_j(\boldsymbol{x}) \leq f(\boldsymbol{x}) \leq \psi_j(\boldsymbol{x}), \quad 且\ \psi_j(\boldsymbol{x}) - \varphi_j(\boldsymbol{x}) < \frac{\varepsilon}{2m(P)}.$$

因此，$\forall \varepsilon > 0$，存在阶梯函数 $\varphi, \psi : P \to \mathbf{R}$，

$$\varphi(\boldsymbol{x}) = \begin{cases} \varphi_j(\boldsymbol{x}), & \boldsymbol{x} \in \mathring{P}_j, \ j = 1, 2, \cdots, m, \\[2mm] f(\boldsymbol{x}), & \boldsymbol{x} \in \bigcup_{j=1}^{m} \partial P_j, \\[3mm] -M, & \boldsymbol{x} \in \left(\bigcup_{i=1}^{k} Q_i \right) \cap P, \end{cases}$$

$$\psi(\boldsymbol{x}) = \begin{cases} \psi_j(\boldsymbol{x}), & \boldsymbol{x} \in \mathring{P}_j, \ j = 1, 2, \cdots, m, \\[2mm] f(\boldsymbol{x}), & \boldsymbol{x} \in \bigcup_{j=1}^{m} \partial P_j, \\[3mm] M, & \boldsymbol{x} \in \left(\bigcup_{i=1}^{k} Q_i \right) \cap P, \end{cases}$$

则 $\forall \boldsymbol{x} \in P$，有 $\varphi(\boldsymbol{x}) \leq f(\boldsymbol{x}) \leq \psi(\boldsymbol{x})$，且

$$\int_P (\psi(\boldsymbol{x}) - \varphi(\boldsymbol{x})) \mathrm{d}\boldsymbol{x} = \int_S (\psi(\boldsymbol{x}) - \varphi(\boldsymbol{x})) \mathrm{d}\boldsymbol{x} + \int_{\left(\bigcup_{i=1}^{k} Q_i \right) \cap P} (\psi(\boldsymbol{x}) - \varphi(\boldsymbol{x})) \mathrm{d}\boldsymbol{x}$$

$$< \frac{\varepsilon m(S)}{2m(P)} + 2Mm \left(\left(\bigcup_{i=1}^{k} Q_i \right) \cap P \right) < \frac{\varepsilon}{2} + 2M \cdot \frac{\varepsilon}{4(M+1)}$$

$$< \frac{\varepsilon}{2} + \frac{\varepsilon}{2} = \varepsilon.$$

故 $f : P \to \mathbf{R}$ 在 P 上 Riemann 可积.

当 $A \neq P$，P 为 $\mathbf{R}^n$ 中的闭长方体时，不妨设 $A \subset P$，$\tilde{f} : P \to \mathbf{R}$ 为 $f : A \to \mathbf{R}$ 在 P 上的标准延拓，并设 $\tilde{D}$ 为 $\tilde{f} : P \to \mathbf{R}$ 的不连续点集，有 $\tilde{D} \subset (\partial A) \cup D$. 由性质 2.50 可知，$\partial A$ 为 Jordan 零测度集. 再由性质 2.49 可知，$\tilde{D}$ 为 Jordan 零测度集. 由上述证明可知，$\tilde{f} : P \to \mathbf{R}$ 在 P 上 Riemann 可积. 故 $f : A \to \mathbf{R}$ 在 A 上 Riemann 可积.

2.2 节中例 2 表明，$R(x)$ 在 $[0, 1]$ 上 Riemann 可积，但 $R(x)$ 的不连续点集为 $\mathbf{Q} \cap [0, 1]$，

不是 Jordan 零测度集. 若将定理 2.18 中的充分条件扩展为充要条件, 则需将 Jordan 零测度集扩展为 Lebesgue 零测度集.

设 $A \subset \mathbf{R}^n$ 为一有界集. 若 $\forall \varepsilon > 0$, 存在 $\mathbf{R}^n$ 中的一列闭长方体 $\{P_k\}$, 使得 $A \subset \bigcup_{k=1}^{\infty} P_k$, $\sum_{k=1}^{\infty} m(P_k) < \varepsilon$, 则称 A 为 **Lebesgue 零测度集**.

由上述定义可知, Jordan 零测度集必为 Lebesgue 零测度集. Lebesgue 零测度集的可数并仍是 Lebesgue 零测度集. 例如,

$$A = \{(x,y) \in \mathbf{R}^2 \,|\, x,y \in \mathbf{Q} \cap [0,1]\} = \bigcup_{x,y \in \mathbf{Q} \cap [0,1]} \{(x,y)\}$$

为 Lebesgue 零测度集, 但 A 不是 Jordan 零测度集, 也不是 Jordan 可测集.

性质 2.51 设 $A \subset \mathbf{R}^n$ 为一有界集. A 为 Lebesgue 零测度集当且仅当 $\forall \varepsilon > 0$, 存在 $\mathbf{R}^n$ 中一列开长方体 $\{S_k\}$, 使得

$$A \subset \bigcup_{k=1}^{\infty} S_k, \quad \sum_{k=1}^{\infty} m(S_k) < \varepsilon.$$

定理 2.19 设 $A \subset \mathbf{R}^n$ 为一 Jordan 可测集, $f: A \to \mathbf{R}$ 在 A 上有界. $f: A \to \mathbf{R}$ 在 A 上 Riemann 可积, 当且仅当 $f: A \to \mathbf{R}$ 的不连续点集为 Lebesgue 零测度集.

证 取 $\mathbf{R}^n$ 中一闭长方体 P, 满足 $\bar{A} \subset \overset{\circ}{P}$, 于是 $f: A \to \mathbf{R}$ 在 A 上 Riemann 可积等价于 $\tilde{f}: P \to \mathbf{R}$ 在 P 上 Riemann 可积, 其中 $\tilde{f}: P \to \mathbf{R}$ 为 $f: A \to \mathbf{R}$ 在 P 上的标准延拓. 记 D 为 $f: A \to \mathbf{R}$ 在 A 上的不连续点集, $\tilde{D}$ 为 $\tilde{f}: P \to \mathbf{R}$ 在 P 上的不连续点集, 则 $D \subset \tilde{D} \subset (\partial A) \cup D$. 因为 A 是 Jordan 可测集, 所以 ∂A 是 Jordan 零测度集. 从而由上述包含关系可知, D 为 Lebesgue 零测度集等价于 $\tilde{D}$ 为 Lebesgue 零测度集. 因此定理 2.19 等价于 $\tilde{f}: P \to \mathbf{R}$ 在 P 上 Riemann 可积当且仅当 $\tilde{D}$ 为 Lebesgue 零测度集. 为了书写简单起见, 不妨设 $A = P$, 于是 $\tilde{f} \equiv f$, 为 P 上的有界函数.

必要性. 设 $f: P \to \mathbf{R}$ 在 P 上可积. $\forall \boldsymbol{x} \in P$, 令

$$\omega(f, \boldsymbol{x}) = \inf_{U \in N_{\boldsymbol{x}}} d(f(U)) = \inf_{U \in N_{\boldsymbol{x}}} \left(\sup_{\boldsymbol{y}, \boldsymbol{z} \in U} |f(\boldsymbol{y}) - f(\boldsymbol{z})| \right),$$

其中 $N_{\boldsymbol{x}}$ 为 $\boldsymbol{x}$ 的邻域所构成的邻域系, 称 $\omega(f, \boldsymbol{x})$ 为 $f: P \to \mathbf{R}$ 在 $\boldsymbol{x}$ 处的**振幅**. 显然, $\boldsymbol{x} \in D$ 当且仅当 $\omega(f, \boldsymbol{x}) > 0$. 记

$$D_k = \left\{ \boldsymbol{x} \in P \,\middle|\, \omega(f, \boldsymbol{x}) \geq \frac{1}{k} \right\} \quad (k \in \mathbf{N}),$$

则 $D = \bigcup_{k=1}^{+\infty} D_k$. 下面证明: $\forall k \in \mathbf{N}$, D_k 为 Jordan 零测度集.

由 $f:P\to\mathbf{R}$ 在 P 上可积知，$\forall\varepsilon>0$，存在两个阶梯函数 $H,K:P\to\mathbf{R}$ 使得

$$\left|f(\boldsymbol{x})-H(\boldsymbol{x})\right|\le K(\boldsymbol{x}),\quad\forall\boldsymbol{x}\in P,\quad\int_P K(\boldsymbol{x})\mathrm{d}\boldsymbol{x}\le\frac{\varepsilon}{6k}.$$

设 $\{P_1,P_2,\cdots,P_m\}$ 为 P 的一个分割. 令

$$I=\left\{i\in\{1,2,\cdots,m\}\Big|\forall\boldsymbol{x}\in\overset{\circ}{P_i},\ K(\boldsymbol{x})\le\frac{1}{3k}\right\},$$

$$J=\left\{j\in\{1,2,\cdots,m\}\Big|\forall\boldsymbol{x}\in\overset{\circ}{P_j},\ K(\boldsymbol{x})>\frac{1}{3k}\right\},$$

于是 $I\cap J=\varnothing$，$I\cup J=\{1,2,\cdots,m\}$.

若 $i\in I$，则 $\forall\boldsymbol{y},\boldsymbol{z}\in\overset{\circ}{P_i}$，有

$$\left|f(\boldsymbol{y})-f(\boldsymbol{z})\right|\le\left|f(\boldsymbol{y})-H(\boldsymbol{y})\right|+\left|H(\boldsymbol{z})-f(\boldsymbol{z})\right|<K(\boldsymbol{y})+K(\boldsymbol{z})=2K(\boldsymbol{y})<\frac{2}{3k}.$$

由此推知，$\forall\boldsymbol{x}\in\overset{\circ}{P_i}$，$\omega(f,\boldsymbol{x})\le\dfrac{2}{3k}$，故 $\boldsymbol{x}\notin D_k$.

若 $j\in J$，则

$$\frac{1}{3k}m\left(\bigcup_{j\in J}P_j\right)<\int_P K(\boldsymbol{x})\mathrm{d}\boldsymbol{x}<\frac{\varepsilon}{6k}\ \text{ 或 }\ \sum_{j\in J}m(P_j)<\frac{\varepsilon}{2}.$$

另一方面，由于 $\bigcup_{i\in I}\partial P_i$ 是 Jordan 零测度集，故存在有限个闭长方体 $Q_1,Q_2,\cdots,Q_l$，使得 $\bigcup_{i\in I}\partial P_i\subset\bigcup_{i=1}^l Q_i$，且 $\sum_{i=1}^l m(Q_i)<\dfrac{\varepsilon}{2}$. 于是

$$D_k\subset\left(\bigcup_{i\in I}\partial P_i\right)\cup\left(\bigcup_{j\in J}P_j\right)\subset\left(\bigcup_{i=1}^l Q_i\right)\cup\left(\bigcup_{j\in J}P_j\right),$$

$$\sum_{i=1}^l m(Q_i)+\sum_{j\in J}m(P_j)<\frac{\varepsilon}{2}+\frac{\varepsilon}{2}=\varepsilon.$$

上式表明 D_k 为 Jordan 零测度集. 从而 $D=\bigcup_{k=1}^{+\infty}D_k$ 是 Lebesgue 零测度集.

充分性. 设 D 是 Lebesgue 零测度集. 因 $f:P\to\mathbf{R}$ 在 P 上有界，故 $\exists M>0$，使得 $\forall\boldsymbol{x}\in P$，有 $\left|f(\boldsymbol{x})\right|\le M$. 由于 D 为 Lebesgue 零测度集，故 $\forall\varepsilon>0$，存在 $\mathbf{R}^n$ 中的一列开长方体 $\{S_k\}$，使得

$$D\subset\bigcup_{k=1}^{+\infty}S_k,\ \text{ 且 }\sum_{k=1}^{+\infty}m(S_k)<\frac{\varepsilon}{4M}.$$

$\forall \boldsymbol{x} \in P - \bigcup\limits_{k=1}^{+\infty} S_k$ ，由 $f: P \to \mathbf{R}$ 在 $\boldsymbol{x}$ 处连续可知，存在 $\mathbf{R}^n$ 中的含 $\boldsymbol{x}$ 的开长方体 $Q_{\boldsymbol{x}}$ ，使得

$$\forall \boldsymbol{y} \in P \cap Q_{\boldsymbol{x}} , \quad \left| f(\boldsymbol{y}) - f(\boldsymbol{x}) \right| < \frac{\varepsilon}{4(\, m(P) + 1)} .$$

由此我们得到 P 的一个开覆盖 $\{S_k, Q_{\boldsymbol{x}} | k \in \mathbf{N}, \ \boldsymbol{x} \in P - \bigcup\limits_{k=1}^{+\infty} S_k\}$ ．由 P 的紧性知，存在 P 的有限开子覆盖 $\{S_{k_1}, S_{k_2}, \cdots, S_{k_l}, Q_{\boldsymbol{x}_1}, Q_{\boldsymbol{x}_2}, \cdots, Q_{\boldsymbol{x}_s}\}$ ，并令其对应的 Lebesque 数为 β ．取 P 的一个分割 $\{P_1, P_2, \cdots, P_m\}$ ，使得 P_i 的直径

$$d(P_i) < \beta , \quad i = 1, 2, \cdots, m,$$

于是 $P_i \subset S_{k_j} \ (j = 1, 2, \cdots, l)$ 或 $P_i \subset Q_{\boldsymbol{x}_t} \ (t = 1, 2, \cdots, s)$ ．令

$$I = \{i \in \{1, 2, \cdots, m\} \big| \exists j \in \{1, 2, \cdots, l\}, \ 使得 P_i \subset S_{k_j}\},$$

$$J = \{i \in \{1, 2, \cdots, m\} \big| \exists t \in \{1, 2, \cdots, s\}, \ 使得 P_i \subset Q_{\boldsymbol{x}_t}\},$$

则 $I \cap J = \varnothing$ ，$I \cup J = \{1, 2, \cdots, m\}$ ．

定义阶梯函数 $\varphi, \psi: P \to \mathbf{R}$ 如下：

$$\varphi(\boldsymbol{x}) = \begin{cases} \inf\limits_{\boldsymbol{x} \in P_i} f(\boldsymbol{x}), & \boldsymbol{x} \in \overset{\circ}{P_i}, \ i = 1, 2, \cdots, m, \\[2mm] f(\boldsymbol{x}), & \boldsymbol{x} \in \bigcup\limits_{i=1}^{m} \partial P_i, \end{cases}$$

$$\psi(\boldsymbol{x}) = \begin{cases} \sup\limits_{\boldsymbol{x} \in P_i} f(\boldsymbol{x}), & \boldsymbol{x} \in \overset{\circ}{P_i}, \ i = 1, 2, \cdots, m, \\[2mm] f(\boldsymbol{x}), & \boldsymbol{x} \in \bigcup\limits_{i=1}^{m} \partial P_i, \end{cases}$$

于是，$\forall \boldsymbol{x} \in P$ ，有 $\varphi(\boldsymbol{x}) \leq f(\boldsymbol{x}) \leq \psi(\boldsymbol{x})$ ，且

$$\int_P (\psi(\boldsymbol{x}) - \varphi(\boldsymbol{x})) \mathrm{d}\boldsymbol{x} = \sum_{i=1}^{m} \left(\sup_{\boldsymbol{x} \in P_i} f(\boldsymbol{x}) - \inf_{\boldsymbol{x} \in P_i} f(\boldsymbol{x}) \right) m(P_i)$$

$$= \sum_{i \in I} \left(\sup_{\boldsymbol{x} \in P_i} f(\boldsymbol{x}) - \inf_{\boldsymbol{x} \in P_i} f(\boldsymbol{x}) \right) m(P_i) + \sum_{i \in J} \left(\sup_{\boldsymbol{x} \in P_i} f(\boldsymbol{x}) - \inf_{\boldsymbol{x} \in P_i} f(\boldsymbol{x}) \right) m(P_i)$$

$$\leq 2M \sum_{k=1}^{\infty} m(S_k) + \frac{2\varepsilon}{4(m(P) + 1)} m(P)$$

$$< 2M \sum_{k=1}^{\infty} m(S_k) + \frac{\varepsilon}{2} < 2M \cdot \frac{\varepsilon}{4M} + \frac{\varepsilon}{2} = \varepsilon.$$

因此 $f\colon P\to\mathbf{R}$ 在 P 上 Riemann 可积.

性质 2.52　设 $A\subset\mathbf{R}^n$ 为一有界集, $f_m\colon A\to\mathbf{R}$ 在 A 上 Riemann 可积. 若 $f_m\colon A\to\mathbf{R}$ 在 A 上一致收敛于 $f\colon A\to\mathbf{R}$, 即 $\forall\varepsilon>0$, $\exists N\in\mathbf{N}$, $\forall m\in\mathbf{N}$, $m\ge N$, 有 $\left|f_m(\boldsymbol{x})-f(\boldsymbol{x})\right|<\varepsilon$, $\boldsymbol{x}\in A$, 则 $f\colon A\to\mathbf{R}$ 在 A 上 Riemann 可积, 且

$$\int_A f(\boldsymbol{x})\mathrm{d}\boldsymbol{x}=\lim_{m\to\infty}\int_A f_m(\boldsymbol{x})\mathrm{d}\boldsymbol{x}.$$

性质 2.53　设 $A\subset\mathbf{R}^n$ 为 Jordan 可测集, $f\colon A\to\mathbf{R}$ 在 A 上连续.

① 若 $f\colon A\to\mathbf{R}$ 在 A 上有界, 则 $f\colon A\to\mathbf{R}$ 在 A 上 Riemann 可积.

② 若 A 为 $\mathbf{R}^n$ 中的紧集, 则 $f\colon A\to\mathbf{R}$ 在 A 上 Riemann 可积.

性质 2.54　设 $A\subset\mathbf{R}^n$ 为 Jordan 可测集, $f\colon A\to\mathbf{R}$ 为 A 上的有界函数. 若存在 Jordan 可测集 $A_i\subset\mathbf{R}^n\,(i=1,2,\cdots,k)$, 有 $A=\bigcup_{i=1}^{k}A_i$, $A_i\cap A_j\,(i\ne j)$ 为 Lebesque 零测度集, 则 $f\colon A\to\mathbf{R}$ 在 A 上 Riemann 可积当且仅当 $\forall i\in\{1,2,\cdots,k\}$, $f\big|_{A_i}\colon A_i\to\mathbf{R}$ 在 A_i 上 Riemann 可积, 且有

$$\int_A f(\boldsymbol{x})\mathrm{d}\boldsymbol{x}=\sum_{i=1}^{k}\int_{A_i}f\big|_{A_i}(\boldsymbol{x})\mathrm{d}\boldsymbol{x}.$$

性质 2.55　设 $A\subset\mathbf{R}^n$ 为 Jordan 可测集. 记 $\mathcal{R}(A)$ 为所有 A 上的 Riemann 可积函数组成的集合. 设 $f,g\in\mathcal{R}(A)$, 则有如下性质:

① $\forall\alpha,\beta\in\mathbf{R}$, 有 $\alpha f+\beta g\in\mathcal{R}(A)$;

② $fg\in\mathcal{R}(A)$;

③ 若 $\forall\boldsymbol{x}\in A$, 有 $f(\boldsymbol{x})\ge g(\boldsymbol{x})$, 则 $\displaystyle\int_A f(\boldsymbol{x})\mathrm{d}\boldsymbol{x}\ge\int_A g(\boldsymbol{x})\mathrm{d}\boldsymbol{x}$;

④ $|f|\in\mathcal{R}(A)$, 且 $\displaystyle\left|\int_A f(\boldsymbol{x})\mathrm{d}\boldsymbol{x}\right|\le\int_A|f(\boldsymbol{x})|\mathrm{d}\boldsymbol{x}\le m(A)\sup_{\boldsymbol{x}\in A}|f(\boldsymbol{x})|$;

⑤ $\exists\mu\in\mathbf{R}$, 使得 $\displaystyle\int_A f(\boldsymbol{x})\mathrm{d}\boldsymbol{x}=\mu m(A)$;

⑥ 若 A 为 $\mathbf{R}^n$ 中的连通紧集, 且 $f\colon A\to\mathbf{R}$ 在 A 上连续, 则 $\exists\boldsymbol{x}_0\in A$, 使得

$$\int_A f(\boldsymbol{x})\mathrm{d}\boldsymbol{x}=f(\boldsymbol{x}_0)m(A).$$

3. Riemann 和

设 $A\subset\mathbf{R}^n$ 为 Jordan 可测集. 若存在 A 的 Jordan 可测连通子集 $A_i\,(i=1,2,\cdots,k)$, 使得 $A=\bigcup_{i=1}^{k}A_i$, $A_i\cap A_j\,(i\ne j)$ 为 Lebesque 零测度集, 则称 $\{A_1,A_2,\cdots,A_k\}$ 为 A 的

Lebesque 分割，记为 σ．称 $\delta(\sigma)=\max\limits_{1\le i\le k}\{d(A_i)\}$ 为分割 σ 的**跨距**，其中 $d(A_i)$ 为 A_i 的直径．

设 $\{A_1,A_2,\cdots,A_k\}$ 为 A 的一个 Lebesque 分割 σ．若取 $\psi_i\in A_i$，$i=1,2,\cdots,k$，则称 (σ,ψ) 为 A 的**带点 Lebesque 分割**，其中 $\psi=\{\psi_1,\psi_2,\cdots,\psi_k\}$．由 A 的所有带点 Lebesque 分割组成的集合记为 $\mathcal{B}$．

设 $A\subset\mathbf{R}^n$ 为 Jordan 可测集．$f:A\to\mathbf{R}$ 为任意函数，(σ,ψ) 为 A 的任意带点 Lebesque 分割，称

$$S(f,\sigma,\psi)=\sum_{i=1}^{k}f(\psi_i)m(A_i)$$

为 f 关于 (σ,ψ) 的 **Riemann 和**，其中 $\psi=\{\psi_1,\psi_2,\cdots,\psi_k\}$．若 $\exists L\in\mathbf{R}$，$\forall\varepsilon>0$，$\exists\eta>0$，$\forall(\sigma,\psi)\in\mathcal{B}$ 满足 $\delta(\sigma)<\eta$，有

$$\left|S(f,\sigma,\psi)-L\right|=\left|\sum_{i=1}^{k}f(\psi_i)m(A_i)-L\right|<\varepsilon,$$

则称 L 为 Riemann 和 $S(f,\sigma,\psi)$ **关于 $\mathcal{B}$ 的极限值**，记为 $\lim\limits_{\mathcal{B}}S(f,\sigma,\psi)=L$．

定理 2.20 设 $A\subset\mathbf{R}^n$ 为 Jordan 可测集．若 $f:A\to\mathbf{R}$ 在 A 上 Riemann 可积，则
$$\lim_{\mathcal{B}}S(f,\sigma,\psi)=\int_A f(\boldsymbol{x})\mathrm{d}\boldsymbol{x}.$$

证 取 $P\subset\mathbf{R}^n$ 为一闭长方体，使得 $A\subset P$．设 $\tilde{f}:P\to\mathbf{R}$ 为 $f:A\to\mathbf{R}$ 在 P 上的延拓．由 $f:A\to\mathbf{R}$ 在 A 上 Riemann 可积知，$\tilde{f}:P\to\mathbf{R}$ 在 P 上 Riemann 可积，即 $\forall\varepsilon>0$，存在阶梯函数 $\varphi,\psi:P\to\mathbf{R}$，使得 $\forall\boldsymbol{x}\in P$，$\varphi(\boldsymbol{x})\le\tilde{f}(\boldsymbol{x})\le\psi(\boldsymbol{x})$，且

$$\int_P(\psi(\boldsymbol{x})-\varphi(\boldsymbol{x}))\mathrm{d}\boldsymbol{x}<\frac{\varepsilon}{2}.$$

令 $\{P_1,P_2,\cdots,P_m\}$ 为同时适合 φ 和 ψ 的闭长方体 P 的一个分割，则 $D=P-\bigcup\limits_{i=1}^{m}\mathring{P}_i$ 为

Jordan 零测度集，即存在 $\mathbf{R}^n$ 中的简单可测集 F，使得 $D\subset\mathring{F}$，

$$m(F)<\frac{\varepsilon}{4M+1},$$

其中 $M=\sup\limits_{\boldsymbol{x}\in P}\{|\tilde{f}(\boldsymbol{x})|\}<+\infty$．令

$$\eta=\inf\{d(\boldsymbol{x},\boldsymbol{y})\,|\,\boldsymbol{x}\in D,\ \boldsymbol{y}\in\partial f\}>0.$$

设 $\{A_1,A_2,\cdots,A_k\}$ 为满足 $\delta(\sigma)<\eta$ 的 A 的任意 Lebesque 分割．由于 A_i 为 Jordan 可测集，则 $f\big|_{A_i}:A_i\to\mathbf{R}$ 在 A_i 上 Riemann 可积．为简便起见，以下记 $f\big|_{A_i}$ 为 f．由于 A_i

$(i=1,2,\cdots,k)$ 为 $\mathbf{R}^n$ 中的连通集，根据 A_i 是否与 D 相交，将 A_i 分为两组，不妨设当 $i=1,2,\cdots,s$ 时 $A_i \cap D \neq \varnothing$，当 $i=s+1,s+2,\cdots,k$ 时 $A_i \cap D = \varnothing$.

由于当 $i=1,2,\cdots,s$ 时 $A_i \cap D \neq \varnothing$，根据 $\delta(\boldsymbol{\sigma}) < \eta$，有 $\bigcup\limits_{i=1}^{s} A_i \subset F$. 因此

$$\sum_{i=1}^{s} m(A_i) = m(\bigcup_{i=1}^{s} A_i) < m(F) < \frac{\varepsilon}{4M+1}.$$

设 $\boldsymbol{\xi}_i \in A_i$，$i=1,2,\cdots,s$. 由于 $\forall \boldsymbol{x} \in A$，$\left| f(\boldsymbol{x}) \right| \leq M$，故

$$-M\sum_{i=1}^{s} m(A_i) \leq \sum_{i=1}^{s} f(\boldsymbol{\xi}_i) m(A_i) \leq M\sum_{i=1}^{s} m(A_i),$$

$$-M\sum_{i=1}^{s} m(A_i) \leq \sum_{i=1}^{s} \int_{A_i} f(\boldsymbol{x}) \mathrm{d}\boldsymbol{x} \leq M\sum_{i=1}^{s} m(A_i).$$

将上两式相减可得

$$\left| \sum_{i=1}^{s} f(\boldsymbol{\xi}_i) m(A_i) - \sum_{i=1}^{s} \int_{A_i} f(\boldsymbol{x}) \mathrm{d}\boldsymbol{x} \right| \leq 2M\sum_{i=1}^{s} m(A_i) < 2M \cdot \frac{\varepsilon}{4M+1} < \frac{\varepsilon}{2}.$$

由于当 $i=s+1,s+2,\cdots,k$ 时 $A_i \cap D = \varnothing$，则 $\forall i \in \{s+1,s+2,\cdots,m\}$，$\exists j \in \{1,2,\cdots,m\}$，使得 $A_i \subset \overset{\circ}{P_j}$. 由于 $\varphi,\psi : P \to \mathbf{R}$ 为 P 上的阶梯函数，知 $\varphi(\boldsymbol{x}),\psi(\boldsymbol{x})$ 在 $\overset{\circ}{P_j}$ 上为常数. 故 $\forall \boldsymbol{\xi}_i \in A_i \subset \overset{\circ}{P_j}$，$i=s+1,s+2,\cdots,k$，有

$$\sum_{i=s+1}^{k} \int_{A_i} \varphi(\boldsymbol{x}) \mathrm{d}\boldsymbol{x} = \sum_{i=s+1}^{k} \varphi(\boldsymbol{\xi}_i) m(A_i) \leq \sum_{i=s+1}^{k} f(\boldsymbol{\xi}_i) m(A_i)$$

$$\leq \sum_{i=s+1}^{k} \psi(\boldsymbol{\xi}_i) m(A_i) = \sum_{i=s+1}^{k} \int_{A_i} \psi(\boldsymbol{x}) \mathrm{d}\boldsymbol{x},$$

$$\sum_{i=s+1}^{k} \int_{A_i} \varphi(\boldsymbol{x}) \mathrm{d}\boldsymbol{x} \leq \sum_{i=s+1}^{k} \int_{A_i} f(\boldsymbol{x}) \mathrm{d}\boldsymbol{x} \leq \sum_{i=s+1}^{k} \int_{A_i} \psi(\boldsymbol{x}) \mathrm{d}\boldsymbol{x},$$

将上两式相减可得

$$\left| \sum_{i=s+1}^{k} f(\boldsymbol{\xi}_i) m(A_i) - \sum_{i=s+1}^{k} \int_{A_i} f(\boldsymbol{x}) \mathrm{d}\boldsymbol{x} \right|$$

$$\leq \sum_{i=s+1}^{k} \int_{A_i} (\psi(\boldsymbol{x}) - \varphi(\boldsymbol{x})) \mathrm{d}\boldsymbol{x} < \int_A (\psi(\boldsymbol{x}) - \varphi(\boldsymbol{x})) \mathrm{d}\boldsymbol{x}.$$

$$< \int_P (\psi(\boldsymbol{x}) - \varphi(\boldsymbol{x})) \mathrm{d}\boldsymbol{x} < \frac{\varepsilon}{2}.$$

综上可得

$$\left|\sum_{i=1}^{k} f(\boldsymbol{\xi}_i)m(A_i) - \int_A f(\boldsymbol{x})\mathrm{d}\boldsymbol{x}\right| \le \left|\sum_{i=1}^{s} f(\boldsymbol{\xi}_i)m(A_i) - \sum_{i=1}^{s}\int_{A_i} f(\boldsymbol{x})\mathrm{d}\boldsymbol{x}\right|$$

$$+ \left|\sum_{i=s+1}^{k} f(\boldsymbol{\xi}_i)m(A_i) - \sum_{i=s+1}^{k}\int_{A_i} f(\boldsymbol{x})\mathrm{d}\boldsymbol{x}\right|$$

$$< \frac{\varepsilon}{2} + \frac{\varepsilon}{2} = \varepsilon.$$

定理 2.21 设 $A \subset \mathbf{R}^n$ 为 Jordan 可测集. 若 $\lim\limits_{\mathcal{B}} S(f, \boldsymbol{\sigma}, \boldsymbol{\psi}) = L \in \mathbf{R}$, 则 $f: A \to \mathbf{R}$ 在 A 上 Riemann 可积.

证 取 $P \subset \mathbf{R}^n$ 为闭长方体. 设 $\tilde{f}: P \to \mathbf{R}$ 为 $f: A \to \mathbf{R}$ 在 P 上的标准延拓, 则定理 2.21 等价于: 若 $\lim\limits_{\mathcal{B}} S(\tilde{f}, \boldsymbol{\sigma}, \boldsymbol{\psi}) = L$, 则 $\tilde{f}: P \to \mathbf{R}$ 在 P 上 Riemann 可积.

设 $\lim\limits_{\mathcal{B}} S(\tilde{f}, \boldsymbol{\sigma}, \boldsymbol{\psi}) = L$, 即 $\forall \varepsilon > 0$, $\exists \eta > 0$, 对于闭长方体 P 的任意分割 $\{P_1, P_2, \cdots, P_k\}$, 满足 $\delta(\boldsymbol{\sigma}) < \eta$, 则 $\forall \boldsymbol{\xi}_i \in P_i$, 有

$$\left|\sum_{i=1}^{k} \tilde{f}(\boldsymbol{\xi}_i)m(P_i) - L\right| < \frac{\varepsilon}{4}.$$

设 $\varphi, \psi: P \to \mathbf{R}$ 为 P 上的两阶梯函数,

$$\varphi(\boldsymbol{x}) = \begin{cases} \inf\limits_{\boldsymbol{x}\in P_i} \tilde{f}(\boldsymbol{x}), & \boldsymbol{x} \in \mathring{P}_i,\ i=1,2,\cdots,k, \\ \tilde{f}(\boldsymbol{x}), & \boldsymbol{x} \in \bigcup\limits_{i=1}^{k} \partial P_i, \end{cases} \qquad \psi(\boldsymbol{x}) = \begin{cases} \sup\limits_{\boldsymbol{x}\in P_i} \tilde{f}(\boldsymbol{x}), & \boldsymbol{x} \in \mathring{P}_i,\ i=1,2,\cdots,k, \\ \tilde{f}(\boldsymbol{x}), & \boldsymbol{x} \in \bigcup\limits_{i=1}^{k} \partial P_i. \end{cases}$$

由确界的性质可知, $\exists \boldsymbol{\xi}_i', \boldsymbol{\xi}_i'' \in P_i$, $i=1,2,\cdots,k$, 使得

$$\inf\limits_{\boldsymbol{x}\in P_i} \tilde{f}(\boldsymbol{x}) \le \tilde{f}(\boldsymbol{\xi}_i') < \inf\limits_{\boldsymbol{x}\in P_i} \tilde{f}(\boldsymbol{x}) + \frac{\varepsilon}{4m(P)},$$

$$\sup\limits_{\boldsymbol{x}\in P_i} \tilde{f}(\boldsymbol{x}) - \frac{\varepsilon}{4m(P)} < \tilde{f}(\boldsymbol{\xi}_i'') \le \sup\limits_{\boldsymbol{x}\in P_i} \tilde{f}(\boldsymbol{x}),$$

因此,

$$\int_P (\psi(\boldsymbol{x}) - \varphi(\boldsymbol{x}))\mathrm{d}\boldsymbol{x} = \left|\int_P (\psi(\boldsymbol{x}) - \varphi(\boldsymbol{x}))\mathrm{d}\boldsymbol{x}\right|$$

$$\le \left|\int_P \psi(\boldsymbol{x})\mathrm{d}\boldsymbol{x} - \sum_{i=1}^{k} \tilde{f}(\boldsymbol{\xi}_i'')m(P_i)\right| + \left|\sum_{i=1}^{k} \tilde{f}(\boldsymbol{\xi}_i'')m(P_i) - L\right|$$

$$+ \left|L - \sum_{i=1}^{k} \tilde{f}(\boldsymbol{\xi}_i')m(P_i)\right| + \left|\sum_{i=1}^{k} \tilde{f}(\boldsymbol{\xi}_i')m(P_i) - \int_P \varphi(\boldsymbol{x})\mathrm{d}\boldsymbol{x}\right|$$

$$< \frac{\varepsilon}{4} + \frac{\varepsilon}{4} + \frac{\varepsilon}{4} + \frac{\varepsilon}{4} = \varepsilon.$$

于是 $\tilde{f}:P\to\mathbf{R}$ 在 P 上 Riemann 可积.

上述定理表明, 可用 Riemann 和计算 n 元函数的重积分 $\int_A f(\boldsymbol{x})\mathrm{d}\boldsymbol{x}$.

例 1　用 Riemann 和计算积分 $\int_P x^2y^2\mathrm{d}x\,\mathrm{d}y$, 其中 $P=[0,1]\times[0,1]$.

解　将闭区间 $[0,1]$ 分为 n 等份, 分点为 $0,\dfrac{1}{n},\dfrac{2}{n},\cdots,\dfrac{n-1}{n},1$. 令

$$P_{ij}=\left[\frac{i}{n},\frac{i+1}{n}\right]\times\left[\frac{j}{n},\frac{j+1}{n}\right],$$

则 $\{P_{ij}\,|\,i,j=0,1,\cdots,n-1\}$ 为 P 的一个分割. 取 $\boldsymbol{\xi}_{ij}=\left(\dfrac{i}{n},\dfrac{j}{n}\right)\in P_{ij}$, 则

$$\int_P x^2y^2\mathrm{d}x\,\mathrm{d}y=\lim_{n\to\infty}\sum_{i,j=0}^{n-1}\left(\frac{i}{n}\right)^2\left(\frac{j}{n}\right)^2\frac{1}{n^2}=\lim_{n\to\infty}\frac{1}{n^6}\left(\sum_{i=0}^{n-1}i^2\right)\left(\sum_{j=0}^{n-1}j^2\right)$$

$$=\lim_{n\to\infty}\frac{1}{n^6}\left(\frac{n(n-1)(2n-1)}{6}\right)^2=\frac{1}{9}.$$

4. 重积分的计算

n 元函数 $f:A\to\mathbf{R}$ 在 A 上的 Riemann 积分 $\int_A f(\boldsymbol{x})\mathrm{d}\boldsymbol{x}$ 也可记为

$$\int_A\cdots\int f(x_1,x_2,\cdots,x_n)\mathrm{d}x_1\mathrm{d}x_2\cdots\mathrm{d}x_n,$$

其中 $\boldsymbol{x}=(x_1,x_2,\cdots,x_n)$.

定理 2.20、定理 2.21 表明, 可用 Riemann 和来计算 n 元函数的重积分, 但计算过程相当复杂, 故一般情况下不易采用. 计算 n 元函数的重积分通常用降维法将其转化为计算一元函数的定积分.

定理 2.22 (Fubini 定理)　设 $P\subset\mathbf{R}^m$, $S\subset\mathbf{R}^k$ 为两闭长方体, $f:P\times S\to\mathbf{R}$ 在 $P\times S$ 上 Riemann 可积. $\forall\boldsymbol{x}\in P$, 设 $f_{\boldsymbol{x}}:S\to\mathbf{R}$, $\forall\boldsymbol{y}\in S$, $f_{\boldsymbol{x}}(\boldsymbol{y})=f(\boldsymbol{x},\boldsymbol{y})$; 对于 $\boldsymbol{y}\in S$, 设 $f_{\boldsymbol{y}}:P\to\mathbf{R}$, $\forall\boldsymbol{x}\in P$, $f_{\boldsymbol{y}}(\boldsymbol{x})=f(\boldsymbol{x},\boldsymbol{y})$. 记 $P_f=\{\boldsymbol{x}\in P\,|\,f_{\boldsymbol{x}}:S\to\mathbf{R}\ \text{在}S\text{上可积}\}$, $S_f=\{\boldsymbol{y}\in S\,|\,f_{\boldsymbol{y}}:P\to\mathbf{R}\text{在}P\text{上可积}\}$. 设

$$F:P\to\mathbf{R}\ ,\ \ \forall\boldsymbol{x}\in P\ ,\ \ F(\boldsymbol{x})=\begin{cases}\displaystyle\int_S f_{\boldsymbol{x}}(\boldsymbol{y})\mathrm{d}\boldsymbol{y},&\boldsymbol{x}\in P_f,\\[2mm]0,&\boldsymbol{x}\notin P_f,\end{cases}$$

$$G:S\to\mathbf{R}\ ,\ \ \forall\boldsymbol{y}\in S\ ,\ \ G(\boldsymbol{y})=\begin{cases}\displaystyle\int_P f_{\boldsymbol{y}}(\boldsymbol{x})\mathrm{d}\boldsymbol{x},&\boldsymbol{y}\in S_f,\\[2mm]0,&\boldsymbol{y}\notin S_f,\end{cases}$$

若 $P=P_f$, $S=S_f$, 或 $P-P_f$ 和 $S-S_f$ 均为 Jordan 零测度集, 则 $F:P\to\mathbf{R}$ 在 P 上可

积，$G:S \to \mathbf{R}$ 在 S 上可积，且有

$$\int_P F(\boldsymbol{x})\mathrm{d}\boldsymbol{x} = \int_{P\times S} f(\boldsymbol{x},\boldsymbol{y})\mathrm{d}\boldsymbol{x}\,\mathrm{d}\boldsymbol{y} = \int_S G(\boldsymbol{y})\mathrm{d}\boldsymbol{y}.$$

性质 2.56 设 $P\times S = [a_1,b_1]\times[a_2,b_2]\times\cdots\times[a_n,b_n]$. 若 $f:P\times S\to\mathbf{R}$ 在 $P\times S$ 上连续，则 $f:P\times S\to\mathbf{R}$ 在 $P\times S$ 上可积，且有

$$\int_{P\times S} f(\boldsymbol{x},\boldsymbol{y})\mathrm{d}\boldsymbol{x}\,\mathrm{d}\boldsymbol{y} = \int_P \left(\int_S f(\boldsymbol{x},\boldsymbol{y})\mathrm{d}\boldsymbol{y}\right)\mathrm{d}\boldsymbol{x}$$

$$= \int_{a_1}^{b_1}\int_{a_2}^{b_2}\cdots\int_{a_n}^{b_n} f(x_1,x_2,\cdots,x_n)\mathrm{d}x_n\cdots\mathrm{d}x_2\mathrm{d}x_1.$$

性质 2.57 设 $P\times S\subset\mathbf{R}^n$ 为闭长方体，$f:P\times S\to\mathbf{R}$ 为一 n 元函数. 若 $\forall(\boldsymbol{x},\boldsymbol{y})\in P\times S$ 有 $f(\boldsymbol{x},\boldsymbol{y})=H(\boldsymbol{x})K(\boldsymbol{y})$，且 $H:P\to\mathbf{R}$ 在 P 上可积，$K:S\to\mathbf{R}$ 在 S 上可积，则 $f:P\times S\to\mathbf{R}$ 在 $P\times S$ 上可积，且有

$$\int_{P\times S} f(\boldsymbol{x},\boldsymbol{y})\mathrm{d}\boldsymbol{x}\,\mathrm{d}\boldsymbol{y} = \int_P H(\boldsymbol{x})\mathrm{d}\boldsymbol{x}\int_S K(\boldsymbol{y})\mathrm{d}\boldsymbol{y}.$$

定理 2.23 设 $D\subset\mathbf{R}^{n-1}$ 为 Jordan 紧可测集，$\varphi,\psi:D\to\mathbf{R}$ 在 D 上连续，且 $\forall\boldsymbol{x}\in D$，$\varphi(\boldsymbol{x})\le\psi(\boldsymbol{x})$. 设 $A=\{(\boldsymbol{x},y)\in\mathbf{R}^n\,|\,\boldsymbol{x}\in D,\ \varphi(\boldsymbol{x})\le y\le\psi(\boldsymbol{x})\}$. 若 $f:A\to\mathbf{R}$ 在 A 上连续，则 $f:A\to\mathbf{R}$ 在 A 上 Riemann 可积，且

$$\int_A f(\boldsymbol{x},y)\mathrm{d}\boldsymbol{x}\,\mathrm{d}y = \int_D\left(\int_{\varphi(\boldsymbol{x})}^{\psi(\boldsymbol{x})} f(\boldsymbol{x},y)\mathrm{d}y\right)\mathrm{d}\boldsymbol{x}.$$

由定理 2.23 知，若 $A=\{(x,y)\in\mathbf{R}^2\,|\,a\le x\le b,\ \varphi(x)\le y\le\psi(x)\}$，则

$$\iint_A f(x,y)\mathrm{d}x\,\mathrm{d}y = \int_a^b\left(\int_{\varphi(x)}^{\psi(x)} f(x,y)\mathrm{d}y\right)\mathrm{d}x;$$

若 $A=\{(x,y)\in\mathbf{R}^2\,|\,c\le y\le d,\ \alpha(y)\le x\le\beta(y)\}$，则

$$\iint_A f(x,y)\mathrm{d}x\,\mathrm{d}y = \int_c^d\left(\int_{\alpha(y)}^{\beta(y)} f(x,y)\mathrm{d}x\right)\mathrm{d}y.$$

例 2 设

$$A=\left\{(x,y)\in\mathbf{R}^2\,\bigg|\,\left(x-\frac{1}{2}\right)^2+y^2\ge\frac{1}{4},\ (x-1)^2+y^2\le1\right\},$$

求 $\iint_A f(x,y)\mathrm{d}x\,\mathrm{d}y$.

解 因为 A 为圆 $C_1:\left(x-\frac{1}{2}\right)^2+y^2=\frac{1}{4}$ 与圆 $C_2:(x-1)^2+y^2=1$ 所围成的区域，直线 $x=1$ 将 A 分为如图所示的三块 A_1,A_2,A_3，则

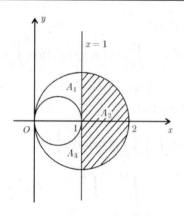

$$\iint\limits_{A} f(x,y)\mathrm{d}x\,\mathrm{d}y = \iint\limits_{A_1} f(x,y)\mathrm{d}x\,\mathrm{d}y + \iint\limits_{A_2} f(x,y)\mathrm{d}x\,\mathrm{d}y + \iint\limits_{A_3} f(x,y)\mathrm{d}x\,\mathrm{d}y$$

$$= \int_0^1 \int_{\sqrt{x-x^2}}^{\sqrt{2x-x^2}} f(x,y)\mathrm{d}y\,\mathrm{d}x + \int_{-1}^1 \int_1^{\sqrt{1-y^2}+1} f(x,y)\mathrm{d}x\,\mathrm{d}y$$

$$+ \int_0^1 \int_{-\sqrt{2x-x^2}}^{-\sqrt{x-x^2}} f(x,y)\mathrm{d}y\,\mathrm{d}x .$$

定理 2.24　设 $A \subset \mathbf{R}^n$ 为一有界集，且 A 包含于 $\mathbf{R}^{n-1} \times \{a\}$ 和 $\mathbf{R}^{n-1} \times \{b\}$ 两超平面之间，$f : A \to \mathbf{R}$ 在 A 上 Riemann 可积. $\forall z \in [a,b]$，设 A_z 为 $A \cap (\mathbf{R}^{n-1} \times \{z\})$ 在 $\mathbf{R}^{n-1}$ 上的投影. 若 $f_z : A_z \to \mathbf{R}$，$\forall \boldsymbol{x} \in A_z$，$f_z(\boldsymbol{x}) = f(\boldsymbol{x}, z)$ 在 A_z 上可积，则

$$\int_A f(\boldsymbol{x}, z)\mathrm{d}\boldsymbol{x}\,\mathrm{d}z = \int_a^b \left(\int_{A_z} f(\boldsymbol{x}, z)\mathrm{d}\boldsymbol{x} \right) \mathrm{d}z .$$

例 3　求 $\mathbf{R}^n$ 中以圆点为心、以 R 为半径的闭球 $\overline{B_n(0,R)} = \{(x_1, x_2, \cdots, x_n) \in \mathbf{R}^n \mid x_1^2 + x_2^2 + \cdots + x_n^2 \leq R^2\}$ 的体积 $V_n(R)$.

解　由于 $\overline{B_n(0,R)}$ 包括于 $\mathbf{R}^{n-1} \times \{-R\}$ 和 $\mathbf{R}^{n-1} \times \{R\}$ 之间，根据定理 2.24 可知

$$V_n(R) = \int_{\overline{B_n(0,R)}} \mathrm{d}x_1 \mathrm{d}x_2 \cdots \mathrm{d}x_n$$

$$= \int_{-R}^R \left(\int_{\overline{B_{n-1}(0,\sqrt{R^2-x_n^2})}} \mathrm{d}x_1 \mathrm{d}x_2 \cdots \mathrm{d}x_{n-1} \right) \mathrm{d}x_n$$

$$= \int_{-R}^R V_{n-1}(\sqrt{R^2 - x_n^2})\mathrm{d}x_n ,$$

其中 $\overline{B_{n-1}(0,\sqrt{R^2-x_n^2})}$ 是 $\mathbf{R}^{n-1}$ 中以圆点为心、以 $\sqrt{R^2-x_n^2}$ 为半径的闭球. 可设 $V_n(R) = C_n R^n$，于是有

$$C_n R^n = C_{n-1} \int_{-R}^R \left(\sqrt{R^2 - x_n^2} \right)^{n-1} \mathrm{d}x_n .$$

令 $x_n = R\sin\theta$，则

$$C_n = 2C_{n-1}\int_0^{\frac{\pi}{2}} \cos^n\theta \ \mathrm{d}\theta = \mathrm{B}\left(\frac{1}{2}, \frac{n+1}{2}\right)C_{n-1} = \frac{\Gamma\left(\dfrac{n+1}{2}\right)}{\Gamma\left(\dfrac{n+2}{2}\right)}\sqrt{\pi}C_{n-1}.$$

故

$$C_n = \frac{\Gamma\left(\dfrac{n+1}{2}\right)}{\Gamma\left(\dfrac{n+2}{2}\right)}\cdot\frac{\Gamma\left(\dfrac{n}{2}\right)}{\Gamma\left(\dfrac{n+1}{2}\right)}\cdots\cdots\frac{\Gamma\left(\dfrac{3}{2}\right)}{\Gamma\ 2}(\sqrt{\pi})^{n-1}C_1$$

$$= \frac{\Gamma\left(\dfrac{3}{2}\right)}{\Gamma\left(\dfrac{n+2}{2}\right)}(\sqrt{\pi})^{n-1}\cdot 2\int_0^{\frac{\pi}{2}}\cos\theta \ \mathrm{d}\theta = \frac{(\sqrt{\pi})^n}{\Gamma\left(\dfrac{n+2}{2}\right)}.$$

当 $n=2k$ 时, $C_{2k} = \dfrac{\pi^k}{k!}$. 当 $n=2k+1$ 时,

$$C_{2k+1} = \frac{(\sqrt{\pi})^{2k+1}}{\Gamma\left(k+\dfrac{3}{2}\right)} = \frac{(\sqrt{\pi})^{2k+1}}{\left(k+\dfrac{1}{2}\right)\left(k-\dfrac{1}{2}\right)\cdots\dfrac{1}{2}\Gamma\left(\dfrac{1}{2}\right)} = \frac{\pi^k}{\left(k+\dfrac{1}{2}\right)\left(k-\dfrac{1}{2}\right)\cdots\dfrac{1}{2}}.$$

$$= \frac{2^{k+1}\pi^k}{(2k+1)(2k-1)\cdots 1} = \frac{2(2\pi)^k}{(2k+1)!!}.$$

因此

$$V_n(R) = \begin{cases} \dfrac{\pi^k}{k!}R^{2k}, & n=2k, \\[3mm] \dfrac{2(2\pi)^k}{(2k+1)!!}R^{2k+1}, & n=2k+1. \end{cases}$$

定理 2.25 设 $U, V \subset \mathbf{R}^n$ 为两开集, $\varphi: U \to V$ 在 U 上为 C^1 类的, $D \subset U$ 为 Jordan 紧可测集. 若 $\varphi|_{\overset{\circ}{D}}: \overset{\circ}{D} \to \varphi(\overset{\circ}{D})$ 为微分同胚, 且 $f: \varphi(D) \to \mathbf{R}$ 在 $\varphi(D)$ 上连续, 则 $f: \varphi(D) \to \mathbf{R}$ 在 $\varphi(D)$ 上 Riemann 可积, 且

$$\int_{\varphi(D)} f(\boldsymbol{x})\mathrm{d}\boldsymbol{x} = \int_D f(\varphi(\boldsymbol{y}))\left|\frac{D(\varphi_1, \varphi_2, \cdots, \varphi_n)}{D(y_1, y_2, \cdots, y_n)}(\boldsymbol{y})\right|\mathrm{d}\boldsymbol{y},$$

其中 $\boldsymbol{\varphi}(\boldsymbol{y}) = (\varphi_1(\boldsymbol{y}), \varphi_2(\boldsymbol{y}), \cdots, \varphi_n(\boldsymbol{y}))$, $\boldsymbol{y} = (y_1, y_2, \cdots, y_n)$.

设 $D \subset \mathbf{R}^2$ 为 Jordan 紧可测集,

$$U_\lambda = \{(r, \theta) \in \mathbf{R}^2 \mid r > 0, \ \lambda < \theta < \lambda + 2\pi\},$$

则 $\exists \lambda \in [0, 2\pi)$, 使得 $\overset{\circ}{D} \subset U_\lambda$. 由 2.5 节例 1 可知, $\boldsymbol{\varphi}_1: U_\lambda \to V_\lambda$, $\forall(r, \theta) \in U_\lambda$,

$\varphi_1(r,\theta)=(r\cos\theta, r\sin\theta)$ 为 C^∞ 类微分同胚. 由定理 2.25 知, 若 $f:\varphi_1(D)\to\mathbf{R}$ 在 $\varphi_1(D)$ 上连续, 则 $f:\varphi_1(D)\to\mathbf{R}$ 在 $\varphi_1(D)$ 上 Riemann 可积, 且有

$$\iint\limits_{\varphi_1(D)} f(x,y)\mathrm{d}x\,\mathrm{d}y = \iint\limits_{D} f(r\cos\theta, r\sin\theta)r\mathrm{d}r\,\mathrm{d}\theta .$$

设 $D\subset\mathbf{R}^3$ 为 Jordan 紧可测集,

$$U_\lambda=\{(r,\theta,\varphi)\in\mathbf{R}^3 \mid r>0,\ \lambda<\varphi<\lambda+2\pi,\ 0<\theta<\pi\},$$

则 $\exists\lambda\in[0,2\pi)$, 使得 $\overset{\circ}{D}\subset U_\lambda$. 由 2.5 节例 2 可知, $\varphi_2:U_\lambda\to V_\lambda$, $\forall(r,\theta,\varphi)\in U_\lambda$,

$$\varphi_2(r,\theta,\varphi)=(r\sin\theta\cos\varphi, r\sin\theta\sin\varphi, r\cos\theta)$$

为 C^∞ 类微分同胚. 由定理 2.25 知, 若 $f:\varphi_2(D)\to\mathbf{R}$ 在 $\varphi_2(D)$ 上连续, 则 $f:\varphi_2(D)\to\mathbf{R}$ 在 $\varphi_2(D)$ 上 Riemann 可积, 且有

$$\iiint\limits_{\varphi_2(D)} f(x,y,z)\mathrm{d}x\,\mathrm{d}y\,\mathrm{d}z$$
$$= \iiint\limits_{D} f(r\sin\theta\cos\varphi, r\sin\theta\sin\varphi, r\cos\theta)r^2\sin\theta\ \mathrm{d}r\,\mathrm{d}\theta\,\mathrm{d}\varphi.$$

设 $D\subset\mathbf{R}^n$ 为 Jordan 紧可测集,

$$U_\lambda=\{(r,\theta_1,\cdots,\theta_{n-1})\in\mathbf{R}^n \mid r>0,\ 0<\theta_1<\pi,\ \cdots,\ 0<\theta_{n-2}<\pi,$$
$$\lambda<\theta_{n-1}<\lambda+2\pi\},$$

则 $\exists\lambda\in[0,2\pi)$, 使得 $\overset{\circ}{D}\subset U_\lambda$. 设 $\varphi_3:U_\lambda\to V_\lambda$, $\forall(r,\theta_1,\cdots,\theta_{n-1})\in U_\lambda$,

$$\varphi_3(r,\theta_1,\cdots,\theta_{n-1})=(r\cos\theta_1, r\sin\theta_1\cos\theta_2,\cdots, r\sin\theta_1\sin\theta_2\cdots\sin\theta_{n-1}).$$

由 2.5 节例 4 可知, $\varphi_3:U_\lambda\to V_\lambda$ 为 C^∞ 类微分同胚. 由定理 2.25 知, 若 $f:\varphi_3(D)\to\mathbf{R}$ 在 $\varphi_3(D)$ 上连续, 则 $f:\varphi_3(D)\to\mathbf{R}$ 在 $\varphi_3(D)$ 上 Riemann 可积, 且有

$$\int\limits_{\varphi_3(D)}\cdots\int f(x_1,x_2,\cdots,x_n)\mathrm{d}x_1\,\mathrm{d}x_2\cdots\mathrm{d}x_n$$
$$= \int\limits_{D}\cdots\int\big[f(r\cos\theta_1, r\sin\theta_1\cos\theta_2,\cdots, r\sin\theta_1\sin\theta_2\cdots\sin\theta_{n-1})$$
$$r^{n-1}(\sin\theta_1)^{n-2}(\sin\theta_2)^{n-3}\cdots\sin\theta_{n-2}\mathrm{d}r\,\mathrm{d}\theta_1\cdots\mathrm{d}\theta_{n-1}\big].$$

2.7 广义积分和含参量积分

1. 广义积分

设 $[c,b)\subset\mathbf{R}$ 为一区间, $f:[c,b)\to\mathbf{R}$ 为一元函数, 且 $\lim\limits_{x\to b^-} f(x)=\pm\infty$. 若 $\forall d\in[c,b)$,

$f:[c,b)\to \mathbf{R}$ 在 $[c,d]$ 上 Riemann 可积，则称 $\lim\limits_{d\to b^-}\int_c^d f(x)\mathrm{d}x$ 为 $f:[c,b)\to\mathbf{R}$ 在 $[c,b)$ 上的

广义积分，记为 $\int_c^{b^-}f(x)\mathrm{d}x$，即

$$\int_c^{b^-}f(x)\mathrm{d}x=\lim_{d\to b^-}\int_c^d f(x)\mathrm{d}x.$$

若 $\lim\limits_{d\to b^-}\int_c^d f(x)\mathrm{d}x$ 存在且有限，则称 $\int_c^{b^-}f(x)\mathrm{d}x$ **收敛**. 若 $\lim\limits_{d\to b^-}\int_c^d f(x)\mathrm{d}x$ 不存在或为

$\pm\infty$，则称 $\int_c^{b^-}f(x)\mathrm{d}x$ **发散**.

若 $\forall d\in[c,+\infty)$，$f:[c,+\infty)\to\mathbf{R}$ 在 $[c,d]$ 上 Riemann 可积，则称 $\lim\limits_{d\to+\infty}\int_c^d f(x)\mathrm{d}x$ 为

$f:[c,+\infty)\to\mathbf{R}$ 在 $[c,+\infty)$ 上的**广义积分**，记为 $\int_c^{+\infty}f(x)\mathrm{d}x$，即

$$\int_c^{+\infty}f(x)\mathrm{d}x=\lim_{d\to+\infty}\int_c^d f(x)\mathrm{d}x.$$

若 $\lim\limits_{d\to+\infty}\int_c^d f(x)\mathrm{d}x$ 存在且有限，则称 $\int_c^{+\infty}f(x)\mathrm{d}x$ **收敛**. 若 $\lim\limits_{d\to+\infty}\int_c^d f(x)\mathrm{d}x$ 不存在

或为 $\pm\infty$，则称 $\int_c^{+\infty}f(x)\mathrm{d}x$ **发散**.

例1 求积分：（1）$\int_0^{+\infty}\mathrm{e}^{-x}\mathrm{d}x$；（2）$\int_1^{+\infty}\frac{1}{x^p}\mathrm{d}x$.

解 （1）$\int_0^{+\infty}\mathrm{e}^{-x}\mathrm{d}x=\lim\limits_{d\to+\infty}\int_0^d\mathrm{e}^{-x}\mathrm{d}x=\lim\limits_{d\to+\infty}(1-\mathrm{e}^{-d})=1.$

（2）当 $p=1$ 时，$\int_1^{+\infty}\frac{1}{x^p}\mathrm{d}x=\lim\limits_{d\to+\infty}\ln d=+\infty.$ 当 $p\neq 1$ 时，

$$\int_1^{+\infty}\frac{1}{x^p}\mathrm{d}x=\lim_{d\to+\infty}\int_1^d\frac{1}{x^p}\mathrm{d}x=\lim_{d\to+\infty}\frac{1}{1-p}(d^{1-p}-1)$$
$$=\begin{cases}\dfrac{1}{p-1}, & p>1,\\ +\infty, & p<1.\end{cases}$$

设 $(a,c]\subset\mathbf{R}$ 为一区间，$f:(a,c]\to\mathbf{R}$ 为一元函数，且 $\lim\limits_{x\to a^+}f(x)=\pm\infty$. 若 $\forall d'\in$

$(a,c]$，$f:(a,c]\to\mathbf{R}$ 在 $[d',c]$ 上 Riemann 可积，则称 $\lim\limits_{d'\to a^+}\int_{d'}^c f(x)\mathrm{d}x$ 为 $f:(a,c]\to\mathbf{R}$ 在

$(a,c]$ 上的**广义积分**，记为 $\int_{a^+}^c f(x)\mathrm{d}x$，即

$$\int_{a^+}^{c} f(x)\mathrm{d}x = \lim_{d' \to a^+} \int_{d'}^{c} f(x)\mathrm{d}x .$$

若 $\displaystyle\lim_{d' \to a^+} \int_{d'}^{c} f(x)\mathrm{d}x$ 存在且有限，则称 $\displaystyle\int_{a^+}^{c} f(x)\mathrm{d}x$ **收敛**. 若 $\displaystyle\lim_{d' \to a^+} \int_{d'}^{c} f(x)\mathrm{d}x$ 不存在或

为 $\pm\infty$，则称 $\displaystyle\int_{a^+}^{c} f(x)\mathrm{d}x$ **发散**.

若 $\forall d' \in (-\infty, c]$，$f:(-\infty, c] \to \mathbf{R}$ 在 $[d', c]$ 上 Riemann 可积，则称 $\displaystyle\lim_{d' \to -\infty} \int_{d'}^{c} f(x)\mathrm{d}x$

为 $f:(-\infty, c] \to \mathbf{R}$ 在 $(-\infty, c]$ 上的**广义积分**，记为 $\displaystyle\int_{-\infty}^{c} f(x)\mathrm{d}x$，即

$$\int_{-\infty}^{c} f(x)\mathrm{d}x = \lim_{d' \to -\infty} \int_{d'}^{c} f(x)\mathrm{d}x .$$

若 $\displaystyle\lim_{d' \to -\infty} \int_{d'}^{c} f(x)\mathrm{d}x$ 存在且有限，则称 $\displaystyle\int_{-\infty}^{c} f(x)\mathrm{d}x$ **收敛**. 若 $\displaystyle\lim_{d' \to -\infty} \int_{d'}^{c} f(x)\mathrm{d}x$ 不存在或

为 $\pm\infty$，则称 $\displaystyle\int_{-\infty}^{c} f(x)\mathrm{d}x$ **发散**.

设 $(a, b) \subset \mathbf{R}$ 为一区间，$f:(a, b) \to \mathbf{R}$ 为一元函数，且 $\displaystyle\lim_{x \to a^+} f(x) = \pm\infty$，$\displaystyle\lim_{x \to b^-} f(x)$
$= \pm\infty$. 若 $\forall [\alpha, \beta] \subset (a, b)$，$f:(a, b) \to \mathbf{R}$ 在 $[\alpha, \beta]$ 上 Riemann 可积，取 $c \in (a, b)$，则称

$\displaystyle\lim_{\alpha \to a^+} \int_{\alpha}^{c} f(x)\mathrm{d}x + \lim_{\beta \to b^-} \int_{c}^{\beta} f(x)\mathrm{d}x$ 为 $f:(a, b) \to \mathbf{R}$ 在 (a, b) 上的 **广 义 积 分**，记为

$\displaystyle\int_{a^+}^{b^-} f(x)\mathrm{d}x$，即

$$\int_{a^+}^{b^-} f(x)\mathrm{d}x = \lim_{\alpha \to a^+} \int_{\alpha}^{c} f(x)\mathrm{d}x + \lim_{\beta \to b^-} \int_{c}^{\beta} f(x)\mathrm{d}x .$$

若 $\displaystyle\lim_{\alpha \to a^+} \int_{\alpha}^{c} f(x)\mathrm{d}x, \lim_{\beta \to b^-} \int_{c}^{\beta} f(x)\mathrm{d}x$ 均 存 在 且 有 限，则称 $\displaystyle\int_{a^+}^{b^-} f(x)\mathrm{d}x$ **收 敛**. 若

$\displaystyle\lim_{\alpha \to a^+} \int_{\alpha}^{c} f(x)\mathrm{d}x, \lim_{\beta \to b^-} \int_{c}^{\beta} f(x)\mathrm{d}x$ 之一不存在或为 $\pm\infty$，则称 $\displaystyle\int_{a^+}^{b^-} f(x)\mathrm{d}x$ **发散**.

若 $\forall [\alpha, \beta] \subset \mathbf{R}$，$f:(-\infty, +\infty) \to \mathbf{R}$ 在 $[\alpha, \beta]$ 上 Riemann 可积，取 $c \in (-\infty, +\infty)$，

则称 $\displaystyle\lim_{\alpha \to -\infty} \int_{\alpha}^{c} f(x)\mathrm{d}x + \lim_{\beta \to +\infty} \int_{c}^{\beta} f(x)\mathrm{d}x$ 为 $f:(-\infty, +\infty) \to \mathbf{R}$ 在 $(-\infty, +\infty)$ 上的**广义**

积分，记为 $\displaystyle\int_{-\infty}^{+\infty} f(x)\mathrm{d}x$，即

$$\int_{-\infty}^{+\infty} f(x)\mathrm{d}x = \lim_{\alpha \to -\infty} \int_{\alpha}^{c} f(x)\mathrm{d}x + \lim_{\beta \to +\infty} \int_{c}^{\beta} f(x)\mathrm{d}x .$$

若 $\lim\limits_{\alpha \to -\infty} \int_\alpha^c f(x)\mathrm{d}x,\ \lim\limits_{\beta \to +\infty} \int_c^\beta f(x)\mathrm{d}x$ 均存在且有限，则称 $\int_{-\infty}^{+\infty} f(x)\mathrm{d}x$ **收敛**. 若

$\lim\limits_{\alpha \to -\infty} \int_\alpha^c f(x)\mathrm{d}x,\ \lim\limits_{\beta \to +\infty} \int_c^\beta f(x)\mathrm{d}x$ 之一不存在或为 $\pm\infty$，则称 $\int_{-\infty}^{+\infty} f(x)\mathrm{d}x$ **发散**.

例 2 求积分：（1）$\int_{(-1)^+}^{1^-} \dfrac{1}{\sqrt{1-x^2}}\mathrm{d}x$；（2）$\int_{-\infty}^{+\infty} \dfrac{1+x}{1+x^2}\mathrm{d}x$.

解 （1）$\int_{(-1)^+}^{1^-} \dfrac{1}{\sqrt{1-x^2}}\mathrm{d}x = \lim\limits_{\alpha \to (-1)^+} \int_\alpha^0 \dfrac{1}{\sqrt{1-x^2}}\mathrm{d}x + \lim\limits_{\beta \to 1^-} \int_0^\beta \dfrac{1}{\sqrt{1-x^2}}\mathrm{d}x$

$\qquad = \lim\limits_{\alpha \to (-1)^+} (-\arcsin\alpha) + \lim\limits_{\beta \to 1^-} \arcsin\beta$

$\qquad = \dfrac{\pi}{2} + \dfrac{\pi}{2} = \pi.$

（2）由于

$$\int_{-\infty}^{+\infty} \dfrac{1+x}{1+x^2}\mathrm{d}x = \lim\limits_{\alpha \to -\infty} \int_\alpha^0 \dfrac{1+x}{1+x^2}\mathrm{d}x + \lim\limits_{\beta \to +\infty} \int_0^\beta \dfrac{1+x}{1+x^2}\mathrm{d}x$$

$$= \lim\limits_{\alpha \to -\infty}\left(-\arctan\alpha - \dfrac{1}{2}\ln(1+\alpha^2)\right)$$

$$+ \lim\limits_{\beta \to +\infty}\left(\arctan\beta + \dfrac{1}{2}\ln(1+\beta^2)\right),$$

而上述极限不存在，因此，$\int_{-\infty}^{+\infty} \dfrac{1+x}{1+x^2}\mathrm{d}x$ 发散.

设 $(a,b) \subset \mathbf{R}$ 为一区间，$f:(a,b) \to \mathbf{R}$ 为一元函数. 若 $\forall \varepsilon > 0$，$f:(a,b) \to \mathbf{R}$ 在 $[a+\varepsilon,b-\varepsilon]$ 上 Riemann 可积，则称 $\lim\limits_{\varepsilon \to 0^+} \int_{a+\varepsilon}^{b-\varepsilon} f(x)\mathrm{d}x$ 为 $f:(a,b) \to \mathbf{R}$ 在 (a,b) 上的**广义积分主值**，记为 $\mathrm{p}\int_{a^+}^{b^-} f(x)\mathrm{d}x$，即

$$\mathrm{p}\int_{a^+}^{b^-} f(x)\mathrm{d}x = \lim\limits_{\varepsilon \to 0^+} \int_{a+\varepsilon}^{b-\varepsilon} f(x)\mathrm{d}x.$$

若 $\lim\limits_{\varepsilon \to 0^+} \int_{a+\varepsilon}^{b-\varepsilon} f(x)\mathrm{d}x$ 存在且有限，则称 $\mathrm{p}\int_{a^+}^{b^-} f(x)\mathrm{d}x$ **收敛**. 若 $\lim\limits_{\varepsilon \to 0^+} \int_{a+\varepsilon}^{b-\varepsilon} f(x)\mathrm{d}x$ 不存在或为 $\pm\infty$，则称 $\mathrm{p}\int_{a^+}^{b^-} f(x)\mathrm{d}x$ **发散**.

设 $f:(-\infty,+\infty) \to \mathbf{R}$ 为一元函数. 若 $\forall d > 0$，$f:(-\infty,+\infty) \to \mathbf{R}$ 在 $[-d,d]$ 上 Riemann 可积，则称 $\lim\limits_{d \to +\infty} \int_{-d}^d f(x)\mathrm{d}x$ 为 $f:(-\infty,+\infty) \to \mathbf{R}$ 在 $(-\infty,+\infty)$ 上的**广义积分主值**，记为 $\mathrm{p}\int_{-\infty}^{+\infty} f(x)\mathrm{d}x$，即

$$\mathrm{p}\int_{-\infty}^{+\infty}f(x)\mathrm{d}x=\lim_{d\to+\infty}\int_{-d}^{d}f(x)\mathrm{d}x\,.$$

若 $\displaystyle\lim_{d\to+\infty}\int_{-d}^{d}f(x)\mathrm{d}x$ 存在且有限，则称 $\mathrm{p}\displaystyle\int_{-\infty}^{+\infty}f(x)\mathrm{d}x$ **收敛**. 若 $\displaystyle\lim_{d\to+\infty}\int_{-d}^{d}f(x)\mathrm{d}x$ 不存在或为 $\pm\infty$，则称 $\mathrm{p}\displaystyle\int_{-\infty}^{+\infty}f(x)\mathrm{d}x$ **发散**.

由上述定义可知，若 $\displaystyle\int_{a^+}^{b^-}f(x)\mathrm{d}x$ 收敛，则 $\mathrm{p}\displaystyle\int_{a^+}^{b^-}f(x)\mathrm{d}x$ 收敛，且

$$\mathrm{p}\int_{a^+}^{b^-}f(x)\mathrm{d}x=\int_{a^+}^{b^-}f(x)\mathrm{d}x\,.$$

例如，$\mathrm{p}\displaystyle\int_{(-1)^+}^{1^-}\frac{1}{\sqrt{1-x^2}}\mathrm{d}x=\lim_{\varepsilon\to0^+}\int_{(-1)+\varepsilon}^{1-\varepsilon}\frac{1}{\sqrt{1-x^2}}\mathrm{d}x=\pi=\int_{(-1)^+}^{1^-}\frac{1}{\sqrt{1-x^2}}\mathrm{d}x\,.$

例 3　求 $\mathrm{p}\displaystyle\int_{-\infty}^{+\infty}\frac{1+x}{1+x^2}\mathrm{d}x\,.$

解　$\mathrm{p}\displaystyle\int_{-\infty}^{+\infty}\frac{1+x}{1+x^2}\mathrm{d}x=\lim_{d\to+\infty}\int_{-d}^{d}\frac{1+x}{1+x^2}\mathrm{d}x$

$$=\lim_{d\to+\infty}\left(\arctan x\Big|_{-d}^{d}+\frac{1}{2}\ln(1+x^2)\Big|_{-d}^{d}\right)$$

$$=\lim_{d\to+\infty}(2\arctan d)$$

$$=\pi.$$

性质 2.58　设 $[a,b]\subset\mathbf{R}$ 为一区间，$f:[a,b)\to\mathbf{R}$ 为一元函数. $f:[a,b)\to\mathbf{R}$ 在 $[a,b)$ 上的广义积分 $\displaystyle\int_a^{b^-}f(x)\mathrm{d}x$ 收敛当且仅当 $\forall\varepsilon>0$，$\exists B\geqslant a$，$\forall u,v\in[B,b)$，有

$$\left|\int_u^v f(x)\mathrm{d}x\right|<\varepsilon.$$

性质 2.59　设 $[a,b]\subset\mathbf{R}$ 为一区间，$f,g:[a,b)\to\mathbf{R}$ 为两一元函数. 若 $f,g:[a,b)\to\mathbf{R}$ 在 $[a,b)$ 上的广义积分 $\displaystyle\int_a^{b^-}f(x)\mathrm{d}x,\int_a^{b^-}g(x)\mathrm{d}x$ 收敛，则

（1）　$\displaystyle\int_a^{b^-}(f(x)+g(x))\mathrm{d}x$ 收敛，且有

$$\int_a^{b^-}(f(x)+g(x))\mathrm{d}x=\int_a^{b^-}f(x)\mathrm{d}x+\int_a^{b^-}g(x)\mathrm{d}x\,;$$

（2）$\forall c\in\mathbf{R}$，$\displaystyle\int_a^{b^-}cf(x)\mathrm{d}x$ 收敛，且有

$$\int_a^{b^-}cf(x)\mathrm{d}x=c\int_a^{b^-}f(x)\mathrm{d}x\,.$$

性质 2.60 设 $\varphi:[\alpha,\beta)\to\mathbf{R}$ 在 $[\alpha,\beta)$ 上是 C^1 类的. 若 $\exists I\subset\mathbf{R}$, 使得 $\varphi([\alpha,\beta))\subseteq I$, $f:I\to\mathbf{R}$ 在 I 上连续, 则 $\displaystyle\int_\alpha^{\beta^-}f(\varphi(t))\varphi'(t)\mathrm{d}t$ 收敛当且仅当 $\displaystyle\lim_{s\to\beta^-}\int_{\varphi(\alpha)}^{\varphi(s)}f(x)\mathrm{d}x$ 存在且有限, 并有

$$\int_\alpha^{\beta^-}f(\varphi(t))\varphi'(t)\mathrm{d}t=\lim_{s\to\beta^-}\int_{\varphi(\alpha)}^{\varphi(s)}f(x)\mathrm{d}x\,.$$

性质 2.61 设 $u,v:[a,b)\to\mathbf{R}$ 在 $[a,b)$ 上是 C^1 类的. 若 $\displaystyle\int_a^{b^-}u(x)v'(x)\mathrm{d}x$ 收敛, 且 $\displaystyle\lim_{x\to b^-}u(x)v(x)$ 存在且有限, 则 $\displaystyle\int_a^{b^-}u'(x)v(x)\mathrm{d}x$ 收敛, 且

$$\int_a^{b^-}u'(x)v(x)\mathrm{d}x=\lim_{x\to b^-}u(x)v(x)-u(a)v(a)-\int_a^{b^-}u(x)v'(x)\mathrm{d}x\,.$$

例 4 求 $\displaystyle\int_0^{+\infty}\frac{\arctan x}{(1+x^2)^{3/2}}\mathrm{d}x$.

解 令 $x=\varphi(t)=\tan t$, 则 $\varphi\left(\left[0,\frac{\pi}{2}\right)\right)=[0,+\infty)$. 由于 $\forall x\in[0,+\infty)$, $f(x)=\dfrac{\arctan x}{(1+x^2)^{3/2}}$ 在 $[0,+\infty)$ 上连续, 由性质 2.60,

$$\int_0^{+\infty}\frac{\arctan x}{(1+x^2)^{3/2}}\mathrm{d}x=\int_0^{\frac{\pi}{2}}\frac{t}{(1+\tan^2 t)^{3/2}}\sec^2 t\ \mathrm{d}t=\int_0^{\frac{\pi}{2}}t\ \cos t\ \mathrm{d}t$$

$$=(t\sin t+\cos t)\Big|_0^{\frac{\pi}{2}}=\frac{\pi}{2}-1\,.$$

性质 2.62 设 $[a,b)\subset\mathbf{R}$ 为一区间, $f,g:[a,b)\to\mathbf{R}$ 为两一元函数, 且 $\forall x\in[a,b)$, $0\le f(x)\le g(x)$. 若 $\displaystyle\int_a^{b^-}g(x)\mathrm{d}x$ 收敛, 则 $\displaystyle\int_a^{b^-}f(x)\mathrm{d}x$ 收敛. 若 $\displaystyle\int_a^{b^-}f(x)\mathrm{d}x$ 发散, 则 $\displaystyle\int_a^{b^-}g(x)\mathrm{d}x$ 发散.

性质 2.63 设 $[a,b)\subset\mathbf{R}$ 为一区间, $f,g:[a,b)\to\mathbf{R}$ 为两一元函数, 且 $\forall x\in[a,b)$, 有 $f(x)\ge 0$, $g(x)\ge 0$. 若 $x\to b^-$ 时 $f(x)\sim g(x)$, 即 $\exists h:[a,b)\to\mathbf{R}$, 使得 $\forall x\in[a,b)$, $f(x)=h(x)g(x)$, 且 $\displaystyle\lim_{x\to b^-}h(x)=1$, 则 $\displaystyle\int_a^{b^-}f(x)\mathrm{d}x$ 和 $\displaystyle\int_a^{b^-}g(x)\mathrm{d}x$ 有相同的敛散性.

设 $[a,b)\subset\mathbf{R}$ 为一区间, $f:[a,b)\to\mathbf{R}$ 为一元函数. 若 $\displaystyle\int_a^{b^-}\big|f(x)\big|\mathrm{d}x$ 收敛, 则称

$\displaystyle\int_a^{b^-} f(x)\mathrm{d}x$ **绝对收敛**. 若 $\displaystyle\int_a^{b^-} \big|f(x)\big|\mathrm{d}x$ 发散, 而 $\displaystyle\int_a^{b^-} f(x)\mathrm{d}x$ 收敛, 则称 $\displaystyle\int_a^{b^-} f(x)\mathrm{d}x$ **条件收敛**.

性质 2.64　设 $[a,b)\subset\mathbf{R}$ 为一区间, $f:[a,b)\to\mathbf{R}$ 为一元函数. 若 $\displaystyle\int_a^{b^-} f(x)\mathrm{d}x$ 绝对收敛, 则 $\displaystyle\int_a^{b^-} f(x)\mathrm{d}x$ 收敛.

例 5　判断 $\displaystyle\int_1^{+\infty}\frac{\sin x}{x^2}\mathrm{d}x$ 和 $\displaystyle\int_1^{+\infty}\frac{\cos x}{x^2}\mathrm{d}x$ 的敛散性.

解　由于 $\left|\dfrac{\sin x}{x^2}\right|\le\dfrac{1}{x^2}$, 且 $\displaystyle\int_1^{+\infty}\frac{1}{x^2}\mathrm{d}x$ 收敛, 由性质 2.62 知, $\displaystyle\int_1^{+\infty}\left|\frac{\sin x}{x^2}\right|\mathrm{d}x$ 收敛, 故 $\displaystyle\int_1^{+\infty}\frac{\sin x}{x^2}\mathrm{d}x$ 绝对收敛. 再由性质 2.64 知, $\displaystyle\int_1^{+\infty}\frac{\sin x}{x^2}\mathrm{d}x$ 收敛. 类似地, 可知 $\displaystyle\int_1^{+\infty}\frac{\cos x}{x^2}\mathrm{d}x$ 收敛.

例 6　判断 $\displaystyle\int_a^{+\infty}\frac{\sin x}{x}\mathrm{d}x\,(a>0)$ 的敛散性. 若收敛, 请指出是条件收敛还是绝对收敛.

解　由于

$$\int_a^{+\infty}\frac{\sin x}{x}\mathrm{d}x=\lim_{b\to+\infty}\int_a^{b}\frac{\sin x}{x}\mathrm{d}x=\lim_{b\to+\infty}\left(\frac{\cos a}{a}-\frac{\cos b}{b}-\int_a^{b}\frac{\cos x}{x^2}\mathrm{d}x\right)$$

$$=\frac{\cos a}{a}-\int_a^{+\infty}\frac{\cos x}{x^2}\mathrm{d}x,$$

且由例 5 的证明可知 $\displaystyle\int_a^{+\infty}\frac{\cos x}{x^2}\mathrm{d}x\,(a>0)$ 收敛, 故 $\displaystyle\int_a^{+\infty}\frac{\sin x}{x}\mathrm{d}x\,(a>0)$ 收敛.

用反证法可证明 $\displaystyle\int_a^{+\infty}\left|\frac{\sin x}{x}\right|\mathrm{d}x\,(a>0)$ 发散. 假设 $\displaystyle\int_a^{+\infty}\left|\frac{\sin x}{x}\right|\mathrm{d}x\,(a>0)$ 收敛, 由于 $x>a$ 时 $\left|\dfrac{\sin x}{x}\right|\ge\dfrac{\sin^2 x}{x}$, 由性质 2.62 可知 $\displaystyle\int_a^{+\infty}\frac{\sin^2 x}{x}\mathrm{d}x\,(a>0)$ 收敛. 而 $\dfrac{\sin^2 x}{x}=\dfrac{1-\cos 2x}{2x}$, 即

$$\frac{1}{2x}=\frac{\sin^2 x}{x}+\frac{\cos 2x}{2x},$$

类似上述证明可知 $\displaystyle\int_a^{+\infty}\frac{\cos 2x}{2x}\mathrm{d}x\,(a>0)$ 收敛, 于是由性质 2.59 知 $\displaystyle\int_a^{+\infty}\frac{1}{2x}\mathrm{d}x\,(a>0)$

收敛，导致矛盾. 因此 $\int_a^{+\infty} \left| \dfrac{\sin x}{x} \right| \mathrm{d}x \, (a > 0)$ 发散. 故 $\int_a^{+\infty} \dfrac{\sin x}{x} \mathrm{d}x \, (a > 0)$ 是条件收敛的.

定理 2.26 设 $[a,b) \subset \mathbf{R}$ 为一区间，$f:[a,b) \to \mathbf{R}$ 在 $[a,b)$ 上连续，$g:[a,b) \to \mathbf{R}$ 在 $[a,b)$ 上是 C^1 类的. 若 $\int_a^{b^-} |g'(x)| \mathrm{d}x$ 收敛，$F(c) = \int_a^c f(x)\mathrm{d}x$ 在 $[a,b)$ 上有界，以及 $\lim\limits_{x \to b^-} g(x)F(x)$ 存在且有限，则 $\int_a^{b^-} f(x)g(x)\mathrm{d}x$ 收敛.

定理 2.27 (Abel 判别法) 设 $[a,b) \subset \mathbf{R}$ 为一区间，$f:[a,b) \to \mathbf{R}$ 在 $[a,b)$ 上连续，$g:[a,b) \to \mathbf{R}$ 在 $[a,b)$ 上是 C^1 类的. 若 $\int_a^{b^-} f(x)\mathrm{d}x$ 收敛，$g:[a,b) \to \mathbf{R}$ 在 $[a,b)$ 上单调下降且有下界，则 $\int_a^{b^-} f(x)g(x)\mathrm{d}x$ 收敛.

定理 2.28 (Dirichlet 判别法) 设 $[a,b) \subset \mathbf{R}$ 为一区间，$f:[a,b) \to \mathbf{R}$ 在 $[a,b)$ 上连续，$g:[a,b) \to \mathbf{R}$ 在 $[a,b)$ 上是 C^1 类的. 若 $F(c) = \int_a^c f(x)\mathrm{d}x$ 在 $[a,b)$ 上有界，$g:[a,b) \to \mathbf{R}$ 在 $[a,b)$ 上单调下降且下界为零，则 $\int_a^{b^-} f(x)g(x)\mathrm{d}x$ 收敛.

例 7 判断 $\int_0^{+\infty} \sin x^2 \, \mathrm{d}x$ 的敛散性.

解 设两函数如下：

$$f:[1,+\infty) \to \mathbf{R}, \quad \forall y \in [1,+\infty), \quad f(y) = \sin y,$$

$$g:[1,+\infty) \to \mathbf{R}, \quad \forall y \in [1,+\infty), \quad g(y) = \frac{1}{\sqrt{y}},$$

可知 $f:[1,+\infty) \to \mathbf{R}$ 在 $[1,+\infty)$ 上连续，$g:[1,+\infty) \to \mathbf{R}$ 在 $[1,+\infty)$ 上是 C^1 类的，并且 $\forall c \in [1,+\infty)$，

$$\left| \int_1^c f(y)\mathrm{d}y \right| = \left| \int_1^c \sin y \, \mathrm{d}y \right| = |\cos 1 - \cos c| \le 2,$$

以及 $g:[1,+\infty) \to \mathbf{R}$ 在 $[1,+\infty)$ 上单调下降，$\lim\limits_{y \to +\infty} g(y) = \lim\limits_{y \to +\infty} \dfrac{1}{\sqrt{y}} = 0$. 由定理 2.28 可知，$\int_1^{+\infty} f(y)g(y)\mathrm{d}y = \int_1^{+\infty} \dfrac{\sin y}{\sqrt{y}} \mathrm{d}y$ 收敛. 令 $y = x^2$，由性质 2.60 有

$$\int_1^{+\infty} \frac{\sin y}{\sqrt{y}} \mathrm{d}y = \int_1^{+\infty} \frac{\sin x^2}{x} \cdot 2x \, \mathrm{d}x = 2 \int_1^{+\infty} \sin x^2 \, \mathrm{d}x.$$

因此 $\displaystyle\int_1^{+\infty}\sin x^2\,\mathrm{d}x$ 收敛. 于是

$$\int_0^{+\infty}\sin x^2\,\mathrm{d}x=\int_0^1\sin x^2\,\mathrm{d}x+\int_1^{+\infty}\sin x^2\,\mathrm{d}x$$

收敛.

例 8　求 $\displaystyle\int_0^{+\infty}\mathrm{e}^{-x^2}\,\mathrm{d}x$.

解　令 $I=\displaystyle\int_0^a\mathrm{e}^{-x^2}\,\mathrm{d}x\,(a>0)$, 则

$$I^2=\int_0^a\mathrm{e}^{-x^2}\,\mathrm{d}x\int_0^a\mathrm{e}^{-y^2}\,\mathrm{d}y=\iint\limits_{[0,a]\times[0,a]}\mathrm{e}^{-x^2-y^2}\,\mathrm{d}x\,\mathrm{d}y.$$

设

$$D_1=\left\{(r,\theta)\in\mathbf{R}^2\,\middle|\,0\le r\le a,\ 0\le\theta\le\frac{\pi}{2}\right\},$$

$$D_2=\left\{(r,\theta)\in\mathbf{R}^2\,\middle|\,0\le r\le\sqrt{2}a,\ 0\le\theta\le\frac{\pi}{2}\right\},$$

则

$$\iint\limits_{D_1}\mathrm{e}^{-r^2}\,r\,\mathrm{d}r\,\mathrm{d}\theta\le I^2\le\iint\limits_{D_2}\mathrm{e}^{-r^2}\,r\,\mathrm{d}r\,\mathrm{d}\theta.$$

因为

$$\iint\limits_{D_1}\mathrm{e}^{-r^2}\,r\,\mathrm{d}r\,\mathrm{d}\theta=\int_0^{\frac{\pi}{2}}\mathrm{d}\theta\int_0^a\mathrm{e}^{-r^2}r\,\mathrm{d}r=\frac{\pi}{4}(1-\mathrm{e}^{-a^2}),$$

$$\iint\limits_{D_2}\mathrm{e}^{-r^2}\,r\,\mathrm{d}r\,\mathrm{d}\theta=\int_0^{\frac{\pi}{2}}\mathrm{d}\theta\int_0^{\sqrt{2}a}\mathrm{e}^{-r^2}r\,\mathrm{d}r=\frac{\pi}{4}(1-\mathrm{e}^{-2a^2}),$$

所以 $\dfrac{\pi}{4}(1-\mathrm{e}^{-a^2})\le I^2\le\dfrac{\pi}{4}(1-\mathrm{e}^{-2a^2})$, 由性质 1.13 知 $\displaystyle\lim_{a\to+\infty}I^2=\frac{\pi}{4}$. 故

$$\int_0^{+\infty}\mathrm{e}^{-x^2}\,\mathrm{d}x=\frac{\sqrt{\pi}}{2}.$$

2. 含参量的 Riemann 积分

设 $[a,b]\subset\mathbf{R}$ 为一区间, (X,d) 为一度量空间, $f:[a,b]\times X\to\mathbf{R}$ 为 $[a,b]\times X$ 上的连续函数, 则 $\forall\boldsymbol{y}\in X$, $f(x,\boldsymbol{y})$ 在 $x\in[a,b]$ 上连续. 因此 $f(x,\boldsymbol{y})$ 在 $[a,b]$ 上 Riemann 可积, 称 $f(x,\boldsymbol{y})$ 在 $[a,b]$ 上的 Riemann 积分为**含参量的 Riemann 积分**, 记为 $\displaystyle\int_a^b f(x,\boldsymbol{y})\mathrm{d}x$. 由含参量的 Riemann 积分可以定义一个函数

$$F: X \to \mathbf{R}, \quad \forall \boldsymbol{y} \in X, \quad F(\boldsymbol{y}) = \int_a^b f(x, \boldsymbol{y}) \mathrm{d}x.$$

性质 2.65 设 $[a,b] \subset \mathbf{R}$ 为一区间，(X,d) 为一度量空间，$f:[a,b] \times X \to \mathbf{R}$ 为 $[a,b] \times X$ 上的连续函数，则有如下性质：

（1）函数 $F: X \to \mathbf{R}$，$\forall \boldsymbol{y} \in X$，$F(\boldsymbol{y}) = \int_a^b f(x, \boldsymbol{y}) \mathrm{d}x$ 在 X 上连续；

（2）函数 $G: [a,b] \times [a,b] \times X \to \mathbf{R}$，$\forall (u,v,\boldsymbol{y}) \in [a,b] \times [a,b] \times X$，$G(u,v,\boldsymbol{y}) = \int_u^v f(x, \boldsymbol{y}) \mathrm{d}x$ 在 $[a,b] \times [a,b] \times X$ 上连续；

（3）若 $u,v: X \to [a,b]$ 在 X 上连续，则 $H: X \to \mathbf{R}$，$\forall \boldsymbol{y} \in X$，$H(\boldsymbol{y}) = \int_{u(\boldsymbol{y})}^{v(\boldsymbol{y})} f(x, \boldsymbol{y}) \mathrm{d}x$ 在 X 上连续.

性质 2.66 设 $I \subset \mathbf{R}$ 为一开集. 若 $f:[a,b] \times I \to \mathbf{R}$ 和 $\dfrac{\partial f}{\partial y}:[a,b] \times I \to \mathbf{R}$ 在 $[a,b] \times I$ 上连续，则 $F: I \to \mathbf{R}$，$\forall y \in I$，$F(y) = \int_a^b f(x,y) \mathrm{d}x$ 在 I 上是 C^1 类的，且

$$\frac{\mathrm{d}F(y)}{\mathrm{d}y} = \int_a^b \frac{\partial f}{\partial y}(x,y) \mathrm{d}x, \quad y \in I.$$

例 9 求 $I_n(a) = \int_0^1 \dfrac{1}{(x^2 + a^2)^n} \mathrm{d}x \quad (a > 0)$.

解 设 $f(x,a) = \dfrac{1}{(x^2 + a^2)^n}$，可知 $f(x,a)$ 在 $[0,1] \times (0, +\infty)$ 上连续，且

$$\frac{\partial f}{\partial a}(x,a) = -\frac{2na}{(x^2 + a^2)^{n+1}}$$

在 $[0,1] \times (0, +\infty)$ 上连续. 由性质 2.66 知 $I_n(a) = \int_0^1 \dfrac{1}{(x^2 + a^2)^n} \mathrm{d}x$ 在 $(0, +\infty)$ 上是 C^1 类的，且

$$I_n'(a) = -\int_0^1 \frac{2na}{(x^2 + a^2)^{n+1}} \mathrm{d}x = -2na I_{n+1}(a).$$

因此

$$I_n(a) = -\frac{I_{n-1}'(a)}{2(n-1)a}, \quad a > 0.$$

由于 $I_1(a) = \int_0^1 \dfrac{1}{x^2 + a^2} \mathrm{d}x = \dfrac{1}{a} \arctan \dfrac{1}{a}$，由上述递推式依次求导可得 $I_2(a)$，$I_3(a), \cdots$.

性质 2.67　设 $[a,b],[c,d]\subset\mathbf{R}$ 为有限闭区间. 若 $f:[a,b]\times[c,d]\to\mathbf{R}$ 在 $[a,b]\times[c,d]$ 上连续，则 $F:[c,d]\to\mathbf{R}$，$\forall y\in[c,d]$，$F(y)=\displaystyle\int_a^b f(x,y)\mathrm{d}x$ 在 $[c,d]$ 上 Riemann 可积，且

$$\int_c^d F(y)\mathrm{d}y=\int_c^d\int_a^b f(x,y)\mathrm{d}x\,\mathrm{d}y=\int_a^b\int_c^d f(x,y)\mathrm{d}y\,\mathrm{d}x.$$

3. 含参量的广义积分

设 $[a,b)\subset\mathbf{R}$ 为一区间，(X,d) 为一度量空间，$f:[a,b)\times X\to\mathbf{R}$ 在 $[a,b)\times X$ 上连续. 若 $\forall y\in X$，$\forall c\in[a,b)$，$f(x,y)$ 在 $x\in[a,c]$ 上 Riemann 可积，则称 $\displaystyle\lim_{c\to b^-}\int_a^c f(x,y)\mathrm{d}x$ 为**含参量的广义积分**，记为 $\displaystyle\int_a^{b^-}f(x,y)\mathrm{d}x$. 若 $\forall y\in X$，$\displaystyle\int_a^{b^-}f(x,y)\mathrm{d}x$ 均收敛，则称 $\displaystyle\int_a^{b^-}f(x,y)\mathrm{d}x$ 在 X 上**收敛**，记为

$$F(y)=\int_a^{b^-}f(x,y)\mathrm{d}x,\quad y\in X.$$

若 $\forall\varepsilon>0$，$\exists B\ge a$，使得 $\forall u\in[B,b)$，$\forall y\in X$，有

$$\left|\int_a^u f(x,y)\mathrm{d}x-F(y)\right|<\varepsilon,$$

则称 $\displaystyle\int_a^{b^-}f(x,y)\mathrm{d}x$ 在 X 上**一致收敛**.

性质 2.68　设 $[a,b)\subset\mathbf{R}$ 为一区间，(X,d) 为一度量空间，$f:[a,b)\times X\to\mathbf{R}$ 在 $[a,b)\times X$ 上连续. $\displaystyle\int_a^{b^-}f(x,y)\mathrm{d}x$ 在 X 上一致收敛当且仅当 $\forall\varepsilon>0$，$\exists B\ge a$，使得 $\forall u,v\in[B,b)$，$\forall y\in X$，有 $\left|\displaystyle\int_u^v f(x,y)\mathrm{d}x\right|<\varepsilon$.

性质 2.69　设 $[a,b)\subset\mathbf{R}$ 为一区间，(X,d) 为一度量空间，$f:[a,b)\times X\to\mathbf{R}$ 在 $[a,b)\times X$ 上连续. 若 $\exists\varphi:[a,b)\to\mathbf{R}^+$，使得 $\forall(x,y)\in[a,b)\times X$ 有

$$\left|f(x,y)\right|\le\varphi(x),$$

且 $\displaystyle\int_a^{b^-}\varphi(x)\mathrm{d}x$ 收敛，则 $\displaystyle\int_a^{b^-}f(x,y)\mathrm{d}x$ 在 X 上一致收敛.

定理 2.29 (Abel 判别法)　设 $[a,b)\subset\mathbf{R}$ 为一区间，(X,d) 为一度量空间，$f,g:[a,b)\times X\to\mathbf{R}$ 在 $[a,b)\times X$ 上连续. 若 $\displaystyle\int_a^{b^-}f(x,y)\mathrm{d}x$ 在 X 上一致收敛，且 $\forall y\in X$，$g(x,y)$ 在 $x\in[a,b)$ 上单调、连续可导，以及 $\exists M>0$，$\forall(x,y)\in[a,b)\times X$，有 $\left|g(x,y)\right|\le M$，

则 $\displaystyle\int_a^{b^-} f(x,\boldsymbol{y})g(x,\boldsymbol{y})\mathrm{d}x$ 在 X 上一致收敛.

定理 2.30 (Dirichlet 判别法) 设 $[a,b)\subset\mathbf{R}$ 为一区间，(X,d) 为一度量空间，f,g: $[a,b)\times X\to\mathbf{R}$ 在 $[a,b)\times X$ 上连续. 若 $\exists M>0$，$\forall(u,\boldsymbol{y})\in[a,b)\times X$，有

$$\left|\int_a^u f(x,\boldsymbol{y})\mathrm{d}x\right|\leq M,$$

且 $\forall\boldsymbol{y}\in X$，$g(x,\boldsymbol{y})$ 在 $x\in[a,b)$ 上单调下降、连续可导，以及当 $x\to b^-$ 时，$g(x,\boldsymbol{y})$ 在 X 上一致趋于零，则 $\displaystyle\int_a^{b^-} f(x,\boldsymbol{y})g(x,\boldsymbol{y})\mathrm{d}x$ 在 X 上一致收敛.

例 10 判断 $\displaystyle\int_0^{+\infty}\frac{\mathrm{e}^{-xy}\sin x}{x}\mathrm{d}x$ 在 $y\in[0,+\infty)$ 上的一致收敛性.

解 设

$$f(x,y)=\frac{\sin x}{x}, \quad g(x,y)=\mathrm{e}^{-xy}, \quad (x,y)\in[0,+\infty)\times[0,+\infty).$$

由于 $\displaystyle\int_0^{+\infty} f(x,y)\mathrm{d}x=\int_0^{+\infty}\frac{\sin x}{x}\mathrm{d}x$ 在 $y\in[0,+\infty)$ 上一致收敛，且 $\forall y\geq0$，$g(x,y)=\mathrm{e}^{-xy}$ 在 $x\in[0,+\infty)$ 上单调、连续可导，以及 $\forall(x,y)\in[0,+\infty)\times[0,+\infty)$，

$$|g(x,y)|=\mathrm{e}^{-xy}\leq1,$$

由定理 2.29 知 $\displaystyle\int_0^{+\infty} f(x,y)g(x,y)\mathrm{d}x=\int_0^{+\infty}\frac{\mathrm{e}^{-xy}\sin x}{x}\mathrm{d}x$ 在 $y\in[0,+\infty)$ 上一致收敛.

性质 2.70 设 $[a,b)\subset\mathbf{R}$ 为一区间，(X,d) 为一度量空间，$f:[a,b)\times X\to\mathbf{R}$ 在 $[a,b)\times X$ 上连续. 若 $\displaystyle\int_a^{b^-} f(x,\boldsymbol{y})\mathrm{d}x$ 在 $\boldsymbol{y}\in X$ 上一致收敛，则 $F:X\to\mathbf{R}$，$F(\boldsymbol{y})=\displaystyle\int_a^{b^-} f(x,\boldsymbol{y})\mathrm{d}x$ 在 $\boldsymbol{y}\in X$ 上连续.

例 11 证明：函数 $F:(2,+\infty)\to\mathbf{R}$，$\forall y\in(2,+\infty)$，$F(y)=\displaystyle\int_0^{+\infty}\frac{x}{2+x^y}\mathrm{d}x$ 在 $(2,+\infty)$ 上连续.

证 由于 $\displaystyle\int_0^{+\infty}\frac{x}{2+x^y}\mathrm{d}x$ 在 $y\in(2,+\infty)$ 上不是一致收敛的，故不能应用性质 2.70 直接证明 $F(y)=\displaystyle\int_0^{+\infty}\frac{x}{2+x^y}\mathrm{d}x$ 的连续性. 下面证明 $\forall y_0\in(2,+\infty)$，$F(y)$ 在 $y=y_0$ 处连续. $\forall y_0\in(2,+\infty)$，$\exists u\in(2,+\infty)$，使得 $y_0\in[u,+\infty)$. 首先证明 $\displaystyle\int_0^{+\infty}\frac{x}{2+x^y}\mathrm{d}x$ 在 $y\in[u,+\infty)$ 上一致收敛. 设 $\varphi:[0,+\infty)\to\mathbf{R}^+$，

$$\varphi(x) = \begin{cases} \dfrac{x}{2}, & x \in [0,1), \\[3mm] \dfrac{1}{x^{u-1}}, & x \in [1,+\infty), \end{cases}$$

则 $\forall (x,y) \in [0,+\infty) \times [u,+\infty)$ ，有 $\left| \dfrac{x}{2+x^y} \right| \leqslant \varphi(x)$ ，且 $\displaystyle\int_0^{+\infty} \varphi(x)\mathrm{d}x$ 收敛. 由性质 2.69

知 $\displaystyle\int_0^{+\infty} \dfrac{x}{2+x^y}\mathrm{d}x$ 在 $y \in [u,+\infty)$ 上一致收敛. 其次，由性质 2.70 知 $F(y) =$

$\displaystyle\int_0^{+\infty} \dfrac{x}{2+x^y}\mathrm{d}x$ 在 $y \in [u,+\infty)$ 上连续，故 $F(y)$ 在 $y=y_0$ 处连续.

性质 2.71　设 $I \subset \mathbf{R}$ 为一开集，$f:[a,b) \times I \to \mathbf{R}$ ，$\dfrac{\partial f}{\partial y}:[a,b) \times I \to \mathbf{R}$ 在 $[a,b) \times I$ 上

连续. 若 $\displaystyle\int_a^{b^-} f(x,y)\mathrm{d}x$ 在 $y \in I$ 上收敛，且 $\displaystyle\int_a^{b^-} \dfrac{\partial f}{\partial y}(x,y)\mathrm{d}x$ 在 $y \in I$ 上一致收敛，则

$F(y) = \displaystyle\int_a^{b^-} f(x,y)\mathrm{d}x$ 在 $y \in I$ 上是 C^1 类的，且

$$\frac{\mathrm{d}F(y)}{\mathrm{d}y} = \int_a^{b^-} \frac{\partial f}{\partial y}(x,y)\mathrm{d}x , \quad y \in I .$$

例 12　求 $\displaystyle\int_0^{+\infty} \dfrac{\mathrm{e}^{-xy} \sin x}{x}\mathrm{d}x$ ，$y \in [0,+\infty)$.

解　$\forall y_0 \in (0,+\infty)$ ，$\exists u \in (0,+\infty)$ ，使得 $y_0 \in (u,+\infty)$. 设

$$f(x,y) = \frac{\mathrm{e}^{-xy} \sin x}{x} , \quad (x,y) \in [0,+\infty) \times (u,+\infty) ,$$

则

$$\frac{\partial f}{\partial y}(x,y) = -\mathrm{e}^{-xy} \sin x , \quad (x,y) \in [0,+\infty) \times (u,+\infty) .$$

首先证明 $\displaystyle\int_0^{+\infty} \dfrac{\partial f}{\partial y}(x,y)\mathrm{d}x$ 在 $y \in (u,+\infty)$ 上一致收敛. 设 $\varphi:[0,+\infty) \to \mathbf{R}^+$ ，

$$\varphi(x) = \mathrm{e}^{-ux} , \quad x \in [0,+\infty) .$$

由于 $\forall (x,y) \in [0,+\infty) \times (u,+\infty)$ ，有 $\left| \dfrac{\partial f}{\partial y}(x,y) \right| = \left| -\mathrm{e}^{-xy} \sin x \right| \leqslant \mathrm{e}^{-ux}$ ，且

$$\int_0^{+\infty} \varphi(x)\mathrm{d}x = \int_0^{+\infty} \mathrm{e}^{-ux}\mathrm{d}x = \frac{1}{u}$$

收敛，故由性质 2.69 可知，$\displaystyle\int_0^{+\infty} \dfrac{\partial f}{\partial y}(x,y)\mathrm{d}x$ 在 $y \in (u,+\infty)$ 上一致收敛. 其次，由于

$f(x,y), \dfrac{\partial f}{\partial y}(x,y)$ 在 $(x,y) \in [0,+\infty) \times (u,+\infty)$ 上连续，且由例 10 可知 $\displaystyle\int_0^{+\infty} f(x,y)\mathrm{d}x =$

$\displaystyle\int_0^{+\infty} \dfrac{\mathrm{e}^{-xy}\sin x}{x}\mathrm{d}x$ 在 $y \in (u,+\infty)$ 上一致收敛，故由性质 2.71 知 $F(y) = \displaystyle\int_0^{+\infty} \dfrac{\mathrm{e}^{-xy}\sin x}{x}\mathrm{d}x$

在 $y \in (u,+\infty)$ 上是 C^1 的，且

$$
\begin{aligned}
F'(y) &= \int_0^{+\infty} -\mathrm{e}^{-xy}\sin x\ \mathrm{d}x = \int_0^{+\infty} \mathrm{e}^{-xy}\mathrm{d}\cos x \\
&= \mathrm{e}^{-xy}\cos x \Big|_0^{+\infty} + y\int_0^{+\infty} \mathrm{e}^{-xy}\cos x\ \mathrm{d}x = -1 + y\int_0^{+\infty} \mathrm{e}^{-xy}\mathrm{d}\sin x \\
&= -1 + y\left(\mathrm{e}^{-xy}\sin x \Big|_0^{+\infty} + y\int_0^{+\infty} \mathrm{e}^{-xy}\sin x\ \mathrm{d}x \right) \\
&= -1 + y^2 \int_0^{+\infty} \mathrm{e}^{-xy}\sin x\ \mathrm{d}x \\
&= -1 - y^2 F'(y),
\end{aligned}
$$

即 $F'(y) = -\dfrac{1}{1+y^2}$. 因此 $F(y) = C - \arctan y$，$y \in (0,+\infty)$. 令 $y \to 0^+$，得

$$
C = \lim_{y\to 0^+} F(y) = \int_0^{+\infty} \frac{\sin x}{x}\mathrm{d}x = \frac{\pi}{2}.
$$

又 $F(0) = \displaystyle\int_0^{+\infty} \dfrac{\sin x}{x}\mathrm{d}x = \dfrac{\pi}{2}$，故

$$
\int_0^{+\infty} \frac{\mathrm{e}^{-xy}\sin x}{x}\mathrm{d}x = \frac{\pi}{2} - \arctan y, \quad y \in [0,+\infty).
$$

性质 2.72 若 $f:[a,b) \times [c,d] \to \mathbf{R}$ 在 $[a,b) \times [c,d]$ 上连续，且 $\displaystyle\int_a^{b^-} f(x,y)\mathrm{d}x$ 在

$y \in [c,d]$ 上一致收敛，则 $F(y) = \displaystyle\int_a^{b^-} f(x,y)\mathrm{d}x$ 在 $y \in [c,d]$ 上 Riemann 可积，且

$$
\int_c^d F(y)\mathrm{d}y = \int_c^d \int_a^{b^-} f(x,y)\,\mathrm{d}x\mathrm{d}y = \int_a^{b^-} \int_c^d f(x,y)\,\mathrm{d}y\mathrm{d}x.
$$

4. Euler 积分

本小节将介绍两种类型的 Euler 积分，即第一型 Euler 积分 $\displaystyle\int_0^1 x^{a-1}(1-x)^{b-1}\mathrm{d}x$ 与

第二型 Euler 积分 $\displaystyle\int_0^{+\infty} x^{a-1}\mathrm{e}^{-x}\mathrm{d}x$.

第一型 Euler 积分 $\displaystyle\int_0^1 x^{a-1}(1-x)^{b-1}\mathrm{d}x$

由于 $x^{a-1}(1-x)^{b-1} \sim x^{a-1}\ (x\to 0^+)$，$x^{a-1}(1-x)^{b-1} \sim (1-x)^{b-1}\ (x\to 1^-)$，则由

性质 2.63 知，$\int_0^{\frac{1}{2}} x^{a-1}(1-x)^{b-1}\,\mathrm{d}x$ 和 $\int_0^{\frac{1}{2}} x^{a-1}\,\mathrm{d}x$ 有相同的敛散性，$\int_{\frac{1}{2}}^1 x^{a-1}(1-x)^{b-1}\,\mathrm{d}x$

和 $\int_{\frac{1}{2}}^1 (1-x)^{b-1}\,\mathrm{d}x$ 有相同的敛散性. 当 $a>0$，$b>0$ 时，$\int_0^{\frac{1}{2}} x^{a-1}\,\mathrm{d}x$ 和 $\int_{\frac{1}{2}}^1 (1-x)^{b-1}\,\mathrm{d}x$

收敛. 而

$$\int_0^1 x^{a-1}(1-x)^{b-1}\,\mathrm{d}x = \int_0^{\frac{1}{2}} x^{a-1}(1-x)^{b-1}\,\mathrm{d}x + \int_{\frac{1}{2}}^1 x^{a-1}(1-x)^{b-1}\,\mathrm{d}x,$$

因此当 $a>0$，$b>0$ 时，第一型 Euler 积分 $\int_0^1 x^{a-1}(1-x)^{b-1}\,\mathrm{d}x$ 收敛，其值记为 $\mathrm{B}(a,b)$，即

$$\mathrm{B}(a,b) = \int_0^1 x^{a-1}(1-x)^{b-1}\,\mathrm{d}x，\quad a>0，\quad b>0.$$

函数 $\mathrm{B}(a,b)$ 有如下性质:

① $\mathrm{B}(a,b) = \mathrm{B}(b,a)$；

② $\mathrm{B}(a,b) = \dfrac{b-1}{a+b-1}\mathrm{B}(a,b-1)$，$a>0$，$b>1$；

③ $\mathrm{B}(a,b)$ 在 $(a,b) \in (0,+\infty) \times (0,+\infty)$ 上是 C^∞ 类的，且

$$\frac{\partial^n \mathrm{B}}{\partial a^n}(a,b) = \int_0^1 x^{a-1}(1-x)^{b-1}(\ln x)^n\,\mathrm{d}x,$$

$$\frac{\partial^n \mathrm{B}}{\partial b^n}(a,b) = \int_0^1 x^{a-1}(1-x)^{b-1}(\ln(1-x))^n\,\mathrm{d}x.$$

证　① 令 $y=1-x$，则

$$\mathrm{B}(a,b) = \int_0^1 (1-y)^{a-1} y^{b-1}\,\mathrm{d}y = \int_0^1 y^{b-1}(1-y)^{a-1}\,\mathrm{d}y = \mathrm{B}(b,a).$$

② 由于

$$\mathrm{B}(a,b) = \int_0^1 x^{a-1}(1-x)^{b-1}\,\mathrm{d}x = \frac{1}{a}\int_0^1 (1-x)^{b-1}\,\mathrm{d}x^a$$

$$= \frac{b-1}{a}\int_0^1 x^a (1-x)^{b-2}\,\mathrm{d}x = \frac{b-1}{a}\int_0^1 [1-(1-x)]x^{a-1}(1-x)^{b-2}\,\mathrm{d}x$$

$$= \frac{b-1}{a}\int_0^1 x^{a-1}(1-x)^{b-2}\,\mathrm{d}x - \frac{b-1}{a}\int_0^1 x^{a-1}(1-x)^{b-1}\,\mathrm{d}x$$

$$= \frac{b-1}{a}\mathrm{B}(a,b-1) - \frac{b-1}{a}\mathrm{B}(a,b),$$

因此

$$\mathrm{B}(a,b) = \frac{b-1}{a+b-1}\mathrm{B}(a,b-1), \quad a > 0, \quad b > 1.$$

③ 设 $f(x,a,b) = x^{a-1}(1-x)^{b-1}$, $(x,a,b) \in (0,1) \times (0,+\infty) \times (0,+\infty)$, 则

$$\frac{\partial^n f}{\partial a^n}(x,a,b) = x^{a-1}(1-x)^{b-1}(\ln x)^n,$$

$$\frac{\partial^n f}{\partial b^n}(x,a,b) = x^{a-1}(1-x)^{b-1}(\ln(1-x))^n.$$

显然, $f(x,a,b), \dfrac{\partial^n f}{\partial a^n}(x,a,b), \dfrac{\partial^n f}{\partial b^n}(x,a,b)$ 在 $(x,a,b) \in (0,1) \times (0,+\infty) \times (0,+\infty)$ 上连续. $\forall(a,b) \in (0,+\infty) \times (0,+\infty)$, $\exists \alpha \in (0,+\infty)$, 使得 $(a,b) \in (\alpha,+\infty) \times (\alpha,+\infty)$. 于是 $\forall(x,a,b) \in (0,1) \times (\alpha,+\infty) \times (\alpha,+\infty)$, 有

$$\left| \frac{\partial^n f}{\partial a^n}(x,a,b) \right| = \left| x^{a-1}(1-x)^{b-1}(\ln x)^n \right| \leq x^{\alpha-1}(1-x)^{\alpha-1} \left| \ln x \right|^n,$$

$$\left| \frac{\partial^n f}{\partial b^n}(x,a,b) \right| = \left| x^{a-1}(1-x)^{b-1}(\ln(1-x))^n \right| \leq x^{\alpha-1}(1-x)^{\alpha-1} \left| \ln(1-x) \right|^n.$$

取 $\lambda \in (0,1)$, 使得 $\alpha - 1 + \lambda > 0$. 由于

$$\lim_{x \to 0^+} \frac{x^{\alpha-1}(1-x)^{\alpha-1}\left| \ln x \right|^n}{\dfrac{1}{x^\lambda}} = \lim_{x \to 0^+} x^{\alpha-1+\lambda}(1-x)^{\alpha-1}\left| \ln x \right|^n = 0,$$

$$\lim_{x \to 1^-} \frac{x^{\alpha-1}(1-x)^{\alpha-1}\left| \ln x \right|^n}{\dfrac{1}{(1-x)^\lambda}} = \lim_{x \to 1^-} x^{\alpha-1}(1-x)^{\alpha-1+\lambda}\left| \ln x \right|^n = 0,$$

且 $\displaystyle\int_0^{\frac{1}{2}} \frac{1}{x^\lambda}\,\mathrm{d}x$ 和 $\displaystyle\int_{\frac{1}{2}}^1 \frac{1}{(1-x)^\lambda}\,\mathrm{d}x$ 收敛, 故 $\displaystyle\int_0^1 x^{\alpha-1}(1-x)^{\alpha-1}\left| \ln x \right|^n\,\mathrm{d}x$ 收敛. 同理, $\displaystyle\int_0^1 x^{\alpha-1}(1-x)^{\alpha-1}\left| \ln(1-x) \right|^n\,\mathrm{d}x$ 收敛. 由性质 2.69 得, $\displaystyle\int_0^1 \frac{\partial^n f}{\partial a^n}(x,a,b)\,\mathrm{d}x$ 和 $\displaystyle\int_0^1 \frac{\partial^n f}{\partial b^n}(x,a,b)\,\mathrm{d}x$ 在 $(a,b) \in (\alpha,+\infty) \times (\alpha,+\infty)$ 上一致收敛. 故有

$$\frac{\partial^n \mathrm{B}}{\partial a^n}(a,b) = \int_0^1 \frac{\partial^n f}{\partial a^n}(x,a,b)\,\mathrm{d}x = \int_0^1 x^{a-1}(1-x)^{b-1}(\ln x)^n\,\mathrm{d}x,$$

$$\frac{\partial^n \mathrm{B}}{\partial b^n}(a,b) = \int_0^1 \frac{\partial^n f}{\partial b^n}(x,a,b)\,\mathrm{d}x = \int_0^1 x^{a-1}(1-x)^{b-1}(\ln(1-x))^n\,\mathrm{d}x,$$

且 $\mathrm{B}(a,b)$ 在 $(a,b) \in (0,+\infty) \times (0,+\infty)$ 上是 C^∞ 类的.

第二型 Euler 积分 $\displaystyle\int_0^{+\infty} x^{a-1}\mathrm{e}^{-x}\mathrm{d}x$

由于 $x^{a-1}\mathrm{e}^{-x} \sim x^{a-1}\ (x \to 0^+)$，且 $\displaystyle\int_0^1 x^{a-1}\mathrm{d}x$ 当 $a>0$ 时收敛，则 $\displaystyle\int_0^1 x^{a-1}\mathrm{e}^{-x}\mathrm{d}x$ $(a>0)$收敛. 又因为

$$\lim_{x\to+\infty}\frac{x^{a-1}\mathrm{e}^{-x}}{\dfrac{1}{x^2}} = \lim_{x\to+\infty} x^{a+1}\mathrm{e}^{-x} = 0\,,$$

且 $\displaystyle\int_1^{+\infty}\frac{1}{x^2}\mathrm{d}x$ 收敛，则 $\displaystyle\int_1^{+\infty} x^{a-1}\mathrm{e}^{-x}\mathrm{d}x$ 收敛. 因此，当 $a>0$ 时第二型 Euler 积分 $\displaystyle\int_0^{+\infty} x^{a-1}\mathrm{e}^{-x}\mathrm{d}x$ 收敛，其值记为 $\Gamma(a)$ 函数，即

$$\Gamma(a)=\int_0^{+\infty} x^{a-1}\mathrm{e}^{-x}\mathrm{d}x\,,\quad a>0\,.$$

函数 $\Gamma(a)$ 有如下性质：

① $\Gamma(a+1)=a\Gamma(a)$；

② $\Gamma(a)$ 在 $a\in(0,+\infty)$ 上是 C^{∞} 类的，且

$$\Gamma^{(n)}(a)=\int_0^{+\infty} x^{a-1}\mathrm{e}^{-x}(\ln x)^n\,\mathrm{d}x\,;$$

③ $\Gamma(a)\Gamma(b)=\Gamma(a+b)\,\mathrm{B}(a,b)$.

证　① $\displaystyle\Gamma(a+1)=\int_0^{+\infty} x^{a}\mathrm{e}^{-x}\mathrm{d}x=-\int_0^{+\infty} x^{a}\mathrm{d}\mathrm{e}^{-x}$

$$=\int_0^{+\infty} a x^{a-1}\mathrm{e}^{-x}\mathrm{d}x=a\Gamma(a)\,.$$

② 设 $f(x,a)=x^{a-1}\mathrm{e}^{-x}$，$(x,a)\in(0,+\infty)\times(0,+\infty)$，则

$$\frac{\partial^n f}{\partial a^n}(x,a)=x^{a-1}\,\mathrm{e}^{-x}(\ln x)^n\,,$$

显然，$f(x,a),\dfrac{\partial^n f}{\partial a^n}(x,a)$ 在 $(x,a)\in(0,+\infty)\times(0,+\infty)$ 上连续. $\forall a\in(0,+\infty)$，$\exists(\alpha,\beta)\subset(0,+\infty)$，使得 $a\in(\alpha,\beta)$. 于是 $\forall(x,a)\in(0,1)\times(\alpha,\beta)$，有

$$\left|\frac{\partial^n f}{\partial a^n}(x,a)\right|=\left|x^{a-1}\mathrm{e}^{-x}(\ln x)^n\right|\le x^{\alpha-1}\left|\ln x\right|^n\,,$$

以及 $\forall(x,a)\in[1,+\infty)\times(\alpha,\beta)$，有

$$\left|\frac{\partial^n f}{\partial a^n}(x,a)\right|=\left|x^{a-1}\mathrm{e}^{-x}(\ln x)^n\right|\le x^{\beta-1}\mathrm{e}^{-x}(\ln x)^n\,.$$

令 $\varphi:(0,+\infty)\to \mathbf{R}^+$,

$$\varphi(x)=\begin{cases} x^{\alpha-1}\left|\ln x\right|^n, & x\in(0,1),\\ x^{\beta-1}\mathrm{e}^{-x}(\ln x)^n, & x\in[1,+\infty). \end{cases}$$

因为 $\int_0^{+\infty}\varphi(x)\mathrm{d}x$ 收敛,由性质 2.69 知,$\int_0^{+\infty}\dfrac{\partial^n f}{\partial a^n}(x,a)\mathrm{d}x$ 在 $a\in(\alpha,\beta)$ 上一致收敛. 再由性质 2.71 知,

$$\Gamma^{(n)}(a)=\int_0^{+\infty}\frac{\partial^n f}{\partial a^n}(x,a)\mathrm{d}x=\int_0^{+\infty}x^{a-1}\mathrm{e}^{-x}(\ln x)^n\,\mathrm{d}x,\quad a\in(\alpha,\beta)\subset(0,+\infty),$$

且 $\Gamma(a)$ 在 $a\in(0,+\infty)$ 上是 C^∞ 类的.

③ 由于

$$\Gamma(a)=\int_0^{+\infty}(x^2)^{a-1}\mathrm{e}^{-x^2}\mathrm{d}x^2=2\int_0^{+\infty}x^{2a-1}\mathrm{e}^{-x^2}\mathrm{d}x,$$

$$\Gamma(b)=\int_0^{+\infty}(y^2)^{b-1}\mathrm{e}^{-y^2}\mathrm{d}y^2=2\int_0^{+\infty}y^{2b-1}\mathrm{e}^{-y^2}\mathrm{d}y,$$

则

$$\begin{aligned}\Gamma(a)\Gamma(b)&=4\int_0^{+\infty}\int_0^{+\infty}x^{2a-1}y^{2b-1}\mathrm{e}^{-x^2-y^2}\mathrm{d}x\mathrm{d}y\\ &=4\int_0^{+\infty}\int_0^{\frac{\pi}{2}}(r\cos\theta)^{2a-1}(r\sin\theta)^{2b-1}\mathrm{e}^{-r^2}\cdot r\,\mathrm{d}r\mathrm{d}\theta\\ &=2\int_0^{+\infty}\left[2\int_0^{\frac{\pi}{2}}(\cos\theta)^{2a-1}(\sin\theta)^{2b-1}\mathrm{d}\theta\right]r^{2a+2b-1}\mathrm{e}^{-r^2}\mathrm{d}r,\end{aligned}$$

其中,

$$\begin{aligned}2\int_0^{\frac{\pi}{2}}(\cos\theta)^{2a-1}(\sin\theta)^{2b-1}\mathrm{d}\theta&=2\int_0^{\frac{\pi}{2}}(\cos^2\theta)^{a-1}(\sin^2\theta)^{b-1}\sin\theta\cos\theta\,\mathrm{d}\theta\\ &=\int_0^{\frac{\pi}{2}}(\cos^2\theta)^{a-1}(\sin^2\theta)^{b-1}\mathrm{d}\sin^2\theta\\ &=\int_0^{\frac{\pi}{2}}(1-\sin^2\theta)^{a-1}(\sin^2\theta)^{b-1}\mathrm{d}\sin^2\theta\\ &=\int_0^1(1-x)^{a-1}x^{b-1}\mathrm{d}x=\mathrm{B}(b,a)=\mathrm{B}(a,b),\end{aligned}$$

因此

$$\Gamma(a)\Gamma(b)=2\int_0^{+\infty}\mathrm{B}(a,b)r^{2a+2b-1}\mathrm{e}^{-r^2}\mathrm{d}r=\mathrm{B}(a,b)\Gamma(a+b).$$

第3章 级 数

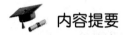

内容提要

本章包括数项级数、函数项序列、函数项级数和幂级数.

3.1 节主要讲述数项级数. 首先用数项级数部分和序列 $\{S_n\}$ 的敛散性来定义数项级数的敛散性, 并给出收敛级数的性质. 其次用比较判别法来判别正项级数的敛散性. 通过与几何级数 $\sum\limits_{n=1}^{+\infty} aq^{n-1}$ 作比较, 可导出 D'Alembert 判别法和 Cauchy 判别法; 与 Riemann 级数 $\sum\limits_{n=1}^{+\infty}\dfrac{1}{n^{\alpha}}$ 作比较, 可导出 Riemann 判别法和 Raabe 判别法; 与 k 阶 Bertrand 级数

$$\sum_{n=N}^{+\infty}\frac{1}{n\ln^{(1)}n\ln^{(2)}n\cdots\ln^{(k-1)}n\,(\ln^{(k)}n)^{\alpha}}$$

作比较, 可导出 Bertrand 判别法. 由于存在收敛越来越慢的正项级数, 则不能用一种判别法一劳永逸地来判断正项级数的敛散性. 对一般的数项级数而言, 可讨论数项级数的绝对收敛和条件收敛. 对绝对收敛级数而言, 可交换级数各项次序, 且其和不变; 两绝对收敛级数之积也是绝对收敛的. 对条件收敛级数而言, 交换级数的各项次序, 可使级数的和为任意值. 最后介绍了实数的 p 进制表示和多重级数的概念.

3.2 节主要讲述函数项序列和函数项级数. 首先给出函数项序列和函数项级数逐点收敛与一致收敛的概念, 设函数项序列 $\{f_n(x)\}$ 在 B 上收敛于 $f(x)$, 若对于 B 的子集 A, 存在与 x 无关的数 N, 使得 $\forall \varepsilon > 0$, $\forall x \in A$, $\forall n > N$, 有 $|f_n(x) - f(x)| < \varepsilon$, 则称**函数项序列 $\{f_n(x)\}$ 在 A 上一致收敛于 $f(x)$**. 其次讨论如何判断函数项序列和函数项级数的一致收敛性, 以及一致收敛的函数项序列和函数项级数的性质. 一致收敛的函数项序列和函数项级数可对其逐项求极限、逐项求积和逐项求导. 对于一致收敛的函数项序列 $\{f_n(x)\}$ 而言, 有 $\lim\limits_{x \to x_0}(\lim\limits_{n \to +\infty} f_n(x)) = \lim\limits_{n \to +\infty}(\lim\limits_{x \to x_0} f_n(x))$, $\displaystyle\int_a^x \lim\limits_{n \to +\infty} f_n(t)\mathrm{d}t = \lim\limits_{n \to +\infty}\int_a^x f_n(t)\mathrm{d}t$, $(\lim\limits_{n \to +\infty} f_n(x))' = \lim\limits_{n \to +\infty} f_n'(x)$. 对一致收敛的函数项级数 $\sum\limits_{n=1}^{+\infty} f_n(x)$

而言,有 $\lim\limits_{x \to x_0} \sum\limits_{n=1}^{+\infty} f_n(x) = \sum\limits_{n=1}^{+\infty} \lim\limits_{x \to x_0} f_n(x)$, $\int_a^x \sum\limits_{n=1}^{+\infty} f_n(t)\mathrm{d}t = \sum\limits_{n=1}^{+\infty} \int_a^x f_n(t)\mathrm{d}t$, $\left(\sum\limits_{n=1}^{+\infty} f_n(x) \right)'$

$= \sum\limits_{n=1}^{+\infty} f_n'(x)$. 最后讨论了函数项序列存在收敛子列和一致收敛子列的条件以及

Stone-Weierstrass 定理. 设 $\{f_n(x)\}$ 为紧集 B 上的连续函数列,若 $\forall x \in B$,实数序列 $\{f_n(x)\}$ 有界且函数项序列 $\{f_n(x)\}$ 在 B 上等度连续,则 $\{f_n(x)\}$ 在 B 上存在一致收敛的子列. 函数项序列的一致收敛子列在常微分方程理论中有着重要的应用. Stone-Weierstrass 定理给出连续函数空间在何种条件下存在稠密子集,该定理成为 Fourier 级数和古典正交多项式的理论基础.

3.3 节主要讲述一类重要的函数项级数——幂级数. 首先,指出幂级数 $\sum\limits_{n=0}^{+\infty} a_n(x-x_0)^n$ 在 (x_0-R, x_0+R) 上收敛,其中 R 为幂级数的收敛半径,并给出计算收敛半径 R 的方法. 其次,指出幂级数的和函数 $f(x)$ 不仅是 (x_0-R, x_0+R) 上的 C^∞ 类函数,还是该区间上的解析函数. 再次,对于任意的 C^∞ 类函数 $f: I \to \mathbf{R}$ 而言,可构造其 Taylor 级数 $\sum\limits_{n=0}^{+\infty} \dfrac{f^{(n)}(x_0)}{n!}(x-x_0)^n$,并给出 Taylor 级数 $\sum\limits_{n=0}^{+\infty} \dfrac{f^{(n)}(x_0)}{n!}(x-x_0)^n$ 在 I 上收敛于 $f(x)$ 的条件. 最后,用实例指出 C^∞ 类函数和解析函数的区别. 在本节末尾,介绍了发散级数的广义和、渐近幂级数和 Euler-Maclaurin 级数. 由 Euler-Maclaurin 级数

$$\sum_{i=1}^n f(a+ih) \sim \frac{1}{h} \int_a^b f(x)\mathrm{d}x + \frac{1}{2}(f(b)-f(a))$$
$$+ \sum_{k=1}^{+\infty} \frac{(-1)^{k-1} b_k h^{2k-1}}{(2k)!} (f^{(2k-1)}(b) - f^{(2k-1)}(a)), \quad h \to 0,$$

可导出一重要结果:

$$\ln n! \sim \frac{1}{2}\ln(2\pi) + \left(n+\frac{1}{2}\right)\ln n - n + \sum_{k=1}^{+\infty} \frac{(-1)^{k-1} b_k}{2k(2k-1)} \frac{1}{n^{2k-1}}, \quad n \to +\infty.$$

3.1　数项级数

1. 数项级数

若 $\forall n \in \mathbf{N}$,$u_n \in \mathbf{R}$,则称 $\sum\limits_{n=1}^{+\infty} u_n = u_1 + u_2 + \cdots + u_n + \cdots$ 为**数项级数**,称 u_n 为数项级数的**通项**,并称 $S_n = \sum\limits_{k=1}^n u_k$ 为数项级数 $\sum\limits_{n=1}^{+\infty} u_n$ 的**部分和**. 若 $\lim\limits_{n \to +\infty} S_n = S \in \mathbf{R}$,则

称 $\sum\limits_{n=1}^{+\infty} u_n$ **收敛**；若 $\lim\limits_{n\to+\infty} S_n$ 不存在或 $\lim\limits_{n\to+\infty} S_n = \pm\infty$，则称 $\sum\limits_{n=1}^{+\infty} u_n$ **发散**.

例 1　判断 $\sum\limits_{n=1}^{+\infty} q^{n-1}$ 的敛散性.

解　由于 $S_n = 1 + q + \cdots + q^{n-1} = \dfrac{1-q^n}{1-q}$，当 $|q| < 1$ 时

$$\lim_{n\to+\infty} S_n = \lim_{n\to+\infty} \frac{1-q^n}{1-q} = \frac{1}{1-q},$$

当 $|q| \geq 1$ 时 $\lim\limits_{n\to+\infty} S_n = \pm\infty$ 或 $\lim\limits_{n\to+\infty} S_n$ 不存在，故当 $|q| < 1$ 时 $\sum\limits_{n=1}^{+\infty} q^{n-1}$ 收敛，当 $|q| \geq 1$ 时 $\sum\limits_{n=1}^{+\infty} q^{n-1}$ 发散.

性质 3.1　设 $\sum\limits_{n=1}^{+\infty} u_n$ 为数项级数. $\sum\limits_{n=1}^{+\infty} u_n$ 收敛当且仅当 $\forall \varepsilon > 0$，$\exists N \in \mathbf{N}$，$\forall n, k \in \mathbf{N}$，$n \geq N$，有 $|u_{n+1} + u_{n+2} + \cdots + u_{n+k}| < \varepsilon$.

性质 3.2　设 $\sum\limits_{n=1}^{+\infty} u_n$ 为数项级数. 若 $\sum\limits_{n=1}^{+\infty} u_n$ 收敛，则 $\lim\limits_{n\to+\infty} u_n = 0$.

性质 3.2 仅表明 $\lim\limits_{n\to+\infty} u_n = 0$ 为 $\sum\limits_{n=1}^{+\infty} u_n$ 收敛的必要条件，而 $\lim\limits_{n\to+\infty} u_n = 0$ 并不是 $\sum\limits_{n=1}^{+\infty} u_n$ 收敛的充分条件. 例如，$\lim\limits_{n\to+\infty} \dfrac{1}{n} = 0$，而由性质 3.1 可证明 $\sum\limits_{n=1}^{+\infty} \dfrac{1}{n}$ 发散.

性质 3.3　设 $\sum\limits_{n=1}^{+\infty} u_n$ 为数项级数. 若 $\sum\limits_{n=1}^{+\infty} u_n$ 收敛，则 $\forall k \in \mathbf{N}$，$\sum\limits_{n=1}^{+\infty} u_{n+k}$ 收敛.

性质 3.3 表明改变 $\sum\limits_{n=1}^{+\infty} u_n$ 的有限项不会改变它的敛散性.

性质 3.4　设 $\sum\limits_{n=1}^{+\infty} u_n, \sum\limits_{n=1}^{+\infty} v_n$ 为两数项级数. 若 $\sum\limits_{n=1}^{+\infty} u_n, \sum\limits_{n=1}^{+\infty} v_n$ 收敛，则

① $\sum\limits_{n=1}^{+\infty} (u_n + v_n)$ 收敛，且 $\sum\limits_{n=1}^{+\infty} (u_n + v_n) = \sum\limits_{n=1}^{+\infty} u_n + \sum\limits_{n=1}^{+\infty} v_n$；

② $\forall c \in \mathbf{R}$，$\sum\limits_{n=1}^{+\infty} c u_n$ 收敛，且 $\sum\limits_{n=1}^{+\infty} c u_n = c \sum\limits_{n=1}^{+\infty} u_n$.

性质 3.5　设 $\sum\limits_{n=1}^{+\infty} u_n$ 为数项级数，$k_0 = 0$，$\{k_n\}$ 为严格单调上升的自然数数列. 令

$v_n = u_{k_n+1} + u_{k_n+2} + \cdots + u_{k_{n+1}}$，$n \in \mathbf{N} \cup \{0\}$．若 $\sum\limits_{n=1}^{+\infty} u_n$ 收敛，则 $\sum\limits_{n-0}^{+\infty} v_n$ 收敛，且

$\sum\limits_{n=0}^{+\infty} v_n = \sum\limits_{n=1}^{+\infty} u_n$．令 $a_n = \left| u_{k_n+1} \right| + \left| u_{k_n+2} \right| + \cdots + \left| u_{k_{n+1}} \right|$，$n \in \mathbf{N} \cup \{0\}$．若 $\sum\limits_{n=0}^{+\infty} v_n$ 收敛，

且 $\lim\limits_{n \to +\infty} a_n = 0$，则 $\sum\limits_{n=1}^{+\infty} u_n$ 收敛，且 $\sum\limits_{n=1}^{+\infty} u_n = \sum\limits_{n=0}^{+\infty} v_n$．

性质 3.6 设 $\sum\limits_{n=1}^{+\infty} u_n$ 为数项级数．取 $k \in \mathbf{N}$，令

$$v_n = u_{(n-1)k+1} + u_{(n-1)k+2} + \cdots + u_{nk}，\quad n \in \mathbf{N}．$$

若 $\sum\limits_{n=1}^{+\infty} v_n$ 收敛，且 $\lim\limits_{n \to +\infty} u_n = 0$，则 $\sum\limits_{n=1}^{+\infty} u_n$ 收敛，且 $\sum\limits_{n=1}^{+\infty} u_n = \sum\limits_{n=1}^{+\infty} v_n$．

2. 正项级数的判别法

设 $\sum\limits_{n=1}^{+\infty} x_n$ 为数项级数．若 $\forall n \in \mathbf{N}$，$x_n \geq 0$，则称 $\sum\limits_{n=1}^{+\infty} x_n$ 为**正项级数**；若 $\forall n \in \mathbf{N}$，

$x_n > 0$，则称 $\sum\limits_{n=1}^{+\infty} x_n$ 为**严格正项级数**．

定理 3.1 设 $\sum\limits_{n=1}^{+\infty} x_n$，$\sum\limits_{n=1}^{+\infty} y_n$ 为两正项级数，且 $\exists N \in \mathbf{N}$，使得 $\forall n \in \mathbf{N}$，$n \geq N$，有

$x_n \leq y_n$．

① 若 $\sum\limits_{n=1}^{+\infty} y_n$ 收敛，则 $\sum\limits_{n=1}^{+\infty} x_n$ 收敛．

② 若 $\sum\limits_{n=1}^{+\infty} x_n$ 发散，则 $\sum\limits_{n=1}^{+\infty} y_n$ 发散．

性质 3.7 设 $\sum\limits_{n=1}^{+\infty} x_n$，$\sum\limits_{n=1}^{+\infty} y_n$ 为两严格正项级数，且 $\exists N \in \mathbf{N}$，使得 $\forall n \in \mathbf{N}$，$n \geq N$，

有 $\dfrac{x_{n+1}}{x_n} \leq \dfrac{y_{n+1}}{y_n}$．

① 若 $\sum\limits_{n=1}^{+\infty} y_n$ 收敛，则 $\sum\limits_{n=1}^{+\infty} x_n$ 收敛．

② 若 $\sum\limits_{n=1}^{+\infty} x_n$ 发散，则 $\sum\limits_{n=1}^{+\infty} y_n$ 发散．

性质 3.8　设 $\displaystyle\sum_{n=1}^{+\infty}x_n,\sum_{n=1}^{+\infty}y_n$ 为两正项级数. 若 $x_n\sim y_n(n\to+\infty)$，即 $\exists z_n$，使得

$x_n=z_ny_n$，且 $\displaystyle\lim_{n\to+\infty}z_n=1$，则 $\displaystyle\sum_{n=1}^{+\infty}x_n$ 与 $\displaystyle\sum_{n=1}^{+\infty}y_n$ 有相同的敛散性.

定理 3.2 (D'Alembert 判别法)　设 $\displaystyle\sum_{n=1}^{+\infty}x_n$ 为严格正项级数，且 $\displaystyle\lim_{n\to+\infty}\frac{x_{n+1}}{x_n}=q$．若

$q<1$，则 $\displaystyle\sum_{n=1}^{+\infty}x_n$ 收敛；若 $q>1$，则 $\displaystyle\sum_{n=1}^{+\infty}x_n$ 发散；若 $q=1$，则无法判断 $\displaystyle\sum_{n=1}^{+\infty}x_n$ 的敛散性.

例 2　由性质 3.1 可知，$\displaystyle\sum_{n=1}^{+\infty}\frac{1}{n}$ 发散，$\displaystyle\sum_{n=1}^{+\infty}\frac{1}{n^2}$ 收敛，计算可得

$$\lim_{n\to+\infty}\frac{1/(n+1)}{1/n}=\lim_{n\to+\infty}\frac{n}{n+1}=1,$$

$$\lim_{n\to+\infty}\frac{1/(n+1)^2}{1/n^2}=\lim_{n\to+\infty}\frac{n^2}{(n+1)^2}=1.$$

上式表明，发散级数 $\displaystyle\sum_{n=1}^{+\infty}\frac{1}{n}$ 与收敛级数 $\displaystyle\sum_{n=1}^{+\infty}\frac{1}{n^2}$ 的 $\displaystyle\lim_{n\to+\infty}\frac{x_{n+1}}{x_n}$ 均为 1.

定理 3.3 (Cauchy 判别法)　设 $\displaystyle\sum_{n=1}^{+\infty}x_n$ 为正项级数，且 $\displaystyle\varlimsup_{n\to+\infty}\sqrt[n]{x_n}=q$．若 $q<1$，则

$\displaystyle\sum_{n=1}^{+\infty}x_n$ 收敛；若 $q>1$，则 $\displaystyle\sum_{n=1}^{+\infty}x_n$ 发散；若 $q=1$，则无法判断 $\displaystyle\sum_{n=1}^{+\infty}x_n$ 的敛散性.

例 3　判断级数 $\displaystyle\sum_{n=1}^{+\infty}[1+(-1)^n]^n\beta^{2n}$ 的敛散性.

解　由于

$$\varlimsup_{n\to+\infty}\sqrt[n]{[1+(-1)^n]^n\beta^{2n}}=\beta^2\varlimsup_{n\to+\infty}[1+(-1)^n]=2\beta^2,$$

由定理 3.3 知，若 $|\beta|<\dfrac{\sqrt{2}}{2}$，则 $\displaystyle\sum_{n=1}^{+\infty}[1+(-1)^n]^n\beta^{2n}$ 收敛；若 $|\beta|>\dfrac{\sqrt{2}}{2}$，则

$\displaystyle\sum_{n=1}^{+\infty}[1+(-1)^n]^n\beta^{2n}$ 发散．当 $|\beta|=\dfrac{\sqrt{2}}{2}$ 时，设 $x_n=[1+(-1)^n]^n\beta^{2n}$，则 $x_{2n}=$

$2^{2n}\cdot\left(\dfrac{1}{2}\right)^{2n}=1$，即 $\displaystyle\lim_{n\to+\infty}x_n\neq0$，因此 $\displaystyle\sum_{n=1}^{+\infty}[1+(-1)^n]^n\beta^{2n}$ 发散．故当 $|\beta|<\dfrac{\sqrt{2}}{2}$ 时

$\displaystyle\sum_{n=1}^{+\infty}[1+(-1)^n]^n\beta^{2n}$ 收敛，当 $|\beta|\geq\dfrac{\sqrt{2}}{2}$ 时 $\displaystyle\sum_{n=1}^{+\infty}[1+(-1)^n]^n\beta^{2n}$ 发散.

由于

$$\varliminf_{n\to+\infty}\frac{x_{n+1}}{x_n}\le\varliminf_{n\to+\infty}\sqrt[n]{x_n}\le\varlimsup_{n\to+\infty}\sqrt[n]{x_n}\le\varlimsup_{n\to+\infty}\frac{x_{n+1}}{x_n},$$

若 $\lim\limits_{n\to+\infty}\dfrac{x_{n+1}}{x_n}=q\ne1$，则 $\varlimsup\limits_{n\to+\infty}\sqrt[n]{x_n}=q\ne1$. 因此，当 $\lim\limits_{n\to+\infty}\dfrac{x_{n+1}}{x_n}\ne1$ 时，能用 D'Alembert 判别法判别的正项级数也可用 Cauchy 判别法判别其敛散性. 若 $\lim\limits_{n\to+\infty}\dfrac{x_{n+1}}{x_n}=1$，则 $\varlimsup\limits_{n\to+\infty}\sqrt[n]{x_n}=1$，在此情况下，用 D'Alembert 判别法无法判别的正项级数也不可能用 Cauchy 判别法判别其敛散性. 而当 $\lim\limits_{n\to+\infty}\dfrac{x_{n+1}}{x_n}$ 不存在时，$\varlimsup\limits_{n\to+\infty}\sqrt[n]{x_n}$ 可能存在. 例如级数 $\sum\limits_{n=1}^{+\infty}x_n$，其中 $x_{2n}=\left(\dfrac{2}{3}\right)^n$，$x_{2n+1}=2\left(\dfrac{2}{3}\right)^n$，则

$$\lim_{n\to+\infty}\frac{x_{2n+1}}{x_{2n}}=\lim_{n\to+\infty}\frac{2(2/3)^n}{(2/3)^n}=2,$$

$$\lim_{n\to+\infty}\frac{x_{2n}}{x_{2n-1}}=\lim_{n\to+\infty}\frac{(2/3)^n}{2(2/3)^{n-1}}=\frac{1}{3},$$

因此 $\lim\limits_{n\to+\infty}\dfrac{x_{n+1}}{x_n}$ 不存在，不能用 D'Alembert 判别法判别其敛散性. 而

$$\varlimsup_{n\to+\infty}\sqrt[2n]{x_{2n}}=\varlimsup_{n\to+\infty}\sqrt[2n]{\left(\frac{2}{3}\right)^n}=\sqrt{\frac{2}{3}},$$

$$\varlimsup_{n\to+\infty}\sqrt[2n+1]{x_{2n+1}}=\varlimsup_{n\to+\infty}\sqrt[2n+1]{2\left(\frac{2}{3}\right)^n}=\varlimsup_{n\to+\infty}2^{\frac{1}{2n+1}}\left(\frac{2}{3}\right)^{\frac{n}{2n+1}}=\sqrt{\frac{2}{3}},$$

因此 $\varlimsup\limits_{n\to+\infty}\sqrt[n]{x_n}=\sqrt{\dfrac{2}{3}}<1$，由定理 3.3 可知，$\sum\limits_{n=1}^{+\infty}x_n$ 收敛.

D'Alembert 判别法和 Cauchy 判别法只能判别比几何级数 $\sum\limits_{n=1}^{+\infty}aq^{n-1}$ 发散快和收敛快的正项级数. $\sum\limits_{n=1}^{+\infty}x_n$ 比 $\sum\limits_{n=1}^{+\infty}y_n$ 收敛快是指：$\sum\limits_{n=1}^{+\infty}x_n$，$\sum\limits_{n=1}^{+\infty}y_n$ 均收敛，且 $\lim\limits_{n\to+\infty}\dfrac{x_n}{y_n}=0$. $\sum\limits_{n=1}^{+\infty}x_n$ 比 $\sum\limits_{n=1}^{+\infty}y_n$ 发散快是指：$\sum\limits_{n=1}^{+\infty}x_n$，$\sum\limits_{n=1}^{+\infty}y_n$ 均发散，且 $\lim\limits_{n\to+\infty}\dfrac{x_n}{y_n}=+\infty$.

例 4 判断 Riemann 级数 $\sum\limits_{n=1}^{+\infty}\dfrac{1}{n^{\alpha}}$ 的敛散性.

解 当 $\alpha<0$ 时，$\lim\limits_{n\to+\infty}\dfrac{1}{n^{\alpha}}=+\infty$，级数 $\sum\limits_{n=1}^{+\infty}\dfrac{1}{n^{\alpha}}$ 发散. 当 $0\le\alpha\le1$ 时，$\dfrac{1}{n^{\alpha}}\ge\dfrac{1}{n}$，

由 $\sum\limits_{n=1}^{+\infty}\dfrac{1}{n}$ 发散及定理 3.1 知，$\sum\limits_{n=1}^{+\infty}\dfrac{1}{n^{\alpha}}$ 发散. 当 $\alpha>1$ 时，令 $\alpha=1+\beta$，$\beta>0$，由于

$$\sum_{n=1}^{+\infty}\left(\frac{1}{n^{\beta}}-\frac{1}{(n+1)^{\beta}}\right)=\left(\frac{1}{1^{\beta}}-\frac{1}{2^{\beta}}\right)+\left(\frac{1}{2^{\beta}}-\frac{1}{3^{\beta}}\right)+\cdots+\left(\frac{1}{n^{\beta}}-\frac{1}{(n+1)^{\beta}}\right)+\cdots=1,$$

可知 $\sum\limits_{n=1}^{+\infty}\left(\dfrac{1}{n^{\beta}}-\dfrac{1}{(n+1)^{\beta}}\right)$ 收敛，而

$$\frac{1}{n^{\beta}}-\frac{1}{(n+1)^{\beta}}=\frac{1}{(n+1)^{\beta}}\left[\left(1+\frac{1}{n}\right)^{\beta}-1\right]=\frac{1}{(n+1)^{\beta}}\left[1+\frac{\beta}{n}+o\left(\frac{1}{n}\right)-1\right]$$

$$=\frac{1}{(n+1)^{\beta}}\left[\frac{\beta}{n}+o\left(\frac{1}{n}\right)\right]\sim\frac{1}{(n+1)^{\beta}}\cdot\frac{\beta}{n}\sim\frac{\beta}{n^{\alpha}},\quad n\to+\infty,$$

由性质 3.8 知 $\sum\limits_{n=1}^{+\infty}\dfrac{1}{n^{\alpha}}$ 收敛. 故 $\sum\limits_{n=1}^{+\infty}\dfrac{1}{n^{\alpha}}$ 在 $\alpha\leq1$ 时发散，在 $\alpha>1$ 时收敛.

几何级数 $\sum\limits_{n=1}^{+\infty}aq^{n-1}$ 比 Riemann 级数 $\sum\limits_{n=1}^{+\infty}\dfrac{1}{n^{\alpha}}$ 收敛得快，因为当 $|q|<1$，$\alpha>1$ 时，有

$$\lim_{n\to+\infty}\frac{aq^{n-1}}{1/n^{\alpha}}=\lim_{n\to+\infty}aq^{n-1}n^{\alpha}=0.$$

同理，几何级数比 Riemann 级数发散得快，因为当 $|q|\geq1$，$\alpha\leq1$ 时，有

$$\lim_{n\to+\infty}\frac{aq^{n-1}}{1/n^{\alpha}}=\lim_{n\to+\infty}aq^{n-1}n^{\alpha}=+\infty.$$

定理 3.4 (Riemann 判别法) 设 $\sum\limits_{n=1}^{+\infty}x_{n}$ 为正项级数，且 $\lim\limits_{n\to+\infty}n^{\alpha}x_{n}=\lambda\geq0$. 若 $\alpha>1$ 且 $\lambda<+\infty$，则 $\sum\limits_{n=1}^{+\infty}x_{n}$ 收敛；若 $\alpha\leq1$ 且 $\lambda>0$，则 $\sum\limits_{n=1}^{+\infty}x_{n}$ 发散.

定理 3.5 (Raabe 判别法) 设 $\sum\limits_{n=1}^{+\infty}x_{n}$ 为严格正项级数，且

$$\lim_{n\to+\infty}n\left(\frac{x_{n}}{x_{n+1}}-1\right)=\lambda\in\mathbf{R}\cup\{\pm\infty\}.$$

若 $\lambda>1$，则 $\sum\limits_{n=1}^{+\infty}x_{n}$ 收敛；若 $\lambda<1$，则 $\sum\limits_{n=1}^{+\infty}x_{n}$ 发散；若 $\lambda=1$，则无法判断 $\sum\limits_{n=1}^{+\infty}x_{n}$ 的敛散性.

性质 3.9 设 $\sum\limits_{n=1}^{+\infty}x_{n}$ 为正项级数. 若存在单调下降连续正函数 $f:[1,+\infty)\to\mathbf{R}^{+}$，使

得 $x_n = f(n)$，$n \in \mathbf{N}$，则 $\sum\limits_{n=1}^{+\infty} x_n$ 与 $\int_1^{+\infty} f(x)\mathrm{d}x$ 有相同的敛散性.

例 5 令 $\ln^{(1)} n = \ln n$，$\ln^{(2)} n = \ln(\ln n)$，$\ln^{(k)} n = \ln(\ln^{(k-1)} n)$，判断 k 阶 Bertrand 级数 $\sum\limits_{n=N}^{+\infty} \dfrac{1}{n \ln^{(1)} n \ln^{(2)} n \cdots \ln^{(k-1)} n \ (\ln^{(k)} n)^{\alpha}}$ 的敛散性.

解 设

$$f(x) = \frac{1}{x \ln^{(1)} x \ln^{(2)} x \cdots \ln^{(k-1)} x \ (\ln^{(k)} x)^{\alpha}}, \quad x \in [N, +\infty),$$

可知 $f(x)$ 在 $[N, +\infty)$ 上单调下降，且当 N 充分大时，$\forall x \in [N, +\infty)$，$f(x) > 0$. 由于

$$\begin{aligned}
\frac{\mathrm{d}(\ln^{(k+1)} x)}{\mathrm{d}x} &= \frac{1}{\ln^{(k)} x} \frac{\mathrm{d}(\ln^{(k)} x)}{\mathrm{d}x} = \frac{1}{\ln^{(k-1)} x \ln^{(k)} x} \frac{\mathrm{d}(\ln^{(k-1)} x)}{\mathrm{d}x} \\
&= \cdots = \frac{1}{\ln^{(1)} x \ln^{(2)} x \cdots \ln^{(k-1)} x \ln^{(k)} x} \frac{\mathrm{d}(\ln x)}{\mathrm{d}x} \\
&= \frac{1}{x \ln^{(1)} x \ln^{(2)} x \cdots \ln^{(k-1)} x \ln^{(k)} x},
\end{aligned}$$

以及 $\alpha \neq 1$ 时，

$$\begin{aligned}
\frac{\mathrm{d}[(\ln^{(k)} x)^{1-\alpha}]}{\mathrm{d}x} &= (1-\alpha) \frac{1}{(\ln^{(k)} x)^{\alpha}} \frac{\mathrm{d}(\ln^{(k)} x)}{\mathrm{d}x} \\
&= (1-\alpha) \frac{1}{x \ln^{(1)} x \ln^{(2)} x \cdots \ln^{(k-1)} x \ (\ln^{(k)} x)^{\alpha}},
\end{aligned}$$

可知 $f(x)$ 的原函数为

$$F(x) = \begin{cases} \ln^{(k+1)} x, & \alpha = 1, \\ \dfrac{1}{1-\alpha} (\ln^{(k)} x)^{1-\alpha}, & \alpha \neq 1. \end{cases}$$

因此

$$\begin{aligned}
\int_N^{+\infty} f(x)\mathrm{d}x &= F(+\infty) - F(N) \\
&= \begin{cases} +\infty - \ln^{(k+1)} N, & \alpha = 1, \\ +\infty - \dfrac{1}{1-\alpha}(\ln^{(k)} N)^{1-\alpha}, & \alpha < 1, \\ -\dfrac{1}{1-\alpha}(\ln^{(k)} N)^{1-\alpha}, & \alpha > 1, \end{cases} \\
&= \begin{cases} +\infty, & \alpha \leq 1, \\ \dfrac{1}{\alpha-1}(\ln^{(k)} N)^{1-\alpha}, & \alpha > 1. \end{cases}
\end{aligned}$$

由性质 3.9 知，当 $\alpha>1$ 时，$\displaystyle\sum_{n=N}^{+\infty}\frac{1}{n\ln^{(1)}n\ln^{(2)}n\cdots\ln^{(k-1)}n\,(\ln^{(k)}n)^{\alpha}}$ 收敛；当 $\alpha\leq1$ 时，

$\displaystyle\sum_{n=N}^{+\infty}\frac{1}{n\ln^{(1)}n\ln^{(2)}n\cdots\ln^{(k-1)}n\,(\ln^{(k)}n)^{\alpha}}$ 发散.

由于

$$\lim_{n\to+\infty}\frac{\dfrac{1}{n\ln^{(1)}n\ln^{(2)}n\cdots\ln^{(k-1)}n\,(\ln^{(k)}n)^{\alpha}}}{\dfrac{1}{n\ln^{(1)}n\ln^{(2)}n\cdots\ln^{(k)}n\,(\ln^{(k+1)}n)^{\alpha}}}$$

$$=\lim_{n\to+\infty}\frac{(\ln^{(k+1)}n)^{\alpha}}{(\ln^{(k)}n)^{\alpha-1}}=\lim_{y\to+\infty}\frac{(\ln y)^{\alpha}}{y^{\alpha-1}}$$

$$=\begin{cases}0,&\alpha>1,\\+\infty,&\alpha\leq1,\end{cases}$$

因此 k 阶 Bertrand 级数比 $k+1$ 阶 Bertrand 级数收敛得快，也发散得快.

定理 3.6 (Bertrand 判别法)　设 $\displaystyle\sum_{n=1}^{+\infty}x_n$ 为严格正项级数，且

$$\lim_{n\to+\infty}n\ln^{(1)}n\ln^{(2)}n\cdots\ln^{(k)}n\left(\frac{x_n}{x_{n+1}}-1-\frac{1}{n}-\frac{1}{n\ln n}-\cdots\right.$$
$$\left.-\frac{1}{n\ln^{(1)}n\ln^{(2)}n\cdots\ln^{(k-1)}n}\right)=\lambda\in\mathbf{R}\cup\{\pm\infty\}.$$

若 $\lambda>1$，则 $\displaystyle\sum_{n=1}^{+\infty}x_n$ 收敛；若 $\lambda<1$，则 $\displaystyle\sum_{n=1}^{+\infty}x_n$ 发散；若 $\lambda=1$，则无法判断 $\displaystyle\sum_{n=1}^{+\infty}x_n$ 的敛散性.

例 6 (Gauss 判别法)　设 $\displaystyle\sum_{n=1}^{+\infty}x_n$ 为严格正项级数，且

$$\frac{x_n}{x_{n+1}}=\lambda+\frac{\mu}{n}+\frac{\theta_n}{n^2}\,,\quad\lambda>0\,,\ |\theta_n|\leq L.$$

若 $\lambda>1$ 或 $\lambda=1$，$\mu>1$，则 $\displaystyle\sum_{n=1}^{+\infty}x_n$ 收敛；若 $0<\lambda<1$ 或 $\lambda=1$，$\mu\leq1$，则 $\displaystyle\sum_{n=1}^{+\infty}x_n$ 发散.

证　由于 $\displaystyle\lim_{n\to+\infty}\frac{x_n}{x_{n+1}}=\lambda$，则 $\displaystyle\lim_{n\to+\infty}\frac{x_{n+1}}{x_n}=\frac{1}{\lambda}$. 由定理 3.2 知，当 $\lambda>1$ 时，$\displaystyle\sum_{n=1}^{+\infty}x_n$

收敛；当 $0<\lambda<1$ 时，$\displaystyle\sum_{n=1}^{+\infty}x_n$ 发散. 当 $\lambda=1$ 时，$\dfrac{x_n}{x_{n+1}}=1+\dfrac{\mu}{n}+\dfrac{\theta_n}{n^2}$，则

$$\lim_{n \to +\infty} n \left(\frac{x_n}{x_{n+1}} - 1 \right) = \mu .$$

由定理 3.5 知，若 $\mu > 1$，则 $\sum\limits_{n=1}^{+\infty} x_n$ 收敛；若 $\mu < 1$，则 $\sum\limits_{n=1}^{+\infty} x_n$ 发散. 当 $\lambda = 1$，$\mu = 1$ 时，

$\dfrac{x_n}{x_{n+1}} = 1 + \dfrac{1}{n} + \dfrac{\theta_n}{n^2}$ ，则

$$\lim_{n \to +\infty} n \ln n \left(\frac{x_n}{x_{n+1}} - 1 - \frac{1}{n} \right) = \lim_{n \to +\infty} \frac{\ln n}{n} \theta_n = 0 < 1 ,$$

由定理 3.6 知，$\sum\limits_{n=1}^{+\infty} x_n$ 发散.

3. 绝对收敛和条件收敛

设 $\sum\limits_{n=1}^{+\infty} u_n$ 为数项级数. 若 $\sum\limits_{n=1}^{+\infty} |u_n|$ 收敛，则称 $\sum\limits_{n=1}^{+\infty} u_n$ **绝对收敛**；若 $\sum\limits_{n=1}^{+\infty} |u_n|$ 发散，而

$\sum\limits_{n=1}^{+\infty} u_n$ 收敛，则称 $\sum\limits_{n=1}^{+\infty} u_n$ **条件收敛**. 由于 $\forall k, n \in \mathbf{N}$ ，

$$|u_{n+1} + u_{n+2} + \cdots + u_{n+k}| < |u_{n+1}| + |u_{n+2}| + \cdots + |u_{n+k}| ,$$

由性质 3.1 可知，若 $\sum\limits_{n=1}^{+\infty} u_n$ 绝对收敛，则 $\sum\limits_{n=1}^{+\infty} u_n$ 收敛. 而 $\sum\limits_{n=1}^{+\infty} |u_n|$ 为正项级数，可用判

别正项级数的判别法判断 $\sum\limits_{n=1}^{+\infty} |u_n|$ 的敛散性. 若由定理 3.2、定理 3.3 判断出 $\sum\limits_{n=1}^{+\infty} |u_n|$ 发

散，则有 $\lim\limits_{n \to +\infty} u_n \neq 0$，故 $\sum\limits_{n=1}^{+\infty} u_n$ 发散. 若在其他情形下得知 $\sum\limits_{n=1}^{+\infty} |u_n|$ 发散，则无法判

断 $\sum\limits_{n=1}^{+\infty} u_n$ 是否发散.

定理 3.7 (Leibniz 判别法) 设 $\sum\limits_{n=1}^{+\infty} (-1)^{n-1} u_n$ 为交错级数，即 $\forall n \in \mathbf{N}$ ，$u_n \geq 0$. 若

$u_n \geq u_{n+1}$，且 $\lim\limits_{n \to +\infty} u_n = 0$ ，则 $\sum\limits_{n=1}^{+\infty} (-1)^{n-1} u_n$ 收敛.

定理 3.8 (Abel 判别法) 设 $\sum\limits_{n=1}^{+\infty} u_n v_n$ 为数项级数. 若 $\{u_n\}$ 单调下降有下界，且

$\sum\limits_{n=1}^{+\infty} v_n$ 收敛，则 $\sum\limits_{n=1}^{+\infty} u_n v_n$ 收敛.

定理 3.9 (Dirichlet 判别法) 设 $\sum\limits_{n=1}^{+\infty} u_n v_n$ 为数项级数. 若 $\{u_n\}$ 单调下降且下界为

0, 以及 $\sum\limits_{n=1}^{+\infty} v_n$ 的部分和序列 $\{V_n\}$ 有界, 其中 $V_n = \sum\limits_{k=1}^{n} v_k$, 则 $\sum\limits_{n=1}^{+\infty} u_n v_n$ 收敛.

若在定理 3.9 中取 $v_n = (-1)^{n-1}$, 则 $\{V_n\}$ 有界, 因此可由定理 3.9 导出定理 3.7.

例 7 判断 $\sum\limits_{n=1}^{+\infty} u_n$ 的敛散性, 其中 $u_{3n-2} = \dfrac{1}{2n-1}$, $u_{3n-1} = -\dfrac{1}{4n-2}$, $u_{3n} = -\dfrac{1}{4n}$.

解 令 $v_n = u_{3n-2} + u_{3n-1} + u_{3n}$, 则

$$\sum_{n=1}^{+\infty} v_n = \sum_{n=1}^{+\infty}\left(\frac{1}{2n-1} - \frac{1}{4n-2} - \frac{1}{4n}\right) = \frac{1}{2}\sum_{n=1}^{+\infty}\left(\frac{1}{2n-1} - \frac{1}{2n}\right)$$

$$= \frac{1}{2}\sum_{n=1}^{+\infty}(-1)^{n-1}\frac{1}{n}.$$

由定理 3.7 可知 $\sum\limits_{n=1}^{+\infty} v_n$ 收敛. 又因为 $\lim\limits_{n\to+\infty} u_n = 0$, 由性质 3.6 知, $\sum\limits_{n=1}^{+\infty} u_n$ 收敛.

性质 3.10 设 $\sum\limits_{n=1}^{+\infty} u_n$ 与 $\sum\limits_{n=1}^{+\infty} v_n$ 为两数项级数. 若 $\sum\limits_{n=1}^{+\infty} u_n$ 与 $\sum\limits_{n=1}^{+\infty} v_n$ 绝对收敛, 则

$\forall \alpha, \beta \in \mathbf{R}$, 有 $\sum\limits_{n=1}^{+\infty}(\alpha u_n + \beta v_n)$ 绝对收敛, 且

$$\left|\sum_{n=1}^{+\infty}(\alpha u_n + \beta v_n)\right| \le |\alpha|\sum_{n=1}^{+\infty}|u_n| + |\beta|\sum_{n=1}^{+\infty}|v_n|.$$

性质 3.11 设 $\sum\limits_{n=1}^{+\infty} u_n$ 与 $\sum\limits_{n=1}^{+\infty} v_n$ 为两数项级数, $w_n = \sum\limits_{k=1}^{n} u_k v_{n-k+1}$. 若 $\sum\limits_{n=1}^{+\infty} u_n$ 与

$\sum\limits_{n=1}^{+\infty} v_n$ 绝对收敛, 则 $\sum\limits_{n=1}^{+\infty} w_n$ 绝对收敛, 且

$$\sum_{n=1}^{+\infty} w_n = \left(\sum_{n=1}^{+\infty} u_n\right) \cdot \left(\sum_{n=1}^{+\infty} v_n\right).$$

例 8 设 $u_n = (-1)^{n-1}\dfrac{1}{\sqrt{n}}$, $w_n = \sum\limits_{k=1}^{n} u_k u_{n-k+1}$, 判断 $\sum\limits_{n=1}^{+\infty} w_n$ 的敛散性.

解 由于 $\sum\limits_{n=1}^{+\infty}\dfrac{1}{\sqrt{n}}$ 发散, 而由定理 3.7 可知 $\sum\limits_{n=1}^{+\infty}(-1)^{n-1}\dfrac{1}{\sqrt{n}}$ 收敛, 故 $\sum\limits_{n=1}^{+\infty}(-1)^{n-1}\dfrac{1}{\sqrt{n}}$

条件收敛. 因此不能利用性质 3.11 判断 $\sum\limits_{n=1}^{+\infty} w_n$ 的敛散性. 实际上,

$$|w_n| = \left|(-1)^{n-1}\left(\frac{1}{\sqrt{1 \cdot n}} + \frac{1}{\sqrt{2 \cdot (n-1)}} + \cdots + \frac{1}{\sqrt{n \cdot 1}}\right)\right|$$

$$= \frac{1}{\sqrt{1 \cdot n}} + \frac{1}{\sqrt{2 \cdot (n-1)}} + \cdots + \frac{1}{\sqrt{n \cdot 1}}$$

$$> \frac{1}{\sqrt{n \cdot n}} + \frac{1}{\sqrt{n \cdot n}} + \cdots + \frac{1}{\sqrt{n \cdot n}}$$

$$= 1,$$

故 $\lim\limits_{n \to +\infty} w_n \neq 0$，因此 $\sum\limits_{n=1}^{+\infty} w_n$ 发散.

性质 3.12 设 $\sum\limits_{n=1}^{+\infty} u_n$ 与 $\sum\limits_{n=1}^{+\infty} v_n$ 为两数项级数，$w_n = \sum\limits_{k=1}^{n} u_k v_{n-k+1}$. 若 $\sum\limits_{n=1}^{+\infty} u_n$ 绝对收敛，且 $\sum\limits_{n=1}^{+\infty} v_n$ 条件收敛，则 $\sum\limits_{n=1}^{+\infty} w_n$ 收敛，且

$$\sum_{n=1}^{+\infty} w_n = \left(\sum_{n=1}^{+\infty} u_n\right) \cdot \left(\sum_{n=1}^{+\infty} v_n\right).$$

性质 3.13 设 $\sum\limits_{n=1}^{+\infty} u_n$ 与 $\sum\limits_{n=1}^{+\infty} v_n$ 为两数项级数，$w_n = \sum\limits_{k=1}^{n} u_k v_{n-k+1}$. 若 $\sum\limits_{n=1}^{+\infty} u_n$，$\sum\limits_{n=1}^{+\infty} v_n$，$\sum\limits_{n=1}^{+\infty} w_n$ 均收敛，则 $\sum\limits_{n=1}^{+\infty} w_n = \left(\sum\limits_{n=1}^{+\infty} u_n\right) \cdot \left(\sum\limits_{n=1}^{+\infty} v_n\right)$.

例 9 已知两数项级数 $\sum\limits_{n=1}^{+\infty} (-1)^{n-1} \frac{1}{n}$，$\sum\limits_{n=1}^{+\infty} (-1)^n \frac{1}{n^2}$，由定理 3.7 知，$\sum\limits_{n=1}^{+\infty} (-1)^{n-1} \frac{1}{n}$，$\sum\limits_{n=1}^{+\infty} (-1)^n \frac{1}{n^2}$ 收敛. 而 $\sum\limits_{n=1}^{+\infty} \frac{1}{n}$ 发散，$\sum\limits_{n=1}^{+\infty} \frac{1}{n^2}$ 收敛. 因此 $\sum\limits_{n=1}^{+\infty} (-1)^{n-1} \frac{1}{n}$ 条件收敛，$\sum\limits_{n=1}^{+\infty} (-1)^n \frac{1}{n^2}$ 绝对收敛. 令 $w_n = \sum\limits_{k=1}^{n} u_k v_{n-k+1}$，由性质 3.12 知，$\sum\limits_{n=1}^{+\infty} w_n$ 收敛，但 $\sum\limits_{n=1}^{+\infty} w_n$ 并非绝对收敛，因为

$$|w_n| = \left|\sum_{k=1}^{n} u_k v_{n-k+1}\right| = \left|(-1)^n \left(\frac{1}{1 \cdot n^2} + \frac{1}{2 \cdot (n-1)^2} + \cdots + \frac{1}{n \cdot 1^2}\right)\right|$$

$$= \frac{1}{1 \cdot n^2} + \frac{1}{2 \cdot (n-1)^2} + \cdots + \frac{1}{n \cdot 1^2} > \frac{1}{n},$$

由定理 3.1 知，$\sum\limits_{n=1}^{+\infty} |w_n|$ 发散.

性质 3.14 设 $\sum\limits_{n=1}^{+\infty} u_n$ 为数项级数，$\varphi:\mathbf{N}\to\mathbf{N}$ 为一一映射. 若 $\sum\limits_{n=1}^{+\infty} u_n$ 绝对收敛，则 $\sum\limits_{n=1}^{+\infty} u_{\varphi(n)}$ 绝对收敛，且 $\sum\limits_{n=1}^{+\infty} u_n = \sum\limits_{n=1}^{+\infty} u_{\varphi(n)}$.

性质 3.15 设 $\sum\limits_{n=1}^{+\infty} u_n$ 为数项级数. 若 $\sum\limits_{n=1}^{+\infty} u_n$ 条件收敛，则 $\forall M \in \mathbf{R}\cup\{\pm\infty\}$，存在一一映射 $\varphi:\mathbf{N}\to\mathbf{N}$，使得 $\sum\limits_{n=1}^{+\infty} u_{\varphi(n)} = M$.

例 10 对于给定的 $p\in\mathbf{N}$，$\forall x\in\mathbf{R}$，有如下表示：$x = \sum\limits_{n=0}^{+\infty} \dfrac{a_n}{p^n}$，其中，$a_0 = x_0 = [x]$，$a_n = p^n(x_n - x_{n-1}) \in \{0,1,2,\cdots,p-1\}$，$n\geq 1$，$x_n = \dfrac{[p^n x]}{p^n}$. 由于 $a_0\in\mathbf{Z}$，令

$$y_0 = a_0, \quad y_1 = \left[\frac{y_0}{p}\right], \quad \cdots, \quad y_{k+1} = \left[\frac{y_k}{p}\right], \quad k = 1,2,\cdots,N,$$

则 $\exists b_0,b_1,\cdots,b_N \in \{0,1,\cdots,p-1\}$，使得 $b_k = y_k - p y_{k+1}$，$k = 0,1,\cdots,N$. 于是

$$x = \sum_{n=0}^{N} b_n p^n + \sum_{n=1}^{+\infty} \frac{a_n}{p^n}.$$

例如实数 5.875，令 $p = 4$，按上述方法可求得 $a_0 = x_0 = [5.875] = 5$，$x_1 = \dfrac{[4\times 5.875]}{4} = 5.75$，$a_1 = 4\times(5.75 - 5) = 3$，$x_2 = \dfrac{[16\times 5.875]}{16} = 5.875$，$a_2 = 16\times(5.875 - 5.75) = 2$，当 $n\geq 3$ 时，

$$x_n = \frac{[4^{n-2}\times 16\times 5.875]}{4^n} = \frac{[4^{n-2}\times 94]}{4^n} = \frac{94}{16} = 5.875,$$

于是当 $n\geq 3$ 时 $a_n = 0$. 由于 $y_0 = [5.875] = 5$，可知 $y_1 = \left[\dfrac{5}{4}\right] = 1$，$y_2 = \left[\dfrac{1}{4}\right] = 0$，因此 $b_0 = y_0 - 4y_1 = 1$，$b_1 = y_1 - 4y_2 = 1$. 故十进制实数 5.875 可表示为四进制实数 11.32.

在本节最后简单介绍一下二重级数和 n 重级数.

若 $\forall n,m\in\mathbf{N}$，$u_{nm}\in\mathbf{R}$，则称

$$
\begin{aligned}
\sum_{n,m=1}^{+\infty} u_{nm} = \ &u_{11} + u_{12} + \cdots + u_{1m}\\
&+ u_{21} + u_{22} + \cdots + u_{2m}\\
&+ \cdots\\
&+ u_{n1} + u_{n2} + \cdots + u_{nm}\\
&+ \cdots
\end{aligned}
$$

为**二重级数**，称 $S_{nm} = \sum\limits_{k=1}^{n}\sum\limits_{l=1}^{m} u_{kl}$ 为二重级数 $\sum\limits_{n,m=1}^{+\infty} u_{nm}$ 的**部分和**，称 u_{nm} 为二重级数

$\sum\limits_{n,m=1}^{+\infty} u_{nm}$ 的**通项**. 若 $\lim\limits_{n,m\to+\infty} S_{nm} = S \in \mathbf{R}$，则称 $\sum\limits_{n,m=1}^{+\infty} u_{nm}$ **收敛**. 若 $\lim\limits_{n,m\to+\infty} S_{nm}$ 不存

在或 $\lim\limits_{n,m\to+\infty} S_{nm} = \pm\infty$，则称 $\sum\limits_{n,m=1}^{+\infty} u_{nm}$ **发散**. 例如，

$$
\begin{aligned}
\sum\limits_{n,m=1}^{+\infty} u_{nm} = {}& 1+1+\cdots+1 \\
& +1-1-\cdots-1 \\
& +1-1+0+\cdots+0 \\
& +\cdots \\
& +1-1+0+\cdots+0 \\
& +\cdots,
\end{aligned}
$$

当 $n,m \geq 2$ 时，$S_{nm} = \sum\limits_{k=1}^{n}\sum\limits_{l=1}^{m} u_{kl} = 2$，因此 $\lim\limits_{n,m\to+\infty} S_{nm} = 2$，故 $\sum\limits_{n,m=1}^{+\infty} u_{nm}$ 收敛.

类似地，称 $\sum\limits_{i_1,i_2,\cdots,i_n=1}^{+\infty} u_{i_1 i_2 \cdots i_n}$ 为 n **重级数**，称

$$
S_{i_1 i_2 \cdots i_n} = \sum\limits_{k_1=1}^{i_1}\sum\limits_{k_2=1}^{i_2}\cdots\sum\limits_{k_n=1}^{i_n} u_{k_1 k_2 \cdots k_n}
$$

为 n 重级数 $\sum\limits_{i_1,i_2,\cdots,i_n=1}^{+\infty} u_{i_1 i_2 \cdots i_n}$ 的**部分和**，称 $u_{i_1 i_2 \cdots i_n}$ 为 n 重级数 $\sum\limits_{i_1,i_2,\cdots,i_n=1}^{+\infty} u_{i_1 i_2 \cdots i_n}$ 的**通**

项. 若 $\lim\limits_{i_1,i_2,\cdots,i_n\to+\infty} S_{i_1 i_2 \cdots i_n} = S \in \mathbf{R}$，则称 $\sum\limits_{i_1,i_2,\cdots,i_n=1}^{+\infty} u_{i_1 i_2 \cdots i_n}$ **收敛**. 若 $\lim\limits_{i_1,i_2,\cdots,i_n\to+\infty} S_{i_1 i_2 \cdots i_n}$

不存在或 $\lim\limits_{i_1,i_2,\cdots,i_n\to+\infty} S_{i_1 i_2 \cdots i_n} = \pm\infty$，则称 $\sum\limits_{i_1,i_2,\cdots,i_n=1}^{+\infty} u_{i_1 i_2 \cdots i_n}$ **发散**.

3.2 函数项序列和函数项级数

1. 函数项序列和函数项级数的一致收敛性

设 (X,d) 为一度量空间，$B \subseteq X$ 为一非空集合，$f: B \to \mathbf{R}$ 为 B 上的实值函数，记所有 B 上的实值函数所构成的集合为 $\mathcal{F}(B,\mathbf{R})$. 若 $\forall n \in \mathbf{N}$，$f_n \in \mathcal{F}(B,\mathbf{R})$，则称 $\{f_n(x)\}$ 为**函数项序列**，并称 $f_n(x)$ 为 $\{f_n(x)\}$ **的通项**，称

$$\sum_{n=1}^{+\infty} f_n(x) = f_1(x) + f_2(x) + \cdots + f_n(x) + \cdots$$

为**函数项级数**，并称 $S_n(x) = \sum_{k=1}^{n} f_k(x)$ 为函数项级数 $\sum_{n=1}^{+\infty} f_n(x)$ 的**部分和**. 若 $\exists f \in \mathcal{F}(B, \mathbf{R})$，使得 $\forall x \in B$，$\lim\limits_{n \to +\infty} f_n(x) = f(x)$，则称函数项序列 $\{f_n(x)\}$ **收敛**，并称 $f: B \to \mathbf{R}$ 为函数项序列 $\{f_n(x)\}$ 的**极限函数**. 若 $\exists S \in \mathcal{F}(B, \mathbf{R})$，使得 $\forall x \in B$，$\lim\limits_{n \to +\infty} S_n(x) = S(x)$，则称函数项级数 $\sum_{n=1}^{+\infty} f_n(x)$ **收敛**，并称 $S: B \to \mathbf{R}$ 为函数项级数 $\sum_{n=1}^{+\infty} f_n(x)$ 的**和函数**，记

$$S(x) = \sum_{n=1}^{+\infty} f_n(x).$$

函数项序列 $\{f_n(x)\}$ 收敛用 $\varepsilon\text{-}N$ 语言可描述为：$\exists f: B \to \mathbf{R}$，使得 $\forall x \in B$，$\forall \varepsilon > 0$，$\exists N_x \in \mathbf{N}$，$\forall n \in \mathbf{N}$，$n \geq N_x$，有 $\left| f_n(x) - f(x) \right| < \varepsilon$.

函数项级数 $\sum_{n=1}^{+\infty} f_n(x)$ 收敛用 $\varepsilon\text{-}N$ 语言可描述为：$\exists S: B \to \mathbf{R}$，使得 $\forall x \in B$，$\forall \varepsilon > 0$，$\exists N_x \in \mathbf{N}$，$\forall n \in \mathbf{N}$，$n \geq N_x$，有 $\left| S_n(x) - S(x) \right| < \varepsilon$.

设函数项序列 $\{f_n(x)\}$ 在 B 上收敛. 若 $\forall \varepsilon > 0$，$\exists N \in \mathbf{N}$，使得 $\forall n \in \mathbf{N}$，$n \geq N$，$\forall x \in A \subseteq B$，有 $\left| f_n(x) - f(x) \right| < \varepsilon$，则称函数项序列 $\{f_n(x)\}$ 在 A 上**一致收敛**.

性质 3.16　设函数项序列 $\{f_n(x)\}$ 在 B 上收敛. 函数项序列 $\{f_n(x)\}$ 在 B 上一致收敛，当且仅当 $\lim\limits_{n \to +\infty} \sup\limits_{x \in B} \left| f_n(x) - f(x) \right| = 0$.

例 1　设 $\{f_n(x)\}$ 为一函数项序列，其中 $f_n(x) = x^n$，$x \in [0, 1]$. 显然，

$$\lim_{n \to +\infty} f_n(x) = f(x) = \begin{cases} 0, & x \in [0, 1), \\ 1, & x = 1, \end{cases}$$

$f(x)$ 为 $\{f_n(x)\}$ 的极限函数. $\forall \varepsilon > 0$，$\forall x \in (0, 1)$，要使 $|x^n| < \varepsilon$，必须 $n > N = \left\lceil \dfrac{\ln \varepsilon}{\ln x} \right\rceil \in \mathbf{N}$，即当 $n \geq N$ 时，有

$$|x^n| < x^N = \mathrm{e}^{N \ln x} < \mathrm{e}^{\ln \varepsilon} = \varepsilon.$$

由于 $x \to 1$ 时 $N \to +\infty$，可知 $\exists \varepsilon > 0$，$\forall N \in \mathbf{N}$，$\exists x \in (0, 1)$，$\exists n \geq N$，使得 $|x^n| \geq \varepsilon$. 因此 $\{f_n(x)\}$ 在 $[0, 1]$ 上不是一致收敛的.

例 2　判断函数项序列 $\{f_n(x)\}$ 在 $[0, 1]$ 上的一致收敛性，其中

$$f_n(x) = (-1)^n \frac{x}{(1+x^2)^n} .$$

解 由于 $f_n(0) = 0$，$f_n(x) = (-1)^n \dfrac{x}{(1+x^2)^n}$，$x \in (0,1]$，则

$$\lim_{n \to +\infty} f_n(x) = f(x) = 0 , \quad x \in [0,1].$$

而 $\sup\limits_{x \in [0,1]} |f_n(x) - f(x)| = \sup\limits_{x \in [0,1]} \dfrac{x}{(1+x^2)^n}$，由于

$$\left[\frac{x}{(1+x^2)^n} \right]' = \frac{(1+x^2)^n - 2nx^2(1+x^2)^{n-1}}{(1+x^2)^{2n}} = \frac{(1+x^2) - 2nx^2}{(1+x^2)^{n+1}} = \frac{1 - (2n-1)x^2}{(1+x^2)^{n+1}},$$

令 $\dfrac{1-(2n-1)x^2}{(1+x^2)^{n+1}} = 0$，得 $\dfrac{x}{(1+x^2)^n}$ 在 $x \in [0,1]$ 上的极大值点 $x_0 = \dfrac{1}{\sqrt{2n-1}}$，故

$$\sup_{x \in [0,1]} |f_n(x) - f(x)| = \sup_{x \in [0,1]} \frac{x}{(1+x^2)^n} = \frac{\dfrac{1}{\sqrt{2n-1}}}{\left(1 + \dfrac{1}{2n-1}\right)^n} = \left(1 - \frac{1}{2n}\right)^n \frac{1}{\sqrt{2n-1}} .$$

因此 $\lim\limits_{n \to +\infty} \sup\limits_{x \in [0,1]} |f_n(x) - f(x)| = 0$. 由性质 3.16 知，函数项序列 $\{f_n(x)\}$ 在 $[0,1]$ 上一致收敛.

设函数项级数 $\sum\limits_{n=1}^{+\infty} f_n(x)$ 在 B 上收敛. 若 $\forall \varepsilon > 0$，$\exists N \in \mathbf{N}$，$\forall n \in \mathbf{N}, n \geq N, \forall x \in A$ $\subseteq B$，有 $|S_n(x) - S(x)| < \varepsilon$，则称函数项级数 $\sum\limits_{n=1}^{+\infty} f_n(x)$ 在 A 上**一致收敛**.

性质 3.17 设函数项级数 $\sum\limits_{n=1}^{+\infty} f_n(x)$ 在 B 上收敛. $\sum\limits_{n=1}^{+\infty} f_n(x)$ 在 B 上一致收敛，当且仅当 $\lim\limits_{n \to +\infty} \sup\limits_{x \in B} |S_n(x) - S(x)| = 0$.

定理 3.10 (比较判别法) 设 $\sum\limits_{n=1}^{+\infty} f_n(x)$ 和 $\sum\limits_{n=1}^{+\infty} g_n(x)$ 为两函数项级数. 若 $\forall n \in \mathbf{N}$，$\forall x \in B$，有 $|f_n(x)| \leq g_n(x)$，且 $\sum\limits_{n=1}^{+\infty} g_n(x)$ 在 B 上一致收敛，则 $\sum\limits_{n=1}^{+\infty} f_n(x)$ 在 B 上一致收敛.

性质 3.18 设 $\sum\limits_{n=1}^{+\infty} f_n(x)$ 为函数项级数，$\sum\limits_{n=1}^{+\infty} M_n$ 为正项级数. 若 $\forall n \in \mathbf{N}$，$\forall x \in B$，

有 $\left|f_n(x)\right| \le M_n$，且 $\sum\limits_{n=1}^{+\infty} M_n$ 收敛，则 $\sum\limits_{n=1}^{+\infty} f_n(x)$ 在 B 上一致收敛.

定理 3.11 (Abel 判别法) 设 $\sum\limits_{n=1}^{+\infty} u_n(x)v_n(x)$ 为函数项级数. 若 $\forall x \in B$，$\{u_n(x)\}$ 为单调数列，且函数项序列 $\{u_n(x)\}$ 在 B 上一致有界，即 $\exists M > 0$，$\forall x \in B$，$\forall n \in \mathbf{N}$，有 $\left|u_n(x)\right| \le M$，以及 $\sum\limits_{n=1}^{+\infty} v_n(x)$ 在 B 上一致收敛，则 $\sum\limits_{n=1}^{+\infty} u_n(x)v_n(x)$ 在 B 上一致收敛.

例 3 判断 $\sum\limits_{n=1}^{+\infty}\left(1+\dfrac{1}{nx}\right)^{nx}\dfrac{x^n}{1+x^n}$ 在 $x \in (0,a]$，$0 < a < 1$ 上的一致收敛性.

解 令 $u_n(x) = \left(1+\dfrac{1}{nx}\right)^{nx}$，$v_n(x) = \dfrac{x^n}{1+x^n}$. 由于 $\forall x \in (0,a]$，$\forall n \in \mathbf{N}$，有
$$\left|u_n(x)\right| = \left(1+\frac{1}{nx}\right)^{nx} \le \mathrm{e},$$
可知 $\{u_n(x)\}$ 在 $x \in (0,a]$ 上一致有界，且 $\forall x \in (0,a]$，$\{u_n(x)\}$ 为单调上升数列. 由于 $\forall x \in (0,a]$，有 $\left|v_n(x)\right| = \dfrac{x^n}{1+x^n} \le a^n$，且当 $0 < a < 1$ 时，$\sum\limits_{n=1}^{+\infty} a^n$ 收敛，由性质 3.18 知 $\sum\limits_{n=1}^{+\infty} v_n(x)$ 在 $(0,a]$ 上一致收敛. 故由定理 3.11 知，$\sum\limits_{n=1}^{+\infty} u_n(x)v_n(x) = \sum\limits_{n=1}^{+\infty}\left(1+\dfrac{1}{nx}\right)^{nx}\dfrac{x^n}{1+x^n}$ 在 $x \in (0,a]$，$0 < a < 1$ 上一致收敛.

定理 3.12 (Dirichlet 判别法) 设 $\sum\limits_{n=1}^{+\infty} u_n(x)v_n(x)$ 为函数项级数，$\forall x \in B$，$\{u_n(x)\}$ 为单调下降数列，且 $\{u_n(x)\}$ 在 B 上一致收敛于 0，即 $\forall \varepsilon > 0$，$\exists N \in \mathbf{N}$，使得 $\forall n \in \mathbf{N}$，$n \ge N$，$\forall x \in B$，有 $\left|u_n(x)\right| < \varepsilon$，以及函数项级数 $\sum\limits_{n=1}^{+\infty} v_n(x)$ 的部分和序列 $\{V_n(x)\}$ 在 B 上一致有界，则 $\sum\limits_{n=1}^{+\infty} u_n(x)v_n(x)$ 在 B 上一致收敛.

定理 3.13 (Dini 定理) 设 B 为度量空间 (X,d) 中的一紧集. 若连续函数列 $\{f_n(x)\}$ 在 B 上收敛于 $f:B\to\mathbf{R}$，且 $f:B\to\mathbf{R}$ 在 B 上连续，以及 $\forall x \in B$，$\{f_n(x)\}$ 为单调数列，则函数列 $\{f_n(x)\}$ 在 B 上一致收敛.

例 4 已知 $B = [-1,1]$ 为 $(\mathbf{R},d)$ 中的紧集，判断函数列 $\{f_n(x)\}$ 在 $[-1,1]$ 上是否一致收敛，其中

$$f_0(x) = 0, \quad f_{n+1}(x) = f_n(x) + \frac{1}{2}(x^2 - f_n^2(x)), \quad x \in [-1,1].$$

解 由 $f_0(x) = 0$, $f_{n+1}(x) = f_n(x) + \frac{1}{2}(x^2 - f_n^2(x))$, $x \in [-1,1]$ 可知,

$$f_1(x) = f_0(x) + \frac{1}{2}(x^2 - f_0^2(x)) = \frac{1}{2}x^2,$$

$$f_2(x) = f_1(x) + \frac{1}{2}(x^2 - f_1^2(x)) = \frac{1}{2}x^2 + \frac{1}{2}\left(x^2 - \frac{1}{4}x^4\right) = x^2 - \frac{1}{8}x^4,$$

计算可得 $f_n(x) = P_n(x^2)$, $x \in [-1,1]$, 为 $[-1,1]$ 上的连续偶函数. 因此, 仅需在区间 $[0,1]$ 上判断函数列 $\{f_n(x)\}$ 是否一致收敛.

首先证明: $\forall x \in [0,1]$, $\{f_n(x)\}$ 为单调递增正数数列, 即 $\forall x \in [0,1]$, $\forall n \in \mathbf{N}$, $f_{n+1}(x) \geq f_n(x) \geq 0$. 当 $n = 0$ 时, $f_1(x) - f_0(x) = \frac{1}{2}x^2 \geq 0$, 即 $f_1(x) \geq f_0(x) = 0$. 假设当 $n = k$ 时 $f_{k+1}(x) \geq f_k(x) \geq 0$ 成立, 由 $f_{k+1}(x) - f_k(x) = \frac{1}{2}(x^2 - f_k^2(x))$, 可知 $0 \leq f_k(x) \leq x$. 于是

$$x - f_{k+1}(x) = x - f_k(x) - \frac{1}{2}(x^2 - f_k^2(x)) = (x - f_k(x))\left[1 - \frac{1}{2}(x + f_k(x))\right]$$

$$\geq (x - f_k(x))(1 - x) \geq 0.$$

因此, 当 $n = k+1$ 时,

$$f_{k+2}(x) - f_{k+1}(x) = \frac{1}{2}(x^2 - f_{k+1}^2(x)) \geq 0,$$

即 $f_{k+2}(x) \geq f_{k+1}(x) \geq 0$. 故 $\forall x \in [0,1]$, $\lim\limits_{n \to +\infty} f_n(x)$ 存在.

将 $f_{n+1}(x) = f_n(x) + \frac{1}{2}(x^2 - f_n^2(x))$ 两边取极限, 得

$$\lim_{n \to +\infty} f_{n+1}(x) = \lim_{n \to +\infty} f_n(x) + \frac{1}{2}x^2 - \frac{1}{2}(\lim_{n \to +\infty} f_n(x))^2.$$

由于 $f_n(x) \geq 0$, 解上式可得 $\forall x \in [0,1]$, $\lim\limits_{n \to +\infty} f_n(x) = x$.

同理可知, $\forall x \in [-1,0]$, $\{f_n(x)\}$ 为单调递增数列, 且 $\lim\limits_{n \to +\infty} f_n(x) = -x$. 因此 $\forall x \in [-1,1]$, $\{f_n(x)\}$ 为单调递增数列, 且 $\lim\limits_{n \to +\infty} f_n(x) = f(x) = |x|$. 由定理 3.13 知, 函数项序列 $\{f_n(x)\}$ 在 $[-1,1]$ 上一致收敛于 $f(x) = |x|$.

在定理 3.13 中, 若 B 不是 (X,d) 中的紧集, 则定理不成立. 例如, 函数项序列 $\{f_n(x)\}$, 其中 $f_n(x) = x^n$, $x \in B = (0,1)$, 由于 $f_n(x) = x^n$ 在 $(0,1)$ 上连续, 且

$\lim\limits_{n\to+\infty} f_n(x) = f(x) = 0$ 在 $(0,1)$ 上连续，以及 $\forall x \in (0,1)$，$\{f_n(x)\}$ 为单调下降数列，而函数项序列 $\{f_n(x)\}$ 在 $(0,1)$ 上不一致收敛，因为 $B = (0,1)$ 不是 $(\mathbf{R}, d)$ 中的紧集.

性质3.19 设 B 为度量空间 (X, d) 中的一紧集，$f_n : B \to \mathbf{R}$ 在 B 上连续，$\sum\limits_{n=1}^{+\infty} f_n(x)$ 为函数项级数. 若 $\forall x \in B$，$\forall n \in \mathbf{N}$，$f_n(x) \geq 0$，$\sum\limits_{n=1}^{+\infty} f_n(x)$ 在 B 上收敛于 $S : B \to \mathbf{R}$，且 $S : B \to \mathbf{R}$ 在 B 上连续，则 $\sum\limits_{n=1}^{+\infty} f_n(x)$ 在 B 上一致收敛.

2. 一致收敛的函数项序列和函数项级数的性质

定理 3.14 设 B 为度量空间 (X, d) 中的非空集合，x_0 为 B 的有限聚点，$\{f_n(x)\}$ 为函数项序列. 若 $\forall n \in \mathbf{N}$，$\lim\limits_{x\to x_0} f_n(x) = a_n \in \mathbf{R}$，且 $\{f_n(x)\}$ 在 B 上一致收敛，则函数项序列 $\{f_n(x)\}$ 的极限函数 $f(x)$ 当 $x \to x_0$ 时极限存在，并有

$$\lim_{x\to x_0} f(x) = \lim_{x\to x_0}\left(\lim_{n\to+\infty} f_n(x)\right) = \lim_{n\to+\infty}\left(\lim_{x\to x_0} f_n(x)\right) = \lim_{n\to+\infty} a_n.$$

性质 3.20 设 B 为度量空间 (X, d) 中的非空集合，x_0 为 B 的有限聚点，$\sum\limits_{n=1}^{+\infty} f_n(x)$ 为函数项级数. 若 $\forall n \in \mathbf{N}$，$\lim\limits_{x\to x_0} f_n(x) = a_n \in \mathbf{R}$，且 $\sum\limits_{n=1}^{+\infty} f_n(x)$ 在 B 上一致收敛，则

$$\lim_{x\to x_0} \sum_{n=1}^{+\infty} f_n(x) = \sum_{n=1}^{+\infty} \lim_{x\to x_0} f_n(x) = \sum_{n=1}^{+\infty} a_n.$$

定理 3.15 设 $\{f_n(x)\}$ 为函数项序列. 若 $\forall n \in \mathbf{N}$，$f_n : B \to \mathbf{R}$ 在 B 上连续，且 $\{f_n(x)\}$ 在 B 上一致收敛，则 $\{f_n(x)\}$ 的极限函数 $f : B \to \mathbf{R}$ 在 B 上连续.

性质 3.21 设 $\sum\limits_{n=1}^{+\infty} f_n(x)$ 为函数项级数. 若 $\forall n \in \mathbf{N}$，$f_n : B \to \mathbf{R}$ 在 B 上连续，且 $\sum\limits_{n=1}^{+\infty} f_n(x)$ 在 B 上一致收敛，则 $\sum\limits_{n=1}^{+\infty} f_n(x)$ 的和函数 $S : B \to \mathbf{R}$ 在 B 上连续.

例 5 设 $\sum\limits_{n=0}^{+\infty} f_n(x)$ 为函数项级数，其中 $f_n(x) = \dfrac{1}{x(x+1)(x+2)\cdots(x+n)}$，$x > 0$，判断函数项级数 $\sum\limits_{n=0}^{+\infty} f_n(x)$ 在 $x > 0$ 上的连续性.

解 由于 $\forall n \in \mathbf{N}$，$f_n(x) = \dfrac{1}{x(x+1)(x+2)\cdots(x+n)}$ $(x > 0)$ 在 $x > 0$ 上连续，但

$\displaystyle\sum_{n=0}^{+\infty} f_n(x)$ 在 $x>0$ 上不是一致收敛的，故不能直接运用性质 3.21 来判断函数项级数

$\displaystyle\sum_{n=0}^{+\infty} f_n(x)$ 在 $x>0$ 上的连续性. 因为 $\forall x>0$，$\exists a>0$，使得 $x\in[a,+\infty)$，于是 $\forall n\in\mathbf{N}$，有

$$\left|f_n(x)\right|=\frac{1}{x(x+1)(x+2)\cdots(x+n)}\le\frac{1}{a(a+1)(a+2)\cdots(a+n)},$$

而正项级数 $\displaystyle\sum_{n=0}^{+\infty}\frac{1}{a(a+1)(a+2)\cdots(a+n)}$ 收敛,故由性质 3.18 可知,函数项级数 $\displaystyle\sum_{n=0}^{+\infty} f_n(x)$

在 $[a,+\infty)$ 上一致收敛. 再由性质 3.21 知 $\displaystyle\sum_{n=0}^{+\infty} f_n(x)$ 在 $[a,+\infty)$ 上连续，因此

$\displaystyle\sum_{n=0}^{+\infty}\frac{1}{x(x+1)(x+2)\cdots(x+n)}$ 在 $x>0$ 上连续.

定理 3.16 设 $[a,b]\subset\mathbf{R}$ 为有限闭区间，$\forall n\in\mathbf{N}$，$f_n:[a,b]\to\mathbf{R}$ 在 $[a,b]$ 上连续. 若函数项序列 $\{f_n(x)\}$ 在 $[a,b]$ 上一致收敛于 $f(x)$，则 $f(x)$ 在 $[a,b]$ 上可积，且 $\forall x\in[a,b]$，有

$$\int_a^x f(t)\mathrm{d}t=\int_a^x\lim_{n\to+\infty}f_n(t)\mathrm{d}t=\lim_{n\to+\infty}\int_a^x f_n(t)\mathrm{d}t.$$

性质 3.22 设 $[a,b]\subset\mathbf{R}$ 为有限闭区间，$\forall n\in\mathbf{N}$，$f_n:[a,b]\to\mathbf{R}$ 在 $[a,b]$ 上连续. 若函数项级数 $\displaystyle\sum_{n=1}^{+\infty} f_n(x)$ 在 $[a,b]$ 上一致收敛于 $S(x)$，则 $S(x)$ 在 $[a,b]$ 上可积，且 $\forall x\in[a,b]$，有

$$\int_a^x S(t)\mathrm{d}t=\int_a^x\sum_{n=1}^{+\infty} f_n(t)\mathrm{d}t=\sum_{n=1}^{+\infty}\int_a^x f_n(t)\mathrm{d}t.$$

定理 3.17 设 $[a,b]\subset\mathbf{R}$ 为一有限闭区间，$\forall n\in\mathbf{N}$，$f_n:[a,b]\to\mathbf{R}$ 在 $[a,b]$ 上为 C^1 类的. 若 $\exists x_0\in[a,b]$，使得 $\displaystyle\lim_{n\to+\infty}f_n(x_0)=y_0$，且函数项序列 $\{f_n'(x)\}$ 在 $[a,b]$ 上一致收敛于 $g(x)$，则函数项序列 $\{f_n(x)\}$ 在 $[a,b]$ 上一致收敛于 $f(x)=y_0+\displaystyle\int_{x_0}^x g(t)\mathrm{d}t$，且 $\forall x\in[a,b]$，有 $\left(\displaystyle\lim_{n\to+\infty}f_n(x)\right)'=\lim_{n\to+\infty}f_n'(x)$.

性质 3.23 设 $[a,b]\subset\mathbf{R}$ 为一有限闭区间，$\forall n\in\mathbf{N}$，$f_n:[a,b]\to\mathbf{R}$ 在 $[a,b]$ 上为 C^1 类的. 若 $\exists x_0\in[a,b]$，使得 $\displaystyle\sum_{n=1}^{+\infty} f_n(x_0)=y_0$，且函数项级数 $\displaystyle\sum_{n=1}^{+\infty} f_n'(x)$ 在 $[a,b]$ 上一致收敛于 $h(x)$，则函数项级数 $\displaystyle\sum_{n=1}^{+\infty} f_n(x)$ 在 $[a,b]$ 上一致收敛于 $S(x)=y_0+\displaystyle\int_{x_0}^x h(t)\mathrm{d}t$，且

$$\forall x \in [a,b], \ \ \text{有} \left(\sum_{n=1}^{+\infty} f_n(x) \right)' = \sum_{n=1}^{+\infty} f_n'(x).$$

例 6　Weierstrass 给出函数项级数 $\sum\limits_{n=0}^{+\infty} \dfrac{1}{2^n} \cos(3^n x)$ 的和函数在定义域内处处连续而处处不可导，但其几何直观性不明显，下面给出具有几何直观的处处连续而处处不可导的例子.

设 $X = [0,1] \times [0,1]$，在 X 上定义压缩映射 $w_1, w_2, w_3 : X \to X$ 如下：$\forall (x,y) \in X$，

$$w_1(x,y) = \left(\frac{x}{3}, \frac{2y}{3} \right), \quad w_2(x,y) = \left(\frac{2-x}{3}, \frac{1+y}{3} \right), \quad w_3(x,y) = \left(\frac{2+x}{3}, \frac{1+2y}{3} \right).$$

设 $\mathcal{F}$ 是 X 中所有非空紧集所构成的集合，定义映射 $w : \mathcal{F} \to \mathcal{F}$ 如下：$\forall A \in \mathcal{F}$，

$$w(A) = w_1(A) \bigcup w_2(A) \bigcup w_3(A).$$

由于 $A \subset X$ 为 X 中的紧集，且 $w_i : X \to X$，$i = 1,2,3$ 为 X 上的连续映射，故 $w(A)$ 也是 X 中的紧集. 令 $\Delta_0 = \{(x,x) \in X \,|\, 0 \le x \le 1\}$，$\Delta_n = w(\Delta_{n-1})$，$n \in \mathbf{N}$，$\Delta_0$ 为 $f_0 :$ $[0,1] \to [0,1]$ 的图像，其中，$f_0(x) = x$，$0 \le x \le 1$. $\Delta_1 = w(\Delta_0)$ 为 $f_1 : [0,1] \to [0,1]$ 的图像，其中

$$f_1(x) = \begin{cases} 2x, & x \in \left[0, \dfrac{1}{3} \right], \\[2mm] -x+1, & x \in \left[\dfrac{1}{3}, \dfrac{2}{3} \right], \\[2mm] 2x-1, & x \in \left[\dfrac{2}{3}, 1 \right], \end{cases}$$

$\Delta_n = w(\Delta_{n-1})$ 为 $f_n : [0,1] \to [0,1]$ 的图像，其中 $f_n(x)$ 为 $[0,1]$ 上的 3^n 段线性函数，显然 $\forall n \in \mathbf{N}$，$f_n : [0,1] \to [0,1]$ 在 $[0,1]$ 上连续. 由于 $\forall n \in \mathbf{N}$，$w^n(X)$ 是 3^n 个高度不超过 $\left(\dfrac{2}{3} \right)^n$ 的长方形的并，$\forall k \in \mathbf{N}$，有 $\Delta_{n+k} \subset w^{n+k}(X) \subset w^n(X)$，故

$$\sup_{x \in [0,1]} \left| f_{n+k}(x) - f_n(x) \right| \le \left(\frac{2}{3} \right)^n, \tag{$*$}$$

即 $\forall x \in [0,1]$，有 $\left| f_{n+k}(x) - f_n(x) \right| \le \left(\dfrac{2}{3} \right)^n$. 于是 $\forall x \in [0,1]$，$\{f_n(x)\}$ 的极限存在，记其极限值为 $f(x)$. 在（$*$）式中令 $k \to +\infty$，有

$$\sup_{x \in [0,1]} \left| f(x) - f_n(x) \right| \le \left(\frac{2}{3} \right)^n.$$

因此由性质 3.16 知函数项序列 $\{f_n(x)\}$ 在 $[0,1]$ 上一致收敛. 再由定理 3.15 知, 函数项序列 $\{f_n(x)\}$ 的极限函数 $f(x)$ 在 $[0,1]$ 上连续.

以下先给出 3 个引理, 再证明极限函数 $f(x)$ 在 $[0,1]$ 上不可导.

设 $T_n = \left\{ \dfrac{k}{3^n} \,\middle|\, 0 \le k \le 3^n, \ k \in \mathbf{N} \right\}$, $f(x)$ 为上述函数项序列 $\{f_n(x)\}$ 的极限函数.

引理 1 设两有理序列 $\{x_n\}, \{x_n'\}$ 满足如下条件: $\forall n \in \mathbf{N}$, $x_n, x_n' \in T_n$, $x_n' - x_n = \dfrac{1}{3^n}$, 且 $x_n = x_{n+1}$ 或 $x_n' = x_{n+1}'$, 则

$$\lim_{n \to +\infty} \left| \frac{f(x_n') - f(x_n)}{x_n' - x_n} \right| = +\infty.$$

引理 2 设两有理序列 $\{x_n\}, \{x_n'\}$ 满足如下条件: $\forall n \in \mathbf{N}$, $x_n, x_n' \in T_n$, $x_n' - x_n = \dfrac{1}{3^n}$, 且存在无限多个 n, 使得 $x_n \ne x_{n+1}$, $x_n' \ne x_{n+1}'$, 则 $\lim\limits_{n \to +\infty} \dfrac{f(x_n') - f(x_n)}{x_n' - x_n}$ 不存在.

引理 3 设函数 $h: [0,1] \to \mathbf{R}$ 在 $x_0 \in (0,1)$ 处可导, $x_n, x_n' \in [0,1]$, 且 $0 < x_n < x_0 < x_n' < 1$, 以及 $\lim\limits_{n \to +\infty} x_n = x_0$, $\lim\limits_{n \to +\infty} x_n' = x_0$, 则

$$h'(x_0) = \lim_{n \to +\infty} \frac{h(x_n') - h(x_n)}{x_n' - x_n}.$$

现证明 $f(x)$ 在 $[0,1]$ 上不可导. 任取 $x \in [0,1]$.

若 $x \in T_k$, $\forall n \in \mathbf{N}$, 令 $x_{n+k} = x$, $x_{n+k}' = x + \dfrac{1}{3^{n+k}}$, 于是 $x_{n+k} = x_{n+1+k}$, $x_{n+k}' - x_{n+k} = \dfrac{1}{3^{n+k}}$. 根据引理 1 有

$$\lim_{n \to +\infty} \left| \frac{f(x_{n+k}') - f(x_{n+k})}{x_{n+k}' - x_{n+k}} \right| = +\infty.$$

再由引理 3 可知 f 在 x 处不可导.

若 $\forall k \in \mathbf{N}$, $x \notin T_k$, 则存在 $\{x_n\}, \{x_n'\}$, 使得 $\forall n \in \mathbf{N}$, 有 $x_n, x_n' \in T_n$, $x_n' - x_n = \dfrac{1}{3^n}$, $x_n < x < x_n'$. 由引理 2 知, $\lim\limits_{n \to +\infty} \dfrac{f(x_n') - f(x_n)}{x_n' - x_n}$ 不存在, 再根据引理 3 知 f 在 x 处不可导.

3. 函数项序列的收敛子列和一致收敛子列

由 1.4 节知, 若实数序列 $\{x_n\}$ 有界, 则实数序列 $\{x_n\}$ 必存在收敛的子列 $\{x_{n_k}\}$. 若函数项序列 $\{f_n(x)\}$ 在 B 上有界, 即 $\forall x \in B$, 实数序列 $\{f_n(x)\}$ 有界, 则在 B 上不一定

存在收敛的子列 $\{f_{n_k}(x)\}$.

例如,函数项序列 $\{f_n(x)\}$: $f_n(x)=\sin nx$, $x\in[0,2\pi]$,在 $[0,2\pi]$ 上有界,但在 $[0,2\pi]$ 上不存在收敛的子列. 若 $\{\sin nx\}$, $x\in[0,2\pi]$ 在 $[0,2\pi]$ 上存在收敛子列 $\{\sin n_k x\}$, 则

$$\lim_{k\to+\infty}(\sin n_k x-\sin n_{k+1}x)^2=0,\quad x\in[0,2\pi].$$

于是有

$$\int_0^{2\pi}\lim_{k\to+\infty}(\sin n_k x-\sin n_{k+1}x)^2\mathrm{d}x=\lim_{k\to+\infty}\int_0^{2\pi}(\sin n_k x-\sin n_{k+1}x)^2\mathrm{d}x=2\pi,$$

而 $\int_0^{2\pi}\lim_{k\to+\infty}(\sin n_k x-\sin n_{k+1}x)^2\mathrm{d}x=0$, 矛盾. 因此, $\{\sin nx\}$, $x\in[0,2\pi]$ 在 $[0,2\pi]$ 上不存在收敛的子列.

定理 3.18　设 B 为度量空间 (X,d) 中的一可数集,且 $\forall n\in\mathbf{N}$,有 $f_n\in\mathcal{F}(B,\mathbf{R})$. 若 $\forall x\in B$, 实数序列 $\{f_n(x)\}$ 有界, 则函数项序列 $\{f_n(x)\}$ 必存在在 B 中收敛的子列 $\{f_{n_k}(x)\}$.

设 B 是度量空间 (X,d) 中的非空集合, $\mathcal{B}\subseteq\mathcal{F}(B,\mathbf{R})$. 若 $\exists M>0$, $\forall x\in B$, $\forall f\in\mathcal{B}$, 有 $|f(x)|\le M$, 则称 $\mathcal{B}$ **在 B 上一致有界**. 若 $\forall\varepsilon>0$, $\exists\delta>0$, $\forall x,y\in B$, $d(x,y)<\delta$, $\forall f\in\mathcal{B}$, 有 $|f(x)-f(y)|<\varepsilon$, 则称 $\mathcal{B}$ **在 B 上等度连续**. 由等度连续的定义可知, 若 $\mathcal{B}$ 在 B 上等度连续, 则 $\forall f\in\mathcal{B}$, f 在 B 上一致连续, 反之不然.

例 7　设 $\mathcal{B}=\left\{f_n\in\mathcal{F}(\mathbf{R},\mathbf{R})\,\middle|\,f_n(x)=\dfrac{\sin nx}{n},\ x\in\mathbf{R}\right\}$. 试讨论 $\mathcal{B}$ 在 $\mathbf{R}$ 上是否一致有界和等度连续.

解　由于 $\forall f_n\in\mathcal{B}$, $\forall x\in\mathbf{R}$, 有

$$|f_n(x)|=\left|\frac{\sin nx}{n}\right|\le\frac{1}{n}\le1,$$

故 $\mathcal{B}$ 在 $\mathbf{R}$ 上一致有界. 又因 $\forall\varepsilon>0$, $\exists\delta=\varepsilon>0$, $\forall x,y\in\mathbf{R}$, $|x-y|<\delta$, $\forall f_n\in\mathcal{B}$, 有

$$\left|f_n(x)-f_n(y)\right|=\left|\frac{\sin nx}{n}-\frac{\sin ny}{n}\right|=\frac{2}{n}\left|\cos\frac{n(x+y)}{2}\sin\frac{n(x-y)}{2}\right|$$
$$\le\frac{2}{n}\left|\sin\frac{n(x-y)}{2}\right|\le|x-y|<\delta=\varepsilon,$$

故 $\mathcal{B}$ 在 $\mathbf{R}$ 上等度连续.

定理 3.19　设 B 为度量空间 (X,d) 中的紧集, $\forall n\in\mathbf{N}$, $f_n:B\to\mathbf{R}$ 在 B 上连续. 若函数项序列 $\{f_n(x)\}$ 在 B 上一致收敛, 则函数项序列 $\{f_n(x)\}$ 在 B 上一致有界并等度连续.

定理 3.20　设 B 为度量空间 (X,d) 中的紧集, $\forall n\in\mathbf{N}$, $f_n:B\to\mathbf{R}$ 在 B 上连续. 若 $\forall x\in B$, 实数序列 $\{f_n(x)\}$ 有界且函数项序列 $\{f_n(x)\}$ 在 B 上等度连续, 则函数项序列

$\{f_n(x)\}$ 在 B 上一致有界，并存在在 B 上一致收敛的子列 $\{f_{n_k}(x)\}$.

例 8 设 $\mathcal{B} = \{f_n \in \mathcal{F}([0,2\pi], \mathbf{R}) \mid f_n(x) = \sin nx, \ x \in [0,2\pi]\}$. 试讨论 $\mathcal{B}$ 在 $[0,2\pi]$ 上是否一致有界和等度连续.

解 因为 $\forall n \in \mathbf{N}$，$\forall x \in [0,2\pi]$，有 $|f_n(x)| = |\sin nx| \leq 1$，故 $\mathcal{B}$ 在 $[0,2\pi]$ 上一致有界. 又因为 $\forall n \in \mathbf{N}$，$\forall x,y \in [0,2\pi]$，且 $|x-y| < \delta$，有

$$\left| f_n(x) - f_n(y) \right| = \left| \sin nx - \sin ny \right| = \left| 2\cos\frac{n(x+y)}{2} \ \sin\frac{n(x-y)}{2} \right|$$

$$\leq \left| 2\sin\frac{n(x-y)}{2} \right| \leq n|x-y| < n\delta,$$

故 $\forall n \in \mathbf{N}$，$f_n(x)$ 在 $[0,2\pi]$ 上一致连续. 但 $\mathcal{B}$ 在 $[0,2\pi]$ 上不是等度连续的. 假设 $\mathcal{B}$ 在 $[0,2\pi]$ 上等度连续，由于 $\forall x \in [0,2\pi]$，实数序列 $\{\sin nx\}$ 有界，根据定理 3.20 可知，$\{\sin nx\}$ 在 $[0,2\pi]$ 上存在一致收敛子列，这与 $\{\sin nx\}$ 在 $[0,2\pi]$ 上不存在收敛子列矛盾，故 $\mathcal{B}$ 在 $[0,2\pi]$ 上不是等度连续的.

在本节的最后，介绍 Stone–Weierstrass 定理.

设 (X,d) 为紧度量空间，记 $C(X,\mathbf{R})$ 为所有在 X 上的连续函数所构成的集合. $\forall f \in C(X,\mathbf{R})$，令 $\|f\| = \sup\limits_{x \in X}|f(x)|$. $\forall f,g \in C(X,\mathbf{R})$，令 $d(f,g) = \|f-g\|$. 故 $(C(X,\mathbf{R}),d)$ 构成完备度量空间.

定理 3.21 (Stone–Weierstrass 定理) 设 $\mathcal{B} \subseteq C(X,\mathbf{R})$. 如果以下结论成立：

① 若 $\forall u,v \in \mathcal{B}$，则 $u+v, uv \in \mathcal{B}$；

② 若 $\forall x,y \in X$，$x \neq y$，则 $\exists u \in \mathcal{B}$，使得 $u(x) \neq u(y)$；

③ 任意常值函数均属于 $\mathcal{B}$，

则 $\mathcal{B}$ 是 $C(X,\mathbf{R})$ 的稠密子集，即 $\forall f \in C(X,\mathbf{R})$，存在 $\mathcal{B}$ 中的函数列 $\{f_n\}$，使得

$$\lim_{n \to +\infty} d(f_n, f) = \lim_{n \to +\infty} \|f_n - f\| = 0.$$

3.3 幂级数

1. 幂级数的性质

设 $\forall n \in \mathbf{N}$，$a_n \in \mathbf{R}$，称

$$\sum_{n=0}^{+\infty} a_n(x-x_0)^n = a_0 + a_1(x-x_0) + \cdots + a_n(x-x_0)^n + \cdots$$

为**幂级数**. 例如 $\sum\limits_{n=0}^{+\infty} x^n, \sum\limits_{n=1}^{+\infty}\dfrac{x^n}{n}$ 都是幂级数.

定理 3.22 若幂级数 $\sum\limits_{n=0}^{+\infty} a_n(x-x_0)^n$ 在 $x=x_1$ 处收敛，则 $\sum\limits_{n=0}^{+\infty} a_n(x-x_0)^n$ 在 $|x-x_0|<|x_1-x_0|$ 上绝对收敛，在 $|x-x_0|\leq r\,(r<|x_1-x_0|)$ 上一致收敛.

性质 3.24 存在 R，$0\leq R\leq +\infty$，使得幂级数 $\sum\limits_{n=0}^{+\infty} a_n(x-x_0)^n$ 在 $|x-x_0|<R$ 上绝对收敛，在 $|x-x_0|>R$ 上发散. 称 R 为 $\sum\limits_{n=0}^{+\infty} a_n(x-x_0)^n$ 的**收敛半径**.

由正项级数的 D'Alembert 判别法和 Cauchy 判别法可知，

$$R=\lim_{n\to+\infty}\left|\frac{a_n}{a_{n+1}}\right| \quad \text{或} \quad R=\left(\overline{\lim_{n\to+\infty}}\sqrt[n]{|a_n|}\right)^{-1}.$$

例 1 分别求 $\sum\limits_{n=0}^{+\infty} x^n,\sum\limits_{n=1}^{+\infty}\dfrac{x^n}{n},\sum\limits_{n=0}^{+\infty}\dfrac{x^n}{n!}$ 的收敛半径.

解 $\sum\limits_{n=0}^{+\infty} x^n$ 的收敛半径为 $R=\lim\limits_{n\to+\infty}\left|\dfrac{a_n}{a_{n+1}}\right|=1$. $\sum\limits_{n=1}^{+\infty}\dfrac{x^n}{n}$ 的收敛半径为

$$R=\lim_{n\to+\infty}\left|\frac{1/n}{1/(n+1)}\right|=\lim_{n\to+\infty}\left|1+\frac{1}{n}\right|=1.$$

$\sum\limits_{n=0}^{+\infty}\dfrac{x^n}{n!}$ 的收敛半径为 $R=\lim\limits_{n\to+\infty}\left|\dfrac{1/n!}{1/(n+1)!}\right|=\lim\limits_{n\to+\infty}|n+1|=+\infty$.

例 2 求超几何级数

$$1+\sum_{n=1}^{+\infty}\frac{\alpha(\alpha+1)\cdots(\alpha+n-1)\beta(\beta+1)\cdots(\beta+n-1)}{n!\gamma(\gamma+1)\cdots(\gamma+n-1)}x^n$$

的收敛半径，并讨论 $x=\pm R$ 时的收敛性.

解 $1+\sum\limits_{n=1}^{+\infty}\dfrac{\alpha(\alpha+1)\cdots(\alpha+n-1)\beta(\beta+1)\cdots(\beta+n-1)}{n!\gamma(\gamma+1)\cdots(\gamma+n-1)}x^n$ 的收敛半径为

$$R=\lim_{n\to+\infty}\frac{\dfrac{\alpha(\alpha+1)\cdots(\alpha+n-1)\beta(\beta+1)\cdots(\beta+n-1)}{n!\gamma(\gamma+1)\cdots(\gamma+n-1)}}{\dfrac{\alpha(\alpha+1)\cdots(\alpha+n)\beta(\beta+1)\cdots(\beta+n)}{(n+1)!\gamma(\gamma+1)\cdots(\gamma+n)}}$$

$$=\lim_{n\to+\infty}\frac{(n+1)(\gamma+n)}{(\alpha+n)(\beta+n)}=1.$$

当 $x=1$ 时，级数

$$1+\sum_{n=1}^{+\infty}\frac{\alpha(\alpha+1)\cdots(\alpha+n-1)\beta(\beta+1)\cdots(\beta+n-1)}{n!\gamma(\gamma+1)\cdots(\gamma+n-1)}$$

在 $\gamma-\alpha-\beta>0$ 时绝对收敛，在 $\gamma-\alpha-\beta\leq 0$ 时发散. 当 $x=-1$ 时，级数

$$1+\sum_{n=1}^{+\infty}\frac{\alpha(\alpha+1)\cdots(\alpha+n-1)\beta(\beta+1)\cdots(\beta+n-1)}{n!\gamma(\gamma+1)\cdots(\gamma+n-1)}(-1)^n$$

在 $\gamma-\alpha-\beta>0$ 时绝对收敛，在 $-1<\gamma-\alpha-\beta\leq 0$ 时条件收敛，在 $\gamma-\alpha-\beta\leq-1$ 时发散. 超几何级数

$$1+\sum_{n=1}^{+\infty}\frac{\alpha(\alpha+1)\cdots(\alpha+n-1)\beta(\beta+1)\cdots(\beta+n-1)}{n!\gamma(\gamma+1)\cdots(\gamma+n-1)}x^n$$

在 $|x|<1$ 上收敛，记为 $f(\alpha,\beta,\gamma;x)$，即

$$f(\alpha,\beta,\gamma;x)=1+\sum_{n=1}^{+\infty}\frac{\alpha(\alpha+1)\cdots(\alpha+n-1)\beta(\beta+1)\cdots(\beta+n-1)}{n!\gamma(\gamma+1)\cdots(\gamma+n-1)}x^n,\quad |x|<1.$$

例 3　求 $\sum_{n=0}^{+\infty}[1+(-1)^n]^n x^{2n}$ 的收敛半径.

解　由 Cauchy 判别法可知，$\sum_{n=0}^{+\infty}[1+(-1)^n]^n x^{2n}$ 的收敛半径为

$$R=\left(\varlimsup_{n\to+\infty}\sqrt[2n]{[1+(-1)^n]^n}\right)^{-1}=\left(\varlimsup_{n\to+\infty}\sqrt{1+(-1)^n}\right)^{-1}=\sqrt{\frac{1}{2}}=\frac{\sqrt{2}}{2}.$$

性质 3.25　设两幂级数 $\sum_{n=0}^{+\infty}a_n(x-x_0)^n$ 和 $\sum_{n=0}^{+\infty}b_n(x-x_0)^n$ 的收敛半径分别为 R_1,R_2，以及 $\alpha,\beta\neq 0$，则有

① $\sum_{n=0}^{+\infty}\alpha a_n(x-x_0)^n$ 的收敛半径仍为 R_1；

② $\sum_{n=0}^{+\infty}(\alpha a_n+\beta b_n)(x-x_0)^n$ 的收敛半径不小于 $\min\{R_1,R_2\}$，且当 $|x-x_0|<\min\{R_1,R_2\}$ 时有

$$\sum_{n=0}^{+\infty}(\alpha a_n+\beta b_n)(x-x_0)^n=\alpha\sum_{n=0}^{+\infty}a_n(x-x_0)^n+\beta\sum_{n=0}^{+\infty}b_n(x-x_0)^n;$$

③ $\sum_{n=0}^{+\infty}(a_0b_n+a_1b_{n-1}+\cdots+a_nb_0)(x-x_0)^n$ 的收敛半径不小于 $\min\{R_1,R_2\}$，且当 $|x-x_0|<\min\{R_1,R_2\}$ 时有

$$\sum_{n=0}^{+\infty}(a_0b_n+a_1b_{n-1}+\cdots+a_nb_0)(x-x_0)^n=\left(\sum_{n=0}^{+\infty}a_n(x-x_0)^n\right)\left(\sum_{n=0}^{+\infty}b_n(x-x_0)^n\right).$$

性质 3.26 若幂级数 $\sum\limits_{n=0}^{+\infty} a_n(x-x_0)^n$ 的收敛半径 $R>0$，则 $\sum\limits_{n=0}^{+\infty} a_n(x-x_0)^n$ 在 $|x-x_0| \leq r < R$ 上一致收敛. 若 $\sum\limits_{n=0}^{+\infty} a_n(R-x_0)^n$ 收敛，则 $\sum\limits_{n=0}^{+\infty} a_n(x-x_0)^n$ 在 $0 \leq x-x_0 \leq R$ 上一致收敛. 若 $\sum\limits_{n=0}^{+\infty} a_n(-R-x_0)^n$ 收敛，则 $\sum\limits_{n=0}^{+\infty} a_n(x-x_0)^n$ 在 $-R \leq x-x_0 \leq 0$ 上一致收敛.

定理 3.23 若幂级数 $\sum\limits_{n=0}^{+\infty} a_n(x-x_0)^n$ 的收敛半径 $R>0$，则 $\sum\limits_{n=0}^{+\infty} a_n(x-x_0)^n$ 的和函数 $f(x)$ 在 (x_0-R, x_0+R) 上连续.

性质 3.27 设幂级数 $\sum\limits_{n=0}^{+\infty} a_n(x-x_0)^n$ 的收敛半径 $R>0$. 若 $\sum\limits_{n=0}^{+\infty} a_n(R-x_0)^n$ 收敛，则其和函数 $f(x)$ 在 x_0+R 处连续. 若 $\sum\limits_{n=0}^{+\infty} a_n(-R-x_0)^n$ 收敛，则其和函数 $f(x)$ 在 x_0-R 处连续.

定理 3.24 若幂级数 $\sum\limits_{n=0}^{+\infty} a_n(x-x_0)^n$ 的收敛半径 $R>0$，则 $\forall x \in (x_0-R, x_0+R)$，有

$$\int_{x_0}^{x} \sum_{n=0}^{+\infty} a_n(t-x_0)^n \, \mathrm{d}t = \sum_{n=0}^{+\infty} \int_{x_0}^{x} a_n(t-x_0)^n \, \mathrm{d}t = \sum_{n=0}^{+\infty} \frac{a_n}{n+1}(x-x_0)^{n+1},$$

且 $\sum\limits_{n=0}^{+\infty} a_n(x-x_0)^n$ 和 $\sum\limits_{n=0}^{+\infty} \dfrac{a_n}{n+1}(x-x_0)^{n+1}$ 有相同的收敛半径.

定理 3.25 设幂级数 $\sum\limits_{n=0}^{+\infty} a_n(x-x_0)^n$ 的收敛半径 $R \geq 0$.

① 幂级数 $\sum\limits_{n=0}^{+\infty} a_n(x-x_0)^n$ 与它的任一 k 阶导级数

$$\sum_{n=0}^{+\infty} (n+k)(n+k-1)\cdots(n+1)a_{n+k}(x-x_0)^n$$

有相同的收敛半径.

② 若 $R>0$，则幂级数 $\sum\limits_{n=0}^{+\infty} a_n(x-x_0)^n$ 的和函数 $f(x)$ 在 (x_0-R, x_0+R) 上是 C^{∞}

类的，并且 $\forall k \in \mathbf{N}$，$\forall x \in (x_0 - R, x_0 + R)$，有

$$\left[\sum_{n=0}^{+\infty} a_n (x - x_0)^n\right]^{(k)} = \sum_{n=0}^{+\infty} \left[a_n (x - x_0)^n\right]^{(k)}.$$

2. Taylor 级数

设 $x_0 \in \mathbf{R}$，$I = (x_0 - R, x_0 + R)$，$f: I \to \mathbf{R}$ 在 I 上是 C^∞ 类的，则称

$$\sum_{n=0}^{+\infty} \frac{f^{(n)}(x_0)}{n!} (x - x_0)^n$$

为 $f(x)$ 在 $x = x_0$ 处的 **Taylor 级数**. 当 $x_0 = 0$ 时，称 $\displaystyle\sum_{n=0}^{+\infty} \frac{f^{(n)}(0)}{n!} x^n$ 为 $f(x)$ 的 **Maclaurin**（麦克劳林）级数.

定理 3.26 设 $f: I \to \mathbf{R}$ 在 I 上是 C^∞ 类的. $\forall x \in I$，$f(x) = \displaystyle\sum_{n=0}^{+\infty} \frac{f^{(n)}(x_0)}{n!} (x - x_0)^n$ 当且仅当

$$\lim_{n \to +\infty} \left[f(x) - \sum_{k=0}^{n} \frac{f^{(k)}(x_0)}{k!} (x - x_0)^k\right] = 0, \quad x \in I.$$

性质 3.28 设 $f: I \to \mathbf{R}$ 在 I 上是 C^∞ 类的. 若 $\exists M > 0$，使得 $\forall x \in I$，$\forall n \in \mathbf{N}$，有 $\left|f^{(n)}(x)\right| \leq M$，则

$$f(x) = \sum_{n=0}^{+\infty} \frac{f^{(n)}(x_0)}{n!} (x - x_0)^n, \quad x \in I.$$

例 4 下面给出若干常用函数的 Maclaurin 级数公式:

$$\mathrm{e}^x = \sum_{n=0}^{+\infty} \frac{x^n}{n!}, \quad x \in \mathbf{R},$$

$$\sin x = \sum_{n=0}^{+\infty} \frac{(-1)^n x^{2n+1}}{(2n+1)!}, \quad \cos x = \sum_{n=0}^{+\infty} \frac{(-1)^n x^{2n}}{(2n)!}, \quad x \in \mathbf{R},$$

$$\mathrm{sh}\, x = \sum_{n=0}^{+\infty} \frac{x^{2n+1}}{(2n+1)!}, \quad \mathrm{ch}\, x = \sum_{n=0}^{+\infty} \frac{x^{2n}}{(2n)!}, \quad x \in \mathbf{R},$$

$$(1+x)^a = \sum_{n=0}^{+\infty} \frac{a(a-1)\cdots(a-n+1)}{n!} x^n, \quad x \in (-1,1),$$

$$\ln(1+x) = \sum_{n=1}^{+\infty} (-1)^{n-1} \frac{x^n}{n}, \quad x \in (-1,1],$$

当 $x = 1$ 时，有

$$\ln 2 = \sum_{n=1}^{+\infty} (-1)^{n-1} \frac{1}{n} = 1 - \frac{1}{2} + \frac{1}{3} - \frac{1}{4} + \cdots = 0.693\ 147\cdots.$$

例 5 求 $\arcsin x$ 和 $\arctan x$ 的 Maclaurin 级数.

解 由 $(1+x)^a = \sum_{n=0}^{+\infty} \frac{a(a-1)\cdots(a-n+1)}{n!} x^n$ ，$x \in (-1,1)$，有

$$\frac{1}{\sqrt{1-t^2}} = \sum_{n=0}^{+\infty} \frac{1}{n!} \cdot \left(-\frac{1}{2}\right)\left(-\frac{1}{2}-1\right)\cdots\left(-\frac{1}{2}-n+1\right)(-t^2)^n$$

$$= \sum_{n=0}^{+\infty} \frac{1 \times 3 \times \cdots \times (2n-1)}{2^n\, n!} t^{2n} = \sum_{n=0}^{+\infty} \frac{(2n-1)!!}{(2n)!!} t^{2n}, \quad t \in (-1,1),$$

$$\frac{1}{1+t^2} = \sum_{n=0}^{+\infty} \frac{(-1)(-2)\cdots(-n)}{n!} t^{2n} = \sum_{n=0}^{+\infty} (-1)^n t^{2n}, \quad t \in (-1,1).$$

由定理 3.24 可知，

$$\arcsin x = \int_0^x \frac{\mathrm{d}t}{\sqrt{1-t^2}} = \int_0^x \sum_{n=0}^{+\infty} \frac{(2n-1)!!}{(2n)!!} t^{2n} \mathrm{d}t$$

$$= \sum_{n=0}^{+\infty} \frac{(2n-1)!!}{(2n)!!} \cdot \frac{x^{2n+1}}{2n+1}, \quad x \in (-1,1);$$

$$\arctan x = \int_0^x \frac{\mathrm{d}t}{1+t^2} = \int_0^x \sum_{n=0}^{+\infty} (-1)^n t^{2n} \mathrm{d}t$$

$$= \sum_{n=0}^{+\infty} \frac{(-1)^n x^{2n+1}}{2n+1}, \quad x \in [-1,1],$$

令 $x = 1$，有 $\dfrac{\pi}{4} = \sum_{n=0}^{+\infty} \dfrac{(-1)^n}{2n+1} = 1 - \dfrac{1}{3} + \dfrac{1}{5} - \dfrac{1}{7} + \cdots.$

例 6 求 $\dfrac{x}{\mathrm{e}^x - 1}$ 的 Maclaurin 级数.

解 由于

$$\frac{x}{\mathrm{e}^x - 1} + \frac{x}{2} = \frac{x}{2}\left(\frac{2}{\mathrm{e}^x - 1} + 1\right) = \frac{x}{2} \cdot \frac{\mathrm{e}^x + 1}{\mathrm{e}^x - 1} = \frac{x}{2} \cdot \frac{\mathrm{e}^{\frac{x}{2}} + \mathrm{e}^{-\frac{x}{2}}}{\mathrm{e}^{\frac{x}{2}} - \mathrm{e}^{-\frac{x}{2}}},$$

可知 $\dfrac{x}{\mathrm{e}^x - 1} + \dfrac{x}{2}$ 为偶函数，故有

$$\frac{x}{\mathrm{e}^x - 1} = 1 - \frac{x}{2} + \sum_{n=1}^{+\infty} \frac{(-1)^{n-1} b_n}{(2n)!} x^{2n}.$$

由 $\mathrm{e}^x = \sum_{n=0}^{+\infty} \dfrac{x^n}{n!}$，有 $\dfrac{\mathrm{e}^x - 1}{x} = \sum_{n=0}^{+\infty} \dfrac{x^n}{(n+1)!}$，故

$$1 = \frac{e^x - 1}{x}\left[1 - \frac{x}{2} + \sum_{n=1}^{+\infty} \frac{(-1)^{n-1} b_n}{(2n)!} x^{2n}\right]$$

$$= \left[\sum_{n=0}^{+\infty} \frac{x^n}{(n+1)!}\right]\left[1 - \frac{x}{2} + \sum_{n=1}^{+\infty} \frac{(-1)^{n-1} b_n}{(2n)!} x^{2n}\right]$$

$$= \sum_{n=0}^{+\infty} \frac{x^n}{(n+1)!} - \frac{1}{2}\sum_{n=0}^{+\infty} \frac{x^{n+1}}{(n+1)!} + \left[\sum_{l=0}^{+\infty} \frac{x^l}{(l+1)!}\right]\left[\sum_{k=1}^{+\infty} \frac{(-1)^{k-1} b_k}{(2k)!} x^{2k}\right]$$

$$= \sum_{n=0}^{+\infty} \frac{x^n}{(n+1)!} - \frac{1}{2}\sum_{n=0}^{+\infty} \frac{x^{n+1}}{(n+1)!} + \sum_{l=0}^{+\infty}\sum_{k=1}^{+\infty} \frac{(-1)^{k-1} b_k}{(l+1)!(2k)!} x^{2k+l}$$

$$= \sum_{n=0}^{+\infty} \frac{x^n}{(n+1)!} - \frac{1}{2}\sum_{n=0}^{+\infty} \frac{x^{n+1}}{(n+1)!} + \sum_{n=2}^{+\infty}\left[\sum_{k=1}^{[n/2]} \frac{(-1)^{k-1} b_k}{(n-2k+1)!(2k)!}\right] x^n$$

$$= 1 - \sum_{n=2}^{+\infty}\left[\frac{n-1}{2(n+1)!} + \sum_{k=1}^{[n/2]} \frac{(-1)^k b_k}{(n-2k+1)!(2k)!}\right] x^n.$$

由待定系数法可得

$$\frac{n-1}{2} + (n+1)! \sum_{k=1}^{[n/2]} \frac{(-1)^k b_k}{(n-2k+1)!(2k)!} = 0.$$

由上述递推公式，可依次求出 $b_1, b_2, \cdots$，即 $b_1 = \frac{1}{6}$，$b_2 = \frac{1}{30}$，$b_3 = \frac{1}{42}$，$b_4 = \frac{1}{30}$，

$b_5 = \frac{5}{66}$，$b_6 = \frac{691}{2730}$，$b_7 = \frac{7}{6}$，$b_8 = \frac{3617}{570}$，…. 由

$$\frac{x}{e^x - 1} = \sum_{n=0}^{+\infty} \frac{B_n}{n!} x^n = 1 - \frac{x}{2} + \sum_{n=1}^{+\infty} \frac{(-1)^{n-1} b_n}{(2n)!} x^{2n},$$

可知 $B_0 = 1$，$B_{2n} = (-1)^{n-1} b_n$，$B_1 = -\frac{1}{2}$，$B_{2n+1} = 0$，将 B_n 称为 Bernoulli 数.

例 7 求第一类完全椭圆积分 $K(k) = \int_0^{\frac{\pi}{2}} \frac{\mathrm{d}\varphi}{\sqrt{1-k^2\sin^2\varphi}}$.

解 由于 $\frac{1}{\sqrt{1-k^2\sin^2\varphi}} = \sum_{n=0}^{+\infty} \frac{(2n-1)!!}{(2n)!!} k^{2n}\sin^{2n}\varphi$，根据定理 3.24 可知，

$$K(k) = \int_0^{\frac{\pi}{2}} \frac{\mathrm{d}\varphi}{\sqrt{1-k^2\sin^2\varphi}} = \int_0^{\frac{\pi}{2}} \sum_{n=0}^{+\infty} \frac{(2n-1)!!}{(2n)!!} k^{2n}\sin^{2n}\varphi\,\mathrm{d}\varphi$$

$$= \sum_{n=0}^{+\infty} \frac{(2n-1)!!}{(2n)!!} k^{2n} \int_0^{\frac{\pi}{2}} \sin^{2n}\varphi\,\mathrm{d}\varphi = \frac{\pi}{2}\sum_{n=0}^{+\infty}\left(\frac{(2n-1)!!}{(2n)!!}\right)^2 k^{2n}.$$

例 8 求第二类完全椭圆积分 $E(k) = \int_0^{\frac{\pi}{2}} \sqrt{1-k^2\sin^2\varphi}\ \mathrm{d}\varphi$.

解 由于

$$\sqrt{1-k^2\sin^2\varphi} = 1 - \sum_{n=1}^{+\infty} \frac{(2n-3)!!}{(2n)!!} k^{2n}\sin^{2n}\varphi,$$

根据定理 3.24 可知,

$$E(k) = \int_0^{\frac{\pi}{2}} \sqrt{1-k^2\sin^2\varphi}\ \mathrm{d}\varphi = \int_0^{\frac{\pi}{2}} \left(1 - \sum_{n=1}^{+\infty} \frac{(2n-3)!!}{(2n)!!} k^{2n}\sin^{2n}\varphi\right)\mathrm{d}\varphi$$

$$= \frac{\pi}{2} - \sum_{n=1}^{+\infty} \frac{(2n-3)!!}{(2n)!!} k^{2n} \int_0^{\frac{\pi}{2}} \sin^{2n}\varphi\ \mathrm{d}\varphi$$

$$= \frac{\pi}{2}\left[1 - \sum_{n=1}^{+\infty} \left(\frac{(2n-1)!!}{(2n)!!}\right)^2 \frac{k^{2n}}{2n-1}\right].$$

由于椭圆 $\dfrac{x^2}{a^2} + \dfrac{y^2}{b^2} = 1$ 的周长为

$$l = 4\int_0^{\frac{\pi}{2}} \sqrt{a^2\cos^2\varphi + b^2\sin^2\varphi}\ \mathrm{d}\varphi = 4\int_0^{\frac{\pi}{2}} \sqrt{a^2 - (a^2-b^2)\sin^2\varphi}\ \mathrm{d}\varphi$$

$$= 4a\int_0^{\frac{\pi}{2}} \sqrt{1-k^2\sin^2\varphi}\ \mathrm{d}\varphi \quad \left(k = \frac{c}{a}\right),$$

可知椭圆周长

$$l = 4aE(k) = 2\pi a\left[1 - \sum_{n=1}^{+\infty} \left(\frac{(2n-1)!!}{(2n)!!}\right)^2 \frac{k^{2n}}{2n-1}\right].$$

当 $k=0$ 时, 椭圆退化为圆, 其周长为 $2\pi a$.

例 9 求 $u = f(k,t) = \int_0^t \dfrac{\mathrm{d}x}{\sqrt{(1-x^2)(1-k^2x^2)}}$ 的 Taylor 级数.

解 由于

$$\frac{1}{\sqrt{(1-x^2)(1-k^2x^2)}} = \left(\sum_{m=0}^{+\infty} \frac{(2m-1)!!}{(2m)!!} k^{2m}x^{2m}\right)\left(\sum_{l=0}^{+\infty} \frac{(2l-1)!!}{(2l)!!} x^{2l}\right)$$

$$= \sum_{m=0}^{+\infty}\sum_{l=0}^{+\infty} \frac{(2m-1)!!(2l-1)!!}{(2m)!!(2l)!!} k^{2m}x^{2m+2l}$$

$$= \sum_{n=0}^{+\infty}\left[\sum_{m=0}^{n} \frac{(2m-1)!!(2n-2m-1)!!}{(2m)!!(2n-2m)!!} k^{2m}\right]x^{2n},$$

由定理 3.24 可知

$$u = \int_0^t \frac{\mathrm{d}x}{\sqrt{(1-x^2)(1-k^2 x^2)}}$$

$$= \int_0^t \sum_{n=0}^{+\infty} \left[\sum_{m=0}^n \frac{(2m-1)!!(2n-2m-1)!!}{(2m)!!(2n-2m)!!} k^{2m} \right] x^{2n} \mathrm{d}x$$

$$= \sum_{n=0}^{+\infty} \left[\sum_{m=0}^n \frac{(2m-1)!!(2n-2m-1)!!}{(2m)!!(2n-2m)!!} k^{2m} \right] \int_0^t x^{2n} \mathrm{d}x$$

$$= \sum_{n=0}^{+\infty} \left[\sum_{m=0}^n \frac{(2m-1)!!(2n-2m-1)!!}{(2m)!!(2n-2m)!!} k^{2m} \right] \frac{t^{2n+1}}{2n+1}.$$

此函数的反函数为椭圆正弦函数 $\mathrm{sn}(u)$.

例 10 求 $f(x) = \cos(\alpha \arcsin x)$ 的 Maclaurin 级数.

解 经计算可得

$$f'(x) = -\frac{\alpha}{\sqrt{1-x^2}} \sin(\alpha \arcsin x),$$

$$f''(x) = -\alpha x (1-x^2)^{-\frac{3}{2}} \sin(\alpha \arcsin x) - \frac{\alpha^2}{1-x^2} \cos(\alpha \arcsin x),$$

故 $f(x), f'(x), f''(x)$ 满足方程

$$(1-x^2) f''(x) - x f'(x) + \alpha^2 f(x) = 0.$$

由于 $f(x)$ 为偶函数，可设 $f(x) = \sum_{n=0}^{+\infty} a_{2n} x^{2n}$，将其代入上述方程，利用待定系数法有

$$(2n+2)(2n+1) a_{2n+2} = (4n^2 - \alpha^2) a_{2n}.$$

由于 $f(0) = 1 = a_0$，故

$$a_{2n} = \frac{(-4)^n}{(2n)!} \frac{\alpha}{2} \left(\frac{\alpha}{2} - n + 1 \right) \left(\frac{\alpha}{2} - n + 2 \right) \cdots \left(\frac{\alpha}{2} + n - 2 \right) \left(\frac{\alpha}{2} + n - 1 \right).$$

因此

$$f(x) = \cos(\alpha \arcsin x)$$

$$= 1 + \sum_{n=1}^{+\infty} \frac{(-4)^n}{(2n)!} \frac{\alpha}{2} \left(\frac{\alpha}{2} - n + 1 \right) \left(\frac{\alpha}{2} - n + 2 \right) \cdots \left(\frac{\alpha}{2} + n - 2 \right) \left(\frac{\alpha}{2} + n - 1 \right) x^{2n}.$$

例 11 讨论 $f(x) = \begin{cases} \mathrm{e}^{-\frac{1}{x^2}}, & x \neq 0, \\ 0, & x = 0 \end{cases}$ 是否能展成 Maclaurin 级数.

解 由 2.1 节例 1 可知，$f(x)$ 在 $\mathbf{R}$ 上是 C^{∞} 类的，且 $\forall n \in \mathbf{N}$，有 $f^{(n)}(0) = 0$. 因此，当 $x \neq 0$ 时，

$$\lim_{n \to +\infty}\left(f(x) - \sum_{k=0}^{n}\frac{f^{(k)}(0)}{k!}x^k\right) = \lim_{n \to +\infty}\left(\mathrm{e}^{-\frac{1}{x^2}} - \sum_{k=0}^{n}\frac{f^{(k)}(0)}{k!}x^k\right) = \mathrm{e}^{-\frac{1}{x^2}}.$$

由定理 3.26 可知，$f(x)$ 不能展开成 Maclaurin 级数.

例 11 表明，即使 $f : I \to \mathbf{R}$ 在 I 上是 C^∞ 类的，$f : I \to \mathbf{R}$ 也不一定在 I 上能展开成 Taylor 级数. 若 $f : I \to \mathbf{R}$ 在 I 上能展开成 Taylor 级数，即 $\forall x \in I$，有

$$f(x) = \sum_{n=0}^{+\infty}\frac{f^{(n)}(x_0)}{n!}(x-x_0)^n ,$$

则称 $f : I \to \mathbf{R}$ 为 I 上的**解析函数**.

3. 发散级数和渐近级数

设 $\displaystyle\sum_{n=0}^{+\infty}a_n$ 为一发散级数. 若幂级数 $\displaystyle\sum_{n=0}^{+\infty}a_n x^n$ 在 $0 < x < 1$ 上收敛，且 $\displaystyle\lim_{x \to 1^-}\sum_{n=0}^{+\infty}a_n x^n$ $=A$，则称 A 为**发散级数** $\displaystyle\sum_{n=0}^{+\infty}a_n$ **的广义和**.

例如：$\displaystyle\sum_{n=0}^{+\infty}(-1)^n x^n = \frac{1}{1+x}$，$0 < x < 1$，而

$$\lim_{x \to 1^-}\sum_{n=0}^{+\infty}(-1)^n x^n = \lim_{x \to 1^-}\frac{1}{1+x} = \frac{1}{2} ,$$

故 $\dfrac{1}{2}$ 为发散级数 $\displaystyle\sum_{n=0}^{+\infty}(-1)^n$ 的广义和. 类似地，

$$\sum_{n=0}^{+\infty}(-1)^n(n+1)x^n = \frac{1}{(1+x)^2} , \quad 0 < x < 1 ,$$

且 $\displaystyle\lim_{x \to 1^-}\sum_{n=0}^{+\infty}(-1)^n(n+1)x^n = \frac{1}{4}$，即 $\dfrac{1}{4}$ 为发散级数 $\displaystyle\sum_{n=0}^{+\infty}(-1)^n(n+1)$ 的广义和. 也可以用其他方法来定义发散级数的广义和. 设 $\displaystyle\sum_{n=0}^{+\infty}a_n$ 为一发散级数，令 $S_n = \displaystyle\sum_{k=0}^{n}a_k$ 为 $\displaystyle\sum_{n=0}^{+\infty}a_n$ 的部分和，设

$$\alpha_n = \frac{S_0 + S_1 + \cdots + S_n}{n+1} ,$$

若 $\displaystyle\lim_{n \to +\infty}\alpha_n = A$，则称 A 为 $\displaystyle\sum_{n=0}^{+\infty}a_n$ **的广义和**. 更一般地，可以给出发散级数的线性正则广义和. 设 $\displaystyle\sum_{n=0}^{+\infty}a_n$ 为一发散级数，$\{\varphi_n(x)\}$ 为定义于 I 上的函数列，x_0 为 I 的

聚点，令 $S_n=\sum\limits_{k=0}^{n}a_k$ 为 $\sum\limits_{n=0}^{+\infty}a_n$ 的部分和，若 $\exists\delta>0$，使得 $\sum\limits_{n=0}^{+\infty}S_n\varphi_n(x)$ 在 $0<|x-x_0|$ $<\delta$ 上收敛，且 $\forall n\in\mathbf{N}$，有 $\lim\limits_{x\to+\infty}\varphi_n(x)=0$，在 $0<|x-x_0|<\delta$ 上，有 $\sum\limits_{n=0}^{+\infty}|\varphi_n(x)|\le K$，以及 $\lim\limits_{x\to x_0}\sum\limits_{n=0}^{+\infty}\varphi_n(x)=1$，则称 $\lim\limits_{x\to x_0}\sum\limits_{n=0}^{+\infty}S_n\varphi_n(x)=A$ 为**发散级数** $\sum\limits_{n=0}^{+\infty}a_n$ **的线性正则广义和**.

设 $\sum\limits_{n=0}^{+\infty}a_n(x)$ 为函数项级数，$\forall n\in\mathbf{N}$，$a_n\in\mathcal{F}(B,\mathbf{R})$，$x_0$ 为 B 的聚点. $\forall x\in B$，设 $A(x)$ 为 $\sum\limits_{n=0}^{+\infty}a_n(x)$ 的广义和，以及 $R_n(x)=A(x)-\sum\limits_{k=0}^{n}a_k(x)$，且 $\forall n\in\mathbf{N}$，

$$\lim_{x\to x_0}\frac{R_n(x)}{a_n(x)}=0,$$

则称 $\sum\limits_{n=0}^{+\infty}a_n(x)$ 为 $A(x)$**在 $x=x_0$ 处的渐近展开**，记为 $A(x)\sim\sum\limits_{n=0}^{+\infty}a_n(x)$，$x\to x_0$. 若 $A(x)$ 在 $x=\infty$ 处可渐近展开为 $\sum\limits_{n=0}^{+\infty}\frac{a_n}{x^n}$，记为 $A(x)\sim\sum\limits_{n=0}^{+\infty}\frac{a_n}{x^n}$，$x\to\infty$，则由渐近展开定义有 $\lim\limits_{x\to\infty}x^n\left(A(x)-\sum\limits_{k=0}^{n}\frac{a_k}{x^k}\right)=0$，因此

$$a_n=\lim_{x\to\infty}x^n\left(A(x)-\sum_{k=0}^{n-1}\frac{a_k}{x^k}\right).$$

上式表明，若 $A(x)$ 在 $x=\infty$ 处可渐近展开为 $\sum\limits_{n=0}^{+\infty}\frac{a_n}{x^n}$，则展开式是唯一的.

渐近幂级数有如下性质：

性质 3.29 设 $A(x),B(x)$ 在 $x=\infty$ 处可渐近展开，记为

$$A(x)\sim\sum_{n=0}^{+\infty}\frac{a_n}{x^n},\quad B(x)\sim\sum_{n=0}^{+\infty}\frac{b_n}{x^n},\quad x\to\infty,$$

则 $A(x)+B(x),A(x)B(x)$ 在 $x=\infty$ 处可渐近展开，且有

$$A(x)+B(x)\sim\sum_{n=0}^{+\infty}\frac{a_n+b_n}{x^n},\quad A(x)B(x)\sim\sum_{n=0}^{+\infty}\frac{c_n}{x^n},\quad c_n=\sum_{i=0}^{n}a_ib_{n-i},\quad x\to\infty.$$

性质 3.30 设 $f(y)$ 在 $y=0$ 处解析，即 $f(y)=\sum\limits_{n=0}^{+\infty}b_ny^n$，$y\in I$. 若 $A(x)$ 在 $x=\infty$

处可渐近展开，记为 $A(x) \sim \sum\limits_{n=1}^{+\infty} \dfrac{a_n}{x^n}$ ，则 $f(A(x))$ 在 $x = \infty$ 处可渐近展开，且有

$$f(A(x)) \sim \sum_{m=0}^{+\infty} b_m \left(\sum_{n=1}^{+\infty} \frac{a_n}{x^n} \right)^m$$

$$= b_0 + \frac{b_1 a_1}{x} + \frac{b_1 a_2 + b_2 a_1^2}{x^2} + \frac{b_1 a_3 + 2 b_2 a_1 a_2 + b_3 a_1^3}{x^3} + \cdots$$

$$+ \frac{b_1 a_n + 2 b_2 a_1 a_{n-1} + \cdots + b_n a_1^n}{x^n}, \quad x \to \infty.$$

性质 3.31 设 $A(x)$ 在 $x = +\infty$ 处可渐近展开，记为

$$A(x) \sim \sum_{n=2}^{+\infty} \frac{a_n}{x^n}, \quad x \to +\infty,$$

且 $A(x)$ 在 $[a, +\infty)$ 上可积，则

$$\int_x^{+\infty} A(t) \mathrm{d}t \sim \sum_{n=2}^{+\infty} \frac{a_n}{n-1} \frac{1}{x^{n-1}}, \quad x \to +\infty.$$

设函数 $f(x)$ 在区间 $[a, b]$ 上有直到 ν 阶的连续微商，当 $\nu \geq 2$ 时，有 Euler-Maclaurin 公式：

$$\int_a^b f(x) \mathrm{d}x = h \sum_{i=0}^{n-1} \frac{1}{2} (f(a+ih) + f(a+(i+1)h))$$

$$- \sum_{k=2}^{\nu-1} \frac{h^k B_k}{k!} (f^{(k-1)}(b) - f^{(k-1)}(a))$$

$$+ \frac{h^{\nu+1}}{\nu!} \int_0^1 B_\nu (1-\tau) \sum_{i=0}^{n-1} f^{(\nu)}(a+ih+h\tau) \mathrm{d}\tau.$$

Bernoulli 多项式 $B_n(x)$ 由下式定义：$\dfrac{t \mathrm{e}^{tx}}{\mathrm{e}^t - 1} = \sum\limits_{n=0}^{+\infty} \dfrac{B_n(x)}{n!} t^n$. 由于

$$\frac{\partial}{\partial x} \left(\frac{t \mathrm{e}^{tx}}{\mathrm{e}^t - 1} \right) = \frac{t^2 \mathrm{e}^{tx}}{\mathrm{e}^t - 1} = \sum_{n=0}^{+\infty} \frac{B_n(x)}{n!} t^{n+1},$$

以及

$$\frac{\partial}{\partial x} \left(\sum_{n=0}^{+\infty} \frac{B_n(x)}{n!} t^n \right) = \sum_{n=0}^{+\infty} \frac{B_n'(x)}{n!} t^n = B_0'(x) + \sum_{n=1}^{+\infty} \frac{B_n'(x)}{n!} t^n$$

$$= B_0'(x) + \sum_{n=0}^{+\infty} \frac{B_{n+1}'(x)}{(n+1)!} t^{n+1},$$

可知

$$\sum_{n=0}^{+\infty} \frac{B_n(x)}{n!} t^{n+1} = B_0'(x) + \sum_{n=0}^{+\infty} \frac{B_{n+1}'(x)}{(n+1)!} t^{n+1}.$$

由待定系数法可得

$$B_n(x) = \frac{1}{n+1} B_{n+1}'(x), \quad B_0'(x) = 0.$$

在 $\dfrac{t\mathrm{e}^{tx}}{\mathrm{e}^t - 1} = \sum\limits_{n=0}^{+\infty} \dfrac{B_n(x)}{n!} t^n$ 中，令 $x = 0$，有

$$\frac{t}{\mathrm{e}^t - 1} = \sum_{n=0}^{+\infty} \frac{B_n(0)}{n!} t^n.$$

由例 6 可知 $B_{2n}(0) = B_{2n}$，$B_1(0) = -\dfrac{1}{2}$，$B_{2n+1}(0) = 0$.

在 $\dfrac{t\mathrm{e}^{tx}}{\mathrm{e}^t - 1} = \sum\limits_{n=0}^{+\infty} \dfrac{B_n(x)}{n!} t^n$ 中，令 $x = 1$，有

$$\frac{t\mathrm{e}^t}{\mathrm{e}^t - 1} = t + \frac{t}{\mathrm{e}^t - 1} = \sum_{n=0}^{+\infty} \frac{B_n(1)}{n!} t^n.$$

因此 $B_{2n}(1) = B_{2n}(0) = B_{2n}$，$B_1(1) = \dfrac{1}{2}$，$B_{2n+1}(1) = 0$.

由 $B_0'(x) = 0$ 以及 $B_0(0) = 1$ 可得 $B_0(x) \equiv 1$.

设函数 $f(x)$ 在区间 $[0,1]$ 上有直到 ν 阶的连续微商，由分部积分法可得

$$\begin{aligned}
\int_0^1 f(x)\mathrm{d}x &= \int_0^1 f(x) B_0(x)\mathrm{d}x = \int_0^1 f(x) B_1'(x)\mathrm{d}x \\
&= f(x) B_1(x)\Big|_0^1 - \int_0^1 f'(x) B_1(x)\mathrm{d}x \\
&= \frac{1}{2}(f(0) + f(1)) - \int_0^1 f'(x) B_1(x)\mathrm{d}x \\
&= \frac{1}{2}(f(0) + f(1)) - \frac{1}{2}\int_0^1 f'(x) B_2'(x)\mathrm{d}x \\
&= \frac{1}{2}(f(0) + f(1)) - \frac{1}{2} B_2(f'(1) - f'(0)) + \frac{1}{2}\int_0^1 f''(x) B_2(x)\mathrm{d}x.
\end{aligned}$$

故

$$\begin{aligned}
\int_0^1 f(x)\mathrm{d}x = {}& \frac{1}{2}(f(0) + f(1)) - \sum_{k=2}^{\nu-1} \frac{B_k}{k!} (f^{(k-1)}(1) - f^{(k-1)}(0)) \\
& + \frac{(-1)^\nu}{\nu!} \int_0^1 B_\nu(t) f^{(\nu)}(t)\mathrm{d}t,
\end{aligned}$$

因此

$$\int_i^{i+1} f(x)\mathrm{d}x = \int_0^1 f(t+i)\mathrm{d}t$$

$$= \frac{1}{2}(f(i)+f(i+1)) - \sum_{k=2}^{\nu-1} \frac{B_k}{k!}(f^{(k-1)}(i+1)-f^{(k-1)}(i))$$

$$+ \frac{(-1)^\nu}{\nu!}\int_0^1 B_\nu(t)f^{(\nu)}(t+i)\mathrm{d}t, \quad i\in\mathbf{Z}.$$

于是 $\forall A,B\in\mathbf{Z}$，有

$$\int_A^B f(x)\mathrm{d}x = \sum_{i=A}^{B-1}\frac{1}{2}(f(i)+f(i+1)) - \sum_{k=2}^{\nu-1}\frac{B_k}{k!}(f^{(k-1)}(B)-f^{(k-1)}(A))$$

$$+ \frac{(-1)^\nu}{\nu!}\int_0^1 B_\nu(t)\sum_{i=A}^{B-1} f^{(\nu)}(t+i)\mathrm{d}t.$$

类似地，当 $a,b\in\mathbf{R}$ 时，令 $h=\dfrac{b-a}{n}$，若 $f(x)$ 在 $[a,b]$ 上是 C^ν 类的，则有

$$\int_a^b f(x)\mathrm{d}x = h\sum_{i=0}^{n-1}\frac{1}{2}(f(a+ih)+f(a+(i+1)h))$$

$$- \sum_{k=2}^{\nu-1}\frac{h^k B_k}{k!}(f^{(k-1)}(b)-f^{(k-1)}(a))$$

$$+ \frac{h^{\nu+1}}{\nu!}\int_0^1 B_\nu(1-\tau)\sum_{i=0}^{n-1} f^{(\nu)}(a+ih+h\tau)\mathrm{d}\tau.$$

可见，Euler–Maclaurin 公式是定积分近似计算中的梯形公式的推广.

由 Euler–Maclaurin 公式可扩展为 Euler–Maclaurin 级数. 若 $f(x)$ 在 $[a,b]$ 上是 C^∞ 类的，且 $\forall k\in\mathbf{N}$，$f^{(2k)}(x)$ 在 $[a,b]$ 上不变号，则有 **Euler–Maclaurin 级数**

$$\int_a^b f(x)\mathrm{d}x \sim h\sum_{i=0}^{n-1}\frac{1}{2}(f(a+ih)+f(a+(i+1)h))$$

$$- \sum_{k=1}^{+\infty}\frac{(-1)^{k-1}b_k h^{2k}}{(2k)!}(f^{(2k-1)}(b)-f^{(2k-1)}(a)), \quad h\to 0.$$

Euler–Maclaurin 级数常写为如下形式：

$$\sum_{i=1}^n f(a+ih) \sim \frac{1}{h}\int_a^b f(x)\mathrm{d}x + \frac{1}{2}(f(b)-f(a))$$

$$+ \sum_{k=1}^{+\infty}\frac{(-1)^{k-1}b_k h^{2k-1}}{(2k)!}(f^{(2k-1)}(b)-f^{(2k-1)}(a)), \quad h\to 0.$$

若 $\forall k\in\mathbf{N}$，$f^{(2k)}(x)$ 在 $[a,+\infty)$ 上不变号，且 $\lim\limits_{x\to+\infty} f^{(2k+1)}(x)=0$，则 Euler–Maclaurin 级数也可表示为

$$\sum_{i=1}^{n} f(a+ih) \sim C + \frac{1}{h}\int_a^b f(x)\mathrm{d}x + \frac{1}{2}f(b) + \sum_{k=1}^{+\infty}\frac{(-1)^{k-1}b_k h^{2k-1}}{(2k)!}f^{(2k-1)}(b), \quad h\to 0.$$

若取 $f(x)=\ln x$，取 $a=h=1$，$b=n$，则有

$$\ln n! \sim C + \int_1^n \ln x \ \mathrm{d}x + \frac{1}{2}\ln n + \sum_{k=1}^{+\infty}\frac{(-1)^{k-1}b_k}{(2k)!}\ln^{(2k-1)} n$$

$$= C + (x\ln x - x)\Big|_1^n + \frac{1}{2}\ln n + \sum_{k=1}^{+\infty}\frac{(-1)^{k-1}b_k}{2k(2k-1)}\frac{1}{n^{2k-1}}$$

$$= C' + \left(n+\frac{1}{2}\right)\ln n - n + \sum_{k=1}^{+\infty}\frac{(-1)^{k-1}b_k}{2k(2k-1)}\frac{1}{n^{2k-1}}, \quad n\to+\infty,$$

其中 $C'=C+1$. 由

$$n! \sim \sqrt{2\pi n}\cdot n^n \mathrm{e}^{-n}\left(1 + \frac{1}{12n} + \frac{1}{288n^2} + \cdots\right)$$

可知，$C'=\frac{1}{2}\ln(2\pi)$，因此

$$\ln n! \sim \frac{1}{2}\ln(2\pi) + \left(n+\frac{1}{2}\right)\ln n - n + \sum_{k=1}^{+\infty}\frac{(-1)^{k-1}b_k}{2k(2k-1)}\frac{1}{n^{2k-1}}, \quad n\to+\infty.$$

若令 $n=100$，则

$$\ln 100! \approx \frac{1}{2}\ln(2\pi) + 100.5\ln 100 - 100 + \frac{b_1}{2\times(2-1)}\frac{1}{100^{2-1}}$$

$$\approx 363.739375558.$$

第 4 章　向量空间与算子代数

🎓 **内容提要**

本章包括向量空间、内积、线性变换、代数、算子代数、算子函数的导数、Hermite 算子和幺正算子、投影算子和数值分析中的算子等内容.

4.1 节主要讲述向量空间. 首先在域 F 上定义向量空间 V_F，设域 F 和非空集合 V 在 V 上定义二元运算"加法"，V 按照所定义的"加法"构成加群，在 $F \times V \to V$ 上定义运算"数乘"，所定义的"数乘"满足结合律并具有单位元，且"数乘"对"加法"有分配律，则集合 V 按照所定义的"加法"和"数乘"构成域 F 上的向量空间 V_F. 其次给出向量空间 V 的子空间. 设 W 为向量空间 V 的子集，若 $\forall \alpha, \beta \in W$，$\forall \mu, \lambda \in F$，有 $\mu\alpha + \lambda\beta \in W$，则称 W 为 V 的**子空间**. 最后给出向量空间 V_F 的基和维数的概念. 设 $\alpha_1, \alpha_2, \cdots, \alpha_n$ 为 V 中的线性无关向量组，若 $\alpha_1, \alpha_2, \cdots, \alpha_n$ 可线性扩张为 V，即 $L(\alpha_1, \alpha_2, \cdots, \alpha_n) = V$，则称 $\alpha_1, \alpha_2, \cdots, \alpha_n$ 为 V 的**基**，并称线性无关组 $\alpha_1, \alpha_2, \cdots, \alpha_n$ 所含的向量个数为向量空间 V 的**维数**，记为 $\dim V = n$. 本节还介绍了一些无限维向量空间的实例，例如连续函数空间 $C([a,b])$、光滑函数空间 $C^{\infty}([a,b])$、解析函数空间 $C^{\omega}([a,b])$.

4.2 节主要讲述内积. 首先给出向量空间 V 上的内积的定义，并指出实向量空间 V 上的内积为 V 上的非退化非负对称双线性型，复向量空间 V 上的内积为 V 上的非退化非负 Hermite 型. 在内积的基础上可给出 V 中的一组标准正交基 $\{e_1, e_2, \cdots, e_n\}$，并用 Schmidt 正交化将 V 中的任意一组基 $\{\alpha_1, \alpha_2, \cdots, \alpha_n\}$ 变换为标准正交基. 其次给出了 Schwarz 不等式 $\langle a, a \rangle \langle b, b \rangle \geq |\langle a, b \rangle|^2$. 最后讨论了赋范线性空间与内积空间之间的关系.

4.3 节主要讲述线性变换. 首先给出向量空间 V 上的线性变换的定义. 设 V 和 W 为域 F 上的两向量空间，$T : V \to W$ 为一映射. 若 $\forall \alpha, \beta \in V$，$\forall \mu, \lambda \in F$，有

$$T(\mu\alpha + \lambda\beta) = \mu T\alpha + \lambda T\beta,$$

则称 $T : V \to W$ 为一**线性变换**. 其次讨论向量空间 V 上的线性变换 T 的核空间和像空间，并给出关系 $\dim V = \dim \ker T + \dim T(V)$. 最后讨论线性空间 V 的对偶空间、对

偶基，以及 V 上的线性变换 T 的对偶变换和 Hermite 线性变换.

4.4 节主要讲述代数. 首先在线性空间上给出代数和代数同构的概念. 代数既有交换代数，又有非交换代数，例如四元数代数和矩阵代数皆是非交换代数. 在三维 Euclid 空间 $\mathbf{R}^3$ 中，定义向量的"叉乘" $\times: \mathbf{R}^3 \times \mathbf{R}^3 \to \mathbf{R}^3$，则 $(\mathbf{R}^3, \times)$ 成为非交换、非结合代数. 最后讨论子代数、理想等概念.

4.5 节主要讲述算子代数. 由向量空间 V 上的线性变换 T 按照算子的"加法"和"数乘"构成向量空间 $L(V)$. 在向量空间 $L(V)$ 上定义算子的复合。则向量空间 $L(V)$ 按照算子的复合。可构成一代数，称之为**算子代数**. 与普通的多项式、函数类似，可定义算子多项式 $p(T) = \sum_{k=0}^{n} a_k T^k$ 和算子函数 $f(T) = \sum_{k=0}^{+\infty} \frac{f^{(k)}(x_0)}{k!}(T - x_0 \mathbf{1})^k$，并给出

$$\mathrm{e}^{\alpha T} = T \sin \alpha + \mathbf{1} \cos \alpha,$$

其中 $T(x, y) = (-y, x)$. 最后讨论算子 S, T 的对易 $[S, T] = ST - TS$ 及其性质.

4.6 节主要讲述算子函数的导数. 与普通函数的导数类似，首先给出算子函数导数的定义，并求出

$$\frac{\mathrm{d}}{\mathrm{d}t} \mathrm{e}^{tH} = H \mathrm{e}^{tH}, \quad \frac{\mathrm{d}}{\mathrm{d}t} \mathrm{e}^{H(t)} = \frac{1}{2}\left(\frac{\mathrm{d}H}{\mathrm{d}t} \mathrm{e}^{H(t)} + \mathrm{e}^{H(t)} \frac{\mathrm{d}H}{\mathrm{d}t}\right).$$

其次导出

$$\mathrm{e}^{tA} B \mathrm{e}^{-tA} = B + t[A, B] + \frac{t^2}{2!}[A, [A, B]] + \cdots + \frac{t^n}{n!}[A, [A, \cdots, [A, B]]] + \cdots,$$

其中 A, B 为 V 中的算子.

4.7 节主要讲述 Hermite 算子和幺正算子. 首先给出算子 Hermite 共轭的定义. 设 $T \in L(V)$，若 $\forall \alpha, \beta \in V$，有 $\langle \alpha, T\beta \rangle^* = \langle \beta, T^\dagger \alpha \rangle$，则称 $T^\dagger$ 为 T 的 **Hermite 共轭**. 其次给出算子 Hermite 共轭的性质. 最后讨论 Hermite 算子和幺正算子. 设 $H \in L(V)$，若 $H^\dagger = H$，则称 H 为 **Hermite 算子**. 设 $U \in L(V)$，若 $UU^\dagger = U^\dagger U = \mathbf{1}$，则称 U 为**幺正算子**.

4.8 节主要讨论投影算子. 首先给出投影算子的定义. 设 $P \in L(V)$，若 P 为 Hermite 算子，且 $P^2 = P$，则称 P 为**投影算子**. 其次给出正交投影算子的定义. 设 $P_1, P_2, \cdots, P_n$ 为投影算子，若 $P_i P_j = \Delta_{ij} P_i$，$i, j = 1, 2, \cdots, n$，则称 $P_1, P_2, \cdots, P_n$ 为**正交投影算子**.

4.9 节主要讲述数值分析中的算子，介绍在数值分析中较为广泛应用的差分算子、微分算子和积分算子. 利用积分算子导出一元函数的 Riemann 积分的近似计算公式：

$$\int_a^b f(x)\mathrm{d}x \approx \frac{h}{2} \sum_{k=0}^{N-1} (f_k + f_{k+1}),$$

$$\int_a^b f(x)\mathrm{d}x \approx \frac{h}{3}\sum_{k=0}^{N-1}(f_{2k+2}+4f_{2k+1}+f_{2k}),$$

$$\int_a^b f(x)\mathrm{d}x \approx \frac{3h}{8}\sum_{k=0}^{N-1}(f_{3k+3}+3f_{3k+2}+3f_{3k+1}+f_{3k}).$$

4.1　向量空间

1. 群和域

设 F 为一非空集合，在 F 上定义一个二元运算 $+:F\times F\to F$，若满足如下条件：

① $\forall a,b,c\in F$，有 $(a+b)+c=a+(b+c)$；

② $a+b=b+a$；

③ $\forall a\in F$，$\exists 0\in F$，使得 $0+a=a$；

④ $\forall a\in F$，$\exists(-a)\in F$，使得 $a+(-a)=0$，

则称 $(F,+)$ 为一 **Abel 群**.

设 F 为一非空集合，在 F 上定义两个二元运算 $+,\cdot:F\times F\to F$，分别记为加法 $(+)$ 和乘法 $(\cdot)$. 若 $(F,+),(F-\{0\},\cdot)$ 为 Abel 群，其中 0 为 $(F,+)$ 的单位元，且 $\cdot$ 对 $+$ 有分配律，即 $\forall a,b,c\in F$，有

$$a\cdot(b+c)=a\cdot b+a\cdot c,$$

则称 $(F,+,\cdot)$ 构成域，简称为域 F，$+$ 和 $\cdot$ 分别称为**加法运算**和**乘法运算**.

设 1 为 $(F-\{0\},\cdot)$ 的单位元. 若 $\exists n\in \mathbf{N}$，使得 $n\cdot 1=0$，则称 n 为域 F 的**特征数**.

设 p 为一质数，在 $\mathbf{Z}$ 上定义同余关系 $\sim$ 如下：$\forall a,b\in \mathbf{Z}$，

$$a\sim b \text{ 当且仅当 } a-b=0 \bmod p,$$

令 $\mathbf{Z}_p$ 为 $\mathbf{Z}$ 关于同余关系 $\sim$ 的商集，即 $\mathbf{Z}_p=\mathbf{Z}/\sim=\{[0],[1],\cdots,[p-1]\}$. 在 $\mathbf{Z}_p$ 上定义二元运算 $+,\cdot:\mathbf{Z}_p\times\mathbf{Z}_p\to\mathbf{Z}_p$ 如下：$\forall[a],[b]\in\mathbf{Z}_p$，

$$[a]+[b]=[a+b],\quad [a][b]=[ab],$$

则 $\mathbf{Z}_p$ 关于二元运算 $+$ 和 $\cdot$ 构成一个域 $(\mathbf{Z}_p,+,\cdot)$，其特征数为质数 $p\neq 0$. 而 $\mathbf{Q},\mathbf{R},\mathbf{C}$ 的特征数均为 0.

2. 向量空间

已知集合 V 和域 F，定义运算 $V\times V\to V$ 和 $F\times V\to V$，分别称为加法（$+$）和数乘，且 $(V,+)$ 为 Abel 群，$F\times V\to V$ 满足结合律，并存在单位元. 若数乘对加法还满足分配律，那么称集合 V 按照所定义的运算构成域 F 上的**向量空间**，也称**线性空间**，记为 V_F.

例如，$\mathbf{R_R}$ 按照实数的加法和乘法构成实数域上的向量空间. 同理，$\mathbf{C_C}$ 和 $\mathbf{C_R}$ 分别构成复和实的向量空间. 而 $\mathbf{R_C}$ 不是向量空间，因为 $\mathbf{C} \times \mathbf{R} \to \mathbf{R}$ 不是映射. $\mathbf{R}^n, \mathbf{C}^n$ 和 F^n 按照所定义的加法和数乘，分别构成 $\mathbf{R}, \mathbf{C}$ 和域 F 上的向量空间.

$$L^2 = \left\{ \{x_n\} \big| x_n \in \mathbf{C},\ n \in \mathbf{Z},\ \sum_{n=-\infty}^{+\infty} |x_n|^2 < +\infty \right\},$$ 在 L^2 上定义加法和数乘如下：

$\forall \{x_n\}, \{y_n\} \in L^2$，$\forall \alpha \in \mathbf{R}$，有 $\{x_n + y_n\} = \{x_n\} + \{y_n\}$，$\{\alpha x_n\} = \alpha \{x_n\}$. 由于 $\forall n \in \mathbf{Z}$，有

$$|x_n + y_n|^2 \leq (|x_n| + |y_n|)^2 = |x_n|^2 + 2|x_n y_n| + |y_n|^2 \leq 2(|x_n|^2 + |y_n|^2),$$

又因为 $\sum_{n=-\infty}^{+\infty} |x_n|^2 < +\infty$，$\sum_{n=-\infty}^{+\infty} |y_n|^2 < +\infty$，故有 $\sum_{n=-\infty}^{+\infty} |x_n + y_n|^2 < +\infty$，于是 $\{x_n + y_n\} \in L^2$. 同理，有 $\{\alpha x_n\} \in L^2$. 因此，L^2 按照所定义的加法和数乘构成向量空间.

$P_{\mathbf{C}}[x] = \{a_0 + a_1 x + \cdots + a_n x^n + \cdots | a_i \in \mathbf{C}\}$，即所有复系数多项式的集合，按照多项式的加法和数乘也构成向量空间.

$C([a,b])$（即 $[a,b]$ 上的连续函数空间）、$C^n([a,b])$（即 $[a,b]$ 上的 n 阶连续可微函数空间）、$C^\infty([a,b])$（即 $[a,b]$ 上的光滑函数空间）、$C^\omega([a,b])$（即 $[a,b]$ 上的解析函数空间）按照函数的加法和数乘构成向量空间.

设非空集合 $W \subset$ 向量空间 V. 若 $\forall a, b \in W$，$\forall \mu, \lambda \in$ 域 F，有 $\mu a + \lambda b \in W$，则称 W 为 V 的**子空间**.

3. 线性组合和线性扩张

设 $\alpha_1, \alpha_2, \cdots, \alpha_m \in$ 向量空间 V，则 $\sum_{i=1}^m \lambda_i \alpha_i$（$\lambda_i \in$ 域 F，$i = 1, 2, \cdots, m$）称为 $\alpha_1, \alpha_2, \cdots, \alpha_m$ 的**线性组合**. 若 $\sum_{i=1}^m \lambda_i \alpha_i = 0$ 当且仅当 $\lambda_i = 0$，$i = 1, 2, \cdots, m$，则称 $\alpha_1, \alpha_2, \cdots, \alpha_m$ **线性无关**，否则称 $\alpha_1, \alpha_2, \cdots, \alpha_m$ **线性相关**.

$\alpha_1, \alpha_2, \cdots, \alpha_m$ 的所有线性组合称为 $\alpha_1, \alpha_2, \cdots, \alpha_m$ 的**线性扩张**，记为 $L(\alpha_1, \alpha_2, \cdots, \alpha_m)$. 可以证明，$L(\alpha_1, \alpha_2, \cdots, \alpha_m)$ 是 V 中含向量组 $\alpha_1, \alpha_2, \cdots, \alpha_m$ 的最小子空间.

若 $\alpha_1, \alpha_2, \cdots, \alpha_n$ 线性无关，且 $L(\alpha_1, \alpha_2, \cdots, \alpha_n) = V$，则称 $\alpha_1, \alpha_2, \cdots, \alpha_n$ 为 V 的**基**. V 中的任意一组基都含有相同的向量个数，该数称为 V 的**维数**，记为 $\dim V$.

1 为 $\mathbf{R_R}$ 的基，$\dim \mathbf{R_R} = 1$.

1 和 i 为 $\mathbf{C_R}$ 的基，$\dim \mathbf{C_R} = 2$.

1 是 $\mathbf{C_C}$ 的基，$\dim \mathbf{C_C} = 1$.

$\boldsymbol{e}_1 = (1,0,0,\cdots,0)$，$\boldsymbol{e}_2 = (0,1,0,\cdots,0)$，$\cdots$，$\boldsymbol{e}_n = (0,0,\cdots,0,1)$ 是 $\mathbf{R}^n$ 和 $\mathbf{C}^n$ 的基，$\dim \mathbf{R}^n = \dim \mathbf{C}^n = n$．$\mathbf{C}^m (m \le n)$是 $\mathbf{C}^n$ 的子空间，$\dim \mathbf{C}^m = m$．

$\boldsymbol{E}_{ij}$（矩阵 $\boldsymbol{E}_{ij}$ 的第 i 行、第 j 列元素为 1，其余元素均为 0），$i = 1,2,\cdots,n$，$j = 1,2,\cdots,m$是 $M_{n\times m} = \{(a_{ij})_{n\times m}\}$ 的基，$\dim M_{n\times m} = nm$．

$P_\mathbf{C}^n[x] = \{a_0 + a_1 x + \cdots + a_n x^n \mid a_i \in \mathbf{C}\}$ 的基为 $\{1,x,x^2,\cdots,x^n\}$，$\dim P_\mathbf{C}^n[x] = n+1$．

$C^\omega([a,b]), C^\infty([a,b]), C^n([a,b]), C([a,b])$ 均为无限维向量空间，可知 $C^\omega([a,b])$ 为 $C^\infty([a,b])$ 的子空间，$C^\infty([a,b])$ 为 $C^n([a,b])$ 的子空间，$C^n([a,b])$ 为 $C([a,b])$ 的子空间．若 $a < 0 < b$，则 $C^\infty([a,b])$ 的基为 $\{1,x,x^2,\cdots,x^n,\cdots\}$．

设 $\alpha_1,\alpha_2,\cdots,\alpha_n$ 为 V 的基. 若 $\forall \alpha \in V$，存在唯一的 $a_1,a_2,\cdots,a_n$，使得 $\alpha = \sum_{i=1}^n a_i \alpha_i$，则称 $(a_1,a_2,\cdots,a_n)$ 为 α 在 $\alpha_1,\alpha_2,\cdots,\alpha_n$ 下的**表示**或**坐标**. 在 3 维向量空间 $\mathbf{R}^3$ 中，取 $\boldsymbol{\alpha}_1 = \boldsymbol{i}$，$\boldsymbol{\alpha}_2 = \boldsymbol{j}$，$\boldsymbol{\alpha}_3 = \boldsymbol{k}$，则 $\mathbf{R}^3$ 中的向量 $\boldsymbol{\alpha}$ 在 $\boldsymbol{i},\boldsymbol{j},\boldsymbol{k}$ 下的坐标为 (x,y,z)，即
$$\boldsymbol{\alpha} = x\boldsymbol{i} + y\boldsymbol{j} + z\boldsymbol{k}.$$

4.2　内积

在向量空间 $V_\mathbf{C}$ 上定义运算 $\langle \cdot,\cdot \rangle$：$V \times V \to \mathbf{C}$，且满足如下条件：

① $\forall a,b \in V$，$\langle a,b \rangle = \langle b,a \rangle^*$（* 为复共轭）；

② $\forall a,b,c \in V$，$\forall \beta,\gamma \in \mathbf{C}$，$\langle a, \beta b + \gamma c \rangle = \beta \langle a,b \rangle + \gamma \langle a,c \rangle$；

③ $\langle a,a \rangle \ge 0$；$\langle a,a \rangle = 0$ 当且仅当 $a = 0$，

称 $\langle \cdot,\cdot \rangle$ 为 $V_\mathbf{C}$ 上的**内积**.

复向量空间 $V_\mathbf{C}$ 上的内积，实际上是定义在 $V_\mathbf{C}$ 上的非退化非负的 Hermite 型；而实向量空间 $V_\mathbf{R}$ 上的内积，则是定义在 $V_\mathbf{R}$ 上的非退化非负的对称双线性型.

设 $\boldsymbol{x} = (x_1,x_2,\cdots,x_n)$，$\boldsymbol{y} = (y_1,y_2,\cdots,y_n)$ 为 $\mathbf{C}^n$ 中两向量，定义
$$\langle \boldsymbol{x},\boldsymbol{y} \rangle = x_1^* y_1 + x_2^* y_2 + \cdots + x_n^* y_n. \tag{1}$$

由（1）式可知
$$\langle \boldsymbol{y},\boldsymbol{x} \rangle^* = (y_1^* x_1 + y_2^* x_2 + \cdots + y_n^* x_n)^* = x_1^* y_1 + x_2^* y_2 + \cdots + x_n^* y_n = \langle \boldsymbol{x},\boldsymbol{y} \rangle,$$
$$\langle \boldsymbol{x}, \beta \boldsymbol{y} + \gamma \boldsymbol{z} \rangle = x_1^*(\beta y_1 + \gamma z_1) + x_2^*(\beta y_2 + \gamma z_2) + \cdots + x_n^*(\beta y_n + \gamma z_n)$$
$$= \beta(x_1^* y_1 + x_2^* y_2 + \cdots + x_n^* y_n) + \gamma(x_1^* z_1 + x_2^* z_2 + \cdots + x_n^* z_n)$$
$$= \beta \langle \boldsymbol{x},\boldsymbol{y} \rangle + \gamma \langle \boldsymbol{x},\boldsymbol{z} \rangle,$$

以及 $\langle \boldsymbol{x}, \boldsymbol{x}\rangle = x_1^* x_1 + x_2^* x_2 + \cdots + x_n^* x_n \geq 0$. 若 $\langle \boldsymbol{x}, \boldsymbol{x}\rangle = 0$，则有 $x_1 = x_2 = \cdots = x_n = 0$. 由内积的定义可知，（1）是 $\mathbf{C}^n$ 上的内积.

设 $f, g \in C([a,b])$，定义

$$\langle f, g\rangle = \int_a^b \omega(x) f^*(x) g(x) \mathrm{d}x, \tag{2}$$

其中 $\omega(x)$ 是 $[a,b]$ 上的实值连续正函数，称为**权函数**. 由（2）式可知

$$\langle g, f\rangle^* = \left(\int_a^b \omega(x) g^*(x) f(x) \mathrm{d}x\right)^* = \int_a^b \omega(x) f^*(x) g(x) \mathrm{d}x$$

$$= \langle f, g\rangle,$$

$$\langle f, \beta g + \gamma h\rangle = \int_a^b \omega(x) f^*(x)(\beta g(x) + \gamma h(x)) \mathrm{d}x$$

$$= \beta \int_a^b \omega(x) f^*(x) g(x) \mathrm{d}x + \gamma \int_a^b \omega(x) f^*(x) h(x) \mathrm{d}x$$

$$= \beta \langle f, g\rangle + \gamma \langle f, h\rangle,$$

以及 $\langle f, f\rangle = \int_a^b \omega(x) f^*(x) f(x) \mathrm{d}x = \int_a^b \omega(x) |f(x)|^2 \mathrm{d}x \geq 0$. 若 $\langle f, f\rangle = 0$，则有 $f(x) \equiv 0$，$x \in [a,b]$. 因此，（2）式是 $C([a,b])$ 上的内积.

1. 标准正交基

由向量空间 V 的内积可定义 V 上的一组标准正交基. 设 $e_1, e_2, \cdots, e_n$ 为向量空间 V 的基，若其内积 $\langle e_i, e_j\rangle = \delta_{ij}$，则称 $e_1, e_2, \cdots, e_n$ 为 V 的**标准正交基**.

如：$\boldsymbol{e}_1 = (1,0,0,\cdots,0)$，$\boldsymbol{e}_2 = (0,1,0,\cdots,0)$，$\cdots$，$\boldsymbol{e}_n = (0,0,\cdots,0,1)$ 为 $\mathbf{C}^n$ 的标准正交基；$\dfrac{\mathrm{e}^{\mathrm{i}kx}}{\sqrt{2\pi}}$，$k = 0,1,2,\cdots$ 是 $C([0,2\pi])$ 的标准正交基.

设 $\alpha_1, \alpha_2, \cdots, \alpha_n$ 为 V 的基. 通过 Schmidt 正交化可将其变为标准正交基，方法如下：令 $\beta_1 = \alpha_1$，

$$\beta_k = \alpha_k - \sum_{i=1}^{k-1} \frac{\langle \alpha_k, \beta_i\rangle}{\langle \beta_i, \beta_i\rangle} \beta_i, \quad k = 2, 3, \cdots, n,$$

且令 $e_i = \dfrac{\beta_i}{\sqrt{\langle \beta_i, \beta_i\rangle}}$，则 $e_1, e_2, \cdots, e_n$ 为 V 的一组标准正交基.

上述 Schmidt 正交化过程也可用于无限维向量空间.

2. Schwarz 不等式

由向量空间的内积可导出向量的长度，如 $|a| = \sqrt{\langle a, a\rangle}$，$a \in V$. Schwarz 不等式

给出了向量空间中两向量的内积与其长度间的关系，并成为 3 维向量空间中定义两向量夹角的基础.

Schwarz 不等式　$\langle a,a\rangle\langle b,b\rangle\geq\left|\langle a,b\rangle\right|^2$，等式成立的条件为 a,b 线性相关.

证　令 $c=b-\dfrac{\langle a,b\rangle}{\langle a,a\rangle}a$，则 $\langle a,c\rangle=0$，$b=c+\dfrac{\langle a,b\rangle}{\langle a,a\rangle}a$，于是

$$\langle b,b\rangle=\left|\frac{\langle a,b\rangle}{\langle a,a\rangle}\right|^2\langle a,a\rangle+\langle c,c\rangle\geq\frac{\left|\langle a,b\rangle\right|^2}{\langle a,a\rangle},$$

因此 $\langle a,a\rangle\langle b,b\rangle\geq\left|\langle a,b\rangle\right|^2$. 当 a,b 线性相关时，$\exists\lambda\in\mathbf{C}$，使得 $b=\lambda a$，故有

$$\langle a,a\rangle\langle b,b\rangle=\left|\lambda\right|^2\langle a,a\rangle^2=\left|\langle a,b\rangle\right|^2.$$

3. 赋范线性空间与内积空间

设 X 为复向量空间，称 $\|\cdot\|$：$X\to\mathbf{R}$ 为**范数**，如果 $\|\cdot\|$ 满足如下条件：

① 非负性：$\forall a\in X$，$\|a\|\geq 0$，且 $\|a\|=0$ 当且仅当 $a=0$；

② 正齐次性：$\forall a\in X$，$\forall\lambda\in\mathbf{C}$，$\|\lambda a\|=|\lambda|\|a\|$；

③ 三角不等式：$\forall a,b\in X$，$\|a+b\|\leq\|a\|+\|b\|$.

可以用内积定义向量空间 V 中向量 a 的**范数**，即 $\forall a\in V$，$\|a\|\equiv\sqrt{\langle a,a\rangle}$.

定义了范数的向量空间，称为**赋范线性空间**. 在赋范线性空间中可以导出度量 $d(a,b)$，即 $d(a,b)=\|a-b\|$.

定义了内积的向量空间，称为**内积空间**. 内积空间是赋范线性空间，但赋范空间不一定是内积空间. 若赋范空间满足平行四边形法则：

$$\|a+b\|^2+\|a-b\|^2=2\|a\|^2+2\|b\|^2,\qquad(3)$$

则可在赋范空间上定义：

$$\langle a,b\rangle\equiv\frac{1}{4}\Big[\|a+b\|^2-\|a-b\|^2-\mathrm{i}(\|a+\mathrm{i}b\|^2-\|a-\mathrm{i}b\|^2)\Big],\qquad(4)$$

由（4）式可知

$$\langle b,a\rangle^*=\frac{1}{4}\Big[\|b+a\|^2-\|b-a\|^2-\mathrm{i}(\|b+\mathrm{i}a\|^2-\|b-\mathrm{i}a\|^2)\Big]^*$$

$$=\frac{1}{4}\Big[\|a+b\|^2-\|a-b\|^2+\mathrm{i}(\|a-\mathrm{i}b\|^2-\|a+\mathrm{i}b\|^2)\Big]$$

$$=\frac{1}{4}\Big[\|a+b\|^2-\|a-b\|^2-\mathrm{i}(\|a+\mathrm{i}b\|^2-\|a-\mathrm{i}b\|^2)\Big]=\langle a,b\rangle,$$

以及

$$\langle a,b+c\rangle = \frac{1}{4}\Big[\parallel a+b+c\parallel^2 - \parallel a-(b+c)\parallel^2 -\mathrm{i}(\parallel a+\mathrm{i}(b+c)\parallel^2 - \parallel a-\mathrm{i}(b+c)\parallel^2)\Big]$$

$$= \frac{1}{4}\Big[2\parallel a+b\parallel^2 +2\parallel c\parallel^2 - \parallel a+b-c\parallel^2 - \parallel a-b-c\parallel^2$$

$$-\mathrm{i}(2\parallel a+\mathrm{i}b\parallel^2 +2\parallel \mathrm{i}c\parallel^2 - \parallel a+\mathrm{i}b-\mathrm{i}c\parallel^2 - \parallel a-\mathrm{i}b-\mathrm{i}c\parallel^2)\Big]$$

$$= \frac{1}{4}\Big[2\parallel a+b\parallel^2 +2\parallel c\parallel^2 -2\parallel a-c\parallel^2 -2\parallel b\parallel^2$$

$$-\mathrm{i}(2\parallel a+\mathrm{i}b\parallel^2 +2\parallel \mathrm{i}c\parallel^2 -2\parallel a-\mathrm{i}c\parallel^2 -2\parallel \mathrm{i}b\parallel^2)\Big]$$

$$= \frac{1}{4}\Big[2\parallel a+b\parallel^2 +(2\parallel a\parallel^2 +2\parallel c\parallel^2)-2\parallel a-c\parallel^2 -(2\parallel a\parallel^2 +2\parallel b\parallel^2)$$

$$-\mathrm{i}(2\parallel a+\mathrm{i}b\parallel^2 +(2\parallel a\parallel^2 +2\parallel \mathrm{i}c\parallel^2)-2\parallel a-\mathrm{i}c\parallel^2$$

$$-(2\parallel a\parallel^2 +2\parallel \mathrm{i}b\parallel^2))\Big]$$

$$= \frac{1}{4}\Big[(\parallel a+b\parallel^2 +\parallel a+c\parallel^2 -\parallel a-c\parallel^2 -\parallel a-b\parallel^2)$$

$$-\mathrm{i}(\parallel a+\mathrm{i}b\parallel^2 +\parallel a+\mathrm{i}c\parallel^2 -\parallel a-\mathrm{i}c\parallel^2 -\parallel a-\mathrm{i}b\parallel^2)\Big]$$

$$= \frac{1}{4}\Big[\parallel a+b\parallel^2 -\parallel a-b\parallel^2 -\mathrm{i}(\parallel a+\mathrm{i}b\parallel^2 -\parallel a-\mathrm{i}b\parallel^2)\Big]$$

$$+\frac{1}{4}\Big[\parallel a+c\parallel^2 -\parallel a-c\parallel^2 -\mathrm{i}(\parallel a+\mathrm{i}c\parallel^2 -\parallel a-\mathrm{i}c\parallel^2)\Big]$$

$$= \langle a,b\rangle + \langle a,c\rangle.$$

若 $b=c$ ，则有 $\langle a,2b\rangle = 2\langle a,b\rangle$. 同理， $\forall \lambda\in\mathbf{R}$ ，则有 $\langle a,\lambda b\rangle = \lambda\langle a,b\rangle$. 又由于

$$\langle a,a\rangle = \frac{1}{4}\Big[\parallel 2a\parallel^2 -\mathrm{i}(\parallel (1+\mathrm{i})a\parallel^2 - \parallel (1-\mathrm{i})a\parallel^2)\Big]$$

$$= \frac{1}{4}\Big[4\parallel a\parallel^2 -\mathrm{i}(2\parallel a\parallel^2 -2\parallel a\parallel^2)\Big]$$

$$= \parallel a\parallel^2 \geq 0,$$

以及若 $\langle a,a\rangle = 0$ ，则 $a=0$ ，因此，（4）式为赋范空间上的内积.

命题 一个赋范空间为内积空间的充要条件是，赋范空间中的向量满足平行四边形法则.

一个有限维的向量空间可以成为内积空间. 如： $\forall \boldsymbol{a}=(a_1,a_2,\cdots,a_n)\in\mathbf{C}^n$ ，定义 $\parallel \boldsymbol{a}\parallel^2 = \sum\limits_{i=1}^{n}|a_i|^2$ ，由于 $\parallel\cdot\parallel$ 满足平行四边形法则，可知 $\mathbf{C}^n$ 为复内积空间. 在 $\mathbf{C}^n$ 上还可以定义另一范数

$$\|\cdot\|_p\colon\ \|\,\boldsymbol{a}\,\|_p^p=\sum_{i=1}^{n}|\,a_i\,|^p\ ,\quad \boldsymbol{a}=(a_1,a_2,\cdots,a_n)\in\mathbf{C}^n,$$

由此范数可引进如下距离：

$$d_p(\boldsymbol{a},\boldsymbol{b})=\|\,\boldsymbol{a}-\boldsymbol{b}\,\|_p=\left(\sum_{i=1}^{n}|\,a_i-b_i\,|^p\right)^{\frac{1}{p}}.$$

4.3 线性变换

1. 线性变换的概念

设 V 和 W 是域 F 上的两线性空间，$T\colon V\to W$ 为一映射. 若 $\forall\alpha,\beta\in V$，$\forall\mu,\lambda\in F$，有

$$T(\mu\alpha+\lambda\beta)=\mu T\alpha+\lambda T\beta,$$

则称 $T\colon V\to W$ 为一**线性变换**. 事实上，线性变换 T 是线性空间 V 到线性空间 W 上的线性同态. 若 $W=V$，则称 $T\colon V\to V$ 为 V 上的**自同态**. 所有的线性变换 $T\colon V\to W$ 构成的集合记为 $L(V,W)$.

设 V,W 为域 F 上的线性空间，$T,U\colon V\to W$ 为两映射. 若 $\forall\alpha\in V$，

$$T\alpha=U\alpha,$$

则称 T **等于** U.

在 $L(V,W)$ 上定义加法 $(+)$ 和数乘如下：$\forall T,S\in L(V,W)$，$\forall\lambda\in F$，

$$(T+S)\alpha=T\alpha+S\alpha\ ,\quad (\lambda T)\alpha=\lambda(T\alpha)\ ,\quad \alpha\in V\ .$$

$L(V,W)$ 按照上述定义的运算构成 F 上的线性空间；当 $W=V$ 时，记 $L(V,V)$ 为 $L(V)$. 当 $W=\mathbf{R}$ 或 $\mathbf{C}$ 时，记 $L(V,\mathbf{R})$ 或 $L(V,\mathbf{C})$ 为 V^*，V^* 的元素称为**线性泛函**，V^* 称为 V 的**对偶空间**.

若 $a_k\in V$，$f_k\in V^*$，$k=1,2,\cdots,m$，则 $T=\sum_{k=1}^{m}a_k f_k\in L(V)$.

记 π 是 $1,2,\cdots,n$ 的一个置换：$\pi=\begin{pmatrix}1&2&\cdots&n\\\pi(1)&\pi(2)&\cdots&\pi(n)\end{pmatrix}$. 设 $\boldsymbol{x}=(x_1,x_2,\cdots,x_n)\in\mathbf{C}^n$，$A_\pi(\boldsymbol{x})=(x_{\pi(1)},x_{\pi(2)},\cdots,x_{\pi(n)})$，则 $A_\pi\colon\mathbf{C}^n\to\mathbf{C}^n$ 为自同态.

设微分变换 $\dfrac{\mathrm{d}}{\mathrm{d}x}\colon C^1([a,b])\to C([a,b])$，满足

$$\frac{\mathrm{d}f(x)}{\mathrm{d}x}=f'(x)\ ,\quad f(x)\in C^1([a,b]),$$

则 $\dfrac{\mathrm{d}}{\mathrm{d}x}$ 为 $C^1([a,b])$ 上的线性变换.

若 $f(x)$ 在 $[a,b]$ 上连续，则 $f(x)$ 在 $[a,b]$ 上存在原函数 $F(x)$，即

$$F(x)=\int f(x)\mathrm{d}x,$$

因此不定积分 $\int f(x)\mathrm{d}x$ 为 $C([a,b])$ 上的线性变换.

2. 线性变换的核空间与像空间

设 $T\in L(V,W)$. T 的**核空间**为 $\ker T=\{\alpha\in V\,|\,T\alpha=0\}\subseteq V$，$\ker T$ 是 V 的子空间. T 的**像空间**为 $T(V)=\{T\alpha\,|\,\alpha\in V\}\subseteq W$，$T(V)$ 为 W 的子空间.

命题 1 线性变换 $T:V\to W$ 为单同态，当且仅当 $\ker T=0$.

设 $T\in L(V,W)$，$a_1,a_2,\cdots,a_k$ 为 $\ker T$ 的基，将其扩展为 V 的基 $a_1,a_2,\cdots,a_k$，$a_{k+1},\cdots,a_n$. 显然，$Ta_{k+1},\cdots,Ta_n$ 为 $T(V)$ 的基，因此

$$\dim V=\dim\ker T+\dim T(V).$$

命题 2 有限维向量空间上的自同态 $T:V\to V$ 是双射，当且仅当它是单射或满射.

设 V_F,W_F 为域 F 上的两向量空间. 若存在同构映射 $T:V_F\to W_F$，即存在线性同态 $T:V_F\to W_F$ 为双射，则称 V_F 与 W_F **同构**. 若 $W_F=V_F$，则同构映射 $T:V_F\to V_F$ 称为 V_F 上的**自同构**.

命题 3 线性满射 $T:V_F\to W_F$ 是同构映射，当且仅当 $\ker T=0$.

同构映射 $T:V_F\to W_F$ 将 V_F 中的线性无关组 $\alpha_1,\alpha_2,\cdots,\alpha_n$ 映射到 W_F 中的线性无关组 $T\alpha_1,T\alpha_2,\cdots,T\alpha_n$. 若 V_F 为有限维向量空间，则 V_F 同构于 W_F 当且仅当 $\dim V=\dim W$.

3. 对偶向量与对偶映射

设 $\alpha_1,\alpha_2,\cdots,\alpha_n$ 为向量空间 V 的基，$\dim V=n$. 若在 V^* 中存在 $f_1,f_2,\cdots,f_n$，使得 $f_i\alpha_j=\delta_{ij}$，则 $f_1,f_2,\cdots,f_n$ 为 V^* 的基，并称为 $\alpha_1,\alpha_2,\cdots,\alpha_n$ 的**对偶基**，$f_1,f_2,\cdots,f_n$ 可记为 $\alpha_1^*,\alpha_2^*,\cdots,\alpha_n^*$. 若 $\alpha=\sum\limits_{i=1}^n\lambda_i\alpha_i\in V$，则 $f_\alpha=\sum\limits_{i=1}^n\lambda_i f_i$ 称为 α 在 V^* 上的**对偶向量**.

设 W 是 V 的子空间，则 $\{f\in V^*\,|\,\forall\alpha\in W,\ f(\alpha)=0\}$ 为 V^* 的子空间，并称其为 W 的**正交子空间**，记为 $W^\perp$.

设 $T\in L(V,W)$. 若 $\exists T^*\in L(W^*,V^*)$，$\forall\alpha\in V$，$\forall g\in W^*$，有

$$(T^*(g))\alpha=g(T\alpha),$$

则称 T^* 为 T 的**对偶映射**. 若 T 是一对一的，则 T^* 是到上的，反之亦然. 若 T 为同构，则 T^* 也为同构.

在量子力学中用 $|\alpha\rangle$ 表示向量 α , 称为**右矢** α ；用 $\langle\alpha|$ 表示 $|\alpha\rangle$ 的对偶，称为**左矢** α . 两向量 $|\alpha\rangle,|\beta\rangle$ 的内积记为 $\langle\alpha|\beta\rangle$, 与前面定义的内积 $\langle\alpha,\beta\rangle$ 等价.

根据内积的性质，$\forall|\alpha\rangle,|\beta\rangle,|\gamma\rangle\in$ 向量空间 V , $\forall a,b\in\mathbf{C}$, 有

$$\langle a\alpha+b\beta\,|\,\gamma\rangle=\langle\gamma\,|\,a\alpha+b\beta\rangle^*=\langle\gamma\,|\,a\alpha\rangle^*+\langle\gamma\,|\,b\beta\rangle^*$$
$$=(a\langle\gamma\,|\,\alpha\rangle)^*+(b\langle\gamma\,|\,\beta\rangle)^*=a^*\langle\alpha\,|\,\gamma\rangle+b^*\langle\beta\,|\,\gamma\rangle.$$

从泛函的观点来看，由上述等式可导出

$$\langle a\alpha+b\beta\,|\ =a^*\langle\alpha\,|+b^*\langle\beta\,|. \tag{1}$$

4. Hermite 线性变换

本节主要论述线性空间之间的线性变换以及线性空间的对偶空间. 同一线性空间可存在不同的对偶空间，在其不同的两个对偶空间之间可建立 Hermite 线性变换.

设 $T\in L(V)$. 若 $\forall a,b\in\mathbf{C}$, $\forall\alpha,\beta\in V$, 有

$$T(a\alpha+b\beta)=a^*T\alpha+b^*T\beta,$$

则称 T 为 **Hermite 线性变换**.

例如，若 V 为一向量空间，映射 $T:f_\alpha\mapsto\langle\alpha|$, $\alpha\in V$, $f_\alpha\in V^*$, 则 $\forall a,b\in\mathbf{C}$, 由式（1）有

$$T(af_\alpha+bf_\beta)=\langle a\alpha+b\beta\,|\ =a^*\langle\alpha\,|+b^*\langle\beta\,|\ =a^*Tf_\alpha+b^*Tf_\beta.$$

因此映射 T 为 Hermite 线性变换，而不是线性映射.

4.4　代数

1. 代数的概念

设 A 为域 F 上的线性空间. 在 A 上定义运算 $\cdot:A\times A\to A$, 满足 $\forall a,b,c\in A$, $\forall\alpha,\beta,\gamma\in F$,

$$a\cdot(\beta b+\gamma c)=\beta a\cdot b+\gamma a\cdot c,$$
$$(\alpha a+\beta b)\cdot c=\alpha a\cdot c+\beta b\cdot c,$$

则 $(A,\cdot)$ 称为**代数** A , 线性空间 A 的维数为代数 A 的维数.

若 $\forall a,b,c\in A$, 有 $(a\cdot b)\cdot c=a\cdot(b\cdot c)$, 则 $(A,\cdot)$ 称为**可结合代数**. 若 $\forall a,b\in A$, 有 $a\cdot b=b\cdot a$, 则 $(A,\cdot)$ 称为**交换代数**. 若 $\exists e\in A$, $\forall a\in A$, 有 $e\cdot a=a\cdot e=a$, 则 $(A,\cdot)$ 称为**有单位元代数**. 若 $a\in A$, $\exists b\in A$, 使得 $b\cdot a=e$, 其中 e 为 A 的单位元，则称 b 为 a

的**左逆**；同理，若 $a \cdot b = e$，则称 b 为 a 的**右逆**.

在 $\mathbf{R}^2$ 上定义运算 $\cdot : \mathbf{R}^2 \times \mathbf{R}^2 \to \mathbf{R}^2$ 如下：$\forall (x_1, y_1), (x_2, y_2) \in \mathbf{R}^2$，
$$(x_1, y_1) \cdot (x_2, y_2) = (x_1 x_2 - y_1 y_2, x_1 y_2 + x_2 y_1),$$
则 $(\mathbf{R}^2, \cdot)$ 为交换代数.

在 $\mathbf{R}^3$ 上定义向量的叉积 $\times : \mathbf{R}^3 \times \mathbf{R}^3 \to \mathbf{R}^3$ 如下：$\forall (x_1, y_1, z_1), (x_2, y_2, z_2) \in \mathbf{R}^3$，
$$(x_1, y_1, z_1) \times (x_2, y_2, z_2) = (y_1 z_2 - y_2 z_1, z_1 x_2 - z_2 x_1, x_1 y_2 - x_2 y_1),$$
则 $(\mathbf{R}^3, \times)$ 为非交换非结合代数.

在复矩阵空间 $M_{n \times n}$ 上定义运算 $* : M_{n \times n} \times M_{n \times n} \to M_{n \times n}$ 如下：$\forall \boldsymbol{A}, \boldsymbol{B} \in M_{n \times n}$，$\boldsymbol{A} * \boldsymbol{B} \equiv \boldsymbol{AB} - \boldsymbol{BA}$，则 $(M_{n \times n}, *)$ 为非交换代数.

2. 代数同构

设 $D : A \to A$ 为线性空间 A 上的自同态. 如果 $\forall a, b \in A$，有
$$D(ab) = (D(a))b + a(D(b)),$$
则称 $D : A \to A$ 为 A 上的**导数**.

在 $(M_{n \times n}, *)$ 上可以定义算子 $D_{\boldsymbol{A}}$ 如下：$\forall \boldsymbol{A}, \boldsymbol{B}, \boldsymbol{C} \in M_{n \times n}$，
$$D_{\boldsymbol{A}}(\boldsymbol{B} * \boldsymbol{C}) = \boldsymbol{ABC} - \boldsymbol{ACB} - \boldsymbol{BCA} + \boldsymbol{CBA},$$
则有
$$D_{\boldsymbol{A}}(\boldsymbol{B} * \boldsymbol{C}) = (D_{\boldsymbol{A}}(\boldsymbol{B})) * \boldsymbol{C} + \boldsymbol{B} * (D_{\boldsymbol{A}}(\boldsymbol{C})),$$
其中 $D_{\boldsymbol{A}}(\boldsymbol{B}) = \boldsymbol{A} * \boldsymbol{B}$，$D_{\boldsymbol{A}}(\boldsymbol{C}) = \boldsymbol{A} * \boldsymbol{C}$，因此 $D_{\boldsymbol{A}}$ 为 $M_{n \times n}$ 上的导数.

设 $(A, \cdot)$ 和 $(B, *)$ 为两代数，$T : (A, \cdot) \to (B, *)$ 为一映射. 如果 $\forall a, b \in (A, \cdot)$，有
$$T(a \cdot b) = T(a) * T(b),$$
则称 T 为**代数同态**，并称 $(A, \cdot)$ **代数同态于** $(B, *)$；若 T 还为双射，则称 T 为**代数同构**，称 $(A, \cdot)$ **代数同构于** $(B, *)$.

有一典型的代数同构的例子：$(L(V), \circ)$ 代数同构于 $(M_{\mathbf{C}}, \cdot)$（$M_{\mathbf{C}}$ 为复矩阵按矩阵的加法和数乘所构成的矩阵空间），$(L(V), \circ)$ 中的"$\circ$"为映射的复合运算，$(M_{\mathbf{C}}, \cdot)$ 中的"$\cdot$"为矩阵的乘法. 可以证明，存在线性双射 $F : (L(V), \circ) \to (M_{\mathbf{C}}, \cdot)$，使得 $\forall S, T \in L(V)$，有
$$F(S \circ T) = F(S) \cdot F(T).$$

3. 非交换代数的例子

由于代数是在线性空间上定义某种运算而构成的，在线性空间中定义运算只需说明线性空间中的基在该运算下的性质.

例如，$e_1 = (1,0,0,0)$，$e_2 = (0,1,0,0)$，$e_3 = (0,0,1,0)$，$e_4 = (0,0,0,1)$ 为 $\mathbf{R}^4$ 的基, 定义运算 $*$ 如下:

$$e_1 * e_1 = -e_2 * e_2 = -e_3 * e_3 = -e_4 * e_4 = e_1,$$

$$e_1 * e_i = e_i * e_1 = e_i, \quad i = 2,3,4,$$

$$e_i * e_j = \sum_{k=2}^{4} \varepsilon_{ij}^k e_k, \quad i,j = 2,3,4, \quad i \neq j,$$

其中

$$\varepsilon_{ij}^k = \begin{cases} 1, & i,j,k \text{为}1,2,3\text{的偶排列}, \\ -1, & i,j,k \text{为}1,2,3\text{的奇排列}, \\ 0, & \text{其他}, \end{cases}$$

记 $e_1 = 1$，$e_2 = \mathrm{i}$，$e_3 = \mathrm{j}$，$e_4 = \mathrm{k}$，则 $\forall \boldsymbol{\alpha} \in \mathbf{R}^4$，$\boldsymbol{\alpha}$ 可表示为

$$\boldsymbol{\alpha} = a + b\mathrm{i} + c\mathrm{j} + d\mathrm{k}, \quad a,b,c,d \in \mathbf{R}.$$

按照上述定义的乘法 $*$，有

$$\begin{aligned} \boldsymbol{\alpha}_1 * \boldsymbol{\alpha}_2 &= (a_1 + b_1\mathrm{i} + c_1\mathrm{j} + d_1\mathrm{k}) * (a_2 + b_2\mathrm{i} + c_2\mathrm{j} + d_2\mathrm{k}) \\ &= (a_1a_2 - b_1b_2 - c_1c_2 - d_1d_2) + (a_1b_2 + a_2b_1 + c_1d_2 - c_2d_1)\mathrm{i} \\ &\quad + (a_1c_2 + a_2c_1 + b_1d_2 - b_2d_1)\mathrm{j} + (a_1d_2 + a_2d_1 + b_1c_2 - b_2c_1)\mathrm{k}, \end{aligned}$$

以及

$$\begin{aligned} \boldsymbol{\alpha}_2 * \boldsymbol{\alpha}_1 &= (a_2 + b_2\mathrm{i} + c_2\mathrm{j} + d_2\mathrm{k}) * (a_1 + b_1\mathrm{i} + c_1\mathrm{j} + d_1\mathrm{k}) \\ &= (a_1a_2 - b_1b_2 - c_1c_2 - d_1d_2) + (a_1b_2 + a_2b_1 - c_1d_2 + c_2d_1)\mathrm{i} \\ &\quad + (a_1c_2 + a_2c_1 - b_1d_2 + b_2d_1)\mathrm{j} + (a_1d_2 + a_2d_1 - b_1c_2 + b_2c_1)\mathrm{k}, \end{aligned}$$

故 $\boldsymbol{\alpha}_1 * \boldsymbol{\alpha}_2 \neq \boldsymbol{\alpha}_2 * \boldsymbol{\alpha}_1$. 因此 $(\mathbf{R}^4, *)$ 为非交换代数, 运算 $*$ 正是四元数代数中的乘法.

又如: 矩阵空间 $M_{n \times n}$ 的基为 $\boldsymbol{E}_{ij}$ ($\boldsymbol{E}_{ij}$ 为除第 i 行第 j 列元素为 1 之外其余元素皆为 0 的矩阵), $i,j = 1,2,\cdots,n$，$M_{n \times n}$ 上的矩阵乘法可以用它的基 $\{\boldsymbol{E}_{ij}\}$ 上的矩阵乘法运算来刻画. 若

$$\boldsymbol{E}_{ij}\boldsymbol{E}_{kl} = \sum_{m,n} c_{ij,kl}^{mn} \boldsymbol{E}_{mn},$$

则根据矩阵乘法规则, 有 $c_{ij,kl}^{mn} = \delta_{im}\delta_{jk}\delta_{ln}$，因此

$$\boldsymbol{E}_{ij}\boldsymbol{E}_{kl} = \sum_{m,n} \delta_{im}\delta_{jk}\delta_{ln}\boldsymbol{E}_{mn} = \delta_{jk}\boldsymbol{E}_{il}.$$

$\forall \boldsymbol{A}, \boldsymbol{B} \in M_{n \times n}$，记 $\boldsymbol{A} = (a_{ij})_{n \times n}$，$\boldsymbol{B} = (b_{ij})_{n \times n}$，则 $\boldsymbol{A} = \sum_{i,j=1}^{n} a_{ij}\boldsymbol{E}_{ij}$，$\boldsymbol{B} = \sum_{k,l=1}^{n} b_{kl}\boldsymbol{E}_{kl}$，于是

$$AB = \left(\sum_{i,j=1}^{n} a_{ij} \boldsymbol{E}_{ij} \right) \left(\sum_{k,l=1}^{n} b_{kl} \boldsymbol{E}_{kl} \right) = \sum_{i,j,k,l=1}^{n} a_{ij} b_{kl} \boldsymbol{E}_{ij} \boldsymbol{E}_{kl}$$

$$= \sum_{i,j,k,l=1}^{n} a_{ij} b_{kl} \delta_{jk} \boldsymbol{E}_{il} = \sum_{i,l=1}^{n} \left(\sum_{k=1}^{n} a_{ik} b_{kl} \right) \boldsymbol{E}_{il}.$$

4. 子代数和理想

设 $(A, \cdot)$ 是一代数, B 是 A 的子空间. 若 B 对 A 中的运算 $\cdot$ 是封闭的, 即 $\forall X, Y \in B$, 有 $X \cdot Y \in B$, 则 B 是 A 的**子代数**.

设 $(A, \cdot)$ 为代数, $B \subset A$. 若 $\forall a \in A$, $\forall b \in B$, 有 $a \cdot b \in B$, 则 B 为 A 的**左理想**. 若 $\forall a \in A$, $\forall b \in B$, 有 $b \cdot a \in B$, 则 B 为 A 的**右理想**. 若 $\forall a \in A$, $\forall b \in B$, 有 $a \cdot b, b \cdot a \in B$, 则 B 为 A 的**理想**.

可以证明, 含有单位元的代数不存在含有单位元的真子理想.

同理, 真左理想不含左逆的元. 一个不含任何真子理想的理想是最小理想.

例如, 设 $x \in [a, b]$, $\forall f, g \in C([a, b])$, 定义

$$f \circ g(x) = f(x) g(x),$$

则 $(C([a, b]), \circ)$ 构成一交换代数. 存在

$$B = \{ f \in C([a, b]) \mid \exists c \in (a, b), \ f(c) = 0 \},$$

B 构成 $(C([a, b]), \circ)$ 的理想. 这是因为, $\forall f \in B$, 可知 $f(x)$ 在 $[a, b]$ 上连续, 且 $\exists c \in (a, b)$, 使得 $f(c) = 0$. 于是 $\forall g \in C([a, b])$, 有 $f(x) g(x)$ 也在 $[a, b]$ 上连续, 且 $f(c) g(c) = 0$, 因此 $f \circ g \in B$.

设 A 为一代数. $\forall x \in A$, $Ax \equiv \{ ax \mid a \in A \}$ 构成 A 的左理想, 而 $AxA \equiv \{ axb \mid a, b \in A \}$ 构成 A 的双边理想.

4.5 算子代数

1. $L(V)$ 代数

线性空间 V 上的线性变换按照映射的加法和数乘构成线性空间 $L(V)$. 在 $L(V)$ 上再定义映射的乘法 "$\circ$": $\forall S, T \in L(V)$, $\forall \alpha \in V$,

$$S \circ T(\alpha) = S(T(\alpha)),$$

则 $(L(V), \circ)$ 构成代数, 称其为**线性算子代数**.

设 $T, U \in L(V)$. 若 $\forall \alpha \in V$, 有 $T\alpha = U\alpha$, 则称 T 与 U **相等**, 记为 $T = U$.

实际上, $T = U$ 可用 T, U 在 V 的基上作用相同来刻画. 即若

$$T\alpha_i = U\alpha_i, \quad i=1,2,\cdots,n,$$

其中 $\{\alpha_1,\alpha_2,\cdots,\alpha_n\}$ 为 V 的基，则 $T=U$.

命题　若 V 为内积空间，则自同态 T 为零变换当且仅当 $\forall a,b\in V$，有

$$\langle b,Ta\rangle = \langle a,Tb\rangle = 0. \tag{1}$$

证　$\forall a\in V$，在式（1）中取 $b=Ta$，则有 $\|Ta\|^2=\langle Ta,Ta\rangle=0$，于是 $Ta=0$（$\forall a\in V$）. 因此 $T\equiv 0$. 反之，显然成立.

同理，自同态 T 为零变换等价于 $\forall a\in V$，有 $\langle a,Ta\rangle=0$.

$U=T$ 等价于 $U-T=0$，等价于 $\forall a,b\in V$，有

$$\langle a,(T-U)b\rangle = \langle b,(T-U)a\rangle = 0 \quad \text{或} \quad \langle a,(T-U)a\rangle=0,$$

等价于 $\forall a,b\in V$，有 $\langle a,Tb\rangle=\langle a,Ub\rangle$ 或 $\langle a,Ta\rangle=\langle a,Ua\rangle$.

设 $T\in L(V)$. 若 $\exists S\in L(V)$，使得

$$S\circ T = T\circ S = \mathbf{1} \quad (\mathbf{1}\text{ 为单位映射}),$$

则称 T 为**可逆映射**，称 S 为 T 的**逆映射**，记为 $S=T^{-1}$.

例如，若 $T:\mathbf{R}^3\to\mathbf{R}^3$，$T(x_1,x_2,x_3)=(x_1+x_2,x_2+x_3,x_1+x_3)$，则 T 是可逆的，其逆映射为

$$T^{-1}(x_1,x_2,x_3)=\frac{1}{2}(x_1-x_2+x_3,x_1+x_2-x_3,-x_1+x_2+x_3).$$

这里容易验证：$T^{-1}\circ T=\mathbf{1}$，$T\circ T^{-1}=\mathbf{1}$.

可以证明，可逆映射的逆映射是唯一的.

若 S,T 可逆，则 $S\circ T$ 可逆，且 $(S\circ T)^{-1}=T^{-1}\circ S^{-1}$.

自同态 $T:V\to V$ 是可逆的，当且仅当若 $\{\alpha_1,\alpha_2,\cdots,\alpha_n\}$ 是 V 的基，则 $\{T\alpha_1,T\alpha_2,\cdots,T\alpha_n\}$ 也是 V 的基，且 $T:V\to V$ 是到上的.

2. 算子多项式与算子函数

算子也可以像数一样构成算子多项式，如 $\sum\limits_{k=0}^{n}a_kT^k$ 为算子多项式，记之为 $p(T)=\sum\limits_{k=0}^{n}a_kT^k$，这里 $T^0=\mathbf{1}$.

类似数学分析中解析函数的 Taylor 级数表示方法，可将算子函数用算子多项式进行展开. 记 $f(T)=\sum\limits_{k=0}^{+\infty}\frac{f^{(k)}(x_0)}{k!}(T-x_0\mathbf{1})^k$.

设 $T_\theta:\mathbf{R}^2\to\mathbf{R}^2$ 为 xOy 平面上逆时针旋转 θ 角的旋转变换，则

$$T_\theta(x,y) = (x\cos\theta - y\sin\theta, x\sin\theta + y\cos\theta),$$

$$T_\theta^2(x,y) = T_\theta \circ T_\theta(x,y) = (x\cos 2\theta - y\sin 2\theta, x\sin 2\theta + y\cos 2\theta)$$
$$= T_{2\theta}(x,y),$$

$$T_\theta^3(x,y) = (x\cos 3\theta - y\sin 3\theta, x\sin 3\theta + y\cos 3\theta) = T_{3\theta}(x,y),$$

$$\cdots,$$

$$T_\theta^n(x,y) = (x\cos n\theta - y\sin n\theta, x\sin n\theta + y\cos n\theta) = T_{n\theta}(x,y).$$

同理可得 $\forall m,n \in \mathbf{N}$，有

$$T_\theta^n T_\theta^m = T_\theta^{n+m}, \quad (T_\theta^m)^n = T_\theta^{mn}.$$

当 T_θ 可逆时，$T_\theta^{-1}(x,y) \circ T_\theta(x,y) = (x,y)$，由此可得

$$T_\theta^{-1}(x,y) = (x\cos\theta + y\sin\theta, -x\sin\theta + y\cos\theta) = T_{-\theta}(x,y).$$

同理，

$$T_{n\theta}^{-1}(x,y) = (x\cos n\theta + y\sin n\theta, -x\sin n\theta + y\cos n\theta) = T_{-n\theta}(x,y).$$

当 $\theta = \dfrac{\pi}{2}$ 时，令 $T_\theta(x,y) = T(x,y)$，则

$$T(x,y) = (-y,x), \quad T^2(x,y) = (-x,-y),$$
$$T^3(x,y) = (y,-x), \quad T^4(x,y) = (x,y).$$

因此，$T^2 = -\mathbf{1}$，$T^3 = -T$，$T^4 = \mathbf{1}$.

仿造函数的 Taylor 展开，可以给出算子函数的 Taylor 展开：

$$f(T) = \sum_{k=0}^{+\infty} \left.\frac{\mathrm{d}^k f}{\mathrm{d}x^k}\right|_{x=x_0} \frac{(T - x_0\mathbf{1})^k}{k!}.$$

当 $x_0 = 0$ 时，$f(T) = \sum\limits_{k=0}^{+\infty} \left.\dfrac{\mathrm{d}^k f}{\mathrm{d}x^k}\right|_{x=0} \dfrac{T^k}{k!}$. 由于 $\left.\dfrac{\mathrm{d}^k \mathrm{e}^{\alpha x}}{\mathrm{d}x^k}\right|_{x=0} = \alpha^k$，则

$$\mathrm{e}^{\alpha T} = \sum_{k=0}^{+\infty} \frac{(\alpha T)^k}{k!} = T\sum_{k=0}^{+\infty} \frac{(-1)^k \alpha^{2k+1}}{(2k+1)!} + \mathbf{1}\sum_{k=0}^{+\infty} \frac{(-1)^k \alpha^{2k}}{(2k)!} = T\sin\alpha + \mathbf{1}\cos\alpha,$$

因此

$$\mathrm{e}^{\alpha T}(x,y) = (T\sin\alpha + \mathbf{1}\cos\alpha)(x,y)$$
$$= \sin\alpha\ T(x,y) + \cos\alpha\ (x,y)$$
$$= \sin\alpha\ (-y,x) + \cos\alpha\ (x,y)$$
$$= (x\cos\alpha - y\sin\alpha, x\sin\alpha + y\cos\alpha).$$

由此可知，$\mathrm{e}^{\alpha T}$ 为旋转变换，此时称 T 为旋转变换的**产生子**.

3. 对易

设 $U,T \in L(V)$. 定义 $[U,T] \equiv U \circ T - T \circ U$，简记为

$$[U,T] = UT - TU ,$$

称 $[U,T]$ 为算子 U,T 的**对易**.

对易有如下性质：

① $\forall U,T \in L(V)$，$[U,T] = -[T,U]$；

② $\forall U,T \in L(V)$，$\forall \alpha,\beta \in \mathbf{C}$，$[\alpha U, \beta T] = \alpha\beta[U,T]$；

③ $\forall S,T,U \in L(V)$，$[S,T+U] = [S,T] + [S,U]$，$[S+T,U] = [S,U] + [T,U]$；

④ $\forall S,T,U \in L(V)$，$[ST,U] = S[T,U] + [S,U]T$，$[S,TU] = [S,T]U + T[S,U]$；

⑤ $\forall S,T,U \in L(V)$，$\big[[S,T],U\big] + \big[[U,S],T\big] + \big[[T,U],S\big] = 0$.

根据对易可知，

$$[A,A^m] = 0, \ [A,\mathbf{1}] = 0, \ [A,A^{-1}] = 0, \ [A,p(A)] = 0 .$$

4.6　算子函数的导数

设 $H: \mathbf{R} \to L(V)$，$H(t) \in L(V)$ 为一算子函数，其**导数**定义为

$$\frac{\mathrm{d}H}{\mathrm{d}t} = \lim_{\Delta t \to 0} \frac{H(t + \Delta t) - H(t)}{\Delta t} .$$

设 $H(t) = tH_0$，$H_0 \in L(V)$. e^{tH_0} 的导数为

$$\frac{\mathrm{d}}{\mathrm{d}t} \mathrm{e}^{tH_0} = \lim_{\Delta t \to 0} \frac{\mathrm{e}^{(t+\Delta t)H_0} - \mathrm{e}^{tH_0}}{\Delta t} = \lim_{\Delta t \to 0} \frac{\mathrm{e}^{tH_0}(\mathrm{e}^{H_0 \Delta t} - \mathbf{1})}{\Delta t}$$

$$= \lim_{\Delta t \to 0} \frac{\mathrm{e}^{tH_0}(H_0 \Delta t + o(\Delta t)\mathbf{1})}{\Delta t} = \mathrm{e}^{tH_0} H_0 .$$

因为 $[H_0, H_0^n] = 0$，则 $[\mathrm{e}^{tH_0}, H_0] = 0$. 由此可得

$$\frac{\mathrm{d}}{\mathrm{d}t} \mathrm{e}^{tH_0} = H_0 \mathrm{e}^{tH_0} .$$

若算子函数 $U(t)$ 满足 $\dfrac{\mathrm{d}U}{\mathrm{d}t} = HU(t)$，其中 $H \in L(V)$，则 $\dfrac{\mathrm{d}^n U}{\mathrm{d}t^n} = H^n U(t)$. 由 Taylor 级数有

$$U(t) = \sum_{n=0}^{+\infty} \frac{t^n}{n!} \left(\frac{\mathrm{d}^n U}{\mathrm{d}t^n} \bigg|_{t=0} \right) = \sum_{n=0}^{+\infty} \frac{t^n}{n!} H^n U(0) = \left(\sum_{n=0}^{+\infty} \frac{(tH)^n}{n!} \right) U(0) = \mathrm{e}^{tH} U(0).$$

由 $\dfrac{\mathrm{d}}{\mathrm{d}t} \mathrm{e}^{tH} = H\mathrm{e}^{tH}$ 可知，$U(t) = \mathrm{e}^{tH} U(0)$ 为方程 $\dfrac{\mathrm{d}U}{\mathrm{d}t} = HU(t)$ 的解.

设 $U(t) = \mathrm{e}^{tS}\mathrm{e}^{tT}\mathrm{e}^{-t(S+T)}$, 则

$$
\begin{aligned}
\frac{\mathrm{d}}{\mathrm{d}t}U(t) &= S\mathrm{e}^{tS}\mathrm{e}^{tT}\mathrm{e}^{-t(S+T)} + \mathrm{e}^{tS}T\mathrm{e}^{tT}\mathrm{e}^{-t(S+T)} - \mathrm{e}^{tS}\mathrm{e}^{tT}(S+T)\mathrm{e}^{-t(S+T)} \\
&= S\mathrm{e}^{tS}\mathrm{e}^{tT}\mathrm{e}^{-t(S+T)} - \mathrm{e}^{tS}\mathrm{e}^{tT}S\mathrm{e}^{-t(S+T)}.
\end{aligned} \tag{1}
$$

由于 $[TV,S] = T[V,S] + [T,S]V$, 令 $V = T$, 则有

$$[T^2,S] = T[T,S] + [T,S]T.$$

又 $\big[S,[S,T]\big] = \big[T,[S,T]\big] = 0$, 故 $[T^2,S] = 2[T,S]T$. 因此 $\forall n \in \mathbf{N}$, 有

$$[T^n,S] = n[T,S]T^{n-1}.$$

于是

$$
\begin{aligned}
[\mathrm{e}^{tT},S] &= \left[\sum_{n=0}^{+\infty}\frac{t^n T^n}{n!}, S\right] = \sum_{n=0}^{+\infty}\frac{t^n}{n!}[T^n,S] = \sum_{n=1}^{+\infty}\frac{t^n}{(n-1)!}[T,S]T^{n-1} \\
&= t[T,S]\sum_{n=0}^{+\infty}\frac{t^n T^n}{n!} = -t[S,T]\mathrm{e}^{tT}.
\end{aligned}
$$

又因为 $\mathrm{e}^{tT}S = S\mathrm{e}^{tT} + [\mathrm{e}^{tT},S]$, 所以

$$
\begin{aligned}
\frac{\mathrm{d}}{\mathrm{d}t}U(t) &= S\mathrm{e}^{tS}\mathrm{e}^{tT}\mathrm{e}^{-t(S+T)} - \mathrm{e}^{tS}\mathrm{e}^{tT}S\mathrm{e}^{-t(S+T)} \\
&= \mathrm{e}^{tS}(S\mathrm{e}^{tT} - \mathrm{e}^{tT}S)\mathrm{e}^{-t(S+T)} = -\mathrm{e}^{tS}[\mathrm{e}^{tT},S]\mathrm{e}^{-t(S+T)} \\
&= -\mathrm{e}^{tS}(-t[S,T]\mathrm{e}^{tT})\mathrm{e}^{-t(S+T)} = t[S,T]\mathrm{e}^{tS}\mathrm{e}^{tT}\mathrm{e}^{-t(S+T)} \\
&= t[S,T]U(t).
\end{aligned}
$$

因此 $U(t) = \exp\left\{\dfrac{t^2}{2}[S,T]\right\}U(0)$. 由于 $U(0) = 1$, $U(t) = \mathrm{e}^{tS}\mathrm{e}^{tT}\mathrm{e}^{-t(S+T)}$, 则

$$\mathrm{e}^{tS}\mathrm{e}^{tT}\mathrm{e}^{-t(S+T)} = \exp\left\{\frac{t^2}{2}[S,T]\right\},$$

因此

$$\mathrm{e}^{tS}\mathrm{e}^{tT}\mathrm{e}^{-\frac{t^2}{2}[S,T]} = \mathrm{e}^{t(S+T)}. \tag{2}$$

当 $[S,T] = 0$ 时, $\mathrm{e}^{tS}\mathrm{e}^{tT} = \mathrm{e}^{t(S+T)}$.

下面讨论 $\mathrm{e}^{H(t)}$ 的导数. 由于

$$
\begin{aligned}
\mathrm{e}^{H(t+\Delta t)} &\approx \mathrm{e}^{H(t)+\Delta t\frac{\mathrm{d}H}{\mathrm{d}t}} = \mathrm{e}^{H(t)}\mathrm{e}^{\Delta t\frac{\mathrm{d}H}{\mathrm{d}t}}\mathrm{e}^{-\frac{1}{2}\left[H(t),\Delta t\frac{\mathrm{d}H}{\mathrm{d}t}\right]} \\
&= \mathrm{e}^{H(t)}\mathrm{e}^{\Delta t\frac{\mathrm{d}H}{\mathrm{d}t}}\mathrm{e}^{-\frac{\Delta t}{2}\left[H(t),\frac{\mathrm{d}H}{\mathrm{d}t}\right]},
\end{aligned}
$$

当 Δt 为无穷小时,

$$\mathrm{e}^{H(t+\Delta t)} = \mathrm{e}^{H(t)}\left(1 + \Delta t\frac{\mathrm{d}H}{\mathrm{d}t}\right)\left(1 - \frac{\Delta t}{2}\left[H(t), \frac{\mathrm{d}H}{\mathrm{d}t}\right]\right) + o(\Delta t)\mathbf{1}$$

$$= \mathrm{e}^{H(t)}\left(1 + \Delta t\frac{\mathrm{d}H}{\mathrm{d}t} - \frac{\Delta t}{2}\left[H(t), \frac{\mathrm{d}H}{\mathrm{d}t}\right]\right) + o(\Delta t)\mathbf{1}.$$

因此

$$\frac{\mathrm{d}}{\mathrm{d}t}\mathrm{e}^{H(t)} = \lim_{\Delta t \to 0}\frac{\mathrm{e}^{H(t+\Delta t)} - \mathrm{e}^{H(t)}}{\Delta t} = \mathrm{e}^{H(t)}\frac{\mathrm{d}H}{\mathrm{d}t} - \frac{1}{2}\mathrm{e}^{H(t)}\left[H(t), \frac{\mathrm{d}H}{\mathrm{d}t}\right]. \qquad (3)$$

同理可得

$$\frac{\mathrm{d}}{\mathrm{d}t}\mathrm{e}^{H(t)} = \lim_{\Delta t \to 0}\frac{\mathrm{e}^{H(t)} - \mathrm{e}^{H(t-\Delta t)}}{\Delta t}$$

$$= \lim_{\Delta t \to 0}\frac{\mathrm{e}^{H(t)} - \left(1 - \Delta t\frac{\mathrm{d}H}{\mathrm{d}t}\right)\mathrm{e}^{H(t)}\left(1 + \frac{\Delta t}{2}\left[\frac{\mathrm{d}H}{\mathrm{d}t}, H(t)\right] + o(\Delta t)\mathbf{1}\right)}{\Delta t}$$

$$= \frac{\mathrm{d}H}{\mathrm{d}t}\mathrm{e}^{H(t)} + \frac{1}{2}\mathrm{e}^{H(t)}\left[H(t), \frac{\mathrm{d}H}{\mathrm{d}t}\right]. \qquad (4)$$

所以

$$\frac{\mathrm{d}}{\mathrm{d}t}\mathrm{e}^{H(t)} = \frac{1}{2}\left(\frac{\mathrm{d}H}{\mathrm{d}t}\mathrm{e}^{H(t)} + \mathrm{e}^{H(t)}\frac{\mathrm{d}H}{\mathrm{d}t}\right) = \frac{1}{2}\left\{\frac{\mathrm{d}H}{\mathrm{d}t}, \mathrm{e}^{H(t)}\right\}, \qquad (5)$$

其中 $\{S, T\} = ST + TS$.

如果 $\left[H(t), \dfrac{\mathrm{d}H}{\mathrm{d}t}\right] = 0$，则 $\left[\mathrm{e}^{H(t)}, \dfrac{\mathrm{d}H}{\mathrm{d}t}\right] = 0$，以及

$$\frac{\mathrm{d}\mathrm{e}^{H(t)}}{\mathrm{d}t} = \frac{\mathrm{d}H}{\mathrm{d}t}\mathrm{e}^{H(t)} = \mathrm{e}^{H(t)}\frac{\mathrm{d}H}{\mathrm{d}t}.$$

设 $F(t) = \mathrm{e}^{tA}B\mathrm{e}^{-tA}$，$A, B \in L(V)$. 则

$$\frac{\mathrm{d}F}{\mathrm{d}t} = A\mathrm{e}^{tA}B\mathrm{e}^{-tA} - \mathrm{e}^{tA}B\mathrm{e}^{-tA}A = [A, F(t)],$$

$$\frac{\mathrm{d}^2F}{\mathrm{d}t^2} = \frac{\mathrm{d}}{\mathrm{d}t}[A, F(t)] = \left[A, \frac{\mathrm{d}F}{\mathrm{d}t}\right] = [A, [A, F(t)]],$$

$$\cdots,$$

$$\frac{\mathrm{d}^nF}{\mathrm{d}t^n} = \left[A, \frac{\mathrm{d}^{n-1}F}{\mathrm{d}t^{n-1}}\right] = \left[A, \left[A, \frac{\mathrm{d}^{n-2}F}{\mathrm{d}t^{n-2}}\right]\right] = \cdots = [A, [A, \cdots[A, F(t)]]] \stackrel{\Delta}{=} A^n[F(t)].$$

于是由 Taylor 级数，有

$$F(t) = \sum_{n=0}^{+\infty}\frac{t^n}{n!}\frac{\mathrm{d}^nF}{\mathrm{d}t^n}\bigg|_{t=0} = \sum_{n=0}^{+\infty}\frac{t^n}{n!}A^n[F(0)] = \sum_{n=0}^{+\infty}\frac{t^n}{n!}A^n[B] = \mathrm{e}^{tA}[B],$$

即

$$e^{tA}Be^{-tA} = B + t[A,B] + \frac{t^2}{2!}\big[A,[A,B]\big] + \cdots. \tag{6}$$

若 $\big[A,[A,B]\big] = 0$，由（6）式得

$$e^{tA}Be^{-tA} = B + t[A,B]. \tag{7}$$

若 $A = D$，$B = T$，且 $[T,D] = 1$，则由（7）式有

$$e^{tD}Te^{-tD} = T + t\mathbf{1}.$$

在量子力学中 T 和 D 分别为位置算子与动量算子，D 称为**平移算子的产生子**.

4.7 Hermite 算子和幺正算子

1. 算子的共轭

设 $T \in L(V)$. 如果 $\forall \alpha, \beta \in V$，有 $\langle \alpha, T\beta \rangle^* = \langle \beta, T^\dagger \alpha \rangle$，则称 $T^\dagger$ 为 T 的 Hermite 共轭.

算子的共轭有下列性质：

① $\forall U, T \in L(V)$，$(U+T)^\dagger = U^\dagger + T^\dagger$，$(UT)^\dagger = T^\dagger U^\dagger$；

② $\forall \alpha \in \mathbf{C}$，$\forall U \in L(V)$，$(\alpha U)^\dagger = \alpha^* U^\dagger$；

③ 设 V 为有限维向量空间，$\forall T \in L(V)$，$(T^\dagger)^\dagger = T$.

2. Hermite 算子

若 $H \in L(V)$，且 $H^\dagger = H$，则称 H 为 Hermite 算子. 若 $A \in L(V)$，且 $A^\dagger = -A$，则称 A 为反 Hermite 算子.

设 $T \in L(V)$，$\alpha \in V$. 称 $\langle \alpha, T\alpha \rangle$ 为 T **在 α 下的期望值**，记为 T_α.

命题　设 $T \in L(V)$. 若 $\forall \alpha \in V$，T_α 为实数，则 T 为 Hermite 算子.

证　$\forall \alpha \in V$，由 T_α 为实数可知，

$$\langle \alpha, T\alpha \rangle = \langle \alpha, T\alpha \rangle^* = \langle \alpha, T^\dagger \alpha \rangle, \quad \alpha \in V.$$

因此

$$\langle \alpha, (T - T^\dagger)\alpha \rangle = 0, \quad \alpha \in V.$$

于是 $T - T^\dagger = 0$，即 $T = T^\dagger$，T 为 Hermite 算子.

$L(V)$ 中的任意算子均可以唯一地分解为 Hermite 算子和反 Hermite 算子之和.

设 $T \in L(V)$. 令 $H = \dfrac{1}{2}(T + T^\dagger)$，$A = \dfrac{1}{2}(T - T^\dagger)$，则 H 为 Hermite 算子，A 为反 Hermite 算子，且

$$T = H + A. \tag{1}$$

当然也可以令 $H' = -\mathrm{i}A$，由于

$$(-\mathrm{i}A)^\dagger = (-\mathrm{i})^* A^\dagger = \mathrm{i}A^\dagger = -\mathrm{i}A,$$

可知 H' 为 Hermite 算子. 而由 $H' = -\mathrm{i}A$ 可知 $A = \mathrm{i}H'$. 代入（1）式可得

$$T = H + \mathrm{i}H'. \tag{2}$$

对任意的 2×2 Hermite 矩阵 $\boldsymbol{H} = \begin{pmatrix} \alpha & \beta \\ \beta^* & \gamma \end{pmatrix}$ $(\alpha, \gamma \in \mathbf{R}, \beta \in \mathbf{C})$ 和 2 维向量 $\boldsymbol{a} = \begin{pmatrix} a_1 \\ a_2 \end{pmatrix}$

$(a_1, a_2 \in \mathbf{C})$，由于其内积

$$\langle \boldsymbol{a}, \boldsymbol{H}\boldsymbol{a} \rangle = \alpha |a_1|^2 + \gamma |a_2|^2 + 2\,\mathrm{Re}(a_1^* \beta a_2)$$

为实数，可知 $\boldsymbol{H}$ 对应的算子为 Hermite 算子.

设 $H \in L(V)$，H 为 Hermite 算子. 如果 $\forall \alpha \in V$，H 的期望值

$$H_\alpha = \langle \alpha, H\alpha \rangle \geq 0,$$

则称 Hermite 算子 H 是**非负的**.

若 H 为 Hermite 算子，则 $\forall \alpha \in V$，有 $\langle \alpha, H^2\alpha \rangle = \langle H\alpha, H\alpha \rangle \geq 0$，因此 H^2 为非负的.

设 H 为非负 Hermite 算子. 若 $\langle \alpha, H\alpha \rangle = 0$ 当且仅当 $\alpha = 0$，则称 H 为**正定的**.

可以证明，可逆的平方 Hermite 算子是正定的.

3. 幺正算子

在有限维内积空间 V 上，存在保持内积不变的算子，即 $\forall \alpha, \beta \in V$，$\exists U \in L(V)$，使得

$$\langle \alpha, \beta \rangle = \langle U\alpha, U\beta \rangle = \langle \alpha, U^\dagger U\beta \rangle.$$

由于 α, β 是任意的，可得 $U^\dagger U = \mathbf{1}$，因此 U 为可逆的，且 $U^{-1} = U^\dagger$.

设 $U \in L(V)$. 若 $U^\dagger U = \mathbf{1}$ 或 $U^{-1} = U^\dagger$，则称 U 为**幺正算子**.

4.8   投影算子

设 $P \in L(V)$，且 P 为 Hermite 算子. 若 $P^2 = P$，则称 P 为**投影算子**. 设 $P_1, P_2, \cdots, P_n$ 为投影算子. 若 $P_i P_j = 0$，$i \neq j$，$i, j = 1, 2, \cdots, n$，则称 $P_1, P_2, \cdots, P_n$ 为**正交投影算子**.

命题 1   设 P_1, P_2 为投影算子. 若 $P = P_1 + P_2$ 仍为投影算子，则 P 为正交投影算子.

证   由于 $(P_1 + P_2)^2 = P_1^2 + P_2^2 + P_1 P_2 + P_2 P_1 = P_1 + P_2$，因此

$$P_1P_2 + P_2P_1 = 0. \tag{1}$$

将（1）式左乘 P_1，得 $P_1^2P_2 + P_1P_2P_1 = 0$，于是

$$P_1P_2 + P_1P_2P_1 = 0. \tag{2}$$

将（1）式右乘 P_1，得 $P_1P_2P_1 + P_2P_1^2 = 0$，于是

$$P_1P_2P_1 + P_2P_1 = 0. \tag{3}$$

由（2）式 –（3）式得

$$P_1P_2 - P_2P_1 = 0. \tag{4}$$

由（1）式、（4）式得 $P_1P_2 = P_2P_1 = 0$. 由正交投影算子定义可知，P 为正交投影算子.

命题 2 若 V 中的单位矢量为 $|e\rangle$，而 $\langle e|$ 为 $|e\rangle$ 的对偶，则 $P = |e\rangle\langle e|$ 为投影算子.

证 因为

$$P^\dagger = (|e\rangle\langle e|)^\dagger = ((\langle e|)^\dagger (|e\rangle)^\dagger = |e\rangle\langle e| = P,$$

所以 P 为 Hermite 算子，且

$$P^2 = (|e\rangle\langle e|)(|e\rangle\langle e|) = |e\rangle\langle e| = P.$$

故 P 为投影算子.

设 $P_i\,(i=1,2,\cdots,n)$ 为正交投影算子，则由 $P_i\,(i=1,2,\cdots,n)$ 构成的集合 $\{P_i \mid P_iP_j = \delta_{ij}P_i,\ i,j=1,2,\cdots,n\}$ 称为**正交投影集**.

我们可以用标准正交基来构造正交投影集. 设 V 中的标准正交基为 $|e_i\rangle$，$i=1,2,\cdots,n$，即满足 $\langle e_i|e_j\rangle = \delta_{ij}$. 令 $P_i = |e_i\rangle\langle e_i|$，则

$$P_iP_j = (|e_i\rangle\langle e_i|)(|e_j\rangle\langle e_j|) = |e_i\rangle\langle e_i|e_j\rangle\langle e_j| = \delta_{ij}|e_i\rangle\langle e_j| = \delta_{ij}P_i.$$

故 $\{P_i \mid i=1,2,\cdots,n\}$ 为正交投影集，且满足完全性关系 $\sum_{i=1}^n P_i = \mathbf{1}$. 这是因为，若 $|a\rangle = \sum_{i=1}^n \alpha_i |e_i\rangle$，则 $P_j|a\rangle = \sum_{i=1}^n \alpha_i P_j|e_i\rangle = \alpha_j|e_j\rangle$，于是

$$\sum_{j=1}^n P_j|a\rangle = \sum_{j=1}^n \alpha_j|e_j\rangle = |a\rangle = \mathbf{1}\cdot|a\rangle,$$

所以 $\sum_{j=1}^n P_j = \mathbf{1}$. 实际上，$\forall |a\rangle = \sum_{i=1}^n \alpha_i|e_i\rangle \in V$，有

$$P_i|a\rangle = (|e_i\rangle\langle e_i|)|a\rangle = \alpha_i|e_i\rangle,$$

由此可知，投影算子 P_i 可将 $|a\rangle$ 投影到 $|e_i\rangle$ 上；而

$$(P_i + P_j)|a\rangle = (|e_i\rangle\langle e_i| + |e_j\rangle\langle e_j|)|a\rangle = \alpha_i|e_i\rangle + \alpha_j|e_j\rangle, \quad i \neq j,$$

显然，$P_i + P_j$ 可将 $|a\rangle$ 投影到 $|e_i\rangle$ 和 $|e_j\rangle$ 所张成的平面上.

4.9　数值分析中的算子

我们首先定义几个差分算子. 设区间 $I \subset \mathbf{R}$，函数 $f: I \to \mathbf{R}$. 将 I 均匀分割成 n 段，分点为 x_i，$i=1,2,\cdots,n$，其间距为 h. 记 $f_i = f(x_i)$，$i=1,2,\cdots,n$. 称 $\Delta f_i = f_{i+1} - f_i$ 为**向前差分**，称 $\nabla f_i = f_i - f_{i-1}$ 为**向后差分**，称 $\delta f_i = f_{i+\frac{1}{2}} - f_{i-\frac{1}{2}}$ 为**中间差分**.

由上面的定义可得

$$\Delta^2 f_i = \Delta(f_{i+1} - f_i) = f_{i+2} - 2f_{i+1} + f_i,$$

$$\Delta^k f_i = \Delta^{k-1}(f_{i+1} - f_i) = \cdots = f_{i+k} - C_k^1 f_{i+k-1} + \cdots + (-1)^k f_i,$$

$$\nabla^2 f_i = \nabla(f_i - f_{i-1}) = f_i - 2f_{i-1} + f_{i-2},$$

$$\nabla^k f_i = \nabla^{k-1}(f_i - f_{i-1}) = \cdots = f_i - C_k^1 f_{i-1} + \cdots + (-1)^k f_{i-k},$$

$$\delta^2 f_i = \delta(f_{i+\frac{1}{2}} - f_{i-\frac{1}{2}}) = f_{i+1} - 2f_i + f_{i-1}.$$

下面定义算子 E 和 μ：

$$\mathrm{E}f(x) = f(x+h), \quad \mu f(x) = \frac{1}{2}\left(f\left(x+\frac{h}{2}\right) + f\left(x-\frac{h}{2}\right)\right).$$

由上述定义可知，

$$\mathrm{E}^n f(x) = f(x+nh); \quad \mathrm{E}^\alpha f(x) = f(x+\alpha h), \ \forall \alpha \in \mathbf{Q}.$$

根据向前差分 Δ 的定义，

$$\Delta f(x) = f(x+h) - f(x) = \mathrm{E}f(x) - f(x) = (\mathrm{E}-1)f(x),$$

那么

$$\Delta = \mathrm{E} - 1. \tag{1}$$

同理，$\delta = \mathrm{E}^{\frac{1}{2}} - \mathrm{E}^{-\frac{1}{2}}$，$\mu = \frac{1}{2}(\mathrm{E}^{\frac{1}{2}} + \mathrm{E}^{-\frac{1}{2}})$，以及

$$\nabla = 1 - \mathrm{E}^{-1}. \tag{2}$$

由（1）式、（2）式可得

$$\mathrm{E} = 1 + \Delta = (1 - \nabla)^{-1} = \sum_{k=0}^{+\infty} \nabla^k.$$

设 $f_{i+r} = f(x_i + rh)$，$r \in (0,1)$. 则有

$$f_{i+r} = \mathrm{E}^r f_i = (1+\Delta)^r f_i = \left(\sum_{k=0}^{+\infty} \frac{r(r-1)\cdots(r-k+1)}{k!} \Delta^k\right) f_i.$$

取前两项可得

$$f_{i+r} \approx (1-r)f_i + rf_{i+1}.$$

取前三项可得

$$f_{i+r} \approx \frac{1}{2}(2-r)(1-r)f_i + r(2-r)f_{i+1} + \frac{r(r-1)}{2}f_{i+2}.$$

当 $r = \frac{1}{2}$ 时，上面两式分别变为

$$f_{i+\frac{1}{2}} \approx \frac{1}{2}(f_i + f_{i+1}), \tag{3}$$

$$f_{i+\frac{1}{2}} \approx \frac{3}{8}f_i + \frac{3}{4}f_{i+1} - \frac{1}{8}f_{i+2}. \tag{4}$$

下面定义算子 D 和 D^{-1}：

$$Df(x) = f'(x), \quad D^{-1}f(x) = \int_a^x f(t)\mathrm{d}t = F(x).$$

记积分算子为 J，即

$$Jf(x) = \int_x^{x+h} f(t)\mathrm{d}t = F(x+h) - F(x).$$

则 $Jf(x) = \Delta F(x) = \Delta D^{-1}f(x)$．因此

$$J = \Delta D^{-1}. \tag{5}$$

同理可得

$$DJ = JD = \Delta = E - \mathbf{1}.$$

由算子 E 的定义有

$$Ef(x) = f(x+h) = \left(\sum_{n=0}^{+\infty} \frac{h^n}{n!}D^n\right)f(x) = \mathrm{e}^{hD}f(x),$$

则 $E = \mathrm{e}^{hD}$，于是

$$D = \frac{1}{h}\ln E = \frac{1}{h}\ln(\mathbf{1}+\Delta) = \frac{1}{h}\sum_{k=1}^{+\infty}\frac{(-1)^{k-1}}{k}\Delta^k. \tag{6}$$

将积分算子 J 扩展为算子 J_α，其定义如下：

$$J_\alpha f(x) = \int_x^{x+\alpha h} f(t)\mathrm{d}t = F(x+\alpha h) - F(x).$$

则 $J_\alpha f(x) = E^\alpha F(x) - F(x) = (E^\alpha - \mathbf{1})D^{-1}f(x)$．于是由（6）式得

$$J_\alpha = (E^\alpha - \mathbf{1})D^{-1} = h\frac{E^\alpha - \mathbf{1}}{\ln E} = h\frac{(\mathbf{1}+\Delta)^\alpha - \mathbf{1}}{\ln(\mathbf{1}+\Delta)}.$$

将区间 $[a,b]$ 均分为 αN 段，分点分别为 $a = x_0, x_1, \cdots, x_{\alpha N} = b$，其步长为 h．令 $I = \int_a^b f(x)\mathrm{d}x$，则

$$I = \mathrm{J}_\alpha \left(\sum_{k=0}^{N-1} f(x_0 + k\alpha h) \right).$$

由于积分 $\displaystyle\int_0^\alpha \mathrm{E}^s \mathrm{d}s = \dfrac{\mathrm{E}^\alpha - \mathbf{1}}{\ln \mathrm{E}} = \dfrac{1}{h} \mathrm{J}_\alpha$，可得

$$\mathrm{J}_\alpha = h \int_0^\alpha \mathrm{E}^s \mathrm{d}s = h \int_0^\alpha (\mathbf{1} + \Delta)^s \mathrm{d}s = h \sum_{k=0}^{+\infty} a_k \Delta^k \,, \tag{7}$$

其中 $a_k = \dfrac{1}{k!} \displaystyle\int_0^\alpha s(s-1)\cdots(s-k+1)\mathrm{d}s$.

当 $\alpha = 1$ 时，在（7）式中取前两项有 $\mathrm{J}_1 \approx h\left(\mathbf{1} + \dfrac{1}{2}\Delta\right)$，于是

$$I = \mathrm{J}_1 \left(\sum_{k=0}^{N-1} f(x_0 + kh) \right) \approx h\left(\mathbf{1} + \frac{1}{2}\Delta\right) \sum_{k=0}^{N-1} f_k$$

$$= h \sum_{k=0}^{N-1} \left[f_k + \frac{1}{2}(f_{k+1} - f_k) \right] = \frac{h}{2} \sum_{k=0}^{N-1} (f_k + f_{k+1}).$$

当 $\alpha = 2$ 时，在（7）式中取前 3 项有 $\mathrm{J}_2 \approx 2h\left(\mathbf{1} + \Delta + \dfrac{1}{6}\Delta^2\right)$，于是

$$I = \mathrm{J}_2 \left(\sum_{k=0}^{N-1} f(x_0 + 2kh) \right) \approx 2h\left(\mathbf{1} + \Delta + \frac{1}{6}\Delta^2\right) \sum_{k=0}^{N-1} f_{2k}$$

$$= \frac{h}{3} \sum_{k=0}^{N-1} (6 \cdot \mathbf{1} + 6\Delta + \Delta^2) f_{2k} = \frac{h}{3} \sum_{k=0}^{N-1} (f_{2k+2} + 4f_{2k+1} + f_{2k}).$$

当 $\alpha = 3$ 时，在（7）式中取前 4 项有 $\mathrm{J}_3 \approx 3h\left(\mathbf{1} + \dfrac{3}{2}\Delta + \dfrac{3}{4}\Delta^2 + \dfrac{1}{8}\Delta^3\right)$，于是

$$I = \mathrm{J}_3 \left(\sum_{k=0}^{N-1} f(x_0 + 3kh) \right)$$

$$\approx 3h\left(\mathbf{1} + \frac{3}{2}\Delta + \frac{3}{4}\Delta^2 + \frac{1}{8}\Delta^3\right) \sum_{k=0}^{N-1} f_{3k}$$

$$= \frac{3h}{8} \sum_{k=0}^{N-1} (8 \cdot \mathbf{1} + 12\Delta + 6\Delta^2 + \Delta^3) f_{3k}$$

$$= \frac{3h}{8} \sum_{k=0}^{N-1} (f_{3k+3} + 3f_{3k+2} + 3f_{3k+1} + f_{3k}).$$

第5章 算子的矩阵表示

🎓 **内容提要**

本章包括矩阵、矩阵的运算、标准正交基、基的变化和相似变换、行列式和迹.

5.1 节主要讲述矩阵. 首先讨论算子的矩阵表示. 在分别给定定义空间 V 和像空间 W 的基时, $L(V,W)$ 中的算子可用对应的矩阵来表示. 其次定义矩阵的加法、数乘和乘法, 并指出矩阵空间 $M_{m \times n}$ 线性同构于 $L(V,W)$, 且矩阵代数 $(M_{n \times n}, \cdot)$ 代数同构于 $(L(V), \circ)$.

5.2 节主要讲述矩阵的运算. 首先给出矩阵的转置运算, 以及矩阵的 Hermite 共轭运算的定义和性质. 其次介绍几种重要的矩阵——对称矩阵、正交矩阵、Hermite 矩阵和酉矩阵.

5.3 节主要讲述有限维内积空间 V 上的算子在标准正交基下的表示. 设有限维内积空间 V 的标准正交基为 $\{e_1, e_2, \cdots, e_n\}$, V 上的算子 A 在该标准正交基下的矩阵为 $\boldsymbol{A} = (a_{ij})_{n \times n}$, 其中 $a_{ij} = \langle e_i | A | e_j \rangle$, 则 V 上的 Hermite 算子在标准正交基 $\{e_1, e_2, \cdots, e_n\}$ 下的矩阵为 Hermite 矩阵, 幺正算子在标准正交基 $\{e_1, e_2, \cdots, e_n\}$ 下的矩阵为酉矩阵.

5.4 节主要讲述基的变化和相似变换. 首先给出有限维向量空间 V 中两组基之间的转换关系. 其次讨论同一向量在该两组基下坐标之间的变换关系. 对向量空间 V 上的算子 A 而言, 在该两组基下的矩阵 $\boldsymbol{A}, \boldsymbol{A}'$ 互为相似矩阵, 即存在可逆矩阵 $\boldsymbol{R}$, 使 $\boldsymbol{A}' = \boldsymbol{R} \boldsymbol{A} \boldsymbol{R}^{-1}$.

5.5 节主要讲述行列式. 首先给出行列式的定义与性质, 并指出行列式是 n 维向量空间 V 上的 n 重反对称线性型. 其次用该原理证明行列式展开的 Laplace 定理:

$$\det \boldsymbol{A} = \sum_{1 \le j_1 < j_2 < \cdots < j_r \le n} M_{j_1, j_2, \cdots, j_r}^{i_1, i_2, \cdots, i_r} A_{j_1, j_2, \cdots, j_r}^{i_1, i_2, \cdots, i_r},$$

其中, $A_{j_1, j_2, \cdots, j_r}^{i_1, i_2, \cdots, i_r}$ 为对应于 $\boldsymbol{A}$ 的 r 阶子式 $M_{j_1, j_2, \cdots, j_r}^{i_1, i_2, \cdots, i_r}$ 的代数余子式. 最后介绍求解线性方程组的 Cramer 法则, 以及如何求解一般的线性方程组, 并给出线性方程组解的结构. 由于算子在不同基下所对应的矩阵为相似矩阵, 且相似矩阵的行列式相等, 则算子的行列式成为算子的一个特征值.

5.6 节首先给出矩阵的迹的定义和性质, 并用矩阵的迹来定义对应算子的迹, 算子的迹也是算子的一个特征值. 其次讨论在无穷维向量空间中如何定义算子 A 的行列式 $\det \boldsymbol{A}$，即 $\det \boldsymbol{A} = \mathrm{e}^{\mathrm{tr}\ln \boldsymbol{A}}$.

5.1　矩阵

设 V, W 分别为 n 维、m 维向量空间，算子 $A \in L(V, W)$，$a_i (i = 1, 2, \cdots, n)$为 V 的基，$b_j (j = 1, 2, \cdots, m)$为 W 的基. 算子 A 在 V 的基 $a_i (i = 1, 2, \cdots, n)$上的作用可表示为

$$A a_i = \sum_{j=1}^{m} \alpha_{ji} b_j, \quad i = 1, 2, \cdots, n.$$

因此在给定了定义空间 V 的基 $a_i (i = 1, 2, \cdots, n)$ 和像空间 W 的基 $b_j (j = 1, 2, \cdots, m)$ 情况下，算子 A 可用 $m \times n$ 矩阵 $\boldsymbol{A}$ 表示：

$$\boldsymbol{A} = \begin{pmatrix} \alpha_{11} & \alpha_{12} & \cdots & \alpha_{1n} \\ \alpha_{21} & \alpha_{22} & \cdots & \alpha_{2n} \\ \vdots & \vdots & & \vdots \\ \alpha_{m1} & \alpha_{m2} & \cdots & \alpha_{mn} \end{pmatrix}.$$

设 $A, B \in L(V, W)$，$a_i (i = 1, 2, \cdots, n), b_j (j = 1, 2, \cdots, m)$ 分别为 V 和 W 的基，且 $A a_i = \sum\limits_{j=1}^{m} \alpha_{ji} b_j$，$B a_i = \sum\limits_{j=1}^{m} \beta_{ji} b_j$. 则

$$(A + B) a_i = A a_i + B a_i = \sum_{j=1}^{m} \alpha_{ji} b_j + \sum_{j=1}^{m} \beta_{ji} b_j = \sum_{j=1}^{m} (\alpha_{ji} + \beta_{ji}) b_j,$$

$$(\lambda A) a_i = \lambda (A a_i) = \lambda \sum_{j=1}^{m} \alpha_{ji} b_j = \sum_{j=1}^{m} \lambda \alpha_{ji} b_j.$$

上述两式表明 $A + B$ 和 λA 在 V 的基 $a_i (i = 1, 2, \cdots, n)$ 和 W 的基 $b_j (j = 1, 2, \cdots, m)$ 下的矩阵正是 $\boldsymbol{A} + \boldsymbol{B}$ 和 $\lambda \boldsymbol{A}$.

设 $A \in L(V, W)$，$B \in L(W, U)$，$a_i (i = 1, 2, \cdots, n), b_j (j = 1, 2, \cdots, m), c_k (k = 1, 2, \cdots, p)$ 分别为 V, W, U 的基，且 $A a_i = \sum\limits_{j=1}^{m} \alpha_{ji} b_j$，$B b_j = \sum\limits_{k=1}^{p} \beta_{kj} c_k$. 则 $(B \circ A) a_i = B(A a_i) =$

$$B \left(\sum_{j=1}^{m} \alpha_{ji} b_j \right) = \sum_{j=1}^{m} \alpha_{ji} B b_j = \sum_{j=1}^{m} \alpha_{ji} \sum_{k=1}^{p} \beta_{kj} c_k = \sum_{k=1}^{p} \left(\sum_{j=1}^{m} \alpha_{ji} \beta_{kj} \right) c_k.$$

上式表明 $B \circ A \in L(V, U)$ 在 V 的基 $a_i (i = 1, 2, \cdots, n)$ 和 U 的基 $c_k (k = 1, 2, \cdots, p)$ 下的矩阵正是 $\boldsymbol{BA}$.

由此可知，存在映射 $T: L(V, W) \to M_{m \times n}$ ($M_{m \times n}$ 是由 $m \times n$ 矩阵构成的线性空间),

$\forall A \in L(V,W)$，$TA = \boldsymbol{A}$，满足：

① $T(A+B) = TA + TB$；

② $T(\lambda A) = \lambda TA$；

③ $T(B \circ A) = TB \cdot TA$.

故 T 为同构映射. 因此 $M_{m \times n}$ 同构于 $L(V,W)$，$\dim M_{m \times n} = \dim L(V,W) = mn$.

综上所述，矩阵空间 $M_{m \times n}$ 线性同构于 $L(V,W)$，而矩阵代数 $(M_{n \times n}, \cdot)$ 代数同构于 $(L(V), \circ)$.

5.2 矩阵的运算

设 M 为所有矩阵组成的集合，$\boldsymbol{A} = (a_{ij})_{m \times n} \in M$. 若 $\exists \boldsymbol{B} = (b_{ji})_{n \times m} \in M$，使得

$$b_{ji} = a_{ij}, \quad i = 1,2,\cdots,m, \quad j = 1,2,\cdots,n,$$

则称 $\boldsymbol{B}$ 为 $\boldsymbol{A}$ 的**转置**，记为 $\boldsymbol{B} = \boldsymbol{A}^{\mathrm{T}}$. 由转置的定义有如下性质：

① $(\boldsymbol{A} + \boldsymbol{B})^{\mathrm{T}} = \boldsymbol{A}^{\mathrm{T}} + \boldsymbol{B}^{\mathrm{T}}$；

② $(\boldsymbol{A}\boldsymbol{B})^{\mathrm{T}} = \boldsymbol{B}^{\mathrm{T}}\boldsymbol{A}^{\mathrm{T}}$；

③ $(\boldsymbol{A}^{\mathrm{T}})^{\mathrm{T}} = \boldsymbol{A}$.

若 $\boldsymbol{A}^{\mathrm{T}} = \boldsymbol{A}$，则称 $\boldsymbol{A}$ 为**对称矩阵**；若 $\boldsymbol{A}^{\mathrm{T}} = -\boldsymbol{A}$，则称 $\boldsymbol{A}$ 为**反对称矩阵**. 例如，Lorentz 变换矩阵

$$\boldsymbol{\Lambda} = \begin{pmatrix} \gamma & -\beta_1\gamma & -\beta_2\gamma & -\beta_3\gamma \\ -\beta_1\gamma & 1 + \dfrac{(\gamma-1)\beta_1\beta_1}{\beta^2} & \dfrac{(\gamma-1)\beta_1\beta_2}{\beta^2} & \dfrac{(\gamma-1)\beta_1\beta_3}{\beta^2} \\ -\beta_2\gamma & \dfrac{(\gamma-1)\beta_2\beta_1}{\beta^2} & 1 + \dfrac{(\gamma-1)\beta_2\beta_2}{\beta^2} & \dfrac{(\gamma-1)\beta_2\beta_3}{\beta^2} \\ -\beta_3\gamma & \dfrac{(\gamma-1)\beta_3\beta_1}{\beta^2} & \dfrac{(\gamma-1)\beta_3\beta_2}{\beta^2} & 1 + \dfrac{(\gamma-1)\beta_3\beta_3}{\beta^2} \end{pmatrix}$$

为对称矩阵，而电磁场场强张量

$$\boldsymbol{F} = \begin{pmatrix} 0 & \dfrac{1}{c}E_1 & \dfrac{1}{c}E_2 & \dfrac{1}{c}E_3 \\ -\dfrac{1}{c}E_1 & 0 & -B_3 & B_2 \\ -\dfrac{1}{c}E_2 & B_3 & 0 & -B_1 \\ -\dfrac{1}{c}E_3 & -B_2 & B_1 & 0 \end{pmatrix}$$

为反对称矩阵，其中 (E_1, E_2, E_3) 为电场强度矢量，(B_1, B_2, B_3) 为磁感应强度矢量.

一 n 阶方阵可唯一地分解为对称矩阵和反对称矩阵之和.

若矩阵 $\boldsymbol{A}$ 满足 $\boldsymbol{A}^{\mathrm{T}}\boldsymbol{A} = \boldsymbol{A}\boldsymbol{A}^{\mathrm{T}} = \boldsymbol{I}$，$\boldsymbol{I}$ 为单位矩阵，则称 $\boldsymbol{A}$ 为**正交矩阵**. 例如，刚体的转动矩阵

$$\boldsymbol{A} = \begin{pmatrix} \cos\psi\cos\varphi - \cos\theta\sin\varphi\sin\psi & \cos\psi\sin\varphi + \cos\theta\cos\varphi\sin\psi & \sin\psi\sin\theta \\ -\sin\psi\cos\varphi - \cos\theta\sin\varphi\cos\psi & -\sin\psi\sin\varphi + \cos\theta\cos\varphi\cos\psi & \cos\psi\sin\theta \\ \sin\theta\sin\varphi & -\sin\theta\cos\varphi & \cos\theta \end{pmatrix}$$

$$= \begin{pmatrix} \cos\psi & \sin\psi & 0 \\ -\sin\psi & \cos\psi & 0 \\ 0 & 0 & 1 \end{pmatrix} \begin{pmatrix} 1 & 0 & 0 \\ 0 & \cos\theta & \sin\theta \\ 0 & -\sin\theta & \cos\theta \end{pmatrix} \begin{pmatrix} \cos\varphi & \sin\varphi & 0 \\ -\sin\varphi & \cos\varphi & 0 \\ 0 & 0 & 1 \end{pmatrix}$$

为正交矩阵，其中 (φ, θ, ψ) 为 Euler 角.

设 $\boldsymbol{A} = (a_{ij})_{m \times n} \in M$. 若 $\exists \boldsymbol{B} = (b_{ji})_{n \times m} \in M$，使得

$$b_{ji} = a_{ij}^*, \quad i = 1, 2, \cdots, m, \quad j = 1, 2, \cdots, n,$$

则称 $\boldsymbol{B}$ 为 $\boldsymbol{A}$ 的**共轭转置**，记为 $\boldsymbol{B} = \boldsymbol{A}^{\dagger}$.

若矩阵 $\boldsymbol{H}^{\dagger} = \boldsymbol{H}$，则称 $\boldsymbol{H}$ 为 **Hermite 矩阵**；若 $\boldsymbol{H}^{\dagger} = -\boldsymbol{H}$，则称 $\boldsymbol{H}$ 为**反 Hermite 矩阵**. 例如，$\begin{pmatrix} 0 & \mathrm{i} \\ -\mathrm{i} & 0 \end{pmatrix}$ 为 Hermite 矩阵.

若矩阵 $\boldsymbol{U}$ 满足 $\boldsymbol{U}^{\dagger}\boldsymbol{U} = \boldsymbol{U}\boldsymbol{U}^{\dagger} = \boldsymbol{I}$，$\boldsymbol{I}$ 为单位矩阵，则称 $\boldsymbol{U}$ 为**酉矩阵**.

例如，若 $\varphi \in [0, 2\pi]$，且 $\cos\varphi, \sin\varphi \in \mathbf{R}$，即 $(\cos\varphi)^* = \cos\varphi$，$(\sin\varphi)^* = \sin\varphi$，则 $\begin{pmatrix} \cos\varphi & \mathrm{i}\sin\varphi \\ -\mathrm{i}\sin\varphi & \cos\varphi \end{pmatrix}^{\dagger} = \begin{pmatrix} \cos\varphi & \mathrm{i}\sin\varphi \\ -\mathrm{i}\sin\varphi & \cos\varphi \end{pmatrix}$，且

$$\begin{pmatrix} \cos\varphi & \mathrm{i}\sin\varphi \\ -\mathrm{i}\sin\varphi & \cos\varphi \end{pmatrix} \begin{pmatrix} \cos\varphi & \mathrm{i}\sin\varphi \\ -\mathrm{i}\sin\varphi & \cos\varphi \end{pmatrix}^{\dagger}$$

$$= \begin{pmatrix} \cos\varphi & \mathrm{i}\sin\varphi \\ -\mathrm{i}\sin\varphi & \cos\varphi \end{pmatrix} \begin{pmatrix} \cos\varphi & \mathrm{i}\sin\varphi \\ -\mathrm{i}\sin\varphi & \cos\varphi \end{pmatrix} = \begin{pmatrix} 1 & 0 \\ 0 & 1 \end{pmatrix},$$

因此 $\begin{pmatrix} \cos\varphi & \mathrm{i}\sin\varphi \\ -\mathrm{i}\sin\varphi & \cos\varphi \end{pmatrix}$ 为酉矩阵.

与数值函数类似，可构造矩阵函数 $f(\boldsymbol{A}) = \sum\limits_{k=0}^{+\infty} a_k \boldsymbol{A}^k$，$\boldsymbol{A} \in M_{n \times n}$，$\boldsymbol{A}^0 = \boldsymbol{I}$（$\boldsymbol{I}$ 为单位矩阵）. 若 $\boldsymbol{A} = \mathrm{diag}(\lambda_1, \lambda_2, \cdots, \lambda_n)$，则 $f(\boldsymbol{A}) = \mathrm{diag}(f(\lambda_1), f(\lambda_2), \cdots, f(\lambda_n))$，其中

$$f(\lambda_i) = \sum_{k=0}^{+\infty} a_k \lambda_i^k, \quad i = 1, 2, \cdots, n.$$

5.3 标准正交基

设 V 为有限维内积空间，$e_1, e_2, \cdots, e_n$ 为 V 的标准正交基，即 $\langle e_i, e_j \rangle = \delta_{ij}$. 设 $A \in L(V)$，则 A 在标准正交基 $e_1, e_2, \cdots, e_n$ 下的矩阵为 $\boldsymbol{A} = (a_{ij})_{n \times n}$，其中

$$a_{ij} = \langle e_i | A | e_j \rangle, \quad i, j = 1, 2, \cdots, n.$$

命题 1 设 V 为有限维内积空间. 若 U 为 V 上的幺正算子，则 U 在 V 的标准正交基 $e_1, e_2, \cdots, e_n$ 下的矩阵 $\boldsymbol{U} = (u_{ij})_{n \times n}$ 为酉矩阵，其中 $u_{ij} = \langle e_i | U | e_j \rangle$.

证 因为 U 为幺正算子，所以 $UU^{\dagger} = \boldsymbol{1}$. 于是

$$\langle e_i | UU^{\dagger} | e_j \rangle = \langle e_i | \boldsymbol{1} | e_j \rangle = \delta_{ij}. \tag{1}$$

由于 $\sum_{k=1}^{n} |e_k\rangle\langle e_k| = \boldsymbol{1}$，则由（1）式得

$$\langle e_i | U \left(\sum_{k=1}^{n} |e_k\rangle\langle e_k| \right) U^{\dagger} | e_j \rangle = \sum_{k=1}^{n} \langle e_i | U | e_k \rangle \langle e_k | U^{\dagger} | e_j \rangle$$

$$= \sum_{k=1}^{n} u_{ik} u_{jk}^* = \delta_{ij}. \tag{2}$$

由（2）式可知，算子 U 对应的矩阵 $\boldsymbol{U}$ 为酉矩阵.

命题 2 设 V 为有限维内积空间. 若 T 为 V 上的 Hermite 算子，则 T 在 V 的标准正交基 $e_1, e_2, \cdots, e_n$ 下的矩阵 $\boldsymbol{T} = (t_{ij})_{n \times n}$ 为 Hermite 矩阵，其中

$$t_{ij} = \langle e_i | T | e_j \rangle.$$

证 由于 T 为 Hermite 算子，则 $T^{\dagger} = T$，于是

$$t_{ij}^* = \langle e_i | T | e_j \rangle^* = \langle e_j | T^{\dagger} | e_i \rangle = \langle e_j | T | e_i \rangle = t_{ji}.$$

因此算子 T 对应的矩阵 $\boldsymbol{T}$ 为 Hermite 矩阵.

5.4 基的变化和相似变换

设 V 为有限维向量空间，$\alpha_1, \alpha_2, \cdots, \alpha_n$ 和 $\beta_1, \beta_2, \cdots, \beta_n$ 为 V 的两组基. 设这两组基之间的变换关系为

$$\alpha_i = \sum_{j=1}^{n} r_{ij} \beta_j, \quad i = 1, 2, \cdots, n,$$

则其变换矩阵为 $\boldsymbol{R}=(r_{ij})_{n\times n}$.

设向量 $\boldsymbol{x}$ 在基 $\alpha_1,\alpha_2,\cdots,\alpha_n$ 和 $\beta_1,\beta_2,\cdots,\beta_n$ 下的坐标分别为 $\boldsymbol{x}=(x_1,x_2,\cdots,x_n)^{\mathrm{T}}$ 和 $\boldsymbol{x}'=(x_1',x_2',\cdots,x_n')^{\mathrm{T}}$，即 $x=\sum_{i=1}^{n}x_i\alpha_i=\sum_{j=1}^{n}x_j'\beta_j$，则两坐标之间的关系为 $x_j'=\sum_{i=1}^{n}r_{ji}x_i$，写成矩阵形式为

$$\boldsymbol{x}'=\boldsymbol{R}\boldsymbol{x}. \tag{1}$$

设 $\boldsymbol{a}=(a_1,a_2,\cdots,a_n)^{\mathrm{T}}$，$\boldsymbol{b}=(b_1,b_2,\cdots,b_n)^{\mathrm{T}}$ 分别为向量 $\boldsymbol{a},\boldsymbol{b}$ 在 $\alpha_1,\alpha_2,\cdots,\alpha_n$ 下的坐标，且满足矩阵方程

$$\boldsymbol{A}\boldsymbol{a}=\boldsymbol{b},$$

其中 $\boldsymbol{A}$ 为 $A\in L(V)$ 在同一基下的矩阵. 若 $\boldsymbol{a},\boldsymbol{b}$ 在另一组基 $\beta_1,\beta_2,\cdots,\beta_n$ 下的坐标分别为 $\boldsymbol{a}',\boldsymbol{b}'$，则 $\boldsymbol{a}',\boldsymbol{b}'$ 满足方程

$$\boldsymbol{A}'\boldsymbol{a}'=\boldsymbol{b}', \tag{2}$$

其中 $\boldsymbol{A}'$ 为 A 在 $\beta_1,\beta_2,\cdots,\beta_n$ 下的矩阵. 由（1）式知 $\boldsymbol{b}'=\boldsymbol{R}\boldsymbol{b}$，$\boldsymbol{a}'=\boldsymbol{R}\boldsymbol{a}$，则（2）式变为 $\boldsymbol{R}\boldsymbol{b}=\boldsymbol{A}'\boldsymbol{R}\boldsymbol{a}$，即 $\boldsymbol{b}=\boldsymbol{R}^{-1}\boldsymbol{A}'\boldsymbol{R}\boldsymbol{a}$. 而 $\boldsymbol{b}=\boldsymbol{A}\boldsymbol{a}$，所以

$$\boldsymbol{A}=\boldsymbol{R}^{-1}\boldsymbol{A}'\boldsymbol{R}\ \ 或\ \ \boldsymbol{A}'=\boldsymbol{R}\boldsymbol{A}\boldsymbol{R}^{-1}.$$

满足上式从 $\boldsymbol{A}$ 到 $\boldsymbol{A}'$ 的变换称为矩阵 $\boldsymbol{A}$ 的**相似变换**.

例 证明：$\boldsymbol{R}f(\boldsymbol{A})\boldsymbol{R}^{-1}=f(\boldsymbol{R}\boldsymbol{A}\boldsymbol{R}^{-1})$，其中 $f(\boldsymbol{A})=\sum_{k=0}^{+\infty}a_k\boldsymbol{A}^k$.

证 $\boldsymbol{R}f(\boldsymbol{A})\boldsymbol{R}^{-1}=\boldsymbol{R}\left(\sum_{k=0}^{+\infty}a_k\boldsymbol{A}^k\right)\boldsymbol{R}^{-1}=\sum_{k=0}^{+\infty}a_k\boldsymbol{R}\boldsymbol{A}^k\boldsymbol{R}^{-1}$

$$=\sum_{k=0}^{+\infty}a_k\underbrace{(\boldsymbol{R}\boldsymbol{A}\boldsymbol{R}^{-1})(\boldsymbol{R}\boldsymbol{A}\boldsymbol{R}^{-1})\cdots(\boldsymbol{R}\boldsymbol{A}\boldsymbol{R}^{-1})}_{k个}$$

$$=\sum_{k=0}^{+\infty}a_k(\boldsymbol{R}\boldsymbol{A}\boldsymbol{R}^{-1})^k=f(\boldsymbol{R}\boldsymbol{A}\boldsymbol{R}^{-1}).$$

命题 设 V 为有限维内积空间，$e_1,e_2,\cdots,e_n$ 和 $e_1',e_2',\cdots,e_n'$ 为 V 的两组标准正交基. 两组标准正交基之间的变换矩阵 $\boldsymbol{U}=(u_{ij})_{n\times n}$ 为酉矩阵.

证 由标准正交基的定义有

$$\langle e_i\,|\,e_j\rangle=\delta_{ij},\quad \langle e_i'\,|\,e_j'\rangle=\delta_{ij}.$$

设变换矩阵 $\boldsymbol{U}$ 对应的算子为 U，则 $e_i'=Ue_i$，于是

$$\langle e_i\,|\,U^{\dagger}U\,|\,e_j\rangle=\langle e_i'\,|\,e_j'\rangle=\delta_{ij}=\langle e_i\,|\,\mathbf{1}\,|\,e_j\rangle,$$

因此 $U^{\dagger}U=\mathbf{1}$. 故 U 为幺正算子. 由 5.3 节命题 1 可知 U 在标准正交基下的矩阵 $\boldsymbol{U}$ 为

酉矩阵.

5.5 行列式

首先定义置换和置换群. n 个自然数 $1,2,\cdots,n$ 的两种不同排列之间的变换称为**置换**. 任一置换 σ 可表示为

$$\sigma = \begin{pmatrix} 1 & 2 & \cdots & n \\ \sigma(1) & \sigma(2) & \cdots & \sigma(n) \end{pmatrix},$$

其中 $\sigma(1),\sigma(2),\cdots,\sigma(n)$ 是 $1,2,\cdots,n$ 的一个全排列，可用 σ 在 $1,2,\cdots,n$ 下的像 $\sigma(1)$, $\sigma(2),\cdots,\sigma(n)$ 来标记 σ.

所有的置换组成的集合记为 S_n. S_n 按照变换的乘法构成群，称之为**置换群**.

设 n 阶方阵 $\boldsymbol{A}=(a_{ij})_{n\times n}$，则 $\boldsymbol{A}$ 的行列式定义为

$$\det \boldsymbol{A} = \sum_{j_1,j_2,\cdots,j_n \in S_n} \varepsilon_{j_1,j_2,\cdots,j_n} a_{1j_1} a_{2j_2} \cdots a_{nj_n}$$
$$= \sum_{i_1,i_2,\cdots,i_n \in S_n} \varepsilon_{i_1,i_2,\cdots,i_n} a_{i_1 1} a_{i_2 2} \cdots a_{i_n n},$$

其中 $i_1,i_2,\cdots,i_n$ 和 $j_1,j_2,\cdots,j_n$ 分别是 $1,2,\cdots,n$ 的任一排列，且

$$\varepsilon_{i_1,i_2,\cdots,i_n} = \begin{cases} 1, & i_1,i_2,\cdots,i_n \text{为偶排列}, \\ -1, & i_1,i_2,\cdots,i_n \text{为奇排列}. \end{cases}$$

实际上，行列式 $\det \boldsymbol{A}$ 是 n 维向量空间 V 上的 n 重反对称线性型. 解释如下：

设 $e_1,e_2,\cdots,e_n$ 为 n 维向量空间 V 的基. 设 $f:V\times V\times\cdots\times V \to \mathbf{R}$ 为一映射，使得 $\forall \alpha_1,\alpha_2,\cdots,\alpha_n \in V$，

$$f(\alpha_1,\alpha_2,\cdots,\alpha_n) = \sum_{j_1,j_2,\cdots,j_n=1}^{n} a_{1j_1} a_{2j_2} \cdots a_{nj_n} f(e_{j_1},e_{j_2},\cdots,e_{j_n}),$$

其中 $\alpha_1 = \sum_{j_1=1}^{n} a_{1j_1} e_{j_1}$，$\alpha_2 = \sum_{j_2=1}^{n} a_{2j_2} e_{j_2}$，$\cdots$，$\alpha_n = \sum_{j_n=1}^{n} a_{nj_n} e_{j_n}$，且

$$f(\alpha_1,\cdots,\lambda_i\alpha_i + \mu_i\alpha_i',\cdots,\alpha_n)$$
$$= \lambda_i f(\alpha_1,\cdots,\alpha_i,\cdots,\alpha_n) + \mu_i f(\alpha_1,\cdots,\alpha_i',\cdots,\alpha_n).$$

故 $f:V\times V\times\cdots\times V \to \mathbf{R}$ 为 V 上的 n 重线性型. 若 $f:V\times V\times\cdots\times V \to \mathbf{R}$ 满足 $f(e_1,e_2,\cdots,e_n)=1$，以及

$$f(e_{j_1},\cdots,e_{j_i},\cdots,e_{j_k},\cdots,e_{j_n}) = -f(e_{j_1},\cdots,e_{j_k},\cdots,e_{j_i},\cdots,e_{j_n}),$$

且 $f(e_{j_1},\cdots,e_{j_i},\cdots,e_{j_i},\cdots,e_{j_n})=0$，则

$$f(\alpha_1,\alpha_2,\cdots,\alpha_n)=\sum_{j_1,j_2,\cdots,j_n=1}^{n}a_{1j_1}a_{2j_2}\cdots a_{nj_n}f(e_{j_1},e_{j_2},\cdots,e_{j_n})$$

$$=\sum_{j_1,j_2,\cdots,j_n\in S_n}a_{1j_1}a_{2j_2}\cdots a_{nj_n}\varepsilon_{j_1,j_2,\cdots,j_n}f(e_1,e_2,\cdots,e_n)$$

$$=\sum_{j_1,j_2,\cdots,j_n\in S_n}\varepsilon_{j_1,j_2,\cdots,j_n}a_{1j_1}a_{2j_2}\cdots a_{nj_n}$$

$$=\det \boldsymbol{A},$$

其中 $\boldsymbol{A}=(\boldsymbol{a}_1,\boldsymbol{a}_2,\cdots,\boldsymbol{a}_n)$，$\boldsymbol{a}_i=(a_{1i},a_{2i},\cdots,a_{ni})^{\mathrm{T}}$．

行列式有如下性质:

性质 5.1　$\det \boldsymbol{A}^{\mathrm{T}}=\det \boldsymbol{A}$．

证　$\det \boldsymbol{A}^{\mathrm{T}}=\sum_{j_1,j_2,\cdots,j_n\in S_n}\varepsilon_{j_1,j_2,\cdots,j_n}\{\boldsymbol{A}^{\mathrm{T}}\}_{1j_1}\{\boldsymbol{A}^{\mathrm{T}}\}_{2j_2}\cdots\{\boldsymbol{A}^{\mathrm{T}}\}_{nj_n}$

$$=\sum_{j_1,j_2,\cdots,j_n\in S_n}\varepsilon_{j_1,j_2,\cdots,j_n}a_{j_11}a_{j_22}\cdots a_{j_nn}=\det \boldsymbol{A}.$$

性质 5.2　交换行列式的两行或两列，行列式改变符号，即

$$\det\begin{pmatrix}a_{11}&\cdots&a_{1i}&\cdots&a_{1j}&\cdots&a_{1n}\\a_{21}&\cdots&a_{2i}&\cdots&a_{2j}&\cdots&a_{2n}\\\vdots&&\vdots&&\vdots&&\vdots\\a_{n1}&\cdots&a_{ni}&\cdots&a_{nj}&\cdots&a_{nn}\end{pmatrix}=-\det\begin{pmatrix}a_{11}&\cdots&a_{1j}&\cdots&a_{1i}&\cdots&a_{1n}\\a_{21}&\cdots&a_{2j}&\cdots&a_{2i}&\cdots&a_{2n}\\\vdots&&\vdots&&\vdots&&\vdots\\a_{n1}&\cdots&a_{nj}&\cdots&a_{ni}&\cdots&a_{nn}\end{pmatrix}.$$

证　由行列式为向量空间 V 上的 n 重反对称线性型 $\det \boldsymbol{A}=f(\alpha_1,\alpha_2,\cdots,\alpha_n)$ 可知

$$f(\alpha_1,\cdots,\alpha_i,\cdots,\alpha_j,\cdots,\alpha_n)=-f(\alpha_1,\cdots,\alpha_j,\cdots,\alpha_i,\cdots,\alpha_n),$$

因此

$$\det\begin{pmatrix}a_{11}&\cdots&a_{1i}&\cdots&a_{1j}&\cdots&a_{1n}\\a_{21}&\cdots&a_{2i}&\cdots&a_{2j}&\cdots&a_{2n}\\\vdots&&\vdots&&\vdots&&\vdots\\a_{n1}&\cdots&a_{ni}&\cdots&a_{nj}&\cdots&a_{nn}\end{pmatrix}=-\det\begin{pmatrix}a_{11}&\cdots&a_{1j}&\cdots&a_{1i}&\cdots&a_{1n}\\a_{21}&\cdots&a_{2j}&\cdots&a_{2i}&\cdots&a_{2n}\\\vdots&&\vdots&&\vdots&&\vdots\\a_{n1}&\cdots&a_{nj}&\cdots&a_{ni}&\cdots&a_{nn}\end{pmatrix}.$$

性质 5.3　行列式某行或某列的公因数可提取到行列式之外，即

$$\det\begin{pmatrix}a_{11}&\cdots&\lambda a_{1i}&\cdots&a_{1n}\\a_{21}&\cdots&\lambda a_{2i}&\cdots&a_{2n}\\\vdots&&\vdots&&\vdots\\a_{n1}&\cdots&\lambda a_{ni}&\cdots&a_{nn}\end{pmatrix}=\lambda\det\begin{pmatrix}a_{11}&\cdots&a_{1i}&\cdots&a_{1n}\\a_{21}&\cdots&a_{2i}&\cdots&a_{2n}\\\vdots&&\vdots&&\vdots\\a_{n1}&\cdots&a_{ni}&\cdots&a_{nn}\end{pmatrix}.$$

性质 5.4　若行列式两行或两列的元素对应相等或成比率，则行列式的值为零.

性质 5.5

$$\det \begin{pmatrix} a_{11} & \cdots & a_{1i}+b_{1i} & \cdots & a_{1n} \\ a_{21} & \cdots & a_{2i}+b_{2i} & \cdots & a_{2n} \\ \vdots & & \vdots & & \vdots \\ a_{n1} & \cdots & a_{ni}+b_{ni} & \cdots & a_{nn} \end{pmatrix}$$

$$= \det \begin{pmatrix} a_{11} & \cdots & a_{1i} & \cdots & a_{1n} \\ a_{21} & \cdots & a_{2i} & \cdots & a_{2n} \\ \vdots & & \vdots & & \vdots \\ a_{n1} & \cdots & a_{ni} & \cdots & a_{nn} \end{pmatrix} + \det \begin{pmatrix} a_{11} & \cdots & b_{1i} & \cdots & a_{1n} \\ a_{21} & \cdots & b_{2i} & \cdots & a_{2n} \\ \vdots & & \vdots & & \vdots \\ a_{n1} & \cdots & b_{ni} & \cdots & a_{nn} \end{pmatrix}.$$

性质 5.6

$$\det \begin{pmatrix} a_{11} & \cdots & a_{1i} & \cdots & a_{1j} & \cdots & a_{1n} \\ a_{21} & \cdots & a_{2i} & \cdots & a_{2j} & \cdots & a_{2n} \\ \vdots & & \vdots & & \vdots & & \vdots \\ a_{n1} & \cdots & a_{ni} & \cdots & a_{nj} & \cdots & a_{nn} \end{pmatrix}$$

$$= \det \begin{pmatrix} a_{11} & \cdots & a_{1i}+\lambda a_{1j} & \cdots & a_{1j} & \cdots & a_{1n} \\ a_{21} & \cdots & a_{2i}+\lambda a_{2j} & \cdots & a_{2j} & \cdots & a_{2n} \\ \vdots & & \vdots & & \vdots & & \vdots \\ a_{n1} & \cdots & a_{ni}+\lambda a_{nj} & \cdots & a_{nj} & \cdots & a_{nn} \end{pmatrix}.$$

性质 5.7 设 $\boldsymbol{A}, \boldsymbol{B}$ 为 n 阶方阵，则

$$\det(\boldsymbol{AB}) = \det \boldsymbol{A} \det \boldsymbol{B}.$$

证 $\det \boldsymbol{A} \det \boldsymbol{B} = \det \begin{pmatrix} \boldsymbol{A} & \boldsymbol{O} \\ -\boldsymbol{I} & \boldsymbol{B} \end{pmatrix} = \det \begin{pmatrix} \boldsymbol{A} & \boldsymbol{AB} \\ -\boldsymbol{I} & \boldsymbol{O} \end{pmatrix}$

$$= (-1)^n \det(-\boldsymbol{I}) \det(\boldsymbol{AB}) = \det(\boldsymbol{AB}).$$

根据性质 5.7 可得出

$$\det \boldsymbol{E}_i(c) \boldsymbol{A} = c \det \boldsymbol{A}, \quad \det \boldsymbol{E}_{ij} \boldsymbol{A} = -\det \boldsymbol{A}, \quad \det \boldsymbol{E}_{ij}(c) \boldsymbol{A} = \det \boldsymbol{A},$$

这里 $\boldsymbol{E}_i(c) = (b_{jk})_{n \times n}$，其中

$$b_{jj} = \begin{cases} 1, & j \neq i, \\ c, & j = i; \end{cases} \quad b_{jk} = 0, \quad j \neq k;$$

$\boldsymbol{E}_{ij}(c) = (c_{kl})_{n \times n}$，其中 $c_{kk} = 1$；$c_{ij} = c$；$c_{kl} = 0$，$k \neq l$，$k \neq i$ 且 $l \neq j$；$\boldsymbol{E}_{ij}$ 是 n 阶单位矩阵 $\boldsymbol{I}_n$ 交换第 i, j 两行所得．$\boldsymbol{E}_i(c)$，$\boldsymbol{E}_{ij}$，$\boldsymbol{E}_{ij}(c)$ 均为初等矩阵．

设 $\boldsymbol{A}$ 为正交矩阵，则 $\boldsymbol{A}^{\mathrm{T}}\boldsymbol{A}=\boldsymbol{I}$ ，$\boldsymbol{I}$ 为单位矩阵．再由性质 5.7 有

$$\det \boldsymbol{A}^{\mathrm{T}}\boldsymbol{A}=(\det \boldsymbol{A})^2=\det \boldsymbol{I}=1,$$

则正交矩阵的行列式为 ± 1．

所有行列式为 1 的 n 维向量空间上的正交变换按照变换的乘法构成一个群，称为 $\mathrm{SO}(n)$ 群．

若 U 为幺正变换，则 $U^{\dagger}U=1$．由于幺正变换 U 所对应的酉矩阵 $\boldsymbol{U}$ 满足 $\boldsymbol{U}^{\dagger}\boldsymbol{U}=\boldsymbol{I}$，则 $\det(\boldsymbol{U}^{\dagger}\boldsymbol{U})=|\det \boldsymbol{U}|^2=1$，于是 $\det \boldsymbol{U}=\mathrm{e}^{\mathrm{i}\alpha}$，$\alpha \in \mathbf{R}$．

所有行列式为 1 的 n 维向量空间中的幺正变换构成一个群，称为 $\mathrm{SU}(n)$ 群．在物理上，$\mathrm{SU}(n)$ 群和基本相互作用相关联．

行列式 $\det \boldsymbol{A}$ 中，去除代表元 a_{ij} 所在的第 i 行和第 j 列，得到 $n-1$ 阶行列式，称之为 a_{ij} 的**余子式**，记为 M_{ij}．令 $A_{ij}=(-1)^{i+j}M_{ij}$，则称 A_{ij} 为 a_{ij} 的**代数余子式**．

性质 5.8　行列式 $\det \boldsymbol{A}$ 可按某一行或某一列展开，即有

$$\sum_{k=1}^{n}a_{ik}A_{jk}=\sum_{k=1}^{n}a_{ki}A_{kj}=\delta_{ij}\det \boldsymbol{A}.$$

证　设 $e_1,e_2,\cdots,e_n$ 为 V 的基．由于 $\det \boldsymbol{A}$ 为 V 上的 n 重反对称线性型，可设 $\det \boldsymbol{A}=f(\alpha_1,\alpha_2,\cdots,\alpha_n)$，其中 $\alpha_1=\sum_{j_1=1}^{n}a_{1j_1}e_{j_1}$，$\alpha_2=\sum_{j_2=1}^{n}a_{2j_2}e_{j_2}$，$\cdots$，$\alpha_n=\sum_{j_n=1}^{n}a_{nj_n}e_{j_n}$．故

$$\begin{aligned}
\det \boldsymbol{A}&=f(\alpha_1,\alpha_2,\cdots,\alpha_n)\\
&=\sum_{j_1=1}^{n}\cdots\sum_{j_i=1}^{n}\cdots\sum_{j_n=1}^{n}a_{1j_1}\cdots a_{ij_i}\cdots a_{nj_n}f(e_{j_1},\cdots,e_{j_i},\cdots,e_{j_n})\\
&=\sum_{j_i=1}^{n}a_{ij_i}(-1)^{i+j_i}\sum_{j_1=1}^{n}\cdots\sum_{j_{i-1}=1}^{n}\sum_{j_{i+1}=1}^{n}\cdots\sum_{j_n=1}^{n}[a_{1j_1}\cdots a_{i-1,j_{i-1}}a_{i+1,j_{i+1}}\cdots a_{nj_n}\\
&\quad f(e_{j_1},\cdots,e_{j_{i-1}},e_{j_{i+1}},\cdots,e_{j_n})]\\
&=\sum_{j_i=1}^{n}a_{ij_i}(-1)^{i+j_i}\sum_{j_1,\cdots,j_{i-1},j_{i+1},\cdots,j_n\in S_{n-1}}[a_{1j_1}\cdots a_{i-1,j_{i-1}}a_{i+1,j_{i+1}}\cdots a_{nj_n}\\
&\quad f(e_{j_1},\cdots,e_{j_{i-1}},e_{j_{i+1}},\cdots,e_{j_n})]\\
&=\sum_{k=1}^{n}a_{ik}(-1)^{i+k}M_{ik}=\sum_{k=1}^{n}a_{ik}A_{ik}.
\end{aligned}$$

当 $i\neq j$ 时，有 $\sum_{k=1}^{n}a_{ik}A_{jk}=f(\alpha_1,\cdots,\alpha_i,\cdots,\alpha_{j-1},\alpha_i,\alpha_{j+1},\cdots,\alpha_n)=0$，因此

$$\sum_{k=1}^{n} a_{ik} A_{jk} = \sum_{k=1}^{n} a_{ki} A_{kj} = \delta_{ij} \det \boldsymbol{A}.$$

例 设 $f:U \to \mathbf{R}^n$ 为 n 元向量值函数，$\forall (R, \theta_1, \cdots, \theta_{n-1}) \in U$，

$$f(R, \theta_1, \cdots, \theta_{n-1}) = (R\cos\theta_1, R\sin\theta_1\cos\theta_2, \cdots, R\sin\theta_1\cdots\sin\theta_{n-1}).$$

求 $f:U \to \mathbf{R}^n$ 的 Jacob 行列式 $\dfrac{\mathrm{D}(f_1, f_2, \cdots, f_n)}{\mathrm{D}(R, \theta_1, \cdots, \theta_{n-1})}$.

解 令 $D_2 = \begin{vmatrix} \cos\theta_{n-1} & \sin\theta_{n-1} \\ -\sin\theta_{n-1} & \cos\theta_{n-1} \end{vmatrix}$，由行列式的定义可知 $D_2 = \cos^2\theta_{n-1} + \sin^2\theta_{n-1} = 1$. 令

$$D_3 = \begin{vmatrix} \cos\theta_{n-2} & \sin\theta_{n-2}\cos\theta_{n-1} & \sin\theta_{n-2}\sin\theta_{n-1} \\ -\sin\theta_{n-2} & \cos\theta_{n-2}\cos\theta_{n-1} & \cos\theta_{n-2}\sin\theta_{n-1} \\ 0 & -\sin\theta_{n-1} & \cos\theta_{n-1} \end{vmatrix},$$

由性质 5.3、性质 5.8 可知

$$D_3 = D_2\cos^2\theta_{n-2} + D_2\sin^2\theta_{n-2} = D_2 = 1.$$

令

$$D_n = \begin{vmatrix} \cos\theta_1 & \sin\theta_1\cos\theta_2 & \cdots & \sin\theta_1\cdots\sin\theta_{n-2}\cos\theta_{n-1} & \sin\theta_1\cdots\sin\theta_{n-1} \\ -\sin\theta_1 & \cos\theta_1\cos\theta_2 & \cdots & \cos\theta_1\sin\theta_2\cdots\sin\theta_{n-2}\cos\theta_{n-1} & \cos\theta_1\sin\theta_2\cdots\sin\theta_{n-1} \\ 0 & -\sin\theta_2 & \cdots & \cos\theta_2\sin\theta_3\cdots\sin\theta_{n-2}\cos\theta_{n-1} & \cos\theta_2\sin\theta_3\cdots\sin\theta_{n-1} \\ \vdots & \vdots & \ddots & \vdots & \vdots \\ 0 & 0 & \cdots & -\sin\theta_{n-1} & \cos\theta_{n-1} \end{vmatrix},$$

由性质 5.3、性质 5.8 可知

$$D_n = D_{n-1}\cos^2\theta_1 + D_{n-1}\sin^2\theta_1 = D_{n-1} = \cdots = D_2 = 1.$$

由 Jacob 行列式定义可知

$$\frac{\mathrm{D}(f_1, f_2, \cdots, f_n)}{\mathrm{D}(R, \theta_1, \cdots, \theta_{n-1})} =$$

$$\begin{vmatrix} \cos\theta_1 & \sin\theta_1\cos\theta_2 & \cdots & \sin\theta_1\cdots\sin\theta_{n-2}\cos\theta_{n-1} & \sin\theta_1\cdots\sin\theta_{n-1} \\ -R\sin\theta_1 & R\cos\theta_1\cos\theta_2 & \cdots & R\cos\theta_1\sin\theta_2\cdots\sin\theta_{n-2}\cos\theta_{n-1} & R\cos\theta_1\sin\theta_2\cdots\sin\theta_{n-1} \\ 0 & -R\sin\theta_1\sin\theta_2 & \cdots & R\sin\theta_1\cos\theta_2\sin\theta_3\cdots\sin\theta_{n-2}\cos\theta_{n-1} & R\sin\theta_1\cos\theta_2\sin\theta_3\cdots\sin\theta_{n-1} \\ \vdots & \vdots & \ddots & \vdots & \vdots \\ 0 & 0 & \cdots & -R\sin\theta_1\cdots\sin\theta_{n-1} & R\sin\theta_1\cdots\sin\theta_{n-2}\cos\theta_{n-1} \end{vmatrix}$$

$$= (R^{n-1}\sin^{n-2}\theta_1\cdots\sin\theta_{n-2})D_n = R^{n-1}\sin^{n-2}\theta_1\cdots\sin\theta_{n-2}.$$

设 $\boldsymbol{A}$ 为 n 阶方阵，称

$$M_{j_1,j_2,\cdots,j_r}^{i_1,i_2,\cdots,i_r} = \det \begin{pmatrix} a_{i_1 j_1} & a_{i_1 j_2} & \cdots & a_{i_1 j_r} \\ a_{i_2 j_1} & a_{i_2 j_2} & \cdots & a_{i_2 j_r} \\ \vdots & \vdots & & \vdots \\ a_{i_r j_1} & a_{i_r j_2} & \cdots & a_{i_r j_r} \end{pmatrix}$$

为 $\det \boldsymbol{A}$ 的 r 阶子式，$r < n$；$\boldsymbol{A}$ 中除掉 $i_1, i_2, \cdots, i_r$ 行及 $j_1, j_2, \cdots, j_r$ 列剩余元素按原排列方式所构成矩阵的行列式称为 $M_{j_1,j_2,\cdots,j_r}^{i_1,i_2,\cdots,i_r}$ 的余子式，记之为 $N_{j_1,j_2,\cdots,j_r}^{i_1,i_2,\cdots,i_r}$；称 $(-1)^{i_1+i_2+\cdots+i_r+j_1+j_2+\cdots+j_r} N_{j_1,j_2,\cdots,j_r}^{i_1,i_2,\cdots,i_r}$ 为 $M_{j_1,j_2,\cdots,j_r}^{i_1,i_2,\cdots,i_r}$ 的代数余子式，记为 $A_{j_1,j_2,\cdots,j_r}^{i_1,i_2,\cdots,i_r}$.

性质 5.9 设 $\boldsymbol{A}$ 为 n 阶方阵. 令 $i_1, i_2, \cdots, i_r \in \{1, 2, \cdots, n\}$，$i_1 < i_2 < \cdots < i_r$，则

$$\det \boldsymbol{A} = \sum_{1 \le j_1 < j_2 < \cdots < j_r \le n} M_{j_1,j_2,\cdots,j_r}^{i_1,i_2,\cdots,i_r} A_{j_1,j_2,\cdots,j_r}^{i_1,i_2,\cdots,i_r}.$$

证 首先证明 $\det \boldsymbol{A}$ 按第 $1, 2, \cdots, r$ 行的展开式为

$$\det \boldsymbol{A} = \sum_{1 \le j_1 < j_2 < \cdots < j_r \le n} M_{j_1,j_2,\cdots,j_r}^{1,2,\cdots,r} A_{j_1,j_2,\cdots,j_r}^{1,2,\cdots,r}.$$

由 $\det \boldsymbol{A}$ 为 V 上的 n 重反对称线性型，可得

$$\det \boldsymbol{A} = f(\alpha_1, \alpha_2, \cdots, \alpha_n)$$

$$= \sum_{j_1,j_2,\cdots,j_n \in S_n} a_{1j_1} a_{2j_2} \cdots a_{nj_n} f(e_{j_1}, e_{j_2}, \cdots, e_{j_n})$$

$$= \sum_{1 \le j_1 < j_2 < \cdots < j_r \le n} \Bigg[\sum_{j_1,j_2,\cdots,j_r \in S_r} \sum_{j_{r+1},j_{r+2},\cdots,j_n \in S_{n-r}} (a_{1j_1} a_{2j_2} \cdots a_{rj_r} a_{r+1,j_{r+1}} \cdots a_{nj_n}$$

$$(-1)^{1+2+\cdots+r+j_1+j_2+\cdots+j_r} f(e_{j_1}, e_{j_2}, \cdots, e_{j_r}) f(e_{j_{r+1}}, e_{j_{r+2}}, \cdots, e_{j_n})) \Bigg]$$

$$= \sum_{1 \le j_1 < j_2 < \cdots < j_r \le n} \Bigg[\sum_{j_1,j_2,\cdots,j_r \in S_r} a_{1j_1} a_{2j_2} \cdots a_{rj_r} f(e_{j_1}, e_{j_2}, \cdots, e_{j_r})$$

$$(-1)^{1+2+\cdots+r+j_1+j_2+\cdots+j_r}$$

$$\sum_{j_{r+1},j_{r+2},\cdots,j_n \in S_{n-r}} a_{r+1,j_{r+1}} a_{r+2,j_{r+2}} \cdots a_{nj_n} f(e_{j_{r+1}}, e_{j_{r+2}}, \cdots, e_{j_n}) \Bigg]$$

$$= \sum_{1 \le j_1 < j_2 < \cdots < j_r \le n} M_{j_1,j_2,\cdots,j_r}^{1,2,\cdots,r} A_{j_1,j_2,\cdots,j_r}^{1,2,\cdots,r}.$$

将矩阵 $\boldsymbol{A}$ 的第 $i_1, i_2, \cdots, i_r$ 行分别交换到第 $1, 2, \cdots, r$ 行，且不改变剩余元素的排列方式，得到一矩阵，记为 $\tilde{\boldsymbol{A}}$. 于是

$$\det \boldsymbol{A} = (-1)^{i_1+i_2+\cdots+i_r-(1+2+\cdots+r)} \det \tilde{\boldsymbol{A}}$$

$$= (-1)^{i_1+i_2+\cdots+i_r-(1+2+\cdots+r)} \sum_{1 \le j_1 < j_2 < \cdots < j_r \le n} \tilde{M}^{1,2,\cdots,r}_{j_1,j_2,\cdots,j_r} \tilde{A}^{1,2,\cdots,r}_{j_1,j_2,\cdots,j_r}$$

$$= (-1)^{i_1+i_2+\cdots+i_r-(1+2+\cdots+r)}$$
$$\sum_{1 \le j_1 < j_2 < \cdots < j_r \le n} \tilde{M}^{1,2,\cdots,r}_{j_1,j_2,\cdots,j_r} (-1)^{1+2+\cdots+r+j_1+j_2+\cdots+j_r} \tilde{M}^{r+1,r+2,\cdots,n}_{j_{r+1},j_{r+2},\cdots,j_n}$$

$$= \sum_{1 \le j_1 < j_2 < \cdots < j_r \le n} \tilde{M}^{1,2,\cdots,r}_{j_1,j_2,\cdots,j_r} (-1)^{i_1+i_2+\cdots+i_r+j_1+j_2+\cdots+j_r} \tilde{M}^{r+1,r+2,\cdots,n}_{j_{r+1},j_{r+2},\cdots,j_n}$$

$$= \sum_{1 \le j_1 < j_2 < \cdots < j_r \le n} M^{i_1,i_2,\cdots,i_r}_{j_1,j_2,\cdots,j_r} (-1)^{i_1+i_2+\cdots+i_r+j_1+j_2+\cdots+j_r} M^{i_{r+1},i_{r+2},\cdots,i_n}_{j_{r+1},j_{r+2},\cdots,j_n}$$

$$= \sum_{1 \le j_1 < j_2 < \cdots < j_r \le n} M^{i_1,i_2,\cdots,i_r}_{j_1,j_2,\cdots,j_r} A^{i_1,i_2,\cdots,i_r}_{j_1,j_2,\cdots,j_r}.$$

设 $\boldsymbol{A}$ 为 n 阶方阵. 若存在 n 阶方阵 $\boldsymbol{B}$, 使得 $\boldsymbol{AB} = \boldsymbol{I}$, 则称 $\boldsymbol{A}$ 为**可逆矩阵**, 并称 $\boldsymbol{B}$ 为 $\boldsymbol{A}$ 的**逆矩阵**, 记为 $\boldsymbol{A}^{-1}$. 由性质 5.7 可知, $\det(\boldsymbol{AB}) = \det\boldsymbol{A}\det\boldsymbol{B} = 1$, 因此 $\det\boldsymbol{A} \ne 0$.

利用行列式性质和余子式可以求 n 阶方阵 $\boldsymbol{A}$ 的逆矩阵 $\boldsymbol{A}^{-1}$:

$$\{\boldsymbol{A}^{-1}\}_{ij} = \frac{A_{ji}}{\det\boldsymbol{A}}.$$

例如, 设 $\boldsymbol{A} = \begin{pmatrix} \cos\varphi & \sin\varphi & 0 \\ -\sin\varphi & \cos\varphi & 0 \\ 0 & 0 & 1 \end{pmatrix}$, 则有 $\det\boldsymbol{A} = 1$, $A_{11} = \cos\varphi$, $A_{12} = \sin\varphi$,

$A_{13} = 0$, $A_{21} = -\sin\varphi$, $A_{22} = \cos\varphi$, $A_{23} = 0$, $A_{31} = 0$, $A_{32} = 0$, $A_{33} = 1$. 于是

$$\boldsymbol{A}^{-1} = \begin{pmatrix} \cos\varphi & -\sin\varphi & 0 \\ \sin\varphi & \cos\varphi & 0 \\ 0 & 0 & 1 \end{pmatrix}.$$

这种求逆矩阵的方法运算量较大, 也可以用矩阵的初等变换来求逆矩阵, 即经初等变换将矩阵 $(\boldsymbol{A}, \boldsymbol{I})$ 变换为 $(\boldsymbol{I}, \boldsymbol{A}^{-1})$. 也就是说, 经初等变换将 $\boldsymbol{A}$ 变为 $\boldsymbol{I}$, 则相同的初等变换将 $\boldsymbol{I}$ 变为 $\boldsymbol{A}^{-1}$.

就上例而言, 经初等变换有

$$(\boldsymbol{A}, \boldsymbol{I}) = \begin{pmatrix} \cos\varphi & \sin\varphi & 0 & 1 & 0 & 0 \\ -\sin\varphi & \cos\varphi & 0 & 0 & 1 & 0 \\ 0 & 0 & 1 & 0 & 0 & 1 \end{pmatrix} \rightarrow \begin{pmatrix} 1 & 0 & 0 & \cos\varphi & -\sin\varphi & 0 \\ 0 & 1 & 0 & \sin\varphi & \cos\varphi & 0 \\ 0 & 0 & 1 & 0 & 0 & 1 \end{pmatrix},$$

因此 $\boldsymbol{A}^{-1} = \begin{pmatrix} \cos\varphi & -\sin\varphi & 0 \\ \sin\varphi & \cos\varphi & 0 \\ 0 & 0 & 1 \end{pmatrix}$.

设有线性方程组

$$\begin{cases} a_{11}x_1 + a_{12}x_2 + \cdots + a_{1n}x_n = b_1, \\ a_{21}x_1 + a_{22}x_2 + \cdots + a_{2n}x_n = b_2, \\ \cdots, \\ a_{n1}x_1 + a_{n2}x_2 + \cdots + a_{nn}x_n = b_n, \end{cases} \tag{1}$$

称

$$\begin{pmatrix} a_{11} & a_{12} & \cdots & a_{1n} \\ a_{21} & a_{22} & \cdots & a_{2n} \\ \vdots & \vdots & & \vdots \\ a_{n1} & a_{n2} & \cdots & a_{nn} \end{pmatrix}$$

为线性方程组（1）的系数矩阵. 线性方程组（1）可简记为

$$\boldsymbol{A}\boldsymbol{x} = \boldsymbol{b},$$

其中 $\boldsymbol{x} = (x_1, x_2, \cdots, x_n)^{\mathrm{T}}$，$\boldsymbol{b} = (b_1, b_2, \cdots, b_n)^{\mathrm{T}}$. 若 $\boldsymbol{A}$ 为可逆矩阵，则线性方程组 $\boldsymbol{A}\boldsymbol{x} = \boldsymbol{b}$ 的解为 $\boldsymbol{x} = \boldsymbol{A}^{-1}\boldsymbol{b}$，即

$$x_j = \sum_{k=1}^{n} \frac{b_k A_{kj}}{\det \boldsymbol{A}}, \quad j = 1, 2, \cdots, n.$$

此为求解线性方程组的 Cramer 法则.

对于一般的线性方程组

$$\begin{cases} a_{11}x_1 + a_{12}x_2 + \cdots + a_{1n}x_n = b_1, \\ a_{21}x_1 + a_{22}x_2 + \cdots + a_{2n}x_n = b_2, \\ \cdots, \\ a_{m1}x_1 + a_{m2}x_2 + \cdots + a_{mn}x_n = b_m \end{cases} \tag{2}$$

而言，不能用上述 Cramer 法则来求解.

设矩阵 $\boldsymbol{A} = (a_{ij})_{m \times n}$，$m < n$. 令 $\boldsymbol{B} = (a_{ij})_{m \times m}$. 若 $\det \boldsymbol{B}$ 的 r 阶子式不为 0，且 $r+1$ 阶子式均为 0，则称矩阵 $\boldsymbol{A}$ 的**秩**为 r，记为 $\mathrm{r}(\boldsymbol{A})$.

命题 线性方程组（2）有解，当且仅当 $\mathrm{r}(\boldsymbol{A}) = \mathrm{r}(\boldsymbol{A}, \boldsymbol{b})$，其中 $\boldsymbol{A} = (a_{ij})_{m \times n}$，$\boldsymbol{b} = (b_1, b_2, \cdots, b_m)^{\mathrm{T}}$.

当 $b_1, b_2, \cdots, b_m = 0$ 时，线性方程组（2）成为齐次线性方程组

$$\begin{cases} a_{11}x_1 + a_{12}x_2 + \cdots + a_{1n}x_n = 0, \\ a_{21}x_1 + a_{22}x_2 + \cdots + a_{2n}x_n = 0, \\ \cdots, \\ a_{m1}x_1 + a_{m2}x_2 + \cdots + a_{mn}x_n = 0. \end{cases} \quad (3)$$

显然，$x_1 = x_2 = \cdots = x_n = 0$ 为线性方程组（3）的解．线性方程组（3）还存在非零解．令 $\mathrm{r}(\boldsymbol{A}) = r$，解线性方程组（3）可得

$$\begin{cases} x_1 = -b_{11}x_{r+1} - b_{12}x_{r+2} - \cdots - b_{1,n-r}x_n, \\ x_2 = -b_{21}x_{r+1} - b_{22}x_{r+2} - \cdots - b_{2,n-r}x_n, \\ \cdots, \\ x_r = -b_{r1}x_{r+1} - b_{r2}x_{r+2} - \cdots - b_{r,n-r}x_n. \end{cases}$$

取 $(x_{r+1}, x_{r+2}, \cdots, x_n)$ 分别为 $(1,0,\cdots,0),(0,1,0,\cdots,0),\cdots,(0,\cdots,0,1)$，可得线性方程组（3）的一个基础解系：

$$\boldsymbol{x}_1 = (-b_{11}, -b_{21}, \cdots, -b_{r1}, 1, 0, \cdots, 0),$$
$$\boldsymbol{x}_2 = (-b_{12}, -b_{22}, \cdots, -b_{r2}, 0, 1, \cdots, 0),$$
$$\cdots,$$
$$\boldsymbol{x}_{n-r} = (-b_{1,n-r}, -b_{2,n-r}, \cdots, -b_{r,n-r}, 0, 0, \cdots, 1).$$

于是，$\boldsymbol{y} = c_1\boldsymbol{x}_1 + c_2\boldsymbol{x}_2 + \cdots + c_{n-r}\boldsymbol{x}_{n-r}$ 为线性方程组（3）的通解．

设 $\tilde{\boldsymbol{x}}$ 为线性方程组（2）的一个特解，则

$$\boldsymbol{A}(\boldsymbol{x} - \tilde{\boldsymbol{x}}) = \boldsymbol{A}\boldsymbol{x} - \boldsymbol{A}\tilde{\boldsymbol{x}} = \boldsymbol{b} - \boldsymbol{b} = \boldsymbol{0}.$$

因此，$\boldsymbol{y} = \boldsymbol{x} - \tilde{\boldsymbol{x}}$ 为线性方程组（3）的解．于是线性方程组（2）的通解为

$$\boldsymbol{x} = \boldsymbol{y} + \tilde{\boldsymbol{x}} = c_1\boldsymbol{x}_1 + c_2\boldsymbol{x}_2 + \cdots + c_{n-r}\boldsymbol{x}_{n-r} + \tilde{\boldsymbol{x}}.$$

设 $A \in L(V)$，A 在 V 上的两组基 $\alpha_1, \alpha_2, \cdots, \alpha_n$ 和 $\beta_1, \beta_2, \cdots, \beta_n$ 下的矩阵分别为 $\boldsymbol{A}$ 和 $\boldsymbol{A}'$．由 5.4 节可知，$\boldsymbol{A}' = \boldsymbol{R}\boldsymbol{A}\boldsymbol{R}^{-1}$，再由性质 5.7 得

$$\det \boldsymbol{A}' = \det(\boldsymbol{R}\boldsymbol{A}\boldsymbol{R}^{-1}) = \det \boldsymbol{A}.$$

上式说明，同一算子在不同基下的矩阵是不同的，但其行列式相等，这也说明行列式为算子的一个特征值．

5.6 迹

算子的另一特征值为算子的迹．我们通过算子的矩阵表示来定义算子的迹．

设 $\boldsymbol{A} = (a_{ij})_{n \times n} \in M_{n \times n}$，定义 $\mathrm{tr}: M_{n \times n} \to \mathbf{C}$，$\mathrm{tr}\,\boldsymbol{A} = \sum_{i=1}^{n} a_{ii}$，称 $\mathrm{tr}\,\boldsymbol{A}$ 为矩阵 $\boldsymbol{A}$ 的**迹**．

映射 $\mathrm{tr}\colon M_{n\times n}\to \mathbf{C}$ 为线性映射，且有如下性质：

① $\mathrm{tr}\boldsymbol{A}^{\mathrm{T}}=\mathrm{tr}\boldsymbol{A}$；

② $\mathrm{tr}(\boldsymbol{A}\boldsymbol{B})=\mathrm{tr}(\boldsymbol{B}\boldsymbol{A})$．

证　这里仅给出②的证明．

$$\mathrm{tr}(\boldsymbol{A}\boldsymbol{B})=\sum_{i=1}^{n}\{\boldsymbol{A}\boldsymbol{B}\}_{ii}=\sum_{i=1}^{n}\sum_{j=1}^{n}\{\boldsymbol{A}\}_{ij}\{\boldsymbol{B}\}_{ji}=\sum_{i=1}^{n}\sum_{j=1}^{n}\{\boldsymbol{B}\}_{ji}\{\boldsymbol{A}\}_{ij}$$

$$=\sum_{j=1}^{n}\left(\sum_{i=1}^{n}\{\boldsymbol{B}\}_{ji}\{\boldsymbol{A}\}_{ij}\right)=\sum_{j=1}^{n}\{\boldsymbol{B}\boldsymbol{A}\}_{jj}=\mathrm{tr}(\boldsymbol{B}\boldsymbol{A})．$$

设 $A\in L(V)$，$\boldsymbol{A},\boldsymbol{A}'$ 分别为 A 在不同基下的矩阵．由 5.4 节知存在可逆矩阵 $\boldsymbol{R}$，使得 $\boldsymbol{A}'=\boldsymbol{R}\boldsymbol{A}\boldsymbol{R}^{-1}$．利用上述性质有

$$\mathrm{tr}\boldsymbol{A}'=\mathrm{tr}(\boldsymbol{R}\boldsymbol{A}\boldsymbol{R}^{-1})=\mathrm{tr}(\boldsymbol{A}\boldsymbol{R}^{-1}\boldsymbol{R})=\mathrm{tr}\boldsymbol{A}．$$

由上式可知，算子 A 在不同基下的矩阵的迹均相等，因此可用其对应的矩阵的迹定义算子 A 的迹．

由行列式和迹的定义有

$$\det(\boldsymbol{I}+\varepsilon\boldsymbol{A})=1+\varepsilon\,\mathrm{tr}\boldsymbol{A}+o(\varepsilon)，\quad \varepsilon\to 0．$$

命题　$\left(\dfrac{\mathrm{d}}{\mathrm{d}t}\det\boldsymbol{A}(t)\right)\Big|_{t=0}=\mathrm{tr}\dot{\boldsymbol{A}}(0)$，其中 $\boldsymbol{A}(0)=\boldsymbol{I}$．

证　因为 $\boldsymbol{A}(t)=\boldsymbol{I}+t\dot{\boldsymbol{A}}(0)+o(t)\boldsymbol{I}$，$t\to 0$，其中 $\boldsymbol{A}(0)=\boldsymbol{I}$，所以

$$\det\boldsymbol{A}(t)=\det(\boldsymbol{I}+t\dot{\boldsymbol{A}}(0)+o(t)\boldsymbol{I})=1+t\,\mathrm{tr}\dot{\boldsymbol{A}}(0)+o(t)，\quad t\to 0．$$

对上式两边求导有

$$\left(\frac{\mathrm{d}}{\mathrm{d}t}\det\boldsymbol{A}(t)\right)\Big|_{t=0}=\mathrm{tr}\dot{\boldsymbol{A}}(0)．$$

若 $\boldsymbol{A}$ 为可对角化矩阵，即存在可逆矩阵 $\boldsymbol{R}$，使得 $\boldsymbol{R}\boldsymbol{A}\boldsymbol{R}^{-1}=\mathrm{diag}(\lambda_1,\lambda_2,\cdots,\lambda_n)$，则

$$\det(\boldsymbol{R}\boldsymbol{A}\boldsymbol{R}^{-1})=\lambda_1\lambda_2\cdots\lambda_n=\mathrm{e}^{\ln(\lambda_1\lambda_2\cdots\lambda_n)}=\mathrm{e}^{\ln\lambda_1+\ln\lambda_2+\cdots+\ln\lambda_n}$$

$$=\mathrm{e}^{\mathrm{tr}\ln(\boldsymbol{R}\boldsymbol{A}\boldsymbol{R}^{-1})}．$$

于是

$$\det\boldsymbol{A}=\det(\boldsymbol{R}\boldsymbol{A}\boldsymbol{R}^{-1})=\mathrm{e}^{\mathrm{tr}\ln(\boldsymbol{R}\boldsymbol{A}\boldsymbol{R}^{-1})}=\mathrm{e}^{\mathrm{tr}(\boldsymbol{R}(\ln\boldsymbol{A})\boldsymbol{R}^{-1})}=\mathrm{e}^{\mathrm{tr}\ln\boldsymbol{A}}．$$

上述等式说明，在有限维向量空间中，通过矩阵 $\ln\boldsymbol{A}$ 的迹可以给出 $\boldsymbol{A}$ 的行列式的值．此性质可用于定义无限维向量空间中算子 A 所对应的矩阵 $\boldsymbol{A}$ 的行列式的值．

第6章 谱 分 解

🎓 **内容提要**

本章包括直和、不变子空间、特征值和特征向量、谱分解、算子函数、积分解和实向量空间.

6.1 节主要讲述直和. 首先给出直和的定义和性质. 设 U,W 为向量空间 V 的子空间,则 $U+W=\{u+w\,|\,u\in U,\ w\in W\}$ 也是 V 的子空间. 若 $V=U+W$,且 $U\cap W=\{0\}$,则称 V 为 U 与 W 的直和,并记为 $V=U\oplus W$. 设 $U_j(j=1,2,\cdots,r)$ 为 V 的子空间,且 $V=U_1\oplus U_2\oplus\cdots\oplus U_r$,则 $P_j:V\to U_j$ 为 V 上的正交投影算子. 其次讨论内积空间 V 的子空间 M 的正交补,并指出 M 的正交补 $M^\perp$ 也是 V 的子空间,且有 $V=M\oplus M^\perp$,以及 V 上的 Hermite 投影算子 $P=\sum_{i=1}^{m}|e_i\rangle\langle e_i|$,其中 $e_1,e_2,\cdots,e_m$ 为 M 的基.

6.2 节主要讲述不变子空间. 首先定义向量空间 V 上算子的不变子空间. 其次讨论 V 的子空间约化于 V 上的算子的定义和性质. 最后指出,若 M 为 V 的不变子空间,则存在 V 上的 Hermite 投影算子 $P:V\to M$,使得 $AP=PAP$,其中 $A\in L(V)$. 进一步,若 M 约化于 V 上的算子 A,则存在 V 上的 Hermite 投影算子 $P:V\to M$,使得 $AP=PA$.

6.3 节主要讲述特征值和特征向量. 首先给出算子的特征值、特征向量和特征子空间的定义和性质. 其次讨论特征多项式. 最后给出可对角化的算子的性质.

6.4 节主要讲述谱分解定理. 首先给出正规算子的定义,并指出 Hermite 算子和幺正算子均为正规算子. 其次给出谱分解定理及其证明,并指出正规算子 A 所对应的矩阵 $\boldsymbol{A}$ 相似于对角矩阵,即存在可逆矩阵 $\boldsymbol{P}$,使得

$$\boldsymbol{PAP}^{-1}=\mathrm{diag}(\lambda_1,\lambda_2,\cdots,\lambda_n),$$

其中 $\lambda_i(i=1,2,\cdots,n)$ 为 $\boldsymbol{A}$ 的特征值. 与 $z=x+\mathrm{i}y\ (x,y\in\mathbf{R})$ 类似,对任意 V 上的算子 T,有

$$T=H+\mathrm{i}H',$$

其中 H,H' 均为 Hermite 算子;若 H,H' 可同时对角化,则 T 可对角化.

6.5 节主要讲述算子函数. 对可对角化算子 A 而言,可定义算子 A 的函数 $f(A)$,并

指出对于任意的幺正算子 U，存在 Hermite 算子 H，使得 $U = \mathrm{e}^{\mathrm{i}H}$．对非负的可对角化算子 A 而言，可定义算子 A 的算术平方根 $\sqrt{A}$，并给出 $\sqrt{A}$ 为 A 的一次函数的实例．

6.6 节主要讲述积分解．与 $z = r\mathrm{e}^{\mathrm{i}\theta}$ 类似，$\forall A \in L(V)$，存在非负算子 R 和 Hermite 算子 H，使得 $A = \mathrm{e}^{\mathrm{i}H}R$．

6.7 节主要讲述实向量空间．首先，指出实向量空间上的实对称算子可对角化，而实向量空间上的正交算子不能完全对角化．其次，给出实向量空间上的 Hamilton–Cayly 定理，并指出实向量空间上的任意算子 A 所对应的矩阵 $\boldsymbol{A}$ 相似于对角块矩阵，即存在可逆矩阵 $\boldsymbol{P}$，使得

$$\boldsymbol{P}\boldsymbol{A}\boldsymbol{P}^{-1} = \mathrm{diag}(\gamma_1, \gamma_2, \cdots, \gamma_r),$$

其中 $\gamma_i (i = 1, 2, \cdots, r)$ 为 Jordan 型矩阵．

6.1　直和

设 U, W 为向量空间 V 的子空间，则

$$U + W = \{u + w \,|\, u \in U, \ w \in W\}$$

也是 V 的子空间．若 $V = U + W$，$U \cap W = \{0\}$（0 为 V 中的零元），则称 V 为 U 和 W 的**直和**，记为 $V = U \oplus W$．

定理 6.1　设 U, W 为 V 的子空间，且 $V = U + W$．则 $V = U \oplus W$，当且仅当 $\forall \alpha \in V$，存在唯一的 $\beta \in U$ 和 $\gamma \in W$，使得 $\alpha = \beta + \gamma$．

证　假设 $V = U \oplus W$．若 $\exists \beta, \beta' \in U$，$\exists \gamma, \gamma' \in W$，使得 $\beta + \gamma = \beta' + \gamma'$，即 $\beta - \beta' = \gamma' - \gamma$，由于 $U \cap W = \{0\}$，则 $\beta - \beta' = \gamma' - \gamma = 0$，即

$$\beta = \beta', \quad \gamma = \gamma'.$$

反过来，假设分解唯一．由 $V = U + W$ 知，$\forall \alpha \in V$，存在 $0 \in U$，$\alpha \in W$ 或者 $\alpha \in U$，$0 \in W$，使得 $\alpha = 0 + \alpha$ 或者 $\alpha = \alpha + 0$．根据分解的唯一性，若 $\alpha \in U \cap W$，则有 $\alpha = 0$，即 $U \cap W = \{0\}$．故 $V = U \oplus W$．

定理 6.2　设 U, W 为向量空间 V 的子空间．若 $V = U \oplus W$，则

$$\dim V = \dim U + \dim W.$$

证　设 $\alpha_1, \alpha_2, \cdots, \alpha_m$ 和 $\beta_1, \beta_2, \cdots, \beta_k$ 分别为 U 和 W 的基．因 $V = U \oplus W$，则 $\forall \gamma \in V$，γ 都可以表示成 $\alpha_1, \alpha_2, \cdots, \alpha_m, \beta_1, \beta_2, \cdots, \beta_k$ 的线性组合．令

$$\sum_{i=1}^{m} a_i \alpha_i + \sum_{j=1}^{k} b_j \beta_j = 0.$$

由于 $U \cap W = \{0\}$，得 $\displaystyle\sum_{i=1}^{m} a_i \alpha_i = \sum_{j=1}^{k} b_j \beta_j = 0$，所以

$$a_i = b_j = 0 \,, \quad i = 1, 2, \cdots, m \,, \quad j = 1, 2, \cdots, k \,.$$

因此 $\alpha_1, \alpha_2, \cdots, \alpha_m, \beta_1, \beta_2, \cdots, \beta_k$ 线性无关, 故

$$\dim V = \dim U + \dim W \,.$$

设 $V = U_1 \oplus U_2 \oplus \cdots \oplus U_r$. 定义线性映射 $P_j : V \to U_j$, 使得

$$P_j u = u_j \,, \quad \forall u \in V \,, \quad u = \sum_{j=1}^{r} u_j \,, \quad u_j \in U_j \,.$$

由 $P_j : V \to U_j$ 的定义可得, 当 $j \neq k$ 时,

$$P_j P_k u = P_j u_k = 0 \,, \quad \forall u \in V \,, \quad u = \sum_{j=1}^{r} u_j \,, \quad u_j \in U_j \,,$$

所以 $P_j P_k = 0$, $j \neq k$. 同理可得

$$P_j^2 u = P_j u_j = u_j \,, \quad \forall u \in V \,, \quad u = \sum_{j=1}^{r} u_j \,, \quad u_j \in U_j \,,$$

所以 $P_j^2 = P_j$. 因此 P_j 为投影映射, 这里不需要 P_j 为 Hermite 算子.

同理, $\forall u \in V$, $u = \sum_{j=1}^{r} u_j$, $u_j \in U_j$, 有

$$\left(\sum_{j=1}^{r} P_j \right) u = \sum_{j=1}^{r} P_j u = \sum_{j=1}^{r} u_j = u = \mathbf{1} u \,,$$

所以 $\sum_{j=1}^{r} P_j = \mathbf{1}$.

设 M 为内积空间 V 的子空间. 定义

$$M^{\perp} = \{ \alpha \in V \mid \forall \beta \in M, \ \langle \alpha, \beta \rangle = 0 \} \,,$$

称 $M^{\perp}$ 为 M 的**正交补**. 由于 $\forall \alpha, \beta \in M^{\perp}$, 可以推出

$$\mu \alpha + \lambda \beta \in M^{\perp} \,, \quad \mu, \lambda \in \mathbf{R} \,,$$

可知 $M^{\perp}$ 也是 V 的子空间.

设 V 为内积空间, 且 $V = U_1 \oplus U_2 \oplus \cdots \oplus U_r$. 若 U_i, U_j 两两正交, 即 $\forall \alpha \in U_i, \beta \in U_j$, 有 $\langle \alpha, \beta \rangle = 0$, 则 $\forall \alpha, \beta \in V$, 对任意的投影算子 $P_j : V \to U_j$, 有

$$\langle \beta, P_j \alpha \rangle = \langle \beta, \alpha_j \rangle = \langle \sum_{i=1}^{r} \beta_i, \alpha_j \rangle = \langle \beta_j, \alpha_j \rangle = \langle \alpha_j, \beta_j \rangle^{*}$$

$$= \langle \sum_{j=1}^{r} \alpha_j, \beta_j \rangle^{*} = \langle \alpha, \beta_j \rangle^{*} = \langle \alpha, P_j \beta \rangle^{*} = \langle \beta, P_j^{\dagger} \alpha \rangle \,,$$

所以 $P_j = P_j^\dagger$，P_j 为 Hermite 算子.

设 V 为内积空间，$e_1, e_2, \cdots, e_n$ 为 V 的基. 若 M 为 V 的子空间，其基为 $e_1, e_2, \cdots, e_m$ $(m<n)$，则 $P = \sum_{i=1}^{m} |e_i\rangle\langle e_i|$ 为 V 到 M 的投影算子，以及 $\mathbf{1} - P$ 为 V 到 $M^\perp$ 的投影算子.

内积空间 V 可以分解为 M 和 $M^\perp$ 的直和，即 $V = M \oplus M^\perp$，此时投影算子 $P: V \to M$ 为 Hermite 算子.

6.2 不变子空间

设 $\alpha \in V$，$A \in L(V)$. 若 $\alpha, A\alpha, \cdots, A^n\alpha$ 线性相关，$M = L(\alpha, A\alpha, \cdots, A^n\alpha)$，则 M 是一个不变子空间.

定义 若 M 是 V 的子空间，$A \in L(V)$，且 $\forall x \in M$，有 $Ax \in M$，则称 M 是**算子 A 的不变子空间**.

设 $A \in L(V)$，M 是 V 的子空间. 若 M 和 $M^\perp$ 都是 A 的不变子空间，则称 M **约化于 A**.

若 M 约化于 A，则 A 的矩阵可表示为 $\boldsymbol{A} = \begin{pmatrix} \boldsymbol{A}_1 & \boldsymbol{O} \\ \boldsymbol{O} & \boldsymbol{A}_2 \end{pmatrix}$.

引理 1 设 M 是内积空间 V 的子空间，$A \in L(V)$. M 是 A 的不变子空间等价于 $M^\perp$ 是 $A^\dagger$ 的不变子空间.

证 由于 M 为 A 的不变子空间，则 $\forall x \in M$，有 $Ax \in M$. 设 $y \in M^\perp$，则 $\forall x \in M$ 有 $\langle x, y \rangle = 0$. 因此 $\forall x \in M$，有 $\langle x, A^\dagger y \rangle = \langle y, Ax \rangle^* = 0$，推出 $A^\dagger y \in M^\perp$，即 $M^\perp$ 为 $A^\dagger$ 的不变子空间.

定理 6.3 设 V 为内积空间，$A \in L(V)$，M 为 V 的子空间. 则 M 约化于 A，当且仅当 M 是 A 和 $A^\dagger$ 的不变子空间.

证 M 约化于 A，当且仅当 M 和 $M^\perp$ 为 A 的不变子空间. 再由引理 1 有：$M^\perp$ 是 A 的不变子空间等价于 M 是 $A^\dagger$ 的不变子空间.

引理 2 设 M 是 V 的子空间，$P: V \to M$ 为 Hermite 投影算子，$A \in L(V)$. 则 M 是 A 的不变子空间，当且仅当 $AP = PAP$.

证 假设 M 是 A 的不变子空间，则 $\forall x \in V$，有
$$Px \in M \Rightarrow APx \in M \Rightarrow PAPx = APx,$$
所以 $AP = PAP$.

假设 $AP = PAP$，则 $\forall y \in M$，有

$$Py = y \Rightarrow Ay = APy = P(APy) \in M,$$

所以 M 是 A 的不变子空间.

定理 6.4 设 M 是 V 的子空间，$P:V \to M$ 是 Hermite 投影算子，$A \in L(V)$. 则 M 约化于 A，当且仅当 A 和 P 可交换.

证 假设 M 约化于 A，则 M 是 A 和 $A^\dagger$ 的不变子空间. 由引理 2 有

$$AP = PAP, \quad A^\dagger P = PA^\dagger P.$$

两边同时取 Hermite 运算，有 $(A^\dagger P)^\dagger = (PA^\dagger P)^\dagger$. 由 4.7 节性质①,③及 P 为 Hermite 算子，有 $PA = PAP$，也即 $PA = AP$.

假设 $PA = AP$，则 $P^2 A = PAP$，即 $PA = PAP$. 两边同时取 Hermite 运算，有 $A^\dagger P = PA^\dagger P$. 由引理 2 知，$M$ 是 $A^\dagger$ 的不变子空间. 同理，由 $PA = AP$，得 $PAP = AP^2$，即 $PAP = AP$，则 M 是 A 的不变子空间. 根据定理 6.3 得，M 约化于 A.

6.3 特征值和特征向量

定义 设 $A \in L(V)$. 若存在 $\lambda \in \mathbf{C}$ 和非零向量 $\alpha \in V$，使得 $A\alpha = \lambda\alpha$，则称 λ 为 A 的**特征值**，α 为 A 关于 λ 的**特征向量**.

定义 设 $A \in L(V)$，λ 为 A 的特征值. A 关于 λ 的所有特征向量所张成的线性空间 V 的子空间称为 A 关于 λ 的**特征子空间**，记为 M_λ. $\dim M_\lambda$ 称为**特征值 λ 的几何维数**. 若 $\dim M_\lambda = 1$，则称 λ 为**简单的**.

命题 1 设 $A \in L(V)$，λ, μ 为 A 的不同特征值，M_λ, M_μ 分别为 A 关于 λ, μ 的特征子空间，则 $M_\lambda \cap M_\mu = \{0\}$.

证 设 $v \in M_\lambda \cap M_\mu$，则

$$0 = (A - \lambda\mathbf{1})v = Av - \lambda v = \mu v - \lambda v = (\mu - \lambda)v.$$

由于 $\mu \neq \lambda$，故 $v = 0$.

设 $A \in L(V)$，λ 为 A 的特征值，$\boldsymbol{A}$ 为 A 在 V 的一组基下的矩阵. 称 $P(\lambda) = \det(\boldsymbol{A} - \lambda\boldsymbol{I})$ 为 A 的**特征多项式**.

根据多项式理论，一元 n 次方程至少有一个根，所以有限维向量空间 V 上的算子 A 至少存在一个特征值 λ 及其对应的特征向量 α. 若 $\lambda_j(j=1,2,\cdots,r)$ 为 $P(\lambda)=0$ 的 m_j 重根，则特征多项式

$$P(\lambda) = \det(\boldsymbol{A} - \lambda\boldsymbol{I}) = \prod_{j=1}^{r} (\lambda_j - \lambda)^{m_j},$$

其中 m_j 称为 λ_j 的代数维数，其几何维数 $\dim M_{\lambda_j} \leq m_j$.

例如，$\lambda = 1$ 是矩阵 $\begin{pmatrix} 1 & 1 \\ 0 & 1 \end{pmatrix}$ 的特征值，其特征多项式 $P(\lambda) = (\lambda - 1)^2$，特征值 $\lambda = 1$ 的代数维数为 2，而其几何维数为 1.

设 V 为向量空间，$A \in L(V)$. 若 V 的基都是 A 的特征向量，即 $\exists v_j^i (j = 1, 2, \cdots, r, i = 1, 2, \cdots, m_j)$ 为 V 的基，使得 $Av_j^i = \lambda_j v_j^i$，其中 $\lambda_j (j = 1, 2, \cdots, r)$ 为 A 的特征值，则称 A **可对角化**.

命题 2　若 A 可对角化，且 $\lambda_1, \lambda_2, \cdots, \lambda_r$ 为 A 的特征值，λ_j 是 m_j 重的，则存在 r 个 V 上的投影算子 $P_j : V \to M_{\lambda_j}$，使得

① $\displaystyle\sum_{j=1}^{r} P_j = \mathbf{1}$;　② $P_i P_j = 0$，$\forall i \neq j$;　③ $A = \displaystyle\sum_{j=1}^{r} \lambda_j P_j$.

证　仅给出③的证明. 若 $v \in V$，$v = \displaystyle\sum_{j=1}^{r} v_j$，$v_j \in M_{\lambda_j}$，则

$$Av = \sum_{j=1}^{r} Av_j = \sum_{j=1}^{r} \lambda_j v_j = \left(\sum_{j=1}^{r} \lambda_j P_j \right) v,$$

可得 $A = \displaystyle\sum_{j=1}^{r} \lambda_j P_j$.

6.4　谱分解理论

1. 正规算子

设 V 为内积空间，$A \in L(V)$. 若 $A^\dagger A = A A^\dagger$，则称 A 为**正规算子**.

设 V 为内积空间，$A \in L(V)$，$\|\cdot\|$ 为 V 上的范数. 若 A 为正规算子，则

$$\| Ax \|^2 = \langle Ax, Ax \rangle = \langle x, A^\dagger A x \rangle = \langle x, A A^\dagger x \rangle = \langle A^\dagger x, A^\dagger x \rangle = \| A^\dagger x \|^2. \qquad (1)$$

设 $A \in L(V)$. 若 A 为正规算子，则有

$$(A - \lambda\mathbf{1})(A^\dagger - \lambda^*\mathbf{1}) = AA^\dagger + \lambda\lambda^*\mathbf{1} - \lambda A^\dagger - \lambda^* A = (A^\dagger - \lambda^*\mathbf{1})(A - \lambda\mathbf{1}),$$

即 $A - \lambda\mathbf{1}$ 也是正规算子.

性质 6.1　设 V 为向量空间，$A \in L(V)$，A 为正规算子，λ 为 A 的特征值. 若 x 是 A 关于 λ 的特征向量，则 x 也是 $A^\dagger$ 关于 λ^* 的特征向量.

证　因为 x 是 A 关于 λ 的特征向量，即 $Ax = \lambda x$，所以 $(A - \lambda\mathbf{1})x = 0$，可推出 $\|(A - \lambda\mathbf{1})x\| = 0$. 因为 $A - \lambda\mathbf{1}$ 为正规算子，由 (1) 式得出

$$\| (A^\dagger - \lambda^* \mathbf{1})x \| = 0.$$

根据范数的性质有 $(A^\dagger - \lambda^* \mathbf{1})x = 0$ ，故 x 是 $A^\dagger$ 关于 λ^* 的特征向量.

设 H 为 Hermite 算子，U 为幺正算子. 由于 $H^\dagger = H$ ，可知 $H^\dagger H = H H^\dagger$ ，而幺正算子 U 满足 $UU^\dagger = U^\dagger U = \mathbf{1}$ ，所以 Hermite 算子 H 和幺正算子 U 都是正规算子. 依据性质 6.1，有 $Hx = \lambda x$ ，$H^\dagger x = \lambda^* x$. 因为 $H^\dagger = H$ ，所以 $\lambda x = \lambda^* x$. 又 $x \neq 0$ ，得 $\lambda = \lambda^*$ ，即 $\lambda \in \mathbf{R}$. 因为 U 为正规算子，根据性质 6.1 有 $Ux = \lambda x$ ，$U^\dagger x = \lambda^* x$ ，于是

$$x = \mathbf{1}x = UU^\dagger x = U\lambda^* x = \lambda \lambda^* x.$$

又 $x \neq 0$ ，所以 $\lambda \lambda^* = 1$.

从上面可以看出，Hermite 算子的特征值为实数，幺正算子的特征值是模为 1 的复数.

命题　设 $A \in L(V)$ 为正规算子，λ 为 A 的特征值. 若 M_λ 为 A 关于 λ 的特征子空间，则 M_λ 约化于 A . 若 $\lambda \neq \mu$ ，则 M_λ, M_μ 相互正交.

证　若 M_λ 是 A 的特征子空间，则 M_λ 也是 A 的不变子空间. 由性质 6.1，M_λ 也是 $A^\dagger$ 的不变子空间. 因此 M_λ 约化于 A .

若 $\lambda \neq \mu$ ，设 $u \in M_\lambda$ ，$v \in M_\mu$ ，则

$$\lambda \langle v, u \rangle = \langle v, \lambda u \rangle = \langle v, Au \rangle = \langle A^\dagger v, u \rangle = \langle \mu^* v, u \rangle = \mu \langle v, u \rangle.$$

可推出 $(\lambda - \mu)\langle v, u \rangle = 0$ ，所以 $\langle v, u \rangle = 0$. 故 M_λ 与 M_μ 正交.

综上所述，正规算子的某个特征子空间可约化该算子，且特征子空间相互正交.

2. 谱分解定理

定理 6.5（谱分解定理）　设 A 是有限维复内积空间 V 上的正规算子，$\lambda_1, \lambda_2, \cdots, \lambda_r$ 是 A 的特征值. 则存在 Hermite 投影算子 $P_1, P_2, \cdots, P_r$ ，使得

① $P_i P_j = 0$ ，$\forall i \neq j$；　② $\sum_{j=1}^{r} P_j = \mathbf{1}$；　③ $A = \sum_{j=1}^{r} \lambda_j P_j$.

证　设 M_{λ_j} 是与 λ_j 对应的特征子空间，$P_j : V \to M_{\lambda_j}$ 是投影算子. 由于 V 是有限维复内积空间，则 P_j 为 Hermite 算子. 由于 M_{λ_j} 约化于 A ，则 A 与 P_j 可交换. 由于 A 的不同特征子空间 M_{λ_j} 两两正交，可设

$$M = M_{\lambda_1} \oplus M_{\lambda_2} \oplus \cdots \oplus M_{\lambda_r}.$$

设 $P = \sum_{j=1}^{r} P_j$ 为 M 上的投影算子. 因为 A 与 P_j 可交换，所以 A 与 P 可交换，推出 M 约

化于 A，即 $M^\perp$ 也是 A 的不变子空间．因此 A 在 $M^\perp$ 下的限制 $A\big|_{M^\perp}$ 在 $M^\perp$ 上存在特征向量．而所有特征向量 $x\in M$，所以 $M^\perp=\{0\}$．因此 $V=M_{\lambda_1}\oplus M_{\lambda_2}\oplus\cdots\oplus M_{\lambda_r}$，且

$$\sum_{j=1}^{r}P_j=\mathbf{1}，以及 A=\sum_{j=1}^{r}\lambda_j P_j.$$

设谱分解定理中 M_{λ_j} 的维数为 m_j，$|e_j^s\rangle$，$s=1,2,\cdots,m_j$ 为子空间 M_{λ_j} 的标准正交基．根据标准正交基的性质有

$$\langle e_j^s, e_{j'}^{s'}\rangle=\delta_{ss'}\delta_{jj'}.$$

若 $P_k=\sum_{s=1}^{m_k}|e_k^s\rangle\langle e_k^s|$，则

$$P_k|e_{j'}^{s'}\rangle=\sum_{s=1}^{m_k}(|e_k^s\rangle\langle e_k^s|)|e_{j'}^{s'}\rangle=\sum_{s=1}^{m_k}|e_k^s\rangle\langle e_k^s,e_{j'}^{s'}\rangle=\sum_{s=1}^{m_k}\delta_{ss'}\delta_{kj'}|e_k^s\rangle$$
$$=\delta_{kj'}|e_k^{s'}\rangle=\delta_{kj'}|e_{j'}^{s'}\rangle,$$

于是

$$\langle e_j^s, Ae_{j'}^{s'}\rangle=\sum_{i=1}^{r}\lambda_i\langle e_j^s,P_ie_{j'}^{s'}\rangle=\sum_{i=1}^{r}\lambda_i\delta_{ij'}\langle e_j^s,e_{j'}^{s'}\rangle=\lambda_{j'}\langle e_j^s,e_{j'}^{s'}\rangle.$$

这样，正规算子 A 在标准正交基 $|e_j^s\rangle$，$s=1,2,\cdots,m_j$，$j=1,2,\cdots,r$ 下对应于对角矩阵．

从上述讨论可以看出，若复内积空间 V 上存在由 $A(\in L(V))$ 的特征向量构成的标准正交基，则 V 上的正规算子可对角化．

设 $A\in L(V)$，$\lambda_1,\lambda_2,\cdots,\lambda_n$ 为 A 的特征值，且 $\dim M_{\lambda_i}=1$，$i=1,2,\cdots,n$．则可以得到一个求取最大特征值或最小特征值的方法．方法如下：

设 $|\lambda_1|>|\lambda_2|>\cdots>|\lambda_n|\neq 0$，其对应的特征向量 $\alpha_1,\alpha_2,\cdots,\alpha_n$ 为 V 的基．若 $\forall x\in V$，有 $x=\sum_{k=1}^{n}\xi_k\alpha_k$，则

$$A^m x=\sum_{k=1}^{n}\xi_k A^m\alpha_k=\sum_{k=1}^{n}\xi_k\lambda_k{}^m\alpha_k=\lambda_1{}^m\left[\xi_1\alpha_1+\sum_{k=2}^{n}\xi_k\left(\frac{\lambda_k}{\lambda_1}\right)^m\alpha_k\right].$$

由于 $\lim\limits_{m\to+\infty}\left(\dfrac{\lambda_k}{\lambda_1}\right)^m=0$，所以 $A^m x\approx\lambda_1{}^m\xi_1\alpha_1$，因此

$$\lim_{m\to+\infty}\frac{\langle y,A^{m+1}x\rangle}{\langle y,A^m x\rangle}=\lambda_1.$$

同理，也可以求得最小特征值．

设 H 为 Hermite 算子. 若 H 的特征值非负, 则 H 为非负 Hermite 算子.

Hermite 矩阵可以通过酉矩阵将其对角化, 即对任一 Hermite 矩阵 $\boldsymbol{H} \in M_{n \times n}$, 存在酉矩阵 $\boldsymbol{U}$, 使得 $\boldsymbol{U} \boldsymbol{H} \boldsymbol{U}^{\dagger} = \mathrm{diag}(\lambda_1, \lambda_2, \cdots, \lambda_r)$, 其中 $\lambda_1, \lambda_2, \cdots, \lambda_r$ 为 $\boldsymbol{H}$ 的特征值.

例如, 考虑带电粒子在磁场中的运动, 其运动方程为

$$m \frac{\mathrm{d} \boldsymbol{v}}{\mathrm{d} t} = q \boldsymbol{v} \times \boldsymbol{B},$$

其中 $\boldsymbol{v} = (v_x, v_y, v_z)$, $\boldsymbol{B} = (0, 0, B)$, 则上述方程可变化为

$$\frac{\mathrm{d} v_x}{\mathrm{d} t} = \frac{qB}{m} v_y, \quad \frac{\mathrm{d} v_y}{\mathrm{d} t} = -\frac{qB}{m} v_x, \quad \frac{\mathrm{d} v_z}{\mathrm{d} t} = 0,$$

即

$$\frac{\mathrm{d}}{\mathrm{d} t} \begin{pmatrix} v_x \\ v_y \end{pmatrix} = -\mathrm{i} \omega \begin{pmatrix} 0 & \mathrm{i} \\ -\mathrm{i} & 0 \end{pmatrix} \begin{pmatrix} v_x \\ v_y \end{pmatrix}, \quad \omega = \frac{qB}{m}. \tag{2}$$

经过计算, 得

$$\begin{pmatrix} 0 & \mathrm{i} \\ -\mathrm{i} & 0 \end{pmatrix} = \boldsymbol{R}^{-1} \begin{pmatrix} \mu_1 & 0 \\ 0 & \mu_2 \end{pmatrix} \boldsymbol{R},$$

其中 $\boldsymbol{R} = \dfrac{1}{\sqrt{2}} \begin{pmatrix} -\mathrm{i} & 1 \\ \mathrm{i} & 1 \end{pmatrix}$, $\mu_1 = 1$, $\mu_2 = -1$. 令 $\begin{pmatrix} v_x' \\ v_y' \end{pmatrix} = \boldsymbol{R} \begin{pmatrix} v_x \\ v_y \end{pmatrix}$, 则方程 (2) 变化为

$$\frac{\mathrm{d}}{\mathrm{d} t} \begin{pmatrix} v_x' \\ v_y' \end{pmatrix} = -\mathrm{i} \omega \begin{pmatrix} \mu_1 & 0 \\ 0 & \mu_2 \end{pmatrix} \begin{pmatrix} v_x' \\ v_y' \end{pmatrix} = \begin{pmatrix} -\mathrm{i} \omega \mu_1 v_x' \\ -\mathrm{i} \omega \mu_2 v_y' \end{pmatrix},$$

即 $\dfrac{\mathrm{d} v_x'}{\mathrm{d} t} = -\mathrm{i} \omega \mu_1 v_x'$, $\dfrac{\mathrm{d} v_y'}{\mathrm{d} t} = -\mathrm{i} \omega \mu_2 v_y'$. 解方程得

$$v_x' = v_{0x}' \mathrm{e}^{-\mathrm{i} \omega t}, \quad v_y' = v_{0y}' \mathrm{e}^{\mathrm{i} \omega t},$$

其中 v_{0x}', v_{0y}' 分别为 v_x', v_y' 在 $t = 0$ 点的值. 所以

$$v_x = v_{0x} \cos \omega t + v_{0y} \sin \omega t, \quad v_y = -v_{0x} \sin \omega t + v_{0y} \cos \omega t,$$

其中 v_{0x}, v_{0y} 分别为 v_x, v_y 在 $t = 0$ 点的值.

3. 同时对角化

设 $A, B \in L(V)$. 如果存在 Hermite 投影算子 $P_1, P_2, \cdots, P_r$, 使得

$$A = \sum_{j=1}^{r} \lambda_j P_j, \quad B = \sum_{j=1}^{r} \mu_j P_j,$$

则称 A, B **可同时对角化**.

引理 1 设 $T \in L(V)$，A 为正规算子，$P_j : V \to M_{\lambda_j}$ $(j=1,2,\cdots,r)$ 为投影算子. 则 $TP_j = P_j T$，$j=1,2,\cdots,r$，当且仅当 $TA = AT$.

证 设 $x \in M_{\lambda_j}$，则有 $Ax = \lambda_j x$. 若 $TA = AT$，则有

$$ATx = TAx = \lambda_j Tx,$$

所以 $Tx \in M_{\lambda_j}$，M_{λ_j} 是 T 的不变子空间. 同理可证，$M_{\lambda_j}^{\perp}$ 也是 T 的不变子空间. 因此 M_{λ_j} 可约化于 T. 根据定理 6.4，可推出 $TP_j = P_j T$.

反之，若 $TP_j = P_j T$，由谱分解定理可知，$A = \sum_{j=1}^{r} \lambda_j P_j$，因此有 $TA = AT$.

引理 2 设正规算子 $A, B \in L(V)$. 则 A, B 可同时对角化，当且仅当 A, B 对易（即 $[A, B] = AB - BA = 0$）.

证 设 $A = \sum_{j=1}^{r} \lambda_j P_j$，$B = \sum_{k=1}^{s} \mu_k Q_k$，其中 λ_j, μ_k 分别为 A, B 的特征值，$P_j : V \to M_{\lambda_j}$，$Q_k : V \to M_{\mu_k}$ 为 Hermite 投影算子. 若 $AB = BA$，根据引理 1 有 $AQ_k = Q_k A$，同理有 $P_j Q_k = Q_k P_j$. 令 $R_{jk} = P_j Q_k$，则

$$R_{jk}^{\dagger} = (P_j Q_k)^{\dagger} = Q_k^{\dagger} P_j^{\dagger} = Q_k P_j = P_j Q_k = R_{jk},$$

且

$$(R_{jk})^2 = (P_j Q_k)^2 = P_j Q_k P_j Q_k = P_j P_j Q_k Q_k = P_j Q_k = R_{jk}.$$

因此 R_{jk} 为 Hermite 投影算子，以及 $Q_k = \sum_{j=1}^{r} R_{jk}$，$P_j = \sum_{k=1}^{s} R_{jk}$，所以

$$A = \sum_{j=1}^{r} \sum_{k=1}^{s} \lambda_j R_{jk}, \quad B = \sum_{k=1}^{s} \sum_{j=1}^{r} \mu_k R_{jk},$$

故 A, B 可同时对角化.

若 A, B 可同时对角化，即 $A = \sum_{k=1}^{r} \lambda_k P_k$，$B = \sum_{k=1}^{r} \mu_k P_k$，则 $AB = BA = \sum_{k=1}^{r} \lambda_k \mu_k P_k$，即

$$[A, B] = AB - BA = 0.$$

设 T 为 V 上的任意算子，则 T 可表示为 $T = H + \mathrm{i} H'$，其中 H, H' 为 Hermite 算子. 若 H, H' 可同时对角化，即存在 Hermite 投影算子 P_k，使得

$$H = \sum_{k=1}^{r} \lambda_k P_k, \quad H' = \sum_{k=1}^{r} \lambda_k' P_k,$$

则 T 可对角化，$T = \sum_{k=1}^{r} (\lambda_k + \mathrm{i}\lambda_k') P_k$.

当 H, H' 可同时对角化时，由引理 2 有 $[H, H'] = 0$ ，即

$$\left[\frac{T + T^{\dagger}}{2}, \frac{T - T^{\dagger}}{2\mathrm{i}} \right] = 0 ,$$

所以 $[T, T^{\dagger}] = 0$ ，即 T 为正规算子.

6.5 算子函数

设 V 为有限维复内积空间，$A \in L(V)$，且 A 可对角化，即存在投影算子 $P_1, P_2, \cdots, P_r$，使得 $A = \sum_{j=1}^{r} \lambda_j P_j$ ，其中 $\lambda_1, \lambda_2, \cdots, \lambda_r$ 为 A 的特征值. 则

$$A^n = \sum_{j=1}^{r} \lambda_j^{\,n} P_j , \quad p(A) = \sum_{j=1}^{r} p(\lambda_j) P_j , \quad f(A) = \sum_{j=1}^{r} f(\lambda_j) P_j , \tag{1}$$

其中 $p(A)$ 为算子多项式，$f(A)$ 为算子函数.

定理 6.6 若 U 为复内积空间 V 上的幺正算子，则存在 V 上的 Hermite 算子 H，使得 $U = \mathrm{e}^{\mathrm{i}H}$.

证 由于 U 为幺正算子，则存在 $\theta_1, \theta_2, \cdots, \theta_r$ 使得 $\mathrm{e}^{\mathrm{i}\theta_1}, \mathrm{e}^{\mathrm{i}\theta_2}, \cdots, \mathrm{e}^{\mathrm{i}\theta_r}, \mathrm{e}^{-\mathrm{i}\theta_1}, \mathrm{e}^{-\mathrm{i}\theta_2}, \cdots, \mathrm{e}^{-\mathrm{i}\theta_r}$ 为 U 的特征值. 根据谱分解定理，存在投影算子 $P_1, P_2, \cdots, P_{2r}$，使得

$$U = (\mathrm{e}^{\mathrm{i}\theta_1} P_1 + \mathrm{e}^{-\mathrm{i}\theta_1} P_2) + \cdots + (\mathrm{e}^{\mathrm{i}\theta_r} P_{2r-1} + \mathrm{e}^{-\mathrm{i}\theta_r} P_{2r}) .$$

我们利用公式（1）计算上式，取

$$A = \mathrm{i} \sum_{j=1}^{r} \theta_j (P_{2j-1} - P_{2j}) , \quad f(A) = \mathrm{e}^A ,$$

由 $f(A) = \sum_{j=1}^{r} f(\lambda_j) P_j$ 可得

$$U = \mathrm{e}^{\mathrm{i}\theta_1 P_1 - \mathrm{i}\theta_1 P_2 + \cdots + \mathrm{i}\theta_r P_{2r-1} - \mathrm{i}\theta_r P_{2r}} .$$

令 $H = \theta_1 P_1 - \theta_1 P_2 + \cdots + \theta_r P_{2r-1} - \theta_r P_{2r}$，则 $U = \mathrm{e}^{\mathrm{i}H}$，且

$$H^{\dagger} = (\theta_1 P_1 - \theta_1 P_2 + \cdots + \theta_r P_{2r-1} - \theta_r P_{2r})^{\dagger} = H ,$$

即 H 为 Hermite 算子.

设 V 为向量空间，$A \in L(V)$，A 可对角化，即存在投影算子 $P_1, P_2, \cdots, P_r$，使得 $A = \sum_{j=1}^{r} \lambda_j P_j$，其中 $\lambda_1, \lambda_2, \cdots, \lambda_r$ 为 A 的特征值. 若 A 为非负算子，则称 $\sum_{j=1}^{r} \sqrt{\lambda_j} P_j$ 为

算子 A 的算术平方根，记 $\sum\limits_{j=1}^{r} \sqrt{\lambda_j}\, P_j = \sqrt{A}$．

设 V 为向量空间，$T \in L(V)$，T 可对角化，即存在投影算子 $P_1, P_2, \cdots, P_r$，使得 $T = \sum\limits_{j=1}^{r} \lambda_j P_j$，其中 $\lambda_1, \lambda_2, \cdots, \lambda_r$ 为 T 的特征值．由公式（1）有

$$p(T) = \sum_{j=1}^{r} p(\lambda_j) P_j.$$

此式左端为算子多项式，故有

$$P_j = p_j(T) = p_j\left(\sum_{k=1}^{r} \lambda_k P_k \right) = \sum_{k=1}^{r} p_j(\lambda_k) P_k.$$

由此得 $p_j(\lambda_k) = \delta_{jk}$．取 $p_j(x) = \prod\limits_{\substack{k=1 \\ k \neq j}}^{r} \dfrac{x - \lambda_k}{\lambda_j - \lambda_k}$，则 $p_j(T) = \prod\limits_{\substack{k=1 \\ k \neq j}}^{r} \dfrac{T - \lambda_k \mathbf{1}}{\lambda_j - \lambda_k}$．于是

$$f(T) = \sum_{j=1}^{r} f(\lambda_j) \prod_{\substack{k=1 \\ k \neq j}}^{r} \frac{T - \lambda_k \mathbf{1}}{\lambda_j - \lambda_k},$$

其中 $f(T)$ 为算子函数．上式表明，有限维复内积空间 V 上的正规算子 T 的算子函数 $f(T)$ 可展开为算子多项式．

例如，Hermite 矩阵 $\boldsymbol{A} = \begin{pmatrix} 5 & 3\mathrm{i} \\ -3\mathrm{i} & 5 \end{pmatrix}$ 所对应的 Hermite 算子 A，其特征值为 $\lambda_1 = 2$，$\lambda_2 = 8$．由于 $P_j = p_j(A) = \prod\limits_{\substack{k=1 \\ k \neq j}}^{r} \dfrac{A - \lambda_k \mathbf{1}}{\lambda_j - \lambda_k}$，则有

$$P_1 = \frac{A - \lambda_2 \mathbf{1}}{\lambda_1 - \lambda_2} = \frac{A - 8 \cdot \mathbf{1}}{-6}, \quad P_2 = \frac{A - \lambda_1 \mathbf{1}}{\lambda_2 - \lambda_1} = \frac{A - 2 \cdot \mathbf{1}}{6},$$

于是由（1）得

$$\sqrt{A} = \sqrt{\lambda_1}\, P_1 + \sqrt{\lambda_2}\, P_2 = \sqrt{2} \cdot \frac{A - 8 \cdot \mathbf{1}}{-6} + 2\sqrt{2} \cdot \frac{A - 2 \cdot \mathbf{1}}{6} = \frac{\sqrt{2}}{6} A + \frac{2\sqrt{2}}{3} \mathbf{1}.$$

上式说明，A 的算术平方根 $\sqrt{A}$ 可表示为 A 的一次多项式．

6.6　积分解

定理 6.7 (积分解定理)　若 A 是有限维复内积空间 V 上的算子，则存在幺正算子 U 和唯一的非负算子 R，使得 $A = UR$．若 A 可逆，则 U 是唯一的．

证 不妨设 A 可逆. 由 $A^\dagger A$ 为非负算子, 令 $R=\sqrt{A^\dagger A}$, 则 R 也为非负算子. 令 $V=RA^{-1}$, 则

$$VV^\dagger = RA^{-1}(RA^{-1})^\dagger = RA^{-1}(A^{-1})^\dagger\,R^\dagger = R(A^\dagger A)^{-1}\,R^\dagger = R(R^2)^{-1}\,R^\dagger$$
$$= R(R^\dagger R)^{-1}\,R^\dagger = RR^{-1}\,(R^\dagger)^{-1}\,R^\dagger = \mathbf{1}.$$

同理 $V^\dagger V=\mathbf{1}$. 因此 $U=V^\dagger$ 为幺正算子. 由 $V=RA^{-1}$, 得 $VA=R$. 而由 $U=V^\dagger=V^{-1}$, 可得 $A=UR$.

再证 R 的唯一性. 若存在 U,R 和 U',R' , 使得 $A=UR=U'R'$, 则 $R=U^\dagger U'R'$, 以及

$$R^2 = R^\dagger R = (U^\dagger U'R')^\dagger\,U^\dagger U'R' = R'^\dagger\,U'^\dagger\,UU^\dagger U'R' = R'^\dagger R' = R'^2.$$

因此 $R=R'$.

若 A 可逆, 则 $R=U^\dagger A$ 也是可逆的. 若存在 U,U' , 使得 $A=UR=U'R$, 则 $URR^{-1}=U'RR^{-1}$, 即 $U=U'$. 于是 U 是唯一的.

任意一个复数 $z\in\mathbf{C}$ 可表示为

$$z=re^{i\theta}, \quad r=|z|, \quad \theta=\arg(z)+2k\pi.$$

而对于有限维复内积空间 V 上的算子 A 也有类似的表示. 由定理 6.6, V 上的幺正算子 U 可表示为 $U=e^{iH}$, 其中 H 为 Hermite 算子. 由定理 6.7, 算子 A 可表示为 $A=UR=e^{iH}R$, R 为非负算子, H 为 Hermite 算子.

6.7 实向量空间

复数体系比实数体系更加完备, 它体现在代数基本定理中. 根据代数基本定理, 一个 n 次方程在复数域中有 n 个根, 而在实数域中可能无根. 例如, $x^2+1=0$ 在实数域中无根, 而在复数域中有 i, −i 两个根. 类似地, 复向量空间比实向量空间也具有更强的完备性.

定理 6.8 若 A 是有限维实内积空间 V 上的实对称算子, $\lambda_1,\lambda_2,\cdots,\lambda_r$ 为 A 的特征值, 则存在投影算子 $P_1,P_2,\cdots,P_r$, 使得

① $P_iP_j=\delta_{ij}P_i$; ② $\sum_{j=1}^r P_j=\mathbf{1}$; ③ $A=\sum_{j=1}^r \lambda_j P_j$.

证明可由定理 6.5 (谱分解定理) 得出.

对于定理 6.8 中实对称算子 A 所对应的实对称矩阵 $\boldsymbol{A}$, 存在正交矩阵 $\boldsymbol{O}$, 使得

$$\boldsymbol{OAO}^{-1}=\mathrm{diag}(\lambda_1,\lambda_2,\cdots,\lambda_r).$$

例如，转动惯量张量

$$\boldsymbol{I} = \begin{pmatrix} I_{xx} & I_{xy} & I_{xz} \\ I_{yx} & I_{yy} & I_{yz} \\ I_{zx} & I_{zy} & I_{zz} \end{pmatrix}$$

是对称矩阵，于是存在主轴变换矩阵 $\boldsymbol{O}$，使得 $\boldsymbol{OIO}^{-1} = \mathrm{diag}(I_1, I_2, I_3)$.

圆锥曲线 $a_{11}x^2 + 2a_{12}xy + a_{22}y^2 + a_4 x + a_5 y + a_6 = 0$ 可表示为

$$(x, y) \begin{pmatrix} a_{11} & a_{12} \\ a_{12} & a_{22} \end{pmatrix} \begin{pmatrix} x \\ y \end{pmatrix} + (a_4, a_5) \begin{pmatrix} x \\ y \end{pmatrix} + a_6 = 0,$$

其中矩阵 $\begin{pmatrix} a_{11} & a_{12} \\ a_{12} & a_{22} \end{pmatrix}$ 为对称矩阵. 经坐标旋转变换 $\boldsymbol{O} = \begin{pmatrix} \cos\theta & \sin\theta \\ -\sin\theta & \cos\theta \end{pmatrix}$，矩阵

$\begin{pmatrix} a_{11} & a_{12} \\ a_{12} & a_{22} \end{pmatrix}$ 可对角化为 $\begin{pmatrix} a_1 & 0 \\ 0 & a_2 \end{pmatrix}$，圆锥曲线方程变为

$$a_1 x'^2 + a_2 y'^2 + a_4' x' + a_5' y' + a_6 = 0.$$

设 $\boldsymbol{x} = (x_1, x_2, \cdots, x_n) \in \mathbf{R}^n$，$f(\boldsymbol{x})$ 为一 n 元函数. 若 $f(\boldsymbol{x})$ 在 $\boldsymbol{x} = \boldsymbol{x}_0$ 处存在极值，则 $\nabla f(\boldsymbol{x}_0) = 0$，所以

$$f(\boldsymbol{x}) - f(\boldsymbol{x}_0) = \frac{1}{2} (\boldsymbol{x} - \boldsymbol{x}_0)^{\mathrm{T}} \boldsymbol{D} (\boldsymbol{x} - \boldsymbol{x}_0),$$

其中 $\boldsymbol{D} = \left(\dfrac{\partial^2 f}{\partial x_i \partial x_j} \bigg|_{\boldsymbol{x} = \boldsymbol{x}_0} \right)_{n \times n}$. 显然 $\boldsymbol{D}$ 是一个实对称矩阵. 若 $\boldsymbol{D}$ 正定，则 $f(\boldsymbol{x})$ 在 $\boldsymbol{x}_0$ 处

取极小值；若 $\boldsymbol{D}$ 负定，则 $f(\boldsymbol{x})$ 在 $\boldsymbol{x}_0$ 处取极大值.

命题 1 设 $\boldsymbol{D}$ 为 n 阶矩阵. 若 $\boldsymbol{D}$ 为正定矩阵，则 $\det \boldsymbol{D} > 0$.

命题 2 设 $\boldsymbol{D}$ 为 n 阶矩阵. 若 $\boldsymbol{D}$ 的各阶主子式均大于零，则 $\boldsymbol{D}$ 为正定矩阵.

令 $f(\boldsymbol{x}) = f(x, y)$，$\boldsymbol{D} = \begin{pmatrix} f_{xx}''(x_0, y_0) & f_{xy}''(x_0, y_0) \\ f_{yx}''(x_0, y_0) & f_{yy}''(x_0, y_0) \end{pmatrix}$. 若 $\boldsymbol{D}$ 正定，则

$$f_{xx}''(x_0, y_0) f_{yy}''(x_0, y_0) - f_{xy}''^2(x_0, y_0) > 0, \quad f_{xx}''(x_0, y_0) > 0,$$

故 $f(x, y)$ 在 (x_0, y_0) 处取极小值；若 $\boldsymbol{D}$ 负定，则

$$f_{xx}''(x_0, y_0) f_{yy}''(x_0, y_0) - f_{xy}''^2(x_0, y_0) > 0, \quad f_{xx}''(x_0, y_0) < 0,$$

故 $f(x, y)$ 在 (x_0, y_0) 处取极大值.

定理 6.9 若 A 是实内积空间 V 上的实正交算子，则其对应的实正交矩阵 $\boldsymbol{A}$ 不能完全对角化，即存在可逆矩阵 $\boldsymbol{O}$，使 $\boldsymbol{A}$ 可以表示为

$$OAO^{-1} = \mathrm{diag}(I_{n_1}, -I_{n_2}, R_1, R_2, \cdots, R_m),$$

其中 $R_i = \begin{pmatrix} \cos\theta_i & \sin\theta_i \\ -\sin\theta_i & \cos\theta_i \end{pmatrix}$, $i = 1, 2, \cdots, m$.

实际上，上述定理与刚体转动中的 Euler 定理一致，在刚体转动过程中若干连续的转动可等效于绕一个轴的转动.

三维欧氏空间中绕 x 轴转 θ 角的转动正交阵为

$$\begin{pmatrix} 1 & 0 & 0 \\ 0 & \cos\theta & \sin\theta \\ 0 & -\sin\theta & \cos\theta \end{pmatrix},$$

绕 z 轴转 ψ 角的转动正交阵为

$$\begin{pmatrix} \cos\psi & \sin\psi & 0 \\ -\sin\psi & \cos\psi & 0 \\ 0 & 0 & 1 \end{pmatrix},$$

三维欧氏空间中任意正交阵

$$A = \begin{pmatrix} \cos\psi\cos\varphi - \cos\theta\sin\varphi\sin\psi & \cos\psi\sin\varphi + \cos\theta\cos\varphi\sin\psi & \sin\psi\sin\theta \\ -\sin\psi\cos\varphi - \cos\theta\sin\varphi\cos\psi & -\sin\psi\sin\varphi + \cos\theta\cos\varphi\cos\psi & \cos\psi\sin\theta \\ \sin\theta\sin\varphi & -\sin\theta\cos\varphi & \cos\theta \end{pmatrix}$$

$$= \begin{pmatrix} \cos\psi & \sin\psi & 0 \\ -\sin\psi & \cos\psi & 0 \\ 0 & 0 & 1 \end{pmatrix} \begin{pmatrix} 1 & 0 & 0 \\ 0 & \cos\theta & \sin\theta \\ 0 & -\sin\theta & \cos\theta \end{pmatrix} \begin{pmatrix} \cos\varphi & \sin\varphi & 0 \\ -\sin\varphi & \cos\varphi & 0 \\ 0 & 0 & 1 \end{pmatrix},$$

其中 (φ, θ, ψ) 为刚体转动的 Euler 角. 令 $\det(A - \lambda I) = 0$，得 A 的特征值

$$\lambda_1 = 1, \quad \lambda_2 = \lambda_3^* = \mathrm{e}^{\mathrm{i}\Psi}.$$

设 A 关于特征值 $\lambda_1 = 1$ 的特征向量为 n，则有

$$(A - I)n = 0,$$

可知三维欧氏空间中刚体的连续三次有限转动可以等效于绕本征矢量 n 的一次有限转动.

从上面可以看出，三维欧氏空间的实正交矩阵有且仅有一个（实）本征矢量，这就是 Euler 定理的数学表述.

与有限维复内积空间中的极分解定理类似，对于实内积空间 V 上的任意算子 A，存在正交算子 O 和非负对称算子 R，使得 $A = OR$.

证明从略.

例 设 $x = (x_1, x_2, \cdots, x_n)^{\mathrm{T}}$，$M = (m_{ij})_{n \times n}$，以及

$$I_n = \int_{-\infty}^{+\infty} \mathrm{d}x_1 \int_{-\infty}^{+\infty} \mathrm{d}x_2 \cdots \int_{-\infty}^{+\infty} \mathrm{e}^{-\sum_{i,j=1}^{n} m_{ij} x_i x_j} \mathrm{d}x_n ,$$

可知

$$\sum_{i,j=1}^{n} m_{ij} x_i x_j = \boldsymbol{x}^{\mathrm{T}} \boldsymbol{M} \boldsymbol{x} .$$

作坐标变换：$\boldsymbol{x}' = \boldsymbol{P}\boldsymbol{x}$，使得 $\boldsymbol{P}\boldsymbol{M}\boldsymbol{P}^{-1} = \boldsymbol{D}$，其中 $\boldsymbol{x}' = (x_1', x_2', \cdots, x_n')^{\mathrm{T}}$，$\boldsymbol{D} = \mathrm{diag}(\lambda_1, \lambda_2, \cdots, \lambda_n)$．那么

$$\sum_{i,j=1}^{n} m_{ij} x_i x_j = \boldsymbol{x}^{\mathrm{T}} \boldsymbol{M} \boldsymbol{x} = \boldsymbol{x}'^{\mathrm{T}} (\boldsymbol{P}^{-1})^{\mathrm{T}} \boldsymbol{M} \boldsymbol{P}^{-1} \boldsymbol{x}' = \boldsymbol{x}'^{\mathrm{T}} \boldsymbol{P} \boldsymbol{M} \boldsymbol{P}^{-1} \boldsymbol{x}'$$

$$= \boldsymbol{x}'^{\mathrm{T}} \boldsymbol{D} \boldsymbol{x}' = \sum_{i=1}^{n} \lambda_i x_i'^2 .$$

因此

$$I_n = \int_{-\infty}^{+\infty} \mathrm{d}x_1' \int_{-\infty}^{+\infty} \mathrm{d}x_2' \cdots \int_{-\infty}^{+\infty} \mathrm{e}^{-(\lambda_1 x_1'^2 + \lambda_2 x_2'^2 + \cdots + \lambda_n x_n'^2)} \mathrm{d}x_n'$$

$$= \int_{-\infty}^{+\infty} \mathrm{e}^{-\lambda_1 x_1'^2} \mathrm{d}x_1' \int_{-\infty}^{+\infty} \mathrm{e}^{-\lambda_2 x_2'^2} \mathrm{d}x_2' \cdots \int_{-\infty}^{+\infty} \mathrm{e}^{-\lambda_n x_n'^2} \mathrm{d}x_n'$$

$$= \pi^{\frac{n}{2}} \frac{1}{\sqrt{\lambda_1 \lambda_2 \cdots \lambda_n}} = \pi^{\frac{n}{2}} (\det \boldsymbol{M})^{-\frac{1}{2}} .$$

此例给出了行列式的分析定义.

在有限维复内积空间中，正规算子可对角化. 是否任意算子都可对角化呢？回答是否定的. 下面给出的 Hamilton–Cayly 定理就说明了这一点.

定理 6.10 (Hamilton–Cayly 定理)　设 A 为有限维复内积空间 V 上的算子，λ_1, $\lambda_2, \cdots, \lambda_r$ 为 A 的特征值，λ_i 的代数维数为 n_i，$P(A) = \prod_{i=1}^{r} (A - \lambda_i \boldsymbol{1})^{n_i}$，则 $P(A) = 0$.

证　设 $M_{\lambda_i} = \ker (A - \lambda_i \boldsymbol{1})^{n_i}$，称 M_{λ_i} 为 A 关于 λ_i 的广义特征子空间. 则 $\forall x_i \in M_{\lambda_i}$，有 $(A - \lambda_i \boldsymbol{1})^{n_i} x_i = 0$. 设 M_{λ_i} 中存在一组向量 $x_i^{(1)}, x_i^{(2)}, \cdots, x_i^{(n_i)}$，使得

$$k_i^{(1)} x_i^{(1)} + k_i^{(2)} x_i^{(2)} + \cdots + k_i^{(n_i)} x_i^{(n_i)} = 0 , \quad k_i^{(j)} \in \mathbf{C} , \quad j = 1, 2, \cdots, n_i .$$

用 $(A - \lambda_i \boldsymbol{1})^{n_i - 1}, (A - \lambda_i \boldsymbol{1})^{n_i - 2}, \cdots, A - \lambda_i \boldsymbol{1}$ 依次作用于上式，可得

$$k_i^{(j)} = 0 , \quad j = 1, 2, \cdots, n_i ,$$

因此 $x_i^{(1)}, x_i^{(2)}, \cdots, x_i^{(n_i)}$ 为 M_{λ_i} 的一组基. 同理，$\forall x \in V$，$\exists x_i \in M_{\lambda_i}$，使得

$$x = x_1 + x_2 + \cdots + x_r .$$

则

$$P(A)x = P(A)(x_1 + x_2 + \cdots + x_r)$$

$$= \prod_{i=1,\ i\neq 1}^{r} (A - \lambda_i \mathbf{1})^{n_i} (A - \lambda_1 \mathbf{1})^{n_1} x_1 + \prod_{i=1,\ i\neq 2}^{r} (A - \lambda_i \mathbf{1})^{n_i} (A - \lambda_2 \mathbf{1})^{n_2} x_2 + \cdots$$

$$+ \prod_{i=1,\ i\neq r}^{r} (A - \lambda_i \mathbf{1})^{n_i} (A - \lambda_r \mathbf{1})^{n_r} x_r$$

$$= 0.$$

因此 $P(A) = 0$，且 $V = M_{\lambda_1} \oplus M_{\lambda_2} \oplus \cdots \oplus M_{\lambda_r}$.

设 $P_i : V \to M_{\lambda_i}$ 为投影算子，则 $\forall x \in V$，有 $(A - \lambda_i \mathbf{1})^{n_i} P_i x = 0$，即

$$(A - \lambda_i \mathbf{1})^{n_i} P_i = 0.$$

因此 $[(A - \lambda_i \mathbf{1}) P_i]^{n_i} = 0$. 令 $(A - \lambda_i \mathbf{1}) P_i = M_i$，则有 $M_i^{n_i} = 0$，称 M_i 为**幂零算子**，以及 $AP_i - \lambda_i P_i = M_i$，即

$$AP_i = \lambda_i P_i + M_i = \lambda_i P_i + M_i P_i = (\lambda_i \mathbf{1} + M_i) P_i.$$

由于 $\sum_{i=1}^{r} P_i = \mathbf{1}$，则

$$A = \sum_{i=1}^{r} \gamma_i P_i, \quad \gamma_i = \lambda_i \mathbf{1} + M_i.$$

综上所述，Hamilton–Cayly 定理指出，有限维复内积空间 V 上的算子 A 可对角块化，即存在 $P_1, P_2, \cdots, P_r$，使得 $P_i P_j = \delta_{ij} P_i$，$\sum_{i=1}^{r} P_i = \mathbf{1}$，且

$$A = \sum_{i=1}^{r} \gamma_i P_i, \quad \gamma_i = \lambda_i \mathbf{1} + M_i.$$

若在 V 中如上所述选择一组基 $x_i^{(1)}, x_i^{(2)}, \cdots, x_i^{(n_i)}$，$i = 1, 2, \cdots, r$，则算子 A 对应的矩阵

$$\boldsymbol{A} = \mathrm{diag}(\gamma_1, \gamma_2, \cdots, \gamma_r).$$

第 7 章 Hilbert 空间

 内容提要

本章包括赋范向量空间和内积空间、平方可积函数空间、连续指标和广义函数.

7.1 节主要讲述赋范向量空间和内积空间. 与有限维内积空间类似, 可在无限维向量空间中定义内积, 并由内积给出范数, 从而导出无限维内积空间和赋范向量空间. 进而在无限维内积空间和赋范向量空间上, 定义序列的极限和 Cauchy 序列, 与度量空间类似, 讨论无限维内积空间和赋范向量空间的完备性, 并指出 Hilbert 空间为完备内积空间, Banach 空间为完备赋范向量空间. 最后在 Hilbert 空间上定义完备标准正交基, 并给出 Parseval 等式的代数形式.

7.2 节主要讲述平方可积函数空间. 首先指出 Riemann 可积函数空间不完备, Lebesgue 等人在 Lebesgue 积分意义下将有界连续函数空间完备化为平方可积函数空间. 其次由 Stone–Weierstrass 定理可知, $\{x^n \,|\, n \in \mathbf{N}\}$ 为平方可积函数空间的基, 从而 $\{C_n(x) \,|\, n \in \mathbf{N}\}$ ($C_n(x)$ 为 n 次多项式) 也是平方可积函数空间的基, 且 $C_n(x)$ 满足递推关系

$$C_{n+1}(x) = (\alpha_n x + \beta_n) C_n(x) + \gamma_n C_{n-1}(x),$$

其中

$$\alpha_n = \frac{k_{n+1}}{k_n}, \quad \beta_n = \alpha_n \left(\frac{k'_{n+1}}{k_{n+1}} - \frac{k'_n}{k_n} \right), \quad \gamma_n = -\frac{h_n}{h_{n-1}} \frac{\alpha_n}{\alpha_{n-1}}.$$

实际上, $C_n(x)$ 正是第 8 章中所论述的古典正交多项式. 最后讨论了函数逼近中的最小二乘法.

7.3 节主要讲述 Dirac-δ 函数. 首先从 Hilbert 空间上内积的定义出发, 导出完全性关系, 并借助同一向量在两组不同基下坐标之间的关系来引入 Dirac-δ 函数. 其次用三个实例形象地描绘 Dirac-δ 函数.

7.4 节主要讲述广义函数. 首先指出 Dirac-δ 函数为有界连续函数空间上的连续线性泛函. 其次给出广义函数的定义, 并指出广义函数实际上就是有界连续函数空间上的连续线性泛函, 以及 Dirac-δ 函数也是一广义函数. 最后给出广义函数的导数的定义和性质.

7.1 赋范向量空间和内积空间

向量空间除了前面所论及的有限维向量空间外，还有大量的无限维向量空间. 有限维向量空间中的许多概念都可以拓展到无限维向量空间中，然而在拓展时需要相当仔细，特别是完备性、对偶空间等.

在 n 维向量空间 $\mathbf{R}^n$ 或 $\mathbf{C}^n$ 中可引入向量的范数，定义了范数的向量空间为赋范向量空间. 若 $\boldsymbol{\alpha}=(\alpha_1,\alpha_2,\cdots,\alpha_n)\in\mathbf{R}^n$，则其范数可以定义为

$$\|\boldsymbol{\alpha}\|_p=\left(\sum_{i=1}^n|\alpha_i|^p\right)^{\frac{1}{p}}.$$

一般取 $p=2$，则有 $\|\boldsymbol{\alpha}\|^2=\sum_{i=1}^n|\alpha_i|^2$.

在给定范数的赋范向量空间内可以讨论序列的极限.

设 $\{\boldsymbol{x}_m\}(\boldsymbol{x}_m\in\mathbf{R}^n)$ 为 $\mathbf{R}^n$ 中的序列. 若在 $(\mathbf{R}^n,\|\cdot\|)$ 中 $\exists\boldsymbol{x}\in\mathbf{R}^n$，使得

$$\lim_{m\to+\infty}\|\boldsymbol{x}_m-\boldsymbol{x}\|=0,$$

则称 $\boldsymbol{x}$ 为序列 $\{\boldsymbol{x}_m\}$ 当 $m\to+\infty$ 时的极限. 在 $(\mathbf{R}^n,\|\cdot\|)$ 中也可以定义 Cauchy 序列，若序列 $\{\boldsymbol{x}_m\}(\boldsymbol{x}_m\in\mathbf{R}^n)$ 满足

$$\lim_{m,k\to+\infty}\|\boldsymbol{x}_m-\boldsymbol{x}_k\|=0,$$

则称 $\{\boldsymbol{x}_m\}$ 为 Cauchy 序列.

若赋范向量空间 V 中的 Cauchy 序列均收敛，则称 V 是完备赋范向量空间.

由 1.4 节可知，有限维向量空间 $(\mathbf{R},|\cdot|)$ 中的 Cauchy 序列均收敛，故 $(\mathbf{R},|\cdot|)$ 为完备赋范向量空间. 同理可证 $(\mathbf{R}^n,\|\cdot\|)$ 也是完备赋范向量空间.

而无限维向量空间并非都是完备赋范向量空间. 普通函数按照函数的普通加法和数乘，所构成的实数域或复数域上的函数空间为无限维向量空间.

例 $C([-1,1])$ 是一个连续函数空间，在 $(C([-1,1]),|\cdot|)$ 中定义函数列 $\{f_k(x)\}$ 如下：

$$f_k(x)=\begin{cases}1, & \frac{1}{k}\le x\le 1,\\ \dfrac{kx+1}{2}, & -\dfrac{1}{k}\le x\le\dfrac{1}{k},\\ 0, & -1\le x\le-\dfrac{1}{k},\end{cases}$$

则有

$$\lim_{k\to+\infty} f_k(x) = \begin{cases} 1, & 0 < x \le 1, \\ 0, & -1 \le x \le 0; \end{cases}.$$

可知连续函数列 $\{f_k(x)\}$ 的极限函数在 $x=0$ 处不连续，且

$$\lim_{k,n\to+\infty} \left| f_k(x) - f_n(x) \right| = 0,$$

即函数列 $\{f_k(x)\}$ 为 $(C([-1,1]), |\cdot|)$ 中的 Cauchy 序列. 因此 $(C([-1,1]), |\cdot|)$ 中存在不收敛的 Cauchy 序列 $\{f_k(x)\}$，于是 $(C([-1,1]), |\cdot|)$ 不是完备赋范向量空间.

在无限维向量空间中，存在着大量的不完备赋范向量空间.

在无限维向量空间中，也可以定义内积，其定义与有限维向量空间的内积类似. 设 V 为无限维向量空间，$\langle \cdot | \cdot \rangle : V \times V \to \mathbf{C}$ 满足如下条件：

① $\forall |f\rangle, |g\rangle \in V$，$f|g^* = g|f$；

② $\forall |f\rangle, |g\rangle, |h\rangle \in V$，$\forall \alpha, \beta \in \mathbf{C}$，有 $\langle f | (\alpha g + \beta h) \rangle = \alpha \langle f | g \rangle + \beta \langle f | h \rangle$；

③ $\forall |f\rangle \in V$，$\langle f | f \rangle \ge 0$；$\langle f | f \rangle = 0$ 当且仅当 $|f\rangle = 0$，

则称 $\langle \cdot | \cdot \rangle$ 为 V 上的**内积**.

由范数定义可知，$\|f\|^2 = \langle f | f \rangle$.

完备内积空间称为 **Hilbert 空间**，记为 H. 有限维内积空间均是 Hilbert 空间.

完备的赋范向量空间称为 **Banach 空间**. 有限维赋范向量空间均是 Banach 空间.

设 Hilbert 空间 H 上的标准正交基为 $\{|e_i\rangle | i \in \mathbf{N}\}$. $\forall |f\rangle \in H$，令 $f_i = \langle e_i | f \rangle$，则

$$|f_n\rangle = \sum_{i=1}^{n} |e_i\rangle \langle e_i | f \rangle = \sum_{i=1}^{n} f_i |e_i\rangle.$$

根据 Schwarz 不等式，有

$$\left| \langle f | f_n \rangle \right|^2 \le \langle f | f \rangle \langle f_n | f_n \rangle = \langle f | f \rangle \sum_{i=1}^{n} \left| f_i \right|^2.$$

而 $\langle f | f_n \rangle = \sum_{i=1}^{n} \langle f | e_i \rangle \langle e_i | f \rangle = \sum_{i=1}^{n} \left| f_i \right|^2$，可得

$$\sum_{i=1}^{n} \left| f_i \right|^2 \le \langle f | f \rangle,$$

即序列 $\{f_n\}$ 是收敛的，但不一定收敛到 f.

定义　设 H 的标准正交基为 $\{|e_i\rangle | i \in \mathbf{N}\}$. 若不存在与标准正交基 $\{|e_i\rangle | i \in \mathbf{N}\}$ 正交的非零向量，则称 $\{|e_i\rangle | i \in \mathbf{N}\}$ 为 H 中的**完备标准正交基**.

命题　设 $\{|e_i\rangle | i \in \mathbf{N}\}$ 为 H 上的标准正交序列，则下述说法等价：

① $\{|e_i\rangle\,|\,i\in\mathbf{N}\}$ 是完备的;

② $|f\rangle=\displaystyle\sum_{i=1}^{+\infty}|e_i\rangle\langle e_i\,|\,f\rangle$;

③ $\displaystyle\sum_{i=1}^{+\infty}|e_i\rangle\langle e_i\,|=\mathbf{1}$;

④ $\langle g\,|\,f\rangle=\displaystyle\sum_{i=1}^{+\infty}\langle g\,|\,e_i\rangle\langle e_i\,|\,f\rangle$;

⑤ $\|f\|^2=\displaystyle\sum_{i=1}^{+\infty}\big|\langle e_i\,|\,f\rangle\big|^2$.

证 ①⇒②. 令 $|\psi\rangle=|f\rangle-\displaystyle\sum_{i=1}^{+\infty}|e_i\rangle\langle e_i\,|\,f\rangle$,则

$$\langle e_j\,|\,\psi\rangle=\langle e_j\,|\,f\rangle-\sum_{i=1}^{+\infty}\langle e_j\,|\,e_i\rangle\langle e_i\,|\,f\rangle=f_j-\sum_{i=1}^{+\infty}\delta_{ij}f_i=0.$$

由于 e_j 的任意性和基的完备性,可得 $|\psi\rangle=0$. 即②成立.

②⇒③. $\forall\,|f\rangle\in H$,有

$$\mathbf{1}|f\rangle=|f\rangle=\sum_{i=1}^{+\infty}|e_i\rangle\langle e_i\,|\,f\rangle,$$

显然可得 $\displaystyle\sum_{i=1}^{+\infty}|e_i\rangle\langle e_i\,|=\mathbf{1}$.

③⇒④. 由③得

$$\langle g\,|\,f\rangle=\langle g\,|\,\mathbf{1}\,|\,f\rangle=\sum_{i=1}^{+\infty}\langle g\,|\,e_i\rangle\langle e_i\,|\,f\rangle.$$

④⇒⑤. 令 $|g\rangle=|f\rangle$,则由上式可得

$$\|f\|^2=\sum_{i=1}^{+\infty}\big|\langle e_i\,|\,f\rangle\big|^2.$$

⑤⇒①. 若 $|f\rangle$ 和所有的 $|e_i\rangle$ 正交,则 $\langle f\,|\,e_i\rangle$ 等于零. 根据⑤,$\|f\|=0$,推出 $|f\rangle=0$,即与所有 $|e_i\rangle$ 正交的向量为零向量. 因此基 $\{|e_i\rangle\,|\,i\in\mathbf{N}\}$ 是完备的.

定义 设 H 为 Hilbert 空间,$\{|e_i\rangle\,|\,i\in\mathbf{N}\}$ 为 H 中的完备标准正交序列,则称 $\{|e_i\rangle\,|\,i\in\mathbf{N}\}$ 为 Hilbert 空间 H 的基.

在 Hilbert 空间 H 的基 $\{|e_i\rangle\,|\,i\in\mathbf{N}\}$ 下,$\forall\,|f\rangle\in H$,有

$$|f\rangle=\sum_{i=1}^{+\infty}|e_i\rangle\langle e_i\,|\,f\rangle=\sum_{i=1}^{+\infty}f_i|e_i\rangle,$$

以及

$$\|f\|^2 = \sum_{i=1}^{+\infty} |\langle e_i \,|\, f\rangle|^2 = \sum_{i=1}^{+\infty} |f_i|^2 \,.$$

上式称为 Parseval 等式，其中 f_i 称为**广义 Fourier 系数**.

7.2　平方可积函数空间

在区间 $[a,b]$ 上的 Riemann 可积函数，按照函数的加法和数乘构成 Riemann 可积函数空间，记为 $R([a,b])$. 在 $R([a,b])$ 上定义度量 $d: R([a,b]) \times R([a,b]) \to \mathbf{R}$ 如下：

$$d(f,g) = \int_a^b |f(x) - g(x)| \mathrm{d}x\,, \quad \forall f,g \in R([a,b]).$$

在 $(R([a,b]),d)$ 中的 Cauchy 函数列 $\{f_n(x)\}$ 满足 $\lim\limits_{m,n\to+\infty} d(f_m,f_n) = 0$，即

$$\lim_{m,n\to+\infty} \int_a^b |f_m(x) - f_n(x)| \mathrm{d}x = 0.$$

$(R([a,b]),d)$ 中存在不收敛的 Cauchy 函数列，因此 Riemann 可积函数空间不完备.

例　设 $r_k \in [0,1] \cap \mathbf{Q}$，$k \in \mathbf{N}$. 又设 $I_k \subset [0,1]$，I_k 为开区间，使得 $r_k \in I_k$，且 $m(I_k) < 2^{-k}$，$I_i \cap I_j = \varnothing\ (i \neq j)$. 令

$$f_n(x) = \begin{cases} 1, & x \in \bigcup_{k=1}^n I_k, \\ 0, & x \in [0,1] - \bigcup_{k=1}^n I_k, \end{cases}$$

则 $f_n(x) \in R([0,1])$，且

$$\lim_{m,n\to+\infty} \int_0^1 |f_m(x) - f_n(x)| \mathrm{d}x = 0,$$

即 $\{f_n(x)\}$ 为 $(R([0,1]),d)$ 中的 Cauchy 序列. 而

$$\lim_{n\to+\infty} f_n(x) = f(x) = \begin{cases} 1, & x \in \bigcup_{k=1}^{+\infty} I_k, \\ 0, & x \in [0,1] - \bigcup_{k=1}^{+\infty} I_k, \end{cases}$$

因为 $\forall x \in [0,1] - \bigcup_{k=1}^{+\infty} I_k$，$f(x)$ 均不连续，则有界函数 $f(x)$ 的间断点集不是 Lebesgue 零测度集，可知 $f(x)$ 在 $[0,1]$ 上不是 Riemann 可积的. 因此在 $(R([0,1]),d)$ 中存在不收敛的 Cauchy 序列 $\{f_n(x)\}$，即 $(R([0,1]),d)$ 不是完备度量空间.

Lebesgue 等人发现 Riemann 积分的缺陷，从而建立了 Lebesgue 积分.

在 Lebesgue 积分意义下可以构建平方可积函数空间 $L_\omega^2([a,b])$，即在 Lebesgue 积分意义下由平方可积的函数按照函数的加法和数乘所构成的函数空间，它是由有界连续函数空间 $C_f([a,b])$ 经完备化而得到的.

在 $C_f([a,b])$ 上建立等价关系 $\sim$：$\forall f,g \in C_f([a,b])$，$f \sim g$ 等价于 f 与 g 几乎处处相等，即

$$f(x) = g(x), \quad x \in [a,b] - I,$$
$$f(x) \neq g(x), \quad x \in I,$$

其中 $I \subset \mathbf{R}$ 为 Lebesgue 零测度集.

$C_f([a,b])$ 关于 $\sim$ 的等价类构成了平方可积函数空间 $L^2([a,b])$. $C_f([a,b])$ 的完备化过程说明 $L_\omega^2([a,b])$ 是完备的.

由 Stone-Weierstrass 定理给出，$1,x,x^2,\cdots,x^n,\cdots$ 构成了 $L_\omega^2([a,b])$ 的基，即 $\forall f \in L_\omega^2([a,b])$，有 $\lim\limits_{n \to +\infty} \left\| f - \sum\limits_{k=0}^{n} a_k x^k \right\| = 0$，即

$$\lim_{n \to +\infty} \int_a^b \left| f(x) - \sum_{k=0}^{n} a_k x^k \right|^2 \omega(x)\mathrm{d}x = 0.$$

在 $L_\omega^2([a,b])$ 中定义内积，即 $\forall |f\rangle|,|g\rangle \in L_\omega^2([a,b])$，定义内积为

$$\langle f \,|\, g \rangle = \int_a^b f^*(x)g(x)\omega(x)\mathrm{d}x.$$

$L_\omega^2([a,b])$ 的基 $1,x,x^2,\cdots,x^n,\cdots$ 经 Schmidt（施密特）正交化后形成 $L_\omega^2([a,b])$ 的标准正交基 $C_n(x)$，$n=0,1,2,\cdots$. 设 $p_n(x)$ 为 n 次多项式，根据正交性和线性相关性，有

$$\langle C_n \,|\, p_{n-1} \rangle = \int_a^b C_n^*(x)p_{n-1}(x)\omega(x)\mathrm{d}x = 0.$$

由上述关系可得递推关系式.

设 k_m 和 k_m' 分别为 $C_m(x)$ 中 x^m 和 x^{m-1} 的系数. 令

$$h_m = \int_a^b (C_m(x))^2 \omega(x)\mathrm{d}x.$$

由于

$$C_{n+1}(x) - \frac{k_{n+1}}{k_n} x C_n(x) = \sum_{j=0}^{n} a_j C_j(x),$$

将上式两端同时乘以 $C_m(x)\omega(x)$ 并在 $[a,b]$ 上积分，可得

$$\int_a^b C_{n+1}(x)C_m(x)\omega(x)\mathrm{d}x - \frac{k_{n+1}}{k_n}\int_a^b C_m(x)xC_n(x)\omega(x)\mathrm{d}x$$

$$= \sum_{j=0}^n a_j \int_a^b C_m(x)C_j(x)\omega(x)\mathrm{d}x.$$

当 $m \leq n-2$ 时，有 $a_m = 0$ ，则 $C_{n+1}(x) - \dfrac{k_{n+1}}{k_n}xC_n(x) = \sum\limits_{j=0}^n a_jC_j(x)$ 可以变化为

$$C_{n+1}(x) - \frac{k_{n+1}}{k_n}xC_n(x) = a_{n-1}C_{n-1}(x) + a_nC_n(x).$$

上式等价于

$$C_{n+1}(x) = (\alpha_n x + \beta_n)C_n(x) + \gamma_n C_{n-1}(x), \qquad\qquad (1)$$

其中

$$\alpha_n = \frac{k_{n+1}}{k_n}, \quad \beta_n = \alpha_n\left(\frac{k'_{n+1}}{k_{n+1}} - \frac{k'_n}{k_n}\right), \quad \gamma_n = -\frac{h_n}{h_{n-1}}\frac{\alpha_n}{\alpha_{n-1}}.$$

由（1）式可得

$$xC_n(x) = \frac{1}{\alpha_n}C_{n+1}(x) - \frac{\beta_n}{\alpha_n}C_n(x) - \frac{\gamma_n}{\alpha_n}C_{n-1}(x),$$

以及

$$x^2 C_n(x) = \frac{1}{\alpha_n\alpha_{n+1}}C_{n+2}(x) - \left(\frac{\beta_{n+1}}{\alpha_n\alpha_{n+1}} + \frac{\beta_n}{\alpha_n^2}\right)C_{n+1}(x)$$

$$- \left(\frac{\gamma_{n+1}}{\alpha_n\alpha_{n+1}} - \frac{\beta_n^2}{\alpha_n^2} + \frac{\gamma_{n+1}}{\alpha_n\alpha_{n-1}}\right)C_n(x)$$

$$+ \left(\frac{\beta_n\gamma_n}{\alpha_n^2} + \frac{\beta_{n-1}\gamma_n}{\alpha_n\alpha_{n-1}}\right)C_{n-1}(x) + \frac{\gamma_{n-1}\gamma_n}{\alpha_n\alpha_{n-1}}C_{n-2}(x).$$

经计算，有

$$\int_a^b xC_m(x)C_n(x)\omega(x)\mathrm{d}x = \left(\frac{1}{\alpha_{m-1}}\delta_{m,n+1} - \frac{\beta_m}{\alpha_m}\delta_{mn} - \frac{\gamma_{m+1}}{\alpha_{m+1}}\delta_{m,n-1}\right)h_m.$$

同样可以用 Schmidt 正交化的方法给出 $L^2([-1,1])$ 的标准正交基. 令

$$p_0(x) = 1, \quad p_1(x) = ax+b, \quad p_2(x) = a'x^2 + b'x + c.$$

根据正交化过程，$\displaystyle\int_{-1}^1 p_0(x)p_1(x)\mathrm{d}x = 0$ ，则有 $b = 0$. 根据归一化条件 $p_k(1) = 1$，$k \in \mathbf{N}$，

有 $p_1(1) = 1$，即 $a = 1$，$p_1(x) = x$.

同理，由 $\displaystyle\int_{-1}^1 p_0(x)p_2(x)\mathrm{d}x = 0$ ，$\displaystyle\int_{-1}^1 p_1(x)p_2(x)\mathrm{d}x = 0$ 及 $p_2(1) = 1$，得

$$\frac{2}{3}a' + 2c = 0 , \quad \frac{2}{3}b' = 0 , \quad a' + b' + c = 1 ,$$

推出 $a' = \dfrac{3}{2}$, $b' = 0$, $c = -\dfrac{1}{2}$, $p_2(x) = \dfrac{1}{2}(3x^2 - 1)$.

由类似的过程可以导出 $p_n(x)$.

最小二乘法是利用多项式来逼近某个给定的函数，使其逼近的程度最好. 设 $f(x)$ 为一函数, $p_n(x) = a_0 + a_1 x + \cdots + a_n x^n$ 为 n 次多项式，令

$$S(a_0, a_1, \cdots, a_n) = \int_a^b (f(x) - a_0 - a_1 x - \cdots - a_n x^n)^2 \, \mathrm{d}x .$$

若 S 存在极值, 则有

$$0 = \frac{\partial S}{\partial a_j} = \int_a^b 2(-x^j)(f(x) - a_0 - a_1 x - \cdots - a_n x^n) \mathrm{d}x ,$$

即

$$\sum_{k=0}^{n} a_k \int_a^b x^{j+k} \mathrm{d}x = \int_a^b f(x) x^j \mathrm{d}x .$$

令 $b_{kj} = \dfrac{b^{j+k+1} - a^{j+k+1}}{j+k+1}$, $c_j = \displaystyle\int_a^b f(x) x^j \mathrm{d}x$, 则有

$$\sum_{k=0}^{n} a_k b_{kj} = c_j .$$

解上述方程可以求出系数 a_k , 于是得到所求的多项式 $p_n(x)$.

同理, 可令

$$S(a_0, a_1, \cdots, a_n) = \int_a^b (f(x) - a_0 - a_1 C_1(x) - \cdots - a_n C_n(x))^2 \omega(x) \mathrm{d}x .$$

若 S 存在极值, 则有

$$0 = \frac{\partial S}{\partial a_j} = \int_a^b 2(-C_j(x))(f(x) - a_0 - a_1 C_1(x) - \cdots - a_n C_n(x)) \omega(x) \mathrm{d}x ,$$

即 $\displaystyle\sum_{k=0}^{n} a_k \int_a^b C_j(x) C_k(x) \omega(x) \mathrm{d}x = \int_a^b f(x) C_j(x) \omega(x) \mathrm{d}x$. 由 $C_n(x)$ 的正交性可得

$$a_j = \frac{\displaystyle\int_a^b f(x) C_j(x) \omega(x) \mathrm{d}x}{\displaystyle\int_a^b (C_j(x))^2 \omega(x) \mathrm{d}x} .$$

于是得出所要逼近的多项式 $\displaystyle\sum_{k=0}^{n} a_k C_k(x)$.

用 $C_k(x)$ 替换 x^k 可以减少运算量.

7.3　连续指标

Hilbert 空间 H 可同构于 $L_\omega^2([a,b])$. 设 $\{|e_x\rangle\,|\,x\in\mathbf{R}\}$ 为 $L_\omega^2([a,b])$ 的基. 令 $f(x)=\langle e_x\,|\,f\rangle$，则 $\forall\,|f\rangle,|g\rangle\in H$，有

$$\langle g\,|\,f\rangle=\int_a^b g^*(x)f(x)\omega(x)\mathrm{d}x=\int_a^b\langle g\,|\,e_x\rangle\langle e_x\,|\,f\rangle\omega(x)\mathrm{d}x$$

$$=\langle g\,|\left(\int_a^b|e_x\rangle\langle e_x\,|\,\omega(x)\mathrm{d}x\right)|f\rangle.$$

由 $|f\rangle,|g\rangle$ 的任意性，可得完全性关系

$$\int_a^b|e_x\rangle\langle e_x\,|\,\omega(x)\mathrm{d}x=\mathbf{1}\,,\quad -\infty\leq a<b\leq+\infty.$$

若将 $|e_x\rangle$ 简写为 $|x\rangle$，则上式可表示为

$$\int_a^b|x\rangle\langle x\,|\,\omega(x)\mathrm{d}x=\mathbf{1}\,,\quad -\infty\leq a<b\leq+\infty.$$

若 $|f\rangle\in L_\omega^2([a,b])$，则在 $L_\omega^2([a,b])$ 的基 $\{|e_x\rangle\,|\,x\in\mathbf{R}\}$ 下可表示为

$$|f\rangle=\left(\int_a^b|x\rangle\langle x\,|\,\omega(x)\mathrm{d}x\right)|f\rangle=\int_a^b f(x)\omega(x)|x\rangle\mathrm{d}x.$$

设 $\{|e_{x'}\rangle\,|\,x'\in\mathbf{R}\}$ 为 $L_\omega^2([a,b])$ 的另一组基，简记为 $|x'\rangle$，则

$$f(x')=\langle x'\,|\,f\rangle=\langle x'\,|\left(\int_a^b|x\rangle\langle x\,|\,\omega(x)\mathrm{d}x\right)|f\rangle=\int_a^b f(x)\omega(x)\langle x'\,|\,x\rangle\mathrm{d}x.$$

由上述 $f(x'),f(x)$ 的关系有：

① 当 $x'\neq x$ 时，$\omega(x)\langle x'\,|\,x\rangle=0$；

② 当 $x'=x$ 时，$\omega(x)\langle x'\,|\,x\rangle=+\infty$；

③ $\displaystyle\int_a^b\omega(x)\langle x'\,|\,x\rangle\mathrm{d}x=1$，$-\infty\leq a<b\leq+\infty$.

定义　设 $x'\in\mathbf{R}$，$\omega(x)$ 为 $\mathbf{R}$ 上的严格正函数. 称

$$\delta(x-x')=\omega(x)\langle x'\,|\,x\rangle$$

为 Dirac-δ 函数.

Dirac-δ 函数不是普通意义上的函数，以下用 3 个实例来比较直观地描述它.

Gauss 曲线族 $\Gamma_\varepsilon:y=f(x-x',\varepsilon)=\dfrac{1}{\sqrt{\pi\varepsilon}}\mathrm{e}^{-(x-x')^2/\varepsilon}$ 为一簇曲线，随着参量 ε 趋于 0，Gauss 曲线变得越来越尖锐，且曲线下的面积恒定，该曲线的极限情况就是 Dirac-δ 函数，即

$$\delta(x-x') = \lim_{\varepsilon \to 0} \frac{1}{\sqrt{\pi\varepsilon}} e^{-(x-x')^2/\varepsilon}.$$

令

$$D_T(x-x') = \frac{1}{2\pi} \int_{-T}^{T} e^{i(x-x')t} dt = \frac{1}{\pi} \frac{\sin T(x-x')}{x-x'}.$$

上式表示一震荡曲线，且 $\int_{-\infty}^{+\infty} D_T(x-x') dx = 1$，以及

$$\delta(x-x') = \lim_{T \to +\infty} D_T(x-x') = \lim_{T \to +\infty} \frac{1}{\pi} \frac{\sin T(x-x')}{x-x'}.$$

阶梯函数族

$$T_\varepsilon(x-x') = \begin{cases} 0, & x < x'-\varepsilon, \\ \dfrac{1}{2\varepsilon}(x-x'+\varepsilon), & x'-\varepsilon < x < x'+\varepsilon, \\ 1, & x > x'+\varepsilon \end{cases}$$

的极限函数为

$$\theta(x-x') = \begin{cases} 0, & x \le x', \\ 1, & x > x'. \end{cases}$$

将阶梯函数族中的函数进行求导运算，有

$$\frac{\mathrm{d}\, T_\varepsilon(x-x')}{\mathrm{d}x} = \begin{cases} 0, & x < x'-\varepsilon, \\ \dfrac{1}{2\varepsilon}, & x'-\varepsilon < x < x'+\varepsilon, \\ 0, & x > x'+\varepsilon. \end{cases}$$

利用求导运算与极限运算可交换，有

$$\delta(x-x') = \lim_{\varepsilon \to 0} \frac{\mathrm{d}\, T_\varepsilon(x-x')}{\mathrm{d}x} = \frac{\mathrm{d}}{\mathrm{d}x}\left(\lim_{\varepsilon \to 0} T_\varepsilon(x-x')\right) = \frac{\mathrm{d}}{\mathrm{d}x}\theta(x-x').$$

从上述 3 个例子可以看出，Dirac-δ 函数可以从某些普通的函数族求极限得到.

7.4 广义函数

根据泛函分析的观点，$f(x)$ 在 $[a,b]$ 上的定积分 $I: C([a,b]) \to \mathbf{R}$，

$$I(f) = \int_a^b f(x) dx, \quad \forall f \in C([a,b])$$

可以看作连续函数空间 $C([a,b])$ 上的线性泛函.

按上述观点，Dirac-δ 函数可以看作有界连续函数空间 $C_f^\sim(\mathbf{R})$ 上的连续线性泛函，

即

$$\int_{-\infty}^{+\infty} f(x)\delta(x-x_0)\mathrm{d}x = f(x_0),$$

$$\int_{-\infty}^{+\infty} f(x)\frac{\mathrm{d}}{\mathrm{d}x}\delta(x-x_0)\mathrm{d}x = -f'(x_0).$$

人们逐渐发现，有许多与 Dirac -δ 函数相似的函数，它们并非普通函数．以下给出这类函数的定义．

定义　设 $\varphi : C_f^{\infty}(\mathbf{R}^n) \to \mathbf{R}$ 为 $C_f^{\infty}(\mathbf{R}^n)$ 上的连续线性泛函，即 $\forall f \in C_f^{\infty}(\mathbf{R}^n)$，有

$$\varphi[f] = \int_{\mathbf{R}^n} \varphi(\boldsymbol{x})f(\boldsymbol{x})\mathrm{d}\boldsymbol{x},$$

则称 φ 为**广义函数**或**分布**．

$\varphi[f]$ 可记为 $\langle \varphi, f \rangle$．广义函数 φ 按照函数的加法与数乘可以构成一个向量空间．

命题　设 $\{\varphi_n\}$ 为函数列．若 $\forall f \in C_f^{\infty}(\mathbf{R})$，$\lim\limits_{n \to +\infty} \int_{-\infty}^{+\infty} \varphi_n(x)f(x)\mathrm{d}x$ 存在，则 φ_n 收敛于一分布 φ．

由上述命题可知，两函数列 $\{\varphi_n\}, \{\psi_n\}$：$\varphi_n(x) = \dfrac{n}{\sqrt{\pi}}\mathrm{e}^{-n^2x^2}$ 和 $\psi_n(x) = \dfrac{1 - \cos nx}{n\pi x^2}$ 都收敛于 $\delta(x)$．

设 φ 为一分布．定义 φ 的**导数** φ' 满足如下条件：

$$\langle \varphi', f \rangle = -\langle \varphi, f' \rangle,$$

其中 f' 为 f 的导数．φ' 也是一个分布．

例　设

$$\theta_n(x) = \begin{cases} 0, & x \leq -\dfrac{1}{n}, \\[2mm] \dfrac{nx+1}{2}, & -\dfrac{1}{n} \leq x \leq \dfrac{1}{n}, \\[2mm] 1, & x > \dfrac{1}{n}, \end{cases}$$

则

$$\langle \theta_n'(x), f \rangle = -\langle \theta_n(x), f' \rangle = -\int_{-\infty}^{+\infty} \theta_n(x)\frac{\mathrm{d}f}{\mathrm{d}x}\mathrm{d}x$$

$$= -\int_{-\frac{1}{n}}^{\frac{1}{n}} \frac{nx+1}{2}\frac{\mathrm{d}f}{\mathrm{d}x}\mathrm{d}x - \int_{\frac{1}{n}}^{+\infty} f'(x)\mathrm{d}x$$

$$= -\frac{n}{2}\left(xf(x)\Big|_{-\frac{1}{n}}^{\frac{1}{n}} - \int_{-\frac{1}{n}}^{\frac{1}{n}} f(x)\mathrm{d}x \right) - \frac{1}{2}\int_{-\frac{1}{n}}^{\frac{1}{n}} f'(x)\mathrm{d}x - \int_{\frac{1}{n}}^{+\infty} f'(x)\mathrm{d}x$$

$$\approx -\frac{n}{2}\left(\frac{1}{n}f\left(\frac{1}{n}\right)+\frac{1}{n}f\left(-\frac{1}{n}\right)-\frac{2}{n}f(0)\right)$$

$$-\frac{1}{2}\left(f\left(\frac{1}{n}\right)-f\left(-\frac{1}{n}\right)\right)-\left(f(+\infty)-f\left(\frac{1}{n}\right)\right).$$

因为

$$\lim_{n\to+\infty}f\left(\frac{1}{n}\right)=\lim_{n\to+\infty}f\left(-\frac{1}{n}\right)=f(0),\quad f(+\infty)=0,$$

所以当 $n\to+\infty$ 时,

$$\theta_n'(x),f \to f(0)\quad \delta,f\rangle.$$

故 $\theta_n'(x)$ 收敛于 $\delta(x)$.

第8章 古典正交多项式

 **内容提要**

本章包括古典正交多项式的性质、分类、递推关系、实例、生成函数, 以及函数按多项式展开等内容.

8.1 节主要讲述古典正交多项式的概念、性质及所满足的微分方程.

8.2 节主要讲述古典正交多项式

$$F_n(x) = \frac{1}{K_n \omega(x)} \frac{\mathrm{d}^n}{\mathrm{d} x^n} (\omega(x) s^n(x))$$

的分类, 其中 $\omega(x)$ 为 $[a,b]$ 上 Riemann 可积的严格正函数, $s(x)$ 为有实根的 n $(n \le 2)$ 次多项式. 若 $s(x)$ 为常数, 取 $s(x) = 1$, $\omega(x) = \mathrm{e}^{-x^2}$, $a = -\infty$, $b = +\infty$, 则 $F_n(x)$ 为 Hermite 多项式, 记为 $H_n(x)$. 若 $s(x)$ 为一次式, 取 $s(x) = x$, $\omega(x) = x^\nu \mathrm{e}^{-x}$, $\nu > -1$, $a = 0$, $b = +\infty$, 则 $F_n(x)$ 为 Laguerre 多项式, 记为 $L_n^\nu(x)$. 若 $s(x)$ 为二次式, 取 $s(x) = 1 - x^2$, $\omega(x) = (1+x)^\mu (1-x)^\nu$, $\mu, \nu > -1$, $a = -1$, $b = 1$, 则 $F_n(x)$ 为 Jacobi 多项式, 记为 $P_n^{\mu, \nu}(x)$.

8.3 节主要讲述递推关系. 从 $F_{n+1}(x) = (\alpha_n x + \beta_n) F_n(x) + \gamma_n F_{n-1}(x)$ 出发, 导出关于 $F_n'(x), F_n(x), F_{n+1}(x), F_{n-1}(x)$ 各项之间的递推关系.

8.4 节具体讲述各类古典正交多项式. 由于 Hermite 多项式

$$H_n(x) = (-1)^n \mathrm{e}^{x^2} \frac{\mathrm{d}^n}{\mathrm{d} x^n} (\mathrm{e}^{-x^2}),$$

则 $H_n(x)$ 满足递推关系:

$$H_{n+1}(x) = 2x H_n(x) - 2n H_{n-1}(x).$$

利用 $H_0(x) = 1$, $H_1(x) = 2x$, 可得 Hermite 多项式 $H_n(x)$ 的表达式:

$$H_n(x) = \sum_{k=0}^{[n/2]} (-1)^k \frac{n!}{k!(n-2k)!} (2x)^{n-2k},$$

且 $H_n(x)$ 满足微分方程 $\dfrac{\mathrm{d}^2 H_n(x)}{\mathrm{d} x^2} - 2x \dfrac{\mathrm{d} H_n(x)}{\mathrm{d} x} + 2n H_n(x) = 0$. 由于 Laguerre 多项式

$$L_n^\nu(x) = \frac{1}{n!x^\nu e^{-x}} \frac{\mathrm{d}^n}{\mathrm{d}x^n}(e^{-x}x^{\nu+n}),$$

则 $L_n^\nu(x)$ 满足递推关系:

$$(n+1)L_{n+1}^\nu(x) = (2n+\nu+1-x)L_n^\nu(x) - (n+\nu)L_{n-1}^\nu(x).$$

利用 $L_0^\nu(x)=1$, $L_1^\nu(x)=\nu+1-x$, 可得 Laguerre 多项式 $L_n^\nu(x)$ 的表达式:

$$L_n^\nu(x) = \frac{1}{n!}\sum_{k=0}^{n} C_n^k \frac{\Gamma(n+\nu+1)}{\Gamma(n+\nu-(k-1))}(-x)^{n-k},$$

且 $L_n^\nu(x)$ 满足微分方程

$$x\frac{\mathrm{d}^2 L_n^\nu(x)}{\mathrm{d}x^2} + (\nu+1-x)\frac{\mathrm{d}L_n^\nu(x)}{\mathrm{d}x} + nL_n^\nu(x) = 0.$$

由于 Legendre 多项式

$$P_n(x) = \frac{(-1)^n}{2^n n!}\frac{\mathrm{d}^n}{\mathrm{d}x^n}[(1-x^2)^n],$$

则 $P_n(x)$ 满足递推关系:

$$(n+1)P_{n+1}(x) = (2n+1)xP_n(x) - nP_{n-1}(x).$$

利用 $P_0(x)=1$, $P_1(x)=x$, 可得 Legendre 多项式 $P_n(x)$ 的表达式:

$$P_n(x) = \frac{1}{2^n}\sum_{k=0}^{[n/2]} (-1)^k \frac{(2n-2k)!}{k!(n-k)!(n-2k)!}x^{n-2k},$$

且 $P_n(x)$ 满足微分方程

$$(1-x^2)\frac{\mathrm{d}^2 P_n(x)}{\mathrm{d}x^2} - 2x\frac{\mathrm{d}P_n(x)}{\mathrm{d}x} + n(n+1)P_n(x) = 0.$$

类似地, 可得 Jacobi 多项式、Gegenbauer 多项式、Chebyshev 第一多项式和 Chebyshev 第二多项式的具体表达式、递推关系和所满足的微分方程. 最后证明 Hermite 多项式为平方可积函数空间 $L_\omega^2((-\infty,+\infty))$ 的基;Laguerre 多项式为 $L_\omega^2((0,+\infty))$ 的基;Legendre 多项式、Jacobi 多项式、Gegenbauer 多项式、Chebyshev 第一多项式和 Chebyshev 第二多项式均为 $L_\omega^2([-1,1])$ 的基.

8.5 节主要讲述函数按多项式展开. 按照泛函的观点, 古典正交多项式构成平方可积函数空间的基, 而函数又可看作平方可积函数空间中的向量, 则函数按古典正交多项式展开可看作向量在基下的表示.

8.6 节主要讲述生成函数, 分别给出 Hermite 多项式、Laguerre 多项式、Legendre 多项式、Jacobi 多项式、Gegenbauer 多项式、Chebyshev 第一多项式和 Chebyshev 第二多项式的生成函数.

8.1　古典正交多项式的性质

定理 8.1　设 $\omega(x)$ 为 $[a,b]$ 上 Riemann 可积的严格正函数，$s(x)$ 为有实根的 n $(n\leq 2)$ 次多项式. 令

$$F_n(x)=\frac{1}{\omega(x)}\frac{\mathrm{d}^n}{\mathrm{d}x^n}(\omega(x)s^n(x)). \tag{1}$$

若 $\omega(a)s(a)=\omega(b)s(b)=0$，且 $F_1(x)$ 为一次多项式，则 $F_n(x)$ 为 n 次多项式，以及 $\int_a^b p_k(x)F_n(x)\omega(x)\mathrm{d}x=0$，其中 $p_k(x)$ 为 k 次多项式，$k<n$.

定理 8.1 的证明需要下述的引理：

引理 1　设 $\omega(x)$ 为 $[a,b]$ 上 Riemann 可积的严格正函数，$s(x)$ 为有实根的 n $(n\leq 2)$ 次多项式，$F_1(x)=\dfrac{1}{\omega(x)}\dfrac{\mathrm{d}}{\mathrm{d}x}(\omega(x)s(x))$ 为一次多项式. 则有

$$\frac{\mathrm{d}^m}{\mathrm{d}x^m}(\omega(x)s^n(x)p_k(x))=\omega(x)s^{n-m}(x)p_{k+m}(x)，\quad m\leq n,$$

其中 $p_k(x)$ 为 k 次多项式.

证　因为 $F_1(x)=\dfrac{1}{\omega(x)}\dfrac{\mathrm{d}}{\mathrm{d}x}(\omega(x)s(x))$ 为一次多项式，所以

$$s(x)\frac{\mathrm{d}\omega}{\mathrm{d}x}=\omega(x)\left(F_1(x)-\frac{\mathrm{d}s}{\mathrm{d}x}\right),$$

因此，

$$
\begin{aligned}
&\frac{\mathrm{d}}{\mathrm{d}x}(\omega(x)s^n(x)p_k(x))\\
&=s^{n-1}(x)p_k(x)s(x)\frac{\mathrm{d}\omega}{\mathrm{d}x}+n\omega(x)s^{n-1}(x)p_k(x)\frac{\mathrm{d}s}{\mathrm{d}x}+\omega(x)s^n(x)p_{k-1}(x)\\
&=\omega(x)\left(F_1(x)-\frac{\mathrm{d}s}{\mathrm{d}x}\right)s^{n-1}(x)p_k(x)+n\omega(x)s^{n-1}(x)p_k(x)\frac{\mathrm{d}s}{\mathrm{d}x}\\
&\quad+\omega(x)s^n(x)p_{k-1}(x)\\
&=\omega(x)s^{n-1}(x)\left[F_1(x)p_k(x)+(n-1)p_k(x)\frac{\mathrm{d}s}{\mathrm{d}x}+s(x)p_{k-1}(x)\right]\\
&=\omega(x)s^{n-1}(x)p_{k+1}(x).
\end{aligned}
$$

继续求导可得

$$\frac{\mathrm{d}^m}{\mathrm{d}x^m}(\omega(x)s^n(x)p_k(x))=\omega(x)s^{n-m}(x)p_{k+m}(x)，\quad m\leq n.$$

由引理 1 可导出引理 2：

引理 2 设 $\omega(x)$ 为 $[a,b]$ 上 Riemann 可积的严格正函数，$s(x)$ 为有实根的 n $(n \leq 2)$ 次多项式，$F_1(x) = \dfrac{1}{\omega(x)} \dfrac{\mathrm{d}}{\mathrm{d}x}(\omega(x)s(x))$ 为一次多项式，且 $\omega(a)s(a) = \omega(b)s(b) = 0$，则

$$\frac{\mathrm{d}^m}{\mathrm{d}x^m}(\omega(x)s^n(x))\Big|_{x=a} = \frac{\mathrm{d}^m}{\mathrm{d}x^m}(\omega(x)s^n(x))\Big|_{x=b} = 0, \quad m < n.$$

证 由引理 1，取 $k=0$，并利用 $\omega(a)s(a) = \omega(b)s(b) = 0$，有

$$\frac{\mathrm{d}^m}{\mathrm{d}x^m}(\omega(x)s^n(x))\Big|_{x=a} = \omega(x)s^{n-m}(x)p_m(x)\Big|_{x=a} = 0,$$

$$\frac{\mathrm{d}^m}{\mathrm{d}x^m}(\omega(x)s^n(x))\Big|_{x=b} = \omega(x)s^{n-m}(x)p_m(x)\Big|_{x=b} = 0.$$

定理 8.1 的证明如下：

$$\int_a^b p_k(x)F_n(x)\omega(x)\,\mathrm{d}x$$

$$= \int_a^b p_k(x)\frac{\mathrm{d}^n}{\mathrm{d}x^n}(\omega(x)s^n(x))\,\mathrm{d}x$$

$$= p_k(x)\frac{\mathrm{d}^{n-1}}{\mathrm{d}x^{n-1}}(\omega(x)s^n(x))\Big|_a^b - \int_a^b \frac{\mathrm{d}}{\mathrm{d}x}(p_k(x))\frac{\mathrm{d}^{n-1}}{\mathrm{d}x^{n-1}}(\omega(x)s^n(x))\,\mathrm{d}x.$$

根据引理 2，上式右端第一项为零，反复利用分部积分并结合引理 2，以及 $k < n$，有

$$\int_a^b p_k(x)F_n(x)\omega(x)\,\mathrm{d}x = (-1)^k \int_a^b \frac{\mathrm{d}^k}{\mathrm{d}x^k}(p_k(x))\frac{\mathrm{d}^{n-k}}{\mathrm{d}x^{n-k}}(\omega(x)s^n(x))\,\mathrm{d}x$$

$$= C\int_a^b \frac{\mathrm{d}^{n-k}}{\mathrm{d}x^{n-k}}(\omega(x)s^n(x))\,\mathrm{d}x$$

$$= C\frac{\mathrm{d}^{n-k-1}}{\mathrm{d}x^{n-k-1}}(\omega(x)s^n(x))\Big|_a^b = 0.$$

由引理 1 可得

$$F_n(x) = \frac{1}{\omega(x)}\frac{\mathrm{d}^n}{\mathrm{d}x^n}(\omega(x)s^n(x)) = p_n(x),$$

其中 $p_n(x)$ 为 n 次多项式. 不妨设 $p_n(x) = p_{n-1}(x) + k_n x^n$，$k_n \in \mathbf{R}$，则

$$\int_a^b p_n(x)F_n(x)\omega(x)\,\mathrm{d}x = \int_a^b (p_{n-1}(x) + k_n x^n)F_n(x)\omega(x)\,\mathrm{d}x$$

$$= \int_a^b p_{n-1}(x)F_n(x)\omega(x)\,\mathrm{d}x + \int_a^b k_n x^n F_n(x)\omega(x)\,\mathrm{d}x$$

$$= k_n \int_a^b F_n(x)\omega(x)x^n\,\mathrm{d}x.$$

又由于 $\int_a^b p_n(x)F_n(x)\omega(x)\mathrm{d}x = \int_a^b F_n^2(x)\omega(x)\mathrm{d}x > 0$ ，则 $k_n \neq 0$. 故 $F_n(x)$ 为 n 次多项式.

上述的 n 次多项式 $F_n(x)$ 为正交多项式. 由于历史的原因，$F_n(x)$ 是由不同的微分方程引入的，按上述的普遍形式则必须引入正规化因子 K_n，那么公式（1）可表示为 Rodrigues（罗德里格斯）方程：

$$F_n(x) = \frac{1}{K_n\omega(x)}\frac{\mathrm{d}^n}{\mathrm{d}x^n}(\omega(x)s^n(x)).\qquad(2)$$

称满足（2）式的 $F_n(x)$ 为**古典正交多项式**.

设 $F_n(x)$ 为古典正交多项式. 当 $m < n$ 时，由定理 8.1 可得

$$\int_a^b F_m(x)(\omega(x)s(x)F_n'(x))'\,\mathrm{d}x$$

$$= F_m(x)\omega(x)s(x)F_n'(x)\Big|_a^b - \int_a^b \omega(x)s(x)F_n'(x)F_m'(x)\,\mathrm{d}x$$

$$= -F_n(x)\omega(x)s(x)F_m'(x)\Big|_a^b + \int_a^b F_n(x)(\omega(x)s(x)F_m'(x))'\,\mathrm{d}x$$

$$= \int_a^b F_n(x)\omega(x)p_m(x)\,\mathrm{d}x = 0,$$

其中 $p_m(x)$ 为 m 次多项式. 由于 $F_n(x)$ 为 n 次多项式，可知 $F_n'(x)$ 为 $n-1$ 次多项式，由引理 1 知 $(\omega(x)s(x)F_n'(x))'\big/\omega(x)$ 为 n 次多项式，于是可设

$$(\omega(x)s(x)F_n'(x))' = \omega(x)\sum_{i=0}^{n}\lambda_i F_i(x), \quad \lambda_i \in \mathbf{R}.$$

上式两端乘 $F_m(x)$ 并在 $[a,b]$ 上积分，得

$$0 = \int_a^b F_m(x)(\omega(x)s(x)F_n'(x))'\,\mathrm{d}x = \sum_{i=0}^{n}\lambda_i\int_a^b F_m(x)\omega(x)F_i(x)\,\mathrm{d}x$$

$$= \lambda_m\int_a^b F_m^2(x)\omega(x)\,\mathrm{d}x, \quad m < n.$$

因此 $\lambda_m = 0$，$m = 0,1,2,\cdots,n-1$. 故

$$(\omega(x)s(x)F_n'(x))' = \omega(x)\lambda_n F_n(x).\qquad(3)$$

由于

$$(\omega(x)s(x)F_n'(x))' = \frac{\mathrm{d}}{\mathrm{d}x}(\omega(x)s(x))F_n'(x) + \omega(x)s(x)F_n''(x)$$

$$= K_1\omega(x)F_1(x)F_n'(x) + \omega(x)s(x)F_n''(x),$$

则（3）式变为

$$K_1\omega(x)F_1(x)F_n'(x) + \omega(x)s(x)F_n''(x) = \omega(x)\lambda_n F_n(x).$$

上式两端乘 $F_n(x)$ 并在 $[a,b]$ 上积分，得

$$\int_a^b F_n(x)K_1\omega(x)F_1(x)F_n'(x)\,\mathrm{d}x + \int_a^b F_n(x)\omega(x)s(x)F_n''(x)\,\mathrm{d}x$$
$$= \lambda_n \int_a^b F_n^2(x)\omega(x)\,\mathrm{d}x. \tag{4}$$

设 $F_n(x)=k_n x^n + k_n' x^{n-1} + \cdots$，$F_1(x)=k_1 x + k_1'$，$\sigma_2$ 为 $s(x)$ 的二次项系数，则

$$F_1(x)F_n'(x)=nk_1k_n x^n + \cdots = nk_1 F_n(x) + p_{n-1}(x),$$

其中 $p_{n-1}(x)$ 为 $n-1$ 次多项式. 同理，

$$s(x)F_n''(x)=\sigma_2 n(n-1)F_n(x) + q_{n-1}(x),$$

其中 $q_{n-1}(x)$ 为 $n-1$ 次多项式. 由（4）式得

$$\lambda_n \int_a^b F_n^2(x)\omega(x)\,\mathrm{d}x = \int_a^b F_n(x)K_1\omega(x)(nk_1 F_n(x)+p_{n-1}(x))\,\mathrm{d}x$$
$$+ \int_a^b F_n(x)\omega(x)\big[\sigma_2 n(n-1)F_n(x)+q_{n-1}(x)\big]\,\mathrm{d}x$$
$$= \big[K_1 k_1 n + \sigma_2 n(n-1)\big]\int_a^b F_n^2(x)\omega(x)\,\mathrm{d}x.$$

故 $\lambda_n = K_1 k_1 n + \sigma_2 n(n-1)$.

综上所述，古典正交多项式 $F_n(x)$ 满足微分方程 $(\omega(x)s(x)F_n'(x))' = \omega(x)\lambda_n F_n(x)$，其中 $\lambda_n = K_1 k_1 n + \sigma_2 n(n-1)$.

8.2 古典正交多项式的分类

Rodrigues 方程 $F_n(x) = \dfrac{1}{K_n\omega(x)}\dfrac{\mathrm{d}^n}{\mathrm{d}x^n}(\omega(x)s^n(x))$ 所给出的古典正交多项式的类别取决于 $s(x)$ 的次数.

当 $n=1$ 时，$F_1(x)=\dfrac{1}{K_1\omega(x)}\dfrac{\mathrm{d}}{\mathrm{d}x}(\omega(x)s(x))$，则

$$\frac{1}{\omega(x)s(x)}\frac{\mathrm{d}}{\mathrm{d}x}(\omega(x)s(x)) = \frac{K_1 F_1(x)}{s(x)}.$$

令 $F_1(x)=k_1 x + k_1'$，则

$$\frac{1}{\omega(x)s(x)}\frac{\mathrm{d}}{\mathrm{d}x}(\omega(x)s(x)) = \frac{K_1(k_1 x + k_1')}{s(x)}.$$

积分上式得

$$\omega(x)s(x) = A\exp\left\{\int \frac{K_1(k_1 x + k_1')}{s(x)}\,\mathrm{d}x\right\}. \tag{1}$$

① 若 $s(x)$ 为常数，即 $s(x)=C$，则由（1）可得

$$\omega(x)s(x) = A\exp\left\{\int (2\alpha x + \beta)\,\mathrm{d}x\right\}, \quad \alpha = \frac{K_1 k_1}{2C}, \quad \beta = \frac{K_1 k_1'}{C}.$$

因此

$$\omega(x)s(x) = B\exp\left\{\alpha x^2 + \beta x\right\}.$$

由已知条件 $\omega(a)s(a) = \omega(b)s(b) = 0$ 可得

$$B\exp\left\{\alpha a^2 + \beta a\right\} = 0 = B\exp\left\{\alpha b^2 + \beta b\right\}.$$

上述条件成立则需 $\alpha < 0$，且 $a = -\infty$，$b = +\infty$.

令 $y = \sqrt{|\alpha|}\left(x + \dfrac{\beta}{2\alpha}\right)$，则

$$\omega(y)s(y) = B\exp\left\{-\frac{\beta^2}{4\alpha}\right\}\exp\left\{\alpha x^2 + \beta x + \frac{\beta^2}{4\alpha}\right\} = B\exp\left\{-\frac{\beta^2}{4\alpha}\right\}\mathrm{e}^{-y^2}.$$

令 $B\exp\left\{-\dfrac{\beta^2}{4\alpha}\right\} = 1$，$s(y) = 1$，则 $\omega(y) = \mathrm{e}^{-y^2}$.

② 若 $s(x)$ 为一次式，令 $s(x) = \sigma_1 x + \sigma_0$，则

$$\omega(x)s(x) = A\exp\left\{\int \frac{K_1(k_1 x + k_1')}{\sigma_1 x + \sigma_0}\,\mathrm{d}x\right\} = B(\sigma_1 x + \sigma_0)^\rho\,\mathrm{e}^{\gamma x},$$

$$\gamma = \frac{K_1 k_1}{\sigma_1}, \quad \rho = \frac{K_1 k_1'}{\sigma_1} - \frac{K_1 k_1 \sigma_0}{\sigma_1^2}.$$

根据条件 $\omega(a)s(a) = \omega(b)s(b) = 0$，有

$$B(\sigma_1 a + \sigma_0)^\rho\,\mathrm{e}^{\gamma a} = B(\sigma_1 b + \sigma_0)^\rho\,\mathrm{e}^{\gamma b} = 0,$$

因此 $\sigma_1 a + \sigma_0 = 0$，$\rho > 0$；$\gamma < 0$，$b = +\infty$. 令 $\sigma_0 = 0$，可得 $a = 0$，$b = +\infty$. 令 $y = -\gamma x$，则

$$\omega(y)s(y) = B\left[\sigma_1\left(-\frac{y}{\gamma}\right)\right]^\rho\mathrm{e}^{-y} = B\left(-\frac{\sigma_1}{\gamma}\right)^\rho y^\rho\mathrm{e}^{-y}.$$

令 $B\left(-\dfrac{\sigma_1}{\gamma}\right)^\rho = 1$，$s(y) = y$，则 $\omega(y) = y^{\rho-1}\mathrm{e}^{-y} = y^\nu\mathrm{e}^{-y}$，$\nu = \rho - 1 > -1$.

③ 若 $s(x)$ 为二次式，令 $s(x) = \sigma_2 x^2 + \sigma_1 x + \sigma_0$，由于 $\sigma_2 x^2 + \sigma_1 x + \sigma_0 = 0$ 有实根，则 $s(x) = \sigma_2(x - x_1)(x - x_2)$. 因此

$$\begin{aligned}
\omega(x)s(x) &= A\exp\left\{\int \frac{K_1(k_1 x + k_1')}{\sigma_2(x - x_1)(x - x_2)}\,\mathrm{d}x\right\} \\
&= A\exp\left\{\int\left(\frac{b_1}{x - x_1} + \frac{b_2}{x - x_2}\right)\mathrm{d}x\right\} \\
&= B(x - x_1)^{b_1}(x - x_2)^{b_2}.
\end{aligned}$$

根据条件 $\omega(a)s(a)=\omega(b)s(b)=0$，则有

$$B(a\ x_1)^{b_1}(a-x_2)^{b_2}=B(b-x_1)^{b_1}(b-x_2)^{b_2}=0.$$

可推出 $a=x_1$，$b=x_2$，$b_1,b_2>0$. 令 $x=\dfrac{x_2-x_1}{2}y+\dfrac{x_2+x_1}{2}$，则

$$\omega(y)s(y)=B\left(\frac{x_2-x_1}{2}y+\frac{x_2-x_1}{2}\right)^{b_1}\left(\frac{x_2-x_1}{2}y+\frac{x_1-x_2}{2}\right)^{b_2}$$

$$=B\left(\frac{x_2-x_1}{2}\right)^{b_1+b_2}(-1)^{b_2}(1+y)^{b_1}(1-y)^{b_2}.$$

令 $B(-1)^{b_2}\left(\dfrac{x_2-x_1}{2}\right)^{b_1+b_2}=1$，并取 $s(y)=1-y^2$，则

$$\omega(y)=(1+y)^{b_1-1}(1-y)^{b_2-1}=(1+y)^{\mu}(1-y)^{\nu},\quad \mu,\nu>-1.$$

综上所述，可得如下性质：

① 若 $s(x)$ 为常数，取 $s(x)=1$，则 $\omega(x)=e^{-x^2}$；$a=-\infty$，$b=+\infty$. Rodrigues 方程所给出的多项式为 Hermite 多项式，记为 $H_n(x)$.

② 若 $s(x)$ 为一次式，取 $s(x)=x$，则 $\omega(x)=x^{\nu}e^{-x}$，$\nu>-1$；$a=0$，$b=+\infty$. Rodrigues 方程所给出的多项式为 Laguerre（拉盖尔）多项式，记为 $L_n^{\nu}(x)$.

③ 若 $s(x)$ 为二次式，取 $s(x)=1-x^2$，则 $\omega(x)=(1+x)^{\mu}(1-x)^{\nu}$，$\mu,\nu>-1$；$a=-1$，$b=1$. Rodrigues 方程所给出的多项式为 Jacobi（雅可比）多项式，记为 $P_n^{\mu,\nu}(x)$.

根据 μ,ν 的不同可将 Jacobi 多项式进一步分类：

① 当 $\mu=\nu=0$ 时，$\omega(x)=1$，所得多项式为 Legendre（勒让德）多项式，记为 $P_n(x)$.

② 当 $\mu=\nu=\lambda-\dfrac{1}{2}$，$\lambda>-\dfrac{1}{2}$ 时，$\omega(x)=(1-x^2)^{\lambda-\frac{1}{2}}$，所得多项式为 Gegenbauer（盖根鲍尔）多项式，记为 $C_n^{\lambda}(x)$.

当 $\lambda=0$ 时，$\omega(x)=(1-x^2)^{-\frac{1}{2}}$，所得多项式为 Chebyshev（切比雪夫）第一多项式，记为 $T_n(x)$. 当 $\lambda=1$ 时，$\omega(x)=(1-x^2)^{\frac{1}{2}}$，所得多项式为 Chebyshev 第二多项式，记为 $U_n(x)$.

8.3 递推关系

由第 7 章多项式之间的递推关系可知

$$F_{n+1}(x)=(\alpha_n x+\beta_n)F_n(x)+\gamma_n F_{n-1}(x). \tag{1}$$

将（1）式两端求导，得

$$F'_{n+1}(x) = \alpha_n F_n(x) + (\alpha_n x + \beta_n) F_n{}'(x) + \gamma_n F'_{n-1}(x).$$

将上式两端乘以 $\omega(x) s(x)$ 再求导，并利用关系式

$$(\omega(x) s(x) F'_n(x))' = \omega(x) \lambda_n F_n(x)$$

可得递推关系：

$$2\omega(x) s(x) \alpha_n F'_n(x) + \left[\alpha_n \frac{\mathrm{d}}{\mathrm{d}x} (\omega(x) s(x)) + \omega(x) \lambda_n (\alpha_n x + \beta_n) \right] F_n(x)$$

$$-\omega(x) \lambda_{n+1} F_{n+1}(x) + \omega(x) \gamma_n \lambda_{n-1} F_{n-1}(x) = 0. \tag{2}$$

将（1）式代入（2）式可得

$$2\omega(x) s(x) \alpha_n F'_n(x) + \left[\alpha_n \frac{\mathrm{d}}{\mathrm{d}x} (\omega(x) s(x)) + \omega(x) (\lambda_n - \lambda_{n+1}) (\alpha_n x + \beta_n) \right] F_n(x)$$

$$+\omega(x) \gamma_n (\lambda_{n-1} - \lambda_{n+1}) F_{n-1}(x) = 0. \tag{3}$$

将（1）式两端乘 $\omega(x)$ 并求导，得

$$(\omega(x) F_{n+1}(x))' = (\omega(x) (\alpha_n x + \beta_n) F_n(x))' + (\omega(x) \gamma_n F_{n-1}(x))'.$$

上式移项，得

$$(\omega(x) \gamma_n F_{n-1}(x))' = (\omega(x) F_{n+1}(x))' - (\omega(x) (\alpha_n x + \beta_n) F_n(x))'.$$

将（3）式求导并将上式代入，有

$$(2\omega(x) s(x) \alpha_n F'_n(x))'$$

$$+ \frac{\mathrm{d}}{\mathrm{d}x} \left\{ \left[\alpha_n \frac{\mathrm{d}}{\mathrm{d}x} (\omega(x) s(x)) + \omega(x) (\lambda_n - \lambda_{n+1}) (\alpha_n x + \beta_n) \right] F_n(x) \right\}$$

$$+ (\lambda_{n-1} - \lambda_{n+1}) (\omega(x) \gamma_n F_{n-1}(x))'$$

$$= 2\omega(x) \lambda_n \alpha_n F_n(x)$$

$$+ \frac{\mathrm{d}}{\mathrm{d}x} \left\{ \left[\alpha_n \frac{\mathrm{d}}{\mathrm{d}x} (\omega(x) s(x)) + \omega(x) (\lambda_n - \lambda_{n+1}) (\alpha_n x + \beta_n) \right] F_n(x) \right\}$$

$$+ (\lambda_{n-1} - \lambda_{n+1}) \left[(\omega(x) F_{n+1}(x))' - (\omega(x) (\alpha_n x + \beta_n) F_n(x))' \right]$$

$$= 2\omega(x) \lambda_n \alpha_n F_n(x)$$

$$+ \frac{\mathrm{d}}{\mathrm{d}x} \left\{ \left[\alpha_n \frac{\mathrm{d}}{\mathrm{d}x} (\omega(x) s(x)) + \omega(x) (\lambda_n - \lambda_{n-1}) (\alpha_n x + \beta_n) \right] F_n(x) \right\}$$

$$+ (\lambda_{n-1} - \lambda_{n+1}) \frac{\mathrm{d}}{\mathrm{d}x} (\omega(x) F_{n+1}(x))$$

$$= 0. \tag{4}$$

上述递推关系式相当复杂,是因为它们涵盖了所有类型的正交多项式. 若将 $F_n(x)$ 的类型限定为特殊的正交多项式,则其递推关系会相当简单,例如:

$$H'_n(x) = 2nH_{n-1}(x),$$
$$(1-x^2)P'_n(x) + nxP_n(x) - nP_{n-1}(x) = 0,$$
$$P'_{n+1}(x) - xP'_n(x) - (n+1)P_n(x) = 0,$$
$$P'_{n+1}(x) - P'_{n-1}(x) - (2n+1)P_n(x) = 0.$$

8.4 古典正交多项式举例

根据 Rodrigues 方程

$$F_n(x) = \frac{1}{K_n\omega(x)}\frac{\mathrm{d}^n}{\mathrm{d}x^n}(\omega(x)s^n(x))$$

确定多项式 $F_n(x)$ 时,需要给出 K_n, k_n, k'_n, h_n. K_n 是由于历史的原因给出的规一化因数,而

$$h_n = \int_a^b F_n^2(x)\omega(x)\mathrm{d}x = \frac{(-1)^n k_n n!}{K_n}\int_a^b \omega(x)s^n(x)\mathrm{d}x.$$

1. Hermite 多项式

在 Rodrigues 方程

$$F_n(x) = \frac{1}{K_n\omega(x)}\frac{\mathrm{d}^n}{\mathrm{d}x^n}(\omega(x)s^n(x))$$

中令 $K_n = (-1)^n$, $\omega(x) = \mathrm{e}^{-x^2}$, $s(x) = 1$,则

$$H_n(x) = (-1)^n \mathrm{e}^{x^2}\frac{\mathrm{d}^n}{\mathrm{d}x^n}(\mathrm{e}^{-x^2}) = \sum_{k=0}^{[n/2]}(-1)^k\frac{n!}{k!(n-2k)!}(2x)^{n-2k}. \quad (1)$$

因此,$k_n = 2^n$,$k'_n = 0$,$\alpha_n = \frac{k_{n+1}}{k_n} = 2$,$\beta_n = \alpha_n\left(\frac{k'_{n+1}}{k_{n+1}} - \frac{k'_n}{k_n}\right) = 0$,

$$h_n = \frac{(-1)^n k_n n!}{K_n}\int_a^b \omega(x)s^n(x)\mathrm{d}x$$
$$= 2^n n!\int_{-\infty}^{+\infty}\mathrm{e}^{-x^2}\mathrm{d}x = \sqrt{\pi}2^n n!,$$
$$\gamma_n = -\frac{h_n}{h_{n-1}}\frac{\alpha_n}{\alpha_{n-1}} = -2n.$$

于是有递推关系式

$$H_{n+1}(x) = 2xH_n(x) - 2nH_{n-1}(x), \tag{2}$$

且 $H_0(x) = 1$，$H_1(x) = 2x$. 由递推关系式（2）有

$$H_2(x) = 2xH_1(x) - 2H_0(x) = 4x^2 - 2.$$

依此类推，可求出 $H_n(x)$ 的表达式

$$H_n(x) = \sum_{k=0}^{[n/2]} (-1)^k \frac{n!}{k!(n-2k)!} (2x)^{n-2k}.$$

由于 $F_n(x)$ 满足微分方程

$$(\omega(x)s(x)F_n'(x))' = \omega(x)\lambda_n F_n(x),$$

其中 $\lambda_n = K_1 k_1 n + \sigma_2 n(n-1)$，则 $H_n(x)$ 满足微分方程

$$\frac{\mathrm{d}^2 H_n(x)}{\mathrm{d}x^2} - 2x \frac{\mathrm{d}H_n(x)}{\mathrm{d}x} + 2nH_n(x) = 0.$$

2. Laguerre 多项式

在 Rodrigues 方程

$$F_n(x) = \frac{1}{K_n \omega(x)} \frac{\mathrm{d}^n}{\mathrm{d}x^n} (\omega(x)s^n(x))$$

中令 $K_n = n!$，$\omega(x) = x^\nu \mathrm{e}^{-x}$，$s(x) = x$，则

$$
\begin{aligned}
L_n^\nu(x) &= \frac{1}{n! x^\nu \mathrm{e}^{-x}} \frac{\mathrm{d}^n}{\mathrm{d}x^n}(x^\nu \mathrm{e}^{-x} x^n) = \frac{1}{n! x^\nu \mathrm{e}^{-x}} \frac{\mathrm{d}^n}{\mathrm{d}x^n}(\mathrm{e}^{-x} x^{\nu+n}) \\
&= \frac{1}{n! x^\nu \mathrm{e}^{-x}} \sum_{k=0}^{n} \mathrm{C}_n^k \frac{\mathrm{d}^{n-k}}{\mathrm{d}x^{n-k}}(\mathrm{e}^{-x}) \frac{\mathrm{d}^k}{\mathrm{d}x^k}(x^{\nu+n}) \\
&= \frac{1}{n!} \sum_{k=0}^{n} \mathrm{C}_n^k \frac{\Gamma(n+\nu+1)}{\Gamma(n+\nu-(k-1))} (-x)^{n-k}.
\end{aligned}
$$

因此，$k_n = \dfrac{(-1)^n}{n!}$，$k_n' = (-1)^n \dfrac{n+\nu}{(n-1)!}$，$\alpha_n = -\dfrac{1}{n+1}$，$\beta_n = \dfrac{2n+\nu+1}{n+1}$，

$$h_n = \frac{(-1)^n k_n n!}{K_n} \int_a^b \omega(x)s^n(x)\mathrm{d}x = \frac{1}{n!} \int_0^{+\infty} x^{n+\nu} \mathrm{e}^{-x} \mathrm{d}x = \frac{\Gamma(n+\nu+1)}{\Gamma(n+1)},$$

$\gamma_n = -\dfrac{n+\nu}{n+1}$.

于是有递推关系

$$(n+1)L_{n+1}^\nu(x) = (2n+\nu+1-x)L_n^\nu(x) - (n+\nu)L_{n-1}^\nu(x), \tag{3}$$

且 $L_0^\nu(x) = 1$，$L_1^\nu(x) = \nu + 1 - x$. 由递推关系式（3）式有

$$2L_2^\nu(x) = (\nu + 3 - x)L_1^\nu(x) - (\nu + 1)L_0^\nu(x) = (\nu + 3 - x)(\nu + 1 - x) - (\nu + 1),$$

即 $L_2^\nu(x) = \dfrac{x^2}{2} - (\nu + 2)x + \dfrac{1}{2}(\nu + 1)(\nu + 2)$. 由（3）式可依次给出 $L_n^\nu(x)$:

$$L_n^\nu(x) = \frac{1}{n!}\sum_{k=0}^{n} \mathrm{C}_n^k \frac{\Gamma(n+\nu+1)}{\Gamma(n+\nu-(k-1))}(-x)^{n-k}.$$

由于 $F_n(x)$ 满足微分方程

$$(\omega(x)s(x)F_n'(x))' = \omega(x)\lambda_n F_n(x),$$

其中 $\lambda_n = K_1 k_1 n + \sigma_2 n(n-1)$，则 $L_n^\nu(x)$ 满足微分方程

$$x\frac{\mathrm{d}^2 L_n^\nu(x)}{\mathrm{d}x^2} + (\nu + 1 - x)\frac{\mathrm{d}L_n^\nu(x)}{\mathrm{d}x} + nL_n^\nu(x) = 0.$$

3. Legendre 多项式

在 Rodrigues 方程

$$F_n(x) = \frac{1}{K_n\omega(x)}\frac{\mathrm{d}^n}{\mathrm{d}x^n}(\omega(x)s^n(x))$$

中令 $K_n = (-1)^n 2^n n!$，$\omega(x) = 1$，$s(x) = 1 - x^2$，则

$$P_n(x) = \frac{(-1)^n}{2^n n!}\frac{\mathrm{d}^n}{\mathrm{d}x^n}[(1-x^2)^n] = \frac{(-1)^n}{2^n n!}\sum_{k=0}^{[n/2]}(-1)^{n-k}\mathrm{C}_n^k(x^{2n-2k})^{(n)}$$

$$= \frac{1}{2^n}\sum_{k=0}^{[n/2]}(-1)^k\frac{(2n-2k)!}{k!(n-k)!(n-2k)!}x^{n-2k}.$$

因此，$k_n = \dfrac{2^n \Gamma\left(n+\dfrac{1}{2}\right)}{n!\Gamma\left(\dfrac{1}{2}\right)}$，$k_n' = 0$，$\alpha_n = \dfrac{2n+1}{n+1}$，$\beta_n = 0$，

$$h_n = \frac{(-1)^n k_n n!}{K_n}\int_a^b \omega(x)s^n(x)\mathrm{d}x = \frac{\Gamma\left(n+\dfrac{1}{2}\right)}{n!\Gamma\left(\dfrac{1}{2}\right)}\int_{-1}^{1}(1-x^2)^n\mathrm{d}x = \frac{2}{2n+1},$$

以及 $\gamma_n = \dfrac{-n}{n+1}$. 于是有递推关系

$$(n+1)P_{n+1}(x) = (2n+1)xP_n(x) - nP_{n-1}(x), \tag{4}$$

且 $P_0(x) = 1$，$P_1(x) = x$. 由递推关系式（4）有

$$2P_2(x) = 3xP_1(x) - P_0(x) = 3x^2 - 1.$$

即 $P_2(x) = \dfrac{3}{2}x^2 - \dfrac{1}{2}$. 依此类推, 可求出 $P_n(x)$ 的表达式

$$P_n(x) = \frac{1}{2^n} \sum_{k=0}^{[n/2]} (-1)^k \frac{(2n-2k)!}{k!(n-k)!(n-2k)!} x^{n-2k}.$$

由于 $F_n(x)$ 满足微分方程

$$(\omega(x)s(x)F_n'(x))' = \omega(x)\lambda_n F_n(x),$$

其中 $\lambda_n = K_1 k_1 n + \sigma_2 n(n-1)$, 则 $P_n(x)$ 满足微分方程

$$(1-x^2)\frac{\mathrm{d}^2 P_n(x)}{\mathrm{d}x^2} - 2x \frac{\mathrm{d} P_n(x)}{\mathrm{d}x} + n(n+1)P_n(x) = 0.$$

4. Jacobi 多项式

在 Rodrigues 方程

$$F_n(x) = \frac{1}{K_n \omega(x)} \frac{\mathrm{d}^n}{\mathrm{d}x^n} (\omega(x)s^n(x))$$

中令 $K_n = (-2)^n n!$, $\omega(x) = (1+x)^\mu(1-x)^\nu$, $s(x) = 1 - x^2$, 则

$$P_n^{\mu,\nu}(x) = \frac{(-1)^n}{2^n n!}(1+x)^{-\mu}(1-x)^{-\nu} \frac{\mathrm{d}^n}{\mathrm{d}x^n}\left[(1+x)^{n+\mu}(1-x)^{n+\nu}\right]$$

$$= \frac{(-1)^n}{2^n n!}(1+x)^{-\mu}(1-x)^{-\nu}$$

$$\cdot \sum_{k=0}^{n} \frac{\Gamma(n+\mu+1)\Gamma(n+\nu+1)}{\Gamma(k+\mu+1)\Gamma(n+\nu-k+1)} (-1)^k \mathrm{C}_n^k (1+x)^{k+\mu}(1-x)^{n+\nu-k}$$

$$= \frac{(-1)^n}{2^n n!} \sum_{k=0}^{n} \frac{\Gamma(n+\mu+1)\Gamma(n+\nu+1)}{\Gamma(k+\mu+1)\Gamma(n+\nu-k+1)} (-1)^k \mathrm{C}_n^k (1+x)^{k}(1-x)^{n-k}$$

$$= \frac{(-1)^n}{2^n n!} \sum_{k=0}^{n} \frac{\Gamma(n+\mu+1)\Gamma(n+\nu+1)}{\Gamma(k+\mu+1)\Gamma(n+\nu-k+1)} (-1)^k \mathrm{C}_n^k \sum_{i=0}^{k}\sum_{j=0}^{n-k} (-1)^j \mathrm{C}_k^i \mathrm{C}_{n-k}^j x^{i+j}.$$

因此

$$k_n = \frac{(-1)^n}{2^n n!} \sum_{k=0}^{n} \frac{\Gamma(n+\mu+1)\Gamma(n+\nu+1)}{\Gamma(k+\mu+1)\Gamma(n+\nu-k+1)} (-1)^k \mathrm{C}_n^k (-1)^{n-k} \mathrm{C}_k^k \mathrm{C}_{n-k}^{n-k}$$

$$= \frac{\Gamma(n+\mu+1)\Gamma(n+\nu+1)}{2^n n!} \sum_{k=0}^{n} \frac{\mathrm{C}_n^k}{\Gamma(k+\mu+1)\Gamma(n+\nu-k+1)}$$

$$= \frac{\Gamma(2n+\mu+\nu+1)}{2^n n! \Gamma(n+\mu+\nu+1)},$$

$$
\begin{aligned}
k_n' ={}& \frac{(-1)^n}{2^n\,n!} \sum_{k=0}^{n} \frac{\Gamma(n+\mu+1)\Gamma(n+\nu+1)}{\Gamma(k+\mu+1)\Gamma(n+\nu-k+1)} \\
& \cdot (-1)^k \mathrm{C}_n^k [(-1)^{n-k}\mathrm{C}_k^{k-1}\mathrm{C}_{n-k}^{n-k} + (-1)^{n-k+1}\mathrm{C}_k^k\mathrm{C}_{n-k}^{n-k-1}] \\
={}& \frac{\Gamma(n+\mu+1)\Gamma(n+\nu+1)}{2^n\,n!} \sum_{k=0}^{n} \frac{\mathrm{C}_n^k}{\Gamma(k+\mu+1)\Gamma(n+\nu-k+1)}(\mathrm{C}_k^{k-1}-\mathrm{C}_{n-k}^{n-k-1}) \\
={}& \frac{\Gamma(n+\mu+1)\Gamma(n+\nu+1)}{2^n\,n!} \sum_{k=0}^{n} \frac{(2k-n)\mathrm{C}_n^k}{\Gamma(k+\mu+1)\Gamma(n+\nu-k+1)} \\
={}& n(\nu-\mu)\frac{\Gamma(2n+\mu+\nu)}{2^n\,n!\,\Gamma(n+\mu+\nu+1)} = \frac{n(\nu-\mu)}{2n+\mu+\nu}k_n.
\end{aligned}
$$

于是

$$
\begin{aligned}
\alpha_n ={}& \frac{k_{n+1}}{k_n} = \frac{2^n\,n!}{2^{n+1}(n+1)!}\frac{\Gamma(2n+\mu+\nu+3)\Gamma(n+\mu+\nu+1)}{\Gamma(n+\mu+\nu+2)\Gamma(2n+\mu+\nu+1)} \\
={}& \frac{(2n+\mu+\nu+2)(2n+\mu+\nu+1)}{2(n+1)(n+\mu+\nu+1)},
\end{aligned}
$$

$$
\begin{aligned}
\beta_n ={}& \alpha_n\left(\frac{k_{n+1}'}{k_{n+1}} - \frac{k_n'}{k_n}\right) \\
={}& \frac{(2n+\mu+\nu+2)(2n+\mu+\nu+1)}{2(n+1)(n+\mu+\nu+1)}\left(\frac{(n+1)(\nu-\mu)}{2n+2+\nu+\mu} - \frac{n(\nu-\mu)}{2n+\nu+\mu}\right) \\
={}& \frac{(2n+\mu+\nu+2)(2n+\mu+\nu+1)(\nu^2-\mu^2)}{2(n+1)(n+\mu+\nu+1)(2n+\mu+\nu)(2n+\mu+\nu+2)},
\end{aligned}
$$

$$
\begin{aligned}
h_n ={}& \frac{(-1)^n k_n n!}{K_n}\int_a^b \omega(x)s^n(x)\mathrm{d}x \\
={}& \frac{(-1)^n\Gamma(2n+\nu+\mu+1)n!}{2^n\,n!\,\Gamma(n+\nu+\mu+1)(-2)^n\,n!}\int_{-1}^{1}(1+x)^{n+\mu}(1-x)^{n+\nu}\mathrm{d}x \\
={}& \frac{2^{\mu+\nu+1}\Gamma(n+\mu+1)\Gamma(n+\nu+1)}{n!(2n+\mu+\nu+1)\Gamma(n+\mu+\nu+1)}.
\end{aligned}
$$

因此

$$
\gamma_n = -\frac{h_n}{h_{n-1}}\frac{\alpha_n}{\alpha_{n-1}} = -\frac{(n+\mu)(n+\nu)(2n+\mu+\nu+2)}{(n+1)(n+\nu+\mu+1)(2n+\mu+\nu)}.
$$

于是有递推关系

$$
\begin{aligned}
& 2(n+1)(n+\mu+\nu+1)(2n+\mu+\nu)P_{n+1}^{\mu,\nu}(x) \\
& = (2n+\mu+\nu+1)[(2n+\mu+\nu)(2n+\mu+\nu+2)x+\nu^2-\mu^2]P_n^{\mu,\nu}(x) \\
& \quad -2(n+\mu)(n+\nu)(2n+\mu+\nu+2)P_{n-1}^{\mu,\nu}(x). \tag{5}
\end{aligned}
$$

由公式（5）可得 $P_n^{\mu,\nu}(x)$ 的表达式

$$P_n^{\mu,\nu}(x)=\frac{(-1)^n}{2^n\,n!}\sum_{k=0}^{n}\frac{\Gamma(n+\mu+1)\Gamma(n+\nu+1)}{\Gamma(k+\mu+1)\Gamma(n+\nu-k+1)}(-1)^k\,\mathrm{C}_n^k(1+x)^k(1-x)^{n-k}.$$

由于 $F_n(x)$ 满足微分方程

$$\left(\omega(x)s(x)F_n'(x)\right)'=\omega(x)\lambda_nF_n(x),$$

其中 $\lambda_n=K_1k_1n+\sigma_2n(n-1)$，则 $P_n^{\mu,\nu}(x)$ 满足微分方程

$$(1-x^2)\frac{\mathrm{d}^2P_n^{\mu,\nu}(x)}{\mathrm{d}x^2}+[\mu-\nu-(\mu+\nu+2)x]\frac{\mathrm{d}P_n^{\mu,\nu}(x)}{\mathrm{d}x}+n(n+\mu+\nu+1)P_n^{\mu,\nu}(x)=0.$$

5. Gegenbauer 多项式

在 Rodrigues 方程

$$F_n(x)=\frac{1}{K_n\omega(x)}\frac{\mathrm{d}^n}{\mathrm{d}x^n}(\omega(x)s^n(x))$$

中令 $K_n=(-2)^n\,n!\dfrac{\Gamma\left(n+\lambda+\dfrac{1}{2}\right)\Gamma(2\lambda)}{\Gamma(n+2\lambda)\Gamma\left(\lambda+\dfrac{1}{2}\right)}$，$\omega(x)=(1-x^2)^{\lambda-\frac{1}{2}}$，$s(x)=1-x^2$，则

$$\begin{aligned}
C_n^\lambda(x)&=\frac{(-1)^n}{2^n\,n!}\frac{\Gamma(n+2\lambda)\Gamma\left(\lambda+\dfrac{1}{2}\right)}{\Gamma\left(n+\lambda+\dfrac{1}{2}\right)\Gamma(2\lambda)}(1-x^2)^{-\lambda+\frac{1}{2}}\frac{\mathrm{d}^n}{\mathrm{d}x^n}\left[(1-x^2)^{n+\lambda-\frac{1}{2}}\right]\\
&=\frac{(-1)^n}{2^n\,n!}\frac{\Gamma(n+2\lambda)\Gamma\left(\lambda+\dfrac{1}{2}\right)}{\Gamma\left(n+\lambda+\dfrac{1}{2}\right)\Gamma(2\lambda)}(1-x^2)^{-\lambda+\frac{1}{2}}\cdot\frac{\mathrm{d}^n}{\mathrm{d}x^n}\left[(1+x)^{n+\lambda-\frac{1}{2}}(1-x)^{n+\lambda-\frac{1}{2}}\right]\\
&=\frac{(-1)^n}{2^n\,n!}\frac{\Gamma(n+2\lambda)\Gamma\left(\lambda+\dfrac{1}{2}\right)}{\Gamma\left(n+\lambda+\dfrac{1}{2}\right)\Gamma(2\lambda)}(1-x^2)^{-\lambda+\frac{1}{2}}\sum_{k=0}^{n}\mathrm{C}_n^k\left[(1+x)^{n+\lambda-\frac{1}{2}}\right]^{(n-k)}\left[(1-x)^{n+\lambda-\frac{1}{2}}\right]^{(k)}\\
&=\frac{(-1)^n}{2^n\,n!}\frac{\Gamma(n+2\lambda)\Gamma\left(\lambda+\dfrac{1}{2}\right)}{\Gamma(2\lambda)}(1-x^2)^{-\lambda+\frac{1}{2}}\\
&\quad\cdot\sum_{k=0}^{n}\frac{\Gamma\left(n+\lambda+\dfrac{1}{2}\right)}{\Gamma\left(k+\lambda+\dfrac{1}{2}\right)\Gamma\left(n+\lambda+\dfrac{1}{2}-k\right)}(-1)^k\,\mathrm{C}_n^k(1+x)^{k+\lambda-\frac{1}{2}}(1-x)^{n+\lambda-\frac{1}{2}-k}
\end{aligned}$$

$$- \frac{(-1)^n}{2^n\, n!} \frac{\Gamma(n+2\lambda)\Gamma\left(\lambda+\frac{1}{2}\right)}{\Gamma(2\lambda)}$$

$$\cdot \sum_{k=0}^{n} \frac{\Gamma\left(n+\lambda+\frac{1}{2}\right)}{\Gamma\left(k+\lambda+\frac{1}{2}\right)\Gamma\left(n+\lambda+\frac{1}{2}-k\right)} (-1)^k \mathrm{C}_n^k (1+x)^k (1-x)^{n-k}$$

$$= \frac{(-1)^n}{2^n\, n!} \frac{\Gamma(n+2\lambda)\Gamma\left(\lambda+\frac{1}{2}\right)}{\Gamma(2\lambda)}$$

$$\cdot \sum_{k=0}^{n} \frac{\Gamma\left(n+\lambda+\frac{1}{2}\right)}{\Gamma\left(k+\lambda+\frac{1}{2}\right)\Gamma\left(n+\lambda+\frac{1}{2}-k\right)} (-1)^k \mathrm{C}_n^k \sum_{i=0}^{k}\sum_{j=0}^{n-k} (-1)^j \mathrm{C}_k^i \mathrm{C}_{n-k}^j x^{i+j}.$$

经计算，可得 $k_n = \dfrac{2^n}{n!}\dfrac{\Gamma(n+\lambda)}{\Gamma(\lambda)}$，$k_n' = 0$。

同样也可以利用上述 Jacobi 多项式的结果来导出 k_n，即

$$k_n = \frac{\Gamma(2n+\mu+\nu+1)}{2^n\, n!\,\Gamma(n+\mu+\nu+1)} \frac{\Gamma(n+2\lambda)\Gamma\left(\lambda+\frac{1}{2}\right)}{\Gamma\left(n+\lambda+\frac{1}{2}\right)\Gamma(2\lambda)}.$$

令 $\mu=\nu=\lambda-\dfrac{1}{2}$，可得

$$k_n = \frac{\Gamma(2n+2\lambda)}{2^n\, n!\,\Gamma(n+2\lambda)} \frac{\Gamma(n+2\lambda)\Gamma\left(\lambda+\frac{1}{2}\right)}{\Gamma\left(n+\lambda+\frac{1}{2}\right)\Gamma(2\lambda)}.$$

应用 $\Gamma(2z)=2^{2z-1}\pi^{-\frac{1}{2}}\Gamma(z)\Gamma\left(z+\dfrac{1}{2}\right)$，整理可得

$$k_n = \frac{2^n}{n!}\frac{\Gamma(n+\lambda)}{\Gamma(\lambda)}.$$

因此，

$$\alpha_n = \frac{k_{n+1}}{k_n} = \frac{2(n+\lambda)}{n+1}，\quad \beta_n=0，\quad h_n = \frac{\sqrt{\pi}\,\Gamma(n+2\lambda)\Gamma\left(\lambda+\frac{1}{2}\right)}{n!\,(n+\lambda)\Gamma(2\lambda)\Gamma(\lambda)}.$$

于是 $\gamma_n = -\dfrac{n+2\lambda-1}{n+1}$。因此有递推关系

$$(n+1)C_{n+1}^{\lambda}(x)=2(n+\lambda)xC_n^{\lambda}(x)-(n+2\lambda-1)C_{n-1}^{\lambda}(x).\qquad(6)$$

由公式（6）可得 $C_n^{\lambda}(x)$ 的表达式

$$C_n^{\lambda}(x)=\frac{(-1)^n}{2^n n!}\frac{\Gamma(n+2\lambda)\Gamma\left(\lambda+\frac{1}{2}\right)}{\Gamma(2\lambda)}$$

$$\cdot\sum_{k=0}^n\frac{\Gamma\left(n+\lambda+\frac{1}{2}\right)}{\Gamma\left(k+\lambda+\frac{1}{2}\right)\Gamma\left(n+\lambda+\frac{1}{2}-k\right)}(-1)^k C_n^k(1+x)^k(1-x)^{n-k}.$$

由于 $F_n(x)$ 满足微分方程

$$(\omega(x)s(x)F_n'(x))'=\omega(x)\lambda_n F_n(x),$$

其中 $\lambda_n=K_1 k_1 n+\sigma_2 n(n-1)$，则 $C_n^{\lambda}(x)$ 满足微分方程

$$(1-x^2)\frac{d^2 C_n^{\lambda}(x)}{dx^2}-(2\lambda+1)x\frac{dC_n^{\lambda}(x)}{dx}+n(n+2\lambda)C_n^{\lambda}(x)=0.$$

6. Chebyshev 第一多项式

在 Rodrigues 方程

$$F_n(x)=\frac{1}{K_n\omega(x)}\frac{d^n}{dx^n}(\omega(x)s^n(x))$$

中令 $K_n=(-1)^n\frac{(2n)!}{2^n n!}$，$\omega(x)=(1-x^2)^{-\frac{1}{2}}$，$s(x)=1-x^2$，则

$$T_n(x)=\frac{(-1)^n 2^n n!}{(2n)!}(1-x^2)^{\frac{1}{2}}\frac{d^n}{dx^n}[(1-x^2)^{n-\frac{1}{2}}]$$

$$=\frac{(-1)^n 2^n n!}{(2n)!}(1-x^2)^{\frac{1}{2}}\frac{d^n}{dx^n}[(1+x)^{n-\frac{1}{2}}(1-x)^{n-\frac{1}{2}}]$$

$$=\frac{(-1)^n 2^n n!}{(2n)!}\sum_{k=0}^n\frac{\Gamma\left(n+\frac{1}{2}\right)\Gamma\left(n+\frac{1}{2}\right)}{\Gamma\left(k+\frac{1}{2}\right)\Gamma\left(n-k+\frac{1}{2}\right)}(-1)^k C_n^k\sum_{i=0}^k\sum_{j=0}^{n-k}(-1)^j C_k^i C_{n-k}^j x^{i+j}.$$

因此，$k_n=2n-1$，$k_n'=0$，于是 $\alpha_n=2$，$\beta_n=0$，$h_n=\frac{\pi}{2}$，$\gamma_n=-1$. 则有递推关系

$$T_{n+1}(x)=2xT_n(x)-T_{n-1}(x),\qquad(7)$$

且 $T_0(x)=1$，$T_1(x)=x$. 由递推关系（7）有

$$T_2(x) = 2xT_1(x) - T_0(x) = 2x^2 - 1.$$

依此类推，可以求出 $T_n(x)$ 的表达式

$$T_n(x) = \frac{(-1)^n 2^n n!}{(2n)!} \sum_{k=0}^{n} \frac{\Gamma\left(n + \frac{1}{2}\right)\Gamma\left(n + \frac{1}{2}\right)}{\Gamma\left(k + \frac{1}{2}\right)\Gamma\left(n - k + \frac{1}{2}\right)} (-1)^k C_n^k (1+x)^k (1-x)^{n-k}.$$

由于 $F_n(x)$ 满足微分方程

$$(\omega(x)s(x)F_n'(x))' = \omega(x)\lambda_n F_n(x),$$

其中 $\lambda_n = K_1 k_1 n + \sigma_2 n(n-1)$，则 $T_n(x)$ 满足微分方程

$$(1-x^2)\frac{d^2 T_n(x)}{dx^2} - x\frac{dT_n(x)}{dx} + n^2 T_n(x) = 0.$$

7. Chebyshev 第二多项式

在 Rodrigues 方程

$$F_n(x) = \frac{1}{K_n \omega(x)} \frac{d^n}{dx^n}(\omega(x)s^n(x))$$

中令 $K_n = (-1)^n \dfrac{(2n+1)!}{2^n(n+1)!}$，$\omega(x) = (1-x^2)^{\frac{1}{2}}$，$s(x) = 1-x^2$，则

$$U_n(x) = \frac{(-1)^n 2^n (n+1)!}{(2n+1)!} (1-x^2)^{-\frac{1}{2}} \frac{d^n}{dx^n}[(1-x^2)^{n+\frac{1}{2}}]$$

$$= \frac{(-1)^n 2^n (n+1)!}{(2n+1)!} (1-x^2)^{-\frac{1}{2}} \frac{d^n}{dx^n}[(1+x)^{n+\frac{1}{2}}(1-x)^{n+\frac{1}{2}}]$$

$$= \frac{(-1)^n 2^n (n+1)!}{(2n+1)!} \sum_{k=0}^{n} \frac{\Gamma\left(n + \frac{3}{2}\right)\Gamma\left(n + \frac{3}{2}\right)}{\Gamma\left(k + \frac{3}{2}\right)\Gamma\left(n - k + \frac{3}{2}\right)} (-1)^k C_n^k \sum_{i=0}^{k}\sum_{j=0}^{n-k} (-1)^j C_k^i C_{n-k}^j x^{i+j}.$$

因此，$k_n = 2^n$，$k_n' = 0$．于是 $\alpha_n = 2$，$\beta_n = 0$，$h_n = \dfrac{\pi}{2}$，$\gamma_n = -1$．则有递推关系

$$U_{n+1}(x) = 2xU_n(x) - U_{n-1}(x), \tag{8}$$

且 $U_0(x) = 1$，$U_1(x) = 2x$．由递推关系（8）有

$$U_2(x) = 2xU_1(x) - U_0(x) = 4x^2 - 1.$$

依此类推，可以求出 $U_n(x)$ 的表达式

$$U_n(x) = \frac{(-1)^n 2^n (n+1)!}{(2n+1)!} \sum_{k=0}^{n} \frac{\Gamma\left(n+\frac{3}{2}\right)\Gamma\left(n+\frac{3}{2}\right)}{\Gamma\left(k+\frac{3}{2}\right)\Gamma\left(n-k+\frac{3}{2}\right)} (-1)^k C_n^k (1+x)^k (1-x)^{n-k}.$$

由于 $F_n(x)$ 满足微分方程

$$(\omega(x)s(x)F_n'(x))' = \omega(x)\lambda_n F_n(x),$$

其中 $\lambda_n = K_1 k_1 n + \sigma_2 n(n-1)$，则 $U_n(x)$ 满足微分方程

$$(1-x^2)\frac{\mathrm{d}^2 U_n(x)}{\mathrm{d}x^2} - 3x\frac{\mathrm{d}U_n(x)}{\mathrm{d}x} + n(n+2)U_n(x) = 0.$$

Hermite 多项式 $H_n(x) = \sum_{k=0}^{[n/2]} (-1)^k \frac{n!}{k!(n-2k)!}(2x)^{n-2k}$ 可由

$$\frac{\mathrm{d}^2 H_n(x)}{\mathrm{d}x^2} - 2x\frac{\mathrm{d}H_n(x)}{\mathrm{d}x} + 2n H_n(x) = 0$$

给出，也可由 $H_{n+1}(x) = 2xH_n(x) - 2nH_{n-1}(x)$ 及 $H_0(x) = 1$，$H_1(x) = 2x$ 给出. 由于

$$\int_{-\infty}^{+\infty} \mathrm{e}^{-x^2} H_n(x)H_m(x)\mathrm{d}x = \delta_{mn} 2^n n! \Gamma\left(\frac{1}{2}\right),$$

可知 Hermite 多项式 $H_n(x)$ 为 $L_\omega^2((-\infty,+\infty))$ 的基. 因此，$\forall f(x) \in L_\omega^2((-\infty,+\infty))$，有 $f(x) = \sum_{n=0}^{+\infty} a_n H_n(x)$，其中

$$a_n = \frac{1}{2^n n! \Gamma\left(\frac{1}{2}\right)} \int_{-\infty}^{+\infty} \mathrm{e}^{-x^2} f(x)H_n(x)\mathrm{d}x.$$

Laguerre 多项式 $L_n^\nu(x) = \frac{1}{n!} \sum_{k=0}^{n} C_n^k \frac{\Gamma(n+\nu+1)}{\Gamma(n+\nu-(k-1))}(-x)^{n-k}$ 可由

$$x\frac{\mathrm{d}^2 L_n^\nu(x)}{\mathrm{d}x^2} + (\nu+1-x)\frac{\mathrm{d}L_n^\nu(x)}{\mathrm{d}x} + n L_n^\nu(x) = 0$$

给 出 ，也 可 由 $(n+1)L_{n+1}^\nu(x) = (2n+\nu+1-x)L_n^\nu(x) - (n+\nu)L_{n-1}^\nu(x)$ 及 $L_0^\nu(x) = 1$，$L_1^\nu(x) = \nu+1-x$ 给出. 由于

$$\int_0^{+\infty} x^\nu \mathrm{e}^{-x} L_n^\nu(x)L_m^\nu(x)\mathrm{d}x = \delta_{mn} \frac{\Gamma(n+\nu+1)}{\Gamma(n+1)},$$

可知 Laguerre 多项式 $L_n^\nu(x)$ 为 $L_\omega^2((0,+\infty))$ 的基. 因此，$\forall f(x) \in L_\omega^2((0,+\infty))$，有 $f(x) = \sum_{n=0}^{+\infty} a_n^{(\nu)} L_n^\nu(x)$，其中

$$a_n^{(\nu)} = \frac{\Gamma(n+1)}{\Gamma(n+\nu+1)} \int_0^{+\infty} x^\nu e^{-x} f(x) L_n^\nu(x) \mathrm{d}x\,.$$

Legendre 多项式 $P_n(x) = \dfrac{1}{2^n} \sum\limits_{k=0}^{[n/2]} (-1)^k \dfrac{(2n-2k)!}{k!(n-k)!(n-2k)!} x^{n-2k}$ 可由

$$(1-x^2) \frac{\mathrm{d}^2 P_n(x)}{\mathrm{d}x^2} - 2x \frac{\mathrm{d}P_n(x)}{\mathrm{d}x} + n(n+1)P_n(x) = 0$$

给出，也可由 $(n+1)P_{n+1}(x) = (2n+1)xP_n(x) - nP_{n-1}(x)$ 及 $P_0(x) = 1$，$P_1(x) = x$ 给出. 由于

$$\int_{-1}^1 P_n(x)P_m(x) \mathrm{d}x = \delta_{mn} \frac{2}{2n+1}\,,$$

可知 Legendre 多项式 $P_n(x)$ 为 $L^2([-1,1])$ 的基. 因此，$\forall f(x) \in L^2([-1,1])$，有 $f(x) = \sum\limits_{n=0}^{+\infty} b_n P_n(x)$，其中 $b_n = \dfrac{2n+1}{2} \int_{-1}^1 f(x)P_n(x) \mathrm{d}x$.

Jacobi 多项式

$$P_n^{\mu,\nu}(x) = \frac{(-1)^n}{2^n n!} \sum_{k=0}^n \frac{\Gamma(n+\mu+1)\Gamma(n+\nu+1)}{\Gamma(k+\mu+1)\Gamma(n+\nu-k+1)} (-1)^k \mathrm{C}_n^k (1+x)^k (1-x)^{n-k}$$

可由

$$(1-x^2) \frac{\mathrm{d}^2 P_n^{\mu,\nu}(x)}{\mathrm{d}x^2} + [\mu-\nu-(\mu+\nu+2)x] \frac{\mathrm{d}P_n^{\mu,\nu}(x)}{\mathrm{d}x} + n(n+\mu+\nu+1)P_n^{\mu,\nu}(x) = 0$$

给出，也可由

$$2(n+1)(n+\mu+\nu+1)(2n+\mu+\nu)P_{n+1}^{\mu,\nu}(x)$$
$$= (2n+\mu+\nu+1)[(2n+\mu+\nu)(2n+\mu+\nu+2)x + \nu^2 - \mu^2]P_n^{\mu,\nu}(x)$$
$$-2(n+\mu)(n+\nu)(2n+\mu+\nu+2)P_{n-1}^{\mu,\nu}(x)$$

及 $P_0^{\mu,\nu}(x) = 1$，$P_1^{\mu,\nu}(x) = \dfrac{\mu+\nu+2}{2}x + \dfrac{\nu-\mu}{2}$ 给出. 由于

$$\int_{-1}^1 (1+x)^\mu (1-x)^\nu P_n^{\mu,\nu}(x) P_m^{\mu,\nu}(x) \mathrm{d}x = \delta_{mn} \frac{2^{\mu+\nu+1}\Gamma(n+\mu+1)\Gamma(n+\nu+1)}{n!(2n+\mu+\nu+1)\Gamma(n+\mu+\nu+1)}\,,$$

可知 Jacobi 多项式 $P_n^{\mu,\nu}(x)$ 为 $L_\omega^2([-1,1])$ 的基. 此处取

$$\omega(x) = (1+x)^\mu (1-x)^\nu\,.$$

因此，$\forall f(x) \in L_\omega^2([-1,1])$，有 $f(x) = \sum\limits_{n=0}^{+\infty} a_n^{(\mu,\nu)} P_n^{\mu,\nu}(x)$，其中

$$a_n^{(\mu,\nu)} = \frac{n!(2n+\mu+\nu+1)\Gamma(n+\mu+\nu+1)}{2^{\mu+\nu+1}\Gamma(n+\mu+1)\Gamma(n+\nu+1)}\int_{-1}^{1}(1+x)^\mu(1-x)^\nu f(x)P_n^{\mu,\nu}(x)\mathrm{d}x.$$

Gegenbauer 多项式

$$C_n^\lambda(x) = \frac{(-1)^n}{2^n\,n!}\frac{\Gamma(n+2\lambda)\Gamma\left(\lambda+\frac{1}{2}\right)}{\Gamma(2\lambda)}$$

$$\cdot\sum_{k=0}^{n}\frac{\Gamma\left(n+\lambda+\frac{1}{2}\right)}{\Gamma\left(k+\lambda+\frac{1}{2}\right)\Gamma\left(n+\lambda+\frac{1}{2}-k\right)}(-1)^k\,\mathrm{C}_n^k(1+x)^k(1-x)^{n-k}$$

可由

$$(1-x^2)\frac{\mathrm{d}^2 C_n^\lambda(x)}{\mathrm{d}x^2} - (2\lambda+1)x\frac{\mathrm{d}\,C_n^\lambda(x)}{\mathrm{d}x} + n(n+2\lambda)C_n^\lambda(x) = 0$$

给出，也可由

$$(n+1)C_{n+1}^\lambda(x) = 2(n+\lambda)xC_n^\lambda(x) - (n+2\lambda-1)C_{n-1}^\lambda(x)$$

及 $C_0^\lambda(x) = 1$，$C_1^\lambda(x) = 2\lambda x$ 给出. 由于

$$\int_{-1}^{1}(1-x^2)^{\lambda-\frac{1}{2}}C_n^\lambda(x)C_m^\lambda(x)\mathrm{d}x = \delta_{mn}\frac{\sqrt{\pi}\Gamma(n+2\lambda)\Gamma\left(\lambda+\frac{1}{2}\right)}{n!(n+\lambda)\Gamma(2\lambda)\Gamma(\lambda)},$$

可知 Gegenbauer 多项式 $C_n^\lambda(x)$ 为 $L_\omega^2([-1,1])$ 的基. 此处取 $\omega(x) = (1-x^2)^{\lambda-\frac{1}{2}}$. 因此，$\forall f(x)\in L_\omega^2([-1,1])$，有 $f(x) = \sum_{n=0}^{+\infty}a_n^{(\lambda)}C_n^\lambda(x)$，其中

$$a_n^{(\lambda)} = \frac{n!(n+\lambda)\Gamma(2\lambda)\Gamma(\lambda)}{\sqrt{\pi}\Gamma(n+2\lambda)\Gamma\left(\lambda+\frac{1}{2}\right)}\int_{-1}^{1}(1-x^2)^{\lambda-\frac{1}{2}}f(x)C_n^\lambda(x)\mathrm{d}x.$$

Chebyshev 第一多项式

$$T_n(x) = \frac{(-1)^n 2^n\,n!}{(2n)!}\sum_{k=0}^{n}\frac{\Gamma\left(n+\frac{1}{2}\right)\Gamma\left(n+\frac{1}{2}\right)}{\Gamma\left(k+\frac{1}{2}\right)\Gamma\left(n-k+\frac{1}{2}\right)}(-1)^k\,\mathrm{C}_n^k(1+x)^k(1-x)^{n-k}$$

可由

$$(1-x^2)\frac{\mathrm{d}^2 T_n(x)}{\mathrm{d}x^2} - x\frac{\mathrm{d}\,T_n(x)}{\mathrm{d}x} + n^2 T_n(x) = 0$$

给出，也可由 $T_{n+1}(x) = 2xT_n(x) - T_{n-1}(x)$ 及 $T_0(x) = 1$，$T_1(x) = x$ 给出. 由于

$$\int_{-1}^{1}(1-x^2)^{-\frac{1}{2}}T_n(x)T_m(x)\mathrm{d}x=\delta_{mn}\frac{\pi}{2},$$

可知 Chebyshev 第一多项式 $T_n(x)$ 为 $L_\omega^2([-1,1])$ 的基. 此处取 $\omega(x)=(1-x^2)^{-\frac{1}{2}}$. 因此, $\forall f(x)\in L_\omega^2([-1,1])$, 有 $f(x)=\displaystyle\sum_{n=0}^{+\infty}c_nT_n(x)$, 其中

$$c_n=\frac{2}{\pi}\int_{-1}^{1}(1-x^2)^{-\frac{1}{2}}f(x)T_n(x)\mathrm{d}x.$$

Chebyshev 第二多项式

$$U_n(x)=\frac{(-1)^n2^n(n+1)!}{(2n+1)!}\sum_{k=0}^{n}\frac{\Gamma\left(n+\frac{3}{2}\right)\Gamma\left(n+\frac{3}{2}\right)}{\Gamma\left(k+\frac{3}{2}\right)\Gamma\left(n-k+\frac{3}{2}\right)}(-1)^k\mathrm{C}_n^k(1+x)^k(1-x)^{n-k}$$

可由

$$(1-x^2)\frac{\mathrm{d}^2U_n(x)}{\mathrm{d}x^2}-3x\frac{\mathrm{d}U_n(x)}{\mathrm{d}x}+n(n+2)U_n(x)=0$$

给出, 也可由 $U_{n+1}(x)=2xU_n(x)-U_{n-1}(x)$ 及 $U_0(x)=1$, $U_1(x)=2x$ 给出. 由于

$$\int_{-1}^{1}(1-x^2)^{\frac{1}{2}}U_n(x)U_m(x)\mathrm{d}x=\delta_{mn}\frac{\pi}{2},$$

可知 Chebyshev 第二多项式 $U_n(x)$ 为 $L_\omega^2([-1,1])$ 的基. 此处取 $\omega(x)=(1-x^2)^{\frac{1}{2}}$. 因此, $\forall f(x)\in L_\omega^2([-1,1])$, 有 $f(x)=\displaystyle\sum_{n=0}^{+\infty}d_nU_n(x)$, 其中

$$d_n=\frac{2}{\pi}\int_{-1}^{1}(1-x^2)^{\frac{1}{2}}f(x)U_n(x)\mathrm{d}x.$$

8.5 函数按多项式展开

根据 Stone-Weierstrass 定理, x^k ($k=0,1,2,\cdots$) 为 $L_\omega^2([a,b])$ 的一组基. $L_\omega^2([a,b])$ 的基 x^k ($k=0,1,2,\cdots$) 经 Schmidt 正交化为 $L_\omega^2([a,b])$ 的完备正交基 $|C_k\rangle$ ($k=0,1,2,\cdots$), 则 $\forall|f\rangle\in L_\omega^2([a,b])$, $\exists a_k$ ($k=0,1,2,\cdots$), 使得

$$|f\rangle=\sum_{k=0}^{+\infty}a_k|C_k\rangle.$$

用 $\langle C_i|$ 左乘上式两边得 $\langle C_i,f\rangle=\displaystyle\sum_{k=0}^{+\infty}a_k\langle C_i,C_k\rangle$. 由于 $|C_i\rangle$ 两两正交, 可得

$$a_k = \frac{\langle C_k, f \rangle}{\langle C_k, C_k \rangle} = \frac{\int_a^b C_k^*(x) f(x) \omega(x) \mathrm{d}x}{\int_a^b \left| C_k(x) \right|^2 \omega(x) \mathrm{d}x}.$$

在 $|f\rangle = \sum_{k=0}^{+\infty} a_k |C_k\rangle$ 两端左乘 $\langle x|$，则有 $\langle x, f \rangle = \sum_{k=0}^{+\infty} a_k \langle x, C_k \rangle$，即 $f(x) = \sum_{k=0}^{+\infty} a_k C_k(x)$.

上述函数 $f(x)$ 按多项式的展开是在平均平方收敛意义下的.

在无限维向量空间上看，意义相当明确，即函数 $|f\rangle$ 是函数空间中的一个向量，可将其按函数空间中的一组基来展开，这种意义下的展开与 Taylor 展开是不同的，应予区别.

例 求解下列满足边界条件的 Laplace（拉普拉斯）方程：

$$\begin{cases} \Delta V = 0, \\ V(a, \theta) = V_0, & 0 \leq \theta \leq \dfrac{\pi}{2}, \\ V(a, \theta) = -V_0, & \dfrac{\pi}{2} < \theta \leq \pi. \end{cases}$$

解 在球坐标系下进行分离变量，令 $V_k(r, \theta) = R(r) \Phi(\theta)$，则 Laplace 方程可分解为

① $r^2 \dfrac{\mathrm{d}^2 R}{\mathrm{d}r^2} + 2r \dfrac{\mathrm{d}R}{\mathrm{d}r} - k(k+1) R(r) = 0$；

② $\dfrac{1}{\sin\theta} \dfrac{\mathrm{d}}{\mathrm{d}\theta} \left(\sin\theta \dfrac{\mathrm{d}\Phi}{\mathrm{d}\theta} \right) + k(k+1) \Phi(\theta) = 0$.

解①得 $R(r) = a_k r^k + b_k r^{-k-1}$. 令 $y(x) = \Phi(\theta)$，$x = \cos\theta$，将②变换为

$$(1 - x^2) \frac{\mathrm{d}^2 y}{\mathrm{d}x^2} - 2x \frac{\mathrm{d}y}{\mathrm{d}x} + k(k+1) y(x) = 0,$$

则 $\Phi(\theta) = P_k(\cos\theta)$，于是

$$V(r, \theta) = \sum_{k=0}^{+\infty} V_k(r, \theta) = \sum_{k=0}^{+\infty} R(r) \Phi(\theta) = \sum_{k=0}^{+\infty} (a_k r^k + b_k r^{-k-1}) P_k(\cos\theta).$$

由自然边界条件 $r \to +\infty$ 时 $V(r, \theta)$ 有界，可得 $a_k = 0$，则

$$V(r, \theta) = \sum_{k=0}^{+\infty} b_k r^{-k-1} P_k(\cos\theta).$$

将边界条件代入上式，并令 $x = \cos\theta$，得

$$V(a, \theta) = \Psi(a, x) = \sum_{k=0}^{+\infty} b_k a^{-k-1} P_k(x) = \begin{cases} V_0, & 0 \leq x < 1, \\ -V_0, & -1 < x < 0. \end{cases}$$

将上式两端乘 $P_k(x)$，并在 $[-1,1]$ 上作积分，可得

$$\frac{b_k}{a^{k+1}} = \frac{\int_{-1}^{1} P_k(x)\Psi(a,x)\mathrm{d}x}{\int_{-1}^{1} \left| P_k(x) \right|^2 \mathrm{d}x} = \frac{2k+1}{2} \int_{-1}^{1} P_k(x)\Psi(a,x)\mathrm{d}x$$

$$= \frac{2k+1}{2} V_0 \left(-\int_{-1}^{0} P_k(x)\mathrm{d}x + \int_{0}^{1} P_k(x)\mathrm{d}x \right).$$

由于

$$\int_{-1}^{0} P_k(x)\mathrm{d}x = -\int_{1}^{0} P_k(-y)\mathrm{d}y = \int_{0}^{1} P_k(-y)\mathrm{d}y = (-1)^k \int_{0}^{1} P_k(x)\mathrm{d}x,$$

代入上式得

$$\frac{b_k}{a^{k+1}} = \frac{2k+1}{2} V_0 \left[1-(-1)^k \right] \int_{0}^{1} P_k(x)\mathrm{d}x. \tag{1}$$

经计算，

$$\int_{0}^{1} P_k(x)\mathrm{d}x = \begin{cases} \delta_{k0}, & \text{当} k \text{为偶数}, \\[2mm] \dfrac{(-1)^{\frac{k-1}{2}}(k-1)!}{2^k \left(\dfrac{k-1}{2} \right)! \left(\dfrac{k+1}{2} \right)!}, & \text{当} k \text{为奇数}, \end{cases} \tag{2}$$

将（2）式代入（1）式，可得 k 为奇数时，

$$\frac{b_k}{a^{k+1}} = (-1)^{\frac{k-1}{2}} \frac{(2k+1)(k-1)!}{2^k \left(\dfrac{k-1}{2} \right)! \left(\dfrac{k+1}{2} \right)!} V_0.$$

令 $k = 2m+1$，则

$$V(r,\theta) = V_0 \sum_{m=0}^{+\infty} (-1)^m \frac{(4m+3)(2m)!}{2^{2m+1} m!(m+1)!} \left(\frac{a}{r} \right)^{2m+2} P_{2m+1}(\cos\theta).$$

设 $\delta(x) = \sum_{n=0}^{+\infty} a_n P_n(x)$，则

$$a_n = \frac{2n+1}{2} \int_{-1}^{1} P_n(x)\delta(x)\mathrm{d}x = \frac{2n+1}{2} P_n(0).$$

根据 Legendre 多项式的递推关系式

$$(n+1)P_{n+1}(x) = (2n+1)xP_n(x) - nP_{n-1}(x),$$

有

$$(n+1)P_{n+1}(0) = -nP_{n-1}(0).$$

由于 $P_1(0) = 0$，则 $P_{2m+1}(0) = 0$. 由于 $P_0(0) = 1$，则

$$P_{2m}(0) = (-1)^m \frac{(2m-1)(2m-3) \times \cdots \times 3 \times 1}{2m(2m-2) \times \cdots \times 4 \times 2} P_0(0) = (-1)^m \frac{(2m-1)!!}{(2m)!!}$$

$$= (-1)^m \frac{(2m)!}{(m! 2^m)^2} = (-1)^m \frac{(2m)!}{2^{2m}(m!)^2}.$$

因此

$$\delta(x) = \sum_{m=0}^{+\infty} \frac{4m+1}{2} (-1)^m \frac{(2m)!}{2^{2m}(m!)^2} P_{2m}(x).$$

根据 7.3 节，$\delta(x-x') = \omega(x)\langle x | x' \rangle$，以及存在 f_k 为一标准完备正交基，使得 $\mathbf{1} = \sum_k |f_k\rangle\langle f_k|$，则

$$\delta(x-x') = \omega(x)\langle x | \mathbf{1} | x' \rangle = \omega(x)\langle x | \left(\sum_k |f_k\rangle\langle f_k|\right) | x' \rangle = \omega(x)\sum_k f_k^*(x') f_k(x).$$

令 $f_k(x) = \dfrac{P_k(x)}{\sqrt{2/(2k+1)}}$，则

$$\delta(x-x') = \sum_{k=0}^{+\infty} \frac{P_k(x')}{\sqrt{2/(2k+1)}} \frac{P_k(x)}{\sqrt{2/(2k+1)}} = \sum_{k=0}^{+\infty} \frac{2k+1}{2} P_k(x') P_k(x), \qquad （3）$$

其中 $\omega(x) = 1$. 在式（3）中取 $x' = 0$，有

$$\delta(x) = \sum_{k=0}^{+\infty} \frac{2k+1}{2} P_k(0) P_k(x).$$

由于 $P_{2m+1}(0) = 0$，$P_{2m}(0) = (-1)^m \dfrac{(2m)!}{2^{2m}(m!)^2}$，于是

$$\delta(x) = \sum_{k=0}^{+\infty} \frac{2k+1}{2} P_k(0) P_k(x) = \sum_{m=0}^{+\infty} \frac{4m+1}{2} P_{2m}(0) P_{2m}(x)$$

$$= \sum_{m=0}^{+\infty} (-1)^m \frac{4m+1}{2} \frac{(2m)!}{2^{2m}(m!)^2} P_{2m}(x).$$

8.6　生成函数

设 $g(x,t) = \sum_{n=0}^{+\infty} a_n F_n(x) t^n$，即有

$$g(x,0) = a_0 F_0(x), \quad \left. \frac{\partial^n}{\partial t^n} g(x,t) \right|_{t=0} = n! a_n F_n(x),$$

称 $g(x,t)$ 为 $F_n(x)$ 的生成函数或母函数.

求幂级数的和函数是个比较复杂的问题，同样，求母函数也比较复杂.

1. Hermite 多项式的生成函数

因为 $e^{-t^2} = \sum_{k=0}^{+\infty} \frac{(-1)^k t^{2k}}{k!}$ ，$e^{2xt} = \sum_{l=0}^{+\infty} \frac{(2x)^l t^l}{l!}$ ，所以

$$e^{-t^2+2xt} = \left(\sum_{k=0}^{+\infty} \frac{(-1)^k t^{2k}}{k!}\right)\left(\sum_{l=0}^{+\infty} \frac{(2x)^l t^l}{l!}\right) = \sum_{k=0}^{+\infty}\sum_{l=0}^{+\infty} \frac{(-1)^k (2x)^l t^{2k+l}}{k!l!}$$

$$= \sum_{n=0}^{+\infty}\left[\sum_{k=0}^{[n/2]} \frac{(-1)^k n!(2x)^{n-2k}}{k!(n-2k)!}\right]\frac{t^n}{n!} = \sum_{n=0}^{+\infty} H_n(x)\frac{t^n}{n!}.$$

取 $a_n = \dfrac{1}{n!}$ ，则 e^{-t^2+2xt} 为 $H_n(x)$ 的母函数.

2. Laguerre 多项式的生成函数

由函数的 Taylor 展开有

$$\frac{1}{(1-t)^{\mu+1}} e^{-\frac{xt}{1-t}} = \frac{1}{(1-t)^{\mu+1}} \sum_{k=0}^{+\infty} \frac{(-1)^k (xt)^k}{k!(1-t)^k} = \sum_{k=0}^{+\infty} \frac{(-1)^k (xt)^k}{k!(1-t)^{k+\mu+1}}$$

$$= \sum_{k=0}^{+\infty}\sum_{l=0}^{+\infty} \frac{(-1)^k \Gamma(k+\mu+l+1)x^k t^{k+l}}{k!l!\Gamma(k+\mu+1)}$$

$$= \sum_{n=0}^{+\infty}\left[\frac{1}{n!}\sum_{k=0}^{n} C_n^k \frac{\Gamma(n+\mu+1)}{\Gamma(n+\mu-(k-1))}(-x)^{n-k}\right]t^n = \sum_{n=0}^{+\infty} L_n^\mu(x)t^n.$$

取 $a_n = 1$ ，则 $\dfrac{1}{(1-t)^{\mu+1}} e^{-\frac{xt}{1-t}}$ 为 $L_n^\mu(x)$ 的母函数.

3. Legendre 多项式的生成函数

设 $V(r,\theta)$ 为一位于单位球面北极点 N 的电量为 $4\pi\varepsilon_0$ 的点电荷在单位球内的电势，则在单位球内 $V(r,\theta)$ 满足 Laplace 方程，即

$$\Delta[(1-2r\cos\theta+r^2)^{-\frac{1}{2}}] = 0.$$

将 Laplace 方程分离变量有

① $r^2\dfrac{d^2R}{dr^2} + 2r\dfrac{dR}{dr} - n(n+1)R(r) = 0$；

② $\dfrac{1}{\sin\theta}\dfrac{d}{d\theta}\left(\sin\theta\dfrac{d\Phi}{d\theta}\right) + n(n+1)\Phi(\theta) = 0.$

令 $y(x)=\Phi(\theta)$，$x=\cos\theta$，将②变换为

$$(1-x^2)\frac{\mathrm{d}^2 y}{\mathrm{d}x^2}-2x\frac{\mathrm{d}y}{\mathrm{d}x}+n(n+1)y(x)=0\,,$$

则 $\Phi(\theta)=P_n(\cos\theta)$，于是

$$V(r,\theta)=(1-2r\cos\theta+r^2)^{-\frac{1}{2}}=\sum_{n=0}^{+\infty}(a_n r^n+b_n r^{-n-1})P_n(\cos\theta)\,.$$

由于在 $r=0$ 处 $V(r,\theta)$ 有界，可得 $b_n=0$，则

$$V(r,\theta)=(1-2r\cos\theta+r^2)^{-\frac{1}{2}}=\sum_{n=0}^{+\infty}a_n r^n P_n(\cos\theta)\,.$$

令 $x=\cos\theta$，则

$$(1-2xr+r^2)^{-\frac{1}{2}}=\sum_{n=0}^{+\infty}a_n P_n(x)r^n\,.$$

令 $x=1$，则 $\dfrac{1}{1-r}=\sum_{n=0}^{+\infty}a_n r^n$，推出 $a_n=1$，即

$$(1-2xr+r^2)^{-\frac{1}{2}}=\sum_{n=0}^{+\infty}P_n(x)r^n\,.$$

取 $a_n=1$，则 $(1-2xt+t^2)^{-\frac{1}{2}}$ 为 $P_n(x)$ 的母函数.

4. Jacobi 多项式的生成函数

由于

$$F_4(\alpha,\beta,\gamma,\gamma';x,y)=\frac{\Gamma(\gamma)\Gamma(\gamma')}{\Gamma(\alpha)\Gamma(\beta)}\sum_{k=0}^{+\infty}\sum_{l=0}^{+\infty}\frac{\Gamma(\alpha+k+l)\Gamma(\beta+k+l)}{k!l!\Gamma(\gamma+k)\Gamma(\gamma'+l)}x^k y^l\,,$$

则

$$(1-x)^{-\alpha}(1-y)^{-\beta}F_4\left(\alpha,\beta,\beta,\alpha;-\frac{x}{(1-x)(1-y)},-\frac{y}{(1-x)(1-y)}\right)$$

$$=\sum_{k=0}^{+\infty}\sum_{l=0}^{+\infty}\frac{(-1)^{k+l}\Gamma(\alpha+k+l)\Gamma(\beta+k+l)}{k!l!\Gamma(\beta+k)\Gamma(\alpha+l)}x^k y^l(1-x)^{-(\alpha+k+l)}(1-y)^{-(\beta+k+l)}$$

$$=\sum_{k=0}^{+\infty}\sum_{l=0}^{+\infty}\frac{(-1)^{k+l}\Gamma(\alpha+k+l)\Gamma(\beta+k+l)}{k!l!\Gamma(\beta+k)\Gamma(\alpha+l)}x^k y^l\left(\sum_{p=0}^{+\infty}\frac{\Gamma(\alpha+k+l+p)}{p!\Gamma(\alpha+k+l)}x^p\right.$$

$$\left.\cdot\sum_{q=0}^{+\infty}\frac{\Gamma(\beta+k+l+q)}{q!\Gamma(\beta+k+l)}y^q\right)$$

$$= \sum_{k=0}^{+\infty}\sum_{l=0}^{+\infty}\sum_{p=0}^{+\infty}\sum_{q=0}^{+\infty} \frac{(-1)^{k+l}\Gamma(\alpha+k+l+p)\Gamma(\beta+k+l+q)}{k!\,l!\,p!\,q!\,\Gamma(\beta+k)\Gamma(\alpha+l)} x^{k+p}y^{l+q}$$

$$= \sum_{m=0}^{+\infty}\sum_{n=0}^{+\infty}\left[\sum_{k=0}^{m}\sum_{l=0}^{n} \frac{(-1)^{k+l}\Gamma(\alpha+m+l)\Gamma(\beta+n+k)}{k!\,l!\,(m-k)!\,(n-l)!\,\Gamma(\beta+k)\Gamma(\alpha+l)}\right]x^{m}y^{n}$$

$$= \sum_{m=0}^{+\infty}\sum_{n=0}^{+\infty}\left\{\frac{\Gamma(\alpha+m)\Gamma(\beta+n)}{m!\,n!\,\Gamma(\alpha)\Gamma(\beta)}\left[\frac{\Gamma(\beta)}{\Gamma(\beta+n)}\sum_{k=0}^{m}\frac{(-1)^{k}\,m!\,\Gamma(\beta+n+k)}{k!\,(m-k)!\,\Gamma(\beta+k)}\right]\right.$$

$$\left.\left[\frac{\Gamma(\alpha)}{\Gamma(\alpha+m)}\sum_{l=0}^{n}\frac{(-1)^{l}\,n!\,\Gamma(\alpha+m+l)}{l!\,(n-l)!\,\Gamma(\alpha+l)}\right]x^{m}y^{n}\right\}$$

$$= \sum_{m=0}^{+\infty}\sum_{n=0}^{+\infty}\frac{\Gamma(\alpha+m)\Gamma(\beta+n)}{m!\,n!\,\Gamma(\alpha)\Gamma(\beta)}F(-m,\beta+n,\beta,1)F(-n,\alpha+m,\alpha,1)x^{m}y^{n},$$

其中

$$F(-m,\beta+n,\beta,1)=\frac{\Gamma(\beta)}{\Gamma(\beta+n)}\sum_{k=0}^{m}\frac{(-1)^{k}\,m!\,\Gamma(\beta+n+k)}{k!\,(m-k)!\,\Gamma(\beta+k)},$$

$$F(-n,\alpha+m,\alpha,1)=\frac{\Gamma(\alpha)}{\Gamma(\alpha+m)}\sum_{l=0}^{n}\frac{(-1)^{l}\,n!\,\Gamma(\alpha+m+l)}{l!\,(n-l)!\,\Gamma(\alpha+l)}.$$

由 $F(\alpha,\beta,\gamma;x)=\dfrac{\Gamma(\gamma)}{\Gamma(\beta)\Gamma(\gamma-\beta)}\displaystyle\int_0^1 t^{\beta-1}(1-t)^{\gamma-\beta-1}(1-xt)^{-\alpha}\,\mathrm{d}t$，可得

$$F(\alpha,\beta,\gamma;1)=\frac{\Gamma(\gamma)}{\Gamma(\beta)\Gamma(\gamma-\beta)}\int_0^1 t^{\beta-1}(1-t)^{\gamma-\alpha-\beta-1}\mathrm{d}t=\frac{\Gamma(\gamma)}{\Gamma(\beta)\Gamma(\gamma-\beta)}\mathrm{B}(\beta,\gamma-\alpha-\beta)$$

$$=\frac{\Gamma(\gamma)}{\Gamma(\beta)\Gamma(\gamma-\beta)}\frac{\Gamma(\beta)\Gamma(\gamma-\alpha-\beta)}{\Gamma(\gamma-\alpha)}=\frac{\Gamma(\gamma)\Gamma(\gamma-\alpha-\beta)}{\Gamma(\gamma-\alpha)\Gamma(\gamma-\beta)}.$$

故

$$F(-m,\beta+n,\beta,1)=\begin{cases}0, & m>n,\\[2mm]\dfrac{\Gamma(\beta)\Gamma(m-n)}{\Gamma(\beta+m)\Gamma(-n)}, & m\le n,\end{cases}$$

$$F(-n,\alpha+m,\alpha,1)=\begin{cases}0, & n>m,\\[2mm]\dfrac{\Gamma(\alpha)\Gamma(n-m)}{\Gamma(\alpha+n)\Gamma(-m)}, & n\le m.\end{cases}$$

当 $m=n$ 时，$F(-m,\beta+n,\beta,1)F(-n,\alpha+m,\alpha,1)\ne 0$，以及

$$(1-x)^{-\alpha}(1-y)^{-\beta}F_4\left(\alpha,\beta,\beta,\alpha;-\frac{x}{(1-x)(1-y)},-\frac{y}{(1-x)(1-y)}\right)$$

$$=\sum_{m=0}^{+\infty}\sum_{n=0}^{+\infty}\frac{\Gamma(\alpha+m)\Gamma(\beta+n)}{m!\,n!\,\Gamma(\alpha)\Gamma(\beta)}F(-m,\beta+n,\beta,1)F(-n,\alpha+m,\alpha,1)x^{m}y^{n}$$

$$= \sum_{n=0}^{+\infty} \frac{\Gamma(\alpha+n)\Gamma(\beta+n)}{n!n!\Gamma(\alpha)\Gamma(\beta)} \cdot (-1)^n n! \frac{\Gamma(\beta)}{\Gamma(\beta+n)} \cdot (-1)^n n! \frac{\Gamma(\alpha)}{\Gamma(\alpha+n)} \cdot x^n y^n$$

$$= \sum_{n=0}^{+\infty} (xy)^n = \frac{1}{1-xy}.$$

因此

$$\frac{1}{1-xy}(1-x)^\alpha (1-y)^\beta = F_4\left(\alpha,\beta,\beta,\alpha; -\frac{x}{(1-x)(1-y)}, -\frac{y}{(1-x)(1-y)}\right).$$

用 u,v 替换 x,y，有

$$\frac{1}{1-uv}(1-u)^\alpha (1-v)^\beta = F_4\left(\alpha,\beta,\beta,\alpha; -\frac{u}{(1-u)(1-v)}, -\frac{v}{(1-u)(1-v)}\right).$$

令 $u = 1 - \dfrac{2}{1-t+R}$，$v = 1 - \dfrac{2}{1+t+R}$，其中 $R = \sqrt{1-2xt+t^2}$，则

$$\begin{cases} -\dfrac{u}{(1-u)(1-v)} = \dfrac{t}{2}(x+1), \\[2mm] -\dfrac{v}{(1-u)(1-v)} = \dfrac{t}{2}(x-1), \end{cases}$$

且 $R = \dfrac{1-uv}{(1-u)(1-v)}$，即 $\dfrac{1}{R} = (1-uv)^{-1}(1-u)(1-v)$，因此

$$\frac{1}{1-uv}(1-u)^\alpha (1-v)^\beta = F_4\left(\alpha,\beta,\beta,\alpha; -\frac{u}{(1-u)(1-v)}, -\frac{v}{(1-u)(1-v)}\right)$$

变为

$$R^{-1}\left(\frac{2}{1-t+R}\right)^{\alpha-1}\left(\frac{2}{1+t+R}\right)^{\beta-1}$$

$$= F_4\left(\alpha,\beta,\beta,\alpha; \frac{t}{2}(x+1), \frac{t}{2}(x-1)\right)$$

$$= \sum_{k=0}^{+\infty}\sum_{l=0}^{+\infty} \frac{\Gamma(\alpha+k+l)\Gamma(\beta+k+l)}{k!l!\Gamma(\beta+k)\Gamma(\alpha+l)}\left(\frac{x+1}{2}\right)^k\left(\frac{x-1}{2}\right)^l t^{k+l}.$$

令 $\alpha = \nu+1$，$\beta = \mu+1$，则有

$$2^{\mu+\nu}[1+t+(1-2xt+t^2)^{\frac{1}{2}}]^{-\mu}[1-t+(1-2xt+t^2)^{\frac{1}{2}}]^{-\nu}(1-2xt+t^2)^{-\frac{1}{2}}$$

$$= \left(\frac{2}{1+t+(1-2xt+t^2)^{1/2}}\right)^\mu \left(\frac{2}{1-t+(1-2xt+t^2)^{1/2}}\right)^\nu (1-2xt+t^2)^{-\frac{1}{2}}$$

$$= \sum_{k=0}^{+\infty}\sum_{l=0}^{+\infty} \frac{1}{k!l!} \frac{\Gamma(k+l+\mu+1)\Gamma(k+l+\nu+1)}{\Gamma(k+\mu+1)\Gamma(l+\nu+1)}\left(\frac{x+1}{2}\right)^k\left(\frac{x-1}{2}\right)^l t^{k+l}$$

$$= \sum_{n=0}^{+\infty} \left[\frac{1}{2^n n!} \sum_{k=0}^n \frac{\Gamma(n+\mu+1)\Gamma(n+\nu+1)}{\Gamma(k+\mu+1)\Gamma(n+\nu-k+1)} C_n^k (x+1)^k (x-1)^{n-k} \right] t^n$$

$$= \sum_{n=0}^{+\infty} P_n^{\mu,\nu}(x) t^n.$$

取 $a_n = 1$，则

$$2^{\mu+\nu} [1+t+(1-2xt+t^2)^{\frac{1}{2}}]^{-\mu} [1-t+(1-2xt+t^2)^{\frac{1}{2}}]^{-\nu} (1-2xt+t^2)^{-\frac{1}{2}}$$

为 $P_n^{\mu,\nu}(x)$ 的母函数.

5. Gegenbauer 多项式的生成函数

由函数的 Taylor 展开有

$$(1-2xt+t^2)^{-\lambda} = [(1-t)^2 - 2t(x-1)]^{-\lambda} = (1-t)^{-2\lambda} \left[1 - \frac{2t(x-1)}{(1-t)^2} \right]^{-\lambda}$$

$$= (1-t)^{-2\lambda} \sum_{k=0}^{+\infty} \frac{\Gamma(\lambda+k)(2t)^k (x-1)^k}{k!\Gamma(\lambda)(1-t)^{2k}}$$

$$= \sum_{k=0}^{+\infty} \frac{\Gamma(\lambda+k)(2t)^k (x-1)^k}{k!\Gamma(\lambda)(1-t)^{2k+2\lambda}}$$

$$= \sum_{k=0}^{+\infty} \sum_{l=0}^{+\infty} \frac{2^{2k}\Gamma(\lambda+k)\Gamma(2k+2\lambda+l)}{k!l!\Gamma(\lambda)\Gamma(2k+2\lambda)} \left(\frac{x-1}{2} \right)^k t^{k+l}$$

$$= \sum_{n=0}^{+\infty} \left[\sum_{k=0}^n \frac{2^{2k}\Gamma(\lambda+k)\Gamma(n+2\lambda+k)}{k!(n-k)!\Gamma(\lambda)\Gamma(2k+2\lambda)} \left(\frac{x-1}{2} \right)^k \right] t^n$$

$$= \sum_{n=0}^{+\infty} \left[\frac{\Gamma(n+2\lambda)}{n!\Gamma(2\lambda)} \sum_{k=0}^n \frac{\Gamma\left(\lambda+\frac{1}{2}\right)\Gamma(n+2\lambda+k)}{\Gamma\left(\lambda+k+\frac{1}{2}\right)\Gamma(n+2\lambda)} C_n^k \left(\frac{x-1}{2} \right)^k \right] t^n$$

$$= \sum_{n=0}^{+\infty} C_n^\lambda(x) t^n.$$

取 $a_n = 1$，则 $(1-2xt+t^2)^{-\lambda}$ 为 $C_n^\lambda(x)$ 的母函数.

6. Chebyshev 第一多项式的生成函数

令 $x = \cos\theta$，则 $T_n(\cos\theta) = \cos n\theta = \frac{1}{2}(e^{in\theta} + e^{-in\theta})$，因此

$$\sum_{n=0}^{+\infty} T_n(\cos\theta) t^n = \sum_{n=0}^{+\infty} (\cos n\theta) t^n = \frac{1}{2} \sum_{n=0}^{+\infty} (e^{in\theta} + e^{-in\theta}) t^n$$

$$= \frac{1}{2}\left(\frac{1}{1-te^{i\theta}}+\frac{1}{1-te^{-i\theta}}\right) = \frac{1-t\cos\theta}{1-2t\cos\theta+t^2},$$

即 $\displaystyle\sum_{n=0}^{+\infty}T_n(x)t^n = \frac{1-xt}{1-2xt+t^2}$ ，则

$$\frac{1-t^2}{1-2xt+t^2} = 1+2\sum_{n=1}^{+\infty}T_n(x)t^n.$$

取 $a_0=1$ ， $a_n=2$ ， $n=1,2,\cdots$ ，则 $\dfrac{1-t^2}{1-2xt+t^2}$ 为 $T_n(x)$ 的母函数.

7. Chebyshev 第二多项式的生成函数

由函数的 Taylor 展开有

$$(1-2xt+t^2)^{-1} = (1-t)^{-2}\left[1-\frac{2t(x-1)}{(1-t)^2}\right]^{-1} = (1-t)^{-2}\sum_{k=0}^{+\infty}\frac{(2t)^k(x-1)^k}{(1-t)^{2k}}$$

$$= \sum_{k=0}^{+\infty}\frac{(2t)^k(x-1)^k}{(1-t)^{2k+2}} = \sum_{k=0}^{+\infty}\sum_{l=0}^{+\infty}\frac{2^k(2k+l+1)!}{l!(2k+1)!}(x-1)^k t^{k+l}$$

$$= \sum_{n=0}^{+\infty}\left[\sum_{k=0}^{n}\frac{2^{2k}(n+k+1)!}{(2k+1)!(n-k)!}\left(\frac{x-1}{2}\right)^k\right]t^n$$

$$= \sum_{n=0}^{+\infty}\left[\frac{\Gamma(n+2)}{n!\,\Gamma(2)}\sum_{k=0}^{n}\frac{\Gamma\left(\frac{3}{2}\right)(n+k+1)!}{\Gamma\left(k+\frac{3}{2}\right)(n+1)!}C_n^k\left(\frac{x-1}{2}\right)^k\right]t^n = \sum_{n=0}^{+\infty}U_n(x)t^n.$$

取 $a_n=1$ ，则 $(1-2xt+t^2)^{-1}$ 为 $U_n(x)$ 的母函数.

附注:本章所讨论的古典正交多项式的正交性是在平方可积函数空间下而言的. 对任意的多项式 $F_n(x),F_m(x)$ ，当 $m\neq n$ 时， $\displaystyle\int_a^b F_n(x)F_m(x)\omega(x)\mathrm{d}x=0$ ，即 $F_n(x)$ 与 $F_m(x)$ 正交. 对于不同种类的古典正交多项式，正交条件 $\displaystyle\int_a^b F_n(x)F_m(x)\omega(x)\mathrm{d}x=0$ 可表示为

$$\int_{-\infty}^{+\infty}\mathrm{e}^{-x^2}H_n(x)H_m(x)\mathrm{d}x=0\quad(m\neq n),$$

$$\int_0^{+\infty}x^\mu\mathrm{e}^{-x}L_n^\mu(x)L_m^\mu(x)\mathrm{d}x=0\quad(m\neq n),$$

$$\int_{-1}^{1}(\mathrm{e}+x)^\mu(\mathrm{e}-x)^\nu P_n^{\mu\nu}(x)P_m^{\mu\nu}(x)\mathrm{d}x=0\quad(m\neq n).$$

第9章 Fourier 分析

 内容提要

本章包括 Fourier 级数和 Fourier 变换等内容.

9.1 节主要讲述 Fourier 级数. 由拓展的 Stone–Weierstrass 定理，给出平方可积函数空间的基及平方可积函数在该基下的表示. 此表示的二维情形可导出一维 Fourier 级数 $F(x) = \dfrac{1}{\sqrt{L}} \sum\limits_{n=-\infty}^{+\infty} F_n \mathrm{e}^{\frac{2\pi n \mathrm{i} x}{L}}$ ，其中 $F_n = \dfrac{1}{\sqrt{L}} \int_a^b \mathrm{e}^{-\mathrm{i}(2\pi n/L)x} F(x) \mathrm{d}x$ ，并指出逐点收敛与平方可积意义下的收敛的区别. 类似地，可导出 n 维情形的 Fourier 级数

$$F(\boldsymbol{x}) = \frac{1}{\sqrt{L_1 L_2 \cdots L_n}} \sum_{\boldsymbol{k}} F_{\boldsymbol{k}} \mathrm{e}^{\mathrm{i} \boldsymbol{g_k} \cdot \boldsymbol{x}},$$

其中 $F_{\boldsymbol{k}} = \dfrac{1}{\sqrt{L_1 L_2 \cdots L_n}} \displaystyle\int_D F(\boldsymbol{x}) \mathrm{e}^{-\mathrm{i} \boldsymbol{g_k} \cdot \boldsymbol{x}} \mathrm{d}\boldsymbol{x}$ ，$D = \prod\limits_{i=1}^{n} [a_i, b_i]$.

9.2 节主要讲述 Fourier 变换. 从 Fourier 级数出发，导出 Fourier 变换

$$\widetilde{f}(k) = \frac{1}{\sqrt{2\pi}} \int_{-\infty}^{+\infty} f(x) \mathrm{e}^{-\mathrm{i}kx} \mathrm{d}x,$$

并指出 Fourier 变换实际上是平方可积函数空间上保持内积不变的一种可逆线性变换. 类似地，可给出 n 维情形的 Fourier 变换

$$\widetilde{f}(\boldsymbol{k}) = \frac{1}{(2\pi)^{n/2}} \int_{-\infty}^{+\infty} \cdots \int_{-\infty}^{+\infty} f(\boldsymbol{r}) \mathrm{e}^{-\mathrm{i}\boldsymbol{k} \cdot \boldsymbol{r}} \mathrm{d}\boldsymbol{r}.$$

进而给出离散 Fourier 变换和分布的 Fourier 变换.

9.1 Fourier 级数

设 $D = \prod\limits_{i=1}^{n} [a_i, b_i]$ 为 $\mathbf{R}^n$ 中的紧集，与 $L_\omega^2([a,b])$ 一样，$L_\omega^2(D)$ 也是完备内积空间. 根据拓展的 Stone–Weierstrass 定理，$1, x_1, \cdots, x_n, \cdots, x_1^{k_1} x_2^{k_2} \cdots x_n^{k_n}, \cdots$ 为 $L_\omega^2(D)$ 的一组基，即 $\forall\, |f\rangle \in L_\omega^2(D)$ ，$\exists\, C_{k_1 k_2 \cdots k_n}$ 使得

$$\lim_{m\to+\infty}\int_D\left|F(\boldsymbol{x})-\sum_{k_1,k_2,\cdots,k_n=0}^{m}C_{k_1k_2\cdots k_n}x_1^{k_1}x_2^{k_2}\cdots x_n^{k_n}\right|^2\omega(\boldsymbol{x})\mathrm{d}x_1\mathrm{d}x_2\cdots\mathrm{d}x_n=0,$$

即

$$F(x_1,x_2,\cdots,x_n)=\sum_{k_1,k_2,\cdots,k_n=0}^{+\infty}C_{k_1k_2\cdots k_n}x_1^{k_1}x_2^{k_2}\cdots x_n^{k_n}.\qquad(1)$$

当 $n=2$ 时，有 $F(x,y)=\displaystyle\sum_{k,m=0}^{+\infty}a_{km}x^ky^m$. 令 $x=r\cos\theta$，$y=r\sin\theta$，则

$$f(r,\theta)=F(r\cos\theta,r\sin\theta)=\sum_{k,m=0}^{+\infty}a_{km}r^{k+m}\cos^k\theta\sin^m\theta.$$

取 $r=1$，有

$$f(1,\theta)=\sum_{k,m=0}^{+\infty}a_{km}\frac{1}{2^k}(\mathrm{e}^{\mathrm{i}\theta}+\mathrm{e}^{-\mathrm{i}\theta})^k\frac{1}{(2\mathrm{i})^m}(\mathrm{e}^{\mathrm{i}\theta}-\mathrm{e}^{-\mathrm{i}\theta})^m=\sum_{n=-\infty}^{+\infty}b_n\mathrm{e}^{\mathrm{i}n\theta}.$$

记 $f(1,\theta)=f(\theta)$，上述等式 $f(\theta)=\displaystyle\sum_{n=-\infty}^{+\infty}b_n\mathrm{e}^{\mathrm{i}n\theta}$ 称为 $f(\theta)$ 的 Fourier 展开，$\displaystyle\sum_{n=-\infty}^{+\infty}b_n\mathrm{e}^{\mathrm{i}n\theta}$ 称为 Fourier 级数.

设 $\{|e_n\rangle\,|\,n\in\mathbf{Z}\}$ 为 $L^2([-\pi,\pi])$ 上的一组基，定义 $\langle\theta|e_n\rangle=\dfrac{1}{\sqrt{2\pi}}\mathrm{e}^{\mathrm{i}n\theta}$，则 $\left\{\dfrac{1}{\sqrt{2\pi}}\mathrm{e}^{\mathrm{i}n\theta}\,\middle|\,n\in\mathbf{Z}\right\}$ 构成 $L^2([-\pi,\pi])$ 上的一组基.

$\forall\,|f\rangle\in L^2([-\pi,\pi])$，有

$$|f\rangle=\mathbf{1}|f\rangle=\sum_{n=-\infty}^{+\infty}|e_n\rangle\langle e_n\,|f\rangle=\sum_{n=-\infty}^{+\infty}f_n|e_n\rangle,$$

用 $\langle\theta|$ 左乘上式两边，有 $\langle\theta|f\rangle=\displaystyle\sum_{n=-\infty}^{+\infty}f_n\langle\theta|e_n\rangle$，即

$$f(\theta)=\frac{1}{\sqrt{2\pi}}\sum_{n=-\infty}^{+\infty}f_n\mathrm{e}^{\mathrm{i}n\theta},$$

以及

$$f_n=\langle e_n\,|f\rangle=\langle e_n\,|\mathbf{1}|f\rangle=\left\langle e_n\,\middle|\left(\int_{-\pi}^{\pi}|\theta\rangle\langle\theta|\mathrm{d}\theta\right)\middle|f\right\rangle$$

$$=\int_{-\pi}^{\pi}\langle e_n\,|\theta\rangle\langle\theta\,|f\rangle\mathrm{d}\theta=\frac{1}{\sqrt{2\pi}}\int_{-\pi}^{\pi}\mathrm{e}^{-\mathrm{i}n\theta}f(\theta)\mathrm{d}\theta.$$

设 $F(x) \in L^2([a,b])$. 令 $x = \dfrac{L}{2\pi}\theta + a + \dfrac{L}{2}$，$L = b - a$，则

$$F(x) = F\left(\frac{L}{2\pi}\theta + a + \frac{L}{2}\right) \overset{\Delta}{=} f(\theta).$$

因 $f(\theta) \in L^2([-\pi,\pi])$，所以

$$
\begin{aligned}
F(x) &= F\left(\frac{L}{2\pi}\theta + a + \frac{L}{2}\right) = f(\theta) \\
&= \frac{1}{\sqrt{2\pi}} \sum_{n=-\infty}^{+\infty} f_n \exp\left\{in\frac{2\pi}{L}\left(x - a - \frac{L}{2}\right)\right\} \\
&= \frac{1}{\sqrt{L}} \sum_{n=-\infty}^{+\infty} F_n \mathrm{e}^{2n\pi \mathrm{i} x/L}, \quad\quad (2)
\end{aligned}
$$

其中

$$F_n = \frac{1}{\sqrt{L}} \int_a^b \mathrm{e}^{-\mathrm{i}(2\pi n/L)x} F(x)\mathrm{d}x. \quad\quad (3)$$

综上所述，若 $F(x)$ 是在 $[a,b]$ 上分段连续的，且是以 L 为周期的周期函数，则 $F(x)$ 可以展开为 Fourier 级数，即

$$F(x) = \frac{1}{\sqrt{L}} \sum_{n=-\infty}^{+\infty} F_n \mathrm{e}^{2n\pi \mathrm{i} x/L}, \quad F_n = \frac{1}{\sqrt{L}} \int_a^b \mathrm{e}^{-\mathrm{i}(2\pi n/L)x} F(x)\mathrm{d}x.$$

Fourier 级数 $\dfrac{1}{\sqrt{L}} \displaystyle\sum_{n=-\infty}^{+\infty} F_n \mathrm{e}^{2n\pi \mathrm{i} x/L}$ 在连续点收敛到 $F(x)$，在间断点 $x = x_0$ 处，

$$\frac{1}{\sqrt{L}} \sum_{n=-\infty}^{+\infty} F_n \mathrm{e}^{2n\pi \mathrm{i} x/L} = \frac{1}{2}\left(\lim_{x \to x_0^+} F(x) + \lim_{x \to x_0^-} F(x)\right).$$

例 1 设 $V(t)$ 是以 $2T$ 为周期的方波，$V(t) = \begin{cases} U_0, & 0 \le t \le T, \\ 0, & T \le t \le 2T, \end{cases}$ 求 $V(t)$ 的 Fourier 展开式.

解 $V(t)$ 的 Fourier 系数

$$V_n = \frac{U_0}{\sqrt{2T}} \int_0^T \mathrm{e}^{-\mathrm{i}n\pi t/T}\mathrm{d}t = \begin{cases} 0, & n \ne 0 \text{ 且 } n \text{ 为偶数}, \\ \dfrac{\sqrt{2T}U_0}{\mathrm{i}n\pi}, & n \text{ 为奇数}, \end{cases}$$

以及 $V_0 = U_0\sqrt{\dfrac{T}{2}}$. 因此 $V(t)$ 的 Fourier 展开式为

$$V(t) = U_0\left(\frac{1}{2} + \frac{2}{\pi}\sum_{k=0}^{+\infty} \frac{1}{2k+1}\sin\frac{(2k+1)\pi t}{T}\right).$$

例 2　设 $V(t)$ 是以 T 为周期的锯齿波，$V(t) = \dfrac{U_0 t}{T}$ ，$0 \le t \le T$ ，求 $V(t)$ 的 Fourier 展开式.

解　$V(t)$ 的 Fourier 系数为 $V_0 = \dfrac{1}{2} U_0 \sqrt{T}$ ，$V_n = -\dfrac{U_0 \sqrt{T}}{\mathrm{i}2n\pi}$ ．因此 $V(t)$ 的 Fourier 展开式为

$$V(t) = U_0 \left(\frac{1}{2} - \frac{1}{\pi} \sum_{n=1}^{+\infty} \frac{1}{n} \sin \frac{2n\pi t}{T} \right).$$

式（2）的 Fourier 级数也可以表示为三角级数:

$$F(x) = \frac{1}{\sqrt{L}} \sum_{n=-\infty}^{+\infty} F_n \mathrm{e}^{2n\pi \mathrm{i}x/L} = \frac{A_0}{2} + \sum_{n=1}^{+\infty} \left(A_n \cos \frac{2n\pi x}{L} + B_n \sin \frac{2n\pi x}{L} \right),$$

其中

$$A_n = \frac{2}{L} \int_a^b F(x) \cos \frac{2n\pi x}{L} \mathrm{d}x , \quad B_n = \frac{2}{L} \int_a^b F(x) \sin \frac{2n\pi x}{L} \mathrm{d}x .$$

例 3　设 $V(t) = \left| \sin \omega t \right|$ ，$t \in \mathbf{R}$ ．求 $V(t)$ 的 Fourier 展开式.

解　因为 $V(t)$ 是以 $\dfrac{\pi}{\omega}$ 为周期的偶函数，所以

$$B_n = \frac{2}{L} \int_{-\frac{L}{2}}^{\frac{L}{2}} \left| \sin \omega t \right| \sin \frac{2n\pi t}{L} \mathrm{d}t = 0 .$$

令 $\theta = \omega t$ ，则

$$A_n = \frac{2}{\pi} \int_{-\frac{\pi}{2}}^{\frac{\pi}{2}} \left| \sin \theta \right| \cos 2n\theta \ \mathrm{d}\theta = \frac{4}{\pi} \int_0^{\frac{\pi}{2}} \sin \theta \cos 2n\theta \ \mathrm{d}\theta$$

$$= \frac{2}{\pi} \int_0^{\frac{\pi}{2}} \left(\sin(2n+1)\theta - \sin(2n-1)\theta \right) \mathrm{d}\theta = -\frac{4}{\pi} \frac{1}{4n^2 - 1} .$$

因此 $\left| \sin \omega t \right|$ 的 Fourier 展开式为

$$\left| \sin \omega t \right| = \frac{2}{\pi} - \frac{4}{\pi} \sum_{k=1}^{+\infty} \frac{\cos 2k\omega t}{4k^2 - 1} .$$

例 4　设 $f(x)$ 是以 2π 为周期的周期函数，且当 $x \in [-\pi, \pi]$ 时，$f(x) = x$ ．求 $f(x)$ 的 Fourier 展开式.

解　由于 $A_n = \dfrac{1}{\pi} \displaystyle\int_{-\pi}^{\pi} x \cos nx \, \mathrm{d}x = 0$ ，

$$B_n = \frac{1}{\pi} \int_{-\pi}^{\pi} x \sin nx \, \mathrm{d}x = \frac{2}{\pi} \int_0^{\pi} x \sin nx \, \mathrm{d}x$$

$$= \frac{2}{\pi}\left(-\frac{1}{n}x\cos nx\Big|_0^\pi + \frac{1}{n}\int_0^\pi \cos nx\,\mathrm{d}x\right) = -\frac{2}{n}\cos n\pi = \frac{2}{n}(-1)^{n-1},$$

因此

$$x = 2\sum_{n=1}^{+\infty}\frac{(-1)^{n-1}}{n}\sin nx, \quad x\in[-\pi,\pi].$$

在上式中令 $x = \dfrac{\pi}{2}$，则有 $\dfrac{\pi}{2} = 2\sum\limits_{k=0}^{+\infty}\dfrac{1}{2k+1}\sin\dfrac{(2k+1)\pi}{2}$，于是

$$\frac{\pi}{4} = \sum_{k=0}^{+\infty}\frac{(-1)^k}{2k+1}.$$

因为 $\dfrac{1}{2},\cos x,\sin x,\cdots,\cos nx,\sin nx,\cdots$ 为 $L^2([-\pi,\pi])$ 的正交基，且

$$\int_{-\pi}^{\pi}\left(\frac{1}{2}\right)^2\mathrm{d}x = \frac{\pi}{2}, \quad \int_{-\pi}^{\pi}\cos^2 nx\,\mathrm{d}x = \pi, \quad \int_{-\pi}^{\pi}\sin^2 nx\,\mathrm{d}x = \pi,$$

则 $\dfrac{1}{\sqrt{2\pi}},\dfrac{\cos x}{\sqrt{\pi}},\dfrac{\sin x}{\sqrt{\pi}},\cdots,\dfrac{\cos nx}{\sqrt{\pi}},\dfrac{\sin nx}{\sqrt{\pi}},\cdots$ 为 $L^2([-\pi,\pi])$ 的标准正交基. 于是 $\forall f(x)\in$

$L^2([-\pi,\pi])$，有 $f(x) = \dfrac{a_0}{2} + \sum\limits_{n=1}^{+\infty}(a_n\cos nx + b_n\sin nx)$，其中

$$a_n = \frac{1}{\pi}\int_{-\pi}^{\pi}f(x)\cos nx\,\mathrm{d}x, \quad b_n = \frac{1}{\pi}\int_{-\pi}^{\pi}f(x)\sin nx\,\mathrm{d}x.$$

由 7.1 节的 Parseval 等式有

$$\int_{-\pi}^{\pi}f^2(x)\mathrm{d}x = \left(\sqrt{\frac{\pi}{2}}a_0\right)^2 + \sum_{n=1}^{+\infty}\left[(\sqrt{\pi}a_n)^2 + (\sqrt{\pi}b_n)^2\right],$$

即

$$\frac{1}{\pi}\int_{-\pi}^{\pi}f^2(x)\mathrm{d}x = \frac{a_0^2}{2} + \sum_{n=1}^{+\infty}(a_n^2 + b_n^2).$$

在 $[-\pi,\pi]$ 上分段连续的周期函数 $f(x)$ 可以展开为 Fourier 级数 $\dfrac{1}{\sqrt{2\pi}}\sum\limits_{n=-\infty}^{+\infty}f_n\mathrm{e}^{\mathrm{i}nx}$. 设 $x = \alpha$ 为 $f(x)$ 的第一类间断点，则 $f(x)$ 在 $x = \alpha$ 处出现阶跃. 令

阶跃 $\Delta f = f(\alpha+\tau) - f(\alpha-\tau)$，则可以计算 Fourier 级数 $\dfrac{1}{\sqrt{2\pi}}\sum\limits_{n=-\infty}^{+\infty}f_n\mathrm{e}^{\mathrm{i}nx}$ 的前 N 项和

$f_N(x)$ 在 $x = \alpha$ 处的阶跃 Δf_N. 令 $\Delta f_N = f_N(\alpha+\tau) - f_N(\alpha-\tau)$. 由于

$$f_N(x) = \frac{1}{\sqrt{2\pi}}\sum_{n=-N}^{N}f_n\mathrm{e}^{\mathrm{i}nx} = \frac{1}{\sqrt{2\pi}}\sum_{n=-N}^{N}\mathrm{e}^{\mathrm{i}nx}\frac{1}{\sqrt{2\pi}}\int_0^{2\pi}\mathrm{e}^{-\mathrm{i}nx'}f(x')\mathrm{d}x'$$

$$= \frac{1}{2\pi}\int_0^{2\pi} f(x')\sum_{n=-N}^{N}\mathrm{e}^{\mathrm{i}n(x-x')}\mathrm{d}x' = \frac{1}{2\pi}\int_0^{2\pi} f(x')\frac{\sin\left(\left(N+\frac{1}{2}\right)(x-x')\right)}{\sin\dfrac{x-x'}{2}}\mathrm{d}x'$$

$$= \frac{1}{2\pi}\int_{-x}^{2\pi-x} f(\varphi+x)\frac{\sin\left(\left(N+\frac{1}{2}\right)\varphi\right)}{\sin\dfrac{\varphi}{2}}\mathrm{d}\varphi = \frac{1}{2\pi}\int_{-x}^{2\pi-x} f(\varphi+x)S(\varphi)\mathrm{d}\varphi,$$

其中 $S(\varphi)=\dfrac{\sin\left(\left(N+\frac{1}{2}\right)\varphi\right)}{\sin\dfrac{\varphi}{2}}$，则

$$\Delta f_N = \frac{1}{2\pi}\int_{-\alpha-\tau}^{2\pi-\alpha-\tau} f(\varphi+\alpha+\tau)S(\varphi)\mathrm{d}\varphi - \frac{1}{2\pi}\int_{-\alpha+\tau}^{2\pi-\alpha+\tau} f(\varphi+\alpha-\tau)S(\varphi)\mathrm{d}\varphi$$

$$= \frac{1}{2\pi}\left(\int_{-\alpha-\tau}^{-\alpha+\tau} f(\varphi+\alpha+\tau)S(\varphi)\mathrm{d}\varphi + \int_{-\alpha+\tau}^{2\pi-\alpha-\tau} f(\varphi+\alpha+\tau)S(\varphi)\mathrm{d}\varphi\right)$$

$$- \frac{1}{2\pi}\left(\int_{-\alpha+\tau}^{2\pi-\alpha-\tau} f(\varphi+\alpha-\tau)S(\varphi)\mathrm{d}\varphi + \int_{2\pi-\alpha-\tau}^{2\pi-\alpha+\tau} f(\varphi+\alpha-\tau)S(\varphi)\mathrm{d}\varphi\right)$$

$$= \frac{1}{2\pi}\left(\int_{-\alpha-\tau}^{-\alpha+\tau} f(\varphi+\alpha+\tau)S(\varphi)\mathrm{d}\varphi - \int_{2\pi-\alpha-\tau}^{2\pi-\alpha+\tau} f(\varphi+\alpha-\tau)S(\varphi)\mathrm{d}\varphi\right)$$

$$+ \frac{1}{2\pi}\int_{-\alpha+\tau}^{2\pi-\alpha-\tau}(f(\varphi+\alpha+\tau)-f(\varphi+\alpha-\tau))S(\varphi)\mathrm{d}\varphi.$$

由于上式右端前两项的积分区间足够小，使得前两项的积分趋于零，因此

$$\Delta f_N = \frac{1}{2\pi}\int_{-\alpha+\tau}^{2\pi-\alpha-\tau}(f(\varphi+\alpha+\tau)-f(\varphi+\alpha-\tau))S(\varphi)\mathrm{d}\varphi.$$

因为 $f(x)$ 只在 $x=\alpha$ 处有阶跃，所以在区间 $[-\alpha+\tau,2\pi-\alpha-\tau]$ 上除 $\varphi=0$ 外 $f(\varphi+\alpha+\tau)-f(\varphi+\alpha-\tau)$ 趋于 0．故

$$\Delta f_N(\delta)=\frac{\Delta f}{2\pi}\int_{-\delta}^{\delta}\frac{\sin\left(\left(N+\frac{1}{2}\right)\varphi\right)}{\sin\dfrac{\varphi}{2}}\mathrm{d}\varphi = \frac{\Delta f}{\pi}\int_0^{\delta}\frac{\sin\left(\left(N+\frac{1}{2}\right)\varphi\right)}{\dfrac{\varphi}{2}}\mathrm{d}\varphi.$$

当 $\delta=\pi\left/\left(N+\frac{1}{2}\right)\right.$ 时，Δf_N 取极大值，即

$$(\Delta f_N)_{\max}=\frac{2\Delta f}{\pi}\int_0^{\pi\left/\left(N+\frac{1}{2}\right)\right.}\frac{\sin\left(\left(N+\frac{1}{2}\right)\varphi\right)}{\varphi}\mathrm{d}\varphi = \frac{2\Delta f}{\pi}\int_0^{\pi}\frac{\sin x}{x}\mathrm{d}x$$

$$=1.179\Delta f.$$

综上所述，用 Fourier 级数展开分段连续函数时，由 Fourier 级数所给出的阶跃值不超过函数本身阶跃值的 18%.

前面给出了 Fourier 级数的一维情况. 同理可用 Stone–Weierstrass 定理来导出二维或 n 维的 Fourier 级数.

二维 Fourier 级数叙述如下：

根据拓展 Stone–Weierstrass 定理，在（1）式中取 $n=3$ 有

$$f(x,y,z)=\sum_{k,m,n=0}^{+\infty} a_{kmn}x^k y^m z^n.$$

令 $x=r\sin\theta\cos\varphi$，$y=r\sin\theta\sin\varphi$，$z=r\cos\theta$，代入上式有

$$F(r,\theta,\varphi)=f(r\sin\theta\cos\varphi,r\sin\theta\sin\varphi,r\cos\theta)$$

$$=\sum_{k,m,n=0}^{+\infty} a_{kmn}r^{k+m+n}\cos^n\theta\sin^{k+m}\theta\cos^k\varphi\sin^m\varphi.$$

取 $r=1$，并利用 $\sin\theta=\dfrac{e^{i\theta}-e^{-i\theta}}{2i}$，$\cos\theta=\dfrac{e^{i\theta}+e^{-i\theta}}{2}$，$\sin\varphi=\dfrac{e^{i\varphi}-e^{-i\varphi}}{2i}$，$\cos\varphi=\dfrac{e^{i\varphi}+e^{-i\varphi}}{2}$，代入上式有

$$g(\theta,\varphi)=F(1,\theta,\varphi)=\frac{1}{2\pi}\sum_{p,q=-\infty}^{+\infty} g_{pq}e^{i(p\theta+q\varphi)}.$$

与一维情况类似，令 $x=\dfrac{L_1}{2\pi}\theta+a+\dfrac{L_1}{2}$，$y=\dfrac{L_2}{2\pi}\varphi+c+\dfrac{L_2}{2}$，$L_1=b-a$，$L_2=d-c$，则

$$G(x,y)=g\left(\frac{L_1}{2\pi}\theta+a+\frac{L_1}{2},\frac{L_2}{2\pi}\varphi+c+\frac{L_2}{2}\right)$$

$$=\frac{1}{\sqrt{L_1L_2}}\sum_{p,q=-\infty}^{+\infty} G_{pq}e^{i(p2\pi x/L_1+q2\pi y/L_2)},$$

其中

$$G_{pq}=\frac{1}{\sqrt{L_1L_2}}\int_c^d\int_a^b G(x,y)e^{-i(p2\pi x/L_1+q2\pi y/L_2)}\,dx\,dy.$$

同理可导出 n 维 Fourier 级数. 根据拓展 Stone–Weierstrass 定理，由式（1）得

$$F(x_1,x_2,\cdots,x_{n+1})=\sum_{k_1,k_2,\cdots,k_{n+1}=0}^{+\infty} a_{k_1k_2\cdots k_{n+1}}x_1^{k_1}x_2^{k_2}\cdots x_{n+1}^{k_{n+1}}.$$

令 $x_1=r\sin\theta_1\sin\theta_2\cdots\sin\theta_n$，$x_2=r\sin\theta_1\sin\theta_2\cdots\sin\theta_{n-1}\cos\theta_n$，$\cdots$，$x_n=r\sin\theta_1\cos\theta_2$，$x_{n+1}=r\cos\theta_1$，代入并利用

$$\sin\theta_j = \frac{e^{i\theta_j} - e^{-i\theta_j}}{2i}, \quad \cos\theta_j = \frac{e^{i\theta_j} + e^{-i\theta_j}}{2},$$

得

$$f(r,\theta_1,\theta_2,\cdots,\theta_n) = F(x_1,x_2,\cdots,x_{n+1})$$

$$= \sum_{p_1,p_2,\cdots,p_{n+1}=-\infty}^{+\infty} b_{p_1 p_2 \cdots p_{n+1}} r^{p_{n+1}} e^{i(p_1\theta_1 + p_2\theta_2 + \cdots + p_n\theta_n)}.$$

取 $r=1$，有

$$g(\theta_1,\theta_2,\cdots,\theta_n) = f(1,\theta_1,\theta_2,\cdots,\theta_n)$$

$$= \frac{1}{(2\pi)^{n/2}} \sum_{p_1,p_2,\cdots,p_n=-\infty}^{+\infty} g_{p_1 p_2 \cdots p_n} e^{i(p_1\theta_1 + p_2\theta_2 + \cdots + p_n\theta_n)}.$$

与二维情况类似，令

$$x_i = \frac{L_i}{2\pi}\theta_i + a_i + \frac{L_i}{2}, \quad i=1,2,\cdots,n, \quad L_i = b_i - a_i,$$

则

$$G(x_1,x_2,\cdots,x_n)$$

$$= g\left(\frac{L_1}{2\pi}\theta_1 + a_1 + \frac{L_1}{2}, \frac{L_2}{2\pi}\theta_2 + a_2 + \frac{L_2}{2}, \cdots, \frac{L_n}{2\pi}\theta_n + a_n + \frac{L_n}{2}\right)$$

$$= \frac{1}{\sqrt{L_1 L_2 \cdots L_n}} \sum_{p_1,p_2,\cdots,p_n=-\infty}^{+\infty} G_{p_1 p_2 \cdots p_n} e^{i(p_1 2\pi x_1/L_1 + p_2 2\pi x_2/L_2 + \cdots + p_n 2\pi x_n/L_n)},$$

其中

$$G_{p_1 p_2 \cdots p_n} = \frac{1}{\sqrt{L_1 L_2 \cdots L_n}}$$

$$\cdot \int_{a_n}^{b_n} \cdots \int_{a_1}^{b_1} G(x_1,x_2,\cdots,x_n) e^{-i(p_1 2\pi x_1/L_1 + p_2 2\pi x_2/L_2 + \cdots + p_n 2\pi x_n/L_n)} dx_1 \cdots dx_n.$$

记

$$\boldsymbol{x} = (x_1,x_2,\cdots,x_n), \quad \boldsymbol{k} = k_1,k_2,\cdots,k_n, \quad \boldsymbol{g_k} = 2\pi\left(\frac{k_1}{L_1}, \frac{k_2}{L_2}, \cdots, \frac{k_n}{L_n}\right),$$

则 n 元函数 $F(\boldsymbol{x})$ 的 Fourier 级数展开式为

$$F(\boldsymbol{x}) = \frac{1}{\sqrt{L_1 L_2 \cdots L_n}} \sum_{\boldsymbol{k}} F_{\boldsymbol{k}} e^{i\boldsymbol{g_k} \cdot \boldsymbol{x}},$$

其中

$$F_{\boldsymbol{k}} = \frac{1}{\sqrt{L_1 L_2 \cdots L_n}} \int_D F(\boldsymbol{x}) e^{-i\boldsymbol{g_k} \cdot \boldsymbol{x}} d\boldsymbol{x}, \quad D = \prod_{i=1}^{n}[a_i,b_i].$$

9.2 Fourier 变换

1. Fourier 变换

上节所讨论的是以 L 为周期的周期函数 $f(x)$ 的 Fourier 展开, 本节讨论 Fourier 变换. 设分段函数

$$g_\Lambda(x) = \begin{cases} 0, & a - \dfrac{\Lambda}{2} < x < a, \\ f(x), & a < x < b, \\ 0, & b < x < b + \dfrac{\Lambda}{2}, \end{cases}$$

且 $g_\Lambda(x)$ 是以 $L + \Lambda$ 为周期的函数, 其中 $L = b - a$. 由上节可知, $g_\Lambda(x)$ 可做 Fourier 级数展开:

$$g_\Lambda(x) = \frac{1}{\sqrt{L + \Lambda}} \sum_{n=-\infty}^{+\infty} g_{\Lambda,n} \mathrm{e}^{\frac{\mathrm{i}2\pi nx}{L+\Lambda}},$$

以及

$$g_{\Lambda,n} = \frac{1}{\sqrt{L + \Lambda}} \int_{a-\frac{\Lambda}{2}}^{b+\frac{\Lambda}{2}} \mathrm{e}^{-\frac{\mathrm{i}2\pi nx}{L+\Lambda}} g_\Lambda(x) \mathrm{d}x.$$

当 Λ 足够大时,

$$g_\Lambda(x) \approx \sum_{j=-\infty}^{+\infty} \frac{g_\Lambda(k_j)}{\sqrt{L + \Lambda}} \mathrm{e}^{\mathrm{i}k_j x} \Delta n_j,$$

其中 $k_j = \dfrac{2n_j \pi}{L + \Lambda}$, $g_\Lambda(k_j) = g_{\Lambda,n_j}$. 将 $\Delta n_j = \dfrac{L + \Lambda}{2\pi} \Delta k_j$ 代入上式, 有

$$g_\Lambda(x) \approx \sum_{j=-\infty}^{+\infty} \frac{g_\Lambda(k_j)}{\sqrt{L + \Lambda}} \mathrm{e}^{\mathrm{i}k_j x} \frac{L + \Lambda}{2\pi} \Delta k_j = \frac{1}{\sqrt{2\pi}} \sum_{j=-\infty}^{+\infty} \tilde{g}_\Lambda(k_j) \mathrm{e}^{\mathrm{i}k_j x} \Delta k_j, \quad (1)$$

其中 $\tilde{g}_\Lambda(k_j) = \sqrt{\dfrac{L + \Lambda}{2\pi}} g_\Lambda(k_j)$.

当 $\Lambda \to +\infty$, $\Delta k_j \to 0$ 时, 有

$$\lim_{\Lambda \to +\infty} g_\Lambda(x) = f(x), \quad \lim_{\Lambda \to +\infty} \tilde{g}_\Lambda(k_j) = \tilde{f}(k_j),$$

其中 $\tilde{f}(k)$ 为函数 $f(x)$ 的 Fourier 变换. 将式（1）两端取极限, 并利用上式, 有

$$f(x) = \lim_{\Lambda \to +\infty} g_\Lambda(x) = \lim_{\Lambda \to +\infty} \frac{1}{\sqrt{2\pi}} \sum_{j=-\infty}^{+\infty} \tilde{g}_\Lambda(k_j) \mathrm{e}^{\mathrm{i}k_j x} \Delta k_j$$

$$= \frac{1}{\sqrt{2\pi}} \lim_{\Delta k_j \to 0} \sum_{j=-\infty}^{+\infty} \tilde{g}_\Lambda(k_j) \mathrm{e}^{\mathrm{i}k_j x} \Delta k_j = \frac{1}{\sqrt{2\pi}} \int_{-\infty}^{+\infty} \tilde{f}(k) \mathrm{e}^{\mathrm{i}kx} \mathrm{d}k , \qquad (2)$$

以及

$$\tilde{f}(k_j) = \lim_{\Lambda \to +\infty} \tilde{g}_\Lambda(k_j) = \lim_{\Lambda \to +\infty} \sqrt{\frac{L+\Lambda}{2\pi}} g_\Lambda(k_j)$$

$$= \lim_{\Lambda \to +\infty} \sqrt{\frac{L+\Lambda}{2\pi}} \frac{1}{\sqrt{L+\Lambda}} \int_{a-\frac{\Lambda}{2}}^{b+\frac{\Lambda}{2}} \mathrm{e}^{-\mathrm{i}k_j x} g_\Lambda(x) \mathrm{d}x$$

$$= \frac{1}{\sqrt{2\pi}} \int_{-\infty}^{+\infty} f(x) \mathrm{e}^{-\mathrm{i}k_j x} \mathrm{d}x,$$

即

$$\tilde{f}(k) = \frac{1}{\sqrt{2\pi}} \int_{-\infty}^{+\infty} f(x) \mathrm{e}^{-\mathrm{i}kx} \mathrm{d}x . \qquad (3)$$

式（3）为 $f(x)$ 的 Fourier 变换，即 $\forall f \in L^2((-\infty,+\infty))$，有

$$F(f(x)) = \tilde{f}(k) = \frac{1}{\sqrt{2\pi}} \int_{-\infty}^{+\infty} f(x) \mathrm{e}^{-\mathrm{i}kx} \mathrm{d}x .$$

$\forall \tilde{f} \in L^2((-\infty,+\infty))$，令 $F^{-1}(\tilde{f}(k)) = f(x) = \frac{1}{\sqrt{2\pi}} \int_{-\infty}^{+\infty} \tilde{f}(k) \mathrm{e}^{\mathrm{i}kx} \mathrm{d}k$ ，则

$$F(F^{-1}(\tilde{f}(k))) = \frac{1}{\sqrt{2\pi}} \int_{-\infty}^{+\infty} \mathrm{e}^{-\mathrm{i}kx} \left(\frac{1}{\sqrt{2\pi}} \int_{-\infty}^{+\infty} \tilde{f}(k') \mathrm{e}^{\mathrm{i}k'x} \mathrm{d}k' \right) \mathrm{d}x$$

$$= \frac{1}{2\pi} \int_{-\infty}^{+\infty} \mathrm{d}x \int_{-\infty}^{+\infty} \tilde{f}(k') \mathrm{e}^{\mathrm{i}(k'-k)x} \mathrm{d}k'$$

$$= \int_{-\infty}^{+\infty} \tilde{f}(k') \left(\frac{1}{2\pi} \int_{-\infty}^{+\infty} \mathrm{e}^{\mathrm{i}(k'-k)x} \mathrm{d}x \right) \mathrm{d}k'$$

$$= \int_{-\infty}^{+\infty} \tilde{f}(k') \delta(k'-k) \mathrm{d}k'$$

$$= \tilde{f}(k).$$

同理可证，$\forall f \in L^2((-\infty,+\infty))$，有 $F^{-1}(F(f(x))) = f(x)$. 还可证明

$$\int_{-\infty}^{+\infty} \tilde{g}^*(k) \tilde{f}(k) \mathrm{d}k = \int_{-\infty}^{+\infty} g^*(x) f(x) \mathrm{d}x,$$

则 Fourier 变换 $F: L^2((-\infty,+\infty)) \to L^2((-\infty,+\infty))$ 是 $L^2((-\infty,+\infty))$ 上保持内积不变的线性双射，即 Fourier 变换是无限维向量空间 $L^2((-\infty,+\infty))$ 上的自同构.

多维情况下的 Fourier 变换为

$$f(\boldsymbol{r}) = \frac{1}{(2\pi)^{n/2}} \int_{-\infty}^{+\infty} \cdots \int_{-\infty}^{+\infty} \tilde{f}(\boldsymbol{k}) \mathrm{e}^{\mathrm{i}\boldsymbol{k}\cdot\boldsymbol{r}} \mathrm{d}\boldsymbol{k}, \qquad (4)$$

以及

$$\widetilde{f}(\boldsymbol{k}) = \frac{1}{(2\pi)^{n/2}} \int_{-\infty}^{+\infty} \cdots \int_{-\infty}^{+\infty} f(\boldsymbol{r}) \mathrm{e}^{-\mathrm{i}\boldsymbol{k}\cdot\boldsymbol{r}} \mathrm{d}\boldsymbol{r}, \tag{5}$$

下面用泛函的观点来看待 Fourier 变换.

在 1 维情况下，$f(x) = \dfrac{1}{\sqrt{2\pi}} \displaystyle\int_{-\infty}^{+\infty} \widetilde{f}(k) \mathrm{e}^{\mathrm{i}kx} \mathrm{d}k$ 也可表示为

$$\langle x \mid f \rangle = \int_{-\infty}^{+\infty} \langle k \mid \widetilde{f} \rangle \langle x \mid k \rangle \mathrm{d}k = \langle x \Big| \Big(\int_{-\infty}^{+\infty} |k\rangle\langle k| \mathrm{d}k \Big) \Big| \widetilde{f} \rangle,$$

其中 $\langle x \mid k \rangle = \dfrac{1}{\sqrt{2\pi}} \mathrm{e}^{\mathrm{i}kx}$. 若令 $|f\rangle = |\widetilde{f}\rangle$，则 $\displaystyle\int_{-\infty}^{+\infty} |k\rangle\langle k| \mathrm{d}k = \mathbf{1}$，且

$$\langle k \mid k' \rangle = \delta(k - k') = \langle k \mid \mathbf{1} \mid k' \rangle = \langle k \Big| \Big(\int_{-\infty}^{+\infty} |x\rangle\langle x| \mathrm{d}x \Big) \Big| k' \rangle$$

$$= \int_{-\infty}^{+\infty} \langle k \mid x \rangle \langle x \mid k' \rangle \mathrm{d}x = \frac{1}{2\pi} \int_{-\infty}^{+\infty} \mathrm{e}^{\mathrm{i}(k'-k)x} \mathrm{d}x,$$

以及 $\delta(x - x') = \dfrac{1}{2\pi} \displaystyle\int_{-\infty}^{+\infty} \mathrm{e}^{\mathrm{i}(x-x')k} \mathrm{d}k$.

在 n 维情况下，$f(\boldsymbol{r}) = \dfrac{1}{(2\pi)^{n/2}} \displaystyle\int_{-\infty}^{+\infty} \cdots \int_{-\infty}^{+\infty} \widetilde{f}(\boldsymbol{k}) \mathrm{e}^{\mathrm{i}\boldsymbol{k}\cdot\boldsymbol{r}} \mathrm{d}\boldsymbol{k}$ 也可表示为

$$\langle \boldsymbol{r} \mid f \rangle = \int_{-\infty}^{+\infty} \cdots \int_{-\infty}^{+\infty} \langle \boldsymbol{k} \mid \widetilde{f} \rangle \langle \boldsymbol{r} \mid \boldsymbol{k} \rangle \mathrm{d}\boldsymbol{k} = \langle \boldsymbol{r} \Big| \Big(\int_{-\infty}^{+\infty} \cdots \int_{-\infty}^{+\infty} |\boldsymbol{k}\rangle\langle \boldsymbol{k}| \mathrm{d}\boldsymbol{k} \Big) \Big| \widetilde{f} \rangle,$$

其中 $\langle \boldsymbol{r} \mid \boldsymbol{k} \rangle = \dfrac{1}{(2\pi)^{n/2}} \mathrm{e}^{\mathrm{i}\boldsymbol{k}\cdot\boldsymbol{r}}$. 若令 $|f\rangle = |\widetilde{f}\rangle$，则 $\displaystyle\int_{-\infty}^{+\infty} \cdots \int_{-\infty}^{+\infty} |\boldsymbol{k}\rangle\langle \boldsymbol{k}| \mathrm{d}\boldsymbol{k} = \mathbf{1}$，且

$$\langle \boldsymbol{k} \mid \boldsymbol{k}' \rangle = \delta(\boldsymbol{k} - \boldsymbol{k}') = \langle \boldsymbol{k} \mid \mathbf{1} \mid \boldsymbol{k}' \rangle = \langle \boldsymbol{k} \Big| \Big(\int_{-\infty}^{+\infty} \cdots \int_{-\infty}^{+\infty} |\boldsymbol{r}\rangle\langle \boldsymbol{r}| \mathrm{d}\boldsymbol{r} \Big) \Big| \boldsymbol{k}' \rangle$$

$$= \int_{-\infty}^{+\infty} \cdots \int_{-\infty}^{+\infty} \langle \boldsymbol{k} \mid \boldsymbol{r} \rangle \langle \boldsymbol{r} \mid \boldsymbol{k}' \rangle \mathrm{d}\boldsymbol{r}$$

$$= \frac{1}{(2\pi)^n} \int_{-\infty}^{+\infty} \cdots \int_{-\infty}^{+\infty} \mathrm{e}^{\mathrm{i}(\boldsymbol{k}'-\boldsymbol{k})\cdot\boldsymbol{r}} \mathrm{d}\boldsymbol{r},$$

以及

$$\delta(\boldsymbol{r} - \boldsymbol{r}') = \frac{1}{(2\pi)^n} \int_{-\infty}^{+\infty} \cdots \int_{-\infty}^{+\infty} \mathrm{e}^{\mathrm{i}(\boldsymbol{r}-\boldsymbol{r}')\cdot\boldsymbol{k}} \mathrm{d}\boldsymbol{k}.$$

下面举例说明 Fourier 变换.

例 1　设 $f(x) = \begin{cases} b, & |x| < a, \\ 0, & |x| > a. \end{cases}$ 求函数 $f(x)$ 的 Fourier 变换.

解　由式（3）知，$f(x)$ 的 Fourier 变换为

$$\widetilde{f}(k)=\frac{1}{\sqrt{2\pi}}\int_{-\infty}^{+\infty}f(x)\mathrm{e}^{-\mathrm{i}kx}\mathrm{d}x=\frac{b}{\sqrt{2\pi}}\int_{-a}^{a}\mathrm{e}^{-\mathrm{i}kx}\mathrm{d}x=\frac{2ab}{\sqrt{2\pi}}\frac{\sin ka}{ka}.$$

当 $a\to+\infty$ 时，上述 $f(x)$ 变为常值函数，则常值函数的 Fourier 变换

$$\widetilde{f}(k)=\frac{2b}{\sqrt{2\pi}}\lim_{a\to+\infty}\frac{\sin ka}{k}=\frac{2b}{\sqrt{2\pi}}\pi\delta(k).$$

根据归一化条件有 $2ab=1$. 当 $b\to+\infty$ ，$a\to0$ 时，有

$$\widetilde{f}(k)=\lim_{a\to0,\,b\to+\infty}\frac{2ab}{\sqrt{2\pi}}\frac{\sin ka}{ka}=\frac{1}{\sqrt{2\pi}}\lim_{a\to0}\frac{\sin ka}{ka}=\frac{1}{\sqrt{2\pi}}.$$

例 1 表明，常值函数的 Fourier 变换为 δ 函数，δ 函数的 Fourier 变换为常值函数.

从例 1 看出：$\Delta x=2a$ ，$\Delta k=\dfrac{2\pi}{a}$ ，Δx 越宽，相应的 Δk 越窄;更一般地有

$$\Delta x\,\Delta k\geq 1.$$

上式两端同时乘以 $\hbar$ ，得

$$\Delta x\,\Delta p\geq \hbar\quad(p=\hbar k),\tag{6}$$

（6）式是量子力学中测不准原理的数学表示，其中 Δx 为位移的改变量，Δp 为动量的改变量.

例 2　求 $g(x)=a\mathrm{e}^{-bx^2}$ 的 Fourier 变换.

解　由式（3）知，$g(x)$ 的 Fourier 变换为

$$\widetilde{g}(k)=\frac{a}{\sqrt{2\pi}}\int_{-\infty}^{+\infty}\mathrm{e}^{-b\left(x^2+\frac{\mathrm{i}kx}{b}\right)}\mathrm{d}x=\frac{a\mathrm{e}^{-\frac{k^2}{4b}}}{\sqrt{2\pi}}\int_{-\infty}^{+\infty}\mathrm{e}^{-b\left(x+\frac{\mathrm{i}k}{2b}\right)^2}\mathrm{d}x=\frac{a\mathrm{e}^{-\frac{k^2}{4b}}}{\sqrt{2b}}.$$

从例 2 看出：Δx 正比于 $\dfrac{1}{\sqrt{b}}$ ，Δk 正比于 $\sqrt{b}$ ，则 $\Delta x\,\Delta k\sim1$.

例 3　设电量为 $4\pi\varepsilon_0 q$ 的点电荷的电势 $V(\boldsymbol{r})=\dfrac{q}{r}$ ，$r=|\boldsymbol{r}|$. 求 $V(\boldsymbol{r})$ 的 Fourier 变换.

解　$V(\boldsymbol{r})$ 的 Fourier 变换不易直接求出，所以 Yukawa 引入 Yukawa 因子 $\mathrm{e}^{-\alpha r}$ （$\alpha>0$），转为求 $V_\alpha(\boldsymbol{r})=\dfrac{q\mathrm{e}^{-\alpha r}}{r}$ 的 Fourier 变换. 由（5）式知，$V_\alpha(\boldsymbol{r})$ 的 Fourier 变换为

$$\widetilde{V}_\alpha(\boldsymbol{k})=\frac{1}{(2\pi)^{3/2}}\int_{\mathbf{R}^3}\frac{q\,\mathrm{e}^{-\alpha r}}{r}\mathrm{e}^{-\mathrm{i}\boldsymbol{k}\cdot\boldsymbol{r}}\mathrm{d}\boldsymbol{r}$$

$$=\frac{q}{(2\pi)^{3/2}}\int_0^{+\infty}r^2\mathrm{d}r\int_0^\pi\sin\theta\,\mathrm{d}\theta\int_0^{2\pi}\frac{\mathrm{e}^{-\alpha r}}{r}\mathrm{e}^{-\mathrm{i}kr\cos\theta}\mathrm{d}\varphi.$$

由于 $\displaystyle\int_0^\pi\sin\theta\,\mathrm{e}^{-\mathrm{i}kr\cos\theta}\,\mathrm{d}\theta=\int_{-1}^1\mathrm{e}^{-\mathrm{i}kru}\mathrm{d}u=\frac{1}{\mathrm{i}kr}(\mathrm{e}^{\mathrm{i}kr}-\mathrm{e}^{-\mathrm{i}kr})$ ，所以

$$\widetilde{V}_\alpha(\boldsymbol{k}) = \frac{q(2\pi)}{(2\pi)^{3/2}} \int_0^{+\infty} r^2 \frac{\mathrm{e}^{-\alpha r}}{r} \frac{1}{\mathrm{i}kr} (\mathrm{e}^{\mathrm{i}kr} - \mathrm{e}^{-\mathrm{i}kr}) \mathrm{d}r$$

$$= \frac{q}{\sqrt{2\pi}} \frac{1}{\mathrm{i}k} \left(\frac{\mathrm{e}^{(-\alpha+\mathrm{i}k)r}}{-\alpha+\mathrm{i}k} \Big|_0^{+\infty} + \frac{\mathrm{e}^{-(\alpha+\mathrm{i}k)r}}{\alpha+\mathrm{i}k} \Big|_0^{+\infty} \right)$$

$$= \frac{2q}{\sqrt{2\pi}} (k^2 + \alpha^2)^{-1}.$$

当 $\alpha \to 0$ 时,

$$\lim_{\alpha \to 0} \widetilde{V}_\alpha(\boldsymbol{k}) = \widetilde{V}_{\mathrm{Coul}}(\boldsymbol{k}) = \frac{2q}{\sqrt{2\pi}k^2}.$$

例 4 求电势 $V(\boldsymbol{r}) = \displaystyle\int_{\mathbf{R}^3} \frac{q\rho(\boldsymbol{r}')}{|\boldsymbol{r}'-\boldsymbol{r}|} \mathrm{d}\boldsymbol{r}'$ 的 Fourier 变换.

解 由式(5)知, $V(\boldsymbol{r})$ 的 Fourier 变换为

$$\widetilde{V}(\boldsymbol{k}) = \frac{1}{(2\pi)^{3/2}} \int_{\mathbf{R}^3} \mathrm{e}^{-\mathrm{i}\boldsymbol{k}\cdot\boldsymbol{r}} \left(q \int_{\mathbf{R}^3} \frac{\rho(\boldsymbol{R}+\boldsymbol{r})}{R} \mathrm{d}\boldsymbol{R} \right) \mathrm{d}\boldsymbol{r},$$

其中 $\boldsymbol{R} = \boldsymbol{r}' - \boldsymbol{r}$, $R = |\boldsymbol{R}|$. 由于

$$\rho(\boldsymbol{R}+\boldsymbol{r}) = \frac{1}{(2\pi)^{3/2}} \int_{\mathbf{R}^3} \widetilde{\rho}(\boldsymbol{k}') \mathrm{e}^{\mathrm{i}\boldsymbol{k}'\cdot(\boldsymbol{R}+\boldsymbol{r})} \mathrm{d}\boldsymbol{k}',$$

所以

$$\widetilde{V}(\boldsymbol{k}) = \frac{q}{(2\pi)^3} \int_{\mathbf{R}^3} \int_{\mathbf{R}^3} \int_{\mathbf{R}^3} \frac{\mathrm{e}^{\mathrm{i}\boldsymbol{k}'\cdot\boldsymbol{R}}}{R} \widetilde{\rho}(\boldsymbol{k}') \mathrm{e}^{\mathrm{i}(\boldsymbol{k}'-\boldsymbol{k})\cdot\boldsymbol{r}} \mathrm{d}\boldsymbol{r} \, \mathrm{d}\boldsymbol{R} \, \mathrm{d}\boldsymbol{k}'$$

$$= q \int_{\mathbf{R}^3} \int_{\mathbf{R}^3} \frac{\mathrm{e}^{\mathrm{i}\boldsymbol{k}'\cdot\boldsymbol{R}}}{R} \widetilde{\rho}(\boldsymbol{k}') \left(\frac{1}{(2\pi)^3} \int_{\mathbf{R}^3} \mathrm{e}^{\mathrm{i}(\boldsymbol{k}'-\boldsymbol{k})\cdot\boldsymbol{r}} \mathrm{d}\boldsymbol{r} \right) \mathrm{d}\boldsymbol{R} \, \mathrm{d}\boldsymbol{k}'$$

$$= q \widetilde{\rho}(\boldsymbol{k}) \int_{\mathbf{R}^3} \frac{\mathrm{e}^{\mathrm{i}\boldsymbol{k}\cdot\boldsymbol{R}}}{R} \mathrm{d}\boldsymbol{R}.$$

由于 $\widetilde{V}_{\mathrm{Coul}}(\boldsymbol{k}) = \dfrac{q}{(2\pi)^{3/2}} \displaystyle\int_{\mathbf{R}^3} \frac{\mathrm{e}^{-\mathrm{i}\boldsymbol{k}\cdot\boldsymbol{R}}}{R} \mathrm{d}\boldsymbol{R}$, 所以

$$\widetilde{V}(\boldsymbol{k}) = q \widetilde{\rho}(\boldsymbol{k}) \int_{\mathbf{R}^3} \frac{\mathrm{e}^{\mathrm{i}\boldsymbol{k}\cdot\boldsymbol{R}}}{R} \mathrm{d}\boldsymbol{R} = (2\pi)^{3/2} \widetilde{\rho}(\boldsymbol{k}) \widetilde{V}_{\mathrm{Coul}}(-\boldsymbol{k}) = \frac{4\pi q \widetilde{\rho}(\boldsymbol{k})}{|\boldsymbol{k}|^2}.$$

上式可以变换为

$$|\boldsymbol{k}|^2 \widetilde{V}(\boldsymbol{k}) = 4\pi q \widetilde{\rho}(\boldsymbol{k}).$$

在散射实验中, 可以计算 $|\boldsymbol{k}|^2 \widetilde{V}(\boldsymbol{k})$. 若 $|\boldsymbol{k}|^2 \widetilde{V}(\boldsymbol{k})$ 为一常数, 则被散射的粒子可以看作点电荷; 若 $|\boldsymbol{k}|^2 \widetilde{V}(\boldsymbol{k})$ 对常数有较大偏离, 则被散射的粒子有电荷分布. 质子散

射实验的数据表明，$|\boldsymbol{k}|^2\, \tilde{V}(\boldsymbol{k})$ 与常数偏离较大，因此质子中存在着电荷分布，于是可以引入组成质子的带电粒子夸克.

下面计算 n 维情况下的 Fourier 变换的导数. 由（4）式有

$$f(\boldsymbol{r}) = \frac{1}{(2\pi)^{n/2}} \int_{-\infty}^{+\infty} \cdots \int_{-\infty}^{+\infty} \tilde{f}(\boldsymbol{k}) \mathrm{e}^{\mathrm{i}\boldsymbol{k}\cdot\boldsymbol{r}} \mathrm{d}\boldsymbol{k}.$$

将上式两端求偏导，得

$$\frac{\partial}{\partial x_j} f(\boldsymbol{r}) = \frac{1}{(2\pi)^{n/2}} \int_{-\infty}^{+\infty} \cdots \int_{-\infty}^{+\infty} \frac{\partial}{\partial x_j} \tilde{f}(\boldsymbol{k}) \mathrm{e}^{\mathrm{i}\boldsymbol{k}\cdot\boldsymbol{r}} \mathrm{d}\boldsymbol{k}$$

$$= \frac{1}{(2\pi)^{n/2}} \int_{-\infty}^{+\infty} \cdots \int_{-\infty}^{+\infty} \tilde{f}(\boldsymbol{k})(\mathrm{i}k_j) \mathrm{e}^{\mathrm{i}\boldsymbol{k}\cdot\boldsymbol{r}} \mathrm{d}\boldsymbol{k}.$$

因此

$$\nabla f(\boldsymbol{r}) = \frac{1}{(2\pi)^{n/2}} \int_{-\infty}^{+\infty} \cdots \int_{-\infty}^{+\infty} \tilde{f}(\boldsymbol{k})(\mathrm{i}\boldsymbol{k}) \mathrm{e}^{\mathrm{i}\boldsymbol{k}\cdot\boldsymbol{r}} \mathrm{d}\boldsymbol{k},$$

$$\nabla^2 f(\boldsymbol{r}) = \frac{1}{(2\pi)^{n/2}} \int_{-\infty}^{+\infty} \cdots \int_{-\infty}^{+\infty} \tilde{f}(\boldsymbol{k})(-\boldsymbol{k}^2) \mathrm{e}^{\mathrm{i}\boldsymbol{k}\cdot\boldsymbol{r}} \mathrm{d}\boldsymbol{k}.$$

利用上述的公式，可以将微分方程进行变换，例如：

$$C_2 \frac{\mathrm{d}^2 y}{\mathrm{d}x^2} + C_1 \frac{\mathrm{d}y}{\mathrm{d}x} + C_0 y(x) = f(x),$$

令 $y(x) = \dfrac{1}{\sqrt{2\pi}} \displaystyle\int_{-\infty}^{+\infty} \tilde{y}(k) \mathrm{e}^{\mathrm{i}kx} \mathrm{d}k$，$f(x) = \dfrac{1}{\sqrt{2\pi}} \displaystyle\int_{-\infty}^{+\infty} \tilde{f}(k) \mathrm{e}^{\mathrm{i}kx} \mathrm{d}k$，则方程变化为

$$\frac{1}{\sqrt{2\pi}} \int_{-\infty}^{+\infty} \tilde{y}(k) \mathrm{e}^{\mathrm{i}kx} (-C_2 k^2 + \mathrm{i}C_1 k + C_0) \mathrm{d}k = \frac{1}{\sqrt{2\pi}} \int_{-\infty}^{+\infty} \tilde{f}(k) \mathrm{e}^{\mathrm{i}kx} \mathrm{d}k.$$

推出 $\tilde{y}(k) = \dfrac{\tilde{f}(k)}{-C_2 k^2 + \mathrm{i}C_1 k + C_0}$，以及

$$y(x) = \frac{1}{\sqrt{2\pi}} \int_{-\infty}^{+\infty} \frac{\tilde{f}(k)}{-C_2 k^2 + \mathrm{i}C_1 k + C_0} \mathrm{e}^{\mathrm{i}kx} \mathrm{d}k.$$

2. 离散 Fourier 变换

根据 Fourier 变换有

$$\tilde{f}(\omega) = \frac{1}{\sqrt{2\pi}} \int_{-\infty}^{+\infty} f(t) \mathrm{e}^{-\mathrm{i}\omega t} \mathrm{d}t.$$

将上述积分做近似计算，即将积分变为离散点的求和，则上式变为

$$\tilde{f}(\omega) \approx \frac{1}{\sqrt{2\pi}} \sum_{n=0}^{N-1} f(t_n) \mathrm{e}^{-\mathrm{i}\omega t_n} \Delta t.$$

令 $\omega = \omega_m = m\Delta\omega$，$t_n = n\Delta t$，则

$$\tilde{f}(m\Delta\omega) = \frac{1}{\sqrt{2\pi}} \sum_{n=0}^{N-1} f(n\Delta t) \mathrm{e}^{-\mathrm{i}(m\Delta\omega)n\Delta t} \frac{T}{N}, \tag{7}$$

其中 T 为区间长度. 对上式两端同乘 $\frac{1}{\sqrt{2\pi}} \mathrm{e}^{\mathrm{i}(m\Delta\omega)k\Delta t}\Delta\omega$，并对 m 求和，有

$$\frac{1}{\sqrt{2\pi}} \sum_{m=0}^{N-1} \tilde{f}(m\Delta\omega) \mathrm{e}^{\mathrm{i}(m\Delta\omega)k\Delta t}\Delta\omega = \frac{T\Delta\omega}{2\pi N} \sum_{n=0}^{N-1} f(n\Delta t) \sum_{m=0}^{N-1} \mathrm{e}^{\mathrm{i}(m\Delta\omega)(k-n)\Delta t}. \tag{8}$$

当 $k = n$ 时，$\mathrm{e}^{\mathrm{i}(m\Delta\omega)(k-n)\Delta t} = 1$，则

$$\sum_{m=0}^{N-1} \mathrm{e}^{\mathrm{i}(m\Delta\omega)(k-n)\Delta t} = N.$$

当 $k \neq n$ 时，取 $\Delta\omega = \dfrac{2\pi}{T}$，则有 $N\Delta\omega\Delta t(k-n) = 2\pi(k-n)$，以及 $\mathrm{e}^{\mathrm{i}N\Delta\omega\Delta t(k-n)} = 1$，于是

$$\sum_{m=0}^{N-1} \mathrm{e}^{\mathrm{i}(m\Delta\omega)(k-n)\Delta t} = \frac{\mathrm{e}^{\mathrm{i}N\Delta\omega\Delta t(k-n)} - 1}{\mathrm{e}^{\mathrm{i}\Delta\omega\Delta t(k-n)} - 1} = 0.$$

因此式（8）变为

$$f(k\Delta t) = \frac{1}{\sqrt{2\pi}} \sum_{m=0}^{N-1} \tilde{f}(m\Delta\omega) \mathrm{e}^{\mathrm{i}(m\Delta\omega)k\Delta t}\Delta\omega. \tag{9}$$

式（7），（9）分别可推广为

$$\tilde{f}(\omega_j) = \frac{1}{\sqrt{N}} \sum_{n=0}^{N-1} f(t_n) \mathrm{e}^{-\mathrm{i}\omega_j t_n}, \tag{10}$$

$$f(t_n) = \frac{1}{\sqrt{N}} \sum_{j=0}^{N-1} \tilde{f}(\omega_j) \mathrm{e}^{\mathrm{i}\omega_j t_n}, \tag{11}$$

其中 $t_n = n\Delta t$，$\omega_j = \dfrac{2\pi j}{T}$.

在实际问题中进行离散 Fourier 变换相当复杂，为了减少运算量，提出一种称为快速 Fourier 变换的方法.

3. 分布的 Fourier 变换

命题 $\forall f, g \in L^2((-\infty, +\infty))$，令 $\langle f, g \rangle = \displaystyle\int_{-\infty}^{+\infty} f(u)g(u)\mathrm{d}u$，则 $\langle f, \tilde{g} \rangle = \langle \tilde{f}, g \rangle$.

证 $\langle f, \tilde{g} \rangle = \displaystyle\int_{-\infty}^{+\infty} f(u)\tilde{g}(u)\mathrm{d}u = \int_{-\infty}^{+\infty} f(u)\left(\frac{1}{\sqrt{2\pi}} \int_{-\infty}^{+\infty} g(t)\mathrm{e}^{-\mathrm{i}ut}\mathrm{d}t \right)\mathrm{d}u$

$$= \int_{-\infty}^{+\infty} g(t) \left(\frac{1}{\sqrt{2\pi}} \int_{-\infty}^{+\infty} f(u) \mathrm{e}^{-\mathrm{i}ut} \mathrm{d}u \right) \mathrm{d}t$$

$$= \int_{-\infty}^{+\infty} g(t) \widetilde{f}(t) \mathrm{d}t = \langle \widetilde{f}, g \rangle.$$

定义　设 f 为 $(-\infty, +\infty)$ 上的有界连续函数，且 $\widetilde{f}$ 也是 $(-\infty, +\infty)$ 上的有界连续函数. 若 φ 为一分布，可用 $\langle \widetilde{\varphi}, f \rangle = \langle \varphi, \widetilde{f} \rangle$ 定义 $\widetilde{\varphi}$，且 $\widetilde{\varphi}$ 仍为一分布，称 $\widetilde{\varphi}$ 为**分布 φ 的 Fourier 变换**.

例如：

$$\langle \widetilde{\delta}, f \rangle = \langle \delta, \widetilde{f} \rangle = \widetilde{f}(0) = \frac{1}{\sqrt{2\pi}} \int_{-\infty}^{+\infty} f(t) \mathrm{d}t$$

$$= \int_{-\infty}^{+\infty} \frac{1}{\sqrt{2\pi}} f(t) \mathrm{d}t = \langle \frac{1}{\sqrt{2\pi}}, f \rangle,$$

则 $\widetilde{\delta} = \dfrac{1}{\sqrt{2\pi}}$.

又如：若 $\varphi(x) = \delta(x - x')$，则

$$\langle \widetilde{\varphi}, f \rangle = \langle \varphi, \widetilde{f} \rangle = \widetilde{f}(x') = \frac{1}{\sqrt{2\pi}} \int_{-\infty}^{+\infty} f(t) \mathrm{e}^{-\mathrm{i}x't} \mathrm{d}t$$

$$= \int_{-\infty}^{+\infty} \left(\frac{1}{\sqrt{2\pi}} \mathrm{e}^{-\mathrm{i}x't} \right) f(t) \mathrm{d}t,$$

因此 $\widetilde{\varphi}(t) = \dfrac{1}{\sqrt{2\pi}} \mathrm{e}^{-\mathrm{i}x't}$.

第 10 章 复 分 析

内容提要

本章包含复变函数、解析函数、保角映射、复积分、复级数、留数、亚纯函数、多值函数和解析延拓等内容.

10.1 节主要讲述复变函数. 首先给出复数的定义并引入复数域,同时指出度量空间 $(\mathbf{C}, d)$ 为完备度量空间. 其次给出一元三次方程和一元四次方程的求根公式,进一步证明了 π, e 为超越数. 最后定义复变函数,并讨论其极限和连续性.

10.2 节主要讲述解析函数. 首先与一元实值函数类似,定义复变函数 $f(z)$ 在 $z=z_0$ 处的导数,并讨论复变函数 $f(z)$ 在 $z=z_0$ 处可导的充要条件. 其次给出 $f(z)$ 在区域内解析的定义,并指出解析函数的实部和虚部都是共轭调和函数.

10.3 节主要讲述保角映射. 首先给出保角映射的定义,并指出导数非零的解析函数为保角映射. 其次给出保角变换的实例,并指出用保角变换法可简化某些偏微分方程的求解.

10.4 节主要讲述复积分. 首先从单连通区域的 Cauchy–Goursat 定理出发,导出推广 Cauchy–Goursat 定理,以及复连通区域 Cauchy–Goursat 定理.其次讨论单连通区域、复连通区域和无界区域 Cauchy 积分公式,并由 Cauchy 积分公式推导出有界整函数必为常数. 最后讨论复变函数的原函数和 Morera 定理.

10.5 节主要讲述复级数. 首先讨论复数项级数的收敛性、复变函数项级数的一致收敛性和一致收敛的复变函数项级数的性质.其次讨论 Taylor 级数、Taylor 展开定理、Laurent 级数和 Laurent 展开定理,并指出在圆域内解析的函数可展开为 Taylor 级数,而在环域内解析的函数可展开为 Laurent 级数. 最后讨论孤立奇点和非孤立奇点.

10.6 节主要讲述留数. 首先给出孤立奇点的留数定义,并给出如何计算该点的留数值. 其次介绍留数定理,并用留数定理来计算积分.

10.7 节主要讲述亚纯函数、多值函数. 首先给出亚纯函数的定义. 其次由 Mittag-Leffler 展开定理导出有一阶零点的整函数的充分条件. 最后讨论多值函数,指出多值函数实际上是 Riemann 面上的函数,并给出不存在支点的多值函数.

10.8 节主要讲述解析延拓. 首先从解析函数零点孤立性定理出发,给出解析延拓的定义和性质,并给出不能作解析延拓的解析函数的实例. 其次讨论色散关系、Γ 函数、B 函数和最速落降法.

10.1 复变函数

1. 复数

像 4.4 节那样, 在 $\mathbf{R}^2$ 上定义运算 "·" 如下: $\forall (x_1, y_1), (x_2, y_2) \in \mathbf{R}^2$,

$$(x_1, y_1) \cdot (x_2, y_2) = (x_1 x_2 - y_1 y_2, x_1 y_2 + x_2 y_1).$$

按上述定义有

$$(1,0) \cdot (1,0) = (1,0), \quad (0,1) \cdot (0,1) = -(1,0).$$

记 $(1,0) = 1$, $(0,1) = \mathrm{i}$, 则 $\forall (x,y) \in \mathbf{R}^2$, 有

$$(x,y) = x(1,0) + y(0,1) = x + \mathrm{i} y.$$

记 $z = x + \mathrm{i} y$, 并称之为**复数**. x, y 分别称为**复数** z **的实部和虚部**, 记为 $x = \operatorname{Re} z$, $y = \operatorname{Im} z$.

设 $z_1 = x_1 + \mathrm{i} y_1$, $z_2 = x_2 + \mathrm{i} y_2$. $z_1 = z_2$ 当且仅当 $x_1 = x_2$, $y_1 = y_2$. 所有的复数构成复数集 $\mathbf{C}$.

根据欧拉公式, $\mathrm{e}^{\mathrm{i} x} = \cos x + \mathrm{i} \sin x$, 则

$$z = x + \mathrm{i} y = |z| \mathrm{e}^{\mathrm{i} \operatorname{Arg} z},$$

其中 $|z| = \sqrt{x^2 + y^2}$, $\operatorname{Arg} z = \arg z + 2k\pi$, $\arg z \in [0, 2\pi)$, $k \in \mathbf{Z}$, 称 $\arg z$ 为**辐角主值**.

在 $\mathbf{C}$ 上定义二元运算 $+ : \mathbf{C} \times \mathbf{C} \to \mathbf{C}$ 如下: $\forall z_1 = x_1 + \mathrm{i} y_1$, $\forall z_2 = x_2 + \mathrm{i} y_2$, 有

$$z_1 + z_2 = (x_1 + x_2) + \mathrm{i}(y_1 + y_2).$$

则 $(\mathbf{C}, +)$ 构成加群. 在 $\mathbf{C}$ 上定义另一个二元运算 $\cdot : \mathbf{C} \times \mathbf{C} \to \mathbf{C}$ 如下: $\forall z_1 = x_1 + \mathrm{i} y_1$, $\forall z_2 = x_2 + \mathrm{i} y_2$, 有

$$z_1 \cdot z_2 = (x_1 x_2 - y_1 y_2) + \mathrm{i}(x_1 y_2 + x_2 y_1).$$

则 $(\mathbf{C} - \{0\}, \cdot)$ 也构成加群. 于是 $(\mathbf{C}, +, \cdot)$ 构成域, 称之为**复数域**.

若 $z_1 = \rho_1 \mathrm{e}^{\mathrm{i}\varphi_1}$, $z_2 = \rho_2 \mathrm{e}^{\mathrm{i}\varphi_2}$, 则

$$z_1 z_2 = \rho_1 \rho_2 \mathrm{e}^{\mathrm{i}(\varphi_1 + \varphi_2)}, \qquad \frac{z_1}{z_2} = \frac{\rho_1}{\rho_2} \mathrm{e}^{\mathrm{i}(\varphi_1 - \varphi_2)}.$$

若 $z = \rho \mathrm{e}^{\mathrm{i}\varphi}$, 则

$$z^n = \rho^n \mathrm{e}^{\mathrm{i} n\varphi}, \quad z^{\frac{1}{n}} = \rho^{\frac{1}{n}} \mathrm{e}^{\mathrm{i}\frac{\varphi + 2k\pi}{n}}, \quad k = 0, 1, 2, \cdots, n-1.$$

$\mathbf{C}_{\mathbf{C}}$ 和 $\mathbf{C}_{\mathbf{R}}$ 分别称为**复向量空间**和**实向量空间**, 且 $\mathbf{C}_{\mathbf{R}}$ 同构于 $\mathbf{R}_{\mathbf{R}}^2$.

在 **C** 上也可定义一元运算 $*:\mathbf{C}\to\mathbf{C}$ 如下：$\forall z=x+\mathrm{i}y$，有

$$z^*=x-\mathrm{i}y.$$

该运算称为**复共轭运算**.

在 **C** 上定义度量 $d:\mathbf{C}\times\mathbf{C}\to\mathbf{R}$ 如下：$\forall z_1,z_2\in\mathbf{C}$，有

$$d(z_1,z_2)=\left|z_1-z_2\right|.$$

设 $(\mathbf{C},d)$ 为一度量空间，$\{z_n\}$ 为 $(\mathbf{C},d)$ 中的数列，$z_n=x_n+\mathrm{i}y_n$，$n\in\mathbf{N}$. 若 $\exists z\in\mathbf{C}$，$\forall\varepsilon>0$，$\exists N\in\mathbf{N}$，使得 $\forall n\in\mathbf{N}$，且 $n\geq N$，有 $\left|z_n-z\right|<\varepsilon$，则称 z 为 $\{z_n\}$ 当 $n\to+\infty$ **的极限**，记为 $\lim\limits_{n\to+\infty}z_n=z$. 由 1.4 节可知，$\lim\limits_{n\to+\infty}z_n=z$ 等价于 $\lim\limits_{n\to+\infty}x_n=x$ 且 $\lim\limits_{n\to+\infty}y_n=y$. 若 $\lim\limits_{n,m\to+\infty}\left|z_n-z_m\right|=0$，则称 $\{z_n\}$ 为 $(\mathbf{C},d)$ 中的 **Cauchy 数列**. 若 $\{z_n\}$ 为 $(\mathbf{C},d)$ 中的 Cauchy 数列，则 $\lim\limits_{n,m\to+\infty}\left|z_n-z_m\right|=0$ 等价于 $\lim\limits_{n,m\to+\infty}\left|x_n-x_m\right|=0$ 且 $\lim\limits_{n,m\to+\infty}\left|y_n-y_m\right|=0$. 由 $(\mathbf{R},d)$ 的完备性可得，$\exists x,y\in\mathbf{R}$，使得 $\lim\limits_{n\to+\infty}x_n=x$ 且 $\lim\limits_{n\to+\infty}y_n=y$. 于是 $\exists z=x+\mathrm{i}y\in\mathbf{C}$，使得 $\lim\limits_{n\to+\infty}z_n=z$. 因此，$(\mathbf{C},d)$ 为一完备度量空间.

无穷远点记为 $z=\infty$，其定义如下：若 $\forall M>0$，$\exists N\in\mathbf{N}$，使得 $\forall n\in\mathbf{N}$，且 $n\geq N$，有 $\left|z_n\right|>M$，则称 $\lim\limits_{n\to+\infty}z_n=\infty$.

2. 3 次方程和 4 次方程

一元 3 次方程可表示如下：

$$ax^3+bx^2+cx+d=0,\quad a\neq0.\tag{1}$$

由于 $a\neq0$，（1）式可变为

$$x^3+\frac{b}{a}x^2+\frac{c}{a}x+\frac{d}{a}=0.$$

令 $x=y-\dfrac{b}{3a}$，代入上式有 $\left(y-\dfrac{b}{3a}\right)^3+\dfrac{b}{a}\left(y-\dfrac{b}{3a}\right)^2+\dfrac{c}{a}\left(y-\dfrac{b}{3a}\right)+\dfrac{d}{a}=0$，即

$$y^3+py+q=0,\tag{2}$$

其中

$$p=\frac{c}{a}-\frac{b^2}{3a^2},\quad q=\frac{d}{a}-\frac{bc}{3a^2}+\frac{2b^3}{27a^3}.$$

设 y_1,y_2,y_3 为（2）式的解. 由根与系数的关系有 $y_1+y_2+y_3=0$. 于是可令

$$y_1=\alpha+\beta,\quad y_2=\alpha\omega_1+\beta\omega_2,\quad y_3=\alpha\omega_2+\beta\omega_1,$$

其中 $\alpha, \beta \in \mathbf{R}$，$\omega_1, \omega_2$ 为 $x^2 + x + 1 = 0$ 的共轭复根. 将 $y_2 = \alpha\omega_1 + \beta\omega_2$ 代入（2）式有

$$\alpha^3 + \beta^3 + q + (3\alpha\beta + p)(\alpha\omega_1 + \beta\omega_2) = 0. \qquad (3)$$

由于 $\alpha\omega_1 + \beta\omega_2 \in \mathbf{C}$，且 $\alpha\omega_1 + \beta\omega_2 \notin \mathbf{R}$，则有

$$\begin{cases} \alpha^3 + \beta^3 + q = 0, \\ 3\alpha\beta + p = 0. \end{cases}$$

故 $\alpha^3 = -\dfrac{q}{2} + \sqrt{\dfrac{q^2}{4} + \dfrac{p^3}{27}}$，$\beta^3 = -\dfrac{q}{2} - \sqrt{\dfrac{q^2}{4} + \dfrac{p^3}{27}}$. 因此

$$y_1 = \sqrt[3]{-\frac{q}{2} + \sqrt{\frac{q^2}{4} + \frac{p^3}{27}}} + \sqrt[3]{-\frac{q}{2} - \sqrt{\frac{q^2}{4} + \frac{p^3}{27}}},$$

$$y_2 = \omega_1 \sqrt[3]{-\frac{q}{2} + \sqrt{\frac{q^2}{4} + \frac{p^3}{27}}} + \omega_2 \sqrt[3]{-\frac{q}{2} - \sqrt{\frac{q^2}{4} + \frac{p^3}{27}}},$$

$$y_3 = \omega_2 \sqrt[3]{-\frac{q}{2} + \sqrt{\frac{q^2}{4} + \frac{p^3}{27}}} + \omega_1 \sqrt[3]{-\frac{q}{2} - \sqrt{\frac{q^2}{4} + \frac{p^3}{27}}}$$

为（2）式的解. 故

$$x_1 = \sqrt[3]{-\frac{q}{2} + \sqrt{\frac{q^2}{4} + \frac{p^3}{27}}} + \sqrt[3]{-\frac{q}{2} - \sqrt{\frac{q^2}{4} + \frac{p^3}{27}}} - \frac{b}{3a},$$

$$x_2 = \omega_1 \sqrt[3]{-\frac{q}{2} + \sqrt{\frac{q^2}{4} + \frac{p^3}{27}}} + \omega_2 \sqrt[3]{-\frac{q}{2} - \sqrt{\frac{q^2}{4} + \frac{p^3}{27}}} - \frac{b}{3a},$$

$$x_3 = \omega_2 \sqrt[3]{-\frac{q}{2} + \sqrt{\frac{q^2}{4} + \frac{p^3}{27}}} + \omega_1 \sqrt[3]{-\frac{q}{2} - \sqrt{\frac{q^2}{4} + \frac{p^3}{27}}} - \frac{b}{3a}$$

为一元 3 次方程 $ax^3 + bx^2 + cx + d = 0 \, (a \neq 0)$ 的解.

一元 4 次方程可表示如下：

$$ax^4 + bx^3 + cx^2 + dx + e = 0, \quad a \neq 0. \qquad (4)$$

由于 $a \neq 0$，（4）式可变为

$$x^4 + \frac{b}{a}x^3 + \frac{c}{a}x^2 + \frac{d}{a}x + \frac{e}{a} = 0.$$

令 $x = y - \dfrac{b}{4a}$，代入上式有

$$\left(y - \frac{b}{4a}\right)^4 + \frac{b}{a}\left(y - \frac{b}{4a}\right)^3 + \frac{c}{a}\left(y - \frac{b}{4a}\right)^2 + \frac{d}{a}\left(y - \frac{b}{4a}\right) + \frac{e}{a} = 0,$$

即

$$y^4 + Py^2 + Qy + R = 0, \qquad (5)$$

其中

$$P = \frac{c}{a} - \frac{3b^2}{8a^2} \ , \quad Q = \frac{d}{a} - \frac{bc}{2a^2} + \frac{b^3}{8a^3} \ , \quad R = \frac{e}{a} - \frac{bd}{2a^2} + \frac{b^2c}{16a^3} - \frac{3b^4}{256a^4} \ .$$

设 y_1, y_2, y_3, y_4 为（5）式的解. 由因式分解可得

$$y^4 + Py^2 + Qy + R = (y^2 + ky + l)(y^2 - ky + m).$$

根据待定系数法由上式可得

$$\begin{cases} l + m - k^2 = P, \\ (m - l)k = Q, \\ lm = R. \end{cases} \tag{6}$$

由（6）式可得

$$k^6 + 2Pk^4 + (P^2 - 4R)k^2 - Q^2 = 0. \tag{7}$$

解（7）式可得

$$k^2 = -\frac{2}{3}P + \sqrt[3]{-\frac{q}{2} + \sqrt{\frac{q^2}{4} + \frac{p^3}{27}}} + \sqrt[3]{-\frac{q}{2} - \sqrt{\frac{q^2}{4} + \frac{p^3}{27}}} \ ,$$

其中 $p = -\frac{1}{3}P^2 - 4R$ ， $q = -Q^2 - \frac{2}{27}P^3 + \frac{8}{3}PR$. 因此

$$k = \left(-\frac{2}{3}P + \sqrt[3]{-\frac{q}{2} + \sqrt{\frac{q^2}{4} + \frac{p^3}{27}}} + \sqrt[3]{-\frac{q}{2} - \sqrt{\frac{q^2}{4} + \frac{p^3}{27}}} \right)^{\frac{1}{2}},$$

$$l = \frac{1}{2}\left(k^2 + P - \frac{Q}{k} \right), \quad m = \frac{1}{2}\left(k^2 + P + \frac{Q}{k} \right).$$

由 P, Q, R 的值可确定 p, q 的值，从而可得出 k, l, m . 于是（5）式等价于 $y^2 + ky + l = 0$
或 $y^2 - ky + m = 0$ ，故

$$y_1 = \frac{1}{2}(-k + \sqrt{k^2 - 4l}), \quad y_2 = \frac{1}{2}(-k - \sqrt{k^2 - 4l}),$$

$$y_3 = \frac{1}{2}(k + \sqrt{k^2 - 4m}), \quad y_4 = \frac{1}{2}(k - \sqrt{k^2 - 4m})$$

为（5）式的解. 因此

$$x_1 = \frac{1}{2}(-k + \sqrt{k^2 - 4l}) - \frac{b}{4a}, \quad x_2 = \frac{1}{2}(-k - \sqrt{k^2 - 4l}) - \frac{b}{4a},$$

$$x_3 = \frac{1}{2}(k + \sqrt{k^2 - 4m}) - \frac{b}{4a}, \quad x_4 = \frac{1}{2}(k - \sqrt{k^2 - 4m}) - \frac{b}{4a}$$

为一元 4 次方程 $ax^4 + bx^3 + cx^2 + dx + e = 0 (a \neq 0)$ 的解.

例 1　求解一元 4 次方程 $x^4 + 4x^3 + 4x^2 + 8x + 4 = 0$.

解　令 $x = y - 1$，代入方程有

$$(y-1)^4 + 4(y-1)^3 + 4(y-1)^2 + 8(y-1) + 4 = 0,$$

即 $y^4 - 2y^2 + 8y - 3 = 0$. 由（5）式可知 $P = -2$，$Q = 8$，$R = -3$. 经计算 $p = \dfrac{32}{3}$，$q = -\dfrac{640}{27}$. 于是

$$
\begin{aligned}
k^2 &= -\frac{2}{3}P + \sqrt[3]{-\frac{q}{2} + \sqrt{\frac{q^2}{4} + \frac{p^3}{27}}} + \sqrt[3]{-\frac{q}{2} - \sqrt{\frac{q^2}{4} + \frac{p^3}{27}}} \\
&= \frac{4}{3} + \frac{4}{3}\sqrt[3]{10 + 6\sqrt{3}} + \frac{4}{3}\sqrt[3]{10 - 6\sqrt{3}} = 4.
\end{aligned}
$$

故 $k = 2$，$l = -1$，$m = 3$. 因此 $y^4 - 2y^2 + 8y - 3 = 0$ 等价于 $y^2 + 2y - 1 = 0$ 或 $y^2 - 2y + 3 = 0$，解得

$$y_1 = -1 + \sqrt{2}, \quad y_2 = -1 - \sqrt{2}, \quad y_3 = 1 + \sqrt{2}\,\mathrm{i}, \quad y_4 = 1 - \sqrt{2}\,\mathrm{i}.$$

于是

$$x_1 = -2 + \sqrt{2}, \quad x_2 = -2 - \sqrt{2}, \quad x_3 = \sqrt{2}\,\mathrm{i}, \quad x_4 = -\sqrt{2}\,\mathrm{i}$$

为 $x^4 + 4x^3 + 4x^2 + 8x + 4 = 0$ 的解.

综上所述，可用求根公式求解一元 3 次方程和一元 4 次方程. 但 Galois（伽罗瓦）理论指出，5 次或 5 次以上的一元 n 次方程除了某些特殊情形外，不能用求根公式进行求解.

3. 代数数和超越数

实数可分为有理数和无理数，若某数为整系数一元 n 次方程的根，则称该数为**代数数**. 有理数 $\dfrac{q}{p}$ 为整系数方程 $px - q = 0$ 的根，故有理数 $\dfrac{q}{p}$ 为代数数. 无理数 $\sqrt{2}$ 也是整系数方程 $x^2 - 2 = 0$ 的根，故 $\sqrt{2}$ 也是代数数.

若某数不是任何整系数一元 n 次方程的根，则称该数为**超越数**. 可以看出，由代数数构成的集合与有理数集 $\mathbf{Q}$ 等势，而由超越数所构成的集合为不可数集. 这样看来，超越数要远比代数数多，但要构造一个超越数则相当困难. 下面将证明 e, π 为超越数.

假设 e 不是超越数，则 e 为代数数，即 $\exists m \in \mathbf{N}$，使得

$$a_0 + a_1 \mathrm{e} + \cdots + a_m \mathrm{e}^m = 0,$$

其中 $a_0, a_1, \cdots, a_m$ 为整数. 若 $f(x)$ 为 n 次多项式，由分步积分可得

$$\int_0^b f(x)\mathrm{e}^{-x}\mathrm{d}x = -\mathrm{e}^{-x}\left(f(x) + f'(x) + \cdots + f^{(n)}(x)\right)\Big|_0^b = -\mathrm{e}^{-x}F(x)\Big|_0^b,$$

其中 $F(x)=f(x)+f'(x)+\cdots+f^{(n)}(x)$. 由上式可知,

$$\mathrm{e}^b F(0)=F(b)+\mathrm{e}^b\int_0^b f(x)\mathrm{e}^{-x}\mathrm{d}x.$$

将 b 依次取 $0,1,\cdots,m$, 并将所有 $m+1$ 个等式求和, 有

$$(a_0+a_1\mathrm{e}+\cdots+a_m\mathrm{e}^m)F(0)=0$$

$$=a_0F(0)+a_1F(1)+\cdots+a_mF(m)+\sum_{i=0}^m a_i\mathrm{e}^i\int_0^i f(x)\mathrm{e}^{-x}\mathrm{d}x, \qquad (8)$$

等式(8)对任意多项式均成立. 设 p 为质数, 且 $p\geq\max\{|a_0|,m\}$, 令

$$f(x)=\frac{1}{(p-1)!}x^{p-1}(x-1)^p(x-2)^p\cdots(x-m)^p.$$

由于 $F(x)=f(x)+f'(x)+\cdots+f^{(n)}(x)$, 当 $x=1,2,\cdots,m$ 时,

$$f(x)=f'(x)=\cdots=f^{(p-1)}(x)=0, \quad f^{(k)}(x)\in\mathbf{Z},$$

且 $f^{(k)}(x)=0\ \mathrm{mod}\,p$, $k\geq p$, 故

$$F(1),F(2),\cdots,F(m)=0\ \mathrm{mod}\,p.$$

又因为 $f(0)=f'(0)=\cdots=f^{(p-2)}(0)=0$, $f^{(p-1)}(0)=[(-1)^m m!]^p$, $f^{(k)}(0)=0\ \mathrm{mod}\,p$, $k\geq p$, 所以 $F(0)\neq 0\ \mathrm{mod}\,p$, 且 $a_0\neq 0\ \mathrm{mod}\,p$, 于是

$$a_0F(0)+a_1F(1)+\cdots+a_mF(m)\neq 0\ \mathrm{mod}\,p.$$

若 $x\in[0,m]$, $|f(x)|\leq\frac{1}{(p-1)!}m^{mp+p-1}$, 令 $C=|a_0|+|a_1|+\cdots+|a_m|$, 则

$$\left|\sum_{i=0}^m a_i\mathrm{e}^i\int_0^i f(x)\mathrm{e}^{-x}\mathrm{d}x\right|\leq C\,\mathrm{e}^m\,m^m\frac{(m^{m+1})^{p-1}}{(p-1)!}.$$

当 p 充分大时, 上式右端趋于 0, 故当 p 充分大时

$$a_0F(0)+a_1F(1)+\cdots+a_mF(m)+\sum_{i=0}^m a_i\mathrm{e}^i\int_0^i f(x)\mathrm{e}^{-x}\mathrm{d}x\neq 0,$$

因此 e 是超越数.

下面证明 π 也是超越数. 假设 π 为代数数. 由于 i 为 $x^2+1=0$ 的根, 则 i 为代数数, 故 πi 为代数数, 因此 πi 为整系数一元 n 次方程 $a_0+a_1x+\cdots+a_nx^n=0$ 的根. 由代数基本定理可知, 整系数一元 n 次方程 $a_0+a_1x+\cdots+a_nx^n=0$ 有 n 个根, 不妨设为 $\alpha_1,\alpha_2,\cdots,\alpha_n$. 于是 $\exists i\in\{1,2,\cdots,n\}$, 使得 $\alpha_i=\pi i$, 故有

$$\prod_{i=1}^n(1+\mathrm{e}^{\alpha_i})=0.$$

由上式可得，$\exists \beta_1, \beta_2, \cdots, \beta_r$，使得 $k + \sum_{i=1}^{r} \mathrm{e}^{\beta_i} = 0$．故由对称多项式理论可知，

$$(x - \beta_1)(x - \beta_2) \cdots (x - \beta_r) = x^r + c_{r-1} x^{r-1} + \cdots + c_0,$$

其中 $c_0, c_1, \cdots, c_{r-1}$ 均为有理数．令 C_r 为 $c_0, c_1, \cdots, c_{r-1}$ 所有分母的最小公倍数，故

$$C_r(x - \beta_1)(x - \beta_2) \cdots (x - \beta_r) = C_r x^r + C_{r-1} x^{r-1} + \cdots + C_0$$

为整系数多项式．设 $f(x)$ 为 n 次多项式，$F(x) = f(x) + f'(x) + \cdots + f^{(n)}(x)$，故

$$\mathrm{e}^b F(0) - F(b) = \mathrm{e}^b \int_0^b f(x) \mathrm{e}^{-x} \mathrm{d}x.$$

依次令 $b = \beta_1, \beta_2, \cdots, \beta_r$，有

$$\left| F(0) \sum_{i=1}^{r} \mathrm{e}^{\beta_i} - \sum_{i=1}^{r} F(\beta_i) \right| = \left| \sum_{i=1}^{r} \mathrm{e}^{\beta_i} \int_0^{\beta_i} f(x) \mathrm{e}^{-x} \mathrm{d}x \right|. \tag{9}$$

由于 $\sum_{i=1}^{r} \mathrm{e}^{\beta_i} = -K$，故（9）式变为

$$\left| K F(0) + \sum_{i=1}^{r} F(\beta_i) \right| = \left| \sum_{i=1}^{r} \mathrm{e}^{\beta_i} \int_0^{\beta_i} f(x) \mathrm{e}^{-x} \mathrm{d}x \right|,$$

该等式对任意的多项式 $f(x)$ 均成立．现设

$$f(x) = \frac{C_r{}^p x^{p-1} (x - \beta_1)^p (x - \beta_2)^p \cdots (x - \beta_r)^p}{(p-1)!}.$$

因为

$$f(\beta_i) = f'(\beta_i) = f^{(p-1)}(\beta_i) = 0, \quad f^{(k)}(\beta_i) = 0 \mod p, \quad k \geq p,$$

又因为

$$f(0) = f'(0) = \cdots = f^{(p-2)}(0) = 0, \quad f^{(p-1)}(0) = C_0{}^p, \quad f^{(k)}(0) = 0 \mod p, \quad k \geq p,$$

因此 $\exists \beta_1, \beta_2, \cdots, \beta_r$，使得

$$K F(0) + \sum_{i=1}^{r} F(\beta_i) \neq 0 \mod p.$$

故 $\left| K F(0) + \sum_{i=1}^{r} F(\beta_i) \right| \in \mathbf{N}$，且 $\left| K F(0) + \sum_{i=1}^{r} F(\beta_i) \right| \neq 0$，于是

$$\left| \sum_{i=1}^{r} \mathrm{e}^{\beta_i} \int_0^{\beta_i} f(x) \mathrm{e}^{-x} \mathrm{d}x \right| = \left| K F(0) + \sum_{i=1}^{r} F(\beta_i) \right| \geq 1. \tag{10}$$

而

$$\left| \sum_{i=1}^{r} \mathrm{e}^{\beta_i} \int_0^{\beta_i} f(x) \mathrm{e}^{-x} \mathrm{d}x \right| \leq \mathrm{e}^m m^m \cdot \frac{(m^{m+1})^{p-1}}{(p-1)!},$$

当 p 足够大时，上式右端趋于 0，即当 p 足够大时，

$$\left| \sum_{i=1}^{r} \mathrm{e}^{\beta_i} \int_0^{\beta_i} f(x)\mathrm{e}^{-x}\mathrm{d}x \right| < 1,$$

与（10）式矛盾，因此 π 为超越数.

4. 复变函数的定义

设映射 $f:\mathbf{C} \to \mathbf{C}$ 为复变函数，即有 $\forall z \in \mathbf{C}$，$\exists w = f(z) \in \mathbf{C}$ 与其对应. 严格地说，复变函数应该为映射 $f:S \subset \mathbf{C} \to \mathbf{C}$，即复变函数是从 $\mathbf{C}$ 的子集指向 $\mathbf{C}$ 的映射.

复变函数 $f:\mathbf{C} \to \mathbf{C}$ 将 z 平面中的点集变换到 w 平面中的点集，而复数集 $\mathbf{C}$ 与二维平面 $\mathbf{R}^2$ 可一一对应，可有

$$w = u + \mathrm{i}v = f(z) = u(x,y) + \mathrm{i}v(x,y),$$

即复变函数可以看作有序二元函数对.

例如：$w = z^2$，$z = x + \mathrm{i}y$，则 $w = (x+\mathrm{i}y)^2 = x^2 - y^2 + 2\mathrm{i}xy$，因此

$$u(x,y) = x^2 - y^2, \quad v(x,y) = 2xy.$$

设 $l_1:y = mx$ 为 z 平面内一直线. 经上述变换，有

$$u(x,y) = (1-m^2)x^2, \quad v(x,y) = 2mx^2.$$

因此 $v = \dfrac{2mu}{1-m^2}$，即 z 平面中过原点与 x 轴正向交 α 角的直线，经 $w = z^2$ 变换后，为 w 平面中过原点与 u 轴交 2α 角的射线.

5. 复变函数的极限

设 $f(z)$ 在 z_0 的邻域内有定义，且 $z_0 \in \mathbf{C}$ 为 $B(z_0,r)$ 的聚点，可定义 $f:(\mathbf{C},|\cdot|) \to (\mathbf{C},|\cdot|)$ 的极限 $\lim\limits_{z \to z_0} f(z) = a$，即 $\exists a \in \mathbf{C}$，$\forall \varepsilon > 0$，$\exists \delta > 0$，$\forall z \in \mathbf{C}$ 且 $0 < |z - z_0| < \delta$，有 $|f(z) - a| < \varepsilon$.

上述极限存在实际上要求，在 z 平面上以任意方式趋近于 z_0，$f(z)$ 都趋近于同一值.

复变函数的极限定义也可表述为 $\lim\limits_{|z - z_0| \to 0} |f(z) - a| = 0$.

6. 复变函数的连续性

若 $f(z)$ 在 z_0 及其邻域内有定义，且 $\lim\limits_{z \to z_0} f(z) = f(z_0)$，则称 $f(z)$ **在 $z = z_0$ 处连续**.

设 G 为 z 平面上的有界闭区域. 若 $\forall z_0 \in G$，$f(z)$ 在 $z = z_0$ 处都连续，则称 $f(z)$ **在 G 上连续**.

若 $f(z)$ 在 G 上连续，还可以定义在 G 上的一致连续，即若 $\forall \varepsilon > 0$，$\exists \delta > 0$，使得 $\forall z_1, z_2 \in G$，且 $\left| z_1 - z_2 \right| < \delta$，有

$$\left| f(z_1) - f(z_2) \right| < \varepsilon,$$

则称 $f(z)$ 在 G 上**一致连续**.

像一元实函数那样，若 $f(z)$ 在有界闭区域 G 上连续，则 $f(z)$ 在 G 上有界且一致连续.

10.2　解析函数

设 $f(z)$ 在 z_0 及其邻域内有定义且连续. 若 z_0 在其邻域内有改变量 Δz，则相应的函数有改变量 $\Delta f(z_0) = f(z_0 + \Delta z) - f(z_0)$. 若

$$\lim_{\Delta z \to 0} \frac{f(z_0 + \Delta z) - f(z_0)}{\Delta z}$$

存在(即与 Δz 趋近的方式无关)，则称 $f(z)$ 在 $z = z_0$ 处可导，记为 $f'(z_0)$.

与一元实函数类似，存在如下的求导法则：若 $f(z), g(z)$ 均可导，则 $f(z) + g(z)$，$f(z)g(z), \dfrac{f(z)}{g(z)}$ $(g(z) \neq 0)$ 均可导，且

$$(f(z) + g(z))' = f'(z) + g'(z),$$
$$(f(z)g(z))' = f'(z)g(z) + f(z)g'(z),$$
$$\left(\frac{f(z)}{g(z)} \right)' = \frac{f'(z)g(z) - f(z)g'(z)}{g^2(z)}.$$

设 $f(z) = u(x,y) + \mathrm{i}v(x,y)$ 在 $z = z_0$ 处可导，则

$$f'(z_0) = \lim_{\Delta x + \mathrm{i}\Delta y \to 0} \frac{u(x_0 + \Delta x, y_0 + \Delta y) - u(x_0, y_0) + \mathrm{i}(v(x_0 + \Delta x, y_0 + \Delta y) - v(x_0, y_0))}{\Delta x + \mathrm{i}\Delta y}.$$

由于极限的存在与 Δz 趋近于 0 的方式无关，在各种趋近方式中可以选择两种特殊的方式，即 $\Delta x = 0$，$\Delta y \to 0$ 或 $\Delta y = 0$，$\Delta x \to 0$，则

$$f'(z_0) = \frac{\partial u}{\partial x} + \mathrm{i}\frac{\partial v}{\partial x} = \frac{\partial v}{\partial y} - \mathrm{i}\frac{\partial u}{\partial y},$$

即

$$\frac{\partial u}{\partial x} = \frac{\partial v}{\partial y}, \tag{1}$$

$$\frac{\partial v}{\partial x} = -\frac{\partial u}{\partial y}. \tag{2}$$

微分方程（1），（2）称为 Cauchy-Riemann 条件，或者简称为 C-R 条件.

令 $x = \dfrac{z + z^*}{2}$，$y = \dfrac{z - z^*}{2\mathrm{i}}$，可以给出 C-R 条件的另一种表示，即

$$\frac{\partial f}{\partial z^*} = 0.$$

综上所述，复变函数 $w = f(z)$ 在 $z = z_0$ 处可导的必要条件是，$w = f(z) = u(x, y) + \mathrm{i}v(x, y)$ 在 $z = z_0$ 处满足 C-R 条件. 例如：复变函数 $f(z) = z^*$ 有 $\dfrac{\partial f}{\partial z^*} = 1 \neq 0$，则说明 $f(z) = z^*$ 在 z 平面上处处连续但处处不可导.

命题 设 $f(z) = u(x, y) + \mathrm{i}v(x, y)$. 若 $u(x, y), v(x, y)$ 的一阶偏导 $\dfrac{\partial u}{\partial x}, \dfrac{\partial u}{\partial y}$ 和 $\dfrac{\partial v}{\partial x}, \dfrac{\partial v}{\partial y}$ 在 $z = z_0$ 处均连续且满足 C-R 条件，则 $f(z)$ 在 $z = z_0$ 处可导.

证 因为 $u(x, y), v(x, y)$ 的一阶偏导均连续，所以

$$u(x + \Delta x, y + \Delta y) = u(x, y) + \frac{\partial u}{\partial x}\Delta x + \frac{\partial u}{\partial y}\Delta y + \varepsilon_1 \Delta x + \delta_1 \Delta y, \quad \Delta x, \Delta y \to 0,$$

$$v(x + \Delta x, y + \Delta y) = v(x, y) + \frac{\partial v}{\partial x}\Delta x + \frac{\partial v}{\partial y}\Delta y + \varepsilon_2 \Delta x + \delta_2 \Delta y, \quad \Delta x, \Delta y \to 0.$$

因此

$$\begin{aligned}
f(z + \Delta z) - f(z) = &\left(\frac{\partial u}{\partial x} + \mathrm{i}\frac{\partial v}{\partial x}\right)\Delta x + \mathrm{i}\left(\frac{\partial v}{\partial y} - \frac{\partial u}{\partial y}\right)\Delta y \\
&+ (\varepsilon_1 + \mathrm{i}\varepsilon_2)\Delta x + (\delta_1 + \mathrm{i}\delta_2)\Delta y, \quad \Delta x, \Delta y \to 0.
\end{aligned}$$

应用 C-R 条件可以得到

$$\begin{aligned}
&\left| \frac{f(z + \Delta z) - f(z)}{\Delta z} - \left(\frac{\partial u}{\partial x} + \mathrm{i}\frac{\partial v}{\partial x}\right) \right| \\
&= \left| (\varepsilon_1 + \mathrm{i}\varepsilon_2)\frac{\Delta x}{\Delta z} + (\delta_1 + \mathrm{i}\delta_2)\frac{\Delta y}{\Delta z} \right| \\
&\leq \left| \varepsilon_1 + \mathrm{i}\varepsilon_2 \right| + \left| \delta_1 + \mathrm{i}\delta_2 \right| \leq \varepsilon,
\end{aligned}$$

即

$$\lim_{\Delta z \to 0} \frac{f(z + \Delta z) - f(z)}{\Delta z} = \frac{\partial u}{\partial x} + \mathrm{i}\frac{\partial v}{\partial x}.$$

若 $f(z)$ 在 z_0 及其邻域内均可导，则称 $f(z)$ 在 z_0 处**解析**，并称 z_0 为 $f(z)$ 的**正则点**；反之，则称 z_0 为 $f(z)$ 的**奇点**.

若 $\forall z \in \mathbf{C}$，点 z 都是 $f(z)$ 的正则点，则称 $f(z)$ 为**整函数**.

例 1 设 $f(z) = z^n$. 由于 $f'(z) = nz^{n-1}$，则 $f(z) = z^n$ 为整函数.

例 2 设 $p(z) = a_0 + a_1 z + \cdots + a_n z^n$. 由例 1 和求导法则可知，$p(z)$ 是整函数.

例 3 设 $p(z), q(z)$ 为多项式，$f(z) = \dfrac{p(z)}{q(z)}$. 若 $q(z_0) = 0$，则 $z = z_0$ 为 $f(z)$ 的奇点.

例 4 设 $f(z) = \mathrm{e}^z$. 由于 $f'(z) = \mathrm{e}^z$，则 $f(z) = \mathrm{e}^z$ 是整函数.

例 5 设 $\sin z = \dfrac{\mathrm{e}^{\mathrm{i}z} - \mathrm{e}^{-\mathrm{i}z}}{2\mathrm{i}}$，$\cos z = \dfrac{\mathrm{e}^{\mathrm{i}z} + \mathrm{e}^{-\mathrm{i}z}}{2}$，双曲函数 $\mathrm{sh}\,z = \dfrac{\mathrm{e}^z - \mathrm{e}^{-z}}{2}$，$\mathrm{ch}\,z = \dfrac{\mathrm{e}^z + \mathrm{e}^{-z}}{2}$. 由例 4 和求导法则可知，$\sin z, \cos z, \mathrm{sh}\,z, \mathrm{ch}\,z$ 都是整函数.

例 6 设 $f(z) = x^2 + y^2$，即 $u(x,y) = x^2 + y^2$，$v(x,y) = 0$，则 $u(x,y), v(x,y)$ 在 $\mathbf{R}^2$ 上解析. 由于 $f'(0) = 0$，以及 $\forall z \neq 0$，$f'(z)$ 不存在，则 $f(z)$ 在 z 平面内均不解析. 这说明，复变函数的实部与虚部均解析，但其本身不一定解析.

例 7 求满足 $\dfrac{\mathrm{d}f}{\mathrm{d}z} = f(z)$，且 $f(z_1 + z_2) = f(z_1)f(z_2)$ 的单值解析函数.

解 将 $z_1 = z_2 = 0$ 代入 $f(z_1 + z_2) = f(z_1)f(z_2)$，则有 $f(0) = 0$ 或 $f(0) = 1$. 由于

$$f'(z) = \lim_{\Delta z \to 0} \frac{f(z + \Delta z) - f(z)}{\Delta z} = \lim_{\Delta z \to 0} f(z) \frac{f(\Delta z) - 1}{\Delta z},$$

则 $f(0) = 1$.

由 $\dfrac{\mathrm{d}f}{\mathrm{d}z} = f(z)$，有 $\dfrac{\partial u}{\partial x} = u$，$\dfrac{\partial v}{\partial x} = v$，则

$$u = a(y)\mathrm{e}^x，\quad v = b(y)\mathrm{e}^x. \tag{3}$$

由 C-R 条件有 $\dfrac{\partial}{\partial x}(a(y)\mathrm{e}^x) = \dfrac{\partial}{\partial y}(b(y)\mathrm{e}^x)$，$\dfrac{\partial}{\partial x}(b(y)\mathrm{e}^x) = -\dfrac{\partial}{\partial y}(a(y)\mathrm{e}^x)$，即

$$a(y) = \frac{\mathrm{d}b}{\mathrm{d}y}，\quad b(y) = -\frac{\mathrm{d}a}{\mathrm{d}y}.$$

解上述方程可得

$$a(y) = A\cos y + B\sin y，\quad b(y) = A\sin y - B\cos y.$$

根据 $f(0) = 1$ 和式（3），有 $a(0) = 1$，$b(0) = 0$，则 $A = 1$，$B = 0$. 因此

$$f(z) = \mathrm{e}^x(\cos y + \mathrm{i}\sin y) = \mathrm{e}^{x+\mathrm{i}y} = \mathrm{e}^z,$$

即复指数函数是满足条件的单值解析函数.

对 C-R 条件（1），（2）分别求 x, y 的偏导，可得 $\dfrac{\partial^2 u}{\partial x^2} = \dfrac{\partial^2 v}{\partial x \partial y}$，$\dfrac{\partial^2 v}{\partial y \partial x} = -\dfrac{\partial^2 u}{\partial y^2}$，因此

$$\frac{\partial^2 u}{\partial x^2} + \frac{\partial^2 u}{\partial y^2} = 0. \tag{4}$$

同理，

$$\frac{\partial^2 v}{\partial x^2} + \frac{\partial^2 v}{\partial y^2} = 0. \tag{5}$$

由（4）式、（5）式可知解析函数的实部和虚部都满足二维 Laplace 方程.

由 C-R 条件还可得

$$\frac{\partial u}{\partial x}\frac{\partial v}{\partial x} + \frac{\partial u}{\partial y}\frac{\partial v}{\partial y} = 0. \tag{6}$$

满足 Laplace 方程的函数称为**调和函数**. 所以解析函数的实部和虚部都是调和函数. 由（6）式还可知，解析函数的实部和虚部为共轭调和函数.

10.3　保角映射

复变函数 $f : \mathbf{C} \to \mathbf{C}$ 将 z 平面中的点集映射到 w 平面中的点集，也可将 z 平面中的曲线 l 映射到 w 平面中的曲线 l'.

设 l_1, l_2 为相交于 z_0 点的 z 平面中任意的两曲线，且其交角为 α（即两曲线相交于 z_0 点，其交角为两曲线在 z_0 点切线的夹角）.

设 l_1, l_2 在 f 下的像分别为 l_1', l_2'，则 l_1', l_2' 为 w 平面中两相交曲线，交角设为 α'. 设 $f : \mathbf{C} \to \mathbf{C}$ 在 $z = z_0$ 处解析，若 $\alpha = \alpha'$，则称 $f : \mathbf{C} \to \mathbf{C}$ 为**保角映射**.

命题 1　设 $f : \mathbf{C} \to \mathbf{C}$ 在 $z = z_0$ 处解析. 若 $f'(z_0) \neq 0$，则 $f : \mathbf{C} \to \mathbf{C}$ 为保角映射.

证　设 e_x, e_y 为 z 平面的基矢，则曲线 l_i 的微分位移为 $e_x \mathrm{d}x_i + e_y \mathrm{d}y_i$. 设曲线 l_i 在 z_0 处的方向为 e_i，则

$$e_i = \frac{e_x \mathrm{d}x_i + e_y \mathrm{d}y_i}{\sqrt{\mathrm{d}x_i{}^2 + \mathrm{d}y_i{}^2}}.$$

因此 l_1, l_2 夹角的余弦为

$$\cos\alpha = \frac{\mathrm{d}x_1 \mathrm{d}x_2 + \mathrm{d}y_1 \mathrm{d}y_2}{\sqrt{\mathrm{d}x_1{}^2 + \mathrm{d}y_1{}^2}\sqrt{\mathrm{d}x_2{}^2 + \mathrm{d}y_2{}^2}}.$$

设 e_u, e_v 为 w 平面的基矢，l_i 的像 l_i' 在 $f(z_0)$ 处的方向为 e_i'，则

$$e_i' = \frac{e_u \mathrm{d}u_i + e_v \mathrm{d}v_i}{\sqrt{\mathrm{d}u_i{}^2 + \mathrm{d}v_i{}^2}}.$$

若 $f'(z_0) \neq 0$，由 $\mathrm{d}u_i = \dfrac{\partial u}{\partial x}\mathrm{d}x_i + \dfrac{\partial u}{\partial y}\mathrm{d}y_i$，$\mathrm{d}v_i = \dfrac{\partial v}{\partial x}\mathrm{d}x_i + \dfrac{\partial v}{\partial y}\mathrm{d}y_i$，可得

$$\cos\alpha' = \frac{\mathrm{d}u_1 \mathrm{d}u_2 + \mathrm{d}v_1 \mathrm{d}v_2}{\sqrt{\mathrm{d}u_1{}^2 + \mathrm{d}v_1{}^2}\sqrt{\mathrm{d}u_2{}^2 + \mathrm{d}v_2{}^2}}.$$

由 10.2 节式（6），以及 $\left|f'(z_0)\right|^2 = \left(\dfrac{\partial u}{\partial x}\right)^2 + \left(\dfrac{\partial v}{\partial x}\right)^2$，得

$$\cos\alpha' = \frac{\left|f'(z_0)\right|^2 (\mathrm{d}x_1\mathrm{d}x_2 + \mathrm{d}y_1\mathrm{d}y_2)}{\left|f'(z_0)\right|^2 \sqrt{\mathrm{d}x_1{}^2 + \mathrm{d}y_1{}^2}\sqrt{\mathrm{d}x_2{}^2 + \mathrm{d}y_2{}^2}}$$

$$= \frac{\mathrm{d}x_1\mathrm{d}x_2 + \mathrm{d}y_1\mathrm{d}y_2}{\sqrt{\mathrm{d}x_1{}^2 + \mathrm{d}y_1{}^2}\sqrt{\mathrm{d}x_2{}^2 + \mathrm{d}y_2{}^2}} = \cos\alpha,$$

则 $\alpha' = \alpha$，$f: \mathbf{C} \to \mathbf{C}$ 为保角映射.

例 1　设 $w = z + a$，其中 $a \in \mathbf{C}$，称 $w = z + a$ 为**平移变换**. 因为 $w' = 1 \neq 0$，所以 $w = z + a$ 是保角映射.

例 2　设 $w = bz$，其中 $b \in \mathbf{C}$ 且 $b \neq 0$. 因为 $w' = b \neq 0$，所以 $w = bz$ 是保角映射.

例 3　设 $w = \dfrac{az+b}{cz+d}$（$cz + d \neq 0$，$ad - bc \neq 0$），称之为**分式线性变换**. 因为

$$w' = \frac{a(cz+d) - c(az+b)}{(cz+d)^2} = \frac{ad - bc}{(cz+d)^2} \neq 0,$$

所以 $w = \dfrac{az+b}{cz+d}$（$cz + d \neq 0$，$ad - bc \neq 0$）是保角映射.

特别地，当 $a = d = 0$，$b = c = 1$ 时，$w = \dfrac{1}{z}$，也是保角映射.

命题 2　$w = \dfrac{1}{z}$ 可将 z 平面上的圆 $|z - a| = r$ 变换到 w 平面上的圆或直线.

证　设 z 平面内的圆的方程为 $|z - a| = r$，将 $w = \dfrac{1}{z}$ 代入有

$$\frac{|1 - aw|}{|w|} = r.$$

将上式两边平方并整理得

$$(r^2 - |a|^2)|w|^2 + 2\operatorname{Re}(aw) - 1 = 0.$$

将 $w = u + \mathrm{i}v$，$a = a_r + \mathrm{i}a_i$ 代入有

$$(r^2 - |a|^2)(u^2 + v^2) + 2(a_r u - a_i v) - 1 = 0.$$

若 $r^2 - |a|^2 \neq 0$，上式配方后得

$$(u - a_r')^2 + (v - a_i')^2 = r'^2,$$

其中 $a_r' = -\dfrac{a_r}{r^2 - |a|^2}$，$a_i' = \dfrac{a_i}{r^2 - |a|^2}$，$r' = \dfrac{r}{\left|r^2 - |a|^2\right|}$. 上述方程在 w 平面内描述一个以 (a_r', a_i') 为圆心、r' 为半径的圆.

若 $r^2 - |a|^2 = 0$ ，则 z 平面内的圆变换为 w 平面内的直线，其方程为

$$a_r u - a_i v = \frac{1}{2}.$$

命题 3 二维 Laplace 方程 $\dfrac{\partial^2 \varphi}{\partial x^2} + \dfrac{\partial^2 \varphi}{\partial y^2} = 0$ 在保角变换下形式不变.

证 设保角变换 $w = f(z) = u(x,y) + \mathrm{i}v(x,y)$. 根据复合函数求导法则有

$$\frac{\partial^2 \varphi}{\partial x^2} = \left(\frac{\partial u}{\partial x}\right)^2 \frac{\partial^2 \varphi}{\partial u^2} + 2\frac{\partial u}{\partial x}\frac{\partial v}{\partial x}\frac{\partial^2 \varphi}{\partial u \partial v} + \left(\frac{\partial v}{\partial x}\right)^2 \frac{\partial^2 \varphi}{\partial v^2} + \frac{\partial \varphi}{\partial u}\frac{\partial^2 u}{\partial x^2} + \frac{\partial \varphi}{\partial v}\frac{\partial^2 v}{\partial x^2},$$

$$\frac{\partial^2 \varphi}{\partial y^2} = \left(\frac{\partial u}{\partial y}\right)^2 \frac{\partial^2 \varphi}{\partial u^2} + 2\frac{\partial u}{\partial y}\frac{\partial v}{\partial y}\frac{\partial^2 \varphi}{\partial u \partial v} + \left(\frac{\partial v}{\partial y}\right)^2 \frac{\partial^2 \varphi}{\partial v^2} + \frac{\partial \varphi}{\partial u}\frac{\partial^2 u}{\partial y^2} + \frac{\partial \varphi}{\partial v}\frac{\partial^2 v}{\partial y^2},$$

则

$$\frac{\partial^2 \varphi}{\partial x^2} + \frac{\partial^2 \varphi}{\partial y^2} = \left[\left(\frac{\partial u}{\partial x}\right)^2 + \left(\frac{\partial u}{\partial y}\right)^2\right]\frac{\partial^2 \varphi}{\partial u^2} + 2\left(\frac{\partial u}{\partial x}\frac{\partial v}{\partial x} + \frac{\partial u}{\partial y}\frac{\partial v}{\partial y}\right)\frac{\partial^2 \varphi}{\partial u \partial v}$$

$$+ \left[\left(\frac{\partial v}{\partial x}\right)^2 + \left(\frac{\partial v}{\partial y}\right)^2\right]\frac{\partial^2 \varphi}{\partial v^2} + \frac{\partial \varphi}{\partial u}\left(\frac{\partial^2 u}{\partial x^2} + \frac{\partial^2 u}{\partial y^2}\right) + \frac{\partial \varphi}{\partial v}\left(\frac{\partial^2 v}{\partial x^2} + \frac{\partial^2 v}{\partial y^2}\right).$$

利用

$$\frac{\partial u}{\partial x}\frac{\partial v}{\partial x} + \frac{\partial u}{\partial y}\frac{\partial v}{\partial y} = 0 , \quad \frac{\partial^2 u}{\partial x^2} + \frac{\partial^2 u}{\partial y^2} = \frac{\partial^2 v}{\partial x^2} + \frac{\partial^2 v}{\partial y^2} = 0 ,$$

以及 $\left|f'(z)\right|^2 = \left(\dfrac{\partial u}{\partial x}\right)^2 + \left(\dfrac{\partial u}{\partial y}\right)^2 = \left(\dfrac{\partial v}{\partial x}\right)^2 + \left(\dfrac{\partial v}{\partial y}\right)^2$ ，可得

$$\frac{\partial^2 \varphi}{\partial x^2} + \frac{\partial^2 \varphi}{\partial y^2} = \left|f'(z)\right|^2 \left(\frac{\partial^2 \varphi}{\partial u^2} + \frac{\partial^2 \varphi}{\partial v^2}\right) = 0 ,$$

即二维 Laplace 方程在保角变换下保持形式不变.

例 4 设有两圆柱 C_1, C_2 相离，给定两圆柱表面电势，求其外电势分布.

由于问题的轴对称性，可以在 xOy 平面上求解. 设 xOy 平面内两圆分别为 $l_1: x^2 + y^2 = r^2$ ，$l_2: (x - a_2)^2 + y^2 = r^2$. 问题即为求解满足如下边界条件的二维 Laplace 方程:

$$\Delta \varphi = \frac{\partial^2 \varphi}{\partial x^2} + \frac{\partial^2 \varphi}{\partial y^2} = 0 , \quad \varphi\big|_{l_1} = u_1 , \quad \varphi\big|_{l_2} = u_2 . \qquad (1)$$

解 利用分式线性变换 $w = \dfrac{1}{z - c}$ ，将 z 平面内两圆之外的区域变换到 w 平面内的一个环境，则上述方程变为

$$\Delta\varphi = \frac{\partial^2\varphi}{\partial u^2} + \frac{\partial^2\varphi}{\partial v^2} = 0 \ , \quad \varphi\big|_{l_1'} = u_1 \ , \quad \varphi\big|_{l_2'} = u_2 \ , \qquad (2)$$

其中 l_1', l_2' 的方程分别为 $l_1' : (u-a_1')^2 + v^2 = r_1'^2$ ，$l_2' : (u-a_2')^2 + v^2 = r_2'^2$ ，

$$a_1' = a_2' = \frac{-c}{c^2-r^2} \ , \quad r_1' = \frac{r}{|c^2-r^2|} \ , \quad r_2' = \frac{r}{\left|(c-a_2)^2-r^2\right|} \ ,$$

解方程（2）得

$$\varphi(u,v) = A\ln\sqrt{(u-a_2')^2 + v^2} + B .$$

将边界条件 $\varphi\big|_{l_1'} = u_1$ ，$\varphi\big|_{l_2'} = u_2$ 代入上式有

$$u_1 = A\ln r_1' + B \ , \quad u_2 = A\ln r_2' + B .$$

由上式可得

$$A = \frac{u_1 - u_2}{\ln\dfrac{r_1'}{r_2'}} \ , \quad B = \frac{u_2\ln r_1' - u_1\ln r_2'}{\ln\dfrac{r_1'}{r_2'}} .$$

在 w 平面中 φ 的复势可表示为 $A\ln(w-a_2') + B$. 将 $w = \dfrac{1}{z-c}$ 代入，则在 z 平面中

φ 的复势为 $A\ln\left(\dfrac{1}{z-c} - a_2'\right) + B$ ，其实部就是方程（1）的解：

$$\varphi(x,y) = \frac{A}{2}\ln\frac{(1+a_2'c-a_2'x)^2 + a_2'^2 y^2}{(x-c)^2 + y^2} + B .$$

与二维 Laplace 方程类似，Poisson（泊松）方程 $\dfrac{\partial^2\varphi}{\partial x^2} + \dfrac{\partial^2\varphi}{\partial y^2} = -g(x,y)$ 和 Helmholtz

（亥姆赫兹）方程 $\dfrac{\partial^2\varphi}{\partial x^2} + \dfrac{\partial^2\varphi}{\partial y^2} + k^2\varphi(x,y) = 0$ 在保角变换下分别变换为

$$\left|f'(z)\right|^2 \Delta\varphi = \left|f'(z)\right|^2\left(\frac{\partial^2\varphi}{\partial u^2} + \frac{\partial^2\varphi}{\partial v^2}\right) = -h(u,v) ,$$

$$\left|f'(z)\right|^2 \Delta\varphi + k^2\varphi(u,v) = \left|f'(z)\right|^2\left(\frac{\partial^2\varphi}{\partial u^2} + \frac{\partial^2\varphi}{\partial v^2}\right) + k^2\varphi(u,v) = 0 ,$$

其中 $h(u,v) = g(x,y)$.

10.4　复积分

设 l 为 z 平面中一曲线，$f(z)$ 在 l 上有定义，将 l 分为 N 小段，分点为 $z_0, z_1, \cdots,$ z_N . 在每小段内任意取点 ξ_k ，求和：

$$\sum_{k=1}^{N} f(\xi_k)\Delta z_k = \sum_{k=1}^{N} f(\xi_k)(z_k - z_{k-1}).$$

若 $\lim\limits_{N\to+\infty}\sum\limits_{k=1}^{N} f(\xi_k)\Delta z_k$ 存在且极限与曲线的分法及 ξ_k 的取法无关,则称 $f(z)$ **在 l 上可积**,

记为 $\int_l f(z)\mathrm{d}z$.

若 l 为分段光滑曲线, $f(z)$ 在 l 上连续, 则 $f(z)$ 在 l 上可积, 且

$$\int_l f(z)\mathrm{d}z = \int_l (u\mathrm{d}x - v\mathrm{d}y) + \mathrm{i}\int_l (v\mathrm{d}x + u\mathrm{d}y).$$

Cauchy–Goursat 定理 设 G 为 z 平面内一单连通区域, $f(z)$ 在 G 上解析, l 为 G 内的简单闭曲线, 则 $\oint_l f(z)\mathrm{d}z = 0$.

该定理的证明分为三步, 第一步证明 $f(z)$ 在任意三角形上的积分为零, 第二步证明 $f(z)$ 在简单闭折线上的积分为零, 第三步证明 $f(z)$ 在 l 上的积分可以由 $f(z)$ 在简单闭折线上的积分逼近.

设 $\triangle ABC$ 为 G 内任意三角形, 其周长为 l. 设 $\left|\oint_{\triangle ABC} f(z)\mathrm{d}z\right| = M$, 下面证明 M 等于零.

在 $\triangle ABC$ 的每边上分别取中点 D, E, F, 连接 DE, EF, FD, 可将 $\triangle ABC$ 分为 4 个全等的三角形, 其中必存在三角形 Δ_1, 使得

$$\left|\oint_{\Delta_1} f(z)\mathrm{d}z\right| \geq \frac{M}{4}.$$

按上述方法依次取 $\Delta_2, \cdots, \Delta_n$, 使得

$$\left|\oint_{\Delta_n} f(z)\mathrm{d}z\right| \geq \frac{M}{4^n}.$$

$\Delta_1, \Delta_2, \cdots$ 构成 $\mathbf{R}^2$ 中的区间套, 由区间套定理, $\exists z_0 \in \Delta_i\ (i=1,2,\cdots)$. 因为 $f(z)$ 在 G 上解析, $f'(z_0)$ 有限, 即 $\forall \varepsilon > 0$, $\exists \delta > 0$, $0 < |z-z_0| < \delta$, 有

$$\left|f(z) - f(z_0) - f'(z_0)(z-z_0)\right| < \varepsilon|z-z_0|,$$

则

$$\left|\oint_{\Delta_n} f(z)\mathrm{d}z\right| = \left|\oint_{\Delta_n} (f(z) - f(z_0) - f'(z_0)(z-z_0))\mathrm{d}z\right|$$

$$\leq \varepsilon\oint_{\Delta_n} |z-z_0||\mathrm{d}z| < \varepsilon\frac{l^2}{4^n}.$$

由上述推导可得 $\dfrac{M}{4^n} < \varepsilon\dfrac{l^2}{4^n}$, 即 $M < \varepsilon l^2$, 则 $M = 0$.

设 $z_0, z_1, \cdots, z_n \in G$，依次连接 $z_0, z_1, \cdots, z_n, z_0$，构成闭折线 l．连接对角线 $z_0 z_i$ $(i=2,3,\cdots,n-1)$，将 l 所围区域分为若干个三角形 $\Delta_1', \Delta_2', \cdots, \Delta_{n-1}'$，则 $f(z)$ 在闭折线 l 上的积分为

$$\oint_l f(z)\mathrm{d}z = \sum_{i=1}^{n-1} \oint_{\Delta_i'} f(z)\mathrm{d}z = 0.$$

设 l 为任意闭曲线，在 l 上取分点 $z_0, z_1, \cdots, z_n$，连接各分点形成内接于 l 的折线 l_n，则 $\forall \varepsilon > 0$，$\exists \delta > 0$，使得 $\forall \xi_k \in l$，$\forall \eta_k \in l_n$，且 $|\xi_k - \eta_k| < \delta$，以及 $\max\limits_{1 \le k \le n} |\Delta z_k| < \delta$，有

$$\left| \oint_l f(z)\mathrm{d}z - \oint_{l_n} f(z)\mathrm{d}z \right|$$

$$\le \left| \oint_l f(z)\mathrm{d}z - \sum_{k=1}^n f(\xi_k)\Delta z_k \right| + \left| \sum_{k=1}^n f(\xi_k)\Delta z_k - \sum_{k=1}^n f(\eta_k)\Delta z_k \right|$$

$$+ \left| \sum_{k=1}^n f(\eta_k)\Delta z_k - \oint_{l_n} f(z)\mathrm{d}z \right|$$

$$< \varepsilon + \varepsilon + \sum_{k=1}^n |f(\xi_k) - f(\eta_k)||\Delta z_k|$$

$$< 2\varepsilon + l\varepsilon.$$

因此

$$\oint_l f(z)\mathrm{d}z = \lim_{n \to +\infty} \oint_{l_n} f(z)\mathrm{d}z = 0.$$

Cauchy-Goursat 定理可以推广为**推广的 Cauchy-Goursat 定理**：设 G 为 z 平面内单连通区域，l 为 G 的边界围线．若 $f(z)$ 在 G 内解析，且在 $\overline{G} = G \cup l$ 上连续，则

$$\oint_l f(z)\mathrm{d}z = 0.$$

推广的 Cauchy-Goursat 定理的证明思路如下：设 l' 为 G 内的简单闭曲线，则 $\oint_{l'} f(z)\mathrm{d}z = 0$，于是 $\oint_l f(z)\mathrm{d}z = \lim\limits_{l' \to l} \oint_{l'} f(z)\mathrm{d}z = 0$．

证　由于 $f(z)$ 在闭区域 $\overline{G}$ 上连续，则 $f(z)$ 在 $\overline{G}$ 上一致连续，即 $\forall \varepsilon > 0$，$\exists\, 0 < \delta < 1$，$\forall z_1, z_2 \in \overline{G}$，$|z_1 - z_2| < \delta$，则有 $|f(z_1) - f(z_2)| < \varepsilon$．

设 $z_0 = x_0 + \mathrm{i}y_0$ 为 l 内一点，分别作平行于实轴和虚轴的直线族 $y = y_0 + n\delta$ 和 $x = x_0 + m\delta$ $(m, n \in \mathbf{Z})$，形成方格．直线族只有 N 条直线与 l 相交，那么在 l 内不覆盖 l 的方格共同构成最靠近 l 的折线 l'，其余覆盖 l 的方格被 l 所截，构成曲边梯形，分别记为 $l_1, l_2, \cdots, l_N$，则

$$\oint_l f(z)\mathrm{d}z = \sum_{i=1}^N \oint_{l_i} f(z)\mathrm{d}z + \oint_{l'} f(z)\mathrm{d}z.$$

由 Cauchy–Goursat 定理, $\oint_{l'} f(z)\mathrm{d}z = 0$. 现在估算 $\sum\limits_{i=1}^{N}\oint_{l_i} f(z)\mathrm{d}z$ 的值. 记 l_i 的长度为 L_i, 曲线 l 的长度为 L, 则上述盖住曲线 l 的方格的个数不超过 $4\left(\dfrac{L}{\delta}+1\right)$, 且

$$\sum_{i=1}^{N}L_i - L < 4\delta \cdot 4\left(\frac{L}{\delta}+1\right) = 16L + 16\delta,$$

即 $\sum\limits_{i=1}^{N}L_i < 17L + 16$. 因此

$$\left|\sum_{i=1}^{N}\oint_{l_i} f(z)\mathrm{d}z\right| = \left|\sum_{i=1}^{N}\left(\oint_{l_i} f(z)\mathrm{d}z - \oint_{l_i} f(z_i)\mathrm{d}z\right)\right| \quad (z_i \text{ 为覆盖 } l \text{ 的方格的端点})$$

$$= \left|\sum_{i=1}^{N}\oint_{l_i}(f(z)-f(z_i))\mathrm{d}z\right| < \sum_{i=1}^{N}\oint_{l_i}\left|f(z)-f(z_i)\right|\left|\mathrm{d}z\right|$$

$$< \sum_{i=1}^{N}\varepsilon\oint_{l_i}\left|\mathrm{d}z\right| = \sum_{i=1}^{N}\varepsilon L_i$$

$$< (17L+16)\varepsilon.$$

由于 ε 的任意性, 所以 $\oint_{l} f(z)\mathrm{d}z = \sum\limits_{i=1}^{N}\oint_{l_i} f(z)\mathrm{d}z = 0$, 证毕.

上述在单连通区域 G 的边界 l 上的积分 $\oint_{l} f(z)\mathrm{d}z$ 是沿边界 l 的正向积分, 若 G 为复连通区域, 则其边界的定向较单连通区域复杂.

若 l 为单连通区域 G 的边界, 沿 l 的逆时针方向积分及沿其正向积分记为 $\oint_{l} f(z)\mathrm{d}z$, 简记为环路积分 $\oint_{l} f(z)\mathrm{d}z$.

设 G 为 z 平面内的复连通区域, $L = l \cup \left(\bigcup\limits_{k=1}^{N} l_k\right)$ 为 G 的边界, 规定 L 的正向为沿 L 前行时区域 G 在 L 的左手方.

复连通区域 Cauchy–Goursat 定理 设 G 为复连通区域, $L = l \cup \left(\bigcup\limits_{i=1}^{N} l_i\right)$ 为 G 的边界, $f(z)$ 在 G 上解析, 在 $\overline{G} = G \cup L$ 上连续, 则

$$\oint_{l} f(z)\mathrm{d}z = \sum_{i=1}^{N}\oint_{l_i} f(z)\mathrm{d}z.$$

证 在 l 和 l_i 上分别取点 a 和 a_i, 用直线段连接 aa_i, 可将复连通区域 G 转换成单连通区域. 利用推广的 Cauchy–Goursat 定理有

$$\oint_l f(z)\mathrm{d}z + \sum_{i=1}^N \left(\int_{aa_i} f(z)\mathrm{d}z - \oint_{l_i} f(z)\mathrm{d}z + \int_{a_i a} f(z)\mathrm{d}z \right) = 0.$$

由于 $\forall i \in \{1,2,\cdots,n\}$，有 $\int_{aa_i} f(z)\mathrm{d}z + \int_{a_i a} f(z)\mathrm{d}z = 0$，故

$$\oint_l f(z)\mathrm{d}z = \sum_{i=1}^N \oint_{l_i} f(z)\mathrm{d}z.$$

Cauchy 积分公式　设 G 为 z 平面内的单连通区域，l 为其边界. 若 $f(z)$ 在 G 上解析，且在 $\overline{G} = G \cup l$ 上连续，则 $\forall z \in G$，有

$$f(z) = \frac{1}{2\pi\mathrm{i}} \oint_l \frac{f(\xi)\mathrm{d}\xi}{\xi - z}. \tag{1}$$

　　证　取定点 $z \in G$，作以 z 为心、R 为半径的圆 $C_R : |\xi - z| = R$. 根据复连通区域 Cauchy–Goursat 定理，有

$$\begin{aligned}
\oint_l \frac{f(\xi)\mathrm{d}\xi}{\xi - z} &= \oint_{C_R} \frac{f(\xi)\mathrm{d}\xi}{\xi - z} = \oint_{C_R} \frac{(f(\xi) - f(z) + f(z))\mathrm{d}\xi}{\xi - z} \\
&= \oint_{C_R} \frac{(f(\xi) - f(z))\mathrm{d}\xi}{\xi - z} + f(z) \oint_{C_R} \frac{\mathrm{d}\xi}{\xi - z} \\
&= \oint_{C_R} \frac{(f(\xi) - f(z))\mathrm{d}\xi}{\xi - z} + 2\pi\mathrm{i}f(z).
\end{aligned}$$

下面估算 $\displaystyle\oint_{C_R} \frac{(f(\xi) - f(z))\mathrm{d}\xi}{\xi - z}$ 的值. 因为 $f(z)$ 在 $\overline{G}$ 上连续，所以 $f(z)$ 在 $\overline{G}$ 上一致连续，即 $\forall \varepsilon > 0$，$\exists \delta > 0$，$\forall \xi, z \in \overline{G}$，$|\xi - z| = R < \delta$，则有 $|f(\xi) - f(z)| < \varepsilon$. 因此

$$\left| \oint_{C_R} \frac{f(\xi) - f(z)}{\xi - z} \mathrm{d}\xi \right| \leq \oint_{C_R} \frac{|f(\xi) - f(z)|}{|\xi - z|} |\mathrm{d}\xi| < \varepsilon \oint_{C_R} \frac{|\mathrm{d}\xi|}{R} < 2\pi\varepsilon.$$

因为 ε 任意小，所以 $\displaystyle\oint_{C_R} \frac{f(\xi) - f(z)}{\xi - z} \mathrm{d}\xi = 0$，因此 $f(z) = \dfrac{1}{2\pi\mathrm{i}} \oint_l \dfrac{f(\xi)\mathrm{d}\xi}{\xi - z}$，证毕.

　　可以将单连通区域的 Cauchy 积分公式推广到复连通区域或无界区域.

　　复连通区域 Cauchy 积分公式　设 G 为 z 平面内的复连通区域，$L = l \cup \left(\bigcup_{k=1}^N l_k \right)$ 为 G 的边界. 若 $f(z)$ 在 G 上解析，在 $\overline{G} = G \cup L$ 上连续，则 $\forall z \in G$，有

$$f(z) = \frac{1}{2\pi\mathrm{i}} \oint_l \frac{f(\xi)\mathrm{d}\xi}{\xi - z} - \frac{1}{2\pi\mathrm{i}} \sum_{k=1}^N \oint_{l_k} \frac{f(\xi)\mathrm{d}\xi}{\xi - z}. \tag{2}$$

　　证明略.

　　无界区域 Cauchy 积分公式　设 l 为 z 平面内的简单闭曲线. 若 $f(z)$ 在 l 外解析，在

l 外直到 l 上连续，且 $z \to \infty$ 时 $f(z)$（一致）$\to 0$，即 $\forall \varepsilon > 0$，$\exists M > 0$，$\forall z: |z| > M$，有 $|f(z)| < \varepsilon$，则

$$f(z) = -\frac{1}{2\pi i} \oint_l \frac{f(\xi) d\xi}{\xi - z}. \tag{3}$$

证 设对上述 l 总存在 $C_R: |z| = R$，使得 l 在 C_R 内. 利用复连通区域 Cauchy 积分公式，对上述区域内的任意点 z 有

$$f(z) = \frac{1}{2\pi i} \oint_{C_R} \frac{f(\xi) d\xi}{\xi - z} - \frac{1}{2\pi i} \oint_l \frac{f(\xi) d\xi}{\xi - z}.$$

当 $R \to +\infty$ 时，$\displaystyle\lim_{R \to +\infty} \frac{1}{2\pi i} \oint_{C_R} \frac{f(\xi) d\xi}{\xi - z} = 0$. 所以 $f(z) = -\dfrac{1}{2\pi i} \oint_l \dfrac{f(\xi) d\xi}{\xi - z}$.

设 l 为复平面内曲线，$g(z)$ 在 l 上连续，称 $\displaystyle\int_l \frac{g(\xi) d\xi}{\xi - z}$ 为 **Cauchy 型积分**.

设 l 为复平面内曲线，$g(z)$ 在 l 上连续，则 $\forall z \notin l$，$f(z) = \displaystyle\int_l \frac{g(\xi) d\xi}{\xi - z}$ 在 z 处解析，且

$$f'(z) = \int_l \frac{d}{dz}\left(\frac{g(\xi)}{\xi - z}\right) d\xi = \int_l \frac{g(\xi) d\xi}{(\xi - z)^2}.$$

根据积分限下可求导的性质有，解析函数 $f(z) = \dfrac{1}{2\pi i} \oint_l \dfrac{f(\xi) d\xi}{\xi - z}$ 在其解析域内存在任意阶导数，且

$$f^{(n)}(z) = \left(\frac{1}{2\pi i} \oint_l \frac{f(\xi) d\xi}{\xi - z}\right)^{(n)} = \frac{1}{2\pi i} \oint_l \frac{d^n}{dz^n}\left(\frac{f(\xi)}{\xi - z}\right) d\xi$$

$$= \frac{n!}{2\pi i} \oint_l \frac{f(\xi) d\xi}{(\xi - z)^{n+1}}. \tag{4}$$

由（4）可导出，复平面内有界整函数必为常数，即

命题 设 $f(z)$ 为整函数，且在 z 平面内有界，即 $\exists M > 0$，$\forall z$ 有 $|f(z)| < M$，则 $\forall z \in \mathbf{C}$，$f(z) \equiv C$.

证 由 $f'(z) = \dfrac{1}{2\pi i} \oint_l \dfrac{f(\xi) d\xi}{(\xi - z)^2}$，得

$$|f'(z)| = \left|\frac{1}{2\pi i} \oint_l \frac{f(\xi) d\xi}{(\xi - z)^2}\right| = \frac{1}{2\pi} \left|\oint_l \frac{f(\xi) d\xi}{(\xi - z)^2}\right| \le \frac{1}{2\pi} \oint_l \frac{|f(\xi)||d\xi|}{|\xi - z|^2}.$$

若 l 为 $|\xi - z| = R$，则

$$|f'(z)| < \frac{1}{2\pi} \oint_l \frac{|f(\xi)||d\xi|}{|\xi - z|^2} < \frac{M_R}{R} \quad (M_R = \max|f(\xi)|, \quad \xi \in l).$$

因为 $f(z)$ 在 z 平面内有界，可得 $M_R < M$，则 $\forall R$ 有 $\left| f'(z) \right| < \dfrac{M}{R}$. 因此 $f'(z) = 0$，$f(z) = C$.

由命题可知，在复平面内有界整函数必为常数. 但在实轴上有界整函数并非为常数，例如 $f(x) = \mathrm{e}^{-x^2}$，$x \in \mathbf{R}$ 为实轴上的有界整函数.

利用上述命题，可证明：

代数基本定理　设 $a_i \in \mathbf{C}$，$i = 0, 1, \cdots, n$，则多项式

$$p_n(z) = a_n z^n + a_{n-1} z^{n-1} + \cdots + a_1 z + a_0$$

可做如下因式分解：

$$a_n z^n + a_{n-1} z^{n-1} + \cdots + a_1 z + a_0 = c(z - z_1)^{k_1} (z - z_2)^{k_2} \cdots (z - z_n)^{k_n},$$

其中 $k_1 + k_2 + \cdots + k_n = n$.

利用 Cauchy-Goursat 定理，即积分与路径无关，可以定义函数 $f(z)$ 的原函数 $F(z)$. 设 $f : \mathbf{C} \to \mathbf{C}$ 在区域 G 上解析，$\forall z_0, z \in G$，定义 $F : \mathbf{C} \to \mathbf{C}$，使得 $F(z) = \displaystyle\int_{z_0}^{z} f(\xi)\mathrm{d}\xi$. 由于

$$
\begin{aligned}
F'(z) &= \lim_{\Delta z \to 0} \frac{F(z + \Delta z) - F(z)}{\Delta z} \\
&= \lim_{\Delta z \to 0} \frac{1}{\Delta z} \left(\int_{z_0}^{z + \Delta z} f(\xi)\mathrm{d}\xi - \int_{z_0}^{z} f(\xi)\mathrm{d}\xi \right) \\
&= \lim_{\Delta z \to 0} \frac{1}{\Delta z} \int_{z}^{z + \Delta z} f(\xi)\mathrm{d}\xi \\
&= f(z),
\end{aligned}
$$

称 $F(z)$ 为 $f(z)$ 的原函数.

用原函数可以简化积分计算，例如：

$$\int_{0}^{2+\mathrm{i}} z^2 \mathrm{d}z = \left. \frac{z^3}{3} \right|_{0}^{2+\mathrm{i}} = \frac{2}{3} + \frac{11}{3}\mathrm{i}.$$

Morera 定理　设 $f(z)$ 在单连通区域 G 内连续，$\forall l \subset G$，有 $\displaystyle\oint_l f(z)\mathrm{d}z = 0$，则 $f(z)$ 在 G 内解析.

证　由于 $\forall l \subset G$，$\displaystyle\oint_l f(z)\mathrm{d}z = 0$，则积分与路径无关，以及 $\displaystyle\int_{z_0}^{z} f(\xi)\mathrm{d}\xi$ 沿任意路径积分皆相等，由此可定义函数 $F(z) = \displaystyle\int_{z_0}^{z} f(\xi)\mathrm{d}\xi$. 由于 $f(z)$ 在 G 内连续，有

$$\left| \frac{F(z + \Delta z) - F(z)}{\Delta z} - f(z) \right| = \left| \frac{1}{\Delta z} \int_{z}^{z + \Delta z} (f(\xi) - f(z))\mathrm{d}\xi \right|$$

$$\le \left|\frac{1}{\Delta z}\right| \int_z^{z+\Delta z} \left|f(\xi)-f(z)\right| \left|\mathrm{d}\xi\right| < \varepsilon,$$

则

$$\lim_{\Delta z\to 0}\left|\frac{F(z+\Delta z)-F(z)}{\Delta z}-f(z)\right|=0,$$

于是 $F'(z)=f(z)$，所以 $F(z)$ 在 G 内解析. 由于解析函数在其解析域内任意阶导数都存在，则 $\forall z\in G$，$F''(z)=f'(z)$ 存在，因此 $f(z)$ 在 G 内解析.

10.5 复级数

1. 数项级数

设 $z_k\in \mathbf{C}$，称 $\sum_{k=1}^{+\infty}z_k=z_1+z_2+\cdots+z_k+\cdots$ 为**数项级数**. 令 $S_n=\sum_{k=1}^{n}z_k$，称 S_n 为

级数 $\sum_{k=1}^{+\infty}z_k$ **的部分和**. 可用部分和序列 $\{S_n\}$ 的敛散性来定义级数 $\sum_{k=1}^{+\infty}z_k$ 的敛散性. 若

$\exists S\in\mathbf{C}$，使得 $\lim_{n\to+\infty}S_n=S$，即 $\forall\varepsilon>0$，$\exists N\in\mathbf{N}$，$\forall n\in\mathbf{N}$，$n\ge N$，有 $\left|S_n-S\right|<\varepsilon$，

则称 $\sum_{k=1}^{+\infty}z_k$ **收敛于** S，记为 $\sum_{k=1}^{+\infty}z_k=S$.

设两级数 $\sum_{k=1}^{+\infty}z_k$，$\sum_{k=1}^{+\infty}w_k$ 分别收敛于 S,T，即 $\sum_{k=1}^{+\infty}z_k=S$，$\sum_{k=1}^{+\infty}w_k=T$，则

$$\sum_{k=1}^{+\infty}(z_k+w_k)=S+T, \quad \sum_{k=1}^{+\infty}cz_k=cS.$$

若 $\sum_{k=1}^{+\infty}\left|z_k\right|$ 收敛，则称 $\sum_{k=1}^{+\infty}z_k$ **绝对收敛**. 可以证明绝对收敛级数其本身必收敛，因

此可以通过 $\sum_{k=1}^{+\infty}\left|z_k\right|$ 的敛散性来判定 $\sum_{k=1}^{+\infty}z_k$ 的敛散性.

命题 1 若 $\sum_{k=1}^{+\infty}z_k$ 绝对收敛于 S，则 $\sum_{k=1}^{+\infty}z_{n_k}$ 也绝对收敛，且 $\sum_{k=1}^{+\infty}z_{n_k}=S$.

命题 2 若 $\sum_{k=1}^{+\infty}z_k$ 和 $\sum_{k=1}^{+\infty}w_k$ 均绝对收敛，则 $\sum_{k,l=1}^{+\infty}z_kw_l=\left(\sum_{k=1}^{+\infty}z_k\right)\left(\sum_{k=1}^{+\infty}w_k\right)$.

由于 $\sum_{k=1}^{+\infty}\left|z_k\right|$ 为正项级数，可以利用正项级数的比较判别法来判定 $\sum_{k=1}^{+\infty}\left|z_k\right|$ 的敛散性.

通过与几何级数 $\sum\limits_{k=1}^{+\infty} q^k$ 作比较，有正项级数的 D'Alembert（达朗贝尔）判别法和 Cauchy 判别法.

D'Alembert 判别法　设 $\sum\limits_{n=1}^{+\infty} x_n$ 为严格正项级数，且 $\lim\limits_{n\to+\infty} \dfrac{x_{n+1}}{x_n} = q$. 若 $q<1$，则级数 $\sum\limits_{n=1}^{+\infty} x_n$ 收敛；若 $q>1$，则级数 $\sum\limits_{n=1}^{+\infty} x_n$ 发散；若 $q=1$，则不能判定级数 $\sum\limits_{n=1}^{+\infty} x_n$ 的敛散性.

Cauchy 判别法　设 $\sum\limits_{n=1}^{+\infty} x_n$ 为正项级数，且 $\varlimsup\limits_{n\to+\infty} x_n^{\frac{1}{n}} = q$. 若 $q<1$，则级数 $\sum\limits_{n=1}^{+\infty} x_n$ 收敛；若 $q>1$，则级数 $\sum\limits_{n=1}^{+\infty} x_n$ 发散；若 $q=1$，则不能判定级数 $\sum\limits_{n=1}^{+\infty} x_n$ 的敛散性.

通过与 p-级数 $\sum\limits_{n=1}^{+\infty} \dfrac{1}{n^p}$ 作比较，有正项级数的 Riemann 判别法，而与 Bertrand 级数作比较，则有正项级数的 Bertrand 判别法.

p-级数 $\sum\limits_{n=1}^{+\infty} \dfrac{1}{n^p}$ 当 $p\leq 1$ 时发散，当 $p>1$ 时收敛.

Riemann 判别法　设 $\sum\limits_{n=1}^{+\infty} x_n$ 为正项级数，且 $\lim\limits_{n\to+\infty} n^p x_n = q$. 若 $p>1$，$q<+\infty$，则级数 $\sum\limits_{n=1}^{+\infty} x_n$ 收敛；若 $p\leq 1$，$q\neq 0$，则级数 $\sum\limits_{n=1}^{+\infty} x_n$ 发散.

记 $\ln n$ 为 $\ln^1 n$，$\ln(\ln n)$ 为 $\ln^2 n$，$\cdots$，$\ln(\ln^{k-1} n)$ 为 $\ln^k n$. 称

$$\sum_{n=N}^{+\infty} \frac{1}{n\ln^1 n\ln^2 n\cdots\ln^{k-1} n\ (\ln^k n)^p}$$

为 Bertrand 级数.

Bertrand 级数当 $p>1$ 时收敛，当 $p\leq 1$ 时发散.

Bertrand 判别法　设 $\sum\limits_{n=1}^{+\infty} x_n$ 为严格正项级数，且满足条件：

$$\lim_{n\to+\infty}\left[n\ln^1 n\ln^2 n\cdots\ln^{k-1} n\ln^k n\left(\frac{x_n}{x_{n+1}} - 1 - \frac{1}{n} - \frac{1}{n\ln n}\right.\right.$$
$$\left.\left.-\cdots-\frac{1}{n\ln^1 n\ln^2 n\cdots\ln^{k-1} n}\right)\right] = \lambda \in \mathbf{R}\cup\{-\infty,+\infty\}.$$

若 $\lambda > 1$ ，则级数 $\sum\limits_{n=1}^{+\infty} x_n$ 收敛；若 $\lambda < 1$ ，则级数 $\sum\limits_{n=1}^{+\infty} x_n$ 发散；若 $\lambda = 1$ ，则不能判定级数 $\sum\limits_{n=1}^{+\infty} x_n$ 的敛散性.

上述若干判别法表明，即使对于正项级数都没有一个唯一的一劳永逸的判别法. 而且可以证明，存在着收敛速度越来越慢的收敛级数，同时也能找到发散得越来越快的发散级数.

2. 函数项级数

设 $f_k(z)$ ， $k=1,2,\cdots$ 为复变函数，称

$$\sum_{k=1}^{+\infty} f_k(z) = f_1(z) + f_2(z) + \cdots + f_k(z) + \cdots$$

为函数项级数，或称之为**复变函数项级数**. 称 $F_n(z) = \sum\limits_{k=1}^{n} f_k(z)$ 为函数项级数 $\sum\limits_{k=1}^{+\infty} f_k(z)$ 的部分和.

若 $\sum\limits_{k=1}^{+\infty} f_k(z_1)$ 收敛，则称 $\sum\limits_{k=1}^{+\infty} f_k(z)$ **在 $z=z_1$ 处收敛**；若 $\sum\limits_{k=1}^{+\infty} f_k(z_2)$ 发散，则称 $\sum\limits_{k=1}^{+\infty} f_k(z)$ **在 $z=z_2$ 处发散**. 由 $\sum\limits_{k=1}^{+\infty} f_k(z)$ 的所有收敛点组成的集合称为**级数 $\sum\limits_{k=1}^{+\infty} f_k(z)$ 的收敛域**. 在收敛域内函数项级数 $\sum\limits_{k=1}^{+\infty} f_k(z)$ 定义了一个函数 $f(z)$ ，即 $f(z) = \sum\limits_{k=1}^{+\infty} f_k(z)$ ， $z \in G$ ，称 $f(z)$ 为**函数项级数 $\sum\limits_{k=1}^{+\infty} f_k(z)$ 的和函数**.

$\sum\limits_{k=1}^{+\infty} f_k(z)$ 在 G 内收敛于 $f(z)$ 可用 $\varepsilon\text{-}N$ 语言描述如下： $\forall z \in G$ ， $\forall \varepsilon > 0$ ， $\exists N(\varepsilon, z) \in \mathbf{N}$ ， $\forall n \in \mathbf{N}$ ， $n \geq N$ ，有 $\left| f(z) - F_n(z) \right| < \varepsilon$.

上述 $\varepsilon\text{-}N$ 语言描述了函数项级数的逐点收敛，下面阐明函数项级数的一致收敛性，即 $\sum\limits_{k=1}^{+\infty} f_k(z)$ 在 G 内一致收敛于 $f(z)$ ，用 $\varepsilon\text{-}N$ 语言描述为： $\forall \varepsilon > 0$ ， $\exists N(\varepsilon) \in \mathbf{N}$ ， $\forall n \in \mathbf{N}$ ， $n \geq N$ ， $\forall z \in G$ ，有 $\left| f(z) - F_n(z) \right| < \varepsilon$.

根据函数项级数 Cauchy 一致收敛准则，可以给出判断函数项级数一致收敛的 M-判别法.

M-判别法　设 $\sum\limits_{k=1}^{+\infty}f_k(z)$ 为函数项级数，$\sum\limits_{k=1}^{+\infty}M_k$ 为正项级数. 若 $\forall k\in\mathbf{N}$，$\forall z\in G$，

有 $\left|f_k(z)\right|<M_k(M_k$ 为常数$)$，且 $\sum\limits_{k=1}^{+\infty}M_k$ 收敛，则 $\sum\limits_{k=1}^{+\infty}f_k(z)$ 在 G 内一致收敛.

一致收敛的函数项级数有如下性质：

性质 1　设 $f_k(z)(k=1,2,\cdots)$ 在 G 内连续. 若 $\sum\limits_{k=1}^{+\infty}f_k(z)$ 在 G 内一致收敛于 $f(z)$，则

$f(z)$ 在 G 内连续，即

$$f(z_0)=\lim_{z\to z_0}\sum_{k=1}^{+\infty}f_k(z)=\sum_{k=1}^{+\infty}\lim_{z\to z_0}f_k(z).\tag{1}$$

性质 2　设 l 为复平面内逐段光滑曲线，$f_k(z)(k=1,2,\cdots)$ 在 l 上连续. 若 $\sum\limits_{k=1}^{+\infty}f_k(z)$

在 l 上一致收敛于 $f(z)$，则 $f(z)$ 在 l 上可积，且

$$\int_l\sum_{k=1}^{+\infty}f_k(z)\mathrm{d}z=\sum_{k=1}^{+\infty}\int_lf_k(z)\mathrm{d}z.\tag{2}$$

性质 3　设 $f_k(z)(k=1,2,\cdots)$ 在 G 内解析. 若 $\sum\limits_{k=1}^{+\infty}f_k(z)$ 在 G 的任一闭子域 G' 上一致

收敛于 $f(z)$，则 $f(z)$ 在 G 内解析，且

$$\frac{\mathrm{d}^n}{\mathrm{d}z^n}\sum_{k=1}^{+\infty}f_k(z)=\sum_{k=1}^{+\infty}f_k^{(n)}(z).\tag{3}$$

证　由于 $f_k(z)$ 在 G 内解析，则 $f_k(z)$ 在 G 内连续. $\forall l\subset G$，$\exists G'$ 使得 $l\subset G'$，且

$\sum\limits_{k=1}^{+\infty}f_k(z)$ 在 G' 上一致收敛，因此 $\sum\limits_{k=1}^{+\infty}f_k(z)$ 在 l 上一致收敛. 根据（2）式有

$$\oint_lf(z)\mathrm{d}z=\oint_l\sum_{k=1}^{+\infty}f_k(z)\mathrm{d}z=\sum_{k=1}^{+\infty}\oint_lf_k(z)\mathrm{d}z=0.$$

因为 $\forall z\in G$，$\exists G'\subset G$，使得 $z\in G'$，且 $\sum\limits_{k=1}^{+\infty}f_k(z)$ 在 G' 上一致收敛于 $f(z)$，所以 $f(z)$

在 G' 上连续. 于是 $\forall z\in G$，有 $f(z)$ 在 z 处连续，即 $f(z)$ 在 G 内连续. 根据 Morera 定

理，$f(z)$ 在 G 内解析.

$\forall z\in G$，$\exists l\subset G$，且 z 在 l 内. 由于 $\sum\limits_{k=1}^{+\infty}f_k(z)$ 在 l 上一致收敛，且 $\dfrac{1}{(\xi-z)^{n+1}}$ $(z\notin l)$

为 l 上的有界函数, 则 $\sum\limits_{k=1}^{+\infty}\dfrac{f_k(\xi)}{(\xi-z)^{n+1}}$ 在 l 上一致收敛. 又因为 $f(z)$ 在 l 内解析, 由 Cauchy

积分公式和性质 2 有

$$\frac{\mathrm{d}^n}{\mathrm{d}z^n}\sum_{k=1}^{+\infty}f_k(z)=f^{(n)}(z)=\frac{n!}{2\pi\mathrm{i}}\oint_l\frac{f(\xi)}{(\xi-z)^{n+1}}\mathrm{d}\xi=\frac{n!}{2\pi\mathrm{i}}\oint_l\frac{\sum_{k=1}^{+\infty}f_k(\xi)}{(\xi-z)^{n+1}}\mathrm{d}\xi$$

$$=\sum_{k=1}^{+\infty}\frac{n!}{2\pi\mathrm{i}}\oint_l\frac{f_k(\xi)}{(\xi-z)^{n+1}}\mathrm{d}\xi=\sum_{k=1}^{+\infty}f_k^{(n)}(z).$$

3. Taylor 级数

设 $a_k\in\mathbf{C}$, $k=0,1,\cdots$. 称

$$\sum_{k=0}^{+\infty}a_k(z-z_0)^k=a_0+a_1(z-z_0)+\cdots+a_k(z-z_0)^k+\cdots$$

为**幂级数**.

命题 3 若幂级数 $\sum\limits_{k=0}^{+\infty}a_k(z-z_0)^k$ 在 $z=z_1$ 处收敛, 则 $\sum\limits_{k=0}^{+\infty}a_k(z-z_0)^k$ 在 $|z-z_0|<$

$|z_1-z_0|$ 内绝对收敛, 且在 $|z-z_0|\leq R<|z_1-z_0|$ 内一致收敛. 若 $\sum\limits_{k=0}^{+\infty}a_k(z-z_0)^k$ 在

$z=z_2$ 处发散, 则 $\sum\limits_{k=0}^{+\infty}a_k(z-z_0)^k$ 在 $|z-z_0|>|z_2-z_0|$ 内发散.

由于幂级数的各项 $a_k(z-z_0)^k$ 在 z 平面内解析, 且 $\sum\limits_{k=0}^{+\infty}a_k(z-z_0)^k$ 在 $|z-z_0|\leq r$

$<R$ 内一致收敛, 根据一致收敛的函数项级数的性质 3 , 幂级数 $\sum\limits_{k=0}^{+\infty}a_k(z-z_0)^k$ 在其

收敛域内定义了一解析函数 $f(z)$, 其收敛域为圆域. 分割该幂级数收敛和发散区域的
边界为圆, 称之为**收敛圆**. 收敛圆半径为

$$R=\lim_{k\to+\infty}\left|\frac{a_k}{a_{k+1}}\right|=\frac{1}{\lim\limits_{k\to+\infty}\left|a_k\right|^{\frac{1}{k}}}.$$

例如, $\sum\limits_{k=0}^{+\infty}z^k,\sum\limits_{k=1}^{+\infty}\dfrac{z^k}{k},\sum\limits_{k=1}^{+\infty}\dfrac{z^k}{k^2}$ 的收敛圆均为 $|z|=1$. 但是, $\sum\limits_{k=0}^{+\infty}z^k$ 在 $|z|=1$ 上处处

发散, $\sum\limits_{k=1}^{+\infty}\dfrac{z^k}{k}$ 在 $|z|=1$ 除 $z=1$ 外处处收敛, 而 $\sum\limits_{k=1}^{+\infty}\dfrac{z^k}{k^2}$ 在 $|z|=1$ 上处处绝对收敛.

Taylor 展开定理 设 $f(z)$ 在圆域 $G: |z - z_0| < R$ 内单值解析，则 $f(z)$ 在 G 内可以唯一地表示为一 Taylor 级数，即

$$f(z) = \sum_{k=0}^{+\infty} a_k (z - z_0)^k, \quad |z - z_0| < R,$$

其中 $a_k = \dfrac{f^{(k)}(z_0)}{k!}$.

证 在圆域 G 内任取一点 z，则在 G 内可找到一圆 $l: |\xi - z_0| = D > |z - z_0|$，使得 z 在 l 所围区域内. 根据 Cauchy 积分公式有

$$f(z) = \frac{1}{2\pi i} \oint_l \frac{f(\xi) \mathrm{d}\xi}{\xi - z} = \frac{1}{2\pi i} \oint_l \frac{f(\xi) \mathrm{d}\xi}{(\xi - z_0) - (z - z_0)}$$

$$= \frac{1}{2\pi i} \oint_l \frac{f(\xi)}{\xi - z_0} \frac{\mathrm{d}\xi}{1 - \dfrac{z - z_0}{\xi - z_0}} = \frac{1}{2\pi i} \oint_l \frac{f(\xi)}{\xi - z_0} \sum_{k=0}^{+\infty} \left(\frac{z - z_0}{\xi - z_0} \right)^k \mathrm{d}\xi$$

$$= \sum_{k=0}^{+\infty} \frac{1}{2\pi i} \oint_l \frac{f(\xi) \mathrm{d}\xi}{(\xi - z_0)^{k+1}} \cdot (z - z_0)^k = \sum_{k=0}^{+\infty} a_k (z - z_0)^k,$$

其中 $a_k = \dfrac{1}{2\pi i} \oint_l \dfrac{f(\xi) \mathrm{d}\xi}{(\xi - z_0)^{k+1}} = \dfrac{f^{(k)}(z_0)}{k!}$.

假设 $f(z)$ 存在 2 个 Taylor 展开：$f(z) = \sum_{k=0}^{+\infty} a_k (z - z_0)^k$，$f(z) = \sum_{k=0}^{+\infty} b_k (z - z_0)^k$. 根据幂级数可逐项求导，有

$$a_0 = b_0 = f(z_0), \quad a_k = b_k = \frac{f^{(k)}(z_0)}{k!},$$

即 $\forall k \in \mathbf{N}$，$a_k = b_k$. 因此 $f(z)$ 在 G 内的 Taylor 展开是唯一的.

例 1 利用上述定理可求出某些函数的 Taylor 展开如下：

$$\mathrm{e}^z = \sum_{k=0}^{+\infty} \frac{z^k}{k!}, \quad |z| < +\infty;$$

$$\sin z = \sum_{k=0}^{+\infty} \frac{(-1)^k z^{2k+1}}{(2k+1)!}, \quad |z| < +\infty; \quad \cos z = \sum_{k=0}^{+\infty} \frac{(-1)^k z^{2k}}{(2k)!}, \quad |z| < +\infty;$$

$$\mathrm{sh}\, z = \sum_{k=0}^{+\infty} \frac{z^{2k+1}}{(2k+1)!}, \quad |z| < +\infty; \quad \mathrm{ch}\, z = \sum_{k=0}^{+\infty} \frac{z^{2k}}{(2k)!}, \quad |z| < +\infty,$$

$$\frac{1}{1-z} = \sum_{k=0}^{+\infty} z^k, \quad |z| < 1.$$

上述函数的 Taylor 展开是对函数直接求导而得出 a_k. 由于 Taylor 展开的唯一性，

也可运用恒等变换来求函数的 Taylor 展开.

例 2 求 $\dfrac{1}{1-z^2}(|z|<1)$ 的 Taylor 展开.

解 方法 1：

$$\frac{1}{1-z^2}=\frac{1}{2}\left(\frac{1}{1-z}+\frac{1}{1+z}\right)=\frac{1}{2}\left(\sum_{k=0}^{+\infty}z^k+\sum_{k=0}^{+\infty}(-1)^kz^k\right)=\sum_{k=0}^{+\infty}z^{2k},\quad |z|<1.$$

方法 2：

$$\frac{1}{1-z^2}=\frac{1}{1-z}\frac{1}{1+z}=\left(\sum_{k=0}^{+\infty}z^k\right)\left(\sum_{l=0}^{+\infty}(-1)^lz^l\right)$$

$$=\sum_{n=0}^{+\infty}\left(\sum_{k=0}^{n}(-1)^k\right)z^n=\sum_{n=0}^{+\infty}z^{2n},\quad |z|<1.$$

例 3 求 $\tan z$ $\left(|z|<\dfrac{\pi}{2}\right)$ 的 Taylor 展开.

解 因为 $\tan z$ 为奇函数，所以可设 $\tan z=\displaystyle\sum_{k=0}^{+\infty}a_{2k+1}z^{2k+1}$. 因为 $\tan z=\dfrac{\sin z}{\cos z}$，所以有

$$\sum_{k=0}^{+\infty}a_{2k+1}z^{2k+1}\sum_{l=0}^{+\infty}\frac{(-1)^lz^{2l}}{(2l)!}=\sum_{n=0}^{+\infty}\frac{(-1)^nz^{2n+1}}{(2n+1)!},$$

即

$$\sum_{n=0}^{+\infty}\frac{(-1)^nz^{2n+1}}{(2n+1)!}=\sum_{n=0}^{+\infty}\left[\sum_{k=0}^{n}\frac{(-1)^{n-k}}{(2n-2k)!}a_{2k+1}\right]z^{2n+1}.$$

利用待定系数法有

$$\sum_{k=0}^{n}\frac{(-1)^k}{(2n-2k)!}a_{2k+1}=\frac{1}{(2n+1)!}.$$

求得 $a_1=1$，$a_3=\dfrac{1}{3}$，$a_5=\dfrac{2}{15}$，$a_7=\dfrac{17}{315}$，$\cdots$，即

$$\tan z=z+\frac{1}{3}z^3+\frac{2}{15}z^5+\frac{17}{315}z^7+\cdots,\quad |z|<\frac{\pi}{2},$$

或

$$\tan z=\sum_{k=0}^{+\infty}a_{2k+1}z^{2k+1},\quad |z|<\frac{\pi}{2},$$

其中 a_{2k+1} 满足

$$\sum_{k=0}^{n}\frac{(-1)^k}{(2n-2k)!}a_{2k+1}=\frac{1}{(2n+1)!}.$$

例 4   求 $f(z) = \begin{cases} \dfrac{z}{\mathrm{e}^z - 1}, & z \neq 0, \\ 1, & z = 0 \end{cases}$ 的 Taylor 展开.

解   当 $z \neq 0$ 时,

$$f(z) = \frac{z}{\mathrm{e}^z - 1} = \frac{z}{2}\left(\frac{\mathrm{e}^z + 1}{\mathrm{e}^z - 1} - 1\right) = \frac{z}{2}\frac{\mathrm{e}^{\frac{z}{2}} + \mathrm{e}^{-\frac{z}{2}}}{\mathrm{e}^{\frac{z}{2}} - \mathrm{e}^{-\frac{z}{2}}} - \frac{z}{2}.$$

由于 $\dfrac{z}{2}\dfrac{\mathrm{e}^{\frac{z}{2}} + \mathrm{e}^{-\frac{z}{2}}}{\mathrm{e}^{\frac{z}{2}} - \mathrm{e}^{-\frac{z}{2}}}$ 为偶函数,可设 $f(z) = 1 - \dfrac{z}{2} + \displaystyle\sum_{k=1}^{+\infty} \frac{(-1)^{k-1}}{(2k)!} b_k z^{2k}$,因此

$$\frac{z}{\mathrm{e}^z - 1} = 1 - \frac{z}{2} + \sum_{k=1}^{+\infty} \frac{(-1)^{k-1}}{(2k)!} b_k z^{2k},$$

即

$$z = \sum_{l=1}^{+\infty} \frac{z^l}{l!}\left(1 - \frac{z}{2} + \sum_{k=1}^{+\infty} \frac{(-1)^{k-1}}{(2k)!} b_k z^{2k}\right).$$

利用待定系数法有

$$\sum_{k=1}^{[n/2]} \frac{(-1)^k (n+1)!}{(2k)!(n-2k+1)!} b_k + \frac{n-1}{2} = 0.$$

取 $n = 2, 3, \cdots$,可求得 $b_1 = \dfrac{1}{6}$,$b_2 = \dfrac{1}{30}$,$b_3 = \dfrac{1}{42}$,$b_4 = \dfrac{1}{30}$,$\cdots$,即

$$f(z) = 1 - \frac{z}{2} + \frac{1}{12}z^2 - \frac{1}{720}z^4 + \cdots,$$

或

$$f(z) = 1 - \frac{z}{2} + \sum_{k=1}^{+\infty} \frac{(-1)^{k-1}}{(2k)!} b_k z^{2k},$$

其中 b_k 满足

$$\sum_{k=1}^{[n/2]} \frac{(-1)^k (n+1)!}{(2k)!(n-2k+1)!} b_k + \frac{n-1}{2} = 0.$$

例 5   求 $\mathrm{sech}\dfrac{z}{2}$ 的 Taylor 展开.

解   由于 $\mathrm{ch}\dfrac{z}{2} = \dfrac{\mathrm{e}^{\frac{z}{2}} + \mathrm{e}^{-\frac{z}{2}}}{2} = \displaystyle\sum_{l=0}^{+\infty} \frac{1}{(2l)!}\left(\frac{z}{2}\right)^{2l}$,以及 $\mathrm{sech}\dfrac{z}{2} = \dfrac{1}{\mathrm{ch}\dfrac{z}{2}}$ 为偶函数,可设

$$\operatorname{sech}\frac{z}{2}=\sum_{k=0}^{+\infty}\frac{(-1)^k E_k}{(2k)!}\left(\frac{z}{2}\right)^{2k}, \quad \text{因此}$$

$$1=\left[\sum_{k=0}^{+\infty}\frac{(-1)^k E_k}{(2k)!}\left(\frac{z}{2}\right)^{2k}\right]\left[\sum_{l=0}^{+\infty}\frac{1}{(2l)!}\left(\frac{z}{2}\right)^{2l}\right].$$

依据待定系数法有 $E_0=1$，且 E_k 满足

$$\sum_{k=0}^{n}\frac{(-1)^k (2n)! E_k}{(2k)!(2n-2k)!}=0.$$

所以 $\operatorname{sech}\dfrac{z}{2}=\sum_{k=0}^{+\infty}\dfrac{(-1)^k E_k}{(2k)!}\left(\dfrac{z}{2}\right)^{2k}$，其中 $E_0=1$，$E_k\,(k\geq1)$ 满足

$$\sum_{k=0}^{n}\frac{(-1)^k (2n)! E_k}{(2k)!(2n-2k)!}=0.$$

多值函数的单值分支在其解析域内也能做 Taylor 展开，但其 Taylor 级数的收敛域因支割线的取法不同而有所不同.

例 6　$z=-1$，$z=\infty$ 为多值函数 $\ln(1+z)$ 的支点. 连接 $z=-1$，$z=\infty$，作支割线 l_1,l_2，使支割线 l_1 的辐角 $\arg(z+1)=-\dfrac{\pi}{2}$，支割线 l_2 的辐角 $\arg(z+1)=\dfrac{\pi}{2}$，则 $\ln(1+z)$ 的 Taylor 展开为

$$\ln(1+z)=\sum_{k=1}^{+\infty}(-1)^{k-1}\frac{z^k}{k}, \quad |z|<1.$$

连接 $z=-1$，$z=\infty$，作支割线 l_3,l_4，使支割线 l_3 的辐角 $\arg(z+1)=-\dfrac{\pi}{4}$，支割线 l_4 的辐角 $\arg(z+1)=\dfrac{\pi}{4}$，则 $\ln(1+z)$ 的 Taylor 展开为

$$\ln(1+z)=\sum_{k=1}^{+\infty}(-1)^{k-1}\frac{z^k}{k}, \quad |z|<\frac{\sqrt{2}}{2}.$$

例 7　$z=-1$，$z=\infty$ 为多值函数 $(1+z)^\alpha$ 的支点. 连接 $z=-1$，$z=\infty$，作支割线 l_1,l_2，使支割线 l_1 的辐角 $\arg(z+1)=-\dfrac{\pi}{2}$，支割线 l_2 的辐角 $\arg(z+1)=\dfrac{\pi}{2}$，则 $(1+z)^\alpha$ 的 Taylor 展开为

$$(1+z)^\alpha=\sum_{k=0}^{+\infty}\frac{\alpha(\alpha-1)\cdots(\alpha-k+1)}{k!}z^k, \quad |z|<1.$$

连接 $z=-1$，$z=\infty$，作支割线 l_3,l_4，使支割线 l_3 的辐角 $\arg(z+1)=-\dfrac{\pi}{4}$，支割

线 l_4 的辐角 $\arg(z+1)=\dfrac{\pi}{4}$ ，则 $(1+z)^{\alpha}$ 的 Taylor 展开为

$$(1+z)^{\alpha}=\sum_{k=0}^{+\infty}\frac{\alpha(\alpha-1)\cdots(\alpha-k+1)}{k!}z^k,\quad |z|<\frac{\sqrt{2}}{2}.$$

设 $f(z)$ 在 G 内解析，$z_0\in G$，若 $f(z_0)=0$，$f^{(k)}(z_0)=0$，$k=1,2,\cdots,n-1$，$f^{(n)}(z_0)\neq 0$，则称 z_0 为 $f(z)$ 的 **n 阶零点**.

命题 4　设 $f(z)$ 在 G 内解析，z_0 为 $f(z)$ 的零点，则 $\exists R>0$，使得 $\forall z$: $0<\left|z-z_0\right|<R$，有 $f(z)\neq 0$.

由命题 4 可知，解析函数的零点是孤立的. 解析函数的零点孤立性成为解析延拓的理论基础.

4. Laurent 级数

设 $c_n\in\mathbf{C}$，$n\in\mathbf{Z}$，称级数 $\displaystyle\sum_{n=-\infty}^{+\infty}c_n(z-z_0)^n$ 为 **Laurent 级数**.

命题 5　$\displaystyle\sum_{n=-\infty}^{+\infty}c_n(z-z_0)^n$ 在环域 $r_1<\left|z-z_0\right|<r_2$ 内绝对收敛，在闭子环域 $r_1<R_1\leq\left|z-z_0\right|\leq R_2<r_2$ 内一致收敛，且 $\displaystyle\sum_{n=-\infty}^{+\infty}c_n(z-z_0)^n$ 在环域 $r_1<\left|z-z_0\right|<r_2$ 内仍表示一解析函数.

Laurent 展开定理　设 $f(z)$ 在 $G:r_1<\left|z-z_0\right|<r_2$ 内解析，则在 G 内 $f(z)$ 有唯一的 Laurent 展开:

$$f(z)=\sum_{n=-\infty}^{+\infty}c_n(z-z_0)^n,\quad r_1<\left|z-z_0\right|<r_2,$$

其中 $c_n=\dfrac{1}{2\pi\mathrm{i}}\displaystyle\oint_l\frac{f(\xi)\mathrm{d}\xi}{(\xi-z_0)^{n+1}}$.

证　$\forall z\in G$，存在两圆 $l_1:\left|\xi-z_0\right|=R_1$，$l_2:\left|\xi-z_0\right|=R_2$，$r_1<R_1<R_2<r_2$，使得 z 在 l_1 与 l_2 所围成的环内. 根据 Cauchy 积分公式有

$$f(z)=\frac{1}{2\pi\mathrm{i}}\oint_{l_2}\frac{f(\xi)\mathrm{d}\xi}{\xi-z}-\frac{1}{2\pi\mathrm{i}}\oint_{l_1}\frac{f(\xi)\mathrm{d}\xi}{\xi-z}$$

$$=\frac{1}{2\pi\mathrm{i}}\oint_{l_2}\frac{f(\xi)\mathrm{d}\xi}{(\xi-z_0)-(z-z_0)}+\frac{1}{2\pi\mathrm{i}}\oint_{l_1}\frac{f(\xi)\mathrm{d}\xi}{(z-z_0)-(\xi-z_0)}$$

$$=\frac{1}{2\pi\mathrm{i}}\oint_{l_2}\frac{f(\xi)}{\xi-z_0}\sum_{k=0}^{+\infty}\left(\frac{z-z_0}{\xi-z_0}\right)^k\mathrm{d}\xi+\frac{1}{2\pi\mathrm{i}}\oint_{l_1}\frac{f(\xi)}{z-z_0}\sum_{k=0}^{+\infty}\left(\frac{\xi-z_0}{z-z_0}\right)^k\mathrm{d}\xi$$

$$= \sum_{k=0}^{+\infty} \frac{1}{2\pi i} \oint_{l_2} \frac{f(\xi)\mathrm{d}\xi}{(\xi-z_0)^{k+1}} \cdot (z-z_0)^k + \sum_{k=0}^{+\infty} \frac{1}{2\pi i} \oint_{l_1} \frac{f(\xi)\mathrm{d}\xi}{(\xi-z_0)^{-k}} \cdot (z-z_0)^{-k-1}$$

$$= \sum_{k=0}^{+\infty} \frac{1}{2\pi i} \oint_{l_2} \frac{f(\xi)\mathrm{d}\xi}{(\xi-z_0)^{k+1}} \cdot (z-z_0)^k + \sum_{n=-1}^{-\infty} \frac{1}{2\pi i} \oint_{l_1} \frac{f(\xi)\mathrm{d}\xi}{(\xi-z_0)^{n+1}} \cdot (z-z_0)^n$$

$$= \sum_{n=-\infty}^{+\infty} c_n (z-z_0)^n,$$

其中

$$c_n = \begin{cases} \dfrac{1}{2\pi i} \oint_{l_2} \dfrac{f(\xi)\mathrm{d}\xi}{(\xi-z_0)^{n+1}} = \dfrac{1}{2\pi i} \oint_{l} \dfrac{f(\xi)\mathrm{d}\xi}{(\xi-z_0)^{n+1}}, & n>0, \\[4mm] \dfrac{1}{2\pi i} \oint_{l_1} \dfrac{f(\xi)\mathrm{d}\xi}{(\xi-z_0)^{n+1}} = \dfrac{1}{2\pi i} \oint_{l} \dfrac{f(\xi)\mathrm{d}\xi}{(\xi-z_0)^{n+1}}, & n<0, \end{cases}$$

这里 l 为 G 内包围 $|\xi-z_0|=r_1$ 的任意闭曲线.

假设 $f(z)$ 存在 2 个 Laurent 展开:

$$f(z) = \sum_{n=-\infty}^{+\infty} c_n (z-z_0)^n, \quad f(z) = \sum_{n=-\infty}^{+\infty} d_n (z-z_0)^n.$$

在以上两式两端各乘 $(z-z_0)^k$ 并求积, 有

$$\oint_l \sum_{n=-\infty}^{+\infty} c_n (z-z_0)^{n+k} \mathrm{d}z = \oint_l \sum_{n=-\infty}^{+\infty} d_n (z-z_0)^{n+k} \mathrm{d}z,$$

则 $c_{-k-1} = d_{-k-1}$. 由 k 的任意性有 $c_n = d_n$, $n \in \mathbf{Z}$. 故 $f(z)$ 的 Laurent 展开是唯一的.

例 8 在 z 平面内求 $\dfrac{1}{(z-1)(z-2)}$ 的 Laurent 展开.

解 当 $|z|<1$ 时,

$$\frac{1}{(z-1)(z-2)} = \frac{1}{1-z} - \frac{1}{2-z} = \sum_{k=0}^{+\infty} z^k - \frac{1}{2} \sum_{k=0}^{+\infty} \left(\frac{z}{2}\right)^k = \sum_{k=0}^{+\infty} \left[1 - \left(\frac{1}{2}\right)^{k+1}\right] z^k.$$

当 $1<|z|<2$ 时,

$$\frac{1}{(z-1)(z-2)} = -\frac{1}{2-z} - \frac{1}{z-1} = -\frac{1}{2} \sum_{k=0}^{+\infty} \left(\frac{z}{2}\right)^k - \frac{1}{z} \sum_{k=0}^{+\infty} \left(\frac{1}{z}\right)^k$$

$$= -\sum_{k=0}^{+\infty} \left(\frac{1}{2}\right)^{k+1} z^k - \sum_{k=0}^{+\infty} z^{-k-1}.$$

当 $|z|>2$ 时,

$$\frac{1}{(z-1)(z-2)} = \frac{1}{z-2} - \frac{1}{z-1} = \frac{1}{z} \sum_{k=0}^{+\infty} \left(\frac{2}{z}\right)^k - \frac{1}{z} \sum_{k=0}^{+\infty} \left(\frac{1}{z}\right)^k = \sum_{k=0}^{+\infty} (2^k-1) z^{-k-1}.$$

例 9　分别在 $1<|z|<2$ ，$2<|z|<+\infty$ 上讨论 $\ln\dfrac{z-2}{z-1}$ 的 Laurent 展开.

解　由于 $z=1$ 和 $z=2$ 是多值函数 $\ln\dfrac{z-2}{z-1}$ 的支点，连接 $z=1$ 和 $z=2$ 作支割线，使支割线位于环域 $1<|z|<2$ 内，则 $\ln\dfrac{z-2}{z-1}$ 在该环域内不解析，因此在该环域内不能 Laurent 展开.

在 $2<|z|<+\infty$ 上取支割线，使得其上岸的辐角 $\arg(z-2)-\arg(z-1)=\pi$ ，且 $\ln\dfrac{z-2}{z-1}\Big|_{z=\infty}=0$ ，则

$$\ln\frac{z-2}{z-1}=\ln\left(1-\frac{2}{z}\right)-\ln\left(1-\frac{1}{z}\right)=-\sum_{k=1}^{+\infty}\frac{2^k}{kz^k}+\sum_{k=1}^{+\infty}\frac{1}{kz^k}=-\sum_{k=1}^{+\infty}\frac{2^k-1}{kz^k}.$$

例 10　在 $0<|t|<+\infty$ 内求 $f(t)=\exp\left\{\dfrac{z}{2}\left(t-\dfrac{1}{t}\right)\right\}$ 的 Laurent 展开.

解　由于

$$\exp\left\{\frac{z}{2}\left(t-\frac{1}{t}\right)\right\}=\left(\sum_{k=0}^{+\infty}\frac{1}{k!}\left(\frac{zt}{2}\right)^k\right)\left(\sum_{l=0}^{+\infty}\frac{(-1)^l}{l!}\left(\frac{z}{2t}\right)^l\right)$$
$$=\sum_{k=0}^{+\infty}\sum_{l=0}^{+\infty}\frac{(-1)^l}{k!l!}\left(\frac{z}{2}\right)^{k+l}t^{k-l}=\sum_{n=-\infty}^{+\infty}J_n(z)t^n,$$

其中

$$J_n(z)=\begin{cases}\displaystyle\sum_{l=0}^{+\infty}\frac{(-1)^l}{l!(l+n)!}\left(\frac{z}{2}\right)^{2l+n}, & n=0,1,2,\cdots,\\[4mm]\displaystyle\sum_{l=-n}^{+\infty}\frac{(-1)^l}{l!(l+n)!}\left(\frac{z}{2}\right)^{2l+n}, & n=-1,-2,-3,\cdots.\end{cases}$$

以上讨论了解析函数 $f(z)$ 在有界环域 $r_1<|z-z_0|<r_2$ 内的 Laurent 展开. 下面讨论解析函数 $f(z)$ 在无界区域 $R<|z|<+\infty$ 内的 Laurent 展开. 设 $f(z)$ 在 $0<|z|<r$ 内的 Laurent 展开为 $f(z)=\displaystyle\sum_{n=-\infty}^{+\infty}c_nz^n$. 作变换 $t=\dfrac{1}{z}$ ，则有

$$g(z)=f(t)=\sum_{n=-\infty}^{+\infty}c_nt^n=\sum_{n=-\infty}^{+\infty}c_nz^{-n}=\sum_{n=-\infty}^{+\infty}c_{-n}z^n$$
$$=\sum_{n=-\infty}^{+\infty}C_nz^n, \quad R<|z|<+\infty\ \left(R>\frac{1}{r}\right),$$

其中

$$C_n = -\frac{1}{2\pi i}\oint_l \frac{g(\xi)\mathrm{d}\xi}{\xi^{n+1}} = \frac{1}{2\pi i}\oint_l \frac{f(\zeta)\mathrm{d}\zeta}{\zeta^{-n+1}} = c_{-n}.$$

例如，

$$\frac{1}{1-z} = -\sum_{k=0}^{+\infty} z^{-k-1}, \quad 1<|z|<+\infty; \quad \mathrm{e}^{\frac{1}{z}} = \sum_{k=0}^{+\infty}\frac{1}{k!\,z^k}, \quad 0<|z|<+\infty.$$

5. 孤立奇点的分类

若 $f(z)$ 在 $z=z_0$ 处不解析，则称 z_0 为 $f(z)$ 的**奇点**.

设 z_0 为 $f(z)$ 的奇点. 若存在 $r>0$，使得 $f(z)$ 在 $0<|z-z_0|<r$ 内解析，则称 z_0 为 $f(z)$ 的**孤立奇点**，否则 z_0 为 $f(z)$ 的**非孤立奇点**.

例如，$z=0$ 为 $1\big/\sin\frac{1}{z}$ 的非孤立奇点；$z=\infty$ 为 $\tan z$ 的非孤立奇点.

下面分类讨论孤立奇点.

（1）可去奇点

设 $z=z_0$ 为 $f(z)$ 的孤立奇点. 若 $f(z)$ 在 $0<|z-z_0|<r$ 内的 Laurent 展开为

$$f(z) = \sum_{n=0}^{+\infty} c_n (z-z_0)^n,$$

即展开式中无负幂项，则称 z_0 为 $f(z)$ 的**可去奇点**.

例如，$z=0$ 是 $\frac{\sin z}{z}$ 的可去奇点，即

$$\frac{\sin z}{z} = \sum_{k=0}^{+\infty}\frac{(-1)^k z^{2k}}{(2k+1)!}, \quad 0<|z|<+\infty.$$

命题 6 设 z_0 为 $f(z)$ 的孤立奇点，则下列描述等价：

① z_0 为 $f(z)$ 的可去奇点；

② $f(z)$ 的 Laurent 展开无负幂项；

③ 存在 $m>0$，$r>0$，$\forall z:0<|z-z_0|<r$，有 $|f(z)|\le m$.

若 z_0 为 $f(z)$ 的可去奇点，$f(z)=\sum_{n=0}^{+\infty}c_n(z-z_0)^n$，则 $\lim\limits_{z\to z_0}f(z)=c_0$.

（2）极点

设 $z=z_0$ 为 $f(z)$ 的孤立奇点. 若 $f(z)$ 在 $0<|z-z_0|<r$ 内的 Laurent 展开为

$$f(z) = \sum_{n=-m}^{+\infty} c_n (z-z_0)^n,$$

即 Laurent 展开有有限负幂项，则称 z_0 为 $f(z)$ 的 m **阶极点**.

例如，$z=0$ 为 z^{-n} 的 n 阶极点.

命题 7　设 z_0 为 $f(z)$ 的孤立奇点，则下列描述等价：

① z_0 为 $f(z)$ 的 m 阶极点，$f(z)$ 的 Laurent 展开有有限负幂项；

② $f(z)=\dfrac{\varphi(z)}{(z-z_0)^m}$，$\varphi(z)$ 在 $|z-z_0|<r$ 内解析，且 $\varphi(z_0)\neq 0$；

③ 设 $g(z)=\dfrac{1}{f(z)}$，则 z_0 为 $g(z)$ 的 m 阶零点.

若 z_0 为 $f(z)$ 的 m 阶极点，$f(z)=\sum\limits_{n=-m}^{+\infty}c_n(z-z_0)^n$，则 $\lim\limits_{z\to z_0}f(z)=\infty$，且

$$\lim_{z\to z_0}(z-z_0)^m f(z)=c_{-m}\neq 0.$$

（3）本性奇点

设 $z=z_0$ 为 $f(z)$ 的孤立奇点. 若 $f(z)$ 的 Laurent 展开有无限多负幂项，则称 z_0 为 $f(z)$ 的**本性奇点**.

例如，$z=0$ 为 $\mathrm{e}^{\frac{1}{z}}$ 的本性奇点.

若 z_0 为 $f(z)$ 的本性奇点，则 $\lim\limits_{z\to z_0}f(z)$ 不存在.

（4）无穷远点

设 $z=\infty$ 为 $f(z)$ 的孤立奇点，

$$f(z)=\sum_{n=-\infty}^{+\infty}c_n z^n,\quad r<|z|<+\infty.$$

若 $f(z)$ 的 Laurent 展开无正幂项，则称 $z=\infty$ 为 $f(z)$ 的**可去奇点**；若 $f(z)$ 的 Laurent 展开有有限多正幂项，则称 $z=\infty$ 为 $f(z)$ 的 m **阶极点**；若 $f(z)$ 的 Laurent 展开有无限多正幂项，则称 $z=\infty$ 为 $f(z)$ 的**本性奇点**.

例如，$z=\infty$ 为多项式 $p_n(z)=a_0+a_1z+\cdots+a_nz^n$ 的 n 阶极点；$z=\infty$ 为 e^z 的本性奇点.

设 $z=\infty$ 为 $f(z)$ 的孤立奇点. 若 $\lim\limits_{z\to\infty}f(z)=c_0$，则 $z=\infty$ 为 $f(z)$ 的可去奇点.

设 $z=\infty$ 为 $f(z)$ 的孤立奇点. 若 $\lim\limits_{z\to\infty}f(z)=\infty$，且 $\lim\limits_{z\to\infty}z^{-n}f(z)=c_n\neq 0$，则 $z=\infty$ 为 $f(z)$ 的 n 阶极点.

设 $z=\infty$ 为 $f(z)$ 的孤立奇点. 若 $\lim\limits_{z\to\infty}f(z)$ 不存在，则 $z=\infty$ 为 $f(z)$ 的本性奇点.

若 $z=z_0$ 为 $f(z)$ 的非孤立奇点，则 $f(z)$ 在 $0<|z-z_0|<R$ 内不能作 Laurent 展开. 但 $f(z)$ 可在 $r<|z-z_0|<R$ 内作 Laurent 展开.

例如, $z=0$ 为 $f(z)=\left(\sin\dfrac{1}{z}\right)^{-1}$ 的非孤立奇点, 则

$$\left(\sin\frac{1}{z}\right)^{-1}=\sum_{n=-\infty}^{+\infty}a_nz^n\,,\quad \frac{1}{\pi}<|z|<+\infty\,,$$

其中 $a_n=\dfrac{1}{2\pi\mathrm{i}}\displaystyle\oint_l\dfrac{\mathrm{d}\xi}{\xi^{n+1}\sin\dfrac{1}{\xi}}$.

10.6 留数

设 $f(z)$ 在 $0<|z-z_0|<r$ 内解析, $f(z)$ 的 Laurent 展开为

$$f(z)=\sum_{n=-\infty}^{+\infty}c_n(z-z_0)^n\,,\quad c_n=\frac{1}{2\pi\mathrm{i}}\oint_l\frac{f(\xi)\mathrm{d}\xi}{(\xi-z_0)^{n+1}}\,.$$

当 $n=-1$ 时, 有

$$c_{-1}=\frac{1}{2\pi\mathrm{i}}\oint_l f(\xi)\mathrm{d}\xi\,.$$

c_{-1} 称为 $f(z)$ 在 $z=z_0$ 处的**留数**, 记为 $\operatorname{Res}f(z_0)$, 即

$$\operatorname{Res}f(z_0)=c_{-1}=\frac{1}{2\pi\mathrm{i}}\oint_l f(\xi)\mathrm{d}\xi\,.$$

若 $z=z_0$ 为 $f(z)$ 的单极点, 则

$$\operatorname{Res}f(z_0)=\lim_{z\to z_0}(z-z_0)f(z)\,.$$

若 $z=z_0$ 为 $f(z)$ 的 m 阶极点, 则 $f(z)=\dfrac{g(z)}{(z-z_0)^m}$, $g(z)$ 在 $|z-z_0|<r$ 内解析, 且 $g(z_0)\neq0$, 于是

$$\operatorname{Res}f(z_0)=\frac{1}{2\pi\mathrm{i}}\oint_l f(\xi)\mathrm{d}\xi=\frac{1}{2\pi\mathrm{i}}\oint_l\frac{g(\xi)\mathrm{d}\xi}{(\xi-z_0)^m}$$

$$=\frac{1}{(m-1)!}\frac{\mathrm{d}^{m-1}}{\mathrm{d}z^{m-1}}\Big[(z-z_0)^m f(z)\Big]\Big|_{z=z_0}\,.$$

若 $z=z_0$ 为 $f(z)$ 的本性奇点, 只能用 $f(z)$ 的 Laurent 展开求 c_{-1}.

若 $z=\infty$ 为 $f(z)$ 的孤立奇点, 则 $\operatorname{Res}f(\infty)=-c_{-1}$.

例 1 求 $\Gamma(z)=\displaystyle\int_0^{+\infty}t^{z-1}\mathrm{e}^{-t}\mathrm{d}t$ 在单极点 $z=-n$ ($n=0,1,2,\cdots$) 处的留数.

解 由于计算 Γ 函数在 $z=0$ 处的 Laurent 展开比较困难, 不容易直接给出 c_{-1}.

利用分部积分法可得 $\Gamma(z+1) = z\Gamma(z)$，则

$$\lim_{z \to 0} \Gamma(z) = \lim_{z \to 0} \frac{\Gamma(z+1)}{z} = \infty, \qquad \lim_{z \to 0} z\Gamma(z) = \lim_{z \to 0} \Gamma(z+1) = 1,$$

因此 $z = 0$ 为 $\Gamma(z)$ 的单极点. 同理，$z = -n$，$n \in \mathbf{N}$ 是 $\Gamma(z)$ 的单极点，$z = \infty$ 为 $\Gamma(z)$ 的非孤立奇点. 于是

$$\operatorname{Res} \Gamma(-n) = \lim_{z \to -n} (z+n)\Gamma(z) = \lim_{z \to -n} \frac{(z+n)\Gamma(z+n+1)}{z(z+1)\cdots(z+n)} = \frac{(-1)^n}{n!},$$

$$\operatorname{Res} \Gamma(\infty) = -\sum_{n=0}^{+\infty} \frac{(-1)^n}{n!} = -\frac{1}{\mathrm{e}}.$$

例 2　求 $f(z) = \dfrac{\mathrm{e}^z - 1}{\sin^3 z}$ 在 $z = 0$ 处的留数.

解　由于 $z = 0$ 为 $f(z)$ 的二阶极点，则

$$\begin{aligned}
\operatorname{Res} f(0) &= \frac{\mathrm{d}}{\mathrm{d}z}\left(\frac{z^2(\mathrm{e}^z - 1)}{\sin^3 z} \right)\Bigg|_{z=0} \\
&= \lim_{z \to 0} \frac{(z^2 + 2z)\mathrm{e}^z \sin z - 2z\sin z - 3z^2 \mathrm{e}^z \cos z + 3z^2 \cos z}{\sin^4 z} \\
&= \frac{1}{2},
\end{aligned}$$

其中求极限反复应用了 L'Hospital 法则.

利用复连通区域的 Cauchy 定理可导出留数定理.

留数定理　设 l 为复平面内简单闭围道，$f(z)$ 在 l 上连续，且在 l 内除有限多孤立奇点外解析，则

$$\oint_l f(z)\mathrm{d}z = 2\pi\mathrm{i} \sum_{k=1}^{n} \operatorname{Res} f(z_k).$$

证明略.

利用留数定理计算定积分是留数的一大应用. 用留数计算定积分时，首先要选择适当的围道，使得定积分和围道积分相联系，且使所添加的围道上的积分容易计算，或其极限为零.

Jordan 引理　设 C_R 是以原点为圆心、以 R 为半径，位于上半平面的半圆，$0 \leqslant \arg z \leqslant \pi$，且当 $z \to \infty$ 时，$zf(z)$ 一致趋于 0，即 $\forall \varepsilon > 0$，$\exists M > 0$，$\forall z : |z| > M$，$0 \leqslant \arg z \leqslant \pi$，有 $|zf(z)| < \varepsilon$. 若 $\alpha \geqslant 0$，则

$$\lim_{R \to +\infty} \int_{C_R} f(z)\mathrm{e}^{\mathrm{i}\alpha z}\mathrm{d}z = 0.$$

设 C_R 是以原点为圆心、以 R 为半径，位于下半平面的半圆，$\pi \leqslant \arg z \leqslant 2\pi$，且

当 $z \to \infty$ 时，$zf(z)$ 一致趋于 0．若 $\alpha \le 0$，则

$$\lim_{R \to +\infty} \int_{C_R} f(z) \mathrm{e}^{\mathrm{i}\alpha z} \mathrm{d}z = 0.$$

证 当 $\alpha > 0$ 时，设 $z = R\mathrm{e}^{\mathrm{i}\theta}$，$0 \le \theta \le \pi$，则

$$\left| \int_{C_R} f(z) \mathrm{e}^{\mathrm{i}\alpha z} \mathrm{d}z \right| = \left| \int_0^\pi f(R\mathrm{e}^{\mathrm{i}\theta}) \mathrm{i}R\mathrm{e}^{\mathrm{i}\theta} \, \mathrm{e}^{\mathrm{i}\alpha(R\cos\theta + \mathrm{i}R\sin\theta)} \mathrm{d}\theta \right|$$

$$\le \int_0^\pi R \left| f(R\mathrm{e}^{\mathrm{i}\theta}) \right| \mathrm{e}^{-\alpha R \sin\theta} \mathrm{d}\theta \le \varepsilon \int_0^\pi \mathrm{e}^{-\alpha R \sin\theta} \mathrm{d}\theta$$

$$= 2\varepsilon \int_0^{\frac{\pi}{2}} \mathrm{e}^{-\alpha R \sin\theta} \mathrm{d}\theta < 2\varepsilon \int_0^{\frac{\pi}{2}} \mathrm{e}^{-\alpha R \frac{2}{\pi}\theta} \mathrm{d}\theta$$

$$= \frac{\pi\varepsilon}{\alpha R}(1 - \mathrm{e}^{-\alpha R}) < \varepsilon,$$

即 $\displaystyle\lim_{R \to +\infty} \int_{C_R} f(z) \mathrm{e}^{\mathrm{i}\alpha z} \mathrm{d}z = 0$．

当 $\alpha = 0$ 时，

$$\left| \int_{C_R} f(z) \mathrm{d}z \right| = \left| \int_0^\pi f(R\mathrm{e}^{\mathrm{i}\theta}) \mathrm{i}R\mathrm{e}^{\mathrm{i}\theta} \, \mathrm{d}\theta \right| \le \int_0^\pi R \left| f(R\mathrm{e}^{\mathrm{i}\theta}) \right| \mathrm{d}\theta < \pi\varepsilon.$$

1. 有理函数的积分

设 $p(x), q(x)$ 为多项式，$I = \displaystyle\int_{-\infty}^{+\infty} \frac{p(x)}{q(x)} \mathrm{d}x$，且 $\displaystyle\lim_{x \to \infty} x \frac{p(x)}{q(x)} = 0$．下面用留数求有

理函数积分 $I = \displaystyle\int_{-\infty}^{+\infty} \frac{p(x)}{q(x)} \mathrm{d}x$ 的值.

在实轴上取直线 l: $\mathrm{Im}\, z = 0$，$-R \le \mathrm{Re}\, z \le R$．由 Jordan 引理，取 $\alpha = 0$，则可分别在上半平面或下半平面选取 C_R，与 l 一起构成封闭围道. 现以上半平面为例，有

$$\lim_{R \to +\infty} \int_{-R}^{R} \frac{p(x)}{q(x)} \mathrm{d}x + \lim_{R \to +\infty} \int_{C_R} \frac{p(z)}{q(z)} \mathrm{d}z = 2\pi\mathrm{i} \sum_{k=1}^n \mathrm{Res} \left. \frac{p(z_k)}{q(z_k)} \right|_{\mathrm{Im}\, z_k > 0}.$$

因此

$$I = \int_{-\infty}^{+\infty} \frac{p(x)}{q(x)} \mathrm{d}x = 2\pi\mathrm{i} \sum_{k=1}^n \mathrm{Res} \left. \frac{p(z_k)}{q(z_k)} \right|_{\mathrm{Im}\, z_k > 0}.$$

例如，

$$\int_{-\infty}^{+\infty} \frac{x^2}{(x^2+1)(x^2+4)^2} \mathrm{d}x$$

$$= 2\pi\mathrm{i} \left(\mathrm{Res} \left. \frac{z^2}{(z^2+1)(z^2+4)^2} \right|_{z=\mathrm{i}} + \mathrm{Res} \left. \frac{z^2}{(z^2+1)(z^2+4)^2} \right|_{z=2\mathrm{i}} \right) = \frac{\pi}{36}.$$

2. 形如 $\dfrac{p(x)}{q(x)}\cos\alpha x$ 或 $\dfrac{p(x)}{q(x)}\sin\alpha x$ 的积分

设 $p(x),q(x)$ 为多项式，且 $\lim\limits_{x\to\infty} x\dfrac{p(x)}{q(x)}=0$. 下面用留数计算积分

$$\int_{-\infty}^{+\infty}\frac{p(x)}{q(x)}\cos\alpha x\,\mathrm{d}x \quad 或 \quad \int_{-\infty}^{+\infty}\frac{p(x)}{q(x)}\sin\alpha x\,\mathrm{d}x.$$

若 $\alpha>0$，则在上半平面取 C_R 围道，若 $\alpha<0$，则在下半平面取 C_R 围道，并分别与实数轴上 l：$\operatorname{Im}z=0$，$-R\leq\operatorname{Re}z\leq R$ 构成封闭围道. 由于

$$\int_{-\infty}^{+\infty}\frac{p(x)}{q(x)}\cos\alpha x\,\mathrm{d}x=\operatorname{Re}\int_{-\infty}^{+\infty}\frac{p(x)}{q(x)}\mathrm{e}^{\mathrm{i}\alpha x}\mathrm{d}x,$$

根据 Jordan 引理，有

$$\begin{aligned}
\int_{-\infty}^{+\infty}\frac{p(x)}{q(x)}\cos\alpha x\,\mathrm{d}x&=\operatorname{Re}\int_{-\infty}^{+\infty}\frac{p(x)}{q(x)}\mathrm{e}^{\mathrm{i}\alpha x}\mathrm{d}x\\
&=\operatorname{Re}\left[2\pi\mathrm{i}\sum_{k=1}^{n}\operatorname{Res}\left(\frac{p(z_k)}{q(z_k)}\mathrm{e}^{\mathrm{i}\alpha z_k}\right)\bigg|_{\operatorname{Im}z_k>0}\right] \quad (\alpha>0),
\end{aligned}$$

$$\begin{aligned}
\int_{-\infty}^{+\infty}\frac{p(x)}{q(x)}\cos\alpha x\,\mathrm{d}x&=\operatorname{Re}\int_{-\infty}^{+\infty}\frac{p(x)}{q(x)}\mathrm{e}^{\mathrm{i}\alpha x}\mathrm{d}x\\
&=\operatorname{Re}\left[2\pi\mathrm{i}\sum_{k=1}^{n}\operatorname{Res}\left(\frac{p(z_k)}{q(z_k)}\mathrm{e}^{\mathrm{i}\alpha z_k}\right)\bigg|_{\operatorname{Im}z_k<0}\right] \quad (\alpha<0).
\end{aligned}$$

同理，有

$$\begin{aligned}
\int_{-\infty}^{+\infty}\frac{p(x)}{q(x)}\sin\alpha x\,\mathrm{d}x&=\operatorname{Im}\int_{-\infty}^{+\infty}\frac{p(x)}{q(x)}\mathrm{e}^{\mathrm{i}\alpha x}\mathrm{d}x\\
&=\operatorname{Im}\left[2\pi\mathrm{i}\sum_{k=1}^{n}\operatorname{Res}\left(\frac{p(z_k)}{q(z_k)}\mathrm{e}^{\mathrm{i}\alpha z_k}\right)\bigg|_{\operatorname{Im}z_k>0}\right] \quad (\alpha>0),
\end{aligned}$$

$$\begin{aligned}
\int_{-\infty}^{+\infty}\frac{p(x)}{q(x)}\sin\alpha x\,\mathrm{d}x&=\operatorname{Im}\int_{-\infty}^{+\infty}\frac{p(x)}{q(x)}\mathrm{e}^{\mathrm{i}\alpha x}\mathrm{d}x\\
&=\operatorname{Im}\left[2\pi\mathrm{i}\sum_{k=1}^{n}\operatorname{Res}\left(\frac{p(z_k)}{q(z_k)}\mathrm{e}^{\mathrm{i}\alpha z_k}\right)\bigg|_{\operatorname{Im}z_k<0}\right] \quad (\alpha<0).
\end{aligned}$$

例如，

$$\int_{-\infty}^{+\infty}\frac{\cos\alpha x}{(x^2+1)^2}\mathrm{d}x=\operatorname{Re}\left[2\pi\mathrm{i}\operatorname{Res}\left(\frac{1}{(z^2+1)^2}\mathrm{e}^{\mathrm{i}\alpha z}\right)\bigg|_{z=\mathrm{i}}\right]=\frac{\pi}{2}(1+|\alpha|)\mathrm{e}^{-|\alpha|},$$

$$\int_{-\infty}^{+\infty} \frac{x\sin\alpha x}{x^4+4}\mathrm{d}x = \mathrm{Im}\left[2\pi\mathrm{i}\,\mathrm{Res}\left(\frac{z}{z^4+4}\mathrm{e}^{\mathrm{i}\alpha z}\right)\Bigg|_{z=1+\mathrm{i}} + 2\pi\mathrm{i}\,\mathrm{Res}\left(\frac{z}{z^4+4}\mathrm{e}^{\mathrm{i}\alpha z}\right)\Bigg|_{z=-1+\mathrm{i}}\right]$$

$$= \frac{\pi}{2}\mathrm{e}^{-|\alpha|}\sin\alpha.$$

3. 形如 $R(\sin\theta,\cos\theta)$ 及有理三角函数的积分

设 $R(\sin\theta,\cos\theta)$ 为有理三角函数, 用留数计算

$$I = \int_0^{2\pi} R(\sin\theta,\cos\theta)\mathrm{d}\theta.$$

令 $z=\mathrm{e}^{\mathrm{i}\theta}$, 有 $\sin\theta = \dfrac{\mathrm{e}^{\mathrm{i}\theta}-\mathrm{e}^{-\mathrm{i}\theta}}{2\mathrm{i}} = \dfrac{z^2-1}{2\mathrm{i}z}$, $\cos\theta = \dfrac{\mathrm{e}^{\mathrm{i}\theta}+\mathrm{e}^{-\mathrm{i}\theta}}{2} = \dfrac{z^2+1}{2z}$. 因此

$$I = \oint_l \frac{1}{\mathrm{i}z}R\left(\frac{z^2-1}{2\mathrm{i}z},\frac{z^2+1}{2z}\right)\mathrm{d}z = 2\pi\mathrm{i}\sum_{k=1}^n \mathrm{Res}\left[\frac{1}{\mathrm{i}z_k}R\left(\frac{z_k^2-1}{2\mathrm{i}z_k},\frac{z_k^2+1}{2z_k}\right)\right]\Bigg|_{|z_k|<1},$$

其中 l 为 z 平面上单位圆.

例如, Kepler 积分

$$I = \int_0^{2\pi} \frac{\mathrm{d}\theta}{(1+\varepsilon\cos\theta)^2} = \frac{1}{\mathrm{i}}\oint_{|z|=1} \frac{4z\,\mathrm{d}z}{(\varepsilon z^2+2z+\varepsilon)^2}$$

$$= 2\pi\,\mathrm{Res}\,f\left(\frac{-1+\sqrt{1-\varepsilon^2}}{\varepsilon}\right) = 2\pi(1-\varepsilon^2)^{-\frac{3}{2}},$$

其中 $f(z) = \dfrac{4z}{(\varepsilon z^2+2z+\varepsilon)^2}$.

4. 其他情况

例3 用留数计算 Gauss 积分 $I = \displaystyle\int_{-\infty}^{+\infty}\mathrm{e}^{\mathrm{i}ax-bx^2}\mathrm{d}x$.

解 $I = \displaystyle\int_{-\infty}^{+\infty}\mathrm{e}^{\mathrm{i}ax-bx^2}\mathrm{d}x = \mathrm{e}^{-\frac{a^2}{4b}}\lim_{R\to+\infty}\int_{-R-\frac{\mathrm{i}a}{2b}}^{R-\frac{\mathrm{i}a}{2b}}\mathrm{e}^{-bz^2}\mathrm{d}z$. 在 z 平面上取

$$z_1 = -R, \quad z_2 = R, \quad z_3 = R-\frac{\mathrm{i}a}{2b}, \quad z_4 = -R-\frac{\mathrm{i}a}{2b}$$

构成矩形围道 l, 由于 e^{-bz^2} 在 z 平面上解析, 可得

$$\oint_l \mathrm{e}^{-bz^2}\mathrm{d}z = \int_{-R}^R \mathrm{e}^{-bz^2}\mathrm{d}z + \int_R^{R-\frac{\mathrm{i}a}{2b}} \mathrm{e}^{-bz^2}\mathrm{d}z + \int_{R-\frac{\mathrm{i}a}{2b}}^{-R-\frac{\mathrm{i}a}{2b}} \mathrm{e}^{-bz^2}\mathrm{d}z + \int_{-R-\frac{\mathrm{i}a}{2b}}^{-R} \mathrm{e}^{-bz^2}\mathrm{d}z$$

$$= 0.$$

由于 $\lim\limits_{R\to+\infty}\int_R^{R-\frac{\mathrm{i}a}{2b}}\mathrm{e}^{-bz^2}\mathrm{d}z=\lim\limits_{R\to+\infty}\int_{-R-\frac{\mathrm{i}a}{2b}}^{-R}\mathrm{e}^{-bz^2}\mathrm{d}z=0$，则有

$$\lim_{R\to+\infty}\int_{-R-\frac{\mathrm{i}a}{2b}}^{R-\frac{\mathrm{i}a}{2b}}\mathrm{e}^{-bz^2}\mathrm{d}z=\lim_{R\to+\infty}\int_{-R}^{R}\mathrm{e}^{-bz^2}\mathrm{d}z=\int_{-\infty}^{+\infty}\mathrm{e}^{-bx^2}\mathrm{d}x=\sqrt{\frac{\pi}{b}}.$$

因此 $I=\sqrt{\dfrac{\pi}{b}}\,\mathrm{e}^{-\frac{a^2}{4b}}$.

例 4　用留数计算积分 $I=\displaystyle\int_0^{+\infty}\frac{\mathrm{d}x}{x^{50}+1}$.

解　取以原点为中心、半径为 R、圆心角为 $\dfrac{\pi}{25}$ 的扇形围道，由留数定理，有

$$\int_0^R\frac{\mathrm{d}x}{x^{50}+1}+\int_{C_R}\frac{\mathrm{d}z}{z^{50}+1}+\mathrm{e}^{\mathrm{i}\frac{\pi}{25}}\int_R^0\frac{\mathrm{d}x}{x^{50}+1}=2\pi\mathrm{i}\,\mathrm{Res}\,\frac{1}{z^{50}+1}\bigg|_{z=\mathrm{e}^{\mathrm{i}\frac{\pi}{50}}}.$$

整理得

$$I=\int_0^{+\infty}\frac{\mathrm{d}x}{x^{50}+1}=\frac{2\pi\mathrm{i}}{1-\mathrm{e}^{\mathrm{i}\frac{\pi}{25}}}\,\mathrm{Res}\,\frac{1}{z^{50}+1}\bigg|_{z=\mathrm{e}^{\mathrm{i}\frac{\pi}{50}}}$$

$$=\frac{2\pi\mathrm{i}}{1-\mathrm{e}^{\mathrm{i}\frac{\pi}{25}}}\frac{1}{50\mathrm{e}^{\mathrm{i}\frac{49\pi}{50}}}=\frac{\pi}{50\sin\dfrac{\pi}{50}}.$$

小弧引理　若 $f(z)$ 在 $0<|z-z_0|<R$ 内解析，$z=z_0$ 为 $f(z)$ 的单极点，且 $\lim\limits_{z\to z_0}(z-z_0)f(z)=k$，即 $\mathrm{Res}\,f(z_0)=k$，则

$$\lim_{R\to0}\int_{C_R}f(z)\mathrm{d}z=\mathrm{i}k(\theta_2-\theta_1),$$

其中 C_R：$|z-z_0|=R$，$\theta_1\leq\arg(z-z_0)\leq\theta_2$.

证　$\forall\varepsilon>0$，$\exists\delta>0$，则 $\forall R$，$0<R<\delta$，有

$$\left|\int_{C_R}f(z)\mathrm{d}z-\mathrm{i}k(\theta_2-\theta_1)\right|=\left|\int_{C_R}\left(f(z)-\frac{k}{z-z_0}\right)\mathrm{d}z\right|=\left|\int_{C_R}\frac{(z-z_0)f(z)-k}{z-z_0}\mathrm{d}z\right|$$

$$<\int_{C_R}\frac{\left|(z-z_0)f(z)-k\right|}{R}|\mathrm{d}z|<\varepsilon(\theta_2-\theta_1).$$

故 $\lim\limits_{R\to0}\displaystyle\int_{C_R}f(z)\mathrm{d}z=\mathrm{i}k(\theta_2-\theta_1)$.

例 5　求 Fresnel（费涅尔）积分 $\displaystyle\int_0^{+\infty}\sin x^2\,\mathrm{d}x$ 和 $\displaystyle\int_0^{+\infty}\cos x^2\,\mathrm{d}x$.

解　在复平面内取以原点为心、半径为 R、圆心角为 $\dfrac{\pi}{4}$ 的扇形围道. 由于

$f(z) = e^{iz^2}$ 在 z 平面内解析，由 Cauchy–Goursat 定理可得

$$\int_0^R e^{ix^2} dx + \int_{c_R} e^{iz^2} dz + \int_R^0 e^{ix^2 \left(\cos\frac{\pi}{4} + i\sin\frac{\pi}{4}\right)^2} e^{i\frac{\pi}{4}} dx = 0,$$

其中 c_R 为以原点为心、半径为 R、圆心角为 $\dfrac{\pi}{4}$ 的圆弧. 将上式取极限有

$$\lim_{R \to +\infty} \int_0^R e^{ix^2} dx + \lim_{R \to +\infty} \int_{c_R} e^{iz^2} dz + \lim_{R \to +\infty} \int_R^0 e^{ix^2 \left(\cos\frac{\pi}{4} + i\sin\frac{\pi}{4}\right)^2} e^{i\frac{\pi}{4}} dx = 0.$$

令 $\xi = z^2$，则

$$\lim_{R \to +\infty} \int_{c_R} e^{iz^2} dz = \lim_{r \to +\infty} \int_{c_r} \frac{e^{i\xi}}{2\sqrt{\xi}} d\xi,$$

其中 $r = R^2$，c_r 为以原点为心、半径为 r、圆心角为 $\dfrac{\pi}{2}$ 的圆弧. 由于

$$\lim_{r \to +\infty} \int_{c_r} \frac{e^{i\xi}}{2\sqrt{\xi}} d\xi = 0,$$

则 $\displaystyle\int_0^{+\infty} e^{ix^2} dx - e^{i\frac{\pi}{4}} \int_0^{+\infty} e^{-x^2} dx = 0$. 于是

$$\int_0^{+\infty} \cos x^2\, dx + i \int_0^{+\infty} \sin x^2\, dx$$

$$= \frac{1+i}{\sqrt{2}} \int_0^{+\infty} e^{-x^2} dx = \frac{1+i}{\sqrt{2}} \cdot \frac{\sqrt{\pi}}{2} = \frac{\sqrt{2\pi}}{4} + i\frac{\sqrt{2\pi}}{4}.$$

因此

$$\int_0^{+\infty} \cos x^2\, dx = \int_0^{+\infty} \sin x^2\, dx = \frac{\sqrt{2\pi}}{4}.$$

5. 积分主值

下面以计算积分 $I = \displaystyle\int_{-\infty}^{+\infty} \dfrac{f(x)\mathrm{d}x}{x - x_0}$ 为例讨论积分主值.

若取以 x_0 为圆心、ε 为半径的上半平面中的半圆 C_ε，绕过点 x_0，则积分 $I = \displaystyle\int_{-\infty}^{+\infty} \dfrac{f(x)\mathrm{d}x}{x - x_0}$ 变为

$$I = \int_{-\infty}^{x_0 - \varepsilon} \frac{f(x)\mathrm{d}x}{x - x_0} + \int_{x_0 + \varepsilon}^{+\infty} \frac{f(x)\mathrm{d}x}{x - x_0} + \int_{C_\varepsilon} \frac{f(z)\mathrm{d}z}{z - x_0}.$$

当 $\varepsilon \to 0$ 时，I 变为 $\mathrm{P}\displaystyle\int_{-\infty}^{+\infty} \dfrac{f(x)\mathrm{d}x}{x - x_0} - i\pi f(x_0)$.

若 C_ε 位于下半平面，则 I 变为 $\mathrm{P}\displaystyle\int_{-\infty}^{+\infty}\dfrac{f(x)\mathrm{d}x}{x-x_0}+\mathrm{i}\pi f(x_0)$.

由于 $f(z)$ 在上半平面内除有限多孤立奇点外均解析，且 $z\to\infty$ 时，$f(z)$ 一致趋于零 $(0\leq\arg z\leq\pi)$，所以

$$\mathrm{P}\int_{-\infty}^{+\infty}\frac{f(x)\mathrm{d}x}{x-x_0}=\mathrm{i}\pi f(x_0)+2\pi\mathrm{i}\sum_{j=1}^{n}\mathrm{Res}\,\frac{f(z_j)}{z_j-x_0}\bigg|_{\mathrm{Im}\,z_j>0}.$$

若 $f(z)$ 在下半平面内除有限多孤立奇点外均解析，且 $z\to\infty$ 时，$f(z)$ 一致趋于零 $(\pi\leq\arg z\leq2\pi)$，则有

$$\mathrm{P}\int_{-\infty}^{+\infty}\frac{f(x)\mathrm{d}x}{x-x_0}=-\mathrm{i}\pi f(x_0)+2\pi\mathrm{i}\sum_{j=1}^{n}\mathrm{Res}\,\frac{f(z_j)}{z_j-x_0}\bigg|_{\mathrm{Im}\,z_j<0}.$$

例 6　求 $I=\displaystyle\int_0^{+\infty}\dfrac{\sin x}{x}\mathrm{d}x$ 的值.

解　$I=\displaystyle\int_0^{+\infty}\dfrac{\sin x}{x}\mathrm{d}x=\dfrac{1}{2}\mathrm{P}\int_{-\infty}^{+\infty}\dfrac{\sin x}{x}\mathrm{d}x=\dfrac{1}{2}\mathrm{Im}\,\mathrm{P}\int_{-\infty}^{+\infty}\dfrac{\mathrm{e}^{\mathrm{i}x}}{x}\mathrm{d}x$

$\qquad\quad=\dfrac{1}{2}\mathrm{Im}(\mathrm{i}\pi\mathrm{e}^{\mathrm{i}x}\,|_{x=0})=\dfrac{\pi}{2}.$

设 $I=\displaystyle\int_{-\infty}^{+\infty}\dfrac{f(x)\mathrm{d}x}{x-x_0}$. 令 $x=\xi+\mathrm{i}\varepsilon$，则

$$I=\int_{-\infty}^{+\infty}\frac{f(\xi+\mathrm{i}\varepsilon)\mathrm{d}\xi}{\xi-x_0+\mathrm{i}\varepsilon}.$$

下面对极限和积分次序互换所需要的条件暂不讨论，只是将等式做形式化的叙述如下：

$$\int_{-\infty}^{+\infty}\lim_{\varepsilon\to0}\frac{f(\xi+\mathrm{i}\varepsilon)\mathrm{d}\xi}{\xi-x_0+\mathrm{i}\varepsilon}=\lim_{\varepsilon\to0}\int_{-\infty}^{+\infty}\frac{f(\xi+\mathrm{i}\varepsilon)\mathrm{d}\xi}{\xi-x_0+\mathrm{i}\varepsilon}.$$

当 $\varepsilon\to0$ 时，有 $\displaystyle\int_{-\infty}^{+\infty}\dfrac{f(x)\mathrm{d}x}{x-x_0}=\lim_{\varepsilon\to0}\int_{-\infty}^{+\infty}\dfrac{f(x)\mathrm{d}x}{x-x_0+\mathrm{i}\varepsilon}$. 又因为

$$\int_{-\infty}^{+\infty}\frac{f(x)\mathrm{d}x}{x-x_0}=\mathrm{P}\int_{-\infty}^{+\infty}\frac{f(x)\mathrm{d}x}{x-x_0}-\mathrm{i}\pi f(x_0),$$

所以可得到形式上的等式：

$$\mathrm{P}\int_{-\infty}^{+\infty}\frac{f(x)\mathrm{d}x}{x-x_0}=\mathrm{i}\pi f(x_0)+\lim_{\varepsilon\to0}\int_{-\infty}^{+\infty}\frac{f(x)\mathrm{d}x}{x-x_0+\mathrm{i}\varepsilon}.$$

但计算积分 $\displaystyle\int_{-\infty}^{+\infty}\dfrac{f(x)\mathrm{d}x}{x-x_0+\mathrm{i}\varepsilon}$ 还是要利用围道积分来计算.

例 7　设 $f(k)=\displaystyle\lim_{\varepsilon\to0}\dfrac{1}{2\pi\mathrm{i}}\int_{-\infty}^{+\infty}\dfrac{\mathrm{e}^{\mathrm{i}kx}\mathrm{d}x}{x-\mathrm{i}\varepsilon}$ $(\varepsilon>0)$，求 $f(k)$ 的表达式.

解 当 $k>0$ 时, 取 C_R 为位于上半平面内以原点为心、以 R 为半径的半圆, 则

$$f(k)=\lim_{\varepsilon\to 0}\frac{1}{2\pi i}\int_{-\infty}^{+\infty}\frac{e^{ikx}dx}{x-i\varepsilon}$$

$$=\lim_{\varepsilon\to 0}\left(\frac{1}{2\pi i}\int_{-\infty}^{-R}\frac{e^{ikx}dx}{x-i\varepsilon}+\frac{1}{2\pi i}\int_{C_R}\frac{e^{ikz}dz}{z-i\varepsilon}+\frac{1}{2\pi i}\int_{R}^{+\infty}\frac{e^{ikx}dx}{x-i\varepsilon}\right)$$

$$=\lim_{\varepsilon\to 0}e^{-k\varepsilon}=1.$$

当 $k<0$ 时, 取 D_R 为位于下半平面内以原点为心、以 R 为半径的半圆, 则

$$f(k)=\lim_{\varepsilon\to 0}\frac{1}{2\pi i}\int_{-\infty}^{+\infty}\frac{e^{ikx}dx}{x-i\varepsilon}$$

$$=\lim_{\varepsilon\to 0}\left(\frac{1}{2\pi i}\int_{-\infty}^{-R}\frac{e^{ikx}dx}{x-i\varepsilon}+\frac{1}{2\pi i}\int_{D_R}\frac{e^{ikz}dz}{z-i\varepsilon}+\frac{1}{2\pi i}\int_{R}^{+\infty}\frac{e^{ikx}dx}{x-i\varepsilon}\right)$$

$$=0.$$

故 $f(k)$ 为阶跃函数.

设 $f(z)$ 在 x 轴上有两极点 x_1,x_2. 下面讨论主值积分 $P\int_{-\infty}^{+\infty}\frac{f(x)dx}{(x-x_1)(x-x_2)}$.

若 $f(z)$ 在上半平面内除有限多孤立奇点外均解析, 且 $z\to\infty$ 时, $f(z)$ 一致趋于零 $(0\le\arg z\le\pi)$, 由小弧引理则有

$$P\int_{-\infty}^{+\infty}\frac{f(x)dx}{(x-x_1)(x-x_2)}=i\pi\frac{f(x_2)-f(x_1)}{x_2-x_1}+2\pi i\sum_{k=1}^{n}\text{Res}\frac{f(z_k)}{(z_k-x_1)(z_k-x_2)}\Big|_{\text{Im}\,z_k>0}.$$

若 $x_2\to x_1$, 则有

$$P\int_{-\infty}^{+\infty}\frac{f(x)dx}{(x-x_1)^2}=i\pi f'(x_1)+2\pi i\sum_{k=1}^{n}\text{Res}\frac{f(z_k)}{(z_k-x_1)^2}\Big|_{\text{Im}\,z_k>0}.$$

例 8 求主值积分 $P\int_{-\infty}^{+\infty}\frac{e^{itx}dx}{x^2-k^2}$.

解 当 $t>0$ 时,

$$P\int_{-\infty}^{+\infty}\frac{e^{itx}dx}{x^2-k^2}=i\pi\frac{e^{itk}-e^{-itk}}{2k}=-\pi\frac{\sin kt}{k};$$

当 $t<0$ 时, $P\int_{-\infty}^{+\infty}\frac{e^{itx}dx}{x^2-k^2}=\pi\frac{\sin kt}{k}$. 所以

$$P\int_{-\infty}^{+\infty}\frac{e^{itx}dx}{x^2-k^2}=-\pi\frac{\sin k|t|}{k}.$$

例 9 求积分 $\int_{-\infty}^{+\infty}\frac{\sin^3 x}{x^3}dx$.

解 取 l 为实轴上从点 $-R$ 至点 $-\varepsilon$ 的直线段，c_ε 为以原点为心、ε 为半径下半平面上的半圆，l' 为实轴上从点 ε 到点 R 的直线段，c_R 为以原点为心、R 为半径上半平面上的半圆，d_R 为以原点为心、R 为半径下半平面上的半圆. 令 $L = l \cup c_\varepsilon \cup l'$. 因为

$$\sin x = \frac{\mathrm{e}^{\mathrm{i}x} - \mathrm{e}^{-\mathrm{i}x}}{2\mathrm{i}}, \text{ 所以}$$

$$\int_{-\infty}^{+\infty} \frac{\sin^3 x}{x^3} \mathrm{d}x = \int_{-\infty}^{+\infty} \frac{\mathrm{e}^{\mathrm{i}3x} - 3\mathrm{e}^{\mathrm{i}x} + 3\mathrm{e}^{-\mathrm{i}x} - \mathrm{e}^{-\mathrm{i}3x}}{(2\mathrm{i})^3 x^3} \mathrm{d}x$$

$$= \lim_{R\to+\infty} \int_L \frac{\mathrm{e}^{\mathrm{i}3z} - 3\mathrm{e}^{\mathrm{i}z}}{(2\mathrm{i})^3 z^3} \mathrm{d}z + \lim_{R\to+\infty} \int_L \frac{3\mathrm{e}^{-\mathrm{i}z} - \mathrm{e}^{-\mathrm{i}3z}}{(2\mathrm{i})^3 z^3} \mathrm{d}z. \quad (1)$$

由留数定理可知

$$\int_L \frac{\mathrm{e}^{\mathrm{i}3z} - 3\mathrm{e}^{\mathrm{i}z}}{(2\mathrm{i})^3 z^3} \mathrm{d}z + \int_{c_R} \frac{\mathrm{e}^{\mathrm{i}3z} - 3\mathrm{e}^{\mathrm{i}z}}{(2\mathrm{i})^3 z^3} \mathrm{d}z = 2\pi\mathrm{i}\,\mathrm{Res} \frac{\mathrm{e}^{\mathrm{i}3z} - 3\mathrm{e}^{\mathrm{i}z}}{(2\mathrm{i})^3 z^3}\bigg|_{z=0} = \frac{3\pi}{4}.$$

由 Cauchy–Goursat 定理有

$$\int_L \frac{3\mathrm{e}^{-\mathrm{i}z} - \mathrm{e}^{-\mathrm{i}3z}}{(2\mathrm{i})^3 z^3} \mathrm{d}z + \int_{d_R} \frac{3\mathrm{e}^{-\mathrm{i}z} - \mathrm{e}^{-\mathrm{i}3z}}{(2\mathrm{i})^3 z^3} \mathrm{d}z = 0.$$

由 Jordan 引理有

$$\lim_{R\to+\infty} \int_{c_R} \frac{\mathrm{e}^{\mathrm{i}3z} - 3\mathrm{e}^{\mathrm{i}z}}{(2\mathrm{i})^3 z^3} \mathrm{d}z = 0, \quad \lim_{R\to+\infty} \int_{d_R} \frac{3\mathrm{e}^{-\mathrm{i}z} - \mathrm{e}^{-\mathrm{i}3z}}{(2\mathrm{i})^3 z^3} \mathrm{d}z = 0,$$

因此由（1）式可得

$$\int_{-\infty}^{+\infty} \frac{\sin^3 x \, \mathrm{d}x}{x^3} = \frac{3\pi}{4}.$$

例 10 求积分 $\displaystyle\int_{-\infty}^{+\infty} \frac{\sin^n x}{x^n} \mathrm{d}x$.

解 取例 9 中的围道 L, c_R 和 d_R. 由于 $\sin x = \dfrac{\mathrm{e}^{\mathrm{i}x} - \mathrm{e}^{-\mathrm{i}x}}{2\mathrm{i}}$，则

$$\int_{-\infty}^{+\infty} \frac{\sin^n x}{x^n} \mathrm{d}x = \int_{-\infty}^{+\infty} \frac{1}{(2\mathrm{i})^n x^n} \sum_{k=0}^{n} (-1)^k \mathrm{C}_n^k \mathrm{e}^{\mathrm{i}(n-2k)x} \mathrm{d}x$$

$$= \lim_{R\to+\infty} \int_L \frac{1}{(2\mathrm{i})^n z^n} \sum_{k=0}^{[n/2]} (-1)^k \mathrm{C}_n^k \mathrm{e}^{\mathrm{i}(n-2k)z} \mathrm{d}z$$

$$+ \lim_{R\to+\infty} \int_L \frac{1}{(2\mathrm{i})^n z^n} \sum_{k=[n/2]+1}^{n} (-1)^k \mathrm{C}_n^k \mathrm{e}^{\mathrm{i}(n-2k)z} \mathrm{d}z. \quad (2)$$

由留数定理可知

$$\int_L \frac{1}{(2\mathrm{i})^n \, z^n} \sum_{k=0}^{[n/2]} (-1)^k \, C_n^k \mathrm{e}^{\mathrm{i}(n-2k)z} \mathrm{d}z + \int_{c_R} \frac{1}{(2\mathrm{i})^n \, z^n} \sum_{k=0}^{[n/2]} (-1)^k \, C_n^k \mathrm{e}^{\mathrm{i}(n-2k)z} \mathrm{d}z$$

$$= 2\pi\mathrm{i} \sum_{k=0}^{[n/2]} \mathrm{Res} \, \frac{(-1)^k \, C_n^k \mathrm{e}^{\mathrm{i}(n-2k)z}}{(2\mathrm{i})^n \, z^n} \bigg|_{z=0}$$

$$= 2\pi\mathrm{i} \sum_{k=0}^{[n/2]} \frac{1}{(n-1)!} \frac{(-1)^k \, C_n^k}{(2\mathrm{i})^n} \frac{\mathrm{d}^{n-1}}{\mathrm{d}z^{n-1}} (\mathrm{e}^{\mathrm{i}(n-2k)z}) \bigg|_{z=0}$$

$$= \frac{\pi}{(n-1)!} \sum_{k=0}^{[n/2]} (-1)^k \, C_n^k \left(\frac{n-2k}{2} \right)^{n-1}.$$

由 Cauchy–Goursat 定理可知

$$\int_L \frac{1}{(2\mathrm{i})^n \, z^n} \sum_{k=[n/2]+1}^{n} (-1)^k \, C_n^k \mathrm{e}^{\mathrm{i}(n-2k)z} \mathrm{d}z$$

$$+ \int_{d_R} \frac{1}{(2\mathrm{i})^n \, z^n} \sum_{k=[n/2]+1}^{n} (-1)^k \, C_n^k \mathrm{e}^{\mathrm{i}(n-2k)z} \mathrm{d}z = 0.$$

再由 Jordan 引理可知

$$\lim_{R \to +\infty} \int_{c_R} \frac{1}{(2\mathrm{i})^n \, z^n} \sum_{k=0}^{[n/2]} (-1)^k \, C_n^k \mathrm{e}^{\mathrm{i}(n-2k)z} \mathrm{d}z = 0,$$

$$\lim_{R \to +\infty} \int_{d_R} \frac{1}{(2\mathrm{i})^n \, z^n} \sum_{k=[n/2]+1}^{n} (-1)^k \, C_n^k \mathrm{e}^{\mathrm{i}(n-2k)z} \mathrm{d}z = 0,$$

因此由（2）式可得

$$\int_{-\infty}^{+\infty} \frac{\sin^n x}{x^n} \mathrm{d}x = \frac{\pi}{(n-1)!} \sum_{k=0}^{[n/2]} (-1)^k \, C_n^k \left(\frac{n-2k}{2} \right)^{n-1}. \tag{3}$$

在（3）式中令 $n=3$ 可得例 9 的结果：

$$\int_{-\infty}^{+\infty} \frac{\sin^3 x \, \mathrm{d}x}{x^3} = \frac{\pi}{2} \sum_{k=0}^{1} (-1)^k \, C_3^k \left(\frac{3-2k}{2} \right)^2 = \frac{3\pi}{4}.$$

因为 $f(z) = \mathrm{e}^{-\frac{1}{z^2}}$ 在 $0 < |z| < +\infty$ 内解析，由 Laurent 展开定理可知

$$\mathrm{e}^{-\frac{1}{z^2}} = \sum_{k=0}^{+\infty} \frac{(-1)^k}{k! z^{2k}}, \quad 0 < |z| < +\infty,$$

所以 $z=0$ 为 $f(z) = \mathrm{e}^{-\frac{1}{z^2}}$ 的本性奇点，且 $\mathrm{Res} f(0) = 0$；$z = \infty$ 为 $f(z) = \mathrm{e}^{-\frac{1}{z^2}}$ 的可去奇点，且 $\mathrm{Res} f(\infty) = 0$. 由 $f(z) = \mathrm{e}^{-\frac{1}{z^2}}$ 在 $0 < |z| < +\infty$ 内解析可知，$f(x) = \mathrm{e}^{-\frac{1}{x^2}}$ $(x \neq 0)$ 在

$(-\infty,0)\cup(0,+\infty)$ 内解析，以及 $\forall x_0 \in (-\infty,0)\cup(0,+\infty)$ ，$\exists R > 0$ ，且 $(x_0 - R, x_0 + R) \subseteq (-\infty,0)\cup(0,+\infty)$ ，有

$$\mathrm{e}^{-\frac{1}{x^2}} = \sum_{k=0}^{+\infty} a_k (x - x_0)^k , \quad \left| x - x_0 \right| < R ,$$

其中 $a_k = \dfrac{f^{(k)}(x_0)}{k!}$.

由 2.1 节可知，函数

$$f(x) = \begin{cases} \mathrm{e}^{-\frac{1}{x^2}}, & x \neq 0, \\ 0, & x = 0 \end{cases}$$

为 $(-\infty,+\infty)$ 上的 C^∞ 函数，且 $\forall n \in \mathbf{N}$ 有 $f^{(n)}(0) = 0$ ，但函数 $f(x)$ 不能在 $(-R,R)$ 上作 Taylor 展开，因此 $f(x)$ 在 $(-R,R)$ 上不解析.

综上所述，单复变函数 $f(z)$ 在 $z = z_0$ 处解析当且仅当 $f(z)$ 在 z_0 及其邻域内可导. 而一元实值函数 $f(x)$ 在 x_0 及其邻域内可导甚至 $f(x)$ 在 x_0 及其邻域内为 C^∞ 函数，都无法判定 $f(x)$ 在 $x = x_0$ 处是否解析.

10.7 亚纯函数、多值函数

1. 亚纯函数

若 $f(z)$ 在 z 平面内除可数个极点外均解析，则称 $f(z)$ 为**亚纯函数**.

设 $f(z)$ 为亚纯函数，$z = z_i (i = 1,2,\cdots)$ 为 $f(z)$ 的单极点，在 z 平面内作围道 C_n 使得 $z_1, z_2, \cdots, z_n$ 位于 C_n 内. 根据复连通区域 Cauchy 定理有

$$\frac{1}{2\pi \mathrm{i}} \oint_{C_n} \frac{f(\xi)}{\xi - z} \mathrm{d}\xi = f(z) + \frac{1}{2\pi \mathrm{i}} \sum_{k=1}^{n} \oint_{L_k} \frac{f(\xi)}{\xi - z} \mathrm{d}\xi . \tag{1}$$

根据留数定义有

$$\frac{1}{2\pi \mathrm{i}} \oint_{C_n} \frac{f(\xi)}{\xi - z} \mathrm{d}\xi = f(z) + \sum_{k=1}^{n} \mathrm{Res} \frac{f(\xi)}{\xi - z} \bigg|_{\xi = z_k} . \tag{2}$$

由于 $\xi = z_k$ 为 $f(\xi)$ 的单极点，则 $\mathrm{Res}\, f(z_k) = \lim\limits_{\xi \to z_k} (\xi - z_k) f(\xi) = R_k$ ，

$$\mathrm{Res} \frac{f(z_k)}{z_k - z} = \lim_{\xi \to z_k} \frac{(\xi - z_k) f(\xi)}{\xi - z} = \frac{R_k}{z_k - z} . \tag{3}$$

若 $\xi \to \infty$ ，$f(\xi)$ 一致趋于 0 ，则 $\lim\limits_{n \to +\infty} \oint_{C_n} \dfrac{f(\xi)}{\xi - z} \mathrm{d}\xi = 0$ ，再由 （2） 式、（3） 式可得

$$f(z) = \sum_{k=1}^{n} \frac{R_k}{z - z_k}. \tag{4}$$

将 $z = 0$ 代入上式, 并与 (4) 式作差, 得

$$f(z) = f(0) + \sum_{k=1}^{n} R_k \left(\frac{1}{z - z_k} + \frac{1}{z_k} \right), \tag{5}$$

n 可为无穷大. 此式称为 **Mittag–Leffler** (米塔格–累夫勒) **展开定理**.

命题 设 $\dfrac{g'(z)}{g(z)}$ 为 z 平面内有界亚纯函数, $z = z_k$ 为其单极点, 且 $\operatorname{Res} \dfrac{g'(z_k)}{g(z_k)} = 1$,
则 $g(z)$ 为有一阶零点的整函数.

证 根据 Mittag–Leffler 展开定理, 有

$$\frac{g'(z)}{g(z)} = \frac{g'(0)}{g(0)} + \sum_{k=1}^{n} \left(\frac{1}{z - z_k} + \frac{1}{z_k} \right).$$

因为 $\dfrac{\mathrm{d}}{\mathrm{d}z} \ln g(z) = \dfrac{g'(z)}{g(z)}$, 所以上式变为

$$\frac{\mathrm{d}}{\mathrm{d}z} \ln g(z) = \frac{g'(0)}{g(0)} + \sum_{k=1}^{n} \left(\frac{1}{z - z_k} + \frac{1}{z_k} \right).$$

积分上式并取指数, 有

$$g(z) = g(0)\mathrm{e}^{cz} \prod_{k=1}^{n} \left(1 - \frac{z}{z_k} \right) \mathrm{e}^{\frac{z}{z_k}} = f(z) \prod_{k=1}^{n} (z - z_k),$$

其中 $c = \dfrac{g'(0)}{g(0)}$, $f(z)$ 为整函数, 且 $f(z) \neq 0$. 因此 $g(z)$ 为有一阶零点的整函数.

2. 多值函数

在复变函数中, 有多值函数的提法. 严格地说, 多值函数的提法是有问题的, 因为函数是一种特殊的映射, 即对定义域中每一个值 z 有且只有一个 $w = f(z)$ 与其对应. 所以复变函数中的多值函数实际上是定义在 Riemann 面上的函数.

Riemann 面是由割裂的复平面叠置而成的几何结构.

设 $i_k = (0, +\infty) \times ((2k-2)\pi, 2k\pi)$, $k = 1, 2, \cdots, n$. 存在 C^p 内正则映射 $\varphi_k : i_k \to u_k$,
则 $u_k = \varphi_k(i_k)$. 设 $\sigma = \bigcup_{k=1}^{n} u_k$, 则 σ 为 Riemann 面. $\{(u_1, \varphi_1^{-1}), (u_2, \varphi_2^{-1}), \cdots, (u_n, \varphi_n^{-1})\}$
称为 σ 的 C^p 内的**坐标图册**. $\forall z \in u_k$, $\exists (R, \theta) = \varphi_k^{-1}(z)$, 称 (R, θ) 为 z 的**局部坐标**.

设 $j_k = (0, +\infty) \times ((2k-3)\pi, (2k-1)\pi)$, $k = 1, 2, \cdots, n$. 存在 C^p 内正则映射 ψ_k:

$j_k \to v_k$,则 $v_k = \psi_k(j_k)$.设 $\sigma = \bigcup\limits_{k=1}^{n} v_k$,则 $\{(v_1, \psi_1^{-1}), (v_2, \psi_2^{-1}), \cdots, (v_n, \psi_n^{-1})\}$ 为 σ 的另

一 C^p 内的坐标图册. 映射

$$\psi_k^{-1} \circ \varphi_k : (0, +\infty) \times [((2k-2)\pi, (2k-1)\pi) \cup ((2k-1)\pi, 2k\pi)]$$
$$\to (0, +\infty) \times [((2k-3)\pi, (2k-2)\pi) \cup ((2k-2)\pi, (2k-1)\pi)],$$
$$\forall (R, \theta) \in (0, +\infty) \times [((2k-2)\pi, (2k-1)\pi) \cup ((2k-1)\pi, 2k\pi)],$$

$$\psi_k^{-1} \circ \varphi_k(R, \theta) = \begin{cases} (R, \theta), & (R, \theta) \in (0, +\infty) \times ((2k-2)\pi, (2k-1)\pi), \\ (R, \theta - 2\pi), & (R, \theta) \in (0, +\infty) \times ((2k-1)\pi, 2k\pi). \end{cases}$$

上述微分同胚映射 $\psi_k^{-1} \circ \varphi_k$ 称为**局部坐标变换**.

在 σ 上有了局部坐标和局部坐标变换,就可在 σ 上定义函数 $f : \sigma \to \mathbf{C}$. 当然,也可以定义投影映射 $P : \sigma \to \mathbf{C}$,即 $\forall z_k \in u_k$,$\exists (R, \theta_k) = \varphi_k^{-1}(z_k)$,$P(z_k) = z$ 使得 (R, θ) 为 z 的极坐标,且 $\theta = \theta_k - (2k-2)\pi$.

投影映射 $P : \sigma \to \mathbf{C}$ 将 σ 上的 n 个点投影到 z 平面上的同一个点,从而导出复变函数中的所谓多值函数. 其典型函数为 $w = z^{\frac{1}{n}}$. 从上述的严格定义可以看出,由支割线所割开的复平面正是某一个 $i_k = \varphi_k^{-1}(u_k)$. 所以函数 $w = z^{\frac{1}{n}}$ 在割开的复平面内解析.

$w = \ln z$ 按上述方式要构成 Riemann 面更为复杂,此 Riemann 面是无穷叶的.

利用多值函数计算积分,则必须考虑支割线.

例 1 用留数求积分 $I = \displaystyle\int_0^{+\infty} \dfrac{x^\alpha \mathrm{d}x}{x^2 + 1}$,$|\alpha| < 1$.

解 沿正实轴方向作支割线,在支割线上下分别作支割线的平行线 l_1, l_2 ,再分别以原点为圆心、以 r, R 为半径作小圆弧 C_r 和大圆弧 C_R ,上述圆弧和 l_1, l_2 共同构成封闭围道 l . 于是

$$\oint_l \frac{z^\alpha \mathrm{d}z}{1+z^2} = 2\pi \mathrm{i} \left(\operatorname{Res} \frac{z^\alpha}{1+z^2} \bigg|_{z=\mathrm{i}} + \operatorname{Res} \frac{z^\alpha}{1+z^2} \bigg|_{z=-\mathrm{i}} \right) = \pi (\mathrm{e}^{\frac{\mathrm{i}\alpha\pi}{2}} - \mathrm{e}^{\frac{\mathrm{i}3\alpha\pi}{2}}).$$

当 $r \to 0$,$R \to +\infty$ 时,

$$\oint_l \frac{z^\alpha \mathrm{d}z}{1+z^2} = (1 - \mathrm{e}^{\mathrm{i}2\pi\alpha}) \int_0^{+\infty} \frac{x^\alpha \mathrm{d}x}{x^2 + 1} = (1 - \mathrm{e}^{\mathrm{i}2\pi\alpha}) I .$$

所以 $I = \dfrac{\pi (\mathrm{e}^{\frac{\mathrm{i}\alpha\pi}{2}} - \mathrm{e}^{\frac{\mathrm{i}3\alpha\pi}{2}})}{1 - \mathrm{e}^{\mathrm{i}2\pi\alpha}} = \dfrac{\pi}{2} \sec \dfrac{\alpha\pi}{2}$.

例 2 用留数求积分 $I = \displaystyle\int_0^{+\infty} \dfrac{x^{\alpha-1} \mathrm{d}x}{1+x}$,$0 < \alpha < 1$.

解 用例 1 的围道有

$$\oint_l \frac{z^{\alpha-1}\mathrm{d}z}{1+z} = 2\pi\mathrm{i}\,\mathrm{Res}\,\frac{z^{\alpha-1}}{1+z}\bigg|_{z=-1} = -2\pi\mathrm{i}\mathrm{e}^{\mathrm{i}\pi\alpha},$$

于是 $I = \displaystyle\int_0^{+\infty} \frac{x^{\alpha-1}\mathrm{d}x}{1+x} = \frac{-2\pi\mathrm{i}\mathrm{e}^{\mathrm{i}\pi\alpha}}{1-\mathrm{e}^{\mathrm{i}2\pi\alpha}} = \frac{\pi}{\sin\pi\alpha}$.

例 3 用留数求积分 $I = \displaystyle\int_0^{+\infty} \frac{x^{\alpha-1}\mathrm{d}x}{\mathrm{e}^{\mathrm{i}\varphi}+x}$, $0 < \alpha < 1$.

解 用例 1 的围道有

$$\oint_l \frac{z^{\alpha-1}\mathrm{d}z}{\mathrm{e}^{\mathrm{i}\varphi}+z} = 2\pi\mathrm{i}\,\mathrm{Res}\,\frac{z^{\alpha-1}}{\mathrm{e}^{\mathrm{i}\varphi}+z}\bigg|_{z=-\mathrm{e}^{\mathrm{i}\varphi}} = 2\pi\mathrm{i}(-\mathrm{e}^{\mathrm{i}\varphi})^{\alpha-1},$$

于是

$$I = \int_0^{+\infty} \frac{x^{\alpha-1}\mathrm{d}x}{\mathrm{e}^{\mathrm{i}\varphi}+x} = \frac{2\pi\mathrm{i}(-\mathrm{e}^{\mathrm{i}\varphi})^{\alpha-1}}{1-\mathrm{e}^{\mathrm{i}2\pi\alpha}} = \frac{\pi}{\sin\alpha\pi}\mathrm{e}^{\mathrm{i}\varphi(\alpha-1)}.$$

由例 3 的结果知

$$I = \int_0^{+\infty} \frac{x^{\alpha-1}\mathrm{d}x}{\mathrm{e}^{\mathrm{i}\varphi}+x} = \int_0^{+\infty} \frac{x^{\alpha-1}\mathrm{d}x}{x+\cos\varphi+\mathrm{i}\sin\varphi}$$

$$= \int_0^{+\infty} \frac{x^{\alpha-1}(x+\cos\varphi-\mathrm{i}\sin\varphi)\mathrm{d}x}{x^2+2x\cos\varphi+1} = \frac{\pi}{\sin\alpha\pi}\mathrm{e}^{\mathrm{i}\varphi(\alpha-1)}.$$

根据复数相等的充要条件, 有

$$\int_0^{+\infty} \frac{x^{\alpha-1}\mathrm{d}x}{x^2+2x\cos\varphi+1} = \frac{\pi}{\sin\alpha\pi}\frac{\sin(1-\alpha)\varphi}{\sin\varphi}.$$

例 4 讨论复变函数 $f(z) = \dfrac{\sin\sqrt{z}}{\sqrt{z}}$ 和 $g(z) = \sqrt{\mathrm{e}^z}$ 是否为多值函数.

解 令 $z = r\mathrm{e}^{\mathrm{i}\theta}$, 有

$$f(z) = \frac{\sin\sqrt{z}}{\sqrt{z}} = \frac{\sin(\sqrt{r}\,\mathrm{e}^{\mathrm{i}\frac{\theta}{2}})}{\sqrt{r}\,\mathrm{e}^{\mathrm{i}\frac{\theta}{2}}}.$$

当 z 沿封闭曲线 l 绕行一周后, 有

$$f(z) = \frac{\sin\sqrt{z}}{\sqrt{z}} = \frac{\sin(\sqrt{r}\,\mathrm{e}^{\mathrm{i}\left(\frac{\theta}{2}+\pi\right)})}{\sqrt{r}\,\mathrm{e}^{\mathrm{i}\left(\frac{\theta}{2}+\pi\right)}} = -\frac{\sin(-\sqrt{r}\,\mathrm{e}^{\mathrm{i}\frac{\theta}{2}})}{\sqrt{r}\,\mathrm{e}^{\mathrm{i}\frac{\theta}{2}}} = \frac{\sin(\sqrt{r}\,\mathrm{e}^{\mathrm{i}\frac{\theta}{2}})}{\sqrt{r}\,\mathrm{e}^{\mathrm{i}\frac{\theta}{2}}}.$$

因此 $f(z) = \dfrac{\sin\sqrt{z}}{\sqrt{z}}$ 不是多值函数.

令 $z = x + \mathrm{i}y$，有

$$\sqrt{\mathrm{e}^z} = \sqrt{\mathrm{e}^{x+\mathrm{i}y}} = \sqrt{\mathrm{e}^x}\left(\cos\frac{y}{2} + \mathrm{i}\sin\frac{y}{2}\right).$$

而由 $\mathrm{e}^{z+2\pi\mathrm{i}} = \mathrm{e}^z$，有

$$\sqrt{\mathrm{e}^z} = \sqrt{\mathrm{e}^{z+2\pi\mathrm{i}}} = \sqrt{\mathrm{e}^{x+\mathrm{i}(y+2\pi)}} = \sqrt{\mathrm{e}^x}\left(\cos\left(\frac{y}{2}+\pi\right) + \mathrm{i}\sin\left(\frac{y}{2}+\pi\right)\right)$$

$$= -\sqrt{\mathrm{e}^x}\left(\cos\frac{y}{2} + \mathrm{i}\sin\frac{y}{2}\right).$$

因此 $g(z) = \sqrt{\mathrm{e}^z}$ 为多值函数.

10.8　解析延拓

1. 解析延拓

根据前述的解析函数零点孤立性定理，可以导出如下命题:

命题 1　设 $f(z)$ 在 G 内解析. 若 $\forall z \in G' \subset G$，$f(z) = 0$，则

$$f(z) \equiv 0, \quad \forall z \in G.$$

设 $f_1(z)$ 在 G_1 上解析，$f_2(z)$ 在 G_2 上解析. 若 $\forall z \in G_1 \cap G_2$，$f_1(z) = f_2(z)$，则称 $f_1(z)$ 是 $f_2(z)$ 在 G_1 中的**解析延拓**，或称 $f_2(z)$ 是 $f_1(z)$ 在 G_2 中的**解析延拓**.

例如，$f(z) = \sum\limits_{k=0}^{+\infty} z^k$ 在 $|z| < 1$ 上解析，$F(z) = \dfrac{1}{1-z}$ 在 z 平面内除 $z = 1$ 外解析，且

$$\frac{1}{1-z} = \sum_{k=0}^{+\infty} z^k, \quad |z| < 1,$$ 则函数 $F(z) = \dfrac{1}{1-z}$ 是 $f(z)$ 在 z 平面内 $z \neq 1$ 上的解析延拓. 由

10.5 节可知，$f(z) = \sum\limits_{k=0}^{+\infty} z^k$ 在收敛圆 $|z| = 1$ 上处处发散，而 $z = 1$ 为 $F(z) = \dfrac{1}{1-z}$ 的奇点，故 $f(z)$ 不能沿正实轴方向解析延拓到 $F(z)$.

以下说明存在不能解析延拓的解析函数.

设 $f(z) = \sum\limits_{n=1}^{+\infty} z^{n!}$，$|z| < 1$. 由幂级数理论可知，$\sum\limits_{n=1}^{+\infty} z^{n!}$ 的收敛圆为 $|z| = 1$，

$f(z) = \sum\limits_{n=1}^{+\infty} z^{n!}$ 在 $|z| < 1$ 内解析. 下面证明 $f(z)$ 不能解析延拓到收敛圆外.

假如函数 $f(z) = \sum\limits_{n=1}^{+\infty} z^{n!}$ 可以延拓到收敛圆 $|z| = 1$ 外，则在收敛圆 $|z| = 1$ 上存在某

段弧 l 使得 $f(z)$ 在 l 上解析. 因此要证明 $f(z)$ 不能解析延拓到收敛圆外, 只需证明收敛圆上的任意一点 $z_0 = \mathrm{e}^{2\pi\mathrm{i}\frac{p}{q}}$, $p,q\in\mathbf{N}$ 为函数 $f(z)$ 的奇点.

取 $z=\rho z_0$, 其中 $0\le\rho<1$, 有 $|z|=|\rho z_0|<1$, 则

$$f(z)=\sum_{n=1}^{q-1}z^{n!}+\sum_{n=q}^{+\infty}(\rho z_0)^{n!}=\sum_{n=1}^{q-1}z^{n!}+\sum_{n=q}^{+\infty}\rho^{n!}.$$

$\forall M\in\mathbf{N}$, 且 $M>2q$, 有

$$\left|f(z)\right|>\sum_{n=q}^{M}\rho^{n!}-\sum_{n=1}^{q-1}\left|z\right|^{n!}>(M-q+1)\rho^{M!}-(q-1).$$

当 $\rho\to1$ 时, 上式右端趋于 $M-2q+2$. 而当 $\rho\to1$ 时, $z\to z_0$, 因此 $\lim\limits_{z\to z_0}f(z)=\infty$, z_0 为 $f(z)$ 的奇点.

设 $f_1(z)$ 在 S_1 上解析, $f_2(z)$ 在 S_2 上解析, B 为 S_1,S_2 的公共边界. 若 $\forall z\in B$, $f_1(z)=f_2(z)$, 且 $f_1(z),f_2(z)$ 在 B 上连续, 则称 $f_1(z)$ 为 $f_2(z)$ **在 S_1 上的解析延拓**, 或称 $f_2(z)$ 为 $f_1(z)$ **在 S_2 上的解析延拓**.

命题 2 设 $f_1(z)$ 在 S_1 上解析, $f_2(z)$ 在 S_2 上解析, B 为 S_1,S_2 的公共边界, 且 $f_1(z),f_2(z)$ 在 B 上连续. 若

$$F(z)=\begin{cases}f_1(z), & z\in S_1,\\ f_2(z), & z\in S_2;\end{cases}$$

则 $F(z)$ 在 $S_1\cup S_2\cup B$ 上解析.

证 根据 Morera 定理, 要证明 $F(z)$ 的解析性, 只需证明:

$$\oint_l F(z)\mathrm{d}z=0 , \quad \forall l\subset S_1\cup S_2\cup B.$$

若 $l\subset S_1$ 或 $l\subset S_2$, 结果是显然的.

若 l 部分包含于 S_1 , 其余包含于 S_2 , 则 l 被 B 所截, 形成两封闭围道 l_1,l_2 , 则

$$\oint_l F(z)\mathrm{d}z=\oint_{l_1}F(z)\mathrm{d}z+\oint_{l_2}F(z)\mathrm{d}z=0.$$

因此 $F(z)$ 在 $S_1\cup S_2\cup B$ 上解析.

Schwartz 反射定理 设区域 S 的边界 B 的一部分为实轴的一段, $f(z)$ 在 S 上解析, 且 $\forall z\in B$, $f(z)\in\mathbf{R}$. 若 S^* 为 S 关于实轴的镜像, 则存在 $g(z)=f^*(z^*)$, $\forall z\in S^*$, 使得 $g(z)$ 为 $f(z)$ 在 S^* 上的解析延拓.

证 设 $f(z)=u(x,y)+\mathrm{i}v(x,y)$, $g(z)=U(x,y)+\mathrm{i}V(x,y)$, 有

$$g(z)=u(x,-y)-\mathrm{i}v(x,-y),$$

则

$$\frac{\partial U}{\partial x} = \frac{\partial u}{\partial x} = \frac{\partial v}{\partial y} = -\frac{\partial v}{\partial(-y)} = \frac{\partial V}{\partial y}.$$

同理有 $\dfrac{\partial V}{\partial x} = -\dfrac{\partial U}{\partial y}$. 因此 $g(z)$ 满足 C–R 条件, 且 $\dfrac{\partial U}{\partial x}, \dfrac{\partial U}{\partial y}, \dfrac{\partial V}{\partial x}, \dfrac{\partial V}{\partial y}$ 在 S^* 上连续, 故 $g(z)$ 在 S^* 上解析.

若设 $h(z) = \begin{cases} f(z), & z \in S, \\ g(z), & z \in S^*, \end{cases}$ 则 $h(z)$ 是 $f(z)$ 在 $S \cup S^*$ 上的解析延拓, 且

$$h(z^*) = g(z^*) = f^*(z) = h^*(z).$$

2. 色散关系

设 $x_0 \in \mathbf{R}$, 从 x_0 向右延伸至无穷远作支割线 l. 设 $f(z)$ 在 z 平面内除 l 外均解析. 由 Cauchy 积分公式有

$$
\begin{aligned}
f(z) &= \frac{1}{2\pi \mathrm{i}} \oint_C \frac{f(\xi)\mathrm{d}\xi}{\xi - z} \\
&= \frac{1}{2\pi \mathrm{i}} \int_{x_0 + \mathrm{i}\varepsilon}^{+\infty + \mathrm{i}\varepsilon} \frac{f(\xi)\mathrm{d}\xi}{\xi - z} - \frac{1}{2\pi \mathrm{i}} \int_{x_0 - \mathrm{i}\varepsilon}^{+\infty - \mathrm{i}\varepsilon} \frac{f(\xi)\mathrm{d}\xi}{\xi - z} \\
&\quad + \frac{1}{2\pi \mathrm{i}} \int_{C_R} \frac{f(\xi)\mathrm{d}\xi}{\xi - z} - \frac{1}{2\pi \mathrm{i}} \int_{C_r} \frac{f(\xi)\mathrm{d}\xi}{\xi - z}.
\end{aligned}
$$

由于 $\lim\limits_{R \to +\infty} \left| f(R\mathrm{e}^{\mathrm{i}\theta}) \right| = 0$, 则 $\lim\limits_{R \to +\infty} \dfrac{1}{2\pi \mathrm{i}} \int_{C_R} \dfrac{f(\xi)\mathrm{d}\xi}{\xi - z} = 0$. 由于 $\lim\limits_{r \to 0} \left| f(r\mathrm{e}^{\mathrm{i}\theta}) \right| = 0$, 则 $\lim\limits_{r \to 0} \dfrac{1}{2\pi \mathrm{i}} \int_{C_r} \dfrac{f(\xi)\mathrm{d}\xi}{\xi - z} = 0$. 再将上式右端前两项做变量代换, 有

$$f(z) = \frac{1}{2\pi \mathrm{i}} \int_{x_0}^{+\infty} \frac{f(x + \mathrm{i}\varepsilon) - f(x - \mathrm{i}\varepsilon)}{x - z} \mathrm{d}x.$$

因为 $f(z^*) = f^*(z)$, 则上式变为

$$f(z) = \frac{1}{\pi} \int_{x_0}^{+\infty} \frac{\operatorname{Im} f(x + \mathrm{i}\varepsilon)}{x - z} \mathrm{d}x. \tag{1}$$

式 (1) 为色散关系之一.

此外, 由于 $\mathrm{P} \displaystyle\int_{-\infty}^{+\infty} \frac{f(x)}{x - x_0} \mathrm{d}x = \pm \mathrm{i}\pi f(x_0)$, 则有

$$\operatorname{Re} f(x_0) = \pm \frac{1}{\pi} \mathrm{P} \int_{-\infty}^{+\infty} \frac{\operatorname{Im} f(x)}{x - x_0} \mathrm{d}x, \tag{2}$$

$$\operatorname{Im} f(x_0) = \mp \frac{1}{\pi} \mathrm{P} \int_{-\infty}^{+\infty} \frac{\operatorname{Re} f(x)}{x - x_0} \mathrm{d}x. \tag{3}$$

（2）式、（3）式也称为 Hilbert 变换.

若 $\lim\limits_{R\to+\infty}\left|f(R\,\mathrm{e}^{\mathrm{i}\theta})\right|=0$ 不成立，则有弱化的色散关系.

由于

$$\mathrm{P}\int_{-\infty}^{+\infty}\frac{f(x)}{(x-x_1)(x-x_2)}\mathrm{d}x=\pm\mathrm{i}\pi\frac{f(x_2)-f(x_1)}{x_2-x_1},$$

令 $x_1=0$，$x_2=x_0$，将上式变换后有

$$\frac{\operatorname{Re}f(x_0)}{x_0}=\frac{\operatorname{Re}f(0)}{x_0}+\frac{1}{\pi}\left[\mathrm{P}\int_0^{+\infty}\frac{\operatorname{Im}f(-x)}{x(x+x_0)}\mathrm{d}x+\mathrm{P}\int_0^{+\infty}\frac{\operatorname{Im}f(x)}{x(x-x_0)}\mathrm{d}x\right].$$

若 $\operatorname{Im}f(-x)=-\operatorname{Im}f(x)$，则

$$\operatorname{Re}f(x_0)=\operatorname{Re}f(0)+\frac{2x_0{}^2}{\pi}\mathrm{P}\int_0^{+\infty}\frac{\operatorname{Im}f(x)}{x(x^2-x_0{}^2)}\mathrm{d}x.$$

例如，依据光学定理，频率为 ω 的光向前散射的振幅的虚部与总吸收截面相关，即 $\operatorname{Im}f(\omega)=\dfrac{\omega}{4\pi}\sigma_{\mathrm{tot}}(\omega)$，根据色散关系有

$$\operatorname{Re}f(\omega_0)=\operatorname{Re}f(0)+\frac{\omega_0{}^2}{2\pi^2}P\int_0^{+\infty}\frac{\sigma_{\mathrm{tot}}(\omega)}{\omega^2-\omega_0{}^2}\mathrm{d}\omega.$$

3. Γ 函数和 β 函数

定义 Γ 函数的定义为

$$\Gamma(z)=\int_0^{+\infty}t^{z-1}\mathrm{e}^{-t}\mathrm{d}t,\quad \operatorname{Re}z>0.$$

命题 3 设 G 为复平面上的闭区域，$f(t,z)$ 在 $t\in(a,+\infty)$，$z\in G$ 上连续，且 $\forall t\in(a,+\infty)$，$f(t,z)$ 在 G 上解析，以及 $\int_a^{+\infty}f(t,z)\mathrm{d}t$ 在 G 上一致收敛，则 $F(z)=\int_a^{+\infty}f(t,z)\mathrm{d}t$ 在 G 上解析.

可以证明，$\Gamma(z)$ 在 $\operatorname{Re}z>0$ 即右半平面上解析. 要证明 $\Gamma(z)$ 在 $\operatorname{Re}z>0$ 上解析，只需证明 $\Gamma(z)$ 在 $\operatorname{Re}z>0$ 内的任意闭区域上解析.

设 G 为 $\operatorname{Re}z>0$ 内的任意闭区域，显然 $t^{z-1}\mathrm{e}^{-t}$ 在 $t\in(0,+\infty)$，$z\in G$ 上连续，且 $\forall t\in(0,+\infty)$，$t^{z-1}\mathrm{e}^{-t}$ 在 G 上解析. 由于 G 为 $\operatorname{Re}z>0$ 内的任意闭区域，则 $\exists\delta>0$，$\exists x_0<+\infty$，$\forall z\in G$，有 $0<\delta<x=\operatorname{Re}z<x_0$. 当 $0<t<1$ 时，$\forall z\in G$，有

$$\left|t^{z-1}\mathrm{e}^{-t}\right|=t^{x-1}\mathrm{e}^{-t}<t^{\delta-1}.$$

由于 $\int_0^1 t^{\delta-1}\mathrm{d}t$ 收敛，则 $\int_0^1 t^{z-1}\mathrm{e}^{-t}\mathrm{d}t$ 在 G 上一致收敛. 当 $t>1$ 时，$\exists N\in\mathbf{N}$，使得

$e^{-t} < \dfrac{N!}{t^N}$，因此 $\forall z \in G$，有

$$\left| t^{z-1}e^{-t} \right| < N! \, t^{x_0 - N - 1}.$$

当 N 充分大时，有 $x_0 < N$，则 $\displaystyle\int_1^{+\infty} t^{x_0 - N - 1}\mathrm{d}t$ 收敛，于是 $\displaystyle\int_1^{+\infty} t^{z-1}e^{-t}\mathrm{d}t$ 在 G 上一致收敛. 故 $\displaystyle\int_0^{+\infty} t^{z-1}e^{-t}\mathrm{d}t$ 在 G 上一致收敛. 由命题 3 可知，$\Gamma(z)$ 在 G 上解析.

利用分部积分法立即可得

$$\Gamma(z+1) = z\Gamma(z). \tag{4}$$

重复上述过程可得

$$\Gamma(z+n) = (z+n-1)(z+n-2)\cdots(z+1)z\Gamma(z). \tag{5}$$

在（5）式中令 $z=1$，有 $\Gamma(n+1) = n!\Gamma(1) = n!$.

在（5）式中令 $z = \dfrac{1}{2}$，有 $\Gamma\left(n + \dfrac{1}{2}\right) = \dfrac{2n-1\,!!}{2^n}\Gamma\left(\dfrac{1}{2}\right)$.

（5）式可改写为

$$\Gamma(z) = \frac{\Gamma(z+n)}{(z+n-1)(z+n-2)\cdots(z+1)z}, \quad \mathrm{Re}\,z > -n,$$

因此 $\Gamma(z)$ 可解析延拓到 z 平面. $z = 0, -1, -2, \cdots, -n$ 为其单极点，且

$$\mathrm{Res}\,\Gamma(-n) = \frac{(-1)^n}{n!}.$$

令 $g(z) = \dfrac{1}{\Gamma(z+1)}$，则 $z = -n$ 为 $g(z)$ 的一阶零点. 由 $g(z) = \dfrac{1}{\Gamma(z+1)}$ 可得，$\dfrac{g'(z)}{g(z)} = -\dfrac{\Gamma'(z+1)}{\Gamma(z+1)}$，因此 $z = -n$ 为 $\dfrac{g'(z)}{g(z)}$ 的单极点，且

$$\begin{aligned}
\mathrm{Res}\,\frac{g'(-n)}{g(-n)} &= -\lim_{z \to -n}(z+n)\frac{\Gamma'(z+1)}{\Gamma(z+1)} \\
&= -\lim_{z \to -n}(z+n)(z+1)(z+2)\cdots(z+n)\frac{\Gamma'(z+1)}{\Gamma(z+n+1)} \\
&= -\lim_{z \to -n}\left[(z+n)\Gamma'(z+n+1) - (z+n)\sum_{i=1}^{n-1}\frac{\Gamma(z+n+1)}{z+i} - \Gamma(z+n+1)\right] \\
&= 1.
\end{aligned}$$

根据 10.7 节中 $g(z) = g(0)e^{cz}\displaystyle\prod_{k=1}^{n}\left(1 - \frac{z}{z_k}\right)e^{\frac{z}{z_k}}$，则

$$\frac{1}{\Gamma(z+1)} = \Gamma(1)e^{cz}\prod_{k=1}^{+\infty}\left(1 + \frac{z}{k}\right)e^{-\frac{z}{k}}.$$

因此

$$\frac{1}{\Gamma(z)} = z\,\mathrm{e}^{cz} \prod_{k=1}^{+\infty} \left(1+\frac{z}{k}\right)\mathrm{e}^{-\frac{z}{k}},$$

其中 c 为 Euler 常数, 其值为 $0.57721566490\cdots$. 将上式取对数后两端微分可得

$$\frac{\mathrm{d}}{\mathrm{d}z}\ln\Gamma(z) = -\frac{1}{2} - c + \sum_{k=1}^{+\infty}\left(\frac{1}{k} - \frac{1}{z+k}\right).$$

当 $z \to \infty$ 时,

$$\Gamma(z) \sim z^{z-\frac{1}{2}}\mathrm{e}^{-z}\sqrt{2\pi}\left(1 + \frac{1}{12z} + \frac{1}{288z^2} - \frac{139}{51840z^3} - \frac{571}{2488320z^4} + \cdots\right).$$

定义　β 函数的定义为

$$\beta(a,b) = \int_0^1 x^{a-1}(1-x)^{b-1}\mathrm{d}x\,, \quad \mathrm{Re}\,a > 0\,, \quad \mathrm{Re}\,b > 0.$$

可以证明, $\beta(a,b)$ 在 $\mathrm{Re}\,a > 0$, $\mathrm{Re}\,b > 0$ 上解析.

命题 4　β 函数与 Γ 函数有下述关系:

$$\beta(a,b) = \frac{\Gamma(a)\Gamma(b)}{\Gamma(a+b)}. \tag{6}$$

证　由于 $\Gamma(a) = 2\displaystyle\int_0^{+\infty} x^{2a-1}\mathrm{e}^{-x^2}\mathrm{d}x$, $\Gamma(b) = 2\displaystyle\int_0^{+\infty} y^{2b-1}\mathrm{e}^{-y^2}\mathrm{d}y$, 则

$$\Gamma(a)\Gamma(b) = 4\iint\limits_D x^{2a-1}y^{2b-1}\mathrm{e}^{-x^2-y^2}\mathrm{d}x\,\mathrm{d}y$$

$$= 2\int_0^{+\infty} r^{2a+2b-1}\mathrm{e}^{-r^2}\mathrm{d}r \cdot 2\int_0^{\frac{\pi}{2}}\sin^{2a-1}\theta\cos^{2b-1}\theta\,\mathrm{d}\theta$$

$$= \Gamma(a+b)\beta(a,b),$$

其中 $D = [0,+\infty) \times \left[0,\dfrac{\pi}{2}\right]$. 故 $\beta(a,b) = \dfrac{\Gamma(a)\Gamma(b)}{\Gamma(a+b)}$.

利用关系（6）有

$$\Gamma(z)\Gamma(1-z) = \beta(z,1-z) = 2\int_0^{\frac{\pi}{2}}\sin^{2z-1}\theta\cos^{1-2z}\theta\,\mathrm{d}\theta$$

$$= 2\int_0^{+\infty}\frac{u^{2z-1}}{u^2+1}\mathrm{d}u = \frac{\pi}{\sin\pi z}, \tag{7}$$

这里令 $u = \tan\theta$.

例 1　证明: $\dfrac{1}{\Gamma(z)} = \dfrac{1}{2\pi\mathrm{i}}\displaystyle\oint_C \dfrac{\mathrm{e}^t}{t^z}\mathrm{d}t$, 其中 C 为与负实轴平行的两直线 l_1, l_2 和环绕原点的小圆 C_r 构成的围道.

证　$\dfrac{1}{2\pi i}\oint_C \dfrac{e^t}{t^z}dt = \dfrac{1}{2\pi i}\left[\displaystyle\int_0^{+\infty}\dfrac{e^{-r}}{(re^{-i\pi})^z}dr + \int_0^{+\infty}\dfrac{e^{-r}}{(re^{i\pi})^z}(-dr) + \oint_{C_r}\dfrac{e^t}{t^z}dt\right]$

$$= \dfrac{1}{2\pi i}(e^{i\pi z}-e^{-i\pi z})\int_0^{+\infty}\dfrac{e^{-r}}{r^z}dr$$

$$= \dfrac{\sin\pi z}{\pi}\Gamma(1-z) = \dfrac{1}{\Gamma(z)}.$$

4. 最速落降法

最速落降法在近似计算中有广泛应用，特别地，用于计算积分

$$I_\alpha = \int_C e^{\alpha f(z)}g(z)dz,$$

其中 $f(z),g(z)$ 解析.

当 α 相当大时，对 I_α 可作近似处理. 令 $f(z)=u(x,y)+iv(x,y)$. 由于 α 相当大，若 $v(x,y)$ 变化很小，则 $e^{\alpha f(z)}$ 仍有相当大的跳跃. 因此要求 $dv(x,y)=0$，即 $\dfrac{\partial v}{\partial x}=\dfrac{\partial v}{\partial y}=0$. 在此时要求 $u(x,y)$ 取最大，即 $\dfrac{\partial u}{\partial x}=\dfrac{\partial u}{\partial y}=0$. 于是 $f'(z_0)=0$. 因此有

$$f(z)-f(z_0)=\dfrac{1}{2}(z-z_0)^2 f''(z_0).$$

令 $z-z_0=r_1 e^{i\theta_1}$，$\dfrac{1}{2}f''(z_0)=r_2 e^{i\theta_2}$，则

$$\mathrm{Re}(f(z)-f(z_0))=r_1^2 r_2\cos(2\theta_1+\theta_2),$$

$$\mathrm{Im}(f(z)-f(z_0))=r_1^2 r_2\sin(2\theta_1+\theta_2).$$

根据上述要求取 $2\theta_1+\theta_2=n\pi$，则 $\mathrm{Re}(f(z)-f(z_0))=-t^2$，$\theta_1$ 的选取使得当 $t>0$ 时沿着其中一个方向满足 $0\le\theta_1<\pi$. 由于 $f(z),g(z)$ 均解析，则上述积分 $I_\alpha=\displaystyle\int_C e^{\alpha f(z)}g(z)dz$ 与积分路径无关. 故有

$$\int_C e^{\alpha f(z)}g(z)dz=\int_{C_0}e^{\alpha f(z)}g(z)dz,$$

其中 C_0 为过 z_0 且方向与实轴夹角为 θ_1 的一直线段. 因此

$$I_\alpha = \int_{C_0}e^{\alpha f(z)}g(z)dz$$

$$\sim e^{\alpha f(z_0)}\int_{-\infty}^{+\infty}e^{-\alpha t^2}\sum_{n=0}^{+\infty}\dfrac{g^{(n)}(z_0)}{n!}(z-z_0)^n dz.$$

将 $z-z_0=\dfrac{t}{\sqrt{r_2}}e^{i\theta_1}$，$dz=\dfrac{e^{i\theta_1}}{\sqrt{r_2}}dt$ 代入上式，得

$$I_\alpha \sim \mathrm{e}^{\alpha f(z_0)} \int_{-\infty}^{+\infty} \mathrm{e}^{-\alpha t^2} \sum_{n=0}^{+\infty} \frac{g^{(n)}(z_0)}{n!} (z-z_0)^n \mathrm{d}z$$

$$= \mathrm{e}^{\alpha f(z_0)} \sum_{n=0}^{+\infty} \frac{\mathrm{e}^{\mathrm{i}(n+1)\theta_1}}{r_2^{(n+1)/2} n!} g^{(n)}(z_0) \int_{-\infty}^{+\infty} \mathrm{e}^{-\alpha t^2} t^n \mathrm{d}t.$$

当 $n=2k+1$ 时，$\int_{-\infty}^{+\infty} \mathrm{e}^{-\alpha t^2} t^n \mathrm{d}t = 0$；当 $n=2k$ 时，

$$\int_{-\infty}^{+\infty} \mathrm{e}^{-\alpha t^2} t^n \mathrm{d}t = \Gamma\left(k+\frac{1}{2}\right) \alpha^{-k-\frac{1}{2}}.$$

因为 $r_2 = \frac{1}{2}\left|f''(z_0)\right|$，所以

$$I_\alpha \sim \mathrm{e}^{\alpha f(z_0)} \sum_{k=0}^{+\infty} \frac{2^{k+\frac{1}{2}} \mathrm{e}^{\mathrm{i}(2k+1)\theta_1}}{\left|f''(z_0)\right|^{k+\frac{1}{2}} (2k)!} g^{(2k)}(z_0) \Gamma\left(k+\frac{1}{2}\right) \alpha^{-k-\frac{1}{2}}, \quad \alpha \to \infty. \quad （8）$$

一般取首项，则有

$$I_\alpha \sim \mathrm{e}^{\alpha f(z_0)} \sqrt{\frac{2\pi}{\alpha}} \frac{\mathrm{e}^{\mathrm{i}\theta_1} g(z_0)}{\sqrt{\left|f''(z_0)\right|}}, \quad \alpha \to \infty. \quad （9）$$

例 2 计算 $I_\alpha = \int_0^{+\infty} \mathrm{e}^{-z} z^\alpha \mathrm{d}z$.

解 取 $f(z) = \ln z - \dfrac{z}{\alpha}$，$g(z) = 1$，即

$$I_\alpha = \int_0^{+\infty} \mathrm{e}^{\alpha\left(\ln z - \frac{z}{\alpha}\right)} \mathrm{d}z.$$

令 $f'(z_0) = 0$，则有 $\dfrac{1}{z_0} - \dfrac{1}{\alpha} = 0$，即 $z_0 = \alpha$. 由于 $f''(\alpha) = -\dfrac{1}{\alpha^2} = \dfrac{\mathrm{e}^{\mathrm{i}\pi}}{\alpha^2}$，则 $\theta_2 = \pi$. 又因为 $2\theta_1 + \theta_2 = \pi$，且 $0 \le \theta_1 < \pi$，所以 $\theta_1 = 0$. 因此

$$I_\alpha = \int_0^{+\infty} \mathrm{e}^{-z} z^\alpha \mathrm{d}z \sim \mathrm{e}^{\alpha f(z_0)} \sqrt{\frac{2\pi}{\alpha}} \frac{\mathrm{e}^{\mathrm{i}\theta_1} g(z_0)}{\sqrt{\left|f''(z_0)\right|}} = \mathrm{e}^{\alpha(\ln\alpha - 1)} \sqrt{2\pi\alpha}$$

$$= \sqrt{2\pi\alpha} \left(\frac{\alpha}{\mathrm{e}}\right)^\alpha = \sqrt{2\pi}\, \mathrm{e}^{-\alpha} \alpha^{\alpha+\frac{1}{2}}, \quad \alpha \to \infty.$$

上述结果是 $\Gamma(\alpha+1)$ 的 Stirling（斯特林）近似.

例 3 计算 $H_\nu^{(1)}(\alpha) = \dfrac{1}{\mathrm{i}\pi} \int_C \mathrm{e}^{\frac{\alpha}{2}\left(z - \frac{1}{z}\right)} \dfrac{\mathrm{d}z}{z^{\nu+1}}$.

解　取 $f(z)=\dfrac{1}{2}\left(z-\dfrac{1}{z}\right)$，$g(z)=z^{-\nu-1}$，即

$$H_\nu^{(1)}(\alpha)=\frac{1}{\mathrm{i}\pi}\int_C \mathrm{e}^{\alpha\cdot\frac{1}{2}\left(z-\frac{1}{z}\right)}z^{-\nu-1}\mathrm{d}z.$$

令 $f'(z_0)=0$，则 $z_0=\mathrm{i}$. 由于 $f''(\mathrm{i})=-\dfrac{1}{\mathrm{i}^3}=-\mathrm{i}=\mathrm{e}^{-\mathrm{i}\frac{\pi}{2}}$，则 $\theta_2=-\dfrac{\pi}{2}$. 因为 $2\theta_1+\theta_2=\pi$，

且 $0\le\theta_1<\pi$，则 $\theta_1=\dfrac{3}{4}\pi$，$\left|f''(\mathrm{i})\right|=1$. 将 $\left|f''(\mathrm{i})\right|=1$，$g^{(2k)}(\mathrm{i})=(\nu+1)(\nu+2)\cdots$

$(\nu+2k)\mathrm{i}^{-\nu-2k-1}$ 代入（8）式有

$$H_\nu^{(1)}(\alpha)=\frac{1}{\mathrm{i}\pi}\int_C \mathrm{e}^{\frac{\alpha}{2}\left(z-\frac{1}{z}\right)}\frac{\mathrm{d}z}{z^{\nu+1}}\sim\sqrt{\frac{2}{\pi\alpha}}\,\mathrm{e}^{\mathrm{i}\left(\alpha-\frac{\nu\pi}{2}-\frac{\pi}{4}\right)}\sum_{k=0}^{+\infty}\frac{(-1)^k C(\nu,k)}{(2\mathrm{i}\alpha)^k},\quad \alpha\to\infty,$$

其中

$$C(\nu,k)=[(2\nu+1+2k)^2-(2k-1)^2][(2\nu+1+2k)^2-(2k-3)^2]\cdots$$

$$[(2\nu+1+2k)^2-3^2][(2\nu+1+2k)^2-1]/(2^{2k}k!).$$

类似地，有

$$H_\nu^{(2)}(\alpha)\sim\sqrt{\frac{2}{\pi\alpha}}\,\mathrm{e}^{-\mathrm{i}\left(\alpha-\frac{\nu\pi}{2}-\frac{\pi}{4}\right)}\sum_{k=0}^{+\infty}\frac{C(\nu,k)}{(2\mathrm{i}\alpha)^k},\quad \alpha\to\infty.$$

在上述计算过程中，令 $z-z_0=\dfrac{t}{\sqrt{r_2}}\mathrm{e}^{\mathrm{i}\theta_1}$，则 $\mathrm{d}z=\dfrac{\mathrm{e}^{\mathrm{i}\theta_1}}{\sqrt{r_2}}\mathrm{d}t$. 若令 $z-z_0=\displaystyle\sum_{m=1}^{+\infty}b_m t^m$，

则 $\mathrm{d}z=\displaystyle\sum_{m=0}^{+\infty}(m+1)b_{m+1}t^m\mathrm{d}t$. 因此

$$g(z)\mathrm{d}z=\sum_{l=0}^{+\infty}a_l t^l\mathrm{d}t,\quad a_l=\sum_{n=0}^{l}\frac{\mathrm{e}^{\mathrm{i}n\theta_1}}{r_2^{\frac{n}{2}}n!}(l-n+1)b_{l-n+1}g^{(n)}(z_0).$$

将 $g(z)\mathrm{d}z$ 的表达式代入 $I(\alpha)$，则

$$I(\alpha)\sim\mathrm{e}^{\alpha f(z_0)}\sum_{k=0}^{+\infty}a_{2k}\alpha^{-k-\frac{1}{2}}\Gamma\left(k+\frac{1}{2}\right),$$

其中 $a_{2k}=\displaystyle\sum_{n=0}^{2k}\frac{\mathrm{e}^{\mathrm{i}n\theta_1}}{r_2^{\frac{n}{2}}n!}(2k-n+1)b_{2k-n+1}g^{(n)}(z_0).$

与 $f(z)-f(z_0)=\dfrac{1}{2}(z-z_0)^2 f''(z_0)=-t^2$ 类似，设

$$t^2 = -\frac{1}{2}f''(z_0)(z-z_0)^2 - \frac{1}{6}f'''(z_0)(z-z_0)^3.$$

将 $z - z_0 = b_1 t + b_2 t^2$ 代入上式有

$$b_1 = \sqrt{\frac{2}{|f''(z_0)|}}\,\mathrm{e}^{\mathrm{i}\theta_1}, \quad b_2 = -\frac{b_1^2 f'''(z_0)}{6f''(z_0)} = \frac{f'''(z_0)}{3|f''(z_0)|^2}\,\mathrm{e}^{\mathrm{i}4\theta_1}.$$

同理,

$$b_3 = \frac{\sqrt{2}\,\mathrm{e}^{\mathrm{i}3\theta_1}}{12|f''(z_0)|^{\frac{3}{2}}}\left[\frac{5(f'''(z_0))^2}{3(f''(z_0))^2} - \frac{f^{(4)}(z_0)}{f''(z_0)}\right].$$

由 b_1,b_2,b_3 的值,可以计算 a_2. 同理,若算出 $b_1,b_2,\cdots,b_{2k+1}$,则可给出 a_{2k} 的值.

第 11 章　常微分方程

 内容提要

本章包括一阶常微分方程、一阶常微分方程组、二阶线性常微分方程、复二阶线性微分方程、积分变换、常微分方程的数值解以及指标差为整数的超几何方程的另一解.

11.1 节主要讲述一阶常微分方程. 首先给出一阶常微分方程的基本概念，并应用初等积分法求解某些一阶常微分方程，同时指出存在不能用初等积分法求解的一阶常微分方程. 其次叙述并证明一阶常微分方程的解的存在和唯一性定理. 最后给出一阶常微分方程奇解的定义，并讨论奇解存在的充要条件.

11.2 节主要讲述一阶常微分方程组. 首先给出一阶常微分方程组的概念，并证明一阶常微分方程组解的存在和唯一性定理. 其次讨论如何求解一阶线性常微分方程组，以及一阶线性常系数常微分方程组. 最后讨论如何求解 n 阶常微分方程，特别是如何求解 n 阶线性常微分方程.

11.3 节主要讲述二阶线性常微分方程. 二阶线性常微分方程是一类特别重要的常微分方程，某些偏微分方程经分离变量法可分解为二阶线性常微分方程. 本节首先给出二阶线性常微分方程的基本概念和基础解系，并用定性的方法讨论其解的性质. 其次讨论微分算子的伴随算子，并用 Frobenius 方法求解某些二阶线性常微分方程. 最后讨论 WKB 方法.

11.4 节主要讲述复二阶线性微分方程. 首先讨论复一阶齐次线性微分方程. 其次讨论复 n 阶齐次线性微分方程，并给出复二阶齐次线性微分方程在正则奇点邻域内的线性无关解. 最后讨论二阶 Fuchs 方程、超几何方程和合流超几何方程.

11.5 节主要讲述积分变换. 本节指出积分变换是函数空间上的线性变换，并给出超几何函数、合流超几何函数和 Bessel 函数的积分表达.

11.6 节主要讲述常微分方程的数值解，用 Runge–Kutta 方法分别求解一阶常微分方程和二阶常微分方程.

11.7 节主要讲述指标差为整数的超几何方程的解，求出该方程分别在正则奇点 $z=0$，$z=1$，$z=\infty$ 邻域内线性无关解的具体表现形式.

11.1 一阶常微分方程

1. 基本概念

形如 $F(x,y,y')=0$ 的常微分方程称为**一阶常微分方程**.

若 $y=y(x)$，$x\in I$ 在 I 上连续且一阶可导，以及

$$F(x,y(x),y'(x))\equiv 0，\quad \forall x\in I，$$

则称 $y=y(x)$，$x\in I$ 为**方程 $F(x,y,y')=0$ 的解**.

若 $y=\varphi(x,c)$，c 为任意常数，是方程 $F(x,y,y')=0$ 的解，则称 $y=\varphi(x,c)$ 为该**方程的通解**.

若 $\dfrac{\partial F}{\partial y'}\neq 0$，根据隐函数定理，方程 $F(x,y,y')=0$ 可确定

$$y'=f(x,y).$$

若 $y=y(x)$，$x\in I$ 为方程 $y'=f(x,y)$ 的解，且 $y(x_0)=y_0$，则称 $y=y(x)$，$x\in I$ 为方程 $y'=f(x,y)$ 的**初值解**或 Cauchy **解**.

2. 初等积分法

（1）恰当方程

若 $\exists \varPhi(x,y)$，使得

$$\mathrm{d}\varPhi(x,y)=P(x,y)\mathrm{d}x+Q(x,y)\mathrm{d}y,$$

则称方程

$$P(x,y)\mathrm{d}x+Q(x,y)\mathrm{d}y=0$$

为**恰当方程**，称 $\varPhi(x,y)=C$ 为恰当方程 $P(x,y)\mathrm{d}x+Q(x,y)\mathrm{d}y=0$ 的**通积分**.

设 $P(x,y),Q(x,y)$ 在 $D=[a,b]\times[c,d]$ 上连续，且存在连续偏导，则

$$P(x,y)\mathrm{d}x+Q(x,y)\mathrm{d}y=0 \text{ 为恰当方程}$$

$$\Leftrightarrow \frac{\partial P(x,y)}{\partial y}=\frac{\partial Q(x,y)}{\partial x}，\quad \forall(x,y)\in D，$$

并且有

$$\int_{x_0}^{x} P(x,y_0)\mathrm{d}x+\int_{y_0}^{y} Q(x,y)\mathrm{d}y=C$$

为方程 $P(x,y)\mathrm{d}x+Q(x,y)\mathrm{d}y=0$ 的通积分.

（2）可分离变量的方程

方程 $f_1(x)g_2(y)\mathrm{d}x+f_2(x)g_1(y)\mathrm{d}y=0$ 等价于

$$\frac{f_1(x)}{f_2(x)}\mathrm{d}x + \frac{g_1(y)}{g_2(y)}\mathrm{d}y = 0 \quad 或 \quad f_2(x)g_2(y)=0,$$

则方程 $f_1(x)g_2(y)\mathrm{d}x + f_2(x)g_1(y)\mathrm{d}y = 0$ 的解为

$$\int \frac{f_1(x)}{f_2(x)}\mathrm{d}x + \int \frac{g_1(y)}{g_2(y)}\mathrm{d}y = C$$

或 $x=x_i$，或 $y=y_j$，其中 x_i, y_j 分别为方程 $f_2(x)=0$，$g_2(y)=0$ 的根.

（3）一阶线性常微分方程

设 $p(x), q(x)$ 在 (a,b) 上连续，则称形如

$$y' + p(x)y = q(x) \tag{1}$$

的方程为**一阶线性常微分方程**. 一阶线性常微分方程（1）的通解为

$$y = \mathrm{e}^{-\int p(x)\mathrm{d}x}\left(C + \int q(x)\mathrm{e}^{\int p(x)\mathrm{d}x}\mathrm{d}x\right), \tag{2}$$

其中 C 为任意常数.

方程（1）满足初值条件 $y(x_0)=y_0$ 的 Cauchy 解为

$$y = y_0\mathrm{e}^{-\int_{x_0}^{x} p(t)\mathrm{d}t} + \int_{x_0}^{x} q(s)\mathrm{e}^{-\int_{s}^{x} p(t)\mathrm{d}t}\mathrm{d}s.$$

若一阶线性常微分方程表示为

$$p_1(x)y' + p_0(x)y = q(x),$$

其中 $p_0(x), p_1(x), q(x)$ 在 (a,b) 上连续，则其初值解为

$$y = \frac{1}{\mu(x)p_1(x)}\left(y_0 + \int_{x_0}^{x} \mu(t)q(t)\mathrm{d}t\right), \tag{3}$$

其中

$$\mu(x) = \frac{1}{p_1(x)}\exp\left\{\int_{x_0}^{x} \frac{p_0(t)}{p_1(t)}\mathrm{d}t\right\}.$$

（4）其他类型

形如

$$y' + p(x)y = q(x)y^n, \quad n \geq 2 \tag{4}$$

的方程称为 Bernoulli 方程. 以 y^{-n} 乘（4）式的两边得

$$y^{-n}y' + p(x)y^{1-n} = q(x).$$

令 $u = y^{1-n}$，有 $u' = (1-n)y^{-n}y'$，则上式可变换为

$$u' + (1-n)p(x)u = (1-n)q(x). \tag{5}$$

（5）式即为一阶线性常微分方程.

设 $P(x,y)$ 和 $Q(x,y)$ 为齐次函数，即

$$P(tx,ty)=t^m P(x,y), \qquad Q(tx,ty)=t^m Q(x,y).$$

令 $y=u(x)$，则方程 $P(x,y)\mathrm{d}x+Q(x,y)\mathrm{d}y=0$ 可化为

$$x^m(P(1,u)+uQ(1,u))\mathrm{d}x+x^{m+1}Q(1,u)\mathrm{d}u=0.$$

上述方程即为可分离变量的方程.

方程 $y'+ay^2=bx^m$，a,b 为常数，当 $m=0,-2,\dfrac{-4k}{2k+1},\dfrac{-4k}{2k-1}$，$k\in\mathbf{N}$ 时，可用初等积分法求解，而方程 $y'=x^2+y^2$ 则不能用初等积分法求解.

3. 解的存在性及唯一性

Peano 存在性定理　设 $f(x,y)$ 在

$$D=\left\{(x,y)\in\mathbf{R}^2\,\middle|\,|x-x_0|\le a,\ |y-y_0|\le b\right\}$$

上连续，则微分方程 $y'=f(x,y)$ 至少存在一个解 $y=y(x)$，$x\in[x_0-h,x_0+h]$，其中 $h=\min\left\{a,\dfrac{b}{m}\right\}$，$m=\max\limits_{(x,y)\in D}\left|f(x,y)\right|$，且满足 $y(x_0)=y_0$.

证　证明分以下几步：

① $y=y(x)$ 是方程 $y'=f(x,y)$ 且满足 $y(x_0)=y_0$ 的解等价于 $y=y(x)$ 为积分方程 $y=y_0+\displaystyle\int_{x_0}^x f(x,y)\mathrm{d}x$ 的解.

② 将 $[x_0-h,x_0+h]$ 分为 $2n$ 等份，分点为 $x_{-n},x_{-n+1},\cdots,x_0,x_1,\cdots,x_n$. 在 Oxy 平面内从 (x_0,y_0) 出发引直线 l_0，其斜率为 $f(x_0,y_0)$，l_0 与 $x=x_1$ 相交于 (x_1,y_1)，与 $x=x_{-1}$ 相交于 (x_{-1},y_{-1}). 再从 (x_1,y_1) 出发引直线 l_1，其斜率为 $f(x_1,y_1)$，l_1 与 $x=x_2$ 相交于 (x_2,y_2)；从 (x_{-1},y_{-1}) 出发引直线 l_{-1}，其斜率为 $f(x_{-1},y_{-1})$，l_{-1} 与 $x=x_{-2}$ 相交于 (x_{-2},y_{-2}). 重复上述过程可得一折线，其顶点为 (x_i,y_i)，$i=-n,-n+1,\cdots,n$. 当 $x\in[x_0,x_0+h]$ 时，$\exists s$，使得 $x\in[x_s,x_{s+1}]$；当 $x\in[x_0-h,x_0]$ 时，$\exists s$，使得 $x\in[x_{-s-1},x_{-s}]$. 故在 $[x_0-h,x_0+h]$ 上定义函数列 $\{\varphi_n(x)\}$，

$$\varphi_n(x)=\begin{cases}y_0+\displaystyle\sum_{i=0}^{s-1}f(x_i,y_i)(x_{i+1}-x_i)+f(x_s,y_s)(x-x_s), & x\in[x_0,x_0+h],\\[2mm] y_0+\displaystyle\sum_{i=0}^{-s+1}f(x_i,y_i)(x_{i-1}-x_i)+f(x_{-s},y_{-s})(x-x_{-s}), & x\in[x_0-h,x_0],\end{cases}$$

则 $\{\varphi_n(x)\}$ 在 $[x_0-h,x_0+h]$ 上一致有界且等度连续，即 $\exists M>0$，$\forall n\in\mathbf{N}$，$\forall x\in[x_0-h,x_0+h]$，有 $|\varphi_n(x)|\le M$，以及 $\forall\varepsilon>0$，$\exists\delta>0$，$\forall x,y\in[x_0-h,x_0+h]$ 且 $|x-y|<\delta$，$\forall n\in\mathbf{N}$，有

$$\left|\varphi_n(x)-\varphi_n(y)\right|<\varepsilon.$$

③ 由定理 3.20 可知，函数列 $\{\varphi_n(x)\}$ 在 $[x_0-h,x_0+h]$ 上存在一致收敛的子列 $\{\varphi_{n_k}(x)\}$，简记为 $\{\varphi_k(x)\}$，

$$\varphi_k(x)=\begin{cases} y_0+\sum_{i=0}^{s-1}f(x_i,y_i)(x_{i+1}-x_i)+f(x_s,y_s)(x-x_s), & x\in[x_0,x_0+h],\\ y_0+\sum_{i=0}^{-s+1}f(x_i,y_i)(x_{i-1}-x_i)+f(x_{-s},y_{-s})(x-x_{-s}), & x\in[x_0-h,x_0], \end{cases}$$

则

$$\varphi_k(x)=y_0+\int_{x_0}^x f(x,\varphi_k(x))\mathrm{d}x+R_k(x), \tag{6}$$

其中

$$R_k(x)=\begin{cases} \sum_{i=0}^{s-1}\int_{x_i}^{x_{i+1}}(f(x_i,y_i)-f(x,\varphi_k(x)))\mathrm{d}x\\ \quad+\int_{x_s}^x(f(x_s,y_s)-f(x,\varphi_k(x)))\mathrm{d}x, & x\in[x_0,x_0+h],\\ \sum_{i=0}^{-s+1}\int_{x_i}^{x_{i-1}}(f(x_i,y_i)-f(x,\varphi_k(x)))\mathrm{d}x\\ \quad+\int_{x_{-s}}^x(f(x_{-s},y_{-s})-f(x,\varphi_k(x)))\mathrm{d}x, & x\in[x_0-h,x_0]. \end{cases}$$

当 $k\to+\infty$ 时，$R_k(x)$ 在 $[x_0-h,x_0+h]$ 上一致收敛到 0. 将（6）式两边取极限有

$$y(x)=\lim_{k\to+\infty}\varphi_k(x)=\lim_{k\to+\infty}\left(y_0+\int_{x_0}^x f(x,\varphi_k(x))\mathrm{d}x+R_k(x)\right)$$
$$=y_0+\int_{x_0}^x f(x,y(x))\mathrm{d}x,$$

即 $y=y(x)=\lim_{k\to+\infty}\varphi_k(x)$ 为方程 $y=y_0+\int_{x_0}^x f(x,y)\mathrm{d}x$ 的解，也即 $y=y(x)$ 为方程 $y'=f(x,y)$ 的解且满足 $y(x_0)=y_0$. 证毕.

若 $f(x,y)$ 不仅在 $D=\{(x,y)\in\mathbf{R}^2\mid|x-x_0|\le a,|y-y_0|\le b\}$ 上连续，且在 D 上满足 Lipschitz 条件，即 $\forall(x,y_1),(x,y_2)\in D$，$\exists l>0$，有

$$\left|f(x,y_1)-f(x,y_2)\right|\le l\left|y_1-y_2\right|,$$

则上述的 Peano 存在性定理变为如下 Picard 存在及唯一性定理：

Picard 存在及唯一性定理　设 $f(x,y)$ 在 $D=\{(x,y)\in\mathbf{R}^2\mid|x-x_0|\le a,|y-y_0|\le b\}$ 上连续，且 $f(x,y)$ 在 D 上满足 Lipschitz 条件，即 $\forall(x,y_1),(x,y_2)\in D$，$\exists l>0$，有

$$\left|f(x,y_1)-f(x,y_2)\right|\leq l\left|y_1-y_2\right|,$$

则微分方程 $y'=f(x,y)$ 存在唯一解 $y=y(x)$，$x\in[x_0-h,x_0+h]$，其中 $h=\min\left\{a,\dfrac{b}{m}\right\}$，

$m=\max\limits_{(x,y)\in D}\left|f(x,y)\right|$，且满足 $y(x_0)=y_0$.

证 证明分如下几步：

① $y=y(x)$ 是方程 $y'=f(x,y)$ 且满足 $y(x_0)=y_0$ 的解等价于 $y=y(x)$ 为积分方程

$y=y_0+\displaystyle\int_{x_0}^{x}f(x,y)\mathrm{d}x$ 的解.

② 在 $[x_0-h,x_0+h]$ 上定义函数列 $\{\varphi_n(x)\}$ 如下：

$$\varphi_0(x)=y_0,\quad \varphi_{n+1}(x)=y_0+\int_{x_0}^{x}f(x,\varphi_n(x))\mathrm{d}x,\quad x\in[x_0-h,x_0+h].$$

可用数学归纳法证明，$\forall x\in[x_0-h,x_0+h]$，有 $\left|\varphi_n(x)-y_0\right|\leq b$，以及

$$\left|\varphi_{n+1}(x)-\varphi_n(x)\right|\leq \frac{M}{L}\frac{(Lh)^{n+1}}{(n+1)!},\quad x\in[x_0-h,x_0+h],$$

则 $\varphi_n(x)$ 在 $x\in[x_0-h,x_0+h]$ 上连续，且 $\displaystyle\sum_{n=0}^{+\infty}(\varphi_{n+1}(x)-\varphi_n(x))$ 在 $x\in[x_0-h,\ x_0+h]$ 上

一致收敛. 因此函数列 $\{\varphi_n(x)\}$ 在 $x\in[x_0-h,x_0+h]$ 上一致收敛. 将 $\varphi_{n+1}(x)=y_0+$

$\displaystyle\int_{x_0}^{x}f(x,\varphi_n(x))\mathrm{d}x$ 两边取极限有

$$y(x)=\lim_{n\to+\infty}\varphi_{n+1}(x)=\lim_{n\to+\infty}\left(y_0+\int_{x_0}^{x}f(x,\varphi_n(x))\mathrm{d}x\right)$$
$$=y_0+\int_{x_0}^{x}f(x,y(x))\mathrm{d}x,$$

即 $y=y(x)$，$x\in[x_0-h,x_0+h]$ 为 $y=y_0+\displaystyle\int_{x_0}^{x}f(x,y)\mathrm{d}x$ 的解.

③ 若方程 $y'=f(x,y)$ 的解不唯一，设 $\varphi(x),\psi(x)$ 都是方程 $y'=f(x,y)$ 且满足 $y(x_0)=y_0$ 的解. 根据 Lipschitz 条件可得

$$\begin{aligned}
\left|\varphi(x)-\psi(x)\right|&=\left|\int_{x_0}^{x}(f(x,\varphi(x))-f(x,\psi(x)))\mathrm{d}x\right|\\
&\leq l\int_{x_0}^{x}\left|\varphi(x)-\psi(x)\right|\mathrm{d}x\\
&\leq l^n\int_{x_0}^{x}\cdots\int_{x_0}^{x}\left|\varphi(x)-\psi(x)\right|\mathrm{d}x\cdots\mathrm{d}x\\
&\leq \frac{l^n\left|x-x_0\right|^n}{n!}\left|\varphi(x_1)-\psi(x_1)\right|<\varepsilon,
\end{aligned}$$

其中 $x_1 \in [x_0 - h, x_0 + h]$. 故 $\varphi(x) \equiv \psi(x)$, $x \in [x_0 - h, x_0 + h]$. 证毕.

4. 奇解

一阶常微分方程解的存在及唯一性定理是对于标准形式 $y' = f(x, y)$ 所给出的, 而一阶常微分方程 $F(x, y, y') = 0$ 还可以表示为 $y = f(x, y')$ 的形式, 但 $y = f(x, y')$ 也可以转换为标准形式.

设方程为 $y = f(x, y')$. 令 $y' = p$, 将方程 $y = f(x, y')$ 两边求导有

$$p = \frac{\mathrm{d}y}{\mathrm{d}x} = \frac{\partial f(x, p)}{\partial x} + \frac{\mathrm{d}p}{\mathrm{d}x} \frac{\partial f(x, p)}{\partial p},$$

则 $\dfrac{\mathrm{d}p}{\mathrm{d}x} = \dfrac{p - \dfrac{\partial f(x, p)}{\partial x}}{\dfrac{\partial f(x, p)}{\partial p}}$, 即

$$\left(\frac{\partial f(x, p)}{\partial x} - p \right) \mathrm{d}x + \frac{\partial f(x, p)}{\partial p} \mathrm{d}p = 0. \tag{7}$$

若方程 (7) 有通解 $p = U(x, c)$, 则方程 $y = f(x, y')$ 有通解 $y = f(x, U(x, c))$. 若方程 (7) 有不同于通解的特解 $p = W(x)$, 则方程 $y = f(x, y')$ 也有不同于通解的特解 $y = f(x, W(x))$.

例 1 求解 Clairaut (克莱罗) 方程

$$y = xp + f(p) \quad \left(p = \frac{\mathrm{d}y}{\mathrm{d}x} \right), \tag{8}$$

其中 $f''(p) \neq 0$.

解 将方程 (8) 两边微分得 $p = p + x \dfrac{\mathrm{d}p}{\mathrm{d}x} + f'(p) \dfrac{\mathrm{d}p}{\mathrm{d}x}$, 即 $(x + f'(p)) \dfrac{\mathrm{d}p}{\mathrm{d}x} = 0$. 解之得 $p = c$ 或者 $x = -f'(p)$.

当 $p = c$ 时, 方程 (8) 的解为 $y = cx + f(c)$.

当 $x = -f'(p)$ 时, 因为 $f''(p) \neq 0$, 由反函数定理可得 $p = w(x)$, 所以方程 (8) 有解 $y = xw(x) + f(w(x))$.

从几何上来看, 一阶常微分方程 $F(x, y, p) = 0$ 表示 (x, y, p) 空间内的一曲面, 该曲面也可以由参数方程表示为

$$\begin{cases} x = f(u, v), \\ y = g(u, v), \\ p = h(u, v). \end{cases}$$

由 $\mathrm{d}x = \dfrac{\partial f(u,v)}{\partial u}\mathrm{d}u + \dfrac{\partial f(u,v)}{\partial v}\mathrm{d}v$，$\mathrm{d}y = \dfrac{\partial g(u,v)}{\partial u}\mathrm{d}u + \dfrac{\partial g(u,v)}{\partial v}\mathrm{d}v$ 和 $\mathrm{d}y = p\,\mathrm{d}x$ 有

$$\frac{\partial g(u,v)}{\partial u}\mathrm{d}u + \frac{\partial g(u,v)}{\partial v}\mathrm{d}v = h(u,v)\left(\frac{\partial f(u,v)}{\partial u}\mathrm{d}u + \frac{\partial f(u,v)}{\partial v}\mathrm{d}v\right),$$

即

$$\left(\frac{\partial g(u,v)}{\partial u} - h(u,v)\frac{\partial f(u,v)}{\partial u}\right)\mathrm{d}u + \left(\frac{\partial g(u,v)}{\partial v} - h(u,v)\frac{\partial f(u,v)}{\partial v}\right)\mathrm{d}v = 0. \qquad (9)$$

方程（9）有通解 $v = V(u,c)$. 则方程 $F(x,y,y') = 0$ 的通解为

$$\begin{cases} x = f(u, V(u,c)), \\ y = g(u, V(u,c)). \end{cases}$$

若方程（9）有异于通解的特解 $v = S(u)$. 则方程 $F(x,y,y') = 0$ 也有异于通解的特解

$$\begin{cases} x = f(u, S(u)), \\ y = g(u, S(u)). \end{cases}$$

例 2　求微分方程 $\left(\dfrac{\mathrm{d}y}{\mathrm{d}x}\right)^2 + y^2 = 1$.

解　令 $y = \cos t$，则 $\dfrac{\mathrm{d}y}{\mathrm{d}x} = \pm\sqrt{1 - \cos^2 t} = \pm\sin t$，不妨取 $\dfrac{\mathrm{d}y}{\mathrm{d}x} = \sin t$. 由 $\mathrm{d}x = \dfrac{\mathrm{d}y}{p}$

可得 $\mathrm{d}x = \dfrac{\mathrm{d}\cos t}{\sin t} = -\mathrm{d}t$，即 $x = -t + c$. 因此 $\begin{cases} x = -t + c, \\ y = \cos t \end{cases}$ 或 $y = \cos(c - x)$ 为方程

$\left(\dfrac{\mathrm{d}y}{\mathrm{d}x}\right)^2 + y^2 = 1$ 的通解. 显然 $y = \pm 1$ 也是方程 $\left(\dfrac{\mathrm{d}y}{\mathrm{d}x}\right)^2 + y^2 = 1$ 的解.

例 3　求微分方程 $\left(\dfrac{\mathrm{d}y}{\mathrm{d}x}\right)^2 + y - x = 0$.

解　令 $x = u$，$\dfrac{\mathrm{d}y}{\mathrm{d}x} = v$，则 $y = u - v^2$. 由 $\mathrm{d}y = p\,\mathrm{d}x$ 有 $\mathrm{d}u - 2v\,\mathrm{d}v = v\,\mathrm{d}u$，即

$(v - 1)\mathrm{d}u + 2v\,\mathrm{d}v = 0$. 解之得 $u = c - 2v - 2\ln|v - 1|$. 因此

$$\begin{cases} x = c - 2v - 2\ln|v - 1|, \\ y = c - 2v - v^2 - 2\ln|v - 1| \end{cases}$$

为方程 $\left(\dfrac{\mathrm{d}y}{\mathrm{d}x}\right)^2 + y - x = 0$ 的通解. 而 $\begin{cases} x = u, \\ y = u - 1 \end{cases}$ 或 $y = x - 1$ 为方程 $\left(\dfrac{\mathrm{d}y}{\mathrm{d}x}\right)^2 + y - x = 0$ 的

特解.

方程 $y = f(x,y')$ 和 $F(x,y,y') = 0$ 的解的唯一性条件可能被破坏，会出现奇解. 从

几何上看，一阶微分方程的特解为平面上的一条曲线，称之为该微分方程的**积分曲线**，其通解为平面上的单参数曲线族.

设 $\Gamma: y=y(x)$ ，$x\in I$ 为 $F(x,y,y')=0$ 的解. 若 $\forall Q\in\Gamma$ ，在 Q 点邻域内方程 $F(x,y,y')=0$ 有一个不同于 Γ 的解在 Q 点与 Γ 相切，则称 $y=y(x)$ ，$x\in I$ 是微分方程 $F(x,y,y')=0$ 的**奇解**.

由例 1 可知，$\Gamma: y=xw(x)+f(w(x))$ 为 Clairaut 方程（8）的积分曲线，而直线族 $\Gamma_c: y=cx+f(c)$ 为方程（8）的积分曲线族，Γ 在 (x_0,y_0) 点处的切线斜率为 $w(x_0)$，因此在直线族 Γ_c 中存在一直线 $y=w(x_0)x+f(w(x_0))$ 在 (x_0,y_0) 点处与 Γ 相切，且由 $w'(x)=-\dfrac{1}{f''(p)}\neq 0$ 可知 $w(x)\neq c$ ，即在 (x_0,y_0) 点的某邻域内直线 $y=w(x_0)x+f(w(x_0))$ 与 Γ 不同. 由奇解定义可知，$\Gamma: y=xw(x)+f(w(x))$ 为方程（8）的奇解. 同理，$y=\pm 1$ 为 $\left(\dfrac{\mathrm{d}y}{\mathrm{d}x}\right)^2+y^2=1$ 的奇解.

设 $F(x,y,y')=0$ 为一阶常微分方程. 令 $p=\dfrac{\mathrm{d}y}{\mathrm{d}x}$ ，称

$$\Gamma: F(x,y,p)=0\ ,\qquad \frac{\partial F(x,y,p)}{\partial p}=0$$

为方程 $F(x,y,y')=0$ 的 p-**判别曲线**.

定理 11.1　设 $F(x,y,p)$ 在 $(x,y,p)\in G$ 上连续，且 $\dfrac{\partial F}{\partial y},\dfrac{\partial F}{\partial p}$ 在 G 上连续. 若 $y=\varphi(x)$ ，$x\in I$ 是 $F(x,y,y')=0$ 的奇解，且 $\forall x\in I$ ，$(x,\varphi(x),\varphi'(x))\in G$ ，则 $y=\varphi(x)$，$x\in I$ 为方程 $F(x,y,y')=0$ 的 p-判别曲线.

证　因为 $y=\varphi(x)$ 是微分方程 $F(x,y,y')=0$ 的解，所以它自然满足 $F(x,y,p)=0$. 现证它也满足 $\dfrac{\partial F(x,y,p)}{\partial p}=0$.

假设不然，则 $\exists x_0\in I$ ，使得 $F_p'(x_0,y_0,p_0)\neq 0$，其中 $y_0=\varphi(x_0)$ ，$p_0=\varphi'(x_0)$. 因为 $F(x_0,y_0,p_0)=0$ ，$(x_0,y_0,p_0)\in G$ ，所以由隐函数定理可知，方程 $F(x,y,y')=0$ 在 (x_0,y_0) 邻域内唯一确定

$$\frac{\mathrm{d}y}{\mathrm{d}x}=f(x,y),\qquad\qquad(10)$$

其中函数 $f(x,y)$ 满足 $f(x_0,y_0)=p_0$. 因此微分方程 $F(x,y,y')=0$ 所有满足 $y(x_0)=y_0$，$y'(x_0)=p_0$ 的解必定是微分方程（10）的解.

另一方面，由于函数 $f(x,y)$ 在 (x_0,y_0) 点的某邻域内是连续的，而且对 y 有连续的

偏微商

$$f_y'(x,y) = -\frac{F_y'(x,y,f(x,y))}{F_p'(x,y,f(x,y))},$$

所以由 Picard 定理可知，微分方程（10）满足初值条件 $y(x_0)=y_0$ 的解是存在而且唯一的. 由此可见，$y=\varphi(x)$ 在 $x=x_0$ 处的某一邻域内是微分方程（10）经过 (x_0,y_0) 点的唯一解.

$y=\varphi(x)$ 为方程 $F(x,y,y')=0$ 通过 (x_0,y_0) 点的唯一解，与 $y=\varphi(x)$ 为方程 $F(x,y,y')=0$ 的奇解矛盾. 因此 $F_p'(x,y,p)=0$，即 $y=\varphi(x)$ 为方程 $F(x,y,y')=0$ 的 p-判别曲线.

由定理 11.1 可知，方程（8）的奇解 $y=xw(x)+f(w(x))$ 为方程（8）的 p-判别曲线. 同理，方程 $\left(\dfrac{\mathrm{d}y}{\mathrm{d}x}\right)^2+y^2=1$ 的奇解 $y=\pm 1$ 也是方程 $\left(\dfrac{\mathrm{d}y}{\mathrm{d}x}\right)^2+y^2=1$ 的 p-判别曲线.

方程 $F(x,y,y')=0$ 的 p-判别曲线可能不是该方程的解，即使是该方程的解也不一定是奇解. 例如 $\left(\dfrac{\mathrm{d}y}{\mathrm{d}x}\right)^2+y-x=0$ 的 p-判别曲线为 $y=x$，它不是该方程的解；方程 $\left(\dfrac{\mathrm{d}y}{\mathrm{d}x}\right)^2-y^2=0$ 的 p-判别曲线为 $y=0$，它是该方程的解但不是该方程的奇解.

定理 11.2 设 $F(x,y,p)$ 在 G 上二阶连续可微，方程 $F(x,y,y')=0$ 的 p-判别曲线 $y=\psi(x)$，$x\in I$ 为该方程的解，且 $\forall x\in I$，

$$\frac{\partial F}{\partial y}(x,\psi(x),\psi'(x)) \neq 0 , \qquad \frac{\partial^2 F}{\partial p^2}(x,\psi(x),\psi'(x)) \neq 0,$$

则 $y=\psi(x)$，$x\in I$ 为方程 $F(x,y,y')=0$ 的奇解.

证 因为 $y=\psi(x)$ 是微分方程 $F(x,y,y')=0$ 的解，所以有

$$F(x,\psi(x),\psi'(x))=0, \quad x\in I .$$

由 $y=\psi(x)$，$x\in I$ 为方程 $F(x,y,y')=0$ 的 p-判别曲线有

$$F_p'(x,\psi(x),\psi'(x))=0, \quad x\in I .$$

令 $y=\psi(x)+u$，则微分方程 $F(x,y,y')=0$ 变换为

$$H(x,u,q)=0 , \quad q=\frac{\mathrm{d}u}{\mathrm{d}x}, \qquad (11)$$

其中函数 $H(x,u,q)=F(x,\psi(x)+u,\psi'(x)+q)$ 在 (x,u,q) 的某一邻域内连续可微.

$\forall x_0\in I$，由于函数 $H(x_0,u,q)$ 对 (u,q) 在 $(0,0)$ 点的邻域内是二阶连续可微的，以及

$$F(x_0, \psi(x_0), \psi'(x_0)) = 0, \quad F_p'(x_0, \psi(x_0), \psi'(x_0)) = 0,$$

则有

$$H(x_0, 0, 0) = 0, \quad H_q'(x_0, 0, 0) = 0. \tag{12}$$

同理有

$$H_u'(x_0, 0, 0) \neq 0, \quad H_{qq}''(x_0, 0, 0) \neq 0. \tag{13}$$

由（12）和（13）的几何意义可知，$\exists \delta_0 > 0$，在区间 $(0, \delta_0)$ 上存在一个连续函数 $q = \alpha(u)$，满足 $\alpha(0) = 0$，$\alpha(u) > 0$，使得

$$H(x_0, u, \alpha(u)) = 0. \tag{14}$$

取充分小的 $u_0 \in (0, \delta_0)$，则 $q_0 = \alpha(u_0)$ 也是充分小的．因此，由（14）有 $H(x_0, u_0, q_0) = 0$，又 $H_q'(x_0, u_0, q_0) \neq 0$，由隐函数定理可知，（11）可唯一确定

$$\frac{\mathrm{d}u}{\mathrm{d}x} = f(x, u), \tag{15}$$

其中函数 $f(x, u)$ 在 (x_0, u_0) 点的某一邻域内连续，而且对 u 有连续的偏导数，以及 $f(x_0, u_0) = q_0$．因此，微分方程（15），从而微分方程（11）存在唯一的解 $u = u(x)$，$|x - x_0| \leq d$ 满足

$$u(x_0) = u_0, \quad u'(x_0) = q_0.$$

当 $u_0 > 0$ 时，$u = u(x)$，$|x - x_0| \leq d$ 为微分方程（11）的非零解．显然，$u = 0$ 是微分方程（11）的零解．若 $u = 0$ 是微分方程（11）的奇解，则 $y = \psi(x)$ 是微分方程 $F(x, y, y') = 0$ 的奇解．因此只需证明：对充分小的 u_0，解 $u = u(x)$ 与 $u = 0$ 在 $x = x_1$ 处相交而且相切，即

$$u(x_1) = 0, \quad u'(x_1) = 0, \tag{16}$$

其中 x_1 可以充分靠近 x_0，只要 $u_0 > 0$ 充分小．

对（11）的左端函数作泰勒展开，有

$$F(x, \psi(x), \psi'(x)) + F_y'(x, \psi(x), \psi'(x))u + F_p'(x, \psi(x), \psi'(x))\frac{\mathrm{d}u}{\mathrm{d}x}$$

$$+ \frac{1}{2}\left[F_{yy}''(*)u^2 + 2F_{yp}''(*)u\frac{\mathrm{d}u}{\mathrm{d}x} + F_{pp}''(*)\left|\frac{\mathrm{d}u}{\mathrm{d}x}\right|^2 \right] \equiv 0, \tag{17}$$

其中 $F_{yy}''(*), F_{yp}''(*)$ 和 $F_{pp}''(*)$ 是 x 的连续函数，而且当 $u_0 = 0$ 时，有

$$F_{pp}''(*) = F_{pp}''(x, \psi(x), \psi'(x)) \neq 0.$$

因此，（17）可以写成如下形式：

$$\left(\frac{\mathrm{d}u}{\mathrm{d}x}\right)^2 + 2A(x, u_0)u\frac{\mathrm{d}u}{\mathrm{d}x} + B(x, u_0)u^2 = C(x, u_0)u,$$

其中 $A(x,u_0), B(x,u_0)$ 和 $C(x,u_0)$ 是连续函数，而且

$$\begin{cases} A(x,0) = \dfrac{F''_{yp}(x,\psi(x),\psi'(x))}{F''_{pp}(x,\psi(x),\psi'(x))}, \\[2mm] B(x,0) = \dfrac{F''_{yy}(x,\psi(x),\psi'(x))}{F''_{pp}(x,\psi(x),\psi'(x))}, \\[2mm] C(x,0) = -\dfrac{2F'_y(x,\psi(x),\psi'(x))}{F''_{pp}(x,\psi(x),\psi'(x))} \neq 0. \end{cases}$$

因此

$$\left(\frac{\mathrm{d}u}{\mathrm{d}x} + A(x,u_0)u\right)^2 = C(x,u_0)u + (A^2(x,u_0) - B(x,u_0))u^2$$

$$= [C(x,u_0) + (A^2(x,u_0) - B(x,u_0))u]u,$$

即

$$\frac{\mathrm{d}u}{\mathrm{d}x} = E(x,u_0)\sqrt{u}, \tag{18}$$

其中 $E(x,u_0)$ 为连续函数，且

$$E(x,u_0) = \sqrt{C(x,u_0) + (A^2(x,u_0) - B(x,u_0))u(x)} - A(x,u_0)\sqrt{u(x)}.$$

可见，当 $u(x)$ 充分小时，

$$E(x,0) \approx \sqrt{C(x,0)} > 0. \tag{19}$$

因此，由（18）可得

$$u(x) = \left(\sqrt{u_0} + \frac{1}{2}\int_{x_0}^x E(x,u_0)\mathrm{d}x\right)^2.$$

再由（19）可知，$\exists x_1 < x_0$，使得

$$\sqrt{u_0} + \frac{1}{2}\int_{x_0}^{x_1} E(x,u_0)\mathrm{d}x = 0.$$

从而有 $u(x_1) = 0$，$u'(x_1) = 0$. 因此 $u = 0$ 为方程（11）的奇解. 于是 $y = \psi(x)$ 是微分方程 $F(x,y,y') = 0$ 的奇解.

例 4 求方程 $(y-1)^2\left(\dfrac{\mathrm{d}y}{\mathrm{d}x}\right)^2 = y\mathrm{e}^{xy}$ 的 p-判别曲线，并判断其 p-判别曲线是否为该方程的奇解.

解 由于 $F(x,y,p) = (y-1)^2 p^2 - y\mathrm{e}^{xy} = 0$，则 $F'_p(x,y,p) = 2(y-1)^2 p = 0$，因此方程 $(y-1)^2\left(\dfrac{\mathrm{d}y}{\mathrm{d}x}\right)^2 = y\mathrm{e}^{xy}$ 的 p-判别曲线为 $y = 0$. 又 $F'_y(x,0,0) = -1$，$F''_{pp}(x,0,0) = 2$，

由定理 11.2 可知，$y=0$ 为方程 $(y-1)^2\left(\dfrac{\mathrm{d}y}{\mathrm{d}x}\right)^2=y\,\mathrm{e}^{xy}$ 的奇解.

设 $U(x,y,c)=0$ 为平面上一单参数曲线族. 若在平面上有一条连续可微的曲线 Γ，使得 $\forall Q\in\Gamma$，在单参数曲线族 $U(x,y,c)=0$ 中存在一曲线 Γ_Q 在 Q 点与 Γ 相切，且在 Q 点的某一邻域内不同于 Γ，则称 Γ 为单参数曲线族 $U(x,y,c)=0$ 的**包络**.

定理 11.3 设方程 $F(x,y,y')=0$ 的通积分为 $U(x,y,c)=0$，则单参数曲线族 $U(x,y,c)=0$ 的包络 $\Gamma:y=\varphi(x)$，$x\in I$ 为方程 $F(x,y,y')=0$ 的奇解.

证 根据奇解和包络的定义，只需要证明 Γ 是微分方程 $F(x,y,y')=0$ 的解.

在 Γ 上任取一点 (x_0,y_0)，其中 $y_0=\varphi(x_0)$. 由包络的定义可知，在曲线族 $U(x,y,c)=0$ 中存在一条曲线 $y=u(x,c_0)$ 在 (x_0,y_0) 点与 $\Gamma:y=\varphi(x)$ 相切，即

$$\varphi(x_0)=u(x_0,c_0)\,,\quad \varphi'(x_0)=u_x'(x_0,c_0)\,.$$

因为 $y=u(x,c_0)$ 是微分方程 $F(x,y,y')=0$ 的一个解，所以

$$F(x_0,u(x_0,c_0),u_x'(x_0,c_0))=0\,.$$

因此 $F(x_0,\varphi(x_0),\varphi'(x_0))=0$. 由于 $x_0\in I$ 是任意给定的，所以 $y=\varphi(x)$ 是微分方程 $F(x,y,y')=0$ 的解.

由奇解的定义可知，奇解是通解的包络. 因此，由定理 11.3 可知，求微分方程的奇解归结到求它的通积分的包络.

设 $U(x,y,c)=0$ 为方程 $F(x,y,y')=0$ 的通积分，称

$$\Gamma:U(x,y,c)=0\,,\quad \frac{\partial U(x,y,c)}{\partial c}=0$$

为方程 $U(x,y,c)=0$ 的 c-**判别曲线**.

定理 11.4 设 $\Gamma:y=\varphi(x)$，$x\in I$ 为单参数曲线族 $U(x,y,c)=0$ 的包络，则 Γ 为单参数曲线族 $U(x,y,c)=0$ 的 c-判别曲线.

证 曲线族 $U(x,y,c)=0$ 的包络 Γ 可表示为

$$x=f(c)\,,\quad y=g(c)\,,\quad c\in I\,,$$

其中 c 为参数，即有

$$U(f(c),g(c),c)=0\,,\quad c\in I\,. \tag{20}$$

由包络 Γ 的连续可微性可知

$$U_x'f'(c)+U_y'g'(c)+U_c'=0\,,\quad c\in I\,, \tag{21}$$

其中 U_x',U_y' 和 U_c' 同在 $(f(c),g(c),c)$ 点取值.

设 $\forall c\in I$，当

$$(f'(c),g'(c))=(0,0)\ \text{或}\ (U_x',U_y')=(0,0) \tag{22}$$

成立时，则由（21）可得

$$U_c'(f(c),g(c),c)=0;\qquad(23)$$

当（22）不成立时，则有

$$(f'(c),g'(c))\neq(0,0)\quad\text{和}\quad(U_x',U_y')\neq(0,0).$$

这表示包络 Γ 在点 $q(c)=(f(c),g(c))$ 的切向量 $(f'(c),g'(c))$，以及通过 $q(c)$ 点的曲线 $U(x,y,c)=0$ 在 $q(c)$ 点的切向量 $(-U_y',U_x')$ 都是非退化的. 由于这两个切向量在 $q(c)$ 点共线，所以有

$$f'(c)U_x'+g'(c)U_y'=0,$$

由它与（21）也可得（23）成立. 因此，$\forall c\in I$，（20）和（23）同时成立. 于是包络 Γ 为 c-判别曲线.

反之，曲线族 $U(x,y,c)=0$ 的 c-判别曲线未必是相应曲线族的包络.

定理 11.5 若单参数曲线族 $U(x,y,c)=0$ 的 c-判别曲线 $\Gamma:x=\varphi(c)$，$y=\psi(c)$ 是非退化的，即 $(\varphi'(c),\psi'(c))\neq(0,0)$，且 $(U_x',U_y')\neq(0,0)$，则 c-判别曲线 Γ 为单参数曲线族 $U(x,y,c)=0$ 的包络.

证 在 Γ 上任取一点 $q(c)=(\varphi(c),\psi(c))$，则有

$$U(\varphi(c),\psi(c),c)=0,\quad U_c'(\varphi(c),\psi(c),c)=0.\qquad(24)$$

因为 $(U_x',U_y')\neq(0,0)$，根据隐函数定理，$U(x,y,c)=0$ 在 $q(c)$ 点的某邻域内确定一条连续可微的曲线 $\Gamma_c:y=h(x)$（或 $x=l(y)$），它在 $q(c)$ 点的斜率为

$$k[\Gamma_c]=-\frac{U_x'(\varphi(c),\psi(c),c)}{U_y'(\varphi(c),\psi(c),c)};$$

或曲线 Γ_c 在 $q(c)$ 点有切向量 $\tau(c)=(-U_y',U_x')$. 而 Γ 在 $q(c)$ 点的切向量为 $\nu(c)=(\varphi'(c),\psi'(c))$.

对（24）的第一式求微分可得

$$\varphi'(c)U_x'+\psi'(c)U_y'+U_c'=0,$$

再由（24）的第二式可得

$$\varphi'(c)U_x'+\psi'(c)U_y'=0.$$

因此，切向量 $\tau(c)$ 和 $\nu(c)$ 在 $q(c)$ 点是共线的，即曲线族 $U(x,y,c)=0$ 中有曲线 Γ_c 在 $q(c)$ 点与 Γ 相切. $\forall c\in I$，有 $q(c)=(\varphi(c),\psi(c))\in\Gamma$，因此存在 $q(c)$ 的某一邻域，使得在其邻域内 Γ_c 不同于 Γ. 综上所述，Γ 是曲线族 $U(x,y,c)=0$ 的包络.

例 5 求微分方程 $y'^4-y'^3-y^2y'+y^2=0$ 的奇解.

解 方程 $y'^4-y'^3-y^2y'+y^2=0$ 可写为

$$(y'^3-y^2)(y'-1)=0.$$

上述方程的通积分为

$$U(x,y,c) = \left[y - \frac{1}{27}(x-c)^3\right](y-x+c) = 0.$$

曲线族 $U(x,y,c)=0$ 的 c-判别曲线为 $\varGamma: x=c,\ y=0$，$c\in\mathbf{R}$．由定理 11.5 可知，$\varGamma$ 为曲线族 $U(x,y,c)=0$ 的包络．再由定理 11.3 可知，$\varGamma$ 为方程 $y'^4 - y'^3 - y^2 y' + y^2 = 0$ 的奇解．

11.2　一阶常微分方程组

1. 一阶常微分方程组

形如

$$\begin{cases} F_1(x,y_1,y_2,\cdots,y_n,y_1',y_2',\cdots,y_n') = 0, \\ F_2(x,y_1,y_2,\cdots,y_n,y_1',y_2',\cdots,y_n') = 0, \\ \cdots, \\ F_n(x,y_1,y_2,\cdots,y_n,y_1',y_2',\cdots,y_n') = 0 \end{cases} \tag{1}$$

的方程组称为**一阶常微分方程组**．方程组（1）也可简记为

$$\boldsymbol{F}\left(x,\boldsymbol{y},\frac{\mathrm{d}\boldsymbol{y}}{\mathrm{d}x}\right) = \boldsymbol{0},$$

其中 $\boldsymbol{y} = (y_1,y_2,\cdots,y_n)$，$\dfrac{\mathrm{d}\boldsymbol{y}}{\mathrm{d}x} = (y_1',y_2',\cdots,y_n')$．

若 $\left|\dfrac{\partial(F_1,F_2,\cdots,F_n)}{\partial(y_1',y_2',\cdots,y_n')}\right| \neq 0$，根据隐函数定理，方程组（1）可变换为标准形式：

$$\begin{cases} y_1' = f_1(x,y_1,y_2,\cdots,y_n), \\ y_2' = f_2(x,y_1,y_2,\cdots,y_n), \\ \cdots, \\ y_n' = f_n(x,y_1,y_2,\cdots,y_n). \end{cases} \tag{2}$$

方程组（2）也可简记为 $\dfrac{\mathrm{d}\boldsymbol{y}}{\mathrm{d}x} = \boldsymbol{f}(x,\boldsymbol{y})$．

与一阶常微分方程相类似，也可以叙述一阶常微分方程组解的存在性定理．

一阶常微分方程组的 Peano 存在性定理　设 $\boldsymbol{f}(x,\boldsymbol{y})$ 在

$$D = \{(x,\boldsymbol{y})\in\mathbf{R}^{n+1}\,\big|\,|x-x_0|\leq a,\ \|\boldsymbol{y}-\boldsymbol{y}_0\|\leq b\}$$

上连续，则微分方程组 $\dfrac{\mathrm{d}\boldsymbol{y}}{\mathrm{d}x} = \boldsymbol{f}(x,\boldsymbol{y})$ 至少存在一解 $\boldsymbol{y}=\boldsymbol{y}(x)$，$x\in[x_0-h,x_0+h]$，其

中 $h = \min\left\{a, \dfrac{b}{m}\right\}$，$m = \max\limits_{(x, \boldsymbol{y}) \in D} \|\boldsymbol{f}(x, \boldsymbol{y})\|$，且满足 $\boldsymbol{y}(x_0) = \boldsymbol{y}_0$.

此定理的证明与一阶常微分方程的 Peano 存在性定理的证明类似，但需首先在 n 维欧氏空间上建立函数列的一致有界和等度连续，即有 Ascoli 定理.

Ascoli 定理 设 $I = [a, b] \subset \mathbf{R}$，映射 $\boldsymbol{\varphi}_k: I \to \mathbf{R}^n$. 若 $\{\boldsymbol{\varphi}_k\}$ 在 I 上一致有界且等度连续，即 $\exists m > 0$，$\forall x \in I$，$\forall k \in \mathbf{N}$，有 $\|\boldsymbol{\varphi}_k(x)\| \leqslant m$，以及 $\forall \varepsilon > 0$，$\exists \delta > 0$，$\forall x, y \in I$，$|x - y| < \delta$，$\forall k \in \mathbf{N}$，有 $\|\boldsymbol{\varphi}_k(x) - \boldsymbol{\varphi}_k(y)\| < \varepsilon$，则在 I 上存在一致收敛的子列 $\{\boldsymbol{\varphi}_{k_p}\}$.

证明略.

一阶常微分方程组的 Peano 存在性定理的证明 证明分以下几步：

① $\boldsymbol{y} = \boldsymbol{y}(x)$ 是方程 $\dfrac{\mathrm{d}\boldsymbol{y}}{\mathrm{d}x} = \boldsymbol{f}(x, \boldsymbol{y})$ 且满足 $\boldsymbol{y}(x_0) = \boldsymbol{y}_0$ 的解等价于 $\boldsymbol{y} = \boldsymbol{y}(x)$ 为积分方程 $\boldsymbol{y} = \boldsymbol{y}_0 + \displaystyle\int_{x_0}^{x} \boldsymbol{f}(x, \boldsymbol{y}) \mathrm{d}x$ 的解.

② 与一阶常微分方程 Peano 存在性定理的证明②类似，在 $[x_0 - h, x_0 + h]$ 上定义函数列 $\{\boldsymbol{y}_n(x)\}$ 如下：

$$
\boldsymbol{y}_n(x) = \begin{cases}
\boldsymbol{y}_0 + \displaystyle\sum_{i=0}^{s-1} \boldsymbol{f}(x_i, \boldsymbol{y}_i)(x_{i+1} - x_i) + \boldsymbol{f}(x_s, \boldsymbol{y}_s)(x - x_s), & x \in [x_0, x_0 + h], \\
\boldsymbol{y}_0 + \displaystyle\sum_{i=0}^{-s+1} \boldsymbol{f}(x_i, \boldsymbol{y}_i)(x_{i-1} - x_i) + \boldsymbol{f}(x_{-s}, \boldsymbol{y}_{-s})(x - x_{-s}), & x \in [x_0 - h, x_0],
\end{cases}
$$

则 $\exists M > 0$，$\forall n \in \mathbf{N}$，$\forall x \in [x_0 - h, x_0 + h]$，有 $\|\boldsymbol{y}_n(x)\| \leqslant M$，以及 $\forall \varepsilon > 0$，$\exists \delta > 0$，$\forall x, y \in [x_0 - h, x_0 + h]$，$|x - y| < \delta$，$\forall n \in \mathbf{N}$，有

$$\|\boldsymbol{y}_n(x) - \boldsymbol{y}_n(y)\| < \varepsilon,$$

即函数列 $\{\boldsymbol{y}_n(x)\}$ 在 $[x_0 - h, x_0 + h]$ 上一致有界且等度连续.

③ 根据 Ascoli 定理，函数列 $\{\boldsymbol{y}_n(x)\}$ 存在一致收敛的子列 $\{\boldsymbol{y}_{n_k}(x)\}$，简记为 $\{\boldsymbol{y}_k(x)\}$，

$$
\boldsymbol{y}_k(x) = \begin{cases}
\boldsymbol{y}_0 + \displaystyle\sum_{i=0}^{s-1} \boldsymbol{f}(x_i, \boldsymbol{y}_i)(x_{i+1} - x_i) + \boldsymbol{f}(x_s, \boldsymbol{y}_s)(x - x_s), & x \in [x_0, x_0 + h], \\
\boldsymbol{y}_0 + \displaystyle\sum_{i=0}^{-s+1} \boldsymbol{f}(x_i, \boldsymbol{y}_i)(x_{i-1} - x_i) + \boldsymbol{f}(x_{-s}, \boldsymbol{y}_{-s})(x - x_{-s}), & x \in [x_0 - h, x_0],
\end{cases}
$$

则

$$\boldsymbol{y}_k(x) = \boldsymbol{y}_0 + \int_{x_0}^{x} \boldsymbol{f}(x, \boldsymbol{y}_k(x)) \mathrm{d}x + \boldsymbol{R}_k(x), \tag{3}$$

其中

$$\boldsymbol{R}_k(x) = \begin{cases} \displaystyle\sum_{i=0}^{s-1}\int_{x_i}^{x_{i+1}} (\boldsymbol{f}(x_i,\boldsymbol{y}_i) - \boldsymbol{f}(x,\boldsymbol{y}_k(x))) \mathrm{d}x \\ \quad + \displaystyle\int_{x_s}^{x} (\boldsymbol{f}(x_s,\boldsymbol{y}_s) - \boldsymbol{f}(x,\boldsymbol{y}_k(x))) \mathrm{d}x, \qquad x\in[x_0,x_0+h], \\ \displaystyle\sum_{i=0}^{-s+1}\int_{x_i}^{x_{i-1}} (\boldsymbol{f}(x_i,\boldsymbol{y}_i) - \boldsymbol{f}(x,\boldsymbol{y}_k(x))) \mathrm{d}x \\ \quad + \displaystyle\int_{x_{-s}}^{x} (\boldsymbol{f}(x_{-s},\boldsymbol{y}_{-s}) - \boldsymbol{f}(x,\boldsymbol{y}_k(x))) \mathrm{d}x, \quad x\in[x_0-h,x_0]. \end{cases}$$

当 $k\to+\infty$ 时，$\boldsymbol{R}_k(x)$ 在 $[x_0-h,x_0+h]$ 上一致收敛到 $\boldsymbol{0}$. 将（3）式两边取极限有

$$\boldsymbol{y}(x) = \lim_{k\to+\infty}\boldsymbol{y}_k(x) = \boldsymbol{y}_0 + \int_{x_0}^{x}\boldsymbol{f}(x,\boldsymbol{y}(x))\mathrm{d}x,$$

即 $\boldsymbol{y}=\boldsymbol{y}(x) = \displaystyle\lim_{k\to+\infty}\boldsymbol{y}_k(x)$ 为方程 $\boldsymbol{y}=\boldsymbol{y}_0+\displaystyle\int_{x_0}^{x}\boldsymbol{f}(x,\boldsymbol{y})\mathrm{d}x$ 的解，也即 $\boldsymbol{y}=\boldsymbol{y}(x)$ 为方程 $\dfrac{\mathrm{d}\boldsymbol{y}}{\mathrm{d}x}=\boldsymbol{f}(x,\boldsymbol{y})$ 的解，且满足 $\boldsymbol{y}(x_0)=\boldsymbol{y}_0$. 证毕.

上述 Peano 存在性定理若加上 Lipschitz 条件，即 $\exists l>0$，$\forall(x,\boldsymbol{y}_1),(x,\boldsymbol{y}_2)\in D$，有

$$\|\boldsymbol{f}(x,\boldsymbol{y}_1) - \boldsymbol{f}(x,\boldsymbol{y}_2)\| \le l\|\boldsymbol{y}_1-\boldsymbol{y}_2\|,$$

则 Peano 存在性定理变为 Picard 存在性定理，其表述与 11.1 节类似.

一阶常微分方程组的 Picard 存在及唯一性定理 设 $\boldsymbol{f}(x,\boldsymbol{y})$ 在

$$D = \{(x,\boldsymbol{y})\in\mathbf{R}^{n+1}\,\big|\,|x-x_0|\le a,\ \|\boldsymbol{y}-\boldsymbol{y}_0\|\le b\}$$

上连续，且在 D 上满足 Lipschitz 条件，即 $\forall(x,\boldsymbol{y}_1),(x,\boldsymbol{y}_2)\in D$，$\exists l>0$，有

$$\|\boldsymbol{f}(x,\boldsymbol{y}_1) - \boldsymbol{f}(x,\boldsymbol{y}_2)\| \le l\|\boldsymbol{y}_1-\boldsymbol{y}_2\|,$$

则微分方程组 $\dfrac{\mathrm{d}\boldsymbol{y}}{\mathrm{d}x}=\boldsymbol{f}(x,\boldsymbol{y})$ 存在唯一解 $\boldsymbol{y}=\boldsymbol{y}(x)$，$x\in[x_0-h,x_0+h]$，其中 $h=\min\left\{a,\dfrac{b}{m}\right\}$，$m=\max\limits_{(x,\boldsymbol{y})\in D}\|\boldsymbol{f}(x,\boldsymbol{y})\|$，且满足 $\boldsymbol{y}(x_0)=\boldsymbol{y}_0$.

证 ① $\boldsymbol{y}=\boldsymbol{y}(x)$ 是方程 $\dfrac{\mathrm{d}\boldsymbol{y}}{\mathrm{d}x}=\boldsymbol{f}(x,\boldsymbol{y})$ 且满足 $\boldsymbol{y}(x_0)=\boldsymbol{y}_0$ 的解等价于 $\boldsymbol{y}=\boldsymbol{y}(x)$ 为积分方程 $\boldsymbol{y}=\boldsymbol{y}_0+\displaystyle\int_{x_0}^{x}\boldsymbol{f}(x,\boldsymbol{y})\mathrm{d}x$ 的解.

② 设 $C([x_0-h,x_0+h])$ 为在 $[x_0-h,x_0+h]$ 上的连续向量函数所构成的函数空间. 设 $(C([x_0-h,x_0+h]),d)$ 为一度量空间，其中度量 d 定义如下：$\forall\boldsymbol{y}_1(x),\boldsymbol{y}_2(x)\in C([x_0-h,x_0+h])$，

$$d(\boldsymbol{y}_1(x),\boldsymbol{y}_2(x)) = \sup_{x\in[x_0-h,x_0+h]}\left\|\boldsymbol{y}_1(x)-\boldsymbol{y}_2(x)\right\|,$$

则 $(C([x_0-h,x_0+h]),d)$ 为完备度量空间. 定义映射 $\boldsymbol{\varphi}: (C([x_0-h,x_0+h]),d)\to (C([x_0-h,x_0+h]),d)$ 如下: $\forall \boldsymbol{y}(x)\in(C([x_0-h,x_0+h]),d)$, 有

$$\boldsymbol{\varphi}(\boldsymbol{y}(x)) = \boldsymbol{y}_0 + \int_{x_0}^{x}\boldsymbol{f}(x,\boldsymbol{y}(x))\mathrm{d}x.$$

由 Lipschitz 条件有

$$d(\boldsymbol{\varphi}(\boldsymbol{y}_1(x)),\boldsymbol{\varphi}(\boldsymbol{y}_2(x))) = \sup_{x\in[x_0-h,x_0+h]}\left\|\boldsymbol{\varphi}(\boldsymbol{y}_1(x))-\boldsymbol{\varphi}(\boldsymbol{y}_2(x))\right\|$$

$$\leq l\int_{x_0}^{x}\sup_{x\in[x_0-h,x_0+h]}\left\|\boldsymbol{y}_1(x)-\boldsymbol{y}_2(x)\right\|\mathrm{d}x$$

$$\leq lhd(\boldsymbol{y}_1(x),\boldsymbol{y}_2(x)),$$

即 $\boldsymbol{\varphi}: (C([x_0-h,x_0+h]),d)\to(C([x_0-h,x_0+h]),d)$ 为完备度量空间 $(C([x_0-h,x_0+h]),d)$ 上的压缩映射. 根据 Banach 不动点定理有, 存在唯一的 $\boldsymbol{y}(x)\in (C([x_0-h,x_0+h]),d)$, 使得

$$\boldsymbol{y}(x) = \boldsymbol{\varphi}(\boldsymbol{y}(x)) = \boldsymbol{y}_0 + \int_{x_0}^{x}\boldsymbol{f}(x,\boldsymbol{y}(x))\mathrm{d}x,$$

即存在唯一的 $\boldsymbol{y}(x)$, $x\in[x_0-h,x_0+h]$ 为积分方程 $\boldsymbol{y}=\boldsymbol{y}_0+\int_{x_0}^{x}\boldsymbol{f}(x,\boldsymbol{y})\mathrm{d}x$ 的解. 因此存在唯一的 $\boldsymbol{y}=\boldsymbol{y}(x)$, $x\in[x_0-h,x_0+h]$ 为微分方程 $\dfrac{\mathrm{d}\boldsymbol{y}}{\mathrm{d}x}=\boldsymbol{f}(x,\boldsymbol{y})$ 的解, 且满足 $\boldsymbol{y}(x_0)=\boldsymbol{y}_0$. 证毕.

一阶常微分方程组的 Peano 定理和 Picard 定理解决了一阶常微分方程组解的存在性和唯一性问题. 但更为重要的问题是一阶常微分方程组的 Cauchy 解对初值的依赖性问题. 例如, 方程 $\dfrac{\mathrm{d}^2x}{\mathrm{d}t^2}+\omega^2x=0$ 满足初值条件 $x(t_0)=x_0$, $x'(t_0)=v_0$ 的解

$$x = x_0\cos\omega(t-t_0) + \frac{v_0}{\omega}\sin\omega(t-t_0)$$

关于初值 t_0,x_0,v_0 和参数 ω 连续可微. 而一阶常微分方程组 $\dfrac{\mathrm{d}\boldsymbol{y}}{\mathrm{d}x}=\boldsymbol{f}(x,\boldsymbol{y},\boldsymbol{\lambda})$ 满足初值条件 $\boldsymbol{y}(x_0)=\boldsymbol{y}_0$ 的解 $\boldsymbol{y}=\boldsymbol{\varphi}(x,x_0,\boldsymbol{y}_0,\boldsymbol{\lambda})$ 关于初值 $x_0,\boldsymbol{y}_0$ 和参数 $\boldsymbol{\lambda}$ 是否连续可微, 等价于一阶常微分方程组

$$\frac{\mathrm{d}\boldsymbol{u}}{\mathrm{d}t} = \boldsymbol{f}(t+x_0,\boldsymbol{u}+\boldsymbol{y}_0,\boldsymbol{\lambda})$$

满足初值条件 $\boldsymbol{y}(0)=\boldsymbol{0}$ 的解关于参数 $x_0,\boldsymbol{y}_0$ 和 $\boldsymbol{\lambda}$ 是否连续可微, 其中 $t=x-x_0$,

$$\boldsymbol{u} = \boldsymbol{y} - \boldsymbol{y}_0 , \quad \boldsymbol{u}(t) = \boldsymbol{y}(x).$$

定理 11.6　若向量值函数 $\boldsymbol{f}(x, \boldsymbol{y}, \boldsymbol{\lambda})$ 在区域

$$G = \{(x, \boldsymbol{y}, \boldsymbol{\lambda}) \in \mathbf{R} \times \mathbf{R}^n \times \mathbf{R}^m \mid |x| \leq a, \ \|\boldsymbol{y}\| \leq b, \ \|\boldsymbol{\lambda} - \boldsymbol{\lambda}_0\| \leq c\}$$

上连续，且 $\forall (x, \boldsymbol{y}_1, \boldsymbol{\lambda}), (x, \boldsymbol{y}_2, \boldsymbol{\lambda}) \in G$ ，$\exists L > 0$ ，有

$$\|\boldsymbol{f}(x, \boldsymbol{y}_1, \boldsymbol{\lambda}) - \boldsymbol{f}(x, \boldsymbol{y}_2, \boldsymbol{\lambda})\| \leq L \|\boldsymbol{y}_1 - \boldsymbol{y}_2\|,$$

则微分方程 $\dfrac{\mathrm{d}\boldsymbol{y}}{\mathrm{d}x} = \boldsymbol{f}(x, \boldsymbol{y}, \boldsymbol{\lambda})$ 满足 $\boldsymbol{y}(0) = \boldsymbol{0}$ 的解 $\boldsymbol{y} = \boldsymbol{\varphi}(x, \boldsymbol{\lambda})$ 在

$$D = \{(x, \boldsymbol{\lambda}) \in \mathbf{R}^{m+1} \mid |x| \leq h, \ \|\boldsymbol{\lambda} - \boldsymbol{\lambda}_0\| \leq c\}$$

上连续，其中 $h = \min\left\{a, \dfrac{b}{M}\right\}$ ，$M = \max\limits_{(x, \boldsymbol{y}, \boldsymbol{\lambda}) \in G} \|\boldsymbol{f}(x, \boldsymbol{y}, \boldsymbol{\lambda})\|$.

证　证明分以下几步：

① $\boldsymbol{y} = \boldsymbol{\varphi}(x, \boldsymbol{\lambda})$ 为微分方程 $\dfrac{\mathrm{d}\boldsymbol{y}}{\mathrm{d}x} = \boldsymbol{f}(x, \boldsymbol{y}, \boldsymbol{\lambda})$ 满足 $\boldsymbol{y}(0) = \boldsymbol{0}$ 的解等价于 $\boldsymbol{y} = \boldsymbol{\varphi}(x, \boldsymbol{\lambda})$ 为积分方程 $\boldsymbol{y} = \displaystyle\int_0^x \boldsymbol{f}(x, \boldsymbol{y}, \boldsymbol{\lambda}) \mathrm{d}x$ 的解.

② 在 D 上给定函数列 $\boldsymbol{\varphi}_k(x, \boldsymbol{\lambda})$ 如下：

$$\boldsymbol{\varphi}_{k+1}(x, \boldsymbol{\lambda}) = \int_0^x \boldsymbol{f}(x, \boldsymbol{\varphi}_k(x, \boldsymbol{\lambda}), \boldsymbol{\lambda}) \mathrm{d}x , \quad k = 0, 1, 2, \cdots,$$

以及 $\boldsymbol{\varphi}_0(x, \boldsymbol{\lambda}) = \boldsymbol{0}$ ，$(x, \boldsymbol{\lambda}) \in D$. 用数学归纳法可证明 $\boldsymbol{\varphi}_k(x, \boldsymbol{\lambda})$ 在 D 上连续，以及

$$\|\boldsymbol{\varphi}_{k+1}(x, \boldsymbol{\lambda}) - \boldsymbol{\varphi}_k(x, \boldsymbol{\lambda})\| \leq \frac{M}{L} \frac{(Lh)^{k+1}}{(k+1)!} , \quad (x, \boldsymbol{\lambda}) \in D.$$

由于 $\displaystyle\sum_{k=0}^{+\infty} \frac{(Lh)^{k+1}}{(k+1)!}$ 收敛，故 $\displaystyle\sum_{k=0}^{+\infty} (\boldsymbol{\varphi}_{k+1}(x, \boldsymbol{\lambda}) - \boldsymbol{\varphi}_k(x, \boldsymbol{\lambda}))$ 在 D 上一致收敛，即函数列 $\{\boldsymbol{\varphi}_k(x, \boldsymbol{\lambda})\}$ 在 D 上一致收敛.

③ 令 $\boldsymbol{\varphi}(x, \boldsymbol{\lambda}) = \lim\limits_{k \to +\infty} \boldsymbol{\varphi}_k(x, \boldsymbol{\lambda})$ ，则

$$\boldsymbol{\varphi}(x, \boldsymbol{\lambda}) = \lim_{k \to +\infty} \boldsymbol{\varphi}_{k+1}(x, \boldsymbol{\lambda}) = \lim_{k \to +\infty} \int_0^x \boldsymbol{f}(x, \boldsymbol{\varphi}_k(x, \boldsymbol{\lambda}), \boldsymbol{\lambda}) \mathrm{d}x$$

$$= \int_0^x \boldsymbol{f}(x, \boldsymbol{\varphi}(x, \boldsymbol{\lambda}), \boldsymbol{\lambda}) \mathrm{d}x.$$

故 $\boldsymbol{y} = \boldsymbol{\varphi}(x, \boldsymbol{\lambda})$ 为微分方程 $\dfrac{\mathrm{d}\boldsymbol{y}}{\mathrm{d}x} = \boldsymbol{f}(x, \boldsymbol{y}, \boldsymbol{\lambda})$ 满足 $\boldsymbol{y}(0) = \boldsymbol{0}$ 的唯一解.　由于 $\boldsymbol{\varphi}_k(x, \boldsymbol{\lambda})$ 在 D 上连续，且 $\{\boldsymbol{\varphi}_k(x, \boldsymbol{\lambda})\}$ 在 D 上一致收敛于 $\boldsymbol{\varphi}(x, \boldsymbol{\lambda})$ ，则 $\boldsymbol{y} = \boldsymbol{\varphi}(x, \boldsymbol{\lambda})$ 在 D 上连续.

推论　设向量值函数 $\boldsymbol{f}(x, \boldsymbol{y})$ 在区域

$$R = \{(x,\boldsymbol{y}) \in \mathbf{R}^{n+1} \big| |x-x_0| \le a, \ \|\boldsymbol{y}-\boldsymbol{y}_0\| \le b\}$$

上连续，且 $\forall (x,\boldsymbol{y}_1),(x,\boldsymbol{y}_2) \in R$，$\exists L > 0$，有

$$\|\boldsymbol{f}(x,\boldsymbol{y}_1) - \boldsymbol{f}(x,\boldsymbol{y}_2)\| \le L\|\boldsymbol{y}_1 - \boldsymbol{y}_2\|,$$

则微分方程 $\dfrac{\mathrm{d}\boldsymbol{y}}{\mathrm{d}x} = \boldsymbol{f}(x,\boldsymbol{y})$ 满足 $\boldsymbol{y}(x_0) = \boldsymbol{\xi}$ 的解 $\boldsymbol{y} = \boldsymbol{\varphi}(x,\boldsymbol{\xi})$ 在

$$D = \left\{(x,\boldsymbol{\xi}) \in \mathbf{R}^{n+1} \big| |x-x_0| \le \frac{h}{2}, \ \|\boldsymbol{\xi}-\boldsymbol{y}_0\| \le \frac{b}{2}\right\}$$

上连续，其中 $h = \min\left\{a, \dfrac{b}{M}\right\}$，$M = \max\limits_{(x,\boldsymbol{y}) \in R} \|\boldsymbol{f}(x,\boldsymbol{y})\|$.

定理 11.7 设向量值函数 $\boldsymbol{f}(x,\boldsymbol{y})$ 在区域 $G \subset \mathbf{R}^{n+1}$ 上连续，且 $\forall (x,\boldsymbol{y}) \in G$，存在 $(x,\boldsymbol{y})$ 的邻域 $G' \subseteq G$，使得 $\forall (x,\boldsymbol{y}_1),(x,\boldsymbol{y}_2) \in G'$，$\exists L_{G'} > 0$，有

$$\|\boldsymbol{f}(x,\boldsymbol{y}_1) - \boldsymbol{f}(x,\boldsymbol{y}_2)\| \le L_{G'}\|\boldsymbol{y}_1 - \boldsymbol{y}_2\|.$$

设 $\boldsymbol{y} = \boldsymbol{\xi}(x)$，$x \in I$ 是微分方程 $\dfrac{\mathrm{d}\boldsymbol{y}}{\mathrm{d}x} = \boldsymbol{f}(x,\boldsymbol{y})$ 的一个解. 任取区间 $[a,b] \subseteq I$，则 $\exists \delta > 0$，使得 $\forall x_0 \in [a,b]$，$\|\boldsymbol{y}_0 - \boldsymbol{\xi}(x_0)\| \le \delta$，以及微分方程 $\dfrac{\mathrm{d}\boldsymbol{y}}{\mathrm{d}x} = \boldsymbol{f}(x,\boldsymbol{y})$ 满足 $\boldsymbol{y}(x_0) = \boldsymbol{y}_0$ 的解 $\boldsymbol{y} = \boldsymbol{\varphi}(x,x_0,\boldsymbol{y}_0)$，$x \in [a,b]$ 在

$$D_\delta = \left\{(x,x_0,\boldsymbol{y}_0) \in \mathbf{R}^{n+2} \big| x,x_0 \in [a,b], \ \|\boldsymbol{y}_0 - \boldsymbol{\xi}(x_0)\| \le \delta\right\}$$

上连续.

证 证明分以下几步:

① $\boldsymbol{y} = \boldsymbol{\varphi}(x,x_0,\boldsymbol{y}_0)$ 为微分方程 $\dfrac{\mathrm{d}\boldsymbol{y}}{\mathrm{d}x} = \boldsymbol{f}(x,\boldsymbol{y})$ 满足 $\boldsymbol{y}(x_0) = \boldsymbol{y}_0$ 的解等价于 $\boldsymbol{y} = \boldsymbol{\varphi}(x,x_0,\boldsymbol{y}_0)$ 为积分方程 $\boldsymbol{y} = \boldsymbol{y}_0 + \displaystyle\int_{x_0}^x \boldsymbol{f}(x,\boldsymbol{y})\mathrm{d}x$ 的解.

② 由于积分曲线 $\varGamma = \{(x,\boldsymbol{y}) \in \mathbf{R}^{n+1} \mid \boldsymbol{y} = \boldsymbol{\xi}(x), \ a \le x \le b\}$ 为 G 内的一个有界闭集，则 $\exists \sigma > 0$，使得

$$\varGamma \subseteq \varSigma_\sigma = \{(x,\boldsymbol{y}) \in \mathbf{R}^{n+1} \mid a \le x \le b, \ \|\boldsymbol{y}-\boldsymbol{\xi}(x)\| \le \sigma\} \subset G,$$

且在 $\varSigma_\sigma$ 上 $\exists L > 0$，使得 $\forall (x,\boldsymbol{y}_1),(x,\boldsymbol{y}_2) \in \varSigma_\sigma$，有

$$\|\boldsymbol{f}(x,\boldsymbol{y}_1) - \boldsymbol{f}(x,\boldsymbol{y}_2)\| \le L\|\boldsymbol{y}_1 - \boldsymbol{y}_2\|.$$

在 D_δ 上给定函数列 $\{\boldsymbol{\varphi}_k(x,x_0,\boldsymbol{y}_0)\}$ 如下:

$$\boldsymbol{\varphi}_{k+1}(x,x_0,\boldsymbol{y}_0) = \boldsymbol{y}_0 + \int_{x_0}^x \boldsymbol{f}(x,\boldsymbol{\varphi}_k(x,x_0,\boldsymbol{y}_0))\mathrm{d}x, \quad k = 0,1,2,\cdots,$$

以及

$$\boldsymbol{\varphi}_0(x,x_0,\boldsymbol{y}_0)=\boldsymbol{y}_0+\boldsymbol{\xi}(x)-\boldsymbol{\xi}(x_0)\,,\quad (x,x_0,\boldsymbol{y}_0)\in D_\delta\,.$$

下面用数学归纳法来证明

$$\left\|\boldsymbol{\varphi}_k(x,x_0,\boldsymbol{y}_0)-\boldsymbol{\xi}(x)\right\|<\sigma \tag{4}$$

和

$$\left\|\boldsymbol{\varphi}_{k+1}(x,x_0,\boldsymbol{y}_0)-\boldsymbol{\varphi}_k(x,x_0,\boldsymbol{y}_0)\right\|\leq\frac{(L\,|\,x-x_0\,|)^{k+1}}{(k+1)!}\left\|\boldsymbol{y}_0-\boldsymbol{\xi}(x_0)\right\|,\quad k=0,1,2,\cdots.$$

$$\tag{5}$$

取 $\delta=\dfrac{1}{2}\mathrm{e}^{-L(b-a)}\sigma$，当 $k=0$ 时，$\forall(x,x_0,\boldsymbol{y}_0)\in D_\delta$，有

$$\left\|\boldsymbol{\varphi}_0(x,x_0,\boldsymbol{y}_0)-\boldsymbol{\xi}(x)\right\|<\sigma\,.$$

由于 $\boldsymbol{y}=\boldsymbol{\xi}(x)$ 为微分方程 $\dfrac{\mathrm{d}\boldsymbol{y}}{\mathrm{d}x}=\boldsymbol{f}(x,\boldsymbol{y})$ 的解，故有

$$\boldsymbol{\xi}(x)=\boldsymbol{\xi}(x_0)+\int_{x_0}^x\boldsymbol{f}(x,\boldsymbol{\xi}(x))\mathrm{d}x\,.$$

因此，

$$\begin{aligned}
&\left\|\boldsymbol{\varphi}_1(x,x_0,\boldsymbol{y}_0)-\boldsymbol{\varphi}_0(x,x_0,\boldsymbol{y}_0)\right\|\\
&=\left\|\int_{x_0}^x(\boldsymbol{f}(x,\boldsymbol{\varphi}_0(x,x_0,\boldsymbol{y}_0))-\boldsymbol{f}(x,\boldsymbol{\xi}(x)))\mathrm{d}x\right\|\\
&\leq L\int_{x_0}^x\left\|\boldsymbol{\varphi}_0(x,x_0,\boldsymbol{y}_0)-\boldsymbol{\xi}(x)\right\|\mathrm{d}x\\
&\leq L\,|\,x-x_0\,|\left\|\boldsymbol{y}_0-\boldsymbol{\xi}(x_0)\right\|.
\end{aligned}$$

假设 $k\leq s-1$ 时（4）和（5）成立，则当 $k=s$ 时，$\forall(x,x_0,\boldsymbol{y}_0)\in D_\delta$，有

$$\begin{aligned}
&\left\|\boldsymbol{\varphi}_s(x,x_0,\boldsymbol{y}_0)-\boldsymbol{\xi}(x)\right\|\\
&=\left\|\sum_{k=1}^s(\boldsymbol{\varphi}_k(x,x_0,\boldsymbol{y}_0)-\boldsymbol{\varphi}_{k-1}(x,x_0,\boldsymbol{y}_0))+(\boldsymbol{\varphi}_0(x,x_0,\boldsymbol{y}_0)-\boldsymbol{\xi}(x))\right\|\\
&\leq\sum_{k=0}^s\frac{(L\,|\,x-x_0\,|)^k}{k!}\left\|\boldsymbol{y}_0-\boldsymbol{\xi}(x_0)\right\|\\
&\leq\mathrm{e}^{L|x-x_0|}\delta\leq\mathrm{e}^{L(b-a)}\delta<\sigma,
\end{aligned}$$

以及

$$\begin{aligned}
&\left\|\boldsymbol{\varphi}_{s+1}(x,x_0,\boldsymbol{y}_0)-\boldsymbol{\varphi}_s(x,x_0,\boldsymbol{y}_0)\right\|\\
&=\left\|\int_{x_0}^x(\boldsymbol{f}(x,\boldsymbol{\varphi}_s(x,x_0,\boldsymbol{y}_0))-\boldsymbol{f}(x,\boldsymbol{\varphi}_{s-1}(x,x_0,\boldsymbol{y}_0)))\mathrm{d}x\right\|
\end{aligned}$$

$$\leq L\int_{x_0}^{x}\left\|\boldsymbol{\varphi}_s(x,x_0,\boldsymbol{y}_0)-\boldsymbol{\varphi}_{s-1}(x,x_0,\boldsymbol{y}_0)\right\|\mathrm{d}x$$

$$\leq L\left\|\boldsymbol{y}_0-\boldsymbol{\xi}(x_0)\right\|\int_{x_0}^{x}\frac{(L\,|\,x-x_0\,|)^s}{s!}\mathrm{d}x$$

$$\leq \frac{(L\,|\,x-x_0\,|)^{s+1}}{(s+1)!}\left\|\boldsymbol{y}_0-\boldsymbol{\xi}(x_0)\right\|,$$

即当 $k=s$ 时，（4）和（5）成立. 由于 $\displaystyle\sum_{k=0}^{+\infty}\frac{\left[L(b-a)\right]^{k+1}}{(k+1)!}$ 收敛，则 $\displaystyle\sum_{k=0}^{+\infty}(\boldsymbol{\varphi}_{k+1}(x,x_0,\boldsymbol{y}_0)$

$-\boldsymbol{\varphi}_k(x,x_0,\boldsymbol{y}_0))$ 在 D_δ 上一致收敛，即函数列 $\{\boldsymbol{\varphi}_k(x,x_0,\boldsymbol{y}_0)\}$ 在 D_δ 上一致收敛.

③ 令 $\boldsymbol{\varphi}(x,x_0,\boldsymbol{y}_0)=\displaystyle\lim_{k\to+\infty}\boldsymbol{\varphi}_k(x,x_0,\boldsymbol{y}_0)$，有

$$\boldsymbol{\varphi}(x,x_0,\boldsymbol{y}_0)=\lim_{k\to+\infty}\boldsymbol{\varphi}_{k+1}(x,x_0,\boldsymbol{y}_0)$$

$$=\lim_{k\to+\infty}\left(\boldsymbol{y}_0+\int_{x_0}^{x}\boldsymbol{f}(x,\boldsymbol{\varphi}_k(x,x_0,\boldsymbol{y}_0))\mathrm{d}x\right)$$

$$=\boldsymbol{y}_0+\int_{x_0}^{x}\boldsymbol{f}(x,\boldsymbol{\varphi}(x,x_0,\boldsymbol{y}_0))\mathrm{d}x,$$

即 $\boldsymbol{y}=\boldsymbol{\varphi}(x,x_0,\boldsymbol{y}_0)$ 为微分方程 $\dfrac{\mathrm{d}\boldsymbol{y}}{\mathrm{d}x}=\boldsymbol{f}(x,\boldsymbol{y})$ 满足 $\boldsymbol{y}(x_0)=\boldsymbol{y}_0$ 的解. 由 $\boldsymbol{f}(x,\boldsymbol{y})$ 在 G 上连续和（4）可知，$\boldsymbol{\varphi}_k(x,x_0,\boldsymbol{y}_0)$ 在 D_δ 上连续. 又 $\boldsymbol{\varphi}_k(x,x_0,\boldsymbol{y}_0)$ 在 D_δ 上一致收敛，因此 $\boldsymbol{y}=\boldsymbol{\varphi}(x,x_0,\boldsymbol{y}_0)$ 在 D_δ 上连续.

定理 11.8 若向量值函数 $\boldsymbol{f}(x,\boldsymbol{y},\boldsymbol{\lambda})$ 在区域

$$G=\{(x,\boldsymbol{y},\boldsymbol{\lambda})\in\mathbf{R}\times\mathbf{R}^n\times\mathbf{R}^m\,\big|\,|x|\leq a,\ \|\boldsymbol{y}\|\leq b,\ \|\boldsymbol{\lambda}-\boldsymbol{\lambda}_0\|\leq c\}$$

上连续，且 $\dfrac{\partial\boldsymbol{f}}{\partial\boldsymbol{y}},\dfrac{\partial\boldsymbol{f}}{\partial\boldsymbol{\lambda}}$ 在 G 上连续，则微分方程 $\dfrac{\mathrm{d}\boldsymbol{y}}{\mathrm{d}x}=\boldsymbol{f}(x,\boldsymbol{y},\boldsymbol{\lambda})$ 满足 $\boldsymbol{y}(0)=\boldsymbol{0}$ 的解 $\boldsymbol{y}=\boldsymbol{\varphi}(x,\boldsymbol{\lambda})$ 在区域

$$D=\{(x,\boldsymbol{\lambda})\in\mathbf{R}^{m+1}\,\big|\,|x|\leq h,\ \|\boldsymbol{\lambda}-\boldsymbol{\lambda}_0\|\leq c\}$$

上连续可微，其中 $h=\min\left\{a,\dfrac{b}{M}\right\}$，$M=\displaystyle\max_{(x,\boldsymbol{y},\boldsymbol{\lambda})\in G}\left\|\boldsymbol{f}(x,\boldsymbol{y},\boldsymbol{\lambda})\right\|$.

证 证明分以下几步：

① $\boldsymbol{y}=\boldsymbol{\varphi}(x,\boldsymbol{\lambda})$ 为微分方程 $\dfrac{\mathrm{d}\boldsymbol{y}}{\mathrm{d}x}=\boldsymbol{f}(x,\boldsymbol{y},\boldsymbol{\lambda})$ 满足 $\boldsymbol{y}(0)=\boldsymbol{0}$ 的解等价于 $\boldsymbol{y}=\boldsymbol{\varphi}(x,\boldsymbol{\lambda})$ 为积分方程 $\boldsymbol{y}=\displaystyle\int_0^x\boldsymbol{f}(x,\boldsymbol{y},\boldsymbol{\lambda})\mathrm{d}x$ 的解.

② 在 D 上给定函数列 $\{\boldsymbol{\varphi}_k(x,\boldsymbol{\lambda})\}$ 如下：

$$\varphi_{k+1}(x,\boldsymbol{\lambda}) = \int_0^x \boldsymbol{f}(x,\varphi_k(x,\boldsymbol{\lambda}),\boldsymbol{\lambda})\mathrm{d}x\,, \quad k=0,1,2,\cdots, \tag{6}$$

以及 $\varphi_0(x,\boldsymbol{\lambda})=\boldsymbol{0}$，$(x,\boldsymbol{\lambda})\in D$. 由定理 11.6 可知，$\varphi_k(x,\boldsymbol{\lambda})$ 在 D 上连续，且 $\{\varphi_k(x,\boldsymbol{\lambda})\}$ 在 D 上一致收敛于 $\varphi(x,\boldsymbol{\lambda})$，于是 $\varphi(x,\boldsymbol{\lambda})$ 在 D 上连续. 由（6）可得

$$\frac{\partial\varphi_{k+1}(x,\boldsymbol{\lambda})}{\partial\boldsymbol{\lambda}} = \int_0^x\left(\frac{\partial\boldsymbol{f}}{\partial\boldsymbol{y}}(x,\varphi_k(x,\boldsymbol{\lambda}),\boldsymbol{\lambda})\frac{\partial\varphi_k(x,\boldsymbol{\lambda})}{\partial\boldsymbol{\lambda}} + \frac{\partial\boldsymbol{f}}{\partial\boldsymbol{\lambda}}(x,\varphi_k(x,\boldsymbol{\lambda}),\boldsymbol{\lambda})\right)\mathrm{d}x\,,$$
$$k=0,1,2,\cdots. \tag{7}$$

③　由于 $\dfrac{\partial\varphi_k(x,\boldsymbol{\lambda})}{\partial\boldsymbol{\lambda}}$ 在 D 上连续，因此要证明 $\dfrac{\partial\varphi(x,\boldsymbol{\lambda})}{\partial\boldsymbol{\lambda}}$ 在 D 上连续，只需证明 $\left\{\dfrac{\partial\varphi_k(x,\boldsymbol{\lambda})}{\partial\boldsymbol{\lambda}}\right\}$ 在 D 上一致收敛. 由于 $\dfrac{\partial\boldsymbol{f}}{\partial\boldsymbol{y}},\dfrac{\partial\boldsymbol{f}}{\partial\boldsymbol{\lambda}}$ 在 G 上连续，则 $\exists\alpha>0$，使得 $\forall(x,\boldsymbol{y},\boldsymbol{\lambda})\in G$ 有

$$\left\|\frac{\partial\boldsymbol{f}}{\partial\boldsymbol{y}}(x,\boldsymbol{y},\boldsymbol{\lambda})\right\|\leq\alpha\,, \quad \left\|\frac{\partial\boldsymbol{f}}{\partial\boldsymbol{\lambda}}(x,\boldsymbol{y},\boldsymbol{\lambda})\right\|\leq\alpha\,.$$

在（7）中取 $k=0,1$ 可得

$$\left\|\frac{\partial\varphi_1(x,\boldsymbol{\lambda})}{\partial\boldsymbol{\lambda}}\right\| = \left\|\int_0^x\frac{\partial\boldsymbol{f}}{\partial\boldsymbol{\lambda}}(x,\boldsymbol{0},\boldsymbol{\lambda})\mathrm{d}x\right\|\leq\alpha|x|,$$

和

$$\left\|\frac{\partial\varphi_2(x,\boldsymbol{\lambda})}{\partial\boldsymbol{\lambda}}\right\| = \left\|\int_0^x\left(\frac{\partial\boldsymbol{f}}{\partial\boldsymbol{y}}(x,\varphi_1(x,\boldsymbol{\lambda}),\boldsymbol{\lambda})\frac{\partial\varphi_1(x,\boldsymbol{\lambda})}{\partial\boldsymbol{\lambda}} + \frac{\partial\boldsymbol{f}}{\partial\boldsymbol{\lambda}}(x,\varphi_1(x,\boldsymbol{\lambda}),\boldsymbol{\lambda})\right)\mathrm{d}x\right\|$$
$$\leq\frac{(\alpha|x|)^2}{2}+\alpha|x|.$$

归纳可得

$$\left\|\frac{\partial\varphi_k(x,\boldsymbol{\lambda})}{\partial\boldsymbol{\lambda}}\right\|\leq\alpha|x|+\frac{(\alpha|x|)^2}{2!}+\cdots+\frac{(\alpha|x|)^k}{k!}\,, \quad k=1,2,\cdots.$$

因此，$\forall k\in\mathbf{N}$，$\forall(x,\boldsymbol{\lambda})\in D$，有

$$\left\|\frac{\partial\varphi_k(x,\boldsymbol{\lambda})}{\partial\boldsymbol{\lambda}}\right\|\leq\beta\leq\mathrm{e}^{\alpha h}.$$

由于 $\dfrac{\partial\boldsymbol{f}}{\partial\boldsymbol{y}},\dfrac{\partial\boldsymbol{f}}{\partial\boldsymbol{\lambda}}$ 在 G 上连续，以及 $\{\varphi_k(x,\boldsymbol{\lambda})\}$ 在 D 上一致收敛于 $\varphi(x,\boldsymbol{\lambda})$，因此 $\exists N_1\in\mathbf{N}$，$\forall k,s\in\mathbf{N}$，$k\geq N_1$，$\exists 0<\varepsilon_k<\varepsilon$，使得 $\forall(x,\boldsymbol{\lambda})\in D$ 有

$$\left\|\int_0^x\left(\frac{\partial\boldsymbol{f}}{\partial\boldsymbol{y}}(x,\varphi_{k+s}(x,\boldsymbol{\lambda}),\boldsymbol{\lambda}) - \frac{\partial\boldsymbol{f}}{\partial\boldsymbol{y}}(x,\varphi(x,\boldsymbol{\lambda}),\boldsymbol{\lambda})\right)\frac{\partial\varphi_{k+s}(x,\boldsymbol{\lambda})}{\partial\boldsymbol{\lambda}}\mathrm{d}x\right\|$$

$$+ \left\| \int_0^x \left(\frac{\partial \boldsymbol{f}}{\partial \boldsymbol{y}}(x, \boldsymbol{\varphi}(x, \boldsymbol{\lambda}), \boldsymbol{\lambda}) - \frac{\partial \boldsymbol{f}}{\partial \boldsymbol{y}}(x, \boldsymbol{\varphi}_k(x, \boldsymbol{\lambda}), \boldsymbol{\lambda}) \right) \frac{\partial \boldsymbol{\varphi}_k(x, \boldsymbol{\lambda})}{\partial \boldsymbol{\lambda}} \mathrm{d}x \right\|$$

$$+ \left\| \int_0^x \left(\frac{\partial \boldsymbol{f}}{\partial \boldsymbol{\lambda}}(x, \boldsymbol{\varphi}_{k+s}(x, \boldsymbol{\lambda}), \boldsymbol{\lambda}) - \frac{\partial \boldsymbol{f}}{\partial \boldsymbol{\lambda}}(x, \boldsymbol{\varphi}_k(x, \boldsymbol{\lambda}), \boldsymbol{\lambda}) \right) \mathrm{d}x \right\|$$

$$< \varepsilon_k.$$

由（7）可得，$\forall k \geq N_1$，$\forall (x, \boldsymbol{\lambda}) \in D$，有

$$\left\| \frac{\partial \boldsymbol{\varphi}_{k+s+1}(x, \boldsymbol{\lambda})}{\partial \boldsymbol{\lambda}} - \frac{\partial \boldsymbol{\varphi}_{k+1}(x, \boldsymbol{\lambda})}{\partial \boldsymbol{\lambda}} \right\|$$

$$= \left\| \int_0^x \left(\frac{\partial \boldsymbol{f}}{\partial \boldsymbol{y}}(x, \boldsymbol{\varphi}_{k+s}(x, \boldsymbol{\lambda}), \boldsymbol{\lambda}) \frac{\partial \boldsymbol{\varphi}_{k+s}(x, \boldsymbol{\lambda})}{\partial \boldsymbol{\lambda}} - \frac{\partial \boldsymbol{f}}{\partial \boldsymbol{y}}(x, \boldsymbol{\varphi}_k(x, \boldsymbol{\lambda}), \boldsymbol{\lambda}) \frac{\partial \boldsymbol{\varphi}_k(x, \boldsymbol{\lambda})}{\partial \boldsymbol{\lambda}} \right) \mathrm{d}x \right.$$

$$\left. + \int_0^x \left(\frac{\partial \boldsymbol{f}}{\partial \boldsymbol{\lambda}}(x, \boldsymbol{\varphi}_{k+s}(x, \boldsymbol{\lambda}), \boldsymbol{\lambda}) - \frac{\partial \boldsymbol{f}}{\partial \boldsymbol{\lambda}}(x, \boldsymbol{\varphi}_k(x, \boldsymbol{\lambda}), \boldsymbol{\lambda}) \right) \mathrm{d}x \right\|$$

$$\leq \int_0^x \left\| \frac{\partial \boldsymbol{f}}{\partial \boldsymbol{y}}(x, \boldsymbol{\varphi}(x, \boldsymbol{\lambda}), \boldsymbol{\lambda}) \right\| \left\| \frac{\partial \boldsymbol{\varphi}_{k+s}(x, \boldsymbol{\lambda})}{\partial \boldsymbol{\lambda}} - \frac{\partial \boldsymbol{\varphi}_k(x, \boldsymbol{\lambda})}{\partial \boldsymbol{\lambda}} \right\| \mathrm{d}x + \varepsilon_k$$

$$\leq 2\alpha\beta |x| + \varepsilon_k.$$

归纳可得，$\forall k \geq N_1$，$\forall (x, \boldsymbol{\lambda}) \in D$，有

$$\left\| \frac{\partial \boldsymbol{\varphi}_{k+m+s}(x, \boldsymbol{\lambda})}{\partial \boldsymbol{\lambda}} - \frac{\partial \boldsymbol{\varphi}_{k+m}(x, \boldsymbol{\lambda})}{\partial \boldsymbol{\lambda}} \right\| \leq 2\beta \frac{(\alpha|x|)^m}{m!} + \sum_{j=0}^{m-1} \varepsilon_{k+m-1-j} \frac{(\alpha|x|)^j}{j!}$$

$$\leq 2\beta \frac{(\alpha h)^m}{m!} + \mathrm{e}^{\alpha h} \varepsilon.$$

由于 $\lim\limits_{m \to +\infty} \dfrac{(\alpha h)^m}{m!} = 0$，则 $\forall \varepsilon > 0$，$\exists N_2 \in \mathbf{N}$，$\forall m \in \mathbf{N}$，$m \geq N_2$，有 $\dfrac{(\alpha h)^m}{m!} < \varepsilon$. 于是 $\forall \varepsilon > 0$，$\exists N = N_1 + N_2 \in \mathbf{N}$，$\forall k+m, s \in \mathbf{N}$，$k+m \geq N$，$\forall (x, \boldsymbol{\lambda}) \in D$，有

$$\left\| \frac{\partial \boldsymbol{\varphi}_{k+m+s}(x, \boldsymbol{\lambda})}{\partial \boldsymbol{\lambda}} - \frac{\partial \boldsymbol{\varphi}_{k+m}(x, \boldsymbol{\lambda})}{\partial \boldsymbol{\lambda}} \right\| \leq 2\beta \frac{(\alpha h)^m}{m!} + \mathrm{e}^{\alpha h} \varepsilon < (2\beta + \mathrm{e}^{\alpha h}) \varepsilon.$$

由 Cauchy 一致收敛准则可知，$\left\{ \dfrac{\partial \boldsymbol{\varphi}_k(x, \boldsymbol{\lambda})}{\partial \boldsymbol{\lambda}} \right\}$ 在 D 上一致收敛，故 $\dfrac{\partial \boldsymbol{\varphi}(x, \boldsymbol{\lambda})}{\partial \boldsymbol{\lambda}}$ 在 D 上连续.

④ 由 $\boldsymbol{y} = \boldsymbol{\varphi}(x, \boldsymbol{\lambda})$ 为微分方程 $\dfrac{\mathrm{d}\boldsymbol{y}}{\mathrm{d}x} = \boldsymbol{f}(x, \boldsymbol{y}, \boldsymbol{\lambda})$ 的解和 $\boldsymbol{f}(x, \boldsymbol{y}, \boldsymbol{\lambda})$ 在 G 上连续可知，$\dfrac{\partial \boldsymbol{\varphi}(x, \boldsymbol{\lambda})}{\partial x} = \boldsymbol{f}(x, \boldsymbol{\varphi}(x, \boldsymbol{\lambda}), \boldsymbol{\lambda})$ 在 D 上连续. 于是微分方程 $\dfrac{\mathrm{d}\boldsymbol{y}}{\mathrm{d}x} = \boldsymbol{f}(x, \boldsymbol{y}, \boldsymbol{\lambda})$ 满足 $\boldsymbol{y}(0) = \boldsymbol{0}$ 的解 $\boldsymbol{y} = \boldsymbol{\varphi}(x, \boldsymbol{\lambda})$ 在 D 上连续可微.

2. 一阶线性常微分方程组

形如

$$\begin{cases} y_1' = a_{11}(x)y_1 + \cdots + a_{1n}(x)y_n + f_1(x), \\ y_2' = a_{21}(x)y_1 + \cdots + a_{2n}(x)y_n + f_2(x), \\ \cdots, \\ y_n' = a_{n1}(x)y_1 + \cdots + a_{nn}(x)y_n + f_n(x) \end{cases} \tag{8}$$

的方程组称为**一阶线性常微分方程组**，其中 $a_{ij}(x), f_i(x)$ $(i,j=1,2,\cdots,n)$ 在 (a,b) 上连续. 方程组（8）也可简记为

$$\frac{\mathrm{d}\boldsymbol{y}}{\mathrm{d}x} = \boldsymbol{A}(x)\boldsymbol{y} + \boldsymbol{f}(x), \tag{9}$$

其中 $\boldsymbol{y} = (y_1, y_2, \cdots, y_n)^{\mathrm{T}}$，$\boldsymbol{f}(x) = (f_1(x), f_2(x), \cdots, f_n(x))^{\mathrm{T}}$，$\boldsymbol{A}(x) = (a_{ij}(x))_{n \times n}$.

若 $\boldsymbol{f}(x) = \boldsymbol{0}$，则称方程组（9）为**一阶齐次线性常微分方程组**.

由一阶常微分方程组 Picard 定理可导出一阶线性常微分方程组 Picard 定理. 设 $\boldsymbol{A}(x), \boldsymbol{f}(x)$ 在 (a,b) 上连续，则 $\forall x_0 \in (a,b)$，$\forall \boldsymbol{y}_0 \in \mathbf{R}^n$，存在唯一的 $\boldsymbol{y} = \boldsymbol{y}(x)$，$x \in (a,b)$ 为方程组 $\dfrac{\mathrm{d}\boldsymbol{y}}{\mathrm{d}x} = \boldsymbol{A}(x)\boldsymbol{y} + \boldsymbol{f}(x)$ 且满足 $\boldsymbol{y}(x_0) = \boldsymbol{y}_0$ 的解.

命题 设 $\boldsymbol{y}_1(x), \boldsymbol{y}_2(x)$ 为齐次线性常微分方程组 $\dfrac{\mathrm{d}\boldsymbol{y}}{\mathrm{d}x} = \boldsymbol{A}(x)\boldsymbol{y}$ 的解，则 $c_1\boldsymbol{y}_1(x) + c_2\boldsymbol{y}_2(x)$ 也是该方程组的解，即齐次线性常微分方程组的所有解构成的解空间为 n 维线性空间.

证 设

$$I = \left\{ \boldsymbol{y}(x) \,\middle|\, \frac{\mathrm{d}\boldsymbol{y}(x)}{\mathrm{d}x} = \boldsymbol{A}(x)\boldsymbol{y}(x) \right\}.$$

定义映射 $\boldsymbol{\varphi} : \mathbf{R}^n \to I$ 如下：$\forall \boldsymbol{y}_0 \in \mathbf{R}^n$，$\boldsymbol{\varphi}(\boldsymbol{y}_0) = \boldsymbol{y}(x)$. 因为 $\forall \boldsymbol{y}(x) \in I$，$\exists \boldsymbol{y}_0 \in \mathbf{R}^n$，使得 $\boldsymbol{\varphi}(\boldsymbol{y}_0) = \boldsymbol{y}(x)$，所以映射 $\boldsymbol{\varphi}$ 是满的.

由解的存在及唯一性定理有 $\boldsymbol{y}_1(x) = \boldsymbol{y}_2(x)$ 当且仅当 $\boldsymbol{y}_{10} = \boldsymbol{y}_{20}$，则映射 $\boldsymbol{\varphi}$ 为一对一的.

另外有

$$\boldsymbol{\varphi}(c_1\boldsymbol{y}_{10} + c_2\boldsymbol{y}_{20}) = c_1\boldsymbol{y}_1(x) + c_2\boldsymbol{y}_2(x) = c_1\boldsymbol{\varphi}(\boldsymbol{y}_{10}) + c_2\boldsymbol{\varphi}(\boldsymbol{y}_{20}),$$

即 $\boldsymbol{\varphi} : \mathbf{R}^n \to I$ 为线性同构映射.

故齐次线性方程组的解空间为 n 维线性空间.

设 $\boldsymbol{y}_1(x),\boldsymbol{y}_2(x),\cdots,\boldsymbol{y}_n(x)$ 为齐次线性方程组 $\dfrac{\mathrm{d}\boldsymbol{y}}{\mathrm{d}x}=\boldsymbol{A}(x)\boldsymbol{y}$ 的 n 个线性无关解，即 $c_1\boldsymbol{y}_1(x)+c_2\boldsymbol{y}_2(x)+\cdots+c_n\boldsymbol{y}_n(x)=\boldsymbol{0}$ 当且仅当 $c_1=c_2=\cdots=c_n=0$，也即 $(\boldsymbol{y}_1(x),$ $\boldsymbol{y}_2(x),\cdots,\boldsymbol{y}_n(x))\boldsymbol{c}=\boldsymbol{0}$ 当且仅当 $\boldsymbol{c}=\boldsymbol{0}$，则有

$$w(x)=\det(\boldsymbol{y}_1(x),\boldsymbol{y}_2(x),\cdots,\boldsymbol{y}_n(x))\neq 0，\quad \forall x\in(a,b).$$

由于

$$w(x)=\begin{vmatrix} y_{11}(x) & \cdots & y_{1i}(x) & \cdots & y_{1n}(x) \\ \vdots & & \vdots & & \vdots \\ y_{i1}(x) & \cdots & y_{ii}(x) & \cdots & y_{in}(x) \\ \vdots & & \vdots & & \vdots \\ y_{n1}(x) & \cdots & y_{ni}(x) & \cdots & y_{nn}(x) \end{vmatrix},$$

则

$$\frac{\mathrm{d}w(x)}{\mathrm{d}x}=\sum_{i=1}^{n}\begin{vmatrix} y_{11}(x) & \cdots & y_{1i}(x) & \cdots & y_{1n}(x) \\ \vdots & & \vdots & & \vdots \\ y'_{i1}(x) & \cdots & y'_{ii}(x) & \cdots & y'_{in}(x) \\ \vdots & & \vdots & & \vdots \\ y_{n1}(x) & \cdots & y_{ni}(x) & \cdots & y_{nn}(x) \end{vmatrix}$$

$$=\sum_{i=1}^{n}\begin{vmatrix} y_{11}(x) & \cdots & y_{1i}(x) & \cdots & y_{1n}(x) \\ \vdots & & \vdots & & \vdots \\ \sum_{j=1}^{n}a_{ij}y_{j1} & \cdots & \sum_{j=1}^{n}a_{ij}y_{ji} & \cdots & \sum_{j=1}^{n}a_{ij}y_{jn} \\ \vdots & & \vdots & & \vdots \\ y_{n1}(x) & \cdots & y_{ni}(x) & \cdots & y_{nn}(x) \end{vmatrix}$$

$$=\left(\sum_{i=1}^{n}a_{ii}\right)\begin{vmatrix} y_{11}(x) & \cdots & y_{1i}(x) & \cdots & y_{1n}(x) \\ \vdots & & \vdots & & \vdots \\ y_{i1}(x) & \cdots & y_{ii}(x) & \cdots & y_{in}(x) \\ \vdots & & \vdots & & \vdots \\ y_{n1}(x) & \cdots & y_{ni}(x) & \cdots & y_{nn}(x) \end{vmatrix}=\mathrm{tr}(\boldsymbol{A}(x))w(x).$$

解得

$$w(x)=w(x_0)\mathrm{e}^{\int_{x_0}^{x}\mathrm{tr}(\boldsymbol{A}(s))\mathrm{d}s}.$$

因此上述的 $w(x)=\det(\boldsymbol{y}_1(x),\boldsymbol{y}_2(x),\cdots,\boldsymbol{y}_n(x))\neq 0$，$\forall x\in(a,b)$ 可等价为 $\exists x_0\in(a,b)$，有 $w(x_0)\neq 0$.

设 $\boldsymbol{y}_1(x),\boldsymbol{y}_2(x),\cdots,\boldsymbol{y}_n(x)$ 为齐次线性方程组 $\dfrac{\mathrm{d}\boldsymbol{y}}{\mathrm{d}x}=\boldsymbol{A}(x)\boldsymbol{y}$ 的 n 个线性无关解，则称

$\boldsymbol{\varphi}(x)=(\boldsymbol{y}_1(x),\boldsymbol{y}_2(x),\cdots,\boldsymbol{y}_n(x))$ 为齐次线性方程组 $\dfrac{\mathrm{d}\boldsymbol{y}}{\mathrm{d}x}=\boldsymbol{A}(x)\boldsymbol{y}$ 的**基解矩阵**.

若 $\boldsymbol{\varphi}(x)$ 为齐次线性方程组 $\dfrac{\mathrm{d}\boldsymbol{y}}{\mathrm{d}x}=\boldsymbol{A}(x)\boldsymbol{y}$ 的基解矩阵，则 $\boldsymbol{y}=\boldsymbol{\varphi}(x)\boldsymbol{\varphi}^{-1}(x_0)\boldsymbol{y}_0$ 为

$\dfrac{\mathrm{d}\boldsymbol{y}}{\mathrm{d}x}=\boldsymbol{A}(x)\boldsymbol{y}$ 的解，且满足 $\boldsymbol{y}(x_0)=\boldsymbol{y}_0$. 同理，

$$\boldsymbol{y}=\boldsymbol{\varphi}(x)\boldsymbol{\varphi}^{-1}(x_0)\boldsymbol{y}_0+\boldsymbol{\varphi}(x)\int_{x_0}^{x}\boldsymbol{\varphi}^{-1}(s)\boldsymbol{f}(s)\mathrm{d}s$$

为 $\dfrac{\mathrm{d}\boldsymbol{y}}{\mathrm{d}x}=\boldsymbol{A}(x)\boldsymbol{y}+\boldsymbol{f}(x)$ 的解，且满足 $\boldsymbol{y}(x_0)=\boldsymbol{y}_0$.

若 $\boldsymbol{A}(x)$ 为常值矩阵，即 $\boldsymbol{A}(x)\equiv\boldsymbol{A}$，$\forall x\in(a,b)$，则齐次线性方程组变为齐次线性

常系数方程组 $\dfrac{\mathrm{d}\boldsymbol{y}}{\mathrm{d}x}=\boldsymbol{A}\boldsymbol{y}$.

定义 $\mathrm{e}^{x\boldsymbol{A}}=\displaystyle\sum_{n=0}^{+\infty}\dfrac{x^n\boldsymbol{A}^n}{n!}$，其中 $\boldsymbol{A}^0=\boldsymbol{I}$（$\boldsymbol{I}$ 为 n 阶单位矩阵），则 $\boldsymbol{\varphi}(x)=\mathrm{e}^{x\boldsymbol{A}}$ 为

$\dfrac{\mathrm{d}\boldsymbol{y}}{\mathrm{d}x}=\boldsymbol{A}\boldsymbol{y}$ 的基解矩阵.

若 $\lambda_1,\lambda_2,\cdots,\lambda_n$ 为 $\boldsymbol{A}$ 的互异本征值，则 $(\mathrm{e}^{\lambda_1 x}\boldsymbol{r}_1,\cdots,\mathrm{e}^{\lambda_i x}\boldsymbol{r}_i,\cdots,\mathrm{e}^{\lambda_n x}\boldsymbol{r}_n)$ 为 $\dfrac{\mathrm{d}\boldsymbol{y}}{\mathrm{d}x}=\boldsymbol{A}\boldsymbol{y}$ 的

基解矩阵，其中 $\boldsymbol{r}_i$ 满足 $(\boldsymbol{A}-\lambda_i\boldsymbol{I})\boldsymbol{r}_i=\boldsymbol{0}$.

若 $\lambda_i(i=1,2,\cdots,r)$ 为 $\boldsymbol{A}$ 的 n_i 重本征值，则

$$(\mathrm{e}^{\lambda_1 x}\boldsymbol{p}_{11}(x),\cdots,\mathrm{e}^{\lambda_1 x}\boldsymbol{p}_{1n_1}(x),\cdots,\mathrm{e}^{\lambda_r x}\boldsymbol{p}_{r1}(x),\cdots,\mathrm{e}^{\lambda_r x}\boldsymbol{p}_{rn_r}(x))$$

为 $\dfrac{\mathrm{d}\boldsymbol{y}}{\mathrm{d}x}=\boldsymbol{A}\boldsymbol{y}$ 的基解矩阵，其中

$$\boldsymbol{p}_{ij}(x)=\boldsymbol{r}_{ij_0}+x\boldsymbol{r}_{ij_1}+\cdots+\dfrac{x^{n_i-1}}{(n_i-1)!}\boldsymbol{r}_{ij_{n_i-1}},\quad i=1,2,\cdots,r,\quad j=1,2,\cdots,n_i,$$

$\boldsymbol{r}_{ij_0}$ 满足 $(\boldsymbol{A}-\lambda_i\boldsymbol{I})^{n_i}\boldsymbol{r}_{ij_0}=\boldsymbol{0}$，$\boldsymbol{r}_{ij_k}=(\boldsymbol{A}-\lambda_i\boldsymbol{I})^k\boldsymbol{r}_{ij_0}$，$k=1,2,\cdots,n_i-1$.

若 $\mathrm{e}^{x\boldsymbol{A}}$ 为 $\dfrac{\mathrm{d}\boldsymbol{y}}{\mathrm{d}x}=\boldsymbol{A}\boldsymbol{y}$ 的基解矩阵，则

$$\boldsymbol{y}=\mathrm{e}^{(x-x_0)\boldsymbol{A}}\boldsymbol{y}_0+\int_{x_0}^{x}\mathrm{e}^{(x-s)\boldsymbol{A}}\boldsymbol{f}(s)\mathrm{d}s$$

为方程 $\dfrac{\mathrm{d}\boldsymbol{y}}{\mathrm{d}x}=\boldsymbol{A}\boldsymbol{y}+\boldsymbol{f}(x)$ 的解，且满足 $\boldsymbol{y}(x_0)=\boldsymbol{y}_0$.

3. n 阶常微分方程

形如 $F\left(x,y,\dfrac{\mathrm{d}y}{\mathrm{d}x},\cdots,\dfrac{\mathrm{d}^n y}{\mathrm{d}x^n}\right)=0$ 或形如 $y^{(n)}=f(x,y,y',\cdots,y^{(n-1)})$ 的方程称为 n **阶常微分方程**. 设 $y=y(x)$，$x\in I$ 在 I 上 n 次连续可导，且 $\forall x\in I$，$y^{(n)}(x)\equiv f(x,y(x),y'(x),\cdots,y^{(n-1)}(x))$，则称 $y=y(x)$，$x\in I$ 为 n **阶常微分方程** $y^{(n)}=f(x,y,y',\cdots,y^{(n-1)})$ 的解.

设 $y=\varphi(x,C_1,C_2,\cdots,C_n)$，$\dfrac{\partial\varphi}{\partial x},\dfrac{\partial^2\varphi}{\partial x^2},\cdots,\dfrac{\partial^n\varphi}{\partial x^n}$ 在 $x\in I$，$(C_1,C_2,\cdots,C_n)\in G\subset\mathbf{R}^n$ 上连续，且 $y=\varphi(x,C_1,C_2,\cdots,C_n)$ 为 $y^{(n)}=f(x,y,y',\cdots,y^{(n-1)})$ 的解. 若 $C_1,C_2,\cdots,C_n$ 相互独立，即 $\dfrac{\partial\varphi}{\partial C_i},\dfrac{\partial}{\partial C_i}\left(\dfrac{\partial\varphi}{\partial x}\right),\cdots,\dfrac{\partial}{\partial C_i}\left(\dfrac{\partial^{n-1}\varphi}{\partial x^{n-1}}\right)$ 存在且连续，以及

$$\left|\frac{\partial\left(\varphi,\dfrac{\partial\varphi}{\partial x},\cdots,\dfrac{\partial^{n-1}\varphi}{\partial x^{n-1}}\right)}{\partial\ C_1,C_2,\cdots,C_n}\right|\neq 0,\quad (C_1,C_2,\cdots,C_n)\in G,\quad x\in I,$$

则称 $y=\varphi(x,C_1,C_2,\cdots,C_n)$ 为 n **阶常微分方程** $y^{(n)}=f(x,y,y',\cdots,y^{(n-1)})$ **的通解**.

令 $y_1=y$，则方程 $y^{(n)}=f(x,y,y',\cdots,y^{(n-1)})$ 可等价为一阶常微分方程组

$$\begin{cases} y_1'=y_2, \\ y_2'=y_3, \\ \cdots, \\ y_n'=f(x,y_1,y_2,\cdots,y_n). \end{cases} \tag{10}$$

因此，若 $y=y(x)$，$x\in I$ 为 n 阶常微分方程 $y^{(n)}=f(x,y,y',\cdots,y^{(n-1)})$ 的解，则 $\boldsymbol{y}=(y(x),y'(x),\cdots,y^{(n-1)}(x))$，$x\in I$ 为一阶常微分方程组（10）的解；反之，若 $\boldsymbol{y}=(y(x),y'(x),\cdots,y^{(n-1)}(x))$，$x\in I$ 为一阶常微分方程组（10）的解，则 $y=y(x)$，$x\in I$ 为 n 阶常微分方程 $y^{(n)}=f(x,y,y',\cdots,y^{(n-1)})$ 的解.

综上所述，n 阶常微分方程 $y^{(n)}=f(x,y,y',\cdots,y^{(n-1)})$ 解的存在及唯一性可转换为一阶常微分方程组（10）的解的存在及唯一性.

n 阶常微分方程解的存在及唯一性定理 设 $f(x,y,y',\cdots,y^{(n-1)})$ 在以 $(x_0,y_0,y_0',\cdots,y_0^{(n-1)})$ 为心的矩形邻域 D 上连续，且 $\forall(x,y,y',\cdots,y^{(n-1)}),(x,z,z',\cdots,z^{(n-1)})\in D$，$\exists l>0$，有

$$\left| f(x,y,y',\cdots,y^{(n-1)}) - f(x,z,z',\cdots,z^{(n-1)}) \right|$$

$$< l \left(\left| y-z \right| + \left| y'-z' \right| + \cdots + \left| y^{(n-1)} - z^{(n-1)} \right| \right), \qquad (11)$$

则存在唯一的 $y = y(x)$，$x \in I$ 是方程 $y^{(n)} = f(x,y,y',\cdots,y^{(n-1)})$ 的解，且满足

$$\begin{cases} y(x_0) = y_0, \\ y'(x_0) = y_0', \\ \cdots, \\ y^{(n-1)}(x_0) = y_0^{(n-1)}. \end{cases}$$

上述 Lipschitz 条件（11）可强化为 $\dfrac{\partial f}{\partial y}, \dfrac{\partial f}{\partial y'}, \cdots, \dfrac{\partial f}{\partial y^{(n-1)}}$ 在 D 上连续.

形如

$$p_n(x)\frac{\mathrm{d}^n y}{\mathrm{d}x^n} + p_{n-1}(x)\frac{\mathrm{d}^{n-1} y}{\mathrm{d}x^{n-1}} + \cdots + p_1(x)\frac{\mathrm{d}y}{\mathrm{d}x} + p_0(x)y = q(x) \qquad (12)$$

的方程称为 n **阶线性常微分方程**，其中 $q(x), p_i(x)(i=0,1,2,\cdots,n)$ 在 (a,b) 上连续.

在 l^2 空间上，定义微分算子 L：

$$L = p_0(x) + p_1(x)\frac{\mathrm{d}}{\mathrm{d}x} + \cdots + p_n(x)\frac{\mathrm{d}^n}{\mathrm{d}x^n},$$

则 n 阶线性常微分方程（12）可简记为

$$Ly = q(x).$$

若 $q(x) \equiv 0$，则方程（12）称为 n **阶齐次线性常微分方程**，简记为 $Ly = 0$.

与一阶常微分方程组类似，$Ly = 0$ 的所有解构成的解空间为 n 维向量空间. 若 $y_1(x), y_2(x), \cdots, y_n(x)$ 为 $Ly = 0$ 的 n 个线性无关解，则

$$W(x) = \begin{vmatrix} y_1(x) & y_2(x) & \cdots & y_n(x) \\ y_1'(x) & y_2'(x) & \cdots & y_n'(x) \\ \vdots & \vdots & & \vdots \\ y_1^{(n-1)}(x) & y_2^{(n-1)}(x) & \cdots & y_n^{(n-1)}(x) \end{vmatrix} = W(x_0)\mathrm{e}^{-\int_{x_0}^{x} \frac{p_{n-1}(s)}{p_n(s)}\mathrm{d}s} \neq 0,$$

因此 $c_1 y_1(x) + c_2 y_2(x) + \cdots + c_n y_n(x)$ 为 $Ly = 0$ 的通解. 同理，

$$c_1 y_1(x) + c_2 y_2(x) + \cdots + c_n y_n(x) + \sum_{k=1}^{n} y_k(x) \int_{x_0}^{x} \frac{W_k(s)}{W(s)} \frac{q(s)}{p_n(s)} \mathrm{d}s$$

为 $Ly = q(x)$ 的通解，其中 $W_k(x)$ 为 $W(x)$ 的第 n 行第 k 列元素的代数余子式.

若方程 $Ly = 0$ 中的系数为常数，则称之为 n **阶齐次线性常系数常微分方程**，其形式为

$$y^{(n)} + a_1 y^{(n-1)} + \cdots + a_{n-1} y' + a_n y = 0. \tag{13}$$

将 $y = \mathrm{e}^{\lambda x}$ 代入（13）有 $\mathrm{e}^{\lambda x}(\lambda^n + a_1 \lambda^{n-1} + \cdots + a_{n-1}\lambda + a_n) = 0$，则称

$$\lambda^n + a_1 \lambda^{n-1} + \cdots + a_{n-1}\lambda + a_n = 0$$

为方程（13）的**特征方程**.

若 $\lambda_1, \lambda_2, \cdots, \lambda_n$ 均为特征方程 $\lambda^n + a_1 \lambda^{n-1} + \cdots + a_{n-1}\lambda + a_n = 0$ 的单根，则 $y = c_1 \mathrm{e}^{\lambda_1 x} + c_2 \mathrm{e}^{\lambda_2 x} + \cdots + c_n \mathrm{e}^{\lambda_n x}$ 为方程（13）的通解.

若 λ_i（$i = 1, 2, \cdots, r$）为特征方程 $\lambda^n + a_1 \lambda^{n-1} + \cdots + a_{n-1}\lambda + a_n = 0$ 的 n_i 重根，则 $y = (c_{11} + \cdots + c_{1n_1} x^{n_1 - 1})\mathrm{e}^{\lambda_1 x} + \cdots + (c_{r1} + \cdots + c_{rn_r} x^{n_r - 1})\mathrm{e}^{\lambda_r x}$ 为方程（13）的通解.

若 $\lambda_k = \alpha_k + \mathrm{i}\beta_k$ 为 $\lambda^n + a_1 \lambda^{n-1} + \cdots + a_{n-1}\lambda + a_n = 0$ 的 n_k 重根，则 $\lambda_k^* = \alpha_k - \mathrm{i}\beta_k$ 也为该特征方程的 n_k 重根，即

$$\mathrm{e}^{\alpha_k x}\cos\beta_k x, \mathrm{e}^{\alpha_k x}\sin\beta_k x, \cdots, x^{n_k - 1}\mathrm{e}^{\alpha_k x}\cos\beta_k x, x^{n_k - 1}\mathrm{e}^{\alpha_k x}\sin\beta_k x$$

为方程（13）的线性无关解.

n 阶线性非齐次常系数常微分方程

$$y^{(n)} + a_1 y^{(n-1)} + \cdots + a_{n-1} y' + a_n y = f(x)$$

的非齐次项 $f(x)$ 为某些特殊形式时，可用待定系数法求解. 例如 $f(x) = p_m(x)\mathrm{e}^{rx}$，若 r 为特征方程 $\lambda^n + a_1 \lambda^{n-1} + \cdots + a_{n-1}\lambda + a_n = 0$ 的 k 重根，则令 $y = x^k q_m(x)\mathrm{e}^{rx}$，代入方程

$$y^{(n)} + a_1 y^{(n-1)} + \cdots + a_{n-1} y' + a_n y = p_m(x)\mathrm{e}^{rx} \tag{14}$$

求解，其中 $p_m(x), q_m(x)$ 为 m 次多项式，且 $q_m(x)$ 的系数待定，则（14）的通解为

$$y = x^k q_m(x)\mathrm{e}^{rx} + (c_{11} + \cdots + c_{1n_1} x^{n_1 - 1})\mathrm{e}^{\lambda_1 x} + \cdots + (c_{r1} + \cdots + c_{rn_r} x^{n_r - 1})\mathrm{e}^{\lambda_r x}.$$

若 r 不是特征方程 $\lambda^n + a_1 \lambda^{n-1} + \cdots + a_{n-1}\lambda + a_n = 0$ 的根，则令 $y = q_m(x)\mathrm{e}^{rx}$，代入（14）求解.

例 1 求解 $y'' + y = x\cos x$.

解 方程 $y'' + y = x\cos x$ 的特征方程为 $\lambda^2 + 1 = 0$，$f(x) = x\cos x$. 由于 $r = \mathrm{i}$ 是 $\lambda^2 + 1 = 0$ 的根，令

$$y = x(ax + b)\cos x + x(cx + d)\sin x,$$

代入方程 $y'' + y = x\cos x$，经计算有 $a = 0$，$b = c = \dfrac{1}{4}$，$d = 0$. 因此方程 $y'' + y = x\cos x$ 的通解为

$$y = \frac{1}{4}x^2 \sin x + \frac{1}{4}x\cos x + c_1 \cos x + c_2 \sin x.$$

例 2　求解 $\dfrac{\mathrm{d}^2 x(t)}{\mathrm{d} t^2} + 2\gamma \dfrac{\mathrm{d} x(t)}{\mathrm{d} t} + \omega_0{}^2 x(t) = f(t)$，其中 $\gamma, \omega_0{}^2$ 为常数，$\gamma > 0$.

解　上述二阶线性常系数常微分方程的通解可用积分表达，即

$$x(t) = c_1 \mathrm{e}^{-\gamma t} \sin \sqrt{\omega_0{}^2 - \gamma^2}\, t + c_2 \mathrm{e}^{-\gamma t} \cos \sqrt{\omega_0{}^2 - \gamma^2}\, t$$

$$+ \frac{1}{\sqrt{\omega_0{}^2 - \gamma^2}} \int_{-\infty}^{t} f(\tau) \mathrm{e}^{-\gamma(t-\tau)} \sin(\sqrt{\omega_0{}^2 - \gamma^2}\,(t-\tau))\mathrm{d}\tau.$$

形如

$$x^n y^{(n)} + a_1 x^{n-1} y^{(n-1)} + \cdots + a_{n-1} x y' + a_n y = f(x) \tag{15}$$

的方程称为**欧拉方程**. 欧拉方程经变换 $x = \mathrm{e}^t$，可变化为 n 阶线性常系数常微分方程. 由于 $x = \mathrm{e}^t$，则 $t = \ln x$，故

$$x \frac{\mathrm{d}}{\mathrm{d} x} = x \frac{\mathrm{d} t}{\mathrm{d} x} \frac{\mathrm{d}}{\mathrm{d} t} = \frac{\mathrm{d}}{\mathrm{d} t},$$

$$x^2 \frac{\mathrm{d}^2}{\mathrm{d} x^2} = x \frac{\mathrm{d}}{\mathrm{d} x} \left(x \frac{\mathrm{d}}{\mathrm{d} x} \right) - x \frac{\mathrm{d}}{\mathrm{d} x} = \frac{\mathrm{d}^2}{\mathrm{d} t^2} - \frac{\mathrm{d}}{\mathrm{d} t} = \frac{\mathrm{d}}{\mathrm{d} t} \left(\frac{\mathrm{d}}{\mathrm{d} t} - 1 \right),$$

$$\cdots,$$

$$x^n \frac{\mathrm{d}^n}{\mathrm{d} x^n} = \frac{\mathrm{d}}{\mathrm{d} t} \left(\frac{\mathrm{d}}{\mathrm{d} t} - 1 \right) \cdots \left(\frac{\mathrm{d}}{\mathrm{d} t} - n + 1 \right).$$

因此欧拉方程（15）变换为

$$\left[\frac{\mathrm{d}}{\mathrm{d} t} \left(\frac{\mathrm{d}}{\mathrm{d} t} - 1 \right) \cdots \left(\frac{\mathrm{d}}{\mathrm{d} t} - n + 1 \right) + a_1 \frac{\mathrm{d}}{\mathrm{d} t} \left(\frac{\mathrm{d}}{\mathrm{d} t} - 1 \right) \cdots \left(\frac{\mathrm{d}}{\mathrm{d} t} - n + 2 \right) + \cdots \right.$$

$$\left. + a_{n-1} \frac{\mathrm{d}}{\mathrm{d} t} + a_n \right] y(\mathrm{e}^t) = f(\mathrm{e}^t). \tag{16}$$

方程（16）即为 n 阶线性常系数常微分方程.

11.3　二阶线性常微分方程

1. 二阶线性常微分方程

形如

$$p_2(x) \frac{\mathrm{d}^2 y}{\mathrm{d} x^2} + p_1(x) \frac{\mathrm{d} y}{\mathrm{d} x} + p_0(x) y = p_3(x) \tag{1}$$

的方程称为**二阶线性常微分方程**，其中 $p_i(x)$ $(i = 0,1,2,3)$ 在 (a,b) 上连续，$p_3(x)$ 为非齐次项. 若 $p_3(x) \equiv 0$，则称方程（1）为**二阶齐次线性常微分方程**.

二阶线性常微分方程也可以表示为

$$\frac{\mathrm{d}^2 y}{\mathrm{d}x^2} + p(x)\frac{\mathrm{d}y}{\mathrm{d}x} + q(x)y = r(x), \tag{2}$$

其中 $p(x), q(x), r(x)$ 在 (a,b) 上连续. 若 $r(x) \equiv 0$ ，则二阶齐次线性常微分方程也可表示为

$$\frac{\mathrm{d}^2 y}{\mathrm{d}x^2} + p(x)\frac{\mathrm{d}y}{\mathrm{d}x} + q(x)y = 0.$$

与 n 阶齐次线性常微分方程类似，若 $f_1(x), f_2(x)$ 为方程

$$\frac{\mathrm{d}^2 y}{\mathrm{d}x^2} + p(x)\frac{\mathrm{d}y}{\mathrm{d}x} + q(x)y = 0$$

的线性无关解，即

$$w(x) = f_1(x)f_2{}'(x) - f_2(x)f_1{}'(x) = w(x_0)\mathrm{e}^{\int_{x_0}^{x} -p(t)\mathrm{d}t} \neq 0,$$

则 $y = c_1 f_1(x) + c_2 f_2(x)$ 为 $\dfrac{\mathrm{d}^2 y}{\mathrm{d}x^2} + p(x)\dfrac{\mathrm{d}y}{\mathrm{d}x} + q(x)y = 0$ 的通解.

若已知 $\dfrac{\mathrm{d}^2 y}{\mathrm{d}x^2} + p(x)\dfrac{\mathrm{d}y}{\mathrm{d}x} + q(x)y = 0$ 的一个解为 $f_1(x)$ ，利用 $w(x) = f_1(x)f_2{}'(x)$ $- f_2(x)f_1{}'(x)$ 可以求出方程的另一个解. 由于

$$\left(\frac{f_2(x)}{f_1(x)}\right)' = \frac{f_1(x)f_2{}'(x) - f_2(x)f_1{}'(x)}{f_1{}^2(x)} = \frac{w(x_0)\mathrm{e}^{\int_{x_0}^{x} -p(t)\mathrm{d}t}}{f_1{}^2(x)},$$

将上式两端积分有

$$f_2(x) = f_1(x)\left(\frac{f_2(x_0)}{f_1(x_0)} + w(x_0)\int_{x_0}^{x} \frac{\mathrm{e}^{\int_{x_0}^{s} -p(t)\mathrm{d}t}}{f_1{}^2(s)}\mathrm{d}s\right). \tag{3}$$

于是 $y = c_1 f_1(x) + c_2 f_2(x)$ 为 $\dfrac{\mathrm{d}^2 y}{\mathrm{d}x^2} + p(x)\dfrac{\mathrm{d}y}{\mathrm{d}x} + q(x)y = 0$ 的通解，用常数变易法可求

$$\frac{\mathrm{d}^2 y}{\mathrm{d}x^2} + p(x)\frac{\mathrm{d}y}{\mathrm{d}x} + q(x)y = r(x)$$

的特解. 令 $Y = c_1(x)f_1(x) + c_2(x)f_2(x)$ 为 $\dfrac{\mathrm{d}^2 y}{\mathrm{d}x^2} + p(x)\dfrac{\mathrm{d}y}{\mathrm{d}x} + q(x)y = r(x)$ 的解，则有

$$\begin{cases} c_1{}'(x)f_1(x) + c_2{}'(x)f_2(x) = 0, \\ c_1{}'(x)f_1{}'(x) + c_2{}'(x)f_2{}'(x) = r(x). \end{cases}$$

求解上述线性方程组，并积分可得 $c_1(x), c_2(x)$ ，于是

$$Y = f_2(x)\int_{x_0}^x \frac{f_1(t)r(t)}{w(t)}\,\mathrm{d}t - f_1(x)\int_{x_0}^x \frac{f_2(t)r(t)}{w(t)}\,\mathrm{d}t\,.$$

2. 二阶线性常微分方程的定性理论

引理　设 $y = \varphi(x)$ 为方程 $\dfrac{\mathrm{d}^2y}{\mathrm{d}x^2} + p(x)\dfrac{\mathrm{d}y}{\mathrm{d}x} + q(x)y = 0$ 的非平凡解，则 $\varphi(x)$ 的零点是孤立的.

证　设 x_0 为 $y = \varphi(x)$ 的非孤立零点，则在 x_0 的邻域内存在点列 $\{x_n\}$，使得 $\varphi(x_n) = 0$，且 $x_n \neq x_0$. 故

$$\varphi'(x_0) = \lim_{n\to+\infty}\frac{\varphi(x_n)-\varphi(x_0)}{x_n-x_0} = 0,$$

因此 $y = \varphi(x)$ 是方程 $\dfrac{\mathrm{d}^2y}{\mathrm{d}x^2} + p(x)\dfrac{\mathrm{d}y}{\mathrm{d}x} + q(x)y = 0$ 的解，且满足 $\varphi(x_0) = 0$，$\varphi'(x_0) = 0$. 根据解的存在及唯一性定理，$\varphi(x) \equiv 0$ 与 $y = \varphi(x)$ 为非平凡解矛盾. 故 $y = \varphi(x)$ 的零点是孤立的.

定理 11.9（分离定理）　设 $\varphi_1(x), \varphi_2(x)$ 分别为 $\dfrac{\mathrm{d}^2y}{\mathrm{d}x^2} + p(x)\dfrac{\mathrm{d}y}{\mathrm{d}x} + q(x)y = 0$ 的非平凡解. $\varphi_1(x), \varphi_2(x)$ 线性相关当且仅当 $\varphi_1(x), \varphi_2(x)$ 有相同的零点. 若 $\varphi_1(x), \varphi_2(x)$ 线性无关，则 $\varphi_1(x), \varphi_2(x)$ 的零点相互间隔.

证　若 $\varphi_1(x), \varphi_2(x)$ 线性相关，则 $\varphi_2(x) = c\varphi_1(x)$，$c \neq 0$，故 $\varphi_1(x), \varphi_2(x)$ 有相同的零点.

若 x_0 为 $\varphi_1(x), \varphi_2(x)$ 的共同零点，则

$$w(x) = \varphi_1(x)\varphi_2{}'(x) - \varphi_1{}'(x)\varphi_2(x) = w(x_0)\mathrm{e}^{\int_{x_0}^x -p(t)\mathrm{d}t} = 0,$$

因此 $\varphi_1(x), \varphi_2(x)$ 线性相关.

若 $\varphi_1(x), \varphi_2(x)$ 线性无关，则 $\varphi_1(x), \varphi_2(x)$ 没有相同的零点. 设 x_1, x_2 为 $\varphi_1(x)$ 的相邻零点，即 $\varphi_1(x_1) = \varphi_1(x_2) = 0$. 不妨设 $\varphi_1(x) > 0$，$x \in (x_1, x_2)$，则 $\varphi_1{}'(x_1) > 0$，$\varphi_1{}'(x_2) < 0$. 又由于 $\varphi_2(x_1)\varphi_2(x_2) \neq 0$，以及 $w(x) \neq 0$，有 $w(x_1)w(x_2) > 0$，则

$$\varphi_2(x_1)\varphi_2(x_2)\varphi_1{}'(x_1)\varphi_1{}'(x_2) > 0,$$

可推出 $\varphi_2(x_1)\varphi_2(x_2) < 0$. 因此 $\varphi_2(x)$ 在 $x \in [x_1, x_2]$ 上必存在一零点. 同理，若 x_1, x_2 为 $\varphi_2(x)$ 的相邻零点，则 $\varphi_1(x)$ 在 $x \in [x_1, x_2]$ 上必存在一零点. 故 $\varphi_1(x), \varphi_2(x)$ 的零点相互间隔，证毕.

定理 11.10 (比较定理) 设 $y=\varphi(x)$ 为 $\dfrac{\mathrm{d}^2 y}{\mathrm{d}x^2}+p(x)\dfrac{\mathrm{d}y}{\mathrm{d}x}+q(x)y=0$ 的非平凡解，

$y=\psi(x)$ 为 $\dfrac{\mathrm{d}^2 y}{\mathrm{d}x^2}+p(x)\dfrac{\mathrm{d}y}{\mathrm{d}x}+r(x)y=0$ 的非平凡解，且 $\forall x\in(a,b)$，有 $r(x)\geq q(x)$. 若

x_1,x_2 为 $y=\varphi(x)$ 的相邻零点，则 $y=\psi(x)$ 在 $[x_1,x_2]$ 上至少有一个零点.

证 设 $\varphi(x_1)=\varphi(x_2)=0$，且 $\forall x\in(x_1,x_2)$，$\varphi(x)>0$，则 $\varphi'(x_1)>0$，$\varphi'(x_2)<0$. 若 $\forall x\in[x_1,x_2]$，$\psi(x)\neq 0$，不妨设 $\psi(x)>0$，$x\in[x_1,x_2]$，由于

$$\frac{\mathrm{d}^2\varphi}{\mathrm{d}x^2}+p(x)\frac{\mathrm{d}\varphi}{\mathrm{d}x}+q(x)\varphi(x)=0,\qquad \frac{\mathrm{d}^2\psi}{\mathrm{d}x^2}+p(x)\frac{\mathrm{d}\psi}{\mathrm{d}x}+r(x)\psi(x)=0,$$

则有

$$\frac{\mathrm{d}v(x)}{\mathrm{d}x}+p(x)v(x)=(r(x)-q(x))\varphi(x)\psi(x)\geq 0,$$

其中 $v(x)=\psi(x)\varphi'(x)-\varphi(x)\psi'(x)$. 将上式两端乘以 $\mathrm{e}^{\int_{x_1}^{x}p(t)\mathrm{d}t}$，有

$$\frac{\mathrm{d}}{\mathrm{d}x}(\mathrm{e}^{\int_{x_1}^{x}p(t)\mathrm{d}t}v(x))=\mathrm{e}^{\int_{x_1}^{x}p(t)\mathrm{d}t}(r(x)-q(x))\varphi(x)\psi(x)\geq 0,\quad x\in(x_1,x_2),$$

故

$$\mathrm{e}^{\int_{x_1}^{x_2}p(t)\mathrm{d}t}v(x_2)\geq v(x_1).$$

而 $v(x_2)=\psi(x_2)\varphi'(x_2)<0$，$v(x_1)=\psi(x_1)\varphi'(x_1)>0$，与上式矛盾，因此 $y=\psi(x)$ 在 $[x_1,x_2]$ 上至少有一个零点.

命题 1 设 $y=\varphi(x)$ 为方程 $\dfrac{\mathrm{d}^2 y}{\mathrm{d}x^2}+p(x)\dfrac{\mathrm{d}y}{\mathrm{d}x}+q(x)y=0$ 的非平凡解. 若 $\forall x\in(a,b)$，$q(x)\leq 0$，则 $y=\varphi(x)$ 在 (a,b) 上至多存在一个零点.

证 显然，$y\equiv 1$ 为 $\dfrac{\mathrm{d}^2 y}{\mathrm{d}x^2}+p(x)\dfrac{\mathrm{d}y}{\mathrm{d}x}=0$ 的解. 若 $y=\varphi(x)$ 在 (a,b) 上存在两个零点，根据比较定理，则 $y\equiv 1$ 也存在零点，产生矛盾. 所以，非平凡解 $y=\varphi(x)$ 在 (a,b) 上至多存在一个零点.

命题 2 设 $y=\varphi(x)$ 为方程 $\dfrac{\mathrm{d}^2 y}{\mathrm{d}x^2}+Q(x)y=0$ 的非平凡解. 若 $Q(x)$ 在 $[a,+\infty)$ 上连续，且 $Q(x)\geq k^2>0$，则 $y=\varphi(x)$ 在 $[a,+\infty)$ 上有无穷多零点，且相邻零点的间距 $\leq\dfrac{\pi}{k}$.

证 只需证明不存在 $[a_1,a_2]$，且 $a_2-a_1>\dfrac{\pi}{k}$，使得 $\forall x\in[a_1,a_2]$，$\varphi(x)\neq 0$.

假若不然，即 $\exists [a_1, a_2]$ ，使得 $\varphi(x) \neq 0$ ， $x \in [a_1, a_2]$. 由于方程 $\dfrac{\mathrm{d}^2 y}{\mathrm{d}x^2} + k^2 y = 0$ 的

解为 $y = \sin kx$ ，其两相邻零点 $x_1, x_2 \in [a_1, a_2]$ ，且 $x_2 = x_1 + \dfrac{\pi}{k}$. 根据比较定理，方程

$\dfrac{\mathrm{d}^2 y}{\mathrm{d}x^2} + Q(x)y = 0$ 的解 $y = \varphi(x)$ 在 $[x_1, x_2]$ 中至少有一个零点. 这与 $\varphi(x) \neq 0$ ， $x \in [a_1, a_2]$

矛盾.

故 $y = \varphi(x)$ 的相邻零点的间距不大于 $\dfrac{\pi}{k}$.

在二阶线性常微分方程 $\dfrac{\mathrm{d}^2 y}{\mathrm{d}x^2} + p(x)\dfrac{\mathrm{d}y}{\mathrm{d}x} + q(x)y = 0$ 中令 $y = w(x)u(x)$ ，有

$$wu'' + (2w' + pw)u' + (qw + pw' + w'')u = 0 . \tag{4}$$

若 $2w' + pw = 0$ ，则

$$w(x) = C \exp\left\{ -\frac{1}{2}\int_\alpha^x p(t)\mathrm{d}t \right\} . \tag{5}$$

将（5）代入方程（4）有

$$u'' + Q(x)u = 0,$$

其中

$$Q(x) = q(x) - \frac{1}{4}p^2(x) - \frac{1}{2}p'(x) .$$

方程 $u'' + Q(x)u = 0$ 可以与 $u'' + k^2 u = 0$ 进行比较，来判断其解的零点分布.

例如，零阶 Bessel 方程 $y'' + \dfrac{1}{x}y' + y = 0$ 可变换为

$$u'' + \left(1 + \frac{1}{4x^2}\right)u = 0 .$$

由于 $1 + \dfrac{1}{4x^2} \geq 1$ ，可将上式与 $u'' + u = 0$ 进行比较，根据比较定理，方程

$u'' + \left(1 + \dfrac{1}{4x^2}\right)u = 0$ 的解 $u = \varphi(x)$ 在 $\sin x$ 的两相邻零点之间必有一零点. n 阶 Bessel

方程 $y'' + \dfrac{1}{x}y' + \left(1 - \dfrac{n^2}{x^2}\right)y = 0$ 可变换为

$$u'' + \left(1 - \frac{4n^2 - 1}{4x^2}\right)u = 0 .$$

根据比较定理， $y = \sin x$ 的零点位于 n 阶 Bessel 函数 $J_n(x)$ 的两相邻零点之间， $n > \dfrac{1}{2}$.

3. 微分算子的伴随算子

令微分算子

$$L \equiv p_2(x)\frac{\mathrm{d}^2}{\mathrm{d}x^2} + p_1(x)\frac{\mathrm{d}}{\mathrm{d}x} + p_0(x). \tag{6}$$

$\forall \,|\varphi\rangle, |\psi\rangle \in L^2$ 空间，定义 $\langle\psi\,|\,\varphi\rangle = \int_{-\infty}^{+\infty} \psi^*(x)\varphi(x)\mathrm{d}x$，可知

$$\langle\varphi\,|\,p_0^\dagger(x)\,|\,\psi\rangle = (\langle\psi\,|\,p_0(x)\,|\,\varphi\rangle)^* = \left(\int_{-\infty}^{+\infty}\psi^*(x)\varphi(x)p_0(x)\mathrm{d}x\right)^*$$

$$= \int_{-\infty}^{+\infty}\varphi^*(x)p_0(x)\psi(x)\mathrm{d}x = \langle\varphi\,|\,p_0(x)\,|\,\psi\rangle,$$

则 $p_0^\dagger(x) = p_0(x)$.

同理，

$$\left\langle\varphi\left|\left(p_1(x)\frac{\mathrm{d}}{\mathrm{d}x}\right)^\dagger\right|\psi\right\rangle$$

$$= \left(\left\langle\psi\left|\left(p_1(x)\frac{\mathrm{d}}{\mathrm{d}x}\right)\right|\varphi\right\rangle\right)^* = \left(\int_{-\infty}^{+\infty}\psi^*(x)p_1(x)\frac{\mathrm{d}\varphi(x)}{\mathrm{d}x}\mathrm{d}x\right)^*$$

$$= \varphi^*(x)p_1(x)\psi(x)\Big|_{-\infty}^{+\infty} - \int_{-\infty}^{+\infty}\varphi^*(x)\frac{\mathrm{d}}{\mathrm{d}x}(\psi(x)p_1(x))\mathrm{d}x$$

$$= -\int_{-\infty}^{+\infty}\varphi^*(x)p_1'(x)\psi(x)\mathrm{d}x - \int_{-\infty}^{+\infty}\varphi^*(x)p_1(x)\frac{\mathrm{d}\psi(x)}{\mathrm{d}x}\mathrm{d}x$$

$$= \left\langle\varphi\left|\left(-p_1(x)\frac{\mathrm{d}}{\mathrm{d}x} - p_1'(x)\right)\right|\psi\right\rangle,$$

则

$$\left(p_1(x)\frac{\mathrm{d}}{\mathrm{d}x}\right)^\dagger = -p_1(x)\frac{\mathrm{d}}{\mathrm{d}x} - p_1'(x).$$

同样有

$$\left(p_2(x)\frac{\mathrm{d}^2}{\mathrm{d}x^2}\right)^\dagger = p_2(x)\frac{\mathrm{d}^2}{\mathrm{d}x^2} + 2p_2'(x)\frac{\mathrm{d}}{\mathrm{d}x} + p_2''(x).$$

因此

$$L^\dagger = \left(p_2(x)\frac{\mathrm{d}^2}{\mathrm{d}x^2} + p_1(x)\frac{\mathrm{d}}{\mathrm{d}x} + p_0(x)\right)^\dagger = \left(p_2(x)\frac{\mathrm{d}^2}{\mathrm{d}x^2}\right)^\dagger + \left(p_1(x)\frac{\mathrm{d}}{\mathrm{d}x}\right)^\dagger + p_0^\dagger(x)$$

$$= p_2(x)\frac{\mathrm{d}^2}{\mathrm{d}x^2} + (2p_2'(x) - p_1(x))\frac{\mathrm{d}}{\mathrm{d}x} + p_2''(x) - p_1'(x) + p_0(x). \tag{7}$$

若 $p_2'(x) = p_1(x)$，则 $L^\dagger = L$，称此 L 为 Hermite 微分算子，或**自伴微分算子**.

类似地，若

$$L \equiv p_n(x)\frac{\mathrm{d}^n}{\mathrm{d}x^n} + p_{n-1}(x)\frac{\mathrm{d}^{n-1}}{\mathrm{d}x^{n-1}} + \cdots + p_1(x)\frac{\mathrm{d}}{\mathrm{d}x} + p_0(x),$$

则有

$$\left(p_k(x)\frac{\mathrm{d}^k}{\mathrm{d}x^k}\right)^\dagger = (-1)^k \sum_{i=0}^{k} \mathrm{C}_k^i p_k^{(k-i)}(x)\frac{\mathrm{d}^i}{\mathrm{d}x^i}.$$

故

$$L^\dagger = \left(\sum_{k=0}^{n} p_k(x)\frac{\mathrm{d}^k}{\mathrm{d}x^k}\right)^\dagger = \sum_{k=0}^{n}(-1)^k \sum_{i=0}^{k} \mathrm{C}_k^i p_k^{(k-i)}(x)\frac{\mathrm{d}^i}{\mathrm{d}x^i}$$

$$= \sum_{i=0}^{n}\left[\sum_{k=i}^{n}(-1)^k \mathrm{C}_k^i p_k^{(k-i)}(x)\right]\frac{\mathrm{d}^i}{\mathrm{d}x^i}.$$

4. Frobenius 方法

Frobenius 方法是求二阶线性常微分方程的级数解方法.

设二阶齐次线性微分方程

$$\frac{\mathrm{d}^2 y}{\mathrm{d}x^2} + p(x)\frac{\mathrm{d}y}{\mathrm{d}x} + q(x)y = 0 \tag{8}$$

的系数函数 $p(x), q(x)$ 在 $|x - x_0| < r$ 内解析，则方程（8）存在级数解

$$y = \sum_{k=0}^{+\infty} c_k(x - x_0)^k, \quad |x - x_0| < r.$$

将 $p(x) = \sum\limits_{k=0}^{+\infty} a_k(x - x_0)^k$，$q(x) = \sum\limits_{k=0}^{+\infty} b_k(x - x_0)^k$ 代入方程（8）有

$$\sum_{n=0}^{+\infty}\left\{(n+1)(n+2)c_{n+2} + \sum_{m=0}^{n}\left[(n-m+1)a_m c_{n-m+1} + b_m c_{n-m}\right]\right\}(x - x_0)^n = 0.$$

利用待定系数法有

$$n(n+1)c_{n+1} = -\sum_{m=0}^{n-1}\left[(n-m)a_m c_{n-m} + b_m c_{n-m-1}\right], \quad n \geq 1. \tag{9}$$

例 1　用 Frobenius 方法求解 Legendre 方程

$$\frac{\mathrm{d}^2 y}{\mathrm{d}x^2} - \frac{2x}{1-x^2}\frac{\mathrm{d}y}{\mathrm{d}x} + \frac{l(l+1)}{1-x^2}y = 0, \quad |x| < 1. \tag{10}$$

解 由于系数函数 $p(x)=-\dfrac{2x}{1-x^2}$ ，$q(x)=\dfrac{l(l+1)}{1-x^2}$ 在 $|x|<1$ 内解析，可设 $y=\sum\limits_{k=0}^{+\infty}c_k x^k$ ，$|x|<1$ 为方程（10）的解. 将 $y=\sum\limits_{k=0}^{+\infty}c_k x^k$ 代入（10）有

$$\sum_{k=0}^{+\infty}\{(k+2)(k+1)c_{k+2}-[k(k+1)-l(l+1)]c_k\}x^k=0 .$$

可得 $c_{k+2}=\dfrac{(k-l)(k+l+1)}{(k+2)(k+1)}c_k$ ，因此

$$y_1(x)=\sum_{k=0}^{+\infty}\frac{2^{2k}}{(2k)!}\frac{\Gamma\left(k-\dfrac{l}{2}\right)}{\Gamma\left(-\dfrac{l}{2}\right)}\frac{\Gamma\left(k+\dfrac{l+1}{2}\right)}{\Gamma\left(\dfrac{l+1}{2}\right)}x^{2k},$$

$$y_2(x)=\sum_{k=0}^{+\infty}\frac{2^{2k}}{(2k+1)!}\frac{\Gamma\left(k-\dfrac{l-1}{2}\right)}{\Gamma\left(-\dfrac{l-1}{2}\right)}\frac{\Gamma\left(k+1+\dfrac{l}{2}\right)}{\Gamma\left(1+\dfrac{l}{2}\right)}x^{2k+1},$$

$y_1(x),y_2(x)$ 为方程（10）的两线性无关解.

若 $l=n=2P$ ，$P\in\mathbf{N}$ ，则 $y_1(x)$ 被截断为 Legendre 多项式 $p_n(x)$ ，且有

$$y_2(x)=q_n(x)=p_n(x)\left(\frac{q_n(0)}{p_n(0)}+W(0)\int_0^x\frac{\mathrm{d}s}{p_n^2(s)(1-s^2)}\right).$$

若 $l=n=2P+1$ ，$P\in\mathbf{N}$ ，则 $y_2(x)$ 被截断为 $p_n(x)$ ，$y_1(x)=q_n(x)$.

例 2 用 Frobenius 方法求解 Schrödinger 方程

$$-\frac{\hbar^2}{2m}\frac{\mathrm{d}^2\psi}{\mathrm{d}x^2}+V(x)\psi=E\psi , \tag{11}$$

其中 $V(x)=\dfrac{1}{2}kx^2$.

解 令 $\psi(x)=H(x)\mathrm{e}^{-\frac{m\omega x^2}{2\hbar}}$ ，并令 $x=\sqrt{\dfrac{\hbar}{m\omega}}y$ ，代入方程（11），则方程（11）可变换为

$$\frac{\mathrm{d}^2 H}{\mathrm{d}y^2}-2y\frac{\mathrm{d}H}{\mathrm{d}y}+\lambda H=0 ,$$

其中 $\lambda=\dfrac{2E}{\hbar\omega}-1$. 将 $H(y)=\sum\limits_{k=0}^{+\infty}c_k y^k$ 代入上式有

$$\sum_{k=0}^{+\infty}\big[(k+1)(k+2)c_{k+2}+\lambda c_k\big]y^k-2\sum_{k=0}^{+\infty}(k+1)c_{k+1}y^{k+1}=0\,.$$

利用待定系数法有

$$c_{k+2}=\frac{2k-\lambda}{(k+1)(k+2)}c_k\,,\quad k\geq1\,.$$

因为 $\lim\limits_{x\to\infty}\psi(x)=0$ ，所以 $\lambda=2l$ ，

$$E=\left(l+\frac{1}{2}\right)\hbar\omega\,,\quad l\in\mathbf{N}\,.$$

例 3　用 Frobenius 方法求解方程 $\dfrac{\mathrm{d}^2y}{\mathrm{d}x^2}-2x\dfrac{\mathrm{d}y}{\mathrm{d}x}+2ly=0$.

解　设 $y=\sum\limits_{k=0}^{+\infty}c_kx^k$ 为方程 $\dfrac{\mathrm{d}^2y}{\mathrm{d}x^2}-2x\dfrac{\mathrm{d}y}{\mathrm{d}x}+2ly=0$ 的解，并将其代入该方程有

$$\sum_{k=0}^{+\infty}\big[(k+1)(k+2)c_{k+2}+2lc_k\big]x^k-2\sum_{k=0}^{+\infty}(k+1)c_{k+1}x^{k+1}=0\,,$$

则 $c_{k+2}=\dfrac{2k-2l}{(k+1)(k+2)}c_k$ ，$k\geq1$. 因此

$$y_1(x)=\sum_{k=0}^{+\infty}\frac{2^{2k}}{(2k)!}\frac{\Gamma\left(k-\dfrac{l}{2}\right)}{\Gamma\left(-\dfrac{l}{2}\right)}x^{2k}\,,$$

$$y_2(x)=\sum_{k=0}^{+\infty}\frac{2^{2k}}{(2k+1)!}\frac{\Gamma\left(k-\dfrac{l-1}{2}\right)}{\Gamma\left(-\dfrac{l-1}{2}\right)}x^{2k+1}\,.$$

若 $l=n=2P$ ，$P\in\mathbf{N}$ ，则 $y_1(x)$ 被截断为 $H_n(x)$. 若 $l=n=2P+1$ ，$P\in\mathbf{N}$ ，则 $y_2(x)$ 被截断为 $H_n(x)$.

当然，可以用算子的方法求解一维 Schrödinger 方程.

设 Hamilton（哈密顿）算子

$$H=\frac{p^2}{2m}+\frac{1}{2}m\omega^2x^2,$$

其中算子 $p=-\mathrm{i}\hbar\dfrac{\mathrm{d}}{\mathrm{d}x}$. 令算子 $a\equiv\sqrt{\dfrac{m\omega}{2\hbar}}\,x+\mathrm{i}\dfrac{p}{\sqrt{2m\hbar\omega}}$ ，则

$$a^{\dagger}\equiv\sqrt{\frac{m\omega}{2\hbar}}\,x-\mathrm{i}\frac{p}{\sqrt{2m\hbar\omega}}\,.$$

经计算有 $[a,a^\dagger]=1$，$[x,p]=\mathrm{i}\hbar$，以及

$$H=\hbar\omega a^\dagger a+\frac{1}{2}\hbar\omega.$$

设 $|\psi_E\rangle$ 为 Hamilton 算子 H 关于本征值 E 的本征矢，即 $H|\psi_E\rangle=E|\psi_E\rangle$，由于 $[H,a]=-\hbar\omega a$，$[H,a^\dagger]=\hbar\omega a^\dagger$，有

$$Ha|\psi_E\rangle=aH|\psi_E\rangle-\hbar\omega a|\psi_E\rangle=(E-\hbar\omega)a|\psi_E\rangle,$$

故 $a|\psi_E\rangle$ 为 H 关于本征值 $E-\hbar\omega$ 的本征矢，$a|\psi_E\rangle=c_E|\psi_{E-\hbar\omega}\rangle$. 因此 a 为降算子.

同理，

$$Ha^\dagger|\psi_E\rangle=a^\dagger H|\psi_E\rangle+\hbar\omega a^\dagger|\psi_E\rangle=(E+\hbar\omega)a^\dagger|\psi_E\rangle,$$

故 $a^\dagger|\psi_E\rangle$ 为 H 关于本征值 $E+\hbar\omega$ 的本征矢，$a^\dagger|\psi_E\rangle=c_E'|\psi_{E+\hbar\omega}\rangle$. 因此 $a^\dagger$ 为升算子.

由于 H 为非负算子，则 H 的本征值是非负的，即 $\exists|\psi_0\rangle$ 使 $a|\psi_0\rangle=0$，故

$$H|\psi_0\rangle=\left(\hbar\omega a^\dagger a+\frac{1}{2}\hbar\omega\right)|\psi_0\rangle=\frac{1}{2}\hbar\omega|\psi_0\rangle,$$

即基态能量为 $\frac{1}{2}\hbar\omega$. 由于 $a^\dagger|\psi_E\rangle=c_E'|\psi_{E+\hbar\omega}\rangle$，则 $E_n=\left(n+\frac{1}{2}\right)\hbar\omega$. 因为

$$(a^\dagger)^n|\psi_0\rangle=c_n|\psi_n\rangle,\quad \langle\psi_0|a^n=c_n^*\langle\psi_n|,$$

将上两式相互作用有

$$\langle\psi_0|a^{n-1}a(a^\dagger)^n|\psi_0\rangle=|c_n|^2.$$

因为 $a(a^\dagger)^n=(a^\dagger)^n a+n(a^\dagger)^{n-1}$，则上式左端变为

$$\langle\psi_0|a^{n-1}[(a^\dagger)^n a+n(a^\dagger)^{n-1}]|\psi_0\rangle=\langle\psi_0|a^{n-1}n(a^\dagger)^{n-1}|\psi_0\rangle=n|c_{n-1}|^2,$$

即 $|c_n|^2=n|c_{n-1}|^2$. 反复利用此递推关系有

$$|c_n|^2=n!|c_0|^2=n!,$$

这里令 $|c_0|^2=1$. 因此

$$|\psi_n\rangle=\frac{1}{\sqrt{n!}}(a^\dagger)^n|\psi_0\rangle.$$

由于 $a|\psi_0\rangle=0$，即 $\left(\sqrt{\frac{m\omega}{2\hbar}}x+\sqrt{\frac{\hbar}{2m\omega}}\frac{\mathrm{d}}{\mathrm{d}x}\right)\psi_0(x)=0$，则

$$\psi_0(x)=\left(\frac{m\omega}{\hbar\pi}\right)^{\frac{1}{4}}\mathrm{e}^{-\frac{m\omega x^2}{2\hbar}},$$

因此

$$\psi_n(x) = \frac{1}{\sqrt{n!}} \left(\frac{m\omega}{\hbar\pi}\right)^{1/4} \left(\sqrt{\frac{m\omega}{2\hbar}}\, x - \sqrt{\frac{\hbar}{2m\omega}}\, \frac{\mathrm{d}}{\mathrm{d}x}\right)^n \mathrm{e}^{-\frac{m\omega x^2}{2\hbar}}.$$

令 $y = \sqrt{\dfrac{m\omega}{\hbar}}\, x$ ，则上式右端变为

$$\left(\frac{m\omega}{\hbar\pi}\right)^{\frac{1}{4}} \frac{1}{\sqrt{2^n n!}} \left(y - \frac{\mathrm{d}}{\mathrm{d}y}\right)^n \mathrm{e}^{-\frac{y^2}{2}} = \left(\frac{m\omega}{\hbar\pi}\right)^{\frac{1}{4}} \frac{1}{\sqrt{2^n n!}} \left[(-1)^n \mathrm{e}^{y^2} \frac{\mathrm{d}^n}{\mathrm{d}y^n}(\mathrm{e}^{-y^2})\right] \mathrm{e}^{-\frac{y^2}{2}}$$

$$= \left(\frac{m\omega}{\hbar\pi}\right)^{\frac{1}{4}} \frac{1}{\sqrt{2^n n!}} H_n(y)\mathrm{e}^{-\frac{y^2}{2}},$$

因此

$$\psi_n(x) = \left(\frac{m\omega}{\hbar\pi}\right)^{\frac{1}{4}} \frac{1}{\sqrt{2^n n!}} H_n\left(\sqrt{\frac{m\omega}{\hbar}}\, x\right) \mathrm{e}^{-\frac{m\omega x^2}{2\hbar}}.$$

5. WKB 方法

若二阶线性常微分方程

$$\frac{\mathrm{d}^2 y}{\mathrm{d}x^2} + q(x)y = 0 \tag{12}$$

的系数函数 $q(x)$ 变化相当慢，即 $q'(x) \approx 0$ ，则可用 WKB 方法来求解方程（12）.

令 $y = \mathrm{e}^{\mathrm{i}\varphi(x)}$ ，将其代入方程（12）有

$$\varphi'^2(x) - \mathrm{i}\varphi''(x) - q(x) = 0.$$

由于 $\varphi''(x)$ 相对于 $q(x)$ 为小量，则

$$\varphi(x) \approx \pm\int \sqrt{q(x)}\,\mathrm{d}x,$$

于是 $|\varphi''(x)| \approx \dfrac{1}{2}\left|\dfrac{q'(x)}{\sqrt{q(x)}}\right|$ ．因此

$$\varphi'(x) \approx \pm\left(q(x) \pm \frac{\mathrm{i}}{2}\frac{q'(x)}{\sqrt{q(x)}}\right)^{\frac{1}{2}} = \pm\sqrt{q(x)}\left(1 \pm \frac{\mathrm{i}}{2}\frac{q'(x)}{q^{3/2}(x)}\right)^{\frac{1}{2}} \approx \pm\sqrt{q(x)} + \frac{\mathrm{i}}{4}\frac{q'(x)}{q(x)}.$$

对上式两端积分得

$$\varphi(x) \approx \pm\int \sqrt{q(x)}\,\mathrm{d}x + \frac{\mathrm{i}}{4}\ln q(x).$$

将其代入 $y = \mathrm{e}^{\mathrm{i}\varphi(x)}$ ，则得

$$y \approx \frac{1}{\sqrt[4]{q(x)}} \left(c_1 \exp\left\{ \mathrm{i} \int \sqrt{q(x)}\, \mathrm{d}x \right\} + c_2 \exp\left\{ -\mathrm{i} \int \sqrt{q(x)}\, \mathrm{d}x \right\} \right).$$

若 x_0 是 $q(x)$ 的零点，且 $x < x_0$ 时，$q(x) < 0$；$x > x_0$ 时，$q(x) > 0$，则方程（12）的解为

$$y \approx \begin{cases} \dfrac{1}{\sqrt[4]{-q(x)}} \exp\left\{ -\int_x^{x_0} \sqrt{-q(x)}\, \mathrm{d}x \right\}, & x < x_0, \\[3mm] \dfrac{2}{\sqrt[4]{q(x)}} \cos\left(\int_{x_0}^x \sqrt{q(x)}\, \mathrm{d}x - \dfrac{\pi}{4} \right), & x > x_0. \end{cases}$$

若 x_0 是 $q(x)$ 的零点，且 $x < x_0$ 时，$q(x) > 0$；$x > x_0$ 时，$q(x) < 0$，则方程（12）的解为

$$y \approx \begin{cases} \dfrac{2}{\sqrt[4]{q(x)}} \cos\left(\int_x^{x_0} \sqrt{q(x)}\, \mathrm{d}x - \dfrac{\pi}{4} \right), & x < x_0, \\[3mm] \dfrac{1}{\sqrt[4]{-q(x)}} \exp\left\{ -\int_{x_0}^x \sqrt{-q(x)}\, \mathrm{d}x \right\}, & x > x_0. \end{cases}$$

例 4 用 WKB 方法求解一维 Schrödinger 方程

$$\frac{\mathrm{d}^2\psi}{\mathrm{d}x^2} + \frac{2m}{\hbar^2}(E - V(x))\psi(x) = 0.$$

解 上述方程形如方程（12），其中

$$q(x) = \frac{2m}{\hbar^2}(E - V(x)) \begin{cases} > 0, & a < x < b, \\ < 0, & x < a \text{或} x > b. \end{cases}$$

则方程 $\dfrac{\mathrm{d}^2\psi}{\mathrm{d}x^2} + \dfrac{2m}{\hbar^2}(E - V(x))\psi(x) = 0$ 在 $a < x < b$ 上的解为

$$\psi(x) \approx \frac{A}{(E - V(x))^{\frac{1}{4}}} \cos\left(\int_a^x \sqrt{\frac{2m}{\hbar^2}(E - V(x))}\, \mathrm{d}x - \frac{\pi}{4} \right)$$

$$= \frac{B}{(E - V(x))^{\frac{1}{4}}} \cos\left(\int_x^b \sqrt{\frac{2m}{\hbar^2}(E - V(x))}\, \mathrm{d}x - \frac{\pi}{4} \right),$$

其中常数 A, B 可相同或互为相反数．因此

$$\int_a^b \sqrt{2m(E - V(x))}\, \mathrm{d}x = \left(n + \frac{1}{2} \right)\pi\hbar.$$

设 $\psi(\boldsymbol{r}, t) = A(\boldsymbol{r}, t)\exp\left\{ \dfrac{\mathrm{i}}{\hbar} S(\boldsymbol{r}, t) \right\}$ 为 Schrödinger 方程

$$-\frac{\hbar^2}{2m}\nabla^2\psi+V\psi=\mathrm{i}\hbar\frac{\partial\psi}{\partial t}\qquad(13)$$

的解. 将 $\dfrac{\partial\psi}{\partial t}=\dfrac{\partial A}{\partial t}\mathrm{e}^{\frac{\mathrm{i}S}{\hbar}}+\dfrac{\mathrm{i}}{\hbar}A\mathrm{e}^{\frac{\mathrm{i}S}{\hbar}}\dfrac{\partial S}{\partial t}$ 和

$$\nabla^2\psi=\nabla\cdot\nabla\psi=\nabla\cdot\left(\mathrm{e}^{\frac{\mathrm{i}S}{\hbar}}\nabla A+\frac{\mathrm{i}}{\hbar}A\mathrm{e}^{\frac{\mathrm{i}S}{\hbar}}\nabla S\right)$$

$$=\mathrm{e}^{\frac{\mathrm{i}S}{\hbar}}\left(\nabla^2A+\frac{2\mathrm{i}}{\hbar}\nabla S\cdot\nabla A-\frac{1}{\hbar^2}\nabla^2S+\frac{\mathrm{i}}{\hbar}A\nabla S\cdot\nabla S\right)$$

代入方程（13），并令实部和虚部分别相等，有

$$\frac{\partial S}{\partial t}+\frac{\nabla S\cdot\nabla S}{2m}+V=\frac{\hbar^2}{2m}\frac{\nabla^2A}{A},\qquad(14)$$

$$m\frac{\partial A}{\partial t}+\nabla S\cdot\nabla A+\frac{A}{2}\nabla^2S=0.\qquad(15)$$

令几率密度 $\rho(\boldsymbol{r},t)=A^2(\boldsymbol{r},t)=\left|\psi(\boldsymbol{r},t)\right|^2$ 和几率流密度

$$\boldsymbol{j}(\boldsymbol{r},t)=\rho(\boldsymbol{r},t)\frac{\nabla S}{m}=\rho(\boldsymbol{r},t)\boldsymbol{v}(\boldsymbol{r},t).$$

则方程（15）可变为

$$\frac{\partial\rho}{\partial t}+\nabla\cdot\boldsymbol{j}=0.$$

上述方程称为**几率连续性方程**. 由于 $\hbar$ 充分小，$\hbar^2$ 项可忽略，方程（14）变为

$$\frac{\partial S}{\partial t}+\frac{\nabla S\cdot\nabla S}{2m}+V=0.$$

将 ∇ 作用于上式有 $\dfrac{\partial}{\partial t}\nabla S+\nabla\left(\boldsymbol{v}\cdot\dfrac{1}{2}m\boldsymbol{v}\right)+\nabla V=0$ ，并利用 $(\boldsymbol{v}\cdot\nabla)m\boldsymbol{v}=\nabla\left(\boldsymbol{v}\cdot\dfrac{1}{2}m\boldsymbol{v}\right)$，则有

$$\left(\frac{\partial}{\partial t}+\boldsymbol{v}\cdot\nabla\right)m\boldsymbol{v}+\nabla V=0.$$

此为经典的流体运动方程.

11.4 复二阶线性微分方程

1. 复一阶齐次线性微分方程

根据微分方程理论，微分方程的解应在某范围内有意义. 将微分方程的解进行解析延拓可得一新的解析函数，此解析函数为延拓后微分方程的解.

设函数 $p(z)$ 在环域 $r_1 < |z-z_0| < r_2$ 内单值解析, 称方程

$$\frac{\mathrm{d}w}{\mathrm{d}z} + p(z)w = 0 \tag{1}$$

为**复一阶齐次线性微分方程**. 将 $p(z)$ 在环域 $r_1 < |z-z_0| < r_2$ 内展开有

$$p(z) = \sum_{n=-\infty}^{+\infty} a_n (z-z_0)^n = \frac{a_{-1}}{z-z_0} + \sum_{n=0}^{+\infty} a_n (z-z_0)^n + \sum_{n=2}^{+\infty} a_{-n}(z-z_0)^{-n},$$

解方程（1）得

$$
\begin{aligned}
w(z) &= \mathrm{e}^{-\int p(z)\mathrm{d}z} \\
&= \exp\left\{ -a_{-1}\int \frac{\mathrm{d}z}{z-z_0} - \sum_{n=0}^{+\infty} a_n \int (z-z_0)^n \mathrm{d}z - \sum_{n=2}^{+\infty} a_{-n}\int (z-z_0)^{-n}\mathrm{d}z \right\} \\
&= C(z-z_0)^\alpha g(z),
\end{aligned}
$$

其中

$$g(z) = \exp\left\{ -\sum_{n=0}^{+\infty} \frac{a_n}{n+1}(z-z_0)^{n+1} + \sum_{n=1}^{+\infty} \frac{a_{-n-1}}{n}(z-z_0)^{-n} \right\}.$$

若 $z=z_0$ 为 $p(z)$ 的可去奇点, 则方程（1）的解为 $w(z)=Cg(z)$, 称 $z=z_0$ 为**方程（1）的可去奇点**.

若 $z=z_0$ 为 $p(z)$ 的单极点, 则方程（1）的解为

$$w(z) = C(z-z_0)^\alpha g(z),$$

$z=z_0$ 为 $w(z)$ 的支点, 称 $z=z_0$ 为**方程（1）的正则奇点**.

若 $z=z_0$ 为 $p(z)$ 的 m 阶极点, $m \geq 2$, 则方程（1）的解为

$$w(z) = C(z-z_0)^\alpha g(z),$$

$z=z_0$ 为 $w(z)$ 的本性奇点, 称 $z=z_0$ 为**方程（1）的非正则奇点**.

设 $z = z_0 + r\mathrm{e}^{\mathrm{i}\theta}$, 则 $\tilde{w}(z) = w(z_0 + r\mathrm{e}^{\mathrm{i}(\theta+2\pi)})$ 也是方程（1）的解. 因为方程（1）为一阶线性微分方程, 所以 $\tilde{w}(z) = Cw(z)$. 此处令 $C = \mathrm{e}^{\mathrm{i}2\pi\alpha}$, 由于 $g(z) = (z-z_0)^{-\alpha}w(z)$, 则

$$
\begin{aligned}
g(z_0 + r\mathrm{e}^{\mathrm{i}(\theta+2\pi)}) &= (r\mathrm{e}^{\mathrm{i}(\theta+2\pi)})^{-\alpha} w(z_0 + r\mathrm{e}^{\mathrm{i}(\theta+2\pi)}) \\
&= (z-z_0)^{-\alpha} \mathrm{e}^{-\mathrm{i}2\pi\alpha}\mathrm{e}^{\mathrm{i}2\pi\alpha} w(z) \\
&= (z-z_0)^{-\alpha} w(z) = g(z),
\end{aligned}
$$

因此 $g(z)$ 在环域 $r_1 < |z-z_0| < r_2$ 内单值解析.

综上所述, 方程 $\frac{\mathrm{d}w}{\mathrm{d}z} + p(z)w = 0$ 的解可表示为

$$w(z) = (z - z_0)^\alpha g(z),$$

其中 $g(z)$ 在环域 $r_1 < |z - z_0| < r_2$ 内单值解析.

2. 复 n 阶齐次线性微分方程

设 $w_1(z), w_2(z), \cdots, w_n(z)$ 为复 n 阶齐次线性微分方程

$$L[w] \equiv \frac{\mathrm{d}^n w}{\mathrm{d} z^n} + p_{n-1}(z) \frac{\mathrm{d}^{n-1} w}{\mathrm{d} z^{n-1}} + \cdots + p_1(z) \frac{\mathrm{d} w}{\mathrm{d} z} + p_0(z) w = 0 \qquad (2)$$

的基础解系,其中 $p_i(z) (i = 0, 1, \cdots, n-1)$ 在环域 $r_1 < |z - z_0| < r_2$ 内解析.

设 $z = z_0 + r \mathrm{e}^{\mathrm{i}\theta}$,则 $\widetilde{w}_i(z) = w_i(z_0 + r \mathrm{e}^{\mathrm{i}(\theta + 2\pi)})$,$i = 1, 2, \cdots, n$ 为方程(2)的另一基础解系. 由于 $w_1(z), w_2(z), \cdots, w_n(z); \widetilde{w}_1(z), \widetilde{w}_2(z), \cdots, \widetilde{w}_n(z)$ 为方程(2)解空间的两组基,则这两组基可由一变换矩阵 $\boldsymbol{A} = (a_{ij})_{n \times n}$ 相联系,即 $\widetilde{w}_j(z) = \sum\limits_{k=1}^{n} a_{jk} w_k(z)$. 设 λ 为 $\boldsymbol{A}$ 和 $\boldsymbol{A}^{\mathrm{T}}$ 的本征值,则

$$\widetilde{w}(z) = \sum_{j=1}^{n} c_j \widetilde{w}_j(z) = \sum_{j=1}^{n} \sum_{k=1}^{n} c_j a_{jk} w_k(z) = \sum_{k=1}^{n} \sum_{j=1}^{n} (\boldsymbol{A}^{\mathrm{T}})_{kj} c_j w_k(z)$$

$$= \lambda \sum_{k=1}^{n} c_k w_k(z) = \lambda w(z).$$

与复一阶齐次线性微分方程相类似,若 $\widetilde{w}(z) = \lambda w(z)$,令 $\lambda = \mathrm{e}^{\mathrm{i} 2 \pi \alpha}$,则 $w(z)$ 可表示为 $w(z) = (z - z_0)^\alpha g(z)$,其中 $g(z)$ 为环域 $r_1 < |z - z_0| < r_2$ 内单值函数.

综上所述,复 n 阶齐次线性微分方程

$$L[w] = \frac{\mathrm{d}^n w}{\mathrm{d} z^n} + p_{n-1}(z) \frac{\mathrm{d}^{n-1} w}{\mathrm{d} z^{n-1}} + \cdots + p_1(z) \frac{\mathrm{d} w}{\mathrm{d} z} + p_0(z) w = 0,$$

其中 $p_i(z)$ 在环域 $r_1 < |z - z_0| < r_2$ 内解析,若变换矩阵 $\boldsymbol{A}$ 存在本征值 λ,则方程(2)有 $w(z) = (z - z_0)^\alpha g(z)$ 形式的解,其中 $g(z)$ 为环域 $r_1 < |z - z_0| < r_2$ 上的单值函数.

3. 复二阶齐次线性微分方程

设 $p(z), q(z)$ 在环域 $r_1 < |z - z_0| < r_2$ 内解析,称方程

$$\frac{\mathrm{d}^2 w}{\mathrm{d} z^2} + p(z) \frac{\mathrm{d} w}{\mathrm{d} z} + q(z) w = 0 \qquad (3)$$

为复二阶齐次线性微分方程. 设 $F(z), G(z)$ 为方程(3)的一组线性无关解,$F(z_0 + r \mathrm{e}^{\mathrm{i}(\theta + 2\pi)}), G(z_0 + r \mathrm{e}^{\mathrm{i}(\theta + 2\pi)})$ 为方程(3)的另一组线性无关解,则两组线性无

关解 $F(z),G(z);F(z_0+r\,\mathrm{e}^{\mathrm{i}(\theta+2\pi)}),G(z_0+r\,\mathrm{e}^{\mathrm{i}(\theta+2\pi)})$ 之间可由一变换矩阵 $\boldsymbol{A}$ 相联系.

若变换矩阵 $\boldsymbol{A}$ 可对角化，即 $\boldsymbol{A}=\begin{pmatrix}\lambda_1 & 0\\ 0 & \lambda_2\end{pmatrix}$，则

$$\begin{pmatrix}F(z_0+r\,\mathrm{e}^{\mathrm{i}(\theta+2\pi)})\\ G(z_0+r\,\mathrm{e}^{\mathrm{i}(\theta+2\pi)})\end{pmatrix}=\boldsymbol{A}\begin{pmatrix}F(z)\\ G(z)\end{pmatrix}=\begin{pmatrix}\lambda_1 F(z)\\ \lambda_2 G(z)\end{pmatrix}.$$

因此

$$F(z)=(z-z_0)^{\alpha}f(z),\quad G(z)=(z-z_0)^{\beta}g(z),$$

其中 $f(z),g(z)$ 在环域 $r_1<|z-z_0|<r_2$ 内单值解析.

若变换矩阵 $\boldsymbol{A}$ 不可对角化，即 $\boldsymbol{A}=\begin{pmatrix}\lambda & 0\\ a & \lambda\end{pmatrix}$，则

$$\begin{pmatrix}w_1(z_0+r\,\mathrm{e}^{\mathrm{i}(\theta+2\pi)})\\ w_2(z_0+r\,\mathrm{e}^{\mathrm{i}(\theta+2\pi)})\end{pmatrix}=\boldsymbol{A}\begin{pmatrix}w_1(z)\\ w_2(z)\end{pmatrix}=\begin{pmatrix}\lambda w_1(z)\\ aw_1(z)+\lambda w_2(z)\end{pmatrix}.$$

令 $H(z)=\dfrac{w_2(z)}{w_1(z)}$，则

$$H(z_0+r\,\mathrm{e}^{\mathrm{i}(\theta+2\pi)})=\frac{w_2(z_0+r\,\mathrm{e}^{\mathrm{i}(\theta+2\pi)})}{w_1(z_0+r\,\mathrm{e}^{\mathrm{i}(\theta+2\pi)})}=\frac{aw_1(z)+\lambda w_2(z)}{\lambda w_1(z)}=\frac{a}{\lambda}+H(z).$$

设 $g_1(z)=H(z)-\dfrac{a}{2\pi\mathrm{i}\lambda}\ln(z-z_0)$，则

$$g_1(z_0+r\,\mathrm{e}^{\mathrm{i}(\theta+2\pi)})=H(z_0+r\,\mathrm{e}^{\mathrm{i}(\theta+2\pi)})-\frac{a}{2\pi\mathrm{i}\lambda}\ln(r\,\mathrm{e}^{\mathrm{i}(\theta+2\pi)})$$

$$=H(z)+\frac{a}{\lambda}-\frac{a}{2\pi\mathrm{i}\lambda}(2\pi\mathrm{i}+\ln(z-z_0))$$

$$=H(z)-\frac{a}{2\pi\mathrm{i}\lambda}\ln(z-z_0)$$

$$=g_1(z),$$

即 $g_1(z)$ 为单值函数.

定理 11.11 设 $z=z_0$ 为复二阶齐次线性微分方程

$$\frac{\mathrm{d}^2 w}{\mathrm{d}z^2}+p(z)\frac{\mathrm{d}w}{\mathrm{d}z}+q(z)w=0$$

的孤立奇点，即系数函数 $p(z),q(z)$ 在环域 $r_1<|z-z_0|<r_2$ 内解析. 设 $F(z),G(z)$ 为方程（3）的一组线性无关解，$F(z_0+r\,\mathrm{e}^{\mathrm{i}(\theta+2\pi)}),G(z_0+r\,\mathrm{e}^{\mathrm{i}(\theta+2\pi)})$ 为方程（3）的另一组

线性无关解,两组线性无关解 $F(z),G(z);F(z_0+r\,\mathrm{e}^{\mathrm{i}(\theta+2\pi)})$, $G(z_0+r\,\mathrm{e}^{\mathrm{i}(\theta+2\pi)})$ 之间可由一变换矩阵 $\boldsymbol{A}$ 相联系. 若变换矩阵 $\boldsymbol{A}$ 可对角化,则

$$w_1(z)=(z-z_0)^\alpha f(z)\,,\quad w_2(z)=(z-z_0)^\beta g(z)$$

为方程（3）的线性无关解；若变换矩阵 $\boldsymbol{A}$ 不可对角化,则

$$w_1(z)=(z-z_0)^\alpha f(z)\,,\quad w_2(z)=w_1(z)(g_1(z)+\ln(z-z_0))$$

为方程（3）的线性无关解,其中 $f(z),g(z),g_1(z)$ 在环域 $r_1<|z-z_0|<r_2$ 内单值解析.

定义　若方程 $\dfrac{\mathrm{d}^2 w}{\mathrm{d}z^2}+p(z)\dfrac{\mathrm{d}w}{\mathrm{d}z}+q(z)w=0$ 的系数函数 $p(z),q(z)$ 在 $0<|z-z_0|<r$ 内解析,且 $(z-z_0)p(z),(z-z_0)^2 q(z)$ 在 $z=z_0$ 处解析,即

$$p(z)=\sum_{k=-1}^{+\infty}a_k(z-z_0)^k\,,\quad q(z)=\sum_{k=-2}^{+\infty}b_k(z-z_0)^k\,,\quad 0<|z-z_0|<r\,,$$

则称 $z=z_0$ 为方程(3)的**正则奇点**.

若 $z=z_0$ 为方程(3)的正则奇点,则方程(3)可等价为

$$(z-z_0)^2\frac{\mathrm{d}^2 w}{\mathrm{d}z^2}+(z-z_0)P(z)\frac{\mathrm{d}w}{\mathrm{d}z}+Q(z)w=0,\tag{4}$$

其中 $P(z)=\sum_{k=0}^{+\infty}a_{k-1}(z-z_0)^k$, $Q(z)=\sum_{k=0}^{+\infty}b_{k-2}(z-z_0)^k$. 方程（4）有级数解 $w(z)=(z-z_0)^\nu\sum_{k=0}^{+\infty}C_k(z-z_0)^k$,将其代入（4）有

$$\sum_{n=0}^{+\infty}\left\{(n+\nu)(n+\nu-1)C_n+\sum_{k=0}^{n}\big[(k+\nu)a_{n-k-1}+b_{n-k-2}\big]C_k\right\}(z-z_0)^{n+\nu}=0.$$

利用待定系数法有

$$(n+\nu)(n+\nu-1)C_n=-\sum_{k=0}^{n}\big[(k+\nu)a_{n-k-1}+b_{n-k-2}\big]C_k\,.$$

令 $n=0$,可得**指标方程**：

$$I(\nu)\equiv\nu(\nu-1)+a_{-1}\nu+b_{-2}=0.$$

设 ν_1,ν_2 为指标方程 $I(\nu)=0$ 的两根. 若 $\mathrm{Re}\,\nu_1>\mathrm{Re}\,\nu_2$,且 $\nu_1-\nu_2\neq n$, $n\in\mathbf{N}$,则

$$w_1(z)=(z-z_0)^{\nu_1}\sum_{k=0}^{+\infty}C_k(z-z_0)^k\,,\quad w_2(z)=(z-z_0)^{\nu_2}\sum_{k=0}^{+\infty}D_k(z-z_0)^k$$

为方程 $\dfrac{\mathrm{d}^2 w}{\mathrm{d}z^2}+p(z)\dfrac{\mathrm{d}w}{\mathrm{d}z}+q(z)w=0$ 在正则奇点 $z=z_0$ 邻域内的线性无关解,其中 C_n,D_n 分别由以下两式导出：

$$(n+\nu_1)(n+\nu_1-1)C_n = -\sum_{k=0}^{n}\big[(k+\nu_1)a_{n-k-1}+b_{n-k-2}\big]C_k,$$

$$(n+\nu_2)(n+\nu_2-1)D_n = -\sum_{k=0}^{n}\big[(k+\nu_2)a_{n-k-1}+b_{n-k-2}\big]D_k.$$

例 1 求解 Bessel 方程

$$\frac{\mathrm{d}^2 w}{\mathrm{d}z^2}+\frac{1}{z}\frac{\mathrm{d}w}{\mathrm{d}z}+\left(1-\frac{\alpha^2}{z^2}\right)w=0$$

的指标方程，并讨论其指标.

解 Bessel 方程的系数函数 $p(z)=\dfrac{1}{z}$，$q(z)=1-\dfrac{\alpha^2}{z^2}$，则 $a_{-1}=1$，$b_{-2}=-\alpha^2$，其

指标方程 $I(\nu)=\nu(\nu-1)+a_{-1}\nu+b_{-2}=0$ 为

$$\nu(\nu-1)+\nu-\alpha^2=0,$$

解得上述方程的两根为 $\nu_1=\alpha$，$\nu_2=-\alpha$. 若 $\nu_1-\nu_2=2\alpha\neq n$ 即 $\alpha\neq\dfrac{n}{2}$，$n\in\mathbf{N}$，则

$w_1(z)=z^{\nu_1}\displaystyle\sum_{k=0}^{+\infty}C_k z^k$，$w_2(z)=z^{\nu_2}\displaystyle\sum_{k=0}^{+\infty}D_k z^k$ 为 Bessel 方程在正则奇点 $z=0$ 邻域内的线

性无关解.

例 2 求解方程 $\dfrac{\mathrm{d}^2 w}{\mathrm{d}z^2}+\dfrac{2}{z}\dfrac{\mathrm{d}w}{\mathrm{d}z}+\left(\dfrac{\beta}{z}-\dfrac{\alpha}{z^2}\right)w=0$ 的指标方程，并讨论其指标.

解 方程的系数函数 $p(z)=\dfrac{2}{z}$，$q(z)=\dfrac{\beta}{z}-\dfrac{\alpha}{z^2}$，则

$$a_{-1}=2,\quad b_{-2}=-\alpha,$$

其指标方程 $I(\nu)=\nu(\nu-1)+a_{-1}\nu+b_{-2}=0$ 为

$$\nu(\nu-1)+2\nu-\alpha=0,$$

解得其两根为

$$\nu_1=-\frac{1}{2}+\frac{1}{2}\sqrt{1+4\alpha},\quad \nu_2=-\frac{1}{2}-\frac{1}{2}\sqrt{1+4\alpha}.$$

令 $\alpha=l(l+1)$，若 $\nu_1-\nu_2=\sqrt{1+4\alpha}=2l+1\neq n$，即 $l\neq\dfrac{1}{2}n$，$n\in\mathbf{N}$，则

$$w_1(z)=z^{\nu_1}\sum_{k=0}^{+\infty}C_k z^k,\quad w_2(z)=z^{\nu_2}\sum_{k=0}^{+\infty}D_k z^k$$

为方程 $\dfrac{\mathrm{d}^2 w}{\mathrm{d}z^2}+\dfrac{2}{z}\dfrac{\mathrm{d}w}{\mathrm{d}z}+\left(\dfrac{\beta}{z}-\dfrac{\alpha}{z^2}\right)w=0$ 在正则奇点 $z=0$ 的邻域内的线性无关解.

以上只讨论了 $\nu_1-\nu_2\neq n$ 的情形，下面讨论 $\nu_1-\nu_2=n$ 的情况.

设 $\nu_1 - \nu_2 = n$，将 $w_2(z) = (z - z_0)^{\nu_2} \sum\limits_{k=0}^{+\infty} D_k (z - z_0)^k$ 代入方程

$$(z - z_0)^2 \frac{\mathrm{d}^2 w}{\mathrm{d}z^2} + (z - z_0) P(z) \frac{\mathrm{d}w}{\mathrm{d}z} + Q(z)w = 0,$$

并利用待定系数法，有

$$(n + \nu_2)(n + \nu_2 - 1) D_n = -\sum_{k=0}^{n} \left[(k + \nu_2) a_{n-k-1} + b_{n-k-2} \right] D_k.$$

将上述递推关系移项，得

$$\left[(n + \nu_2)(n + \nu_2 - 1) + (n + \nu_2) a_{-1} + b_{-2} \right] D_n$$

$$= -\sum_{k=0}^{n-1} \left[(k + \nu_2) a_{n-k-1} + b_{n-k-2} \right] D_k. \tag{5}$$

由于 $\nu_1 = n + \nu_2$ 为指标方程 $I(\nu) = 0$ 的根，则（5）变为

$$0 \cdot D_n + \sum_{k=0}^{n-1} \left[(k + \nu_2) a_{n-k-1} + b_{n-k-2} \right] D_k = 0.$$

若

$$\sum_{k=0}^{n-1} \left[(k + \nu_2) a_{n-k-1} + b_{n-k-2} \right] D_k = 0,$$

则 D_n 任意. 因此方程（4）的另一解为

$$w_2(z) = (z - z_0)^{\nu_2} \sum_{k=0}^{+\infty} D_k (z - z_0)^k,$$

其中当 $m < n$ 时 D_m 依赖于 D_0，而 D_{n+k} 依赖于 D_n 和 D_0. 设 $D_n = D_0 = 1$，根据（5）有

$$(m + \nu_2)(m + \nu_2 - 1) D_m = -\sum_{k=0}^{m} \left[(k + \nu_2) a_{m-k-1} + b_{m-k-2} \right] D_k, \quad m < n;$$

以及

$$\left[(n + m + \nu_2)(n + m + \nu_2 - 1) + (n + m + \nu_2) a_{-1} + b_{-2} \right] D_{n+m}$$

$$= -\sum_{k=0}^{n+m-1} \left[(k + \nu_2) a_{n+m-k-1} + b_{n+m-k-2} \right] D_k$$

$$= -\sum_{k=0}^{n-1} \left[(k + \nu_2) a_{n+m-k-1} + b_{n+m-k-2} \right] D_k$$

$$- \sum_{k=n}^{n+m-1} \left[(k + \nu_2) a_{n+m-k-1} + b_{n+m-k-2} \right] D_k.$$

令 $k=i+n$，则上式可继续变为

$$\big[(n+m+\nu_2)(n+m+\nu_2-1)+(n+m+\nu_2)a_{-1}+b_{-2}\big]D_{n+m}$$

$$=-\sum_{k=0}^{n-1}\big[(k+\nu_2)a_{n+m-k-1}+b_{n+m-k-2}\big]D_k$$

$$-\sum_{i=0}^{m-1}\big[(i+n+\nu_2)a_{m-i-1}+b_{m-i-2}\big]D_{n+i}$$

$$=-\sum_{k=0}^{n-1}\big[(k+\nu_2)a_{n+m-k-1}+b_{n+m-k-2}\big]D_k$$

$$-\sum_{i=0}^{m-1}\big[(i+\nu_1)a_{m-i-1}+b_{m-i-2}\big]D_{n+i}.$$

综上所述，

$$w_2(z)=Cw_1(z)+(z-z_0)^{\nu_2}\sum_{k=0}^{+\infty}D_k(z-z_0)^k,$$

其中 D_k 如下给出：当 $k<n$ 时，

$$(k+\nu_2)(k+\nu_2-1)D_k=-\sum_{i=0}^{k}\big[(i+\nu_2)a_{k-i-1}+b_{k-i-2}\big]D_i;$$

当 $k>n$ 时，令 $k=m+n$，

$$\big[(n+m+\nu_2)(n+m+\nu_2-1)+(n+m+\nu_2)a_{-1}+b_{-2}\big]D_{n+m}$$

$$=-\sum_{k=0}^{n-1}\big[(k+\nu_2)a_{n+m-k-1}+b_{n+m-k-2}\big]D_k.$$

因此，当 $\nu_1-\nu_2=n$ 且 $\sum_{k=0}^{n-1}\big[(k+\nu_2)a_{n-k-1}+b_{n-k-2}\big]D_k=0$ 时，

$$w_1(z)=(z-z_0)^{\nu_1}\sum_{k=0}^{+\infty}C_k(z-z_0)^k,$$

$$w_2(z)=(z-z_0)^{\nu_2}\sum_{k=0}^{+\infty}D_k(z-z_0)^k$$

为方程 $(z-z_0)^2\dfrac{\mathrm{d}^2w}{\mathrm{d}z^2}+(z-z_0)P(z)\dfrac{\mathrm{d}w}{\mathrm{d}z}+Q(z)w=0$ 在正则奇点 $z=z_0$ 邻域内的线性无关解.

若 $\nu_1-\nu_2=n$ 且 $\sum_{k=0}^{n-1}\big[(k+\nu_2)a_{n-k-1}+b_{n-k-2}\big]D_k\neq0$，则

$$0\cdot D_n+\sum_{k=0}^{n-1}\big[(k+\nu_2)a_{n-k-1}+b_{n-k-2}\big]D_k=0$$

不成立，即 D_n 不存在，则方程 $\dfrac{\mathrm{d}^2 w}{\mathrm{d}z^2} + p(z)\dfrac{\mathrm{d}w}{\mathrm{d}z} + q(z)w = 0$ 的级数解只有

$$w_1(z) = (z - z_0)^{\nu_1} \sum_{k=0}^{+\infty} C_k (z - z_0)^k .$$

令 $h(z) = \dfrac{w_2(z)}{w_1(z)}$，将 $w_2(z) = h(z)w_1(z)$ 代入方程 $\dfrac{\mathrm{d}^2 w}{\mathrm{d}z^2} + p(z)\dfrac{\mathrm{d}w}{\mathrm{d}z} + q(z)w = 0$，有

$$w_1(z)\dfrac{\mathrm{d}^2 h}{\mathrm{d}z^2} + (p(z)w_1(z) + 2w_1'(z))\dfrac{\mathrm{d}h}{\mathrm{d}z}$$
$$+ (w_1''(z) + p(z)w_1'(z) + q(z)w_1(z))h(z) = 0.$$

由于 $w_1(z)$ 为方程 $\dfrac{\mathrm{d}^2 w}{\mathrm{d}z^2} + p(z)\dfrac{\mathrm{d}w}{\mathrm{d}z} + q(z)w = 0$ 的解，则上述方程变为

$$\dfrac{\mathrm{d}h'}{\mathrm{d}z} + \left(p(z) + \dfrac{2w_1'(z)}{w_1(z)} \right) h'(z) = 0 .$$

由于 $w_1(z) = (z - z_0)^{\nu_1} \sum\limits_{k=0}^{+\infty} C_k (z - z_0)^k = (z - z_0)^{\nu_1} f(z)$，则上述方程的系数函数

$$p(z) + \dfrac{2w_1'(z)}{w_1(z)} = p(z) + \dfrac{2\nu_1}{z - z_0} + \dfrac{2f'(z)}{f(z)},$$

其在 $z = z_0$ 处的留数

$$\mathrm{Res}\left(p(z_0) + \dfrac{2w_1'(z_0)}{w_1(z_0)} \right) = \mathrm{Res}(p(z_0) + 2\nu_1) = n + 1,$$

其中 $\nu_1 - \nu_2 = n$，$\nu_1 + \nu_2 = 1 - \mathrm{Res}(p(z_0))$. 因此，系数函数 $p(z) + \dfrac{2w_1'(z)}{w_1(z)}$ 可展开为

$$p(z) + \dfrac{2w_1'(z)}{w_1(z)} = \dfrac{n + 1}{z - z_0} + \sum_{k=0}^{+\infty} a_k (z - z_0)^k ,$$

则 $h'(z) = (z - z_0)^{-n-1} \sum\limits_{k=0}^{+\infty} b_k (z - z_0)^k$.

若 $n = 0$，即 $\nu_1 = \nu_2$，则

$$h'(z) = \dfrac{1}{z - z_0} \sum_{k=0}^{+\infty} b_k (z - z_0)^k .$$

积分上式两端有

$$h(z) = g\ln(z - z_0) + g_1(z),$$

其中 $g_1(z)$ 在 $z = z_0$ 的邻域内解析. 故

$$w_2(z) = w_1(z)(g\ln(z-z_0) + g_1(z)).$$

若 $n \neq 0$，则

$$h'(z) = (z-z_0)^{-n-1}\sum_{k=0}^{+\infty}b_k(z-z_0)^k = \frac{b_n}{z-z_0} + \sum_{k=0,\ k\neq n}^{+\infty}b_k(z-z_0)^{k-n-1}.$$

积分上式可得

$$h(z) = b_n\ln(z-z_0) + (z-z_0)^{-n}\sum_{k=0,\ k\neq n}^{+\infty}\frac{b_k}{k-n}(z-z_0)^k.$$

故

$$w_2(z) = b_n w_1(z)\ln(z-z_0) + (z-z_0)^{\nu_1-n}$$

$$\cdot\left[\sum_{k=0,\ k\neq n}^{+\infty}\frac{b_k}{k-n}(z-z_0)^k\right]\left[\sum_{k=0}^{+\infty}C_k(z-z_0)^k\right]$$

$$= w_1(z)(b_n\ln(z-z_0) + g_2(z)),$$

其中 $g_2(z)$ 在 $z=z_0$ 的环域内解析.

现将上述讨论总结如下：

若 $z=z_0$ 为方程 $\dfrac{\mathrm{d}^2w}{\mathrm{d}z^2} + p(z)\dfrac{\mathrm{d}w}{\mathrm{d}z} + q(z)w = 0$ 的正则奇点，其指标方程 $\nu(\nu-1) + \nu a_{-1} + b_{-2} = 0$ 有两互异实根 ν_1, ν_2，且 $\mathrm{Re}\,\nu_1 > \mathrm{Re}\,\nu_2$，$\nu_1 - \nu_2 \neq n$，则

$$w_1(z) = (z-z_0)^{\nu_1}\sum_{k=0}^{+\infty}C_k(z-z_0)^k,$$

$$w_2(z) = (z-z_0)^{\nu_2}\sum_{k=0}^{+\infty}D_k(z-z_0)^k$$

为方程 $\dfrac{\mathrm{d}^2w}{\mathrm{d}z^2} + p(z)\dfrac{\mathrm{d}w}{\mathrm{d}z} + q(z)w = 0$ 在正则奇点 $z=z_0$ 邻域内的线性无关解，其中 C_k, D_k 分别满足

$$(n+\nu_1)(n+\nu_1-1)C_n = -\sum_{k=0}^{n}\left[(k+\nu_1)a_{n-k-1} + b_{n-k-2}\right]C_k,$$

$$(n+\nu_2)(n+\nu_2-1)D_n = -\sum_{k=0}^{n}\left[(k+\nu_2)a_{n-k-1} + b_{n-k-2}\right]D_k.$$

若 $\nu_1 - \nu_2 = n$，且 $\displaystyle\sum_{k=0}^{n-1}\left[(k+\nu_2)a_{n-k-1} + b_{n-k-2}\right]D_k = 0$，则

$$w_1(z) = (z-z_0)^{\nu_1}\sum_{k=0}^{+\infty}C_k(z-z_0)^k,$$

$$w_2(z) = (z-z_0)^{\nu_2} \sum_{k=0}^{+\infty} D_k (z-z_0)^k$$

为方程 $\dfrac{\mathrm{d}^2 w}{\mathrm{d}z^2} + p(z)\dfrac{\mathrm{d}w}{\mathrm{d}z} + q(z)w = 0$ 在正则奇点 $z=z_0$ 邻域内的线性无关解，其中 C_k 满足

$$(n+\nu_1)(n+\nu_1-1)C_n = -\sum_{k=0}^{n}\big[(k+\nu_1)a_{n-k-1} + b_{n-k-2}\big]C_k,$$

D_k 满足当 $m<n$ 时，

$$(m+\nu_2)(m+\nu_2-1)D_m = -\sum_{k=0}^{m}\big[(k+\nu_2)a_{m-k-1} + b_{m-k-2}\big]D_k,$$

以及

$$\big[(n+m+\nu_2)(n+m+\nu_2-1)+(n+m+\nu_2)a_{-1}+b_{-2}\big]D_{n+m}$$
$$= -\sum_{k=0}^{n-1}\big[(k+\nu_2)a_{n+m-k-1} + b_{n+m-k-2}\big]D_k.$$

若 $\nu_1-\nu_2=n$ ，且 $\displaystyle\sum_{k=0}^{n-1}\big[(k+\nu_2)a_{n-k-1} + b_{n-k-2}\big]D_k \neq 0$ ，则

$$w_1(z) = (z-z_0)^{\nu_1} \sum_{k=0}^{+\infty} C_k (z-z_0)^k,$$
$$w_2(z) = gw_1(z)\ln(z-z_0) + (z-z_0)^{\nu_2} \sum_{k=0}^{+\infty} D_k (z-z_0)^k$$

为方程 $\dfrac{\mathrm{d}^2 w}{\mathrm{d}z^2} + p(z)\dfrac{\mathrm{d}w}{\mathrm{d}z} + q(z)w = 0$ 在正则奇点 $z=z_0$ 邻域内的线性无关解，其中 C_k 满足

$$(n+\nu_1)(n+\nu_1-1)C_n = -\sum_{k=0}^{n}\big[(k+\nu_1)a_{n-k-1} + b_{n-k-2}\big]C_k.$$

若指标方程 $\nu(\nu-1)+\nu a_{-1}+b_{-2}=0$ 有两相等实根，则

$$w_1(z) = (z-z_0)^{\nu_1} \sum_{k=0}^{+\infty} C_k (z-z_0)^k,$$
$$w_2(z) = gw_1(z)\ln(z-z_0) + (z-z_0)^{\nu_1} \sum_{k=0}^{+\infty} D_k (z-z_0)^k$$

为方程 $\dfrac{\mathrm{d}^2 w}{\mathrm{d}z^2} + p(z)\dfrac{\mathrm{d}w}{\mathrm{d}z} + q(z)w = 0$ 在正则奇点 $z=z_0$ 邻域内的线性无关解，其中 C_k 满足

$$(n+\nu_1)(n+\nu_1-1)C_n=-\sum_{k=0}^{n}\big[(k+\nu_1)a_{n-k-1}+b_{n-k-2}\big]C_k.$$

例 3　求解 Bessel 方程 $\dfrac{\mathrm{d}^2w}{\mathrm{d}z^2}+\dfrac{1}{z}\dfrac{\mathrm{d}w}{\mathrm{d}z}+\left(1-\dfrac{\nu^2}{z^2}\right)w=0.$

解　Bessel 方程的系数函数 $p(z)=\dfrac{1}{z}$，$q(z)=1-\dfrac{\nu^2}{z^2}$，则 $z=0$ 为 Bessel 方程的正则奇点，其指标方程 $\lambda(\lambda-1)+\lambda-\nu^2=0$ 的两根分别为 $\lambda_1=\nu$，$\lambda_2=-\nu$. 若 $\nu-(-\nu)$ $\neq n$，即 $\nu\neq n$ 或 $\nu\neq n+\dfrac{1}{2}$，将 $w(z)=z^\nu\sum\limits_{k=0}^{+\infty}C_kz^k$ 代入 Bessel 方程并利用待定系数法，则有

$$C_n=-\frac{1}{n(n+2\nu)}C_{n-2}.$$

因此

$$w_1(z)=J_\nu(z)=\sum_{k=0}^{+\infty}\frac{(-1)^k}{k!\Gamma(k+\nu+1)}\left(\frac{z}{2}\right)^{2k+\nu},$$

$$w_2(z)=J_{-\nu}(z)=\sum_{k=0}^{+\infty}\frac{(-1)^k}{k!\Gamma(k-\nu+1)}\left(\frac{z}{2}\right)^{2k-\nu}$$

为 Bessel 方程在正则奇点 $z=0$ 邻域内的线性无关解.

当 $\nu=n+\dfrac{1}{2}$ 时，$\nu-(-\nu)=2n+1$，若 $\sum\limits_{k=0}^{2n}\big[(k-\nu)a_{2n-k}+b_{2n-k-1}\big]D_k=0$，则

$$w_1(z)=J_{n+\frac{1}{2}}(z)=\sum_{k=0}^{+\infty}\frac{(-1)^k}{k!\Gamma\left(k+n+\dfrac{3}{2}\right)}\left(\frac{z}{2}\right)^{2k+n+\frac{1}{2}},$$

$$w_2(z)=Y_{n+\frac{1}{2}}(z)=(-1)^{n+1}J_{-n-\frac{1}{2}}(z)=(-1)^{n+1}\sum_{k=0}^{+\infty}\frac{(-1)^k}{k!\Gamma\left(k-n+\dfrac{1}{2}\right)}\left(\frac{z}{2}\right)^{2k-n-\frac{1}{2}}$$

为 Bessel 方程在正则奇点 $z=0$ 邻域内的线性无关解.

当 $\nu=n$ 时，

$$w_1(z)=J_n(z)=\sum_{k=0}^{+\infty}\frac{(-1)^k}{k!(k+n)!}\left(\frac{z}{2}\right)^{2k+n}$$

为 Bessel 方程的解. 将 $w_2(z)=gw_1(z)\ln\dfrac{z}{2}+\sum\limits_{k=0}^{+\infty}D_kz^{k-n}$ 代入 Bessel 方程并利用待定系

数法，有：

当 $k < n$ 时， $D_{2k} \cdot 2k(2k-2n) + D_{2k-2} = 0$；

当 $k = n$ 时， $\dfrac{1}{2^{n-1}(n-1)!} g + D_{2n} \cdot 0 + D_{2n-2} = 0$ ， 则 D_{2n} 任意，且

$$g = -2^{n-1}(n-1)! D_{2n-2} = -\frac{1}{2^{n-1}(n-1)!} D_0 ;$$

当 $k > n$ 时，

$$D_{2k} = \frac{(-1)^{k-n} n!}{k!(k-n)!} \frac{1}{2^{2k-2n}} D_{2n} - \frac{(-1)^{k-n}}{k!(k-n)!} \left(\frac{1}{k} + \frac{1}{k-1} + \cdots \right.$$

$$\left. + \frac{1}{n+1} + \frac{1}{k-n} + \frac{1}{k-n-1} + \cdots + 1 \right) \frac{1}{2^{2k-n+1}} g.$$

令 $g = \dfrac{2}{\pi}$ ， $D_{2n} = -\dfrac{1}{2^n \pi n!} (2\ln 2 + \psi(n+1) + \psi(1))$ ，其中 $\psi(z) = \dfrac{\mathrm{d}}{\mathrm{d}z} \ln \Gamma(z)$ ， 则

$$w_2(z) = Y_n(z) = \frac{2}{\pi} J_n(z) \ln \frac{z}{2} - \frac{1}{\pi} \sum_{k=0}^{n-1} \frac{(n-k-1)!}{k!} \left(\frac{z}{2} \right)^{2k-n}$$

$$- \frac{1}{\pi} \sum_{k=0}^{+\infty} \frac{(-1)^k}{k!(n+k)!} (\psi(n+k+1) + \psi(k+1)) \left(\frac{z}{2} \right)^{2k+n}.$$

因此

$$w_1(z) = J_n(z) = \sum_{k=0}^{+\infty} \frac{(-1)^k}{k!(k+n)!} \left(\frac{z}{2} \right)^{2k+n},$$

$$w_2(z) = Y_n(z) = \frac{2}{\pi} J_n(z) \ln \frac{z}{2} - \frac{1}{\pi} \sum_{k=0}^{n-1} \frac{(n-k-1)!}{k!} \left(\frac{z}{2} \right)^{2k-n}$$

$$- \frac{1}{\pi} \sum_{k=0}^{+\infty} \frac{(-1)^k}{k!(n+k)!} (\psi(n+k+1) + \psi(k+1)) \left(\frac{z}{2} \right)^{2k+n}$$

为 n 阶 Bessel 方程在正则奇点 $z = 0$ 邻域内的线性无关解.

当 $\nu_1 = \nu_2 = 0$ 时，

$$w_1(z) = J_0(z) = \sum_{k=0}^{+\infty} \frac{(-1)^k}{k!k!} \left(\frac{z}{2} \right)^{2k},$$

$$w_2(z) = Y_0(z) = \frac{2}{\pi} J_0(z) \ln \frac{z}{2} - \frac{2}{\pi} \sum_{k=0}^{+\infty} \frac{(-1)^k}{k!k!} \psi(k+1) \left(\frac{z}{2} \right)^{2k}$$

为零阶 Bessel 方程在正则奇点 $z = 0$ 邻域内的线性无关解.

Bessel 方程除正则奇点 $z = 0$ 外还有非正则奇点 $z = \infty$. 设

$$w(z) = \mathrm{e}^{\lambda z} v(z)$$

11.4 复二阶线性微分方程

为 Bessel 方程在非正则奇点 $z=\infty$ 邻域内的解，将其代入 Bessel 方程并令 $\lambda^2+1=0$，有

$$\frac{\mathrm{d}^2 v}{\mathrm{d}z^2}+\left(\frac{1}{z}+2\lambda\right)\frac{\mathrm{d}v}{\mathrm{d}z}+\left(\frac{\lambda}{z}-\frac{\nu^2}{z^2}\right)v=0.$$

令 $v(z)=z^\rho\sum_{k=0}^{+\infty}\frac{c_k}{z^k}$，并代入上式有

$$\sum_{k=0}^{+\infty}\Big[(\rho-k)^2-\nu^2\Big]c_k z^{-k}+\lambda\sum_{k=0}^{+\infty}\Big[(2\rho+1)-2k\Big]c_k z^{-k+1}=0.$$

利用待定系数法有 $2\rho+1=0$，即 $\rho=-\dfrac{1}{2}$，且有递推关系式

$$c_k=-\frac{4\nu^2-(2k-1)^2}{2^2 k}\frac{1}{2\lambda}c_{k-1}.$$

重复利用上述递推关系有 $c_k=\dfrac{(\nu,k)}{(-2\lambda)^k}c_0$，其中 $(\nu,0)=1$，

$$(\nu,k)=\frac{\Big[4\nu^2-(2k-1)^2\Big]\Big[4\nu^2-(2k-3)^2\Big]\cdots(4\nu^2-3^2)(4\nu^2-1^2)}{2^{2k}k!}.$$

因此 Bessel 方程在非正则奇点 $z=\infty$ 邻域内的线性无关解为

$$H_\nu^1(z)\sim\sqrt{\frac{2}{\pi z}}\mathrm{e}^{\mathrm{i}\left(z-\frac{\nu\pi}{2}-\frac{\pi}{4}\right)}\sum_{k=0}^{+\infty}\frac{(-1)^k(\nu,k)}{(2\mathrm{i}z)^k},\quad -\pi<\arg z<\pi;$$

$$H_\nu^2(z)\sim\sqrt{\frac{2}{\pi z}}\mathrm{e}^{-\mathrm{i}\left(z-\frac{\nu\pi}{2}-\frac{\pi}{4}\right)}\sum_{k=0}^{+\infty}\frac{(\nu,k)}{(2\mathrm{i}z)^k},\quad -\pi<\arg z<\pi.$$

由于 Bessel 方程的线性无关解 $J_\nu(z),Y_\nu(z)$ 在 $0<|z|<+\infty$ 内解析，则

$$J_\nu(z)=\frac{1}{2}(H_\nu^1(z)+H_\nu^2(z))$$

$$\sim\sqrt{\frac{2}{\pi z}}\left[\cos\left(z-\frac{\nu\pi}{2}-\frac{\pi}{4}\right)\sum_{k=0}^{+\infty}\frac{(-1)^k(\nu,2k)}{(2z)^{2k}}-\sin\left(z-\frac{\nu\pi}{2}-\frac{\pi}{4}\right)\sum_{k=0}^{+\infty}\frac{(-1)^k(\nu,2k+1)}{(2z)^{2k+1}}\right],$$

$$Y_\nu(z)=\frac{1}{2\mathrm{i}}(H_\nu^1(z)-H_\nu^2(z))$$

$$\sim\sqrt{\frac{2}{\pi z}}\left[\sin\left(z-\frac{\nu\pi}{2}-\frac{\pi}{4}\right)\sum_{k=0}^{+\infty}\frac{(-1)^k(\nu,2k)}{(2z)^{2k}}+\cos\left(z-\frac{\nu\pi}{2}-\frac{\pi}{4}\right)\sum_{k=0}^{+\infty}\frac{(-1)^k(\nu,2k+1)}{(2z)^{2k+1}}\right].$$

4. 二阶 Fuchs(富克斯)方程

设 $t=\dfrac{1}{z}$，有

383

$$\frac{\mathrm{d}}{\mathrm{d}z} = -t^2 \frac{\mathrm{d}}{\mathrm{d}t} , \quad \frac{\mathrm{d}^2}{\mathrm{d}z^2} = t^4 \frac{\mathrm{d}^2}{\mathrm{d}t^2} + 2t^3 \frac{\mathrm{d}}{\mathrm{d}t} ,$$

则方程 $\dfrac{\mathrm{d}^2 w}{\mathrm{d}z^2} + p(z)\dfrac{\mathrm{d}w}{\mathrm{d}z} + q(z)w = 0$ 变换为

$$\frac{\mathrm{d}^2 v}{\mathrm{d}t^2} + \left[\frac{2}{t} - \frac{1}{t^2} p\left(\frac{1}{t}\right)\right]\frac{\mathrm{d}v}{\mathrm{d}t} + \frac{1}{t^4} q\left(\frac{1}{t}\right)v = 0 . \tag{6}$$

$z = \infty$ 为方程 $\dfrac{\mathrm{d}^2 w}{\mathrm{d}z^2} + p(z)\dfrac{\mathrm{d}w}{\mathrm{d}z} + q(z)w = 0$ 的正则奇点当且仅当 $t = 0$ 为方程（6）的正则奇点，即

$$p\left(\frac{1}{t}\right) = \sum_{k=1}^{+\infty} a_k t^k , \quad q\left(\frac{1}{t}\right) = \sum_{k=2}^{+\infty} b_k t^k ,$$

方程（6）的指标方程为

$$\lambda(\lambda-1) + (2-a_1)\lambda + b_2 = 0 .$$

令 $\dfrac{1}{t} = z$，有 $p(z) = \displaystyle\sum_{k=1}^{+\infty} \frac{a_k}{z^k}$，$q(z) = \displaystyle\sum_{k=2}^{+\infty} \frac{b_k}{z^k}$，则 $z = \infty$ 为 Euler 方程

$$\frac{\mathrm{d}^2 w}{\mathrm{d}z^2} + \frac{a_1}{z}\frac{\mathrm{d}w}{\mathrm{d}z} + \frac{b_2}{z^2} w = 0 \tag{7}$$

的正则奇点. 显然，$z = 0$ 也是方程（7）的正则奇点.

设方程 $\dfrac{\mathrm{d}^2 w}{\mathrm{d}z^2} + p(z)\dfrac{\mathrm{d}w}{\mathrm{d}z} + q(z)w = 0$ 的系数函数 $p(z), q(z)$ 在扩充复平面上除有限多孤立奇点外均单值解析，且所有孤立奇点都是该方程的正则奇点，则称方程 $\dfrac{\mathrm{d}^2 w}{\mathrm{d}z^2} + p(z)\dfrac{\mathrm{d}w}{\mathrm{d}z} + q(z)w = 0$ 为**二阶 Fuchs 方程**.

Euler 方程（7）即是有两个正则奇点 $z = 0$，$z = \infty$ 的二阶 Fuchs 方程. 通过变换 $\xi(z) = \dfrac{z - z_1}{z - z_2}$，可将任一有两个正则奇点的二阶 Fuchs 方程变换为二阶 Euler 方程（7）.

同理，利用变换 $z(\xi) = \dfrac{(\xi - \xi_1)(\xi_3 - \xi_2)}{(\xi - \xi_2)(\xi_3 - \xi_1)}$，可将任一有三个正则奇点 $\xi = \xi_1$，$\xi = \xi_2$，$\xi = \xi_3$ 的二阶 Fuchs 方程变换为有三个正则奇点 $z = 0$，$z = 1$，$z = \infty$ 的 **Riemann 方程**

$$\frac{\mathrm{d}^2 w}{\mathrm{d}z^2} + \left(\frac{a_1}{z} + \frac{b_1}{z-1}\right)\frac{\mathrm{d}w}{\mathrm{d}z} + \left[\frac{a_2}{z^2} + \frac{b_2}{(z-1)^2} - \frac{a_3}{z(z-1)}\right]w = 0 . \tag{8}$$

方程（8）关于 $z = 0$ 的指标方程为 $\lambda^2 + (a_1 - 1)\lambda + a_2 = 0$.

方程（8）关于 $z=1$ 的指标方程为 $\mu^2 + (b_1 - 1)\mu + b_2 = 0$.

方程（8）关于 $z=\infty$ 的指标方程为 $\nu^2 + (1 - a_1 - b_1)\nu + a_2 + b_2 - a_3 = 0$.

由方程根与系数的关系有

$$a_1 = 1 - \lambda_1 - \lambda_2, \quad a_2 = \lambda_1\lambda_2,$$

$$b_1 = 1 - \mu_1 - \mu_2, \quad b_2 = \mu_1\mu_2,$$

$$a_1 + b_1 = \nu_1 + \nu_2 + 1, \quad a_2 + b_2 - a_3 = \nu_1\nu_2,$$

又 $\lambda_1 + \lambda_2 + \mu_1 + \mu_2 + \nu_1 + \nu_2 = 1$，将上述关系式代入 Riemann 方程（8）有

$$\frac{\mathrm{d}^2 w}{\mathrm{d}z^2} + \left(\frac{1 - \lambda_1 - \lambda_2}{z} + \frac{1 - \mu_1 - \mu_2}{z-1} \right) \frac{\mathrm{d}w}{\mathrm{d}z}$$
$$+ \left[\frac{\lambda_1\lambda_2}{z^2} + \frac{\mu_1\mu_2}{(z-1)^2} + \frac{\nu_1\nu_2 - \lambda_1\lambda_2 - \mu_1\mu_2}{z(z-1)} \right] w = 0.$$

令 $v(z) = z^\lambda (z-1)^\mu w(z)$，代入 Riemann 方程（8）有

$$\frac{\mathrm{d}^2 v}{\mathrm{d}z^2} + \left(\frac{a_1 - 2\lambda}{z} + \frac{b_1 - 2\mu}{z-1} \right) \frac{\mathrm{d}v}{\mathrm{d}z} + \left[\frac{a_2 + \lambda(\lambda+1) - a_1\lambda}{z^2} \right.$$
$$\left. + \frac{b_2 + \mu(\mu+1) - b_1\mu}{(z-1)^2} - \frac{a_3 - 2\mu\lambda + a_1\mu + b_1\lambda}{z(z-1)} \right] v = 0. \quad (9)$$

方程（9）关于 $z=0$ 的指标为 $(\lambda_1 + \lambda, \lambda_2 + \lambda)$.

方程（9）关于 $z=1$ 的指标为 $(\mu_1 + \mu, \mu_2 + \mu)$.

方程（9）关于 $z=\infty$ 的指标为 $(\nu_1 - \lambda - \mu, \nu_2 - \lambda - \mu)$.

令 $\lambda = -\lambda_1$，$\mu = \mu_1$，且令 $\lambda_2 - \lambda_1 = 1 - \gamma$，$\nu_1 + \lambda_1 + \mu_1 = \alpha$，$\nu_2 + \lambda_1 + \mu_1 = \beta$，则方程（9）关于 $z=0$ 的指标为 $(0, 1-\gamma)$，关于 $z=1$ 的指标为 $(0, \gamma - \alpha - \beta)$，关于 $z=\infty$ 的指标为 (α, β). 因此 Riemann 方程（8）可变为

$$\frac{\mathrm{d}^2 w}{\mathrm{d}z^2} + \left(\frac{\gamma}{z} + \frac{1 - \gamma + \alpha + \beta}{z-1} \right) \frac{\mathrm{d}w}{\mathrm{d}z} + \frac{\alpha\beta}{z(z-1)} w = 0.$$

将上述方程两端乘上 $z(z-1)$ 变为**超几何方程**

$$z(1-z)\frac{\mathrm{d}^2 w}{\mathrm{d}z^2} + \left[\gamma - (1 + \alpha + \beta)z \right] \frac{\mathrm{d}w}{\mathrm{d}z} - \alpha\beta w = 0.$$

5. 超几何函数

超几何方程

$$z(1-z)\frac{\mathrm{d}^2 w}{\mathrm{d}z^2} + \left[\gamma - (1 + \alpha + \beta)z \right] \frac{\mathrm{d}w}{\mathrm{d}z} - \alpha\beta w = 0 \quad (10)$$

有三个正则奇点，分别为 $z=0$，$z=1$，$z=\infty$. 设 $w(z)=\sum\limits_{k=0}^{+\infty}c_k z^k$ 为超几何方程（10）
在正则奇点 $z=0$ 邻域内的解，将其代入方程（10）得递推关系式：

$$c_{k+1}=\frac{(\alpha+k)(\beta+k)}{(k+1)(\gamma+k)}c_k，\quad k\geq 0，$$

则

$$w(z)=F(\alpha,\beta;\gamma;z)=1+\sum_{k=1}^{+\infty}\frac{\alpha(\alpha+1)\cdots(\alpha+k-1)\beta(\beta+1)\cdots(\beta+k-1)}{k!\gamma(\gamma+1)\cdots(\gamma+k-1)}z^k$$

$$=\frac{\Gamma(\gamma)}{\Gamma(\alpha)\Gamma(\beta)}\sum_{k=0}^{+\infty}\frac{\Gamma(\alpha+k)\Gamma(\beta+k)}{\Gamma(k+1)\Gamma(\gamma+k)}z^k.$$

上述超几何方程的解 $F(\alpha,\beta;\gamma;z)$ 称为**超几何函数**.

将超几何方程（10）两端微分，并令 $v(z)=\dfrac{\mathrm{d}w}{\mathrm{d}z}$，有

$$z(1-z)\frac{\mathrm{d}^2 v}{\mathrm{d}z^2}+\big[\gamma+1-(\alpha+\beta+3)z\big]\frac{\mathrm{d}v}{\mathrm{d}z}-(\alpha+1)(\beta+1)v=0，$$

则

$$v(z)=F'(\alpha,\beta;\gamma;z)=\frac{\alpha\beta}{\gamma}F(\alpha+1,\beta+1;\gamma+1;z).$$

超几何方程（10）关于 $z=0$ 的指标为 0 和 $1-\gamma$. 若 $1-\gamma\neq -n$，则 $w_1(z)=$ $F(\alpha,\beta;\gamma;z)$ 和 $w_2(z)=z^{1-\gamma}v(z)$ 为超几何方程（10）在正则奇点 $z=0$ 邻域内的线性无关解. 将 $w_2(z)=z^{1-\gamma}v(z)$ 代入方程（10），有

$$z(1-z)\frac{\mathrm{d}^2 v}{\mathrm{d}z^2}+\big[(2-\gamma)-(3+\alpha+\beta-2\gamma)z\big]\frac{\mathrm{d}v}{\mathrm{d}z}-(\alpha-\gamma+1)(\beta-\gamma+1)v=0，$$

则 $w_2(z)=z^{1-\gamma}F(\alpha-\gamma+1,\beta-\gamma+1;2-\gamma;z)$ 为超几何方程（10）在 $z=0$ 邻域内的另一解.

若 $1-\gamma\neq -n$，则

$$w_1(z)=F(\alpha,\beta;\gamma;z)，$$
$$w_2(z)=z^{1-\gamma}F(\alpha-\gamma+1,\beta-\gamma+1;2-\gamma;z)$$

为超几何方程（10）在 $z=0$ 邻域内的线性无关解.

将 $w(z)=(1-z)^{\gamma-\alpha-\beta}u(z)$ 代入超几何方程（10），有

$$z(1-z)\frac{\mathrm{d}^2 u}{\mathrm{d}z^2}+\big[\gamma-(1+2\gamma-\alpha-\beta)z\big]\frac{\mathrm{d}u}{\mathrm{d}z}-(\gamma-\alpha)(\gamma-\beta)u=0，$$

且

$$w(0) = 1 = \left[(1-z)^{\gamma-\alpha-\beta} u(z) \right]\Big|_{z=0},$$

$$w'(0) = \frac{\alpha\beta}{\gamma} = \left[(1-z)^{\gamma-\alpha-\beta} u(z) \right]'\Big|_{z=0}.$$

根据二阶线性常微分方程解的存在和唯一性定理有

$$w(z) = F(\alpha,\beta;\gamma;z) = (1-z)^{\gamma-\alpha-\beta} F(\gamma-\alpha,\gamma-\beta;\gamma;z).$$

在超几何方程（10）中作变换 $t=1-z$，有

$$t(1-t)\frac{\mathrm{d}^2 w}{\mathrm{d}t^2} + \left[(1+\alpha+\beta-\gamma) - (1+\alpha+\beta)t \right]\frac{\mathrm{d}w}{\mathrm{d}t} - \alpha\beta w = 0.$$

则 $w_3(z) = F(\alpha,\beta;\alpha+\beta-\gamma+1;1-z)$ 为超几何方程（10）在 $z=1$ 邻域内的解.

将 $w(z) = (1-z)^{\gamma-\alpha-\beta} u(z)$ 代入超几何方程（10），有

$$z(1-z)\frac{\mathrm{d}^2 u}{\mathrm{d}z^2} + \left[\gamma - (1+2\gamma-\alpha-\beta)z \right]\frac{\mathrm{d}u}{\mathrm{d}z} - (\gamma-\alpha)(\gamma-\beta)u = 0,$$

并对上述方程作变换 $t=1-z$，有

$$t(1-t)\frac{\mathrm{d}^2 u}{\mathrm{d}t^2} + \left[(1+\gamma-\alpha-\beta) - (1+2\gamma-\alpha-\beta)t \right]\frac{\mathrm{d}u}{\mathrm{d}t} - (\gamma-\alpha)(\gamma-\beta)u = 0,$$

则 $w_4(z) = (1-z)^{\gamma-\alpha-\beta} F(\gamma-\beta,\gamma-\alpha;\gamma-\alpha-\beta+1;1-z)$ 为超几何方程（10）在 $z=1$ 邻域内的另一解.

若 $\gamma-\alpha-\beta \neq -n$，则

$$w_3(z) = F(\alpha,\beta;\alpha+\beta-\gamma+1;1-z),$$

$$w_4(z) = (1-z)^{\gamma-\alpha-\beta} F(\gamma-\beta,\gamma-\alpha;\gamma-\alpha-\beta+1;1-z)$$

为超几何方程（10）在正则奇点 $z=1$ 邻域内的线性无关解.

将 $w(z) = z^r v\left(\dfrac{1}{z}\right)$ 代入超几何方程（10），并令 $t=\dfrac{1}{z}$，有

$$\frac{1}{t}\left(1-\frac{1}{t}\right)\left[r(r-1)t^{2-r}v + (2-2r)t^{3-r}\frac{\mathrm{d}v}{\mathrm{d}t} + t^{4-r}\frac{\mathrm{d}^2 v}{\mathrm{d}t^2} \right]$$

$$+ \left[\gamma - (1+\alpha+\beta)\frac{1}{t} \right]\left(rt^{1-r}v - t^{2-r}\frac{\mathrm{d}v}{\mathrm{d}t} \right) - \alpha\beta t^{-r}v = 0.$$

将上式两端乘以 t^{r-1} 并整理，得

$$t(1-t)\frac{\mathrm{d}^2 v}{\mathrm{d}t^2} + \left[1-\alpha-\beta-2r - (2-2r-\gamma)t \right]\frac{\mathrm{d}v}{\mathrm{d}t}$$

$$- \left[r^2 - r + r\gamma - \frac{1}{t}(r+\alpha)(r+\beta) \right]v = 0.$$

当 $(r+\alpha)(r+\beta)=0$ 时，上述方程为超几何方程，因此，当 $r=-\alpha$ 时，$u_1(z)=z^{-\alpha}F\left(\alpha,1+\alpha-\gamma;\alpha-\beta+1;\dfrac{1}{z}\right)$ 为超几何方程（10）在 $z=\infty$ 邻域内的解；当 $r=-\beta$ 时，$u_2(z)=z^{-\beta}F\left(\beta,1+\beta-\gamma;\beta-\alpha+1;\dfrac{1}{z}\right)$ 为超几何方程（10）在 $z=\infty$ 邻域内的另一解.

若 $\beta-\alpha\neq-n$，则

$$u_1(z)=z^{-\alpha}F\left(\alpha,1+\alpha-\gamma;\alpha-\beta+1;\dfrac{1}{z}\right),$$

$$u_2(z)=z^{-\beta}F\left(\beta,1+\beta-\gamma;\beta-\alpha+1;\dfrac{1}{z}\right)$$

为超几何方程（10）在正则奇点 $z=\infty$ 邻域内的线性无关解.

在 Jacobi 方程

$$(1-x^2)\frac{\mathrm{d}^2 u}{\mathrm{d}x^2}+\left[\beta-\alpha-(\alpha+\beta+2)x\right]\frac{\mathrm{d}u}{\mathrm{d}x}+\lambda(\lambda+\alpha+\beta+1)u=0$$

中，令 $x=1-2z$，有

$$z(1-z)\frac{\mathrm{d}^2 u}{\mathrm{d}z^2}+\left[1+\alpha-(\alpha+\beta+2)z\right]\frac{\mathrm{d}u}{\mathrm{d}z}+\lambda(\lambda+\alpha+\beta+1)u=0, \tag{11}$$

则方程（11）的解为**第一类 Jacobi 函数**

$$P_\lambda^{\alpha,\beta}(z)=\frac{\Gamma(\lambda+\alpha+1)}{\Gamma(\lambda+1)\Gamma(\alpha+1)}F\left(-\lambda,\lambda+\alpha+\beta+1;\alpha+1;\frac{1-z}{2}\right). \tag{12}$$

当 $\lambda=n$ 时，Jacobi 函数（12）变为 **Jacobi 多项式**

$$\begin{aligned}
P_n^{\alpha,\beta}(z)&=\frac{\Gamma(n+\alpha+1)}{\Gamma(n+1)\Gamma(\alpha+1)}F\left(-n,n+\alpha+\beta+1;\alpha+1;\frac{1-z}{2}\right)\\
&=\frac{\Gamma(n+\alpha+1)}{\Gamma(n+1)\Gamma(\alpha+1)}\frac{\Gamma(\alpha+1)}{\Gamma(n+\alpha+\beta+1)}\\
&\quad\cdot\sum_{k=0}^{n}\frac{\Gamma(k-n)\Gamma(n+k+\alpha+\beta+1)}{\Gamma(-n)\Gamma(k+1)\Gamma(k+\alpha+1)}\left(\frac{1-z}{2}\right)^k\\
&=\frac{\Gamma(n+\alpha+1)}{\Gamma(n+1)\Gamma(n+\alpha+\beta+1)}\sum_{k=0}^{n}\frac{\Gamma(n+k+\alpha+\beta+1)}{\Gamma(k+\alpha+1)}\mathrm{C}_n^k\left(\frac{z-1}{2}\right)^k,
\end{aligned}$$

这里的 $P_n^{\alpha,\beta}(z)$ 对应于 8.4 节的 $P_n^{\nu,\mu}(x)$.

由于 $w(z)=z^{\alpha-\gamma}(1-z)^{\gamma-\alpha-\beta}F\left(\gamma-\alpha,1-\alpha;1-\alpha+\beta;\dfrac{1}{z}\right)$ 为超几何方程（10）的解，则

$$Q_\lambda^{\alpha,\beta}(z) = (-1)^{\lambda+\alpha+1} \frac{1}{2}\left(\frac{1-z}{2}\right)^{-\lambda-\alpha-1}\left(\frac{z+1}{2}\right)^{\lambda+\alpha+1-\lambda-\alpha-\beta-1} \frac{\Gamma(\lambda+\alpha+1)}{\Gamma(\lambda+1)\Gamma(\alpha+1)}$$

$$\cdot \frac{\Gamma(\lambda+1)\Gamma(\alpha+1)\Gamma(\lambda+\beta+1)}{\Gamma(2\lambda+\alpha+\beta+2)} F\left(\lambda+\alpha+1,\lambda+1;2\lambda+\alpha+\beta+2;\frac{2}{1-z}\right)$$

$$= \frac{2^{\lambda+\alpha+\beta}\Gamma(\lambda+\alpha+1)\Gamma(\lambda+\beta+1)}{\Gamma(2\lambda+\alpha+\beta+2)(z-1)^{\lambda+\alpha+1}(z+1)^\beta} F\left(\lambda+\alpha+1,\lambda+1;2\lambda+\alpha+\beta+2;\frac{2}{1-z}\right)$$

为方程（11）的另一解，称之为**第二类 Jacobi 函数**.

当 $\alpha=\beta=0$ 时，称

$$P_\lambda^{0,0}(z) = F\left(-\lambda,\lambda+1;1;\frac{1-z}{2}\right),$$

$$Q_\lambda^{0,0}(z) = \frac{2^\lambda \Gamma^2(\lambda+1)}{\Gamma(2\lambda+2)(z-1)^{\lambda+1}} F\left(\lambda+1,\lambda+1;2\lambda+2;\frac{2}{1-z}\right)$$

分别为**第一类**和**第二类 Legendre 函数**.

在 Gegenbauer 方程

$$(1-x^2)\frac{\mathrm{d}^2 u}{\mathrm{d}x^2} - (2\mu+1)x\frac{\mathrm{d}u}{\mathrm{d}x} + \lambda(\lambda+2\mu)u = 0$$

中，令 $x=1-2z$，Gegenbauer 方程变为

$$z(1-z)\frac{\mathrm{d}^2 u}{\mathrm{d}z^2} + \left[\mu+\frac{1}{2}-(2\mu+1)z\right]\frac{\mathrm{d}u}{\mathrm{d}z} + \lambda(\lambda+2\mu)u = 0, \tag{13}$$

则**第一类 Gegenbauer 函数**

$$C_\lambda^\mu(z) = \frac{\Gamma(\lambda+\alpha+1)}{\Gamma(\lambda+1)\Gamma(\alpha+1)} \frac{\Gamma(\lambda+2\mu)\Gamma(\alpha+1)}{\Gamma(\lambda+\alpha+1)\Gamma(2\mu)} F\left(-\lambda,\lambda+2\mu;\mu+\frac{1}{2};\frac{1-z}{2}\right)$$

$$= \frac{\Gamma(\lambda+2\mu)}{\Gamma(\lambda+1)\Gamma(2\mu)} F\left(-\lambda,\lambda+2\mu;\mu+\frac{1}{2};\frac{1-z}{2}\right)$$

为方程（13）的解. 同理，**Gegenbauer 多项式**

$$C_n^\mu(z) = \frac{\Gamma(n+2\mu)}{\Gamma(n+1)\Gamma(2\mu)} F\left(-n,n+2\mu;\mu+\frac{1}{2};\frac{1-z}{2}\right)$$

$$= \frac{\Gamma(n+2\mu)}{\Gamma(n+1)\Gamma(2\mu)} \frac{\Gamma\left(\mu+\frac{1}{2}\right)}{\Gamma(n+2\mu)} \sum_{k=0}^n \frac{\Gamma(k-n)\Gamma(k+n+2\mu)}{\Gamma(-n)\Gamma(k+1)\Gamma\left(k+\mu+\frac{1}{2}\right)}\left(\frac{1-z}{2}\right)^k$$

$$= \frac{\Gamma\left(\mu+\frac{1}{2}\right)}{\Gamma(n+1)\Gamma(2\mu)} \sum_{k=0}^n \frac{\Gamma(k+n+2\mu)}{\Gamma\left(k+\mu+\frac{1}{2}\right)} C_n^k\left(\frac{z-1}{2}\right)^k.$$

此处 $C_n^\mu(z)$ 与 8.4 节中的 $C_n^\lambda(x)$ 相对应. 在第二类 Jacobi 函数中取 $\alpha=\beta=\mu-\dfrac{1}{2}$ 可得

第二类 Gegenbauer 函数

$$D_\lambda^\mu(z)=\frac{2^{\lambda+2\mu-1}\Gamma^2\left(\lambda+\mu+\dfrac{1}{2}\right)}{\Gamma(2\lambda+2\mu+1)(z-1)^{\lambda+\mu+\frac{1}{2}}(z+1)^{\mu-\frac{1}{2}}}F\left(\lambda+\mu+\frac{1}{2},\lambda+1;2\lambda+2\mu+1;\frac{2}{1-z}\right).$$

6. 合流超几何函数

在超几何方程 $z(1-z)\dfrac{\mathrm{d}^2w}{\mathrm{d}z^2}+\left[\gamma-(1+\alpha+\beta)z\right]\dfrac{\mathrm{d}w}{\mathrm{d}z}-\alpha\beta w=0$ 中，令 $t=rz$，有

$$\frac{\mathrm{d}^2w}{\mathrm{d}t^2}+\left(\frac{\gamma}{t}+\frac{1-\gamma+\alpha+\beta}{t-r}\right)\frac{\mathrm{d}w}{\mathrm{d}t}+\frac{\alpha\beta}{t(t-r)}w=0.$$

在上述方程中令 $\beta=r\to\infty$，有

$$\frac{\mathrm{d}^2w}{\mathrm{d}t^2}+\left(\frac{\gamma}{t}-1\right)\frac{\mathrm{d}w}{\mathrm{d}t}-\frac{\alpha}{t}w=0.$$

此时令 $t=z$，有

$$z\frac{\mathrm{d}^2w}{\mathrm{d}z^2}+(\gamma-z)\frac{\mathrm{d}w}{\mathrm{d}z}-\alpha w=0. \tag{14}$$

方程（14）称为**合流超几何方程**，其解为**合流超几何函数**

$$\Phi(\alpha,\gamma;z)=\frac{\Gamma(\gamma)}{\Gamma(\alpha)}\sum_{k=0}^{+\infty}\frac{\Gamma(\alpha+k)}{\Gamma(k+1)\Gamma(\gamma+k)}z^k.$$

同理，$w_2(z)=z^{1-\gamma}\Phi(\alpha-\gamma+1,2-\gamma;z)$ 为合流超几何方程（14）的另一解.

若 $1-\gamma\neq-n$，则 $w_1(z)=\Phi(\alpha,\gamma;z)$ 和 $w_2(z)=z^{1-\gamma}\Phi(\alpha-\gamma+1,2-\gamma;z)$ 为合流超几何方程（14）的线性无关解.

例 4　求解类氢体系的不含时 Schrödinger 方程

$$-\frac{\hbar^2}{2m}\nabla^2\Psi+V(r)\Psi=E\Psi.$$

解　令 $m=\hbar=1$，$V(r)=-\dfrac{Z\mathrm{e}^2}{r}$，则上述 Schrödinger 方程变为

$$\nabla^2\Psi+\left(2E+\frac{2Z\mathrm{e}^2}{r}\right)\Psi=0.$$

令 $\Psi(r)=R(r)Y(\theta,\varphi)$，则上述方程分离变量后得

$$\frac{\mathrm{d}^2R}{\mathrm{d}r^2}+\frac{2}{r}\frac{\mathrm{d}R}{\mathrm{d}r}+\left[2E+\frac{2Z\mathrm{e}^2}{r}-\frac{l(l+1)}{r^2}\right]R=0.$$

令 $u(r)=rR(r)$，则上述方程变为

$$\frac{\mathrm{d}^2 u}{\mathrm{d}r^2}+\left(\lambda+\frac{a}{r}-\frac{b}{r^2}\right)u=0,$$

其中 $\lambda=2E$，$a=2Z\mathrm{e}^2$，$b=l(l+1)$．令 $r=kz$，有

$$\frac{\mathrm{d}^2 u}{\mathrm{d}z^2}+\left(\lambda k^2+\frac{ak}{z}-\frac{b}{z^2}\right)u=0.$$

令 $\lambda k^2=-\dfrac{1}{4}$，$\alpha=\dfrac{a}{2\sqrt{-\lambda}}$，有

$$\frac{\mathrm{d}^2 u}{\mathrm{d}z^2}+\left(-\frac{1}{4}+\frac{\alpha}{z}-\frac{b}{z^2}\right)u=0.$$

令 $u(z)=z^\mu\mathrm{e}^{-\nu z}f(z)$，可得

$$\frac{\mathrm{d}^2 f}{\mathrm{d}z^2}+\left(\frac{2\mu}{z}-2\nu\right)\frac{\mathrm{d}f}{\mathrm{d}z}+\left[-\frac{1}{4}+\frac{\mu(\mu-1)}{z^2}-\frac{2\mu\nu}{z}+\frac{\alpha}{z}-\frac{b}{z^2}+\nu^2\right]f=0.$$

令 $\nu^2=\dfrac{1}{4}$，$\mu(\mu-1)=b=l(l+1)$，则上述方程变为

$$\frac{\mathrm{d}^2 f}{\mathrm{d}z^2}+\left(\frac{2\mu}{z}-2\nu\right)\frac{\mathrm{d}f}{\mathrm{d}z}-\frac{2\mu\nu-\alpha}{z}f=0.$$

当 $z\to\infty$ 时，$u(z)\to 0$，因此 $\nu=\dfrac{1}{2}$．由 $u(0)$ 为有限值得 $\mu=l+1$，则

$$u(z)=Cz^{l+1}\mathrm{e}^{-\frac{z}{2}}\Phi(l+1-\alpha,2l+2;z).$$

由于 $u(z)$ 有限，则 $\Phi(l+1-\alpha,2l+2;z)$ 为多项式．由于 Laguerre 多项式

$$L_n^j(z)=\frac{\Gamma(n+j+1)}{\Gamma(n+1)\Gamma(j+1)}\Phi(-n,j+1;z),$$

故 $l+1-\alpha=-n$，$j=2l+1$．因此能量量子化条件为

$$E=-\frac{Z^2 m\mathrm{e}^4}{2\hbar^2 n^2}=-Z^2\left(\frac{mc^2}{2}\right)\alpha^2\frac{1}{n^2},$$

且

$$R_{n,l}(r)=\frac{u_{n.l}(r)}{r}=Cr^l\mathrm{e}^{-\frac{Zr}{na_0}}\Phi\left(-n+l+1,2l+2;\frac{2Zr}{na_0}\right),$$

其中 $a_0=\dfrac{\hbar^2}{m\mathrm{e}^2}=0.529\times10^{-8}$ cm，为玻尔半径．

将 $w(z)=z^\mu\mathrm{e}^{-\eta z}f(z)$ 代入 Bessel 方程

$$\frac{\mathrm{d}^2 w}{\mathrm{d}z^2} + \frac{1}{z}\frac{\mathrm{d}w}{\mathrm{d}z} + \left(1 - \frac{\nu^2}{z^2}\right)w = 0, \tag{15}$$

有

$$\frac{\mathrm{d}^2 f}{\mathrm{d}z^2} + \left(\frac{2\mu+1}{z} - 2\eta\right)\frac{\mathrm{d}f}{\mathrm{d}z} + \left[\frac{\mu^2 - \nu^2}{z^2} - \frac{\eta(2\mu+1)}{z} + \eta^2 + 1\right]f = 0.$$

令 $\mu = \nu$，$\eta = \mathrm{i}$，$t = 2\mathrm{i}z$，上述方程变为

$$t\frac{\mathrm{d}^2 f}{\mathrm{d}t^2} + (2\nu+1-t)\frac{\mathrm{d}f}{\mathrm{d}t} - \left(\nu+\frac{1}{2}\right)f = 0,$$

则 $w(z) = Cz^{\nu}\mathrm{e}^{-\mathrm{i}z}\Phi\left(\nu+\frac{1}{2}, 2\nu+1; 2\mathrm{i}z\right)$ 为 Bessel 方程（15）的解．因此

$$J_{\nu}(z) = \frac{1}{\Gamma(\nu+1)}\left(\frac{z}{2}\right)^{\nu}\mathrm{e}^{-\mathrm{i}z}\Phi\left(\nu+\frac{1}{2}, 2\nu+1; 2\mathrm{i}z\right)$$

$$= \frac{1}{\Gamma(\nu+1)}\left(\frac{z}{2}\right)^{\nu}\frac{\Gamma(2\nu+1)}{\Gamma\left(\nu+\frac{1}{2}\right)}\sum_{n=0}^{+\infty}\frac{(-\mathrm{i})^n z^n}{n!}\sum_{l=0}^{+\infty}\frac{\Gamma\left(l+\nu+\frac{1}{2}\right)}{\Gamma(l+1)\Gamma(l+2\nu+1)}(2\mathrm{i}z)^l$$

$$= \left(\frac{z}{2}\right)^{\nu}\sum_{k=0}^{+\infty}\frac{(-1)^k}{k!\,\Gamma(\nu+k+1)}\left(\frac{z}{2}\right)^{2k}.$$

当 $\nu \neq n$ 时，Bessel 方程（15）的另一线性无关解

$$\widetilde{w}(z) = z^{1-(2\nu+1)}\left(\frac{z}{2}\right)^{\nu}\mathrm{e}^{-\mathrm{i}z}\Phi\left(\nu+\frac{1}{2}-(2\nu+1)+1, 2-(2\nu+1); 2\mathrm{i}z\right)$$

$$= (2z)^{-\nu}\mathrm{e}^{-\mathrm{i}z}\Phi\left(-\nu+\frac{1}{2}, -2\nu+1; 2\mathrm{i}z\right)$$

$$= CJ_{-\nu}(z),$$

其中

$$J_{-\nu}(z) = \left(\frac{z}{2}\right)^{-\nu}\sum_{k=0}^{+\infty}\frac{(-1)^k}{k!\,\Gamma(-\nu+k+1)}\left(\frac{z}{2}\right)^{2k}.$$

当 $\nu = n$ 时，

$$J_n(z) = \sum_{k=0}^{+\infty}\frac{(-1)^k}{k!(k+n)!}\left(\frac{z}{2}\right)^{2k+n}$$

为 n 阶 Bessel 方程的一解．而 n 阶 Bessel 方程的另一线性无关解

$$Y_n(z) = \lim_{\nu \to n}\frac{J_{\nu}(z)\cos\nu\pi - J_{-\nu}(z)}{\sin\nu\pi}$$

$$= \frac{2}{\pi} J_n(z) \ln \frac{z}{2} - \frac{1}{\pi} \left(\frac{z}{2} \right)^n \sum_{k=0}^{+\infty} (-1)^k \frac{\psi(n+k+1)}{k! \Gamma(n+k+1)} \left(\frac{z}{2} \right)^{2k}$$

$$- \frac{1}{\pi} \left(\frac{z}{2} \right)^{-n} (-1)^n \sum_{k=0}^{+\infty} (-1)^k \frac{\psi(k-n+1)}{k! \Gamma(k-n+1)} \left(\frac{z}{2} \right)^{2k}.$$

一般称 $J_\nu(z)$ 为**第一类 Bessel 函数**，$Y_\nu(z)$ 为**第二类 Bessel 函数**，而称

$$H_\nu^{(1)}(z) = J_\nu(z) + \mathrm{i} Y_\nu(z), \quad H_\nu^{(2)}(z) = J_\nu(z) - \mathrm{i} Y_\nu(z)$$

为**第三类 Bessel 函数**.

用 $\mathrm{i} z$ 替换 Bessel 方程（15）中的 z，则 Bessel 方程（15）变为**修正 Bessel 方程**

$$\frac{\mathrm{d}^2 w}{\mathrm{d} z^2} + \frac{1}{z} \frac{\mathrm{d} w}{\mathrm{d} z} - \left(1 + \frac{\nu^2}{z^2} \right) w = 0. \tag{16}$$

当 $\nu \neq n$ 时，**第一类修正 Bessel 函数**

$$I_\nu(z) = \mathrm{e}^{-\frac{\mathrm{i}\pi\nu}{2}} J_\nu(\mathrm{i} z) = \left(\frac{z}{2} \right)^\nu \sum_{k=0}^{+\infty} \frac{1}{k! \Gamma(\nu+k+1)} \left(\frac{z}{2} \right)^{2k}$$

为修正 Bessel 方程（16）的解. 修正 Bessel 方程（16）的另一解为

$$I_{-\nu}(z) = \mathrm{e}^{\frac{\mathrm{i}\pi\nu}{2}} J_{-\nu}(\mathrm{i} z) = \left(\frac{z}{2} \right)^{-\nu} \sum_{k=0}^{+\infty} \frac{1}{k! \Gamma(k-\nu+1)} \left(\frac{z}{2} \right)^{2k}.$$

当 $\nu = n$ 时，修正 Bessel 方程（16）的两线性无关解分别为**第一类修正 Bessel 函数**

$$I_n(z) = \left(\frac{z}{2} \right)^n \sum_{k=0}^{+\infty} \frac{1}{k! \Gamma(n+k+1)} \left(\frac{z}{2} \right)^{2k}$$

和**第二类修正 Bessel 函数**

$$K_n(z) = \lim_{\nu \to n} \frac{\pi}{2 \sin \nu \pi} (I_{-\nu}(z) - I_\nu(z))$$

$$= (-1)^{n+1} I_n(z) \ln \frac{z}{2} + \frac{(-1)^n}{2} \left(\frac{z}{2} \right)^n \sum_{k=0}^{+\infty} \frac{\psi(n+k+1)}{k! \Gamma(n+k+1)} \left(\frac{z}{2} \right)^{2k}$$

$$+ \frac{(-1)^n}{2} \left(\frac{z}{2} \right)^{-n} \sum_{k=0}^{+\infty} \frac{\psi(k-n+1)}{k! \Gamma(k-n+1)} \left(\frac{z}{2} \right)^{2k}.$$

$\nu+1$ 阶、ν 阶、$\nu-1$ 阶 Bessel 函数 $Z_{\nu+1}(z), Z_\nu(z), Z_{\nu-1}(z)$ 有如下关系：

$$Z_{\nu+1}(z) = C_1 z^\nu \frac{\mathrm{d}}{\mathrm{d} z} (z^{-\nu} Z_\nu(z)), \quad Z_{\nu-1}(z) = C_2 z^{-\nu} \frac{\mathrm{d}}{\mathrm{d} z} (z^\nu Z_\nu(z)),$$

$$Z_{\nu+1}(z) = \frac{\nu}{z} Z_\nu(z) - \frac{\mathrm{d} Z_\nu}{\mathrm{d} z}, \quad Z_{\nu-1}(z) = \frac{\nu}{z} Z_\nu(z) + \frac{\mathrm{d} Z_\nu}{\mathrm{d} z},$$

$$Z_{\nu-1}(z) + Z_{\nu+1}(z) = \frac{2\nu}{z} Z_\nu(z).$$

11.5　积分变换

从泛函的观点来看，积分变换是函数空间上的线性变换. 设 C 为复平面内某一围道，积分变换

$$v(t) \mapsto u(z) = \int_C K(z,t)v(t)\mathrm{d}t \tag{1}$$

将函数空间中函数 $v(t)$ 变换到另一函数空间中函数 $u(z)$，称 $K(z,t)$ 为**积分变换的核**.

例如，Fourier 变换的核为 $K(x,y) = \mathrm{e}^{\mathrm{i}xy}$，Laplace 变换的核为 $K(x,y) = \mathrm{e}^{-xy}$，Euler 变换的核为 $K(x,y) = (x-y)^v$，Mellin 变换的核为 $K(x,y) = G(x^y)$ 或 x^y，Hankel 变换的核为 $K(x,y) = yJ_n(xy)$.

设 $L_z \equiv p_2(z)\dfrac{\mathrm{d}^2}{\mathrm{d}z^2} + p_1(z)\dfrac{\mathrm{d}}{\mathrm{d}z} + p_0(z)$ 为二阶线性微分算子，$u(z)$ 为方程 $L_z[u] = 0$ 的解. 因为 $u(z) = \displaystyle\int_C K(z,t)v(t)\mathrm{d}t$，所以有

$$0 = L_z[u] = L_z\left[\int_C K(z,t)v(t)\mathrm{d}t\right] = \int_C L_z\big[K(z,t)\big]v(t)\mathrm{d}t.$$

设微分算子 M_t 使得 $L_z\big[K(z,t)\big] = M_t\big[K(z,t)\big]$. 根据 Lagrange 恒等式

$$\int_a^b (vL[u] - uM[v])\mathrm{d}x = \Big[p_2 vu' - (p_2 v)'u + p_1 uv\Big]\Big|_a^b,$$

有

$$0 = \int_C v(t)L_z\big[K(z,t)\big]\mathrm{d}t = \int_C K(z,t)M_t^{\dagger}\big[v(t)\big]\mathrm{d}t + Q(K,v)\Big|_a^b,$$

其中 $Q(K,v) = p_2 vK' - (p_2 v)'K + p_1 Kv$.

若令 $M_t^{\dagger}\big[v(t)\big] = 0$ 和 $Q(K,v)\big|_{t=a} = Q(K,v)\big|_{t=b}$，则可给出 $v(t)$ 和围道 C，即 $u(z) = \displaystyle\int_C K(z,t)v(t)\mathrm{d}t$ 为 $L_z[u] = 0$ 的解，从而可得出 $u(z)$ 的积分表达.

1. 超几何函数的积分表达

超几何函数 $F(\alpha,\beta;\gamma;z)$ 为超几何方程

$$z(1-z)\frac{\mathrm{d}^2 w}{\mathrm{d}z^2} + \big[\gamma - (\alpha+\beta+1)z\big]\frac{\mathrm{d}w}{\mathrm{d}z} - \alpha\beta w = 0 \tag{2}$$

的解，超几何方程（2）的微分算子为

$$L_z = z(1-z)\frac{\mathrm{d}^2}{\mathrm{d}z^2} + \big[\gamma - (\alpha+\beta+1)z\big]\frac{\mathrm{d}}{\mathrm{d}z} - \alpha\beta.$$

若取积分变换的核 $K(z,t) = (z-t)^s$，则

$$L_z\left[K(z,t)\right]=\left\{z^2\left[-s(s-1)-s(\alpha+\beta+1)-\alpha\beta\right]+z\left[s(s-1)+s\gamma\right.\right.$$

$$\left.+st(\alpha+\beta+1)+2\alpha\beta t\right]-\gamma st-\alpha\beta t^2\Big\}(z-t)^{s-2}.$$

设 $M_t=p_2(t)\dfrac{\mathrm{d}^2}{\mathrm{d}t^2}+p_1(t)\dfrac{\mathrm{d}}{\mathrm{d}t}$ ，则

$$M_t\left[K(z,t)\right]=\left[s(s-1)p_2(t)-p_1(t)sz+p_1(t)st\right](z-t)^{s-2}$$

$$=\left\{z^2\left[-s(s-1)-s(\alpha+\beta+1)-\alpha\beta\right]+z\left[s(s-1)+s\gamma\right.\right.$$

$$\left.+st(\alpha+\beta+1)+2\alpha\beta t\right]-\gamma st-\alpha\beta t^2\Big\}(z-t)^{s-2}.$$

将上式两端约去 $(z-t)^{s-2}$ ，有

$$s(s-1)p_2(t)-p_1(t)sz+p_1(t)st$$

$$=z^2\left[-s(s-1)-s(\alpha+\beta+1)-\alpha\beta\right]+z\left[s(s-1)+s\gamma\right.$$

$$\left.+st(\alpha+\beta+1)+2\alpha\beta t\right]-\gamma st-\alpha\beta t^2.$$

利用待定系数法，有

$$-s(s-1)-s(\alpha+\beta+1)-\alpha\beta=0,$$

$$-p_1(t)s=s(s-1)+s\gamma+st(\alpha+\beta+1)+2\alpha\beta t,$$

$$s(s-1)p_2(t)+p_1(t)st=-\gamma st-\alpha\beta t^2.$$

则 $s=-\alpha$ 或 $s=-\beta$ ， $p_1(t)=\alpha+1-\gamma+t(\beta-\alpha-1)$ ， $p_2(t)=t-t^2$.

令 $M_t^{\dagger}\left[v(t)\right]=0$ ，有

$$\frac{\mathrm{d}^2}{\mathrm{d}t^2}\left[(t-t^2)v\right]-\frac{\mathrm{d}}{\mathrm{d}t}\left\{\left[\alpha-\gamma+1+t(\beta-\alpha-1)\right]v\right\}=0.$$

积分上式有

$$\frac{\mathrm{d}}{\mathrm{d}t}\left[(t-t^2)v\right]-\left[\alpha-\gamma+1+t(\beta-\alpha-1)\right]v=A.$$

上式可变为

$$\left[(t-t^2)\frac{\mathrm{d}}{\mathrm{d}t}+(1-2t)\right]v-\left[\alpha-\gamma+1+t(\beta-\alpha-1)\right]v=A.$$

求解上述一阶线性常微分方程可得 $v(t)=Ct^{\alpha-\gamma}(t-1)^{\gamma-\beta-1}$ ，则

$$Q[K,v](t)=C\alpha t^{\alpha-\gamma+1}(t-1)^{\gamma-\beta}(z-t)^{-\alpha-1}.$$

当 $\operatorname{Re}\gamma>\operatorname{Re}\beta>0$ 时， $Q(K,v)\big|_{t=1}=0$ ，

$$Q(K,v)\big|_{t=\infty} = (-1)^{-\alpha-1}C\alpha t^{\alpha-\gamma+1}t^{\gamma-\beta}t^{-\alpha-1} = (-1)^{-\alpha-1}C\alpha t^{-\beta} = 0,$$

因此

$$F(\alpha,\beta;\gamma;z) = u(z) = C\int_1^\infty (z-t)^{-\alpha}t^{\alpha-\gamma}(t-1)^{\gamma-\beta-1}\mathrm{d}t$$
$$= C'\int_1^\infty (t-z)^{-\alpha}t^{\alpha-\gamma}(t-1)^{\gamma-\beta-1}\mathrm{d}t.$$

令 $z=0$，则 $1 = C'\int_1^\infty t^{-\gamma}(t-1)^{\gamma-\beta-1}\mathrm{d}t$．令 $t=\dfrac{1}{x}$，则

$$1 = C'\int_0^1 x^{\beta-1}(1-x)^{\gamma-\beta-1}\mathrm{d}x,$$

故 $C' = \dfrac{\Gamma(\gamma)}{\Gamma(\beta)\Gamma(\gamma-\beta)}$．因此

$$F(\alpha,\beta;\gamma;z) = \frac{\Gamma(\gamma)}{\Gamma(\beta)\Gamma(\gamma-\beta)}\int_1^\infty (t-z)^{-\alpha}t^{\alpha-\gamma}(t-1)^{\gamma-\beta-1}\mathrm{d}t. \tag{3}$$

在超几何函数的积分表达式（3）中，将 t 变换为 $\dfrac{1}{t}$ 可给出超几何函数的欧拉公式，即

$$F(\alpha,\beta;\gamma;z) = \frac{\Gamma(\gamma)}{\Gamma(\beta)\Gamma(\gamma-\beta)}\int_0^1 (1-tz)^{-\alpha}t^{\beta-1}(1-t)^{\gamma-\beta-1}\mathrm{d}t. \tag{4}$$

其被积函数 $(1-tz)^{-\alpha}t^{\beta-1}(1-t)^{\gamma-\beta-1}$ 有两支点 $z_1=\dfrac{1}{t}$，$z_2=\infty$．连接 $z_1=1$，$z_2=\infty$ 沿正实轴作支割线，即 $-\pi<\arg(1-z)<\pi$，则

$$F(\alpha,\beta;\gamma;z) = \frac{\Gamma(\gamma)}{\Gamma(\beta)\Gamma(\gamma-\beta)}\int_0^1 (1-tz)^{-\alpha}t^{\beta-1}(1-t)^{\gamma-\beta-1}\mathrm{d}t$$

在 $-\pi<\arg(1-z)<\pi$ 上单值解析.

若 $\operatorname{Re}\gamma > \operatorname{Re}\beta$，且 $\operatorname{Re}\alpha > \operatorname{Re}\gamma - 1$，$Q(K,v)\big|_{t=0} = Q(K,v)\big|_{t=1} = 0$，则超几何函数 $F(\alpha,\beta;\gamma;z)$ 可以表示为

$$F(\alpha,\beta;\gamma;z) = C''\int_0^1 (z-t)^{-\alpha}t^{\alpha-\gamma}(1-t)^{\gamma-\beta-1}\mathrm{d}t.$$

设 $w(z) = C''\int_0^1 (z-t)^{-\alpha}t^{\alpha-\gamma}(1-t)^{\gamma-\beta-1}\mathrm{d}t$，则

$$w(z) = C''z^{-\alpha}\int_0^1 \left(1-\frac{t}{z}\right)^{-\alpha}t^{\alpha-\gamma}(1-t)^{\gamma-\beta-1}\mathrm{d}t$$
$$= C''z^{-\alpha}\int_0^1 \sum_{n=0}^{+\infty}\frac{\Gamma(\alpha+n)}{\Gamma(\alpha)\Gamma(n+1)}\left(\frac{1}{z}\right)^n t^{\alpha+n-\gamma}(1-t)^{\gamma-\beta-1}\mathrm{d}t$$

$$= C'' z^{-\alpha} \sum_{n=0}^{+\infty} \frac{\Gamma(\alpha+n)}{\Gamma(\alpha)\Gamma(n+1)} \left(\frac{1}{z}\right)^n \int_0^1 t^{\alpha+n-\gamma}(1-t)^{\gamma-\beta-1}\mathrm{d}t,$$

则上式变为

$$w(z) = C'' z^{-\alpha} \sum_{n=0}^{+\infty} \frac{\Gamma(\alpha+n)}{\Gamma(\alpha)\Gamma(n+1)} \left(\frac{1}{z}\right)^n \int_0^1 t^{(\alpha+n-\gamma+1)-1}(1-t)^{(\gamma-\beta)-1}\mathrm{d}t$$

$$= C'' z^{-\alpha} \sum_{n=0}^{+\infty} \frac{\Gamma(\alpha+n)}{\Gamma(\alpha)\Gamma(n+1)} \left(\frac{1}{z}\right)^n \frac{\Gamma(\alpha+n+1-\gamma)\Gamma(\gamma-\beta)}{\Gamma(\alpha+n+1-\beta)}.$$

因为 $F(\alpha,\beta;\gamma;z) = \frac{\Gamma(\gamma)}{\Gamma(\alpha)\Gamma(\beta)} \sum_{n=0}^{+\infty} \frac{\Gamma(\alpha+n)\Gamma(\beta+n)}{\Gamma(n+1)\Gamma(\gamma+n)} z^n$ ，则

$$F\left(\alpha,\alpha-\gamma+1;\alpha-\beta+1;\frac{1}{z}\right) = \frac{\Gamma(\alpha-\beta+1)}{\Gamma(\alpha)\Gamma(\alpha-\gamma+1)} \sum_{n=0}^{+\infty} \frac{\Gamma(\alpha+n)\Gamma(\alpha+n+1-\gamma)}{\Gamma(n+1)\Gamma(\alpha+n+1-\beta)} \left(\frac{1}{z}\right)^n.$$

因此

$$w(z) = \frac{\Gamma(\gamma-\beta)}{\Gamma(\alpha)} C'' z^{-\alpha} \sum_{n=0}^{+\infty} \frac{\Gamma(\alpha+n)\Gamma(\alpha+n+1-\gamma)}{\Gamma(n+1)\Gamma(\alpha+n+1-\beta)} \left(\frac{1}{z}\right)^n$$

$$= \frac{\Gamma(\gamma-\beta)\Gamma(\alpha-\gamma+1)}{\Gamma(\alpha-\beta+1)} C'' z^{-\alpha} F\left(\alpha,\alpha-\gamma+1;\alpha-\beta+1;\frac{1}{z}\right).$$

取 $C'' = \frac{\Gamma(\alpha-\beta+1)}{\Gamma(\gamma-\beta)\Gamma(\alpha-\gamma+1)}$ ，则 $w(z) = z^{-\alpha} F\left(\alpha,\alpha-\gamma+1;\alpha-\beta+1;\frac{1}{z}\right)$ 为超几何方程在 $z=\infty$ 邻域内的解.

2. 合流超几何函数的积分表达

因为 $\Phi(\alpha,\gamma;z) = \lim\limits_{\beta\to\infty} F\left(\alpha,\beta;\gamma;\frac{z}{\beta}\right)$ ，又

$$F(\alpha,\beta;\gamma;z) = F(\beta,\alpha;\gamma;z) = \frac{\Gamma(\gamma)}{\Gamma(\alpha)\Gamma(\gamma-\alpha)} \int_0^1 (1-tz)^{-\beta} t^{\alpha-1}(1-t)^{\gamma-\alpha-1}\mathrm{d}t,$$

所以

$$\Phi(\alpha,\gamma;z) = \lim_{\beta\to\infty} F\left(\alpha,\beta;\gamma;\frac{z}{\beta}\right)$$

$$= \lim_{\beta\to\infty} \frac{\Gamma(\gamma)}{\Gamma(\alpha)\Gamma(\gamma-\alpha)} \int_0^1 \left(1-\frac{tz}{\beta}\right)^{-\beta} t^{\alpha-1}(1-t)^{\gamma-\alpha-1}\mathrm{d}t$$

$$= \frac{\Gamma(\gamma)}{\Gamma(\alpha)\Gamma(\gamma-\alpha)} \int_0^1 \lim_{\beta\to\infty}\left(1-\frac{tz}{\beta}\right)^{-\beta} t^{\alpha-1}(1-t)^{\gamma-\alpha-1}\mathrm{d}t$$

$$= \frac{\Gamma(\gamma)}{\Gamma(\alpha)\Gamma(\gamma-\alpha)} \int_0^1 e^{tz} t^{\alpha-1}(1-t)^{\gamma-\alpha-1}\, dt. \qquad (5)$$

3. Bessel 函数的积分表达

Bessel 方程 $\dfrac{d^2 w}{dz^2} + \dfrac{1}{z}\dfrac{dw}{dz} + \left(1-\dfrac{\nu^2}{z^2}\right)w = 0$ 的微分算子为

$$L_z = \frac{d^2}{dz^2} + \frac{1}{z}\frac{d}{dz} + \left(1-\frac{\nu^2}{z^2}\right).$$

取 $K(z,t) = \left(\dfrac{z}{2}\right)^\nu e^{t-\frac{z^2}{4t}}$ ，则

$$L_z\big[K(z,t)\big] = \left(-\frac{\nu+1}{t} + 1 + \frac{z^2}{4t^2}\right)\left(\frac{z}{2}\right)^\nu e^{t-\frac{z^2}{4t}}$$

$$= \left(\frac{d}{dt} - \frac{\nu+1}{t}\right)\left(\frac{z}{2}\right)^\nu e^{t-\frac{z^2}{4t}} = \left(\frac{d}{dt} - \frac{\nu+1}{t}\right)K(z,t).$$

因此 $M_t = \dfrac{d}{dt} - \dfrac{\nu+1}{t}$. 令 $M_t^\dagger\big[v(t)\big] = 0$ ，则 $v(t) = ct^{-\nu-1}$ ，

$$Q(K,v) = c\left(\frac{z}{2}\right)^\nu t^{-\nu-1} e^{t-\frac{z^2}{4t}}.$$

当 $\arg(t) = \pm\pi$ ，$t = \infty$ 时，

$$Q(K,v)\big|_{t=\infty,\,\arg(t)=-\pi} = Q(K,v)\big|_{t=\infty,\,\arg(t)=+\pi} = 0.$$

由于 $t=0$ 和 $t=\infty$ 为 $\left(\dfrac{z}{2}\right)^\nu t^{-\nu-1} e^{t-\frac{z^2}{4t}}$ 的支点，故在 t 平面上连接 $t=0$ 和 $t=\infty$ 并沿负实轴作支割线，取积分围道 C 为沿割线下岸从 $t=\infty$ 到 $t=-r$，从 $t=-r$ 绕 $t=0$ 为圆心、r 为半径的圆逆时针绕行一周回到 $t=-r$，再沿割线上岸从 $t=-r$ 到 $t=\infty$，则

$$J_\nu(z) = c\left(\frac{z}{2}\right)^\nu \int_C t^{-\nu-1} e^{t-\frac{z^2}{4t}}\, dt = c\left(\frac{z}{2}\right)^\nu \sum_{k=0}^{+\infty} \frac{(-1)^k \left(\frac{z}{2}\right)^{2k}}{k!} \int_C \frac{e^t}{t^{k+\nu+1}}\, dt$$

$$= c\left(\frac{z}{2}\right)^\nu \sum_{k=0}^{+\infty} \frac{(-1)^k \left(\frac{z}{2}\right)^{2k}}{k!} \frac{2\pi i}{\Gamma(\nu+k+1)}.$$

又因为

$$J_\nu(z) = \left(\frac{z}{2}\right)^\nu \sum_{k=0}^{+\infty} \frac{(-1)^k \left(\frac{z}{2}\right)^{2k}}{\Gamma(\nu+k+1)\Gamma(k+1)},$$

所以 $c = \dfrac{1}{2\pi i}$ ，故

$$J_\nu(z) = \frac{1}{2\pi i} \left(\frac{z}{2}\right)^\nu \int_C t^{-\nu-1} e^{t-\frac{z^2}{4t}} dt.$$

若 $\nu = n$ ，则

$$J_n(z) = \frac{1}{2\pi i} \left(\frac{z}{2}\right)^n \int_{|t|=r} t^{-n-1} e^{t-\frac{z^2}{4t}} dt.$$

作变换 $t = \dfrac{zu}{2}$ ，则

$$J_\nu(z) = \frac{1}{2\pi i} \int_C u^{-\nu-1} e^{\frac{z}{2}\left(u-\frac{1}{u}\right)} du, \quad \mathrm{Re}\, z > 0. \tag{6}$$

同理，

$$J_n(z) = \frac{1}{2\pi i} \int_{|u|=r'} u^{-n-1} e^{\frac{z}{2}\left(u-\frac{1}{u}\right)} du, \quad \mathrm{Re}\, z > 0.$$

这是因为 $e^{\frac{z}{2}\left(u-\frac{1}{u}\right)} = \displaystyle\sum_{k=-\infty}^{+\infty} J_k(z) u^k$ ，所以

$$\frac{1}{2\pi i} \int_{|u|=r'} u^{-n-1} e^{\frac{z}{2}\left(u-\frac{1}{u}\right)} du = \sum_{k=-\infty}^{+\infty} \frac{1}{2\pi i} \int_{|u|=r'} J_k(z) u^{-n-1+k} du$$

$$= \sum_{k=-\infty}^{+\infty} J_k(z) \delta_{kn} = J_n(z).$$

令 $u = e^w$ ，则（6）变换为

$$J_\nu(z) = \frac{1}{2\pi i} \int_{C'} e^{z\,\mathrm{sh}\,w - \nu w} dw, \quad \mathrm{Re}\, z > 0,$$

其中 C' 为 w 平面内一折线，从 $u - i\pi (u = +\infty)$ 沿直线 $v = -\pi$ 到 $-i\pi$ ，再沿虚轴从 $-i\pi$ 到 $i\pi$ ，其次从 $i\pi$ 沿直线 $v = \pi$ 到 $u + i\pi (u = +\infty)$ ，这里 $w = u + iv$. 因此

$$J_\nu(z) = \frac{1}{2\pi i} \int_{C'} e^{z\,\mathrm{sh}\,w - \nu w} dw$$

$$= \frac{1}{\pi} \int_0^\pi \cos(\nu\theta - z\sin\theta) d\theta - \frac{\sin\nu\pi}{\pi} \int_0^{+\infty} e^{-\nu t - z\,\mathrm{sh}\,t} dt, \tag{7}$$

$$J_{-\nu}(z) = \frac{1}{2\pi i} \int_{C'} e^{z \operatorname{sh} w + \nu w} dw$$

$$= \frac{1}{\pi} \int_0^\pi \cos(\nu\theta + z\sin\theta) d\theta + \frac{\sin\nu\pi}{\pi} \int_0^{+\infty} e^{\nu t - z \operatorname{sh} t} dt.$$

同理，

$$J_n(z) = \frac{1}{\pi} \int_0^\pi \cos(n\theta - z\sin\theta) d\theta,$$

以及

$$Y_\nu(z) = \frac{J_\nu(z)\cos\nu\pi - J_{-\nu}(z)}{\sin\nu\pi}$$

$$= \frac{\cot\nu\pi}{\pi} \int_0^\pi \cos(\nu\theta - z\sin\theta) d\theta - \frac{\cos\nu\pi}{\pi} \int_0^{+\infty} e^{-\nu t - z \operatorname{sh} t} dt$$

$$- \frac{1}{\pi\sin\nu\pi} \int_0^\pi \cos(\nu\theta + z\sin\theta) d\theta - \frac{1}{\pi} \int_0^{+\infty} e^{\nu t - z \operatorname{sh} t} dt.$$

因此

$$H_\nu^{(1)}(z) = \frac{1}{\pi} \int_0^\pi e^{i(z\sin\theta - \nu\theta)} d\theta + \frac{1}{i\pi} \int_0^{+\infty} e^{\nu t - z \operatorname{sh} t} dt + \frac{e^{-i\nu\pi}}{i\pi} \int_0^{+\infty} e^{-\nu t - z \operatorname{sh} t} dt$$

$$= \frac{1}{i\pi} \int_D e^{z \operatorname{sh} w - \nu w} dw,$$

$$H_\nu^{(2)}(z) = \frac{1}{\pi} \int_0^\pi e^{-i(z\sin\theta - \nu\theta)} d\theta - \frac{1}{i\pi} \int_0^{+\infty} e^{\nu t - z \operatorname{sh} t} dt - \frac{e^{i\nu\pi}}{i\pi} \int_0^{+\infty} e^{-\nu t - z \operatorname{sh} t} dt$$

$$= -\frac{1}{i\pi} \int_{D'} e^{z \operatorname{sh} w - \nu w} dw,$$

其中围道 D 在 w 平面内沿负实轴从 $w = \infty$，$\arg w = -\pi$ 到 $w = 0$，再沿虚轴从 $w = 0$ 到 $w = i\pi$，再沿直线 $v = \pi$ 从 $w = i\pi$ 到 $w = u + i\pi$，$u = +\infty$；围道 D' 为 D 在 w 平面内关于实轴的镜像.

11.6　常微分方程的数值解

在常微分方程

$$\frac{d^n x}{dt^n} = f\left(t, x, \frac{dx}{dt}, \cdots, \frac{d^{n-1}x}{dt^{n-1}}\right) \tag{1}$$

中令

$$x = x_1, \quad \frac{dx_1}{dt} = x_2, \quad \cdots, \quad \frac{dx_{n-1}}{dt} = x_n,$$

则常微分方程（1）变为

$$\begin{cases} \dfrac{\mathrm{d}x_1}{\mathrm{d}t} = x_2, \\ \cdots, \\ \dfrac{\mathrm{d}x_{n-1}}{\mathrm{d}t} = x_n, \\ \dfrac{\mathrm{d}x_n}{\mathrm{d}t} = f(t, x_1, x_2, \cdots, x_n). \end{cases} \qquad (2)$$

若记 $\boldsymbol{x} = (x_1, x_2, \cdots, x_n)$，则一阶常微分方程组（2）可简记为

$$\frac{\mathrm{d}\boldsymbol{x}}{\mathrm{d}t} = \boldsymbol{f}(t, \boldsymbol{x}),$$

其中 $\boldsymbol{f}(t, \boldsymbol{x}) = (x_2, \cdots, x_n, f(t, \boldsymbol{x}))$.

1. 向后差分算子

在一阶常微分方程的初值问题

$$\begin{cases} \dfrac{\mathrm{d}x}{\mathrm{d}t} = f(t, x), \\ x(t_0) = x_0 \end{cases}$$

中令 $x_k = x(t_0 + kh)$，$t_n = t_0 + nh$，则

$$x_{n+1} - x_n = h\int_0^1 \dot{x}(t_n + sh)\mathrm{d}s = h\int_0^1 [E^s \dot{x}(t_n)]\mathrm{d}s.$$

上式可拓展为

$$x_{n+1} = x_{n-p} + h\int_{-p}^1 [E^s \dot{x}(t_n)]\mathrm{d}s = x_{n-p} + h\left[\int_{-p}^1 (1-\nabla)^{-s}\mathrm{d}s\right]\dot{x}_n.$$

利用 Taylor 展开，上式变为

$$x_{n+1} = x_{n-p} + h\left(\sum_{k=0}^{+\infty} a_k^{(p)} \nabla^k\right)\dot{x}_n, \qquad (3)$$

其中 $a_k^{(p)} = \dfrac{1}{k!}\displaystyle\int_{-p}^1 s(s+1)\cdots(s+k-1)\mathrm{d}s$. 若 $p=0$，则（3）变为

$$x_{n+1} = x_n + h\left(\sum_{k=0}^{+\infty} a_k^{(0)} \nabla^k\right)\dot{x}_n$$

$$= x_n + h\left(1 + \frac{\nabla}{2} + \frac{5\nabla^2}{12} + \frac{3\nabla^3}{8} + \frac{251\nabla^4}{720} + \frac{95\nabla^5}{288} + \cdots\right)\dot{x}_n.$$

若取三阶近似，则有

$$x_{n+1} \approx x_n + h\left(1 + \frac{\nabla}{2} + \frac{5\nabla^2}{12} + \frac{3\nabla^3}{8}\right)\dot{x}_n$$

401

$$= x_n + \frac{h}{24}(55\,\dot{x}_n - 59\,\dot{x}_{n-1} + 37\,\dot{x}_{n-2} - 9\,\dot{x}_{n-3}).$$

类似地，有

$$x_{n+1} = x_{n-p} + h\left(\sum_{k=0}^{+\infty} b_k^{(p)} \nabla^k\right)\dot{x}_{n+1},\qquad(4)$$

其中

$$b_k^{(p)} \equiv \frac{(-1)^k}{k!} \int_{-p}^1 \frac{\Gamma(-s+2)}{\Gamma(-s-k+2)}\,\mathrm{d}s.$$

若 $p = 0$，则有

$$x_{n+1} = x_n + h\left(\sum_{k=0}^{+\infty} b_k^{(0)} \nabla^k\right)\dot{x}_{n+1}$$

$$= x_n + h\left(1 - \frac{\nabla}{2} - \frac{\nabla^2}{12} - \frac{\nabla^3}{24} - \frac{19\nabla^4}{720} - \frac{3\nabla^5}{160} - \cdots\right)\dot{x}_{n+1}.$$

2. 用 Runge–Kutta 方法求解一阶常微分方程

将一阶常微分方程 $\dot{x} = f(t,x)$ 逐次求导，可得 $\dot{x}, \ddot{x}, \dddot{x}$ 在某点的值. 利用 Taylor 展开来计算 x_{n+1} 的值：

$$x_{n+1} = x_n + h\,\dot{x}_n + \frac{h^2}{2}\ddot{x}_n + \frac{h^3}{3!}\dddot{x}_n + \cdots,$$

其中 $\dot{x} = f$，

$$\ddot{x} = \frac{\mathrm{d}f}{\mathrm{d}t} = \frac{\partial f}{\partial x}\frac{\mathrm{d}x}{\mathrm{d}t} + \frac{\partial f}{\partial t} = \dot{x}f_x' + f_t' = ff_x' + f_t',$$

$$\dddot{x} = f_{tt}'' + 2ff_{xt}'' + f^2 f_{xx}'' + f_x'(ff_x' + f_t').$$

因此

$$x_{n+1} = x_n + hf + \frac{h^2}{2}(ff_x' + f_t')$$

$$+ \frac{h^3}{6}\left[f_{tt}'' + 2ff_{xt}'' + f^2 f_{xx}'' + f_x'(ff_x' + f_t')\right] + o(h^4).\qquad(5)$$

令

$$x_{n+1} = x_n + h\left(\alpha_0 f(x_n, t_n) + \sum_{j=1}^p \alpha_j f(x_n + b_j h, t_n + \mu_j h)\right),$$

$$b_i h = \sum_{r=0}^{i-1} \lambda_{ir} k_r,\quad i = 1, 2, \cdots, p,$$

则

$$x_{n+1} = x_n + h\left(\alpha_0 f(x_n,t_n) + \sum_{j=1}^{p} \alpha_j f\left(x_n + \sum_{r=0}^{j-1}\lambda_{jr}k_r, t_n + \mu_j h\right)\right), \qquad (6)$$

且 $k_0 = hf(x_n,t_n)$，$k_r = hf(x_n + b_r h, t_n + \mu_r h)$.

当 $p=1$ 时，由（6）得

$$x_{n+1} = x_n + \alpha_0 k_0 + \alpha_1 k_1,$$

其中 $k_0 = hf(x_n,t_n)$，$k_1 = hf(x_n + \lambda_{10}k_0, t_n + \mu_1 h)$. 将 k_1 作 Taylor 展开，并令 $\lambda_{10} = \lambda$，$\mu = \mu_1$，则有

$$x_{n+1} = x_n + h(\alpha_0 + \alpha_1)f + h^2\alpha_1(\mu f_t' + \lambda f f_x')$$
$$+ \frac{h^3}{2}\alpha_1(\mu^2 f_{tt}'' + 2\lambda\mu f f_{xt}'' + \lambda^2 f^2 f_{xx}'') + o(h^4).$$

利用待定系数法，有 $\alpha_0 + \alpha_1 = 1$，$\alpha_1\mu = \frac{1}{2}$，$\alpha_1\lambda = \frac{1}{2}$. 令 $\alpha_1 = \beta$，则

$$x_{n+1} = x_n + h\left[(1-\beta)f(x_n,t_n) + \beta f\left(x_n + \frac{hf}{2\beta}, t_n + \frac{h}{2\beta}\right)\right] + o(h^3).$$

若 $\beta = \frac{1}{2}$，则有

$$x_{n+1} = x_n + \frac{h}{2}(f(x_n,t_n) + f(x_n + hf, t_{n+1})) + o(h^3). \qquad (7)$$

当 $p=2$ 时，由（6）得

$$x_{n+1} = x_n + \alpha_0 k_0 + \alpha_1 k_1 + \alpha_2 k_2,$$

其中 $k_0 = hf(x_n,t_n)$，$k_1 = hf(x_n + \lambda_{10}k_0, t_n + \mu_1 h)$，$k_2 = hf(x_n + \lambda_{20}k_0 + \lambda_{21}k_1, t_n + \mu_2 h)$. 将 k_1, k_2 作 Taylor 展开，并代入 $x_{n+1} = x_n + \alpha_0 k_0 + \alpha_1 k_1 + \alpha_2 k_2$，且与（5）作比较，利用待定系数法可得 $\alpha_0 = \frac{1}{6}$，$\alpha_1 = \frac{2}{3}$，$\alpha_2 = \frac{1}{6}$. 因此

$$x_{n+1} = x_n + \frac{1}{6}(k_0 + 4k_1 + k_2) + o(h^4),$$

其中 $k_0 = hf(x_n,t_n)$，$k_1 = hf\left(x_n + \frac{1}{2}k_0, t_n + \frac{1}{2}h\right)$，$k_2 = hf(x_n + 2k_1 - k_0, t_n + h)$.

当 $p=3$ 时，由（6）得

$$x_{n+1} = x_n + \alpha_0 k_0 + \alpha_1 k_1 + \alpha_2 k_2 + \alpha_3 k_3,$$

其中 $k_0 = hf(x_n,t_n)$，$k_1 = hf(x_n + \lambda_{10}k_0, t_n + \mu_1 h)$，$k_2 = hf(x_n + \lambda_{20}k_0 + \lambda_{21}k_1, t_n + \mu_2 h)$，$k_3 = hf(x_n + \lambda_{30}k_0 + \lambda_{31}k_1 + \lambda_{32}k_2, t_n + \mu_3 h)$. 与（5）类似有

$$x_{n+1} = x_n + hf + \frac{h^2}{2}(ff'_x + f'_t)$$

$$+ \frac{h^3}{6}\Big[f''_{tt} + 2ff''_{xt} + f^2 f''_{xx} + f'_x(ff'_x + f'_t)\Big]$$

$$+ \frac{h^4}{24}\Big\{ff'''_{ttx} + f'''_{ttt} + 2(ff'_x + f'_t)f''_{xt} + 2f(ff'''_{xxt} + f'''_{xtt})$$

$$+ 2ff''_{xx}(ff'_x + f'_t) + f^2(ff'''_{xxx} + f'''_{xxt}) + (ff''_{xx} + f''_{xt})(ff'_x + f''_{xt})$$

$$+ f'_x\big[(ff'_x + f'_t)f'_x + f(ff''_{xx} + f''_{xt}) + f''_{tt}\big]\Big\} + o(h^5). \tag{8}$$

将 k_1, k_2, k_3 的表达式作 Taylor 展开，并代入 $x_{n+1} = x_n + \alpha_0 k_0 + \alpha_1 k_1 + \alpha_2 k_2 + \alpha_3 k_3$，且与（8）作比较，利用待定系数法可建立关于 $k_0, k_1, k_2, k_3, \mu_1, \mu_2, \mu_3, \lambda_{10}, \lambda_{20}, \lambda_{21}, \lambda_{30}, \lambda_{31}, \lambda_{32}$ 13 个系数的 10 个方程. 通过适当地选取剩余 3 个任意系数的值，可得 $\alpha_0 = \dfrac{1}{6}$，$\alpha_1 = \dfrac{1}{3}$，$\alpha_2 = \dfrac{1}{3}$，$\alpha_3 = \dfrac{1}{6}$. 因此

$$x_{n+1} = x_n + \frac{1}{6}(k_0 + 2k_1 + 2k_2 + k_3) + o(h^5),$$

其中 $k_0 = hf(x_n, t_n)$，$k_1 = hf\left(x_n + \dfrac{1}{2}k_0, t_n + \dfrac{1}{2}h\right)$，$k_2 = hf\left(x_n + \dfrac{1}{2}k_1, t_n + \dfrac{1}{2}h\right)$，$k_3 = hf(x_n + k_2, t_n + h)$.

3. 用 Runge–Kutta 方法求解二阶常微分方程

将二阶常微分方程 $F(t; x, \dot{x}, \ddot{x}) = 0$ 变为 $\dot{x} = f(x, u, t)$，$\dot{u} = g(x, u, t)$，则初值问题 $F(t; x, \dot{x}, \ddot{x}) = 0$，$x(t_0) = x_0$，$\dot{x}(t_0) = \dot{x}_0$ 变为

$$\dot{x} = f(x, u, t), \quad x(t_0) = x_0, \quad \dot{u} = g(x, u, t), \quad u(t_0) = u_0.$$

利用 Runge–Kutta 方法有

$$x_{n+1} = x_n + \frac{1}{6}(k_0 + 2k_1 + 2k_2 + k_3) + o(h^5),$$

$$u_{n+1} = u_n + \frac{1}{6}(m_0 + 2m_1 + 2m_2 + m_3) + o(h^5),$$

其中

$$k_0 = hf(x_n, u_n, t_n),$$

$$k_1 = hf\left(x_n + \frac{1}{2}k_0, u_n + \frac{1}{2}m_0, t_n + \frac{1}{2}h\right),$$

$$k_2 = hf\left(x_n + \frac{1}{2}k_1, u_n + \frac{1}{2}m_1, t_n + \frac{1}{2}h\right),$$

$$k_3 = hf(x_n + k_2, u_n + m_2, t_n + h),$$

$$m_0 = hg(x_n, u_n, t_n),$$

$$m_1 = hg\left(x_n + \frac{1}{2}k_0, u_n + \frac{1}{2}m_0, t_n + \frac{1}{2}h\right),$$

$$m_2 = hg\left(x_n + \frac{1}{2}k_1, u_n + \frac{1}{2}m_1, t_n + \frac{1}{2}h\right),$$

$$m_3 = hg(x_n + k_2, u_n + m_2, t_n + h).$$

若 $f(x,u,t) \equiv u$，则 $k_0 = h\dot{x}_n$，$k_1 = h\dot{x}_n + \frac{1}{2}hm_0$，$k_2 = h\dot{x}_n + \frac{1}{2}hm_1$，$k_3 = h\dot{x}_n + hm_2$，$m_0 = hg(x_n, \dot{x}_n, t_n)$，

$$m_1 = hg\left(x_n + \frac{1}{2}h\dot{x}_n, \dot{x}_n + \frac{1}{2}m_0, t_n + \frac{1}{2}h\right),$$

$$m_2 = hg\left(x_n + \frac{1}{2}\dot{x}_n + \frac{1}{4}hm_0, \dot{x}_n + \frac{1}{2}m_1, t_n + \frac{1}{2}h\right),$$

$$m_3 = hg(x_n + h\dot{x}_n + \frac{1}{2}hm_1, \dot{x}_n + m_2, t_n + h).$$

因此

$$x_{n+1} = x_n + h\dot{x}_n + \frac{1}{6}h(m_0 + m_1 + m_2) + o(h^5),$$

$$\dot{x}_{n+1} = \dot{x}_n + \frac{1}{6}(m_0 + 2m_1 + 2m_2 + m_3) + o(h^5).$$

11.7 指标差为整数的超几何方程的解

超几何方程

$$z(1-z)\frac{\mathrm{d}^2 w}{\mathrm{d}z^2} + \left[\gamma - (\alpha + \beta + 1)z\right]\frac{\mathrm{d}w}{\mathrm{d}z} - \alpha\beta w = 0 \tag{1}$$

在正则奇点 $z=0$ 处的指标分别为 $\mu_1 = 0$，$\mu_2 = 1 - \gamma$.

若 $1 - \gamma \neq -n$，$n \in \mathbf{N}$，则 $w_1(z) = F(\alpha, \beta; \gamma; z)$，

$$w_2(z) = z^{1-\gamma}F(\alpha - \gamma + 1, \beta - \gamma + 1; 2 - \gamma; z)$$

为超几何方程（1）在 $z=0$ 邻域内的线性无关解.

若 $\gamma = m$，$m \in \mathbf{N}$，$1 - \gamma = 1 - m \leq 0$，即

$$\mathrm{Re}\,0 \geq \mathrm{Re}(1 - \gamma),$$

$$0 - (1 - \gamma) = \gamma - 1 = m - 1 \in \mathbf{N},$$

则 $w_1(z) = F(\alpha, \beta; m; z)$ 为超几何方程（1）在 $z = 0$ 邻域内的解. 将

$$w_2(z) = F(\alpha, \beta; m; z)\ln z + z^{1-m}\sum_{k=0}^{+\infty}d_k z^k$$

代入超几何方程（1），可得

$$w_2(z) = F(\alpha, \beta; m; z)\ln z + z^{1-m}\frac{(-1)^m\Gamma(m)}{\Gamma(\alpha)\Gamma(\beta)}$$

$$\cdot\sum_{k=0}^{m-2}\frac{(-1)^k}{k!}\Gamma(m-1-k)\Gamma(\alpha-m+1+k)\Gamma(\beta-m+1+k)z^k$$

$$+z^{1-m}\frac{\Gamma(m)}{\Gamma(\alpha)\Gamma(\beta)}\sum_{k=m-1}^{+\infty}\frac{\Gamma(\alpha-m+1+k)\Gamma(\beta-m+1+k)}{k!(k-m+1)!}\big[\psi(\alpha-m+1+k)$$

$$+\psi(\beta-m+1+k)-\psi(1+k)-\psi(2-m+k)-\psi(\alpha-m+1)$$

$$-\psi(\beta-m+1)+\psi(1)+\psi(m-1)\big]z^k$$

$$= F(\alpha, \beta; m; z)\ln z + \frac{(m-1)!}{\Gamma(\alpha)\Gamma(\beta)}\sum_{k=1}^{m-1}(-1)^{k-1}(k-1)!\frac{\Gamma(\alpha-k)\Gamma(\beta-k)}{(m-k-1)!}z^{-k}$$

$$+\frac{\Gamma(m)}{\Gamma(\alpha)\Gamma(\beta)}\sum_{k=0}^{+\infty}\frac{\Gamma(\alpha+k)\Gamma(\beta+k)}{k!\Gamma(m+k)}z^k\big[\psi(\alpha+k)+\psi(\beta+k)-\psi(m+k)$$

$$-\psi(1+k)-\psi(\alpha-m+1)-\psi(\beta-m+1)+\psi(1)+\psi(m-1)\big].\qquad（2）$$

在 $w_2(z)$ 的表达式（2）中去掉 $w_1(z)$ 的线性相关项，则

$$w_2(z) = F(\alpha, \beta; m; z)\ln z + \frac{(m-1)!}{\Gamma(\alpha)\Gamma(\beta)}\sum_{k=1}^{m-1}(-1)^{k-1}(k-1)!\frac{\Gamma(\alpha-k)\Gamma(\beta-k)}{(m-k-1)!}z^{-k}$$

$$+\frac{\Gamma(m)}{\Gamma(\alpha)\Gamma(\beta)}\sum_{k=0}^{+\infty}\frac{\Gamma(\alpha+k)\Gamma(\beta+k)}{k!\Gamma(m+k)}z^k\big[\psi(\alpha+k)$$

$$+\psi(\beta+k)-\psi(m+k)-\psi(1+k)\big].\qquad（3）$$

当 $m=1$ 时，

$$w_2(z) = F(\alpha, \beta; m; z)\ln z + \frac{\Gamma(m)}{\Gamma(\alpha)\Gamma(\beta)}\sum_{k=0}^{+\infty}\frac{\Gamma(\alpha+k)\Gamma(\beta+k)}{k!\Gamma(m+k)}z^k\big[\psi(\alpha+k)$$

$$+\psi(\beta+k)-\psi(m+k)-\psi(1+k)\big].$$

当 $\gamma = -m$，$m \in \mathbf{N}$ 时，$\mathrm{Re}(1-\gamma) > \mathrm{Re}\,0$，此时，

$$w_1(z) = z^{1+m}F(\alpha+m+1, \beta+m+1; m+2; z)$$

为超几何方程（1）的解. 将

$$w_2(z) = z^{1+m} F(\alpha+m+1, \beta+m+1; m+2; z) \ln z + \sum_{k=0}^{+\infty} d_k z^k$$

代入超几何方程（1），可得

$$w_2(z) = z^{1+m} F(\alpha+m+1, \beta+m+1; m+2; z) \ln z + \frac{(m+1)!}{\Gamma(\alpha+m+1)\Gamma(\beta+m+1)}$$

$$\cdot \sum_{k=1}^{m+1} (-1)^{k-1} (k-1)! \frac{\Gamma(\alpha+m+1-k)\Gamma(\beta+m+1-k)}{(m+1-k)!} z^{m+1-k}$$

$$+ \frac{\Gamma(m+2)}{\Gamma(\alpha+m+1)\Gamma(\beta+m+1)}$$

$$\cdot \sum_{k=0}^{+\infty} \frac{\Gamma(\alpha+m+1+k)\Gamma(\beta+m+1+k)}{k!\,\Gamma(m+k+2)} z^{m+1+k} \big[\psi(\alpha+m+1+k)$$

$$+ \psi(\beta+m+1+k) - \psi(m+k+2) - \psi(1+k) \big].$$

超几何方程（1）在正则奇点 $z=1$ 处的指标分别为

$$\mu_1 = 0, \quad \mu_2 = \gamma - \alpha - \beta.$$

若 $\mathrm{Re}\,0 \geq \mathrm{Re}(\gamma-\alpha-\beta)$，且 $\gamma-\alpha-\beta \neq -m$，$m \in \mathbf{N}$，则

$$w_3(z) = F(\alpha, \beta; \alpha+\beta-\gamma+1; 1-z),$$

$$w_4(z) = (1-z)^{\gamma-\alpha-\beta} F(\gamma-\beta, \gamma-\alpha; \gamma-\alpha-\beta+1; 1-z)$$

为超几何方程（1）在 $z=1$ 邻域内的线性无关解.

若 $\gamma-\alpha-\beta = -m$，$m \in \mathbf{N}$，则 $w_3(z) = F(\alpha, \beta; 1+m; 1-z)$，

$$w_4(z) = F(\alpha, \beta; 1+m; 1-z) \ln(1-z)$$

$$+ \frac{m!}{\Gamma(\alpha)\Gamma(\beta)} \sum_{k=1}^{m} (-1)^{k-1} (k-1)! \frac{\Gamma(\alpha-k)\Gamma(\beta-k)}{(m-k)!} (1-z)^{-k}$$

$$+ \frac{\Gamma(m+1)}{\Gamma(\alpha)\Gamma(\beta)} \sum_{k=0}^{+\infty} \frac{\Gamma(\alpha+k)\Gamma(\beta+k)}{k!\,\Gamma(m+k+1)} (1-z)^k \big[\psi(\alpha+k)$$

$$+ \psi(\beta+k) - \psi(m+k+1) - \psi(1+k) \big]$$

为超几何方程（1）在 $z=1$ 邻域内的线性无关解.

超几何方程（1）在正则奇点 $z=\infty$ 处的指标分别为 $\mu_1 = \alpha$，$\mu_2 = \beta$.

若 $\mathrm{Re}\,\alpha \geq \mathrm{Re}\,\beta$，且 $\alpha-\beta \neq m$，$m \in \mathbf{N}$，则

$$v_1(z) = z^{-\alpha} F\left(\alpha, \alpha-\gamma+1; \alpha-\beta+1; \frac{1}{z}\right),$$

$$v_2(z) = z^{-\beta} F\left(\beta, \beta-\gamma+1; \beta-\alpha+1; \frac{1}{z}\right)$$

为超几何方程（1）在 $z=\infty$ 邻域内的线性无关解.

若 $\alpha-\beta=m$，$m\in\mathbf{N}$，则

$$v_1(z)=z^{-\alpha}F(\alpha,\alpha-\gamma+1;m+1;z^{-1}),$$

$$v_2(z)=-(-z)^{-\alpha}F(\alpha,\alpha-\gamma+1;m+1;z^{-1})\ln(-z)+(-z)^{-\alpha}\frac{m!}{\Gamma(\alpha)\Gamma(\alpha-\gamma+1)}$$

$$\cdot\sum_{k=1}^{m}(-1)^{k-1}(k-1)!\frac{\Gamma(\alpha-k)\Gamma(\alpha-\gamma+1-k)}{(m-k)!}z^k$$

$$+(-z)^{-\alpha}\frac{\Gamma(m+1)}{\Gamma(\alpha)\Gamma(\alpha-\gamma+1)}\sum_{k=0}^{+\infty}\frac{\Gamma(\alpha+k)\Gamma(\alpha-\gamma+k+1)}{k!\,\Gamma(m+k+1)}z^{-k}\Big[\psi(\alpha+k)$$

$$+\psi(\alpha-\gamma+1+k)-\psi(m+k+1)-\psi(1+k)\Big]$$

为超几何方程（1）在 $z=\infty$ 邻域内的线性无关解.